教育部职业教育与成人教育司审定
中等职业教育课程改革创新教材
中职中专服装设计与工艺专业系列教材

女上装纸样设计与立体造型

何静林　袁　超　编著

科 学 出 版 社
北　京

内 容 简 介

本书是中等职业教育改革创新示范教材，其内容紧密围绕近年全国服装技能竞赛的目标与要求，以项目教学法为主导，重点讲述女上装纸样设计及立体造型的方法与技巧。

本书以任务导引、理论与方法、实践与操作、技能拓展、参观学习、拓展阅读、作业布置等环节为载体，体现实际工作过程，注重学生基本理论的构建和方法、技巧灵活运用的培养。内容涵盖主要款式纸样设计的原理与方法、工业样板制作的方法与技巧，并提供女上装纸样设计综合实训。本书附录中选编了几款女装立体造型实例，可供读者参考学习。

本书内容和形式新颖，理论与实际相结合，阐述清晰，分析透彻，图文并茂，并配备教学数字化资源，读者可通过扫描书中二维码获取，也可通过www.abook.cn下载使用。本书可作为中等职业学校服装相关专业教材，也可作为服装技能竞赛的参考资料。

图书在版编目（CIP）数据

女上装纸样设计与立体造型／何静林，袁超编著. —北京：科学出版社，2017

（教育部职业教育与成人教育司审定•中等职业教育课程改革创新教材•中职中专服装设计与工艺专业系列教材）

ISBN 978-7-03-037051-8

Ⅰ.①女… Ⅱ.①何… ②袁… Ⅲ.①女服-结构设计-服装设计-中等专业学校-教材 Ⅳ.①TS941.717

中国版本图书馆CIP数据核字（2013）第046398号

责任编辑：陈砺川　王会明／责任校对：王万红

责任印制：吕春珉／封面设计：东方人华平面设计部

科学出版社出版

北京东黄城根北街16号

邮政编码：100717

http://www.sciencep.com

北京虎彩文化传播有限公司印刷

科学出版社发行　各地新华书店经销

*

2017年11月第 一 版　开本：889×1194　1/16

2020年2月第三次印刷　印张：9 1/2

字数：225 000

定价：46.00元

（如有印装质量问题，我社负责调换〈虎彩〉）

销售部电话 010-62136230　编辑部电话 010-62135397-2008

丛书编写指导委员会

前　言

服装设计教育，简而言之就是成品过程教育，实际上就是怎样创新产品并生成产品，将之变为社会认可的商品的全过程。和文学创作一样，服装设计的源头同样是社会生活和社会实践。教育与社会实践相结合，这是教育本质的体现。积极参加社会实践，把服装设计与社会实践有机地结合起来是创新服装设计教育的重要途径。指导服装类学生把市场作为大课堂，将所学的知识真刀真枪地运用到社会实践中，让学生自己去体会、比较、鉴别和判断，这样才能把所学的知识转化为现实生产力，还能产生新的知识增长点。服装设计专业的学生，通过市场调研、下到企业和工厂实习、与设计人员和工人师傅交谈等方式，普遍反映收获很大，这从学生的大量市场调研报告和实习总结中充分得以体现。例如，有一位学生在他的实践日记中这样写道："今天，我独立完成一件服装的制作，穿上很合身，我高兴极了，尽管我反复制板，做了拆、拆了做，但我一次比一次有信心和成就感。"事实证明，实践教学更能激发学生的学习热情，可以创造良性循环，使得学生因学有所获而富有成就感。本书就是围绕学以致用的原则来进行编写的。

本书在编写的结构和内容上都有创新。紧密结合企业的需要，模拟企业情境，以任务为驱动、以项目为导向来设置教材内容。让学生模拟服装结构设计师的工作，大胆创新，积极尝试，从无到有，提出问题，引导激励，从解决问题到熟练操作是本书编写的宗旨。让学习者在完成实际项目工作任务的过程中学习理论知识，锻炼职业技能，培养就业能力。

本书结合当代女装新型制板技术，运用原型法和比例裁剪法进行结构设计，通过立体造型来检验纸样的准确性，对纸样存在的弊病及时进行修正。从图片到产品的呈现，从平面到立体的形成，通过一系列的实践操作，加深了学习者对板型结构的深刻理解，提高了解决实际问题的能力，从而大大提高了制板技术，体现了纸样制板的价值性，为将来就业奠定基础，也为企业输送实用型技能型人才。书中所选的款式新颖，富有潮流气息，表现形式喜闻乐见。

本书以工作任务为引领，内容分为四大项目。

项目 1 通过引导学生尝试设计第一款女上装的纸样，让学生体验纸样设计的过程；通过参观纸样设计师的工作环境和了解工作任务，让学生体验岗位角色。

项目 2 是本书的重点，分别带领学生完成女衬衫、女春秋衫、女西装的纸样设计与立体造型以及修正纸样的过程，另外，还安排了女上装拓展款式的纸样设计任务，让学生有更多的机会拓展技能。

项目 3 通过让学生继续纸样设计之后的工作过程，让学生掌握女上装工业制板的技法。

项目 4 安排了女上装纸样设计综合实训，同时，让学生完成板房管理的模拟训练。

本书内容由浅入深，图文并茂，图解详细，通俗易懂，呈现形式新颖时尚，适合中职学生、初学服装设计者作为教材使用，同时也适合全国服装技能竞赛培训使用。

本书由何静林、袁超编著，具体编写分工如下：项目 1、项目 4 由袁超编写，项目 2 由何静林编写，项目 3 由何静林，邓金莲合作编写，此外，参与本书编写的还有武文斌、龚苹、刘杰。在本书的编写过程中，所有参与编写的老师都认真、负责，在此表示衷心的感谢。

由于时间仓促，经验有限，书中难免存在疏漏之处，欢迎专家、同行、广大读者提出宝贵的意见和建议。

何静林

2017 年 7 月

目 录

项目 1 设计第一款女上装纸样

项目学习目标

学习目标

基于纸样设计师工作岗位，了解纸样设计师的工作环境和工作任务，以及平面裁剪与立体裁剪的构成与运用。

相关知识

服装纸样设计是依托人体结构特征，将服装立体结构分解为平面裁片的过程。纸样设计与款式设计密切相关，是款式设计的延伸和完善。它将平面款式图分解成平面裁片，再将平面裁片拼合成立体服装；或者将平面款式图直接进行立体裁剪，再转化成平面纸样进行批量生产的过程。

在纸样设计过程中，为了使服装造型更完美、更合理，可以对款式设计中不合理的部位进行更科学的修改。换言之，纸样设计是款式的再设计、再创作。同时，纸样设计对服装生产起着决定性的作用，是服装生产的依据与指导。可见，服装纸样设计在服装产业中起着承上启下的作用。

项目任务

1. 模拟女上装纸样设计
2. 熟悉纸样设计师的工作环境与任务
3. 了解比例裁剪法的基本知识
4. 学习使用原型法裁剪

任务1.1 模拟女上装纸样设计

【任务要求】

在无任何专业基础的情况下，根据自己对人体的理解和服装结构形态的把握，将所给出的服装分解成平面结构图。通过对女上装的模拟纸样设计与成衣造型，了解女上装结构特征，了解人体的结构特征。

任务准备：服装纸样设计并不难

图1.1

服装纸样设计就好比建筑结构设计，都是将立体效果分解成平面结构图再进行施工的过程。过程看似复杂，结果却很简单，就是要将服装穿在人身上。古时候人们完全没有任何服装结构的概念，将一块方形的布料，中间挖个洞，照样可以穿在身上。现在，很多中小学生也毫无服装结构的概念，也照样可以制作出漂亮的环保服装、公仔服装、创意服装等（如图1.1和图1.2所示）。因此，即使没有任何专业知识，也可以制作出服装，只不过是操作过程是否规范、效果是否理想的区别。

图1.2

实践与操作：了解服装纸样设计流程

1 参观服装纸样设计的场地

图1.3

课室——教学必备的场地，需配备多媒体（如图1.3所示）。

板房——手工纸样设计和裁剪必备的场地（如图1.4所示）。

工艺房——服装成品制作必备的场地，需配备缝纫设备、烫台、熨斗等（如图1.5所示）。

图1.4

图1.5

2 准备工具与设备

工具——完成任务所需用到的工具包括直尺、放码尺、曲线尺、剪刀等（如图1.6所示）。

人体模型——用于立体裁剪、成品试穿和成品展示（如图1.7所示）。

衣车——用于缝制服装成品（如图1.8所示）。

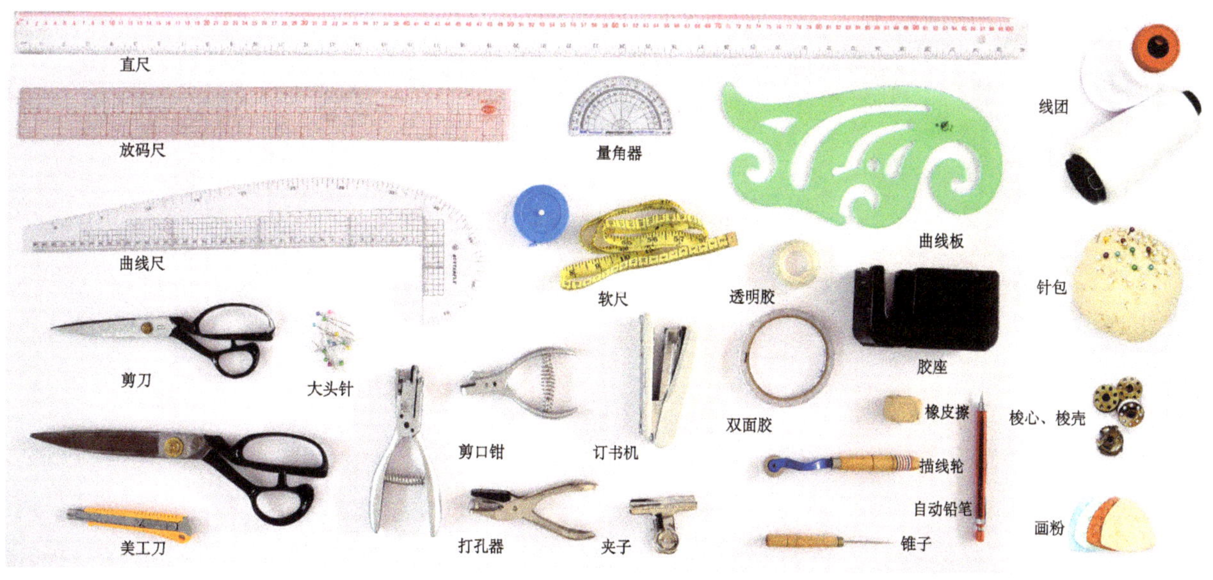

图1.6

图1.7

图1.8

3 任务分组实施

第一步，确定服装款式。根据所提供的款式（如图1.9所示），分组进行款式模拟纸样设计。

图1.9

第二步，分解款式，制作纸样平面裁剪（如图1.10所示），或直接在模型上造型（如图1.11所示）。

图1.10

图1.11

第三步，穿在模型身上展示（如图1.12所示）。

图1.12

任务1.2 熟悉纸样设计师的工作环境与任务

【任务要求】

通过参观服装企业和纸样工作室，了解纸样设计师的工作环境和工作任务。

任务准备：纸样设计的流程及方法

1 纸样设计的工作流程

服装纸样设计的方式与依据虽然较多，但是纸样设计的工作流程基本上是一致的，如图1.13所示。

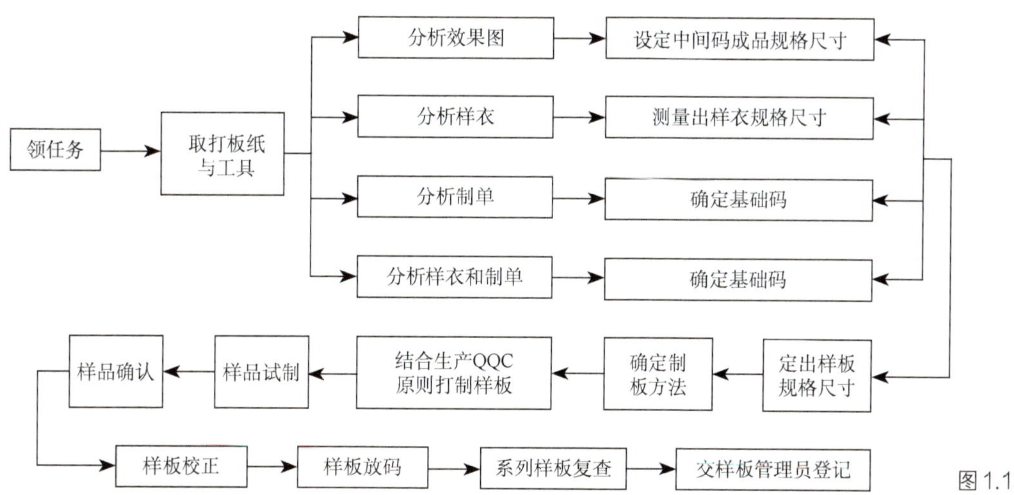

图1.13

2 纸样设计的方法

服装纸样设计的方法很多，主要有平面裁剪法和立体裁剪法两大类。

（1）平面裁剪

平面裁剪法又分比例裁剪法与原型裁剪法。

比例裁剪法——比例法纸样设计在服装企业中应用最广泛。它包括传统比例裁剪（如图1.14所示）和实寸裁剪（如图1.15所示）。

传统比例裁剪法是将服装成品的规格尺寸按一定的比例关系计算、推导出各控制部位尺寸的纸样设计方法。由于原型法在各个专业院校中不断推广使用，目前服装企业中一般采用传统比例法与原型法相结合的方式进行纸样设计。

实寸裁剪是量取样衣各部位尺寸数据，直接绘制纸样的方法。

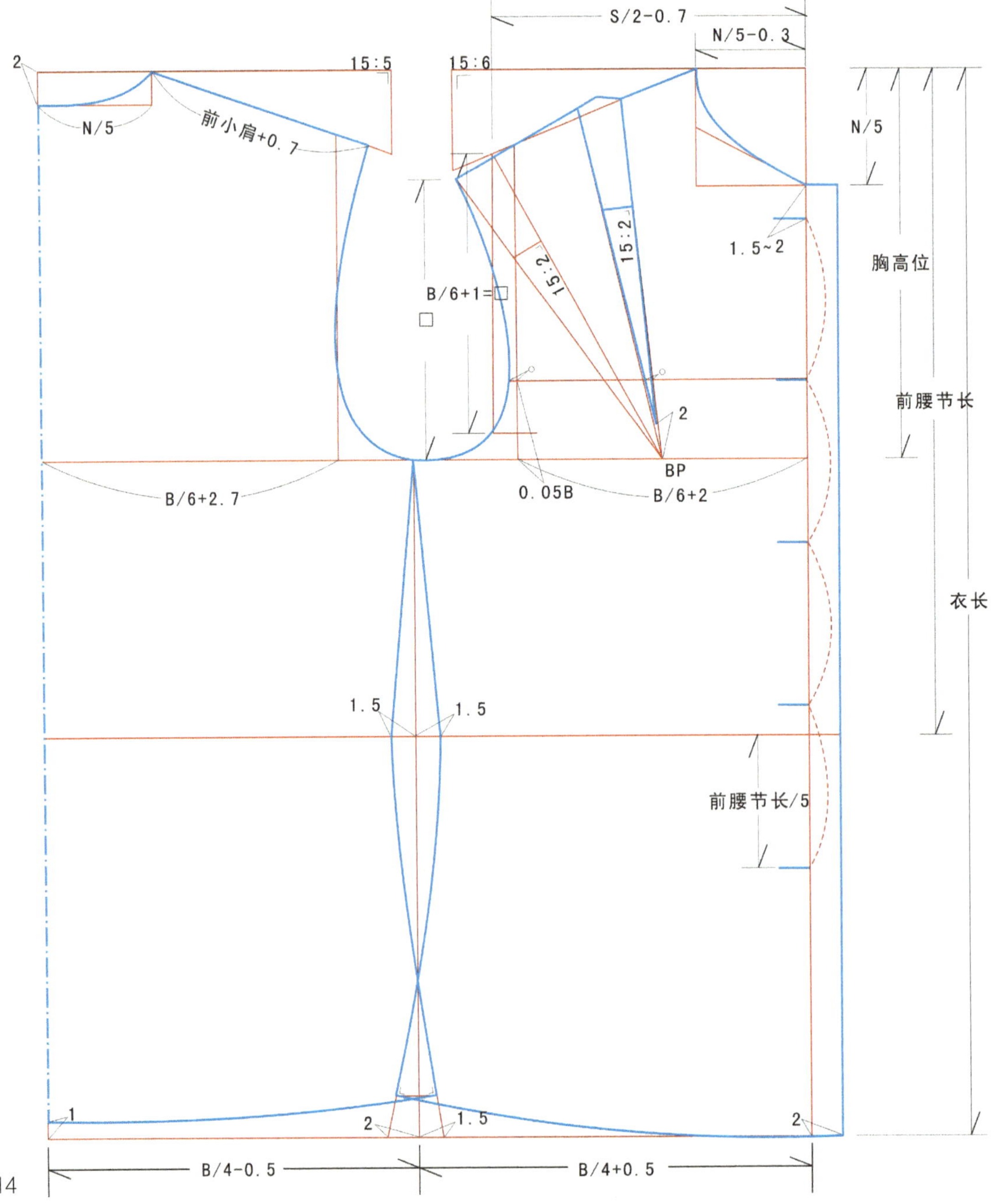

图1.14

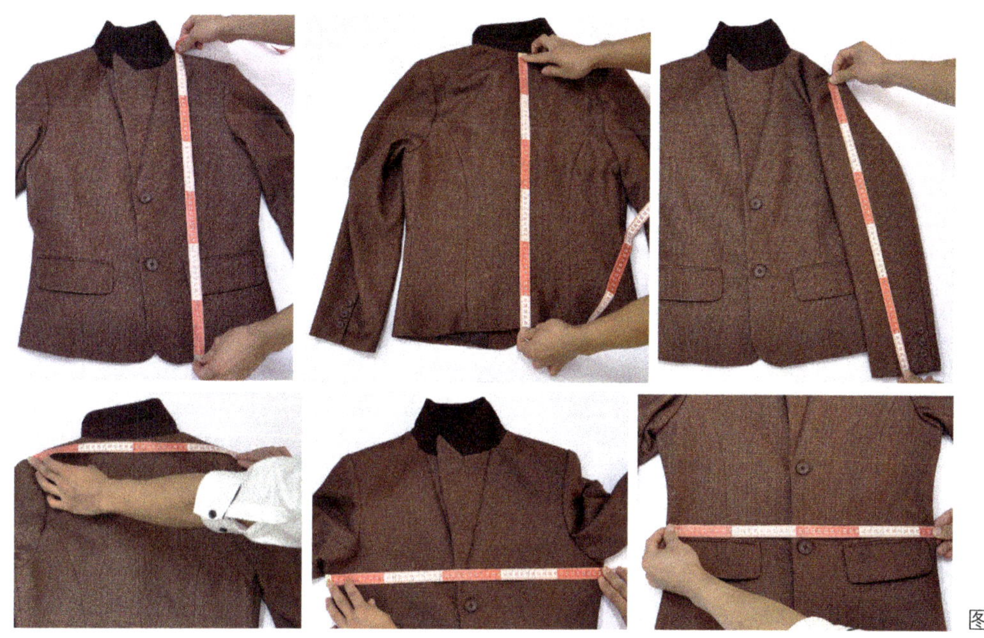

图1.15

原型裁剪法——起源于日本，并一直盛行于日本服装界。原型法是指在获取一组基本的需求定义后，利用高级软件工具可视化的开发环境，快速地建立一个目标系统的最初版本，并把它交给用户试用、补充和修改，再进行新的版本开发。反复进行这个过程，直到得出系统的“精确解”，即用户满意为止。自原型法推出以来，各国各地相继推出符合当地人体结构特征的原型，如美式原型法、英式原型法、基型法（如图1.16所示）和我国的东华原型法等。但是在我国，日本文化式原型法使用范围最为广泛（如图1.17所示）。

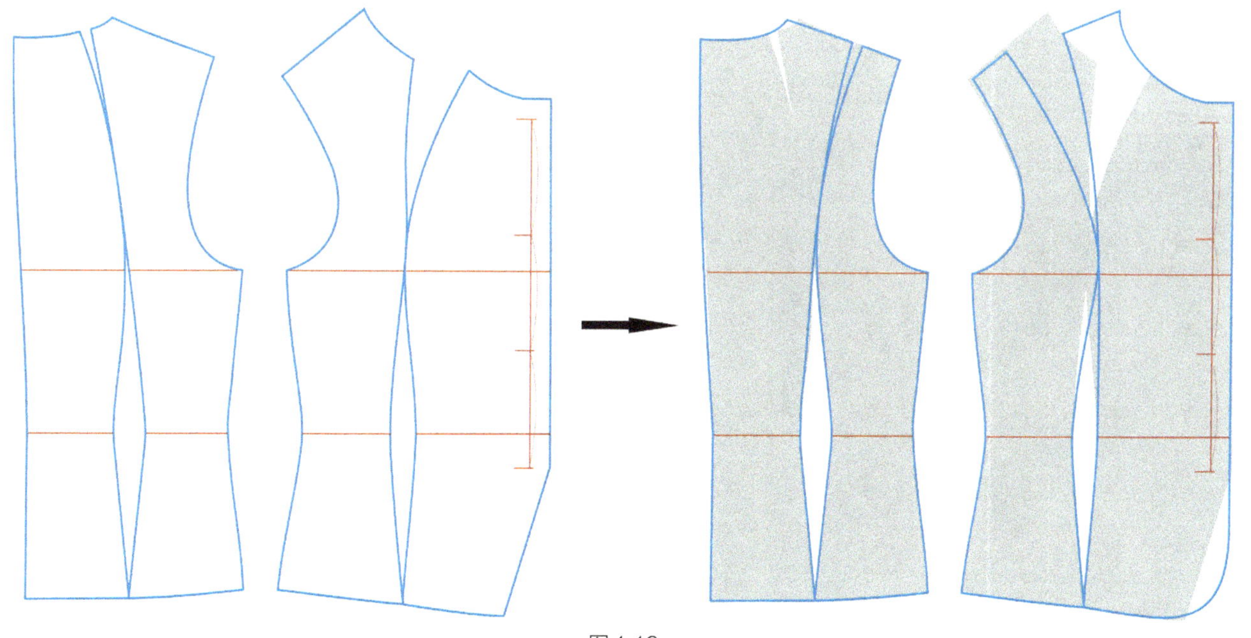

图1.16

（2）立体裁剪

立体裁剪又称立体造型。立体裁剪是将面料直接覆盖在人体或者人体模型上，通过折叠、收褶、收省、提拉等手法进行裁剪，形成三维立体服装，并将

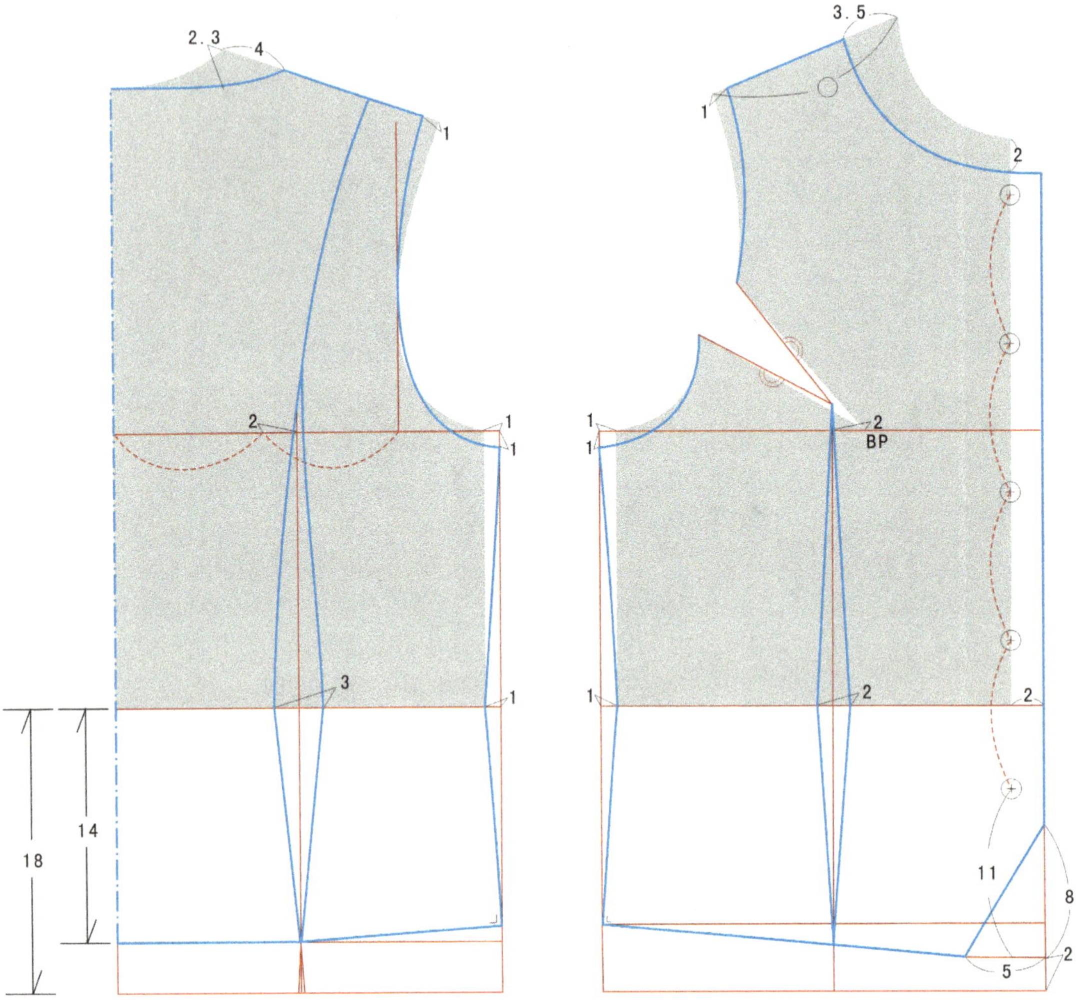

图1.17

服装裁片制作成服装样板的过程（如图1.18所示）。立体裁剪可以轻易解决平面裁剪中难以解决的复杂结构。由于立体裁剪对服装标准人体模型和技术人员的专业技能要求很高，并且耗材多，成本高，因此，企业通常采用平面裁剪和立体裁剪相结合的方式进行纸样设计。

图1.18

3　纸样设计的依据

纸样设计依据即纸样设计师的工作任务要求。企业中一般存在以下几种具体要求。

（1）按效果图、照片等制板

设计师设计服装款式，交予纸样设计师进

行纸样设计（如图1.19所示）。

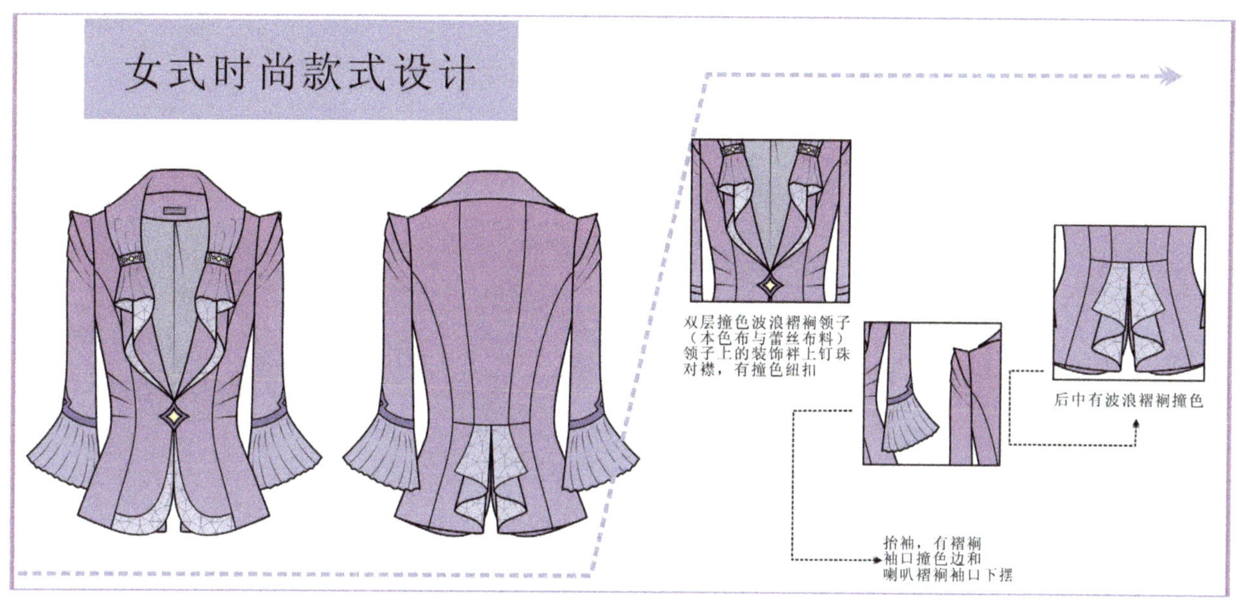

图1.19

（2）按制单（制板通知单或大货制造通知单）制板

通常制单上有款式图、成品规格和工艺说明（如图1.20所示）。这种形式常见于加工型企业。

××制衣有限公司制板通知单

客户:________　发单日期:________　完成日期:________　数量:________

季节:________　款式:________　款号:________　设计师:________　纸样师:________

缝制细则

附图：女衬衣

缉明线0.1cm
缉明线0.4cm
缉明线0.6cm
缉明线0.1cm
缉明线0.6cm
8cm
4cm

面料小样

规格（cm）

部　位	成衣尺寸	纸样尺寸	确认尺寸
后中长	64	64.5	
前长(肩度)			
前长(侧骨度)			
全肩宽	38	38	
胸围(夹底度)	92	92	
前胸宽			
后背宽			
腰围	78	78	
坐围	94	94	
领横	8.5	8.5	
前领深	9	9	
后领深			
袖长	58	58	
袖肥	36	36	
袖口	25	25	
夹圈(弯度)			
介英高	4	4	
介英宽			
袋高			
袋宽			
袋盖高			
袋盖宽			
叉长	8	8	
门筒宽	2.5	2.5	

面料属性

布料组织	
布料颜色	
里布:	
缩水:	
洗水方法:	

辅料明细

钮		
啪钮		
拉链		
勾仔		
肩棉		
线色		
其他		

工艺要求

图1.20

(3) 按样衣制板

款式、成品规格和工艺要求通常要完全按照样衣（如图1.21所示）。这种形式在产销型和加工型企业中都常出现。

图1.21

(4) 按制单和样衣进行制板

通常，制单上给出款式图和成品规格（如图1.22所示），样衣作为款式和工艺要求的补充（如图1.23所示）。这种形式常见于加工型企业。

××制衣有限公司制板通知单

客户：________ 发单日期：________ 完成日期：________ 数量：________

季节：________ 款式：________ 款号：________ 设计师：________ 纸样师：________

缝制细则

附图：女休闲西装

缉明线0.1cm
3cm×8.5cm
5.5cm
9cm
1.5cm
黑色塑胶钮
黑色塑胶钮
0.8cm
1.2cm
3.5cm

面料小样

规格（cm）

部　位	成衣尺寸	纸样尺寸	确认尺寸
后中长	52	52.5	
前长(肩度)			
前长(侧骨度)			
全肩宽	38	38	
胸围(夹底度)	90	90	
前胸宽			
后背宽			
腰围	74	74	
坐围	90	90	
领横	9.5	9.5	
前领深			
后领深			
袖长	58	58	
袖肥	33.5	34	
袖口	24	24	
夹圈(弯度)			
介英高			
介英宽			
袋高			
袋宽			
袋盖高			
袋盖宽			
叉长			
门筒宽		3	

面料属性

面料属性	
布料组织	
布料颜色	
里布：	
缩水：	
洗水方法：	

辅料明细

辅料		
钮		
啪钮		
拉链		
勾仔		
肩棉		
线色		
其他		

工艺要求

图1.22

图1.23

实践与操作：到纸样设计师工作环境实地考察

1 纸样设计师的工作环境

纸样设计师的工作场景，如图1.24所示。

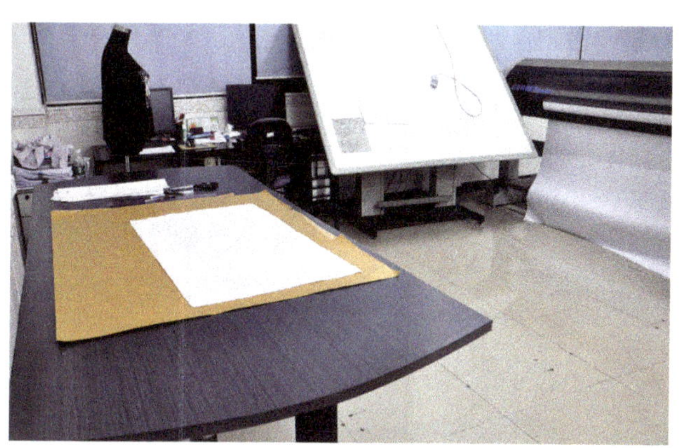

图1.24

纸样设计工作台——用于手工纸样设计（如图1.25所示）。

计算机——用于CAD纸样设计（如图1.26所示）。

图1.25

图1.26

数字化仪——用于将手工制作的纸样扫描到电脑，便于放码或存档（如图1.27所示）。

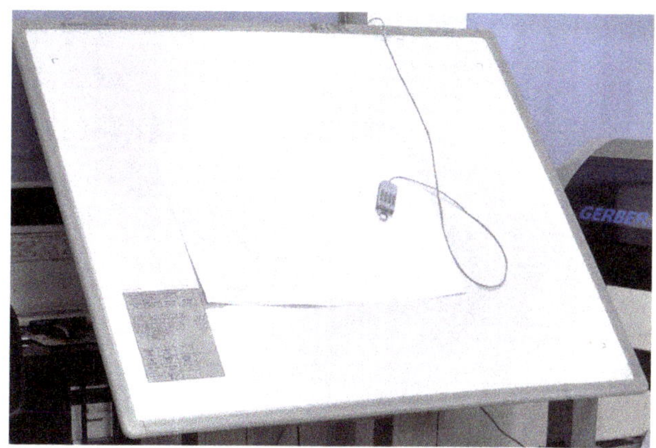

图1.27

绘图仪——用于打印CAD绘制的纸样，或打印工厂唛架图（如图1.28所示）。

数控裁床——用于裁剪服装裁片（如图1.29所示）。

图1.28

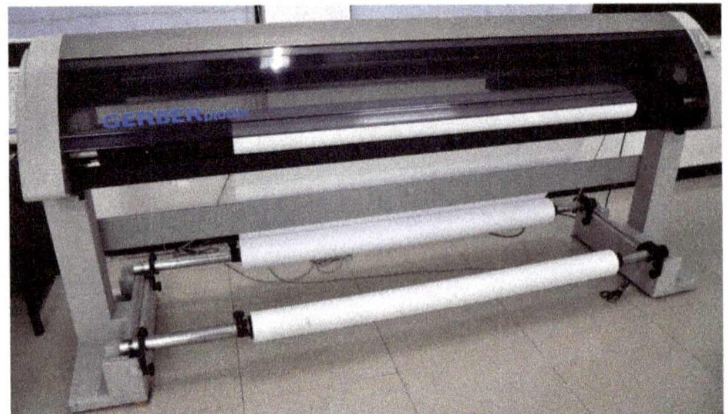

图1.29

2 纸样设计师的工作任务

① 按设计师的设计要求制作新纸样，经审批后制作生产工业样板。

② 负责确定每个新开发款式的正确尺寸及成品效果。

③ 负责根据不同质地、不同肌理的面料，对纸样做出不同的细节处理。

④ 负责沟通和解决在裁板、车板过程中所发现的异常问题。

⑤ 按要求填好各新板的表格、制单等，并存档留底。

⑥ 在工作过程中，必须直接与设计师配合，沟通解决所出现的问题。

3 服装生产原则与纸样设计师职业素质

（1）服装生产QQC原则

产品的品质（Quality）、生产数量（Quantity）和生产成本（Cost）是服装生产的三大原则，在服装工业化生产过程中必须充分结合这三大原则。根据服装生产要求进行纸样设计时，在不影响成衣的目标品质水平和款式造型的前提下，通过样板的处理技巧实现降低生产成本的原则，称为服装工业制板与生产QQC原则。

企业的生存与竞争，离不开生产QQC这三个关键因素。服装工业制板与生产QQC原则是对纸样设计师的综合考验。首先，要求纸样设计师应熟悉服装样板与生产QQC之间的密切关系，要具备结合款式的具体情况进行具体分析的能力；其次，要求纸样设计师应具备一定的职业素质和专业运用等综合能力。

（2）纸样设计师的职业素质

企业在工业生产时追求高品质、低成本。因此，纸样设计之前，纸样设计师是需要做大量前期工作的，如成品的效果预测、生产工序的把握、客户的认可度等。因此，要做到服装纸样设计与生产QQC相结合，纸样设计师应具备一定的职业素质和专业技术综合能力：①责任心；②审美能力和制板技能；③对工艺的认识；④对面辅料的了解；⑤成本分析能力。

任务1.3 了解比例裁剪法的基本知识

【任务要求】

通过对人体结构的分析，了解女上装比例裁剪法的原理与依据。

任务准备：比例裁剪法的尺寸计算方法

比例裁剪法又称为直打法，即选定人体的某些部位作为基准部位，以经验和数学的方法将服装裁剪中所需要的尺寸数据归纳为一些包含基准部位尺寸的比例公式，再加减一个调整数。用求得的数据直接实寸裁剪纸样，如以“1/4胸围+1cm”计算服装的胸围，“B/6+1.5cm”计算服装的胸宽等。

由于不同制造单所要求测量的成品部位和规格尺寸不同，以致我国产销型企业和外贸加工型企业在比例法制图打板的运用上，存在较大的差异。

技能拓展：女上装结构与人体的比例关系

从人体的生理特征看，女人体外形起伏明显，大致上呈胸凸、收腰、臀凸的“S”状曲线（如图1.30所示）。

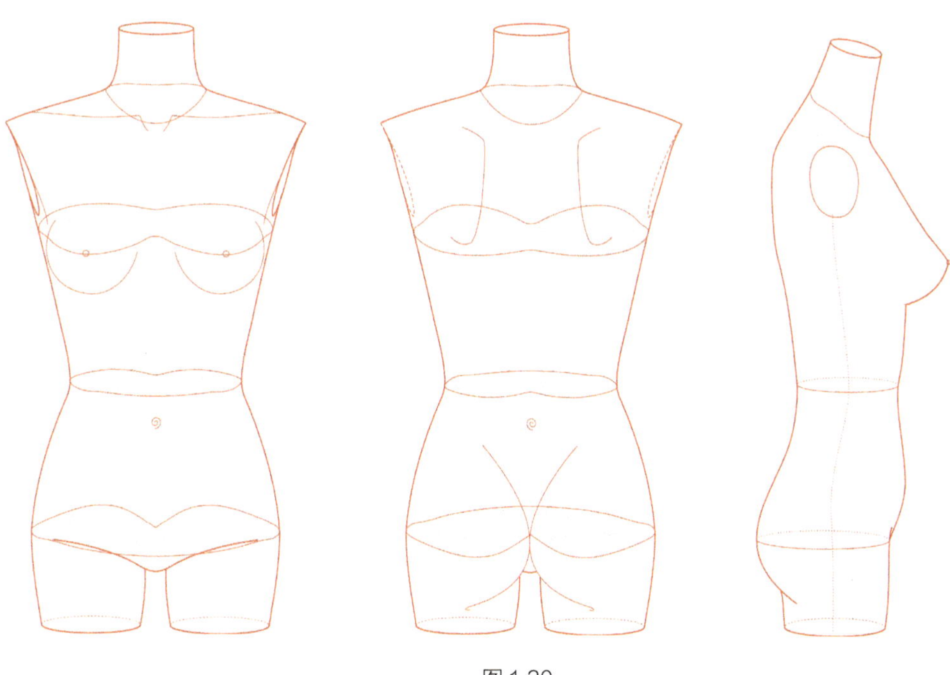

图1.30

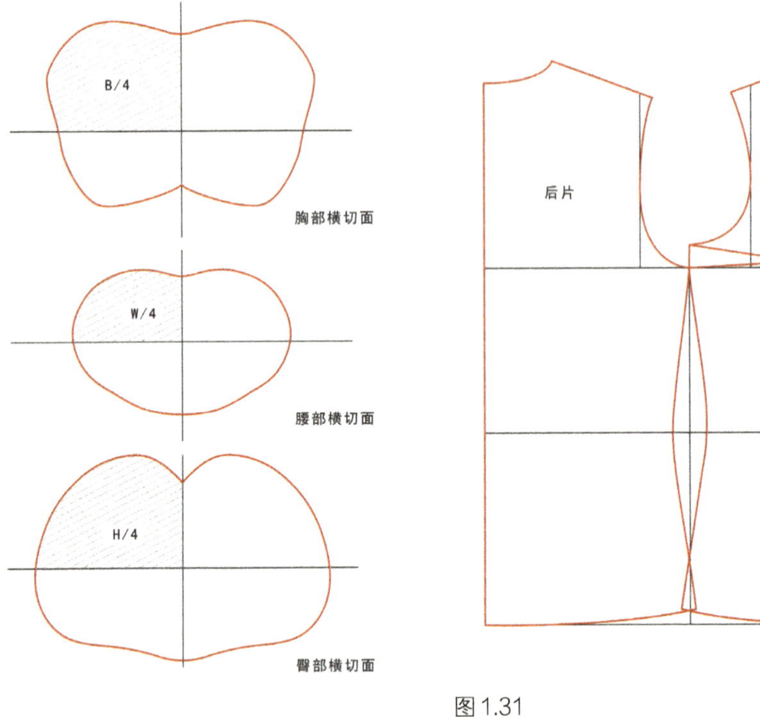

图1.31

对于常规服装而言，裁片的数量一般为四片或三片，即“四开身结构”或“三开身结构”。这两种结构是最基本的服装结构形式，其他结构形式都是在这两种基本结构的基础上派生出来的。因此熟练掌握这两种基本结构的原理与绘制方法，是学习比例裁剪法的基础。

将四开身结构置于人体上进行分析，从中可以看出，胸围、腰围、臀围均占总量的1/4（如图1.31所示），但由于胸部的凸起，女人体前胸围度比后背围度大，为了保证前后结构的平衡，在计算上均采用前加后减的方式，如胸围前片B/4+1（默认单位为cm，下同）、后片B/4−1。胸部以上其他各部位都以胸围作为参照计算，如袖窿深B/6+7、前胸宽B/6+1.5（如图1.32所示）。

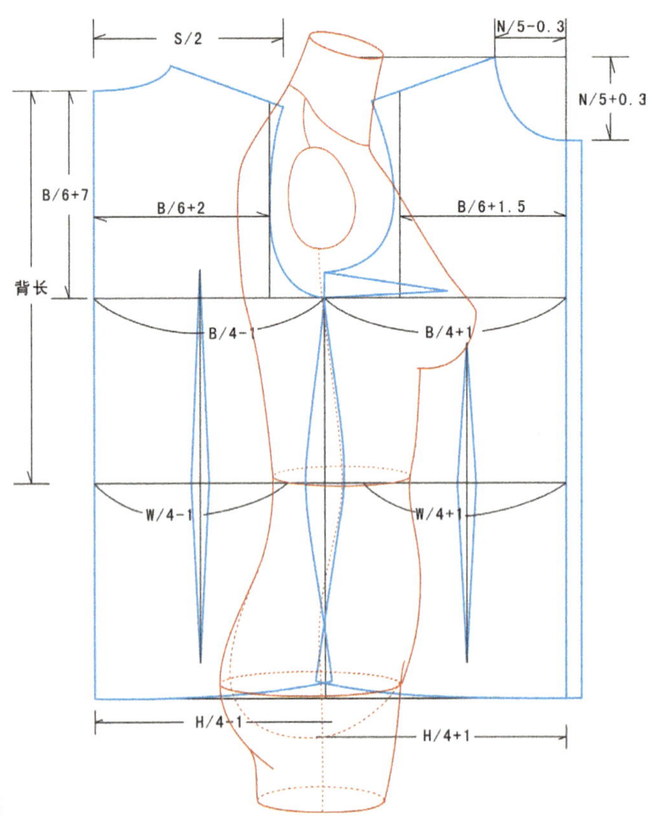

图1.32

将三开身结构置于人体上进行分析，从中可以看出，前后片各占胸围总量的1/3（如图1.33所示），但衣片之间的关系很容易看出前片、侧片各占胸围总量的1/3，左右后片占胸围总量的1/3。胸部以上其他各部位均与“四开身”结构相同（如图1.34所示）。

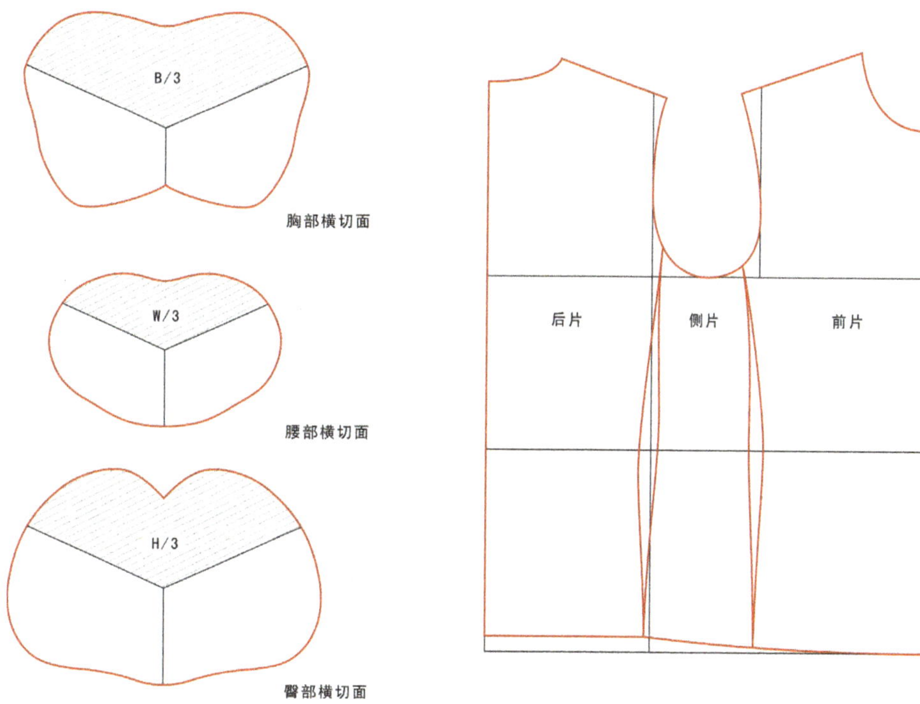

图1.33

将袖子结构置于人体手臂上进行分析，传统比例裁剪法袖肥大小同样也是根据胸围进行控制的。同时，袖肥的大小也受袖窿弧长（AH）影响，衣服宽松，袖窿越深，则袖肥越大；反之，袖肥越小（如图1.35所示）。

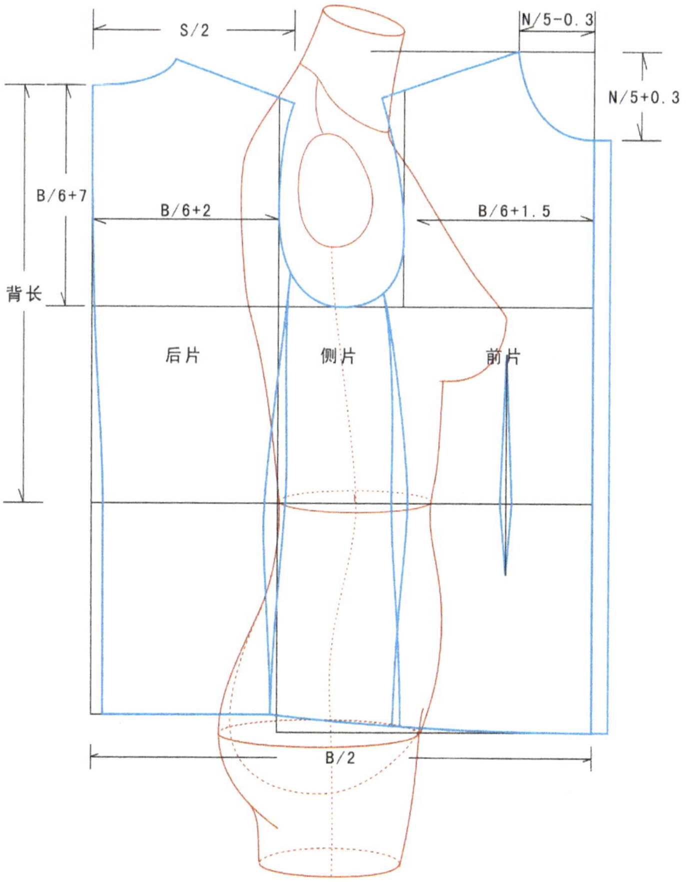

图1.34

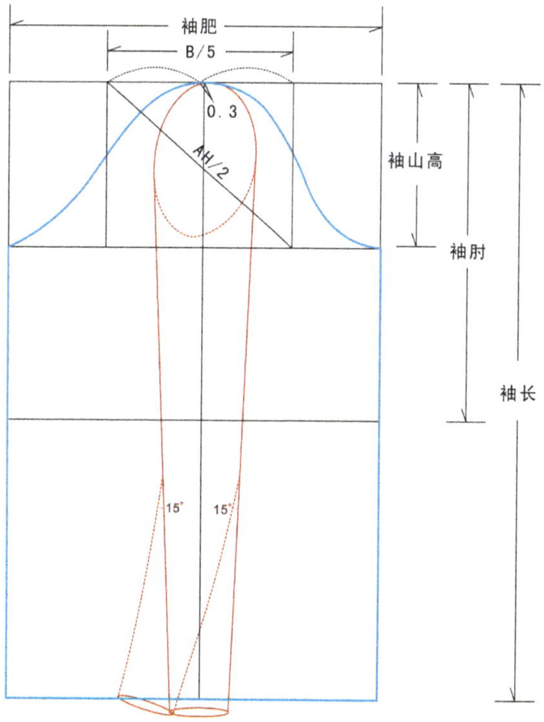

图1.35

任务1.4 学习使用原型法裁剪

【任务要求】

通过学习，了解女上装原型的构成，以及原型与人体之间的关系，并掌握原型法裁剪的运用技巧。

任务准备：原型裁剪法的依据

1 衣身原型的形成

第一步，确定人体柱面体布料平面展开图，以净胸围84cm为例，α指人体肩胛骨和前、后腋点的突出量（如图1.36所示）。

第二步，将人体柱面体布料覆盖人体，胸围线、腰围线保持水平，前中线保持直纱（如图1.37所示）。

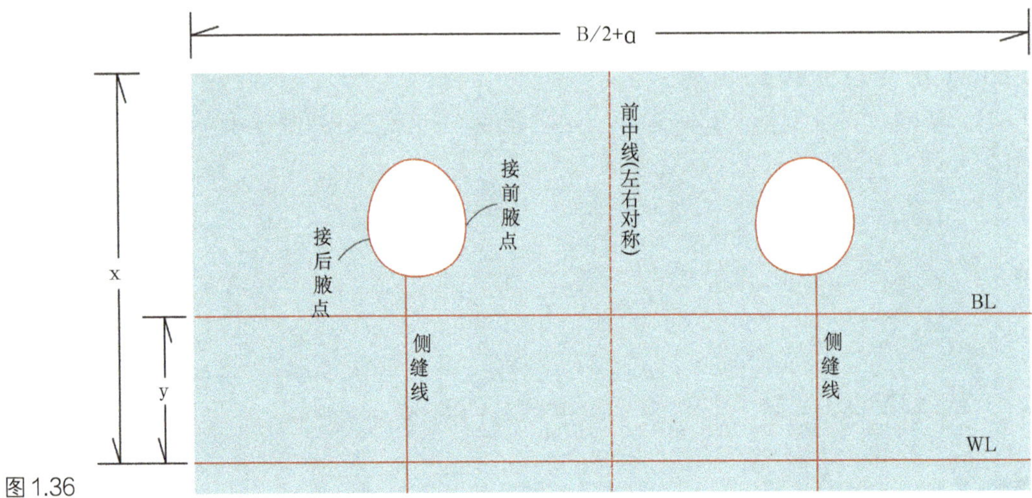

图1.36

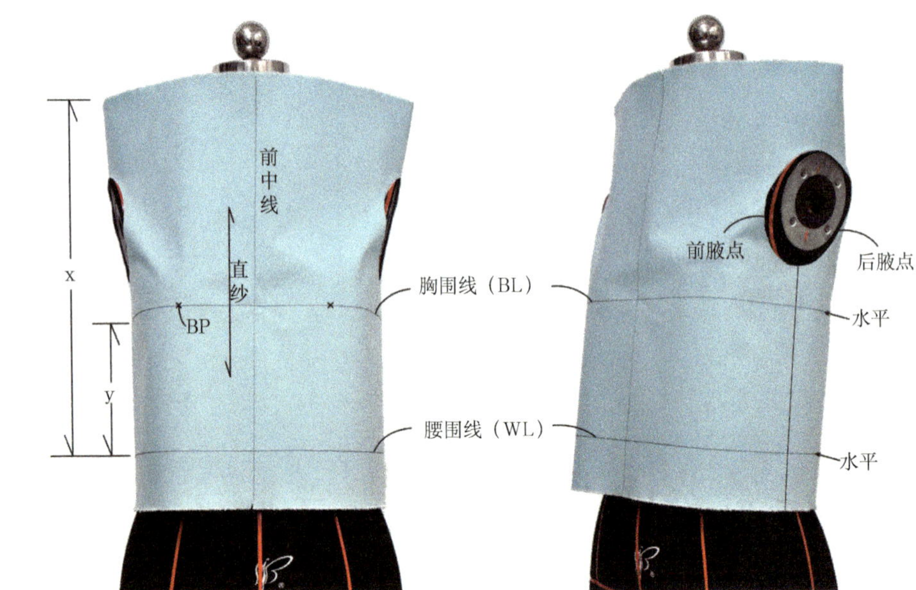

图1.37

第三步，胸省、肩省的形成（如图1.38所示）。

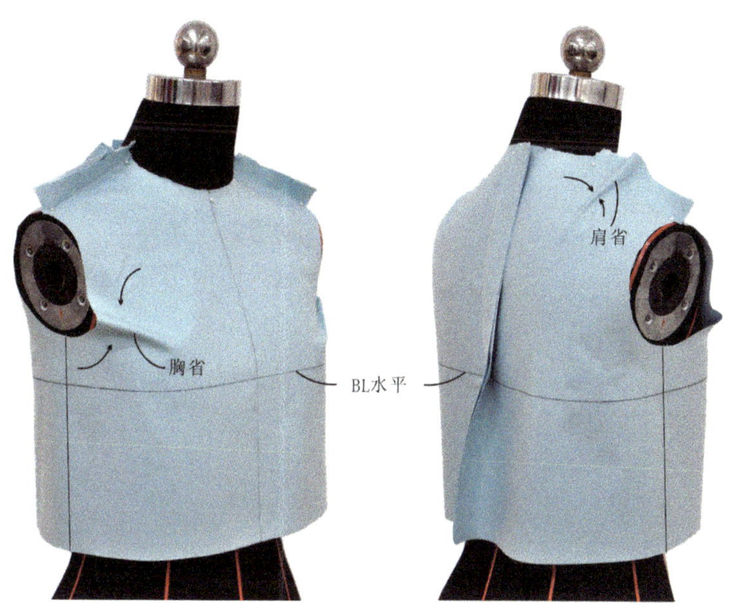

图1.38

第四步，腰省的形成（如图1.39所示）。

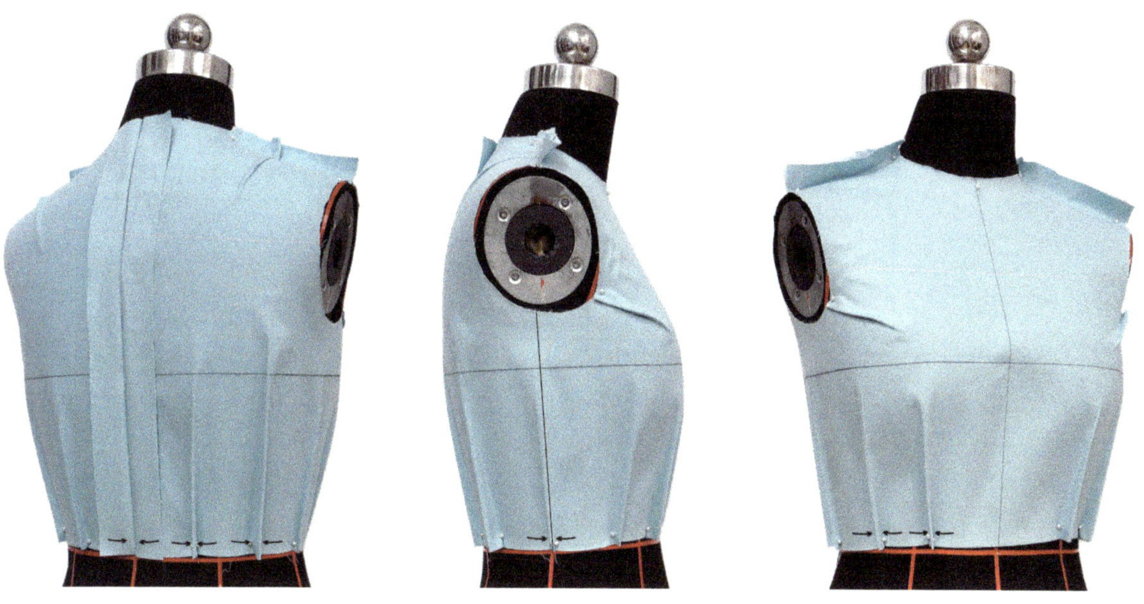

图1.39

第五步，原型平面展开图（如图1.40所示）。

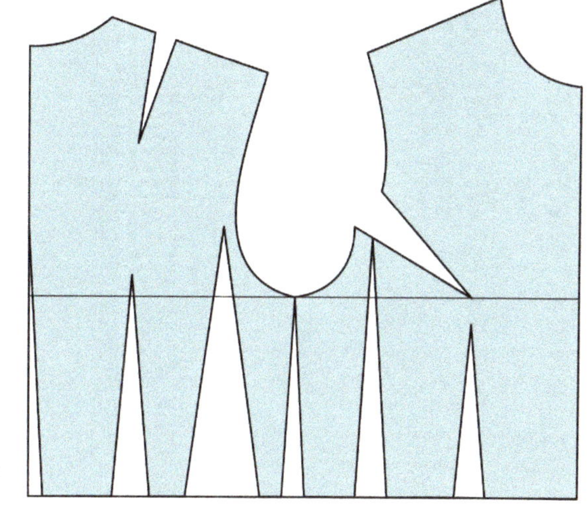

图1.40

2 女上装原型与人体的关系

将原型平面展开图置于人体上，原型结构与人体各部位一一对应，一目了然。原型前片主要受胸部的影响形成胸省，后片由于肩胛骨的凸出形成肩省（如图1.41和图1.42所示）。

女上装原型袖子结构与原型衣身密切相关，袖山高度、袖肥大小都受袖窿弧线的控制。同时原型袖山弧线与袖窿弧线在腋下点完全吻合（如图1.43所示）。

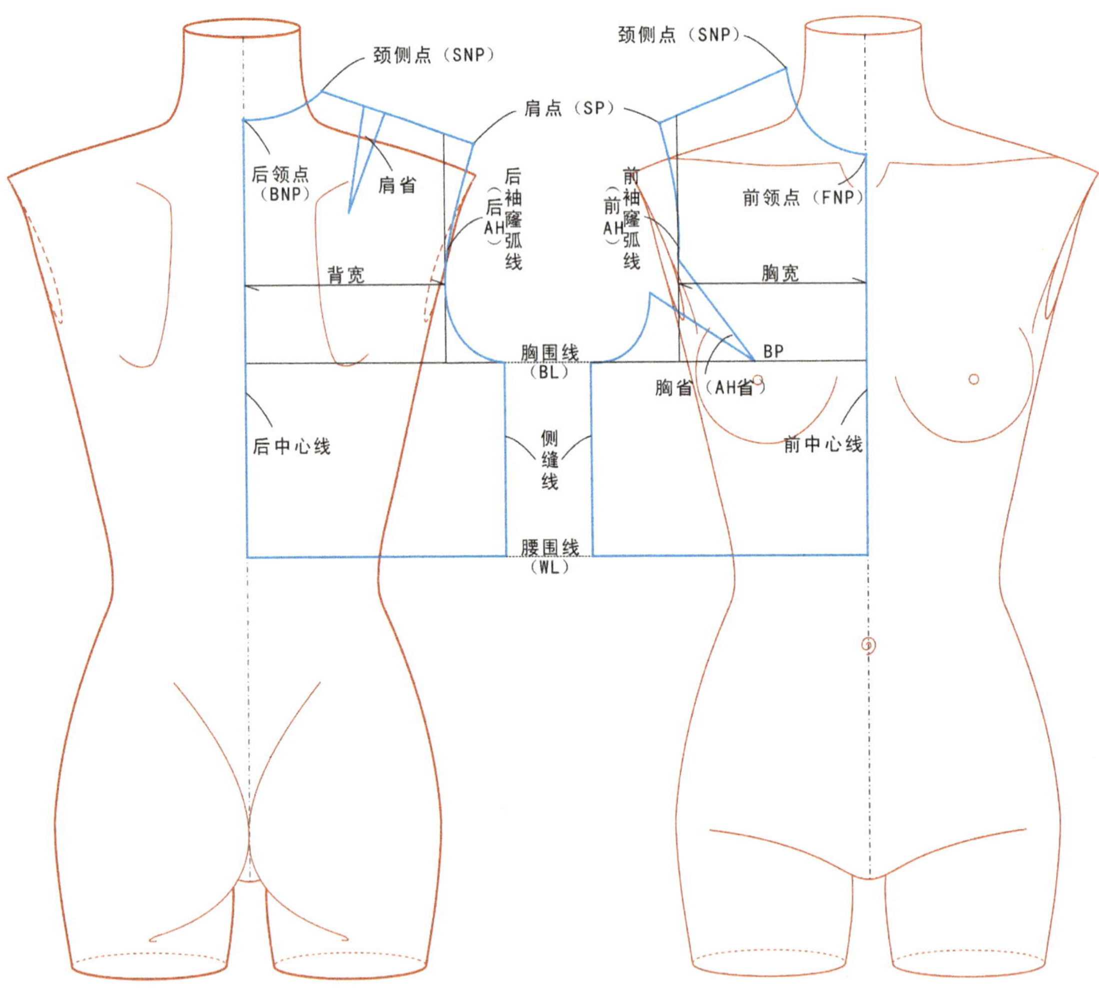

图1.41

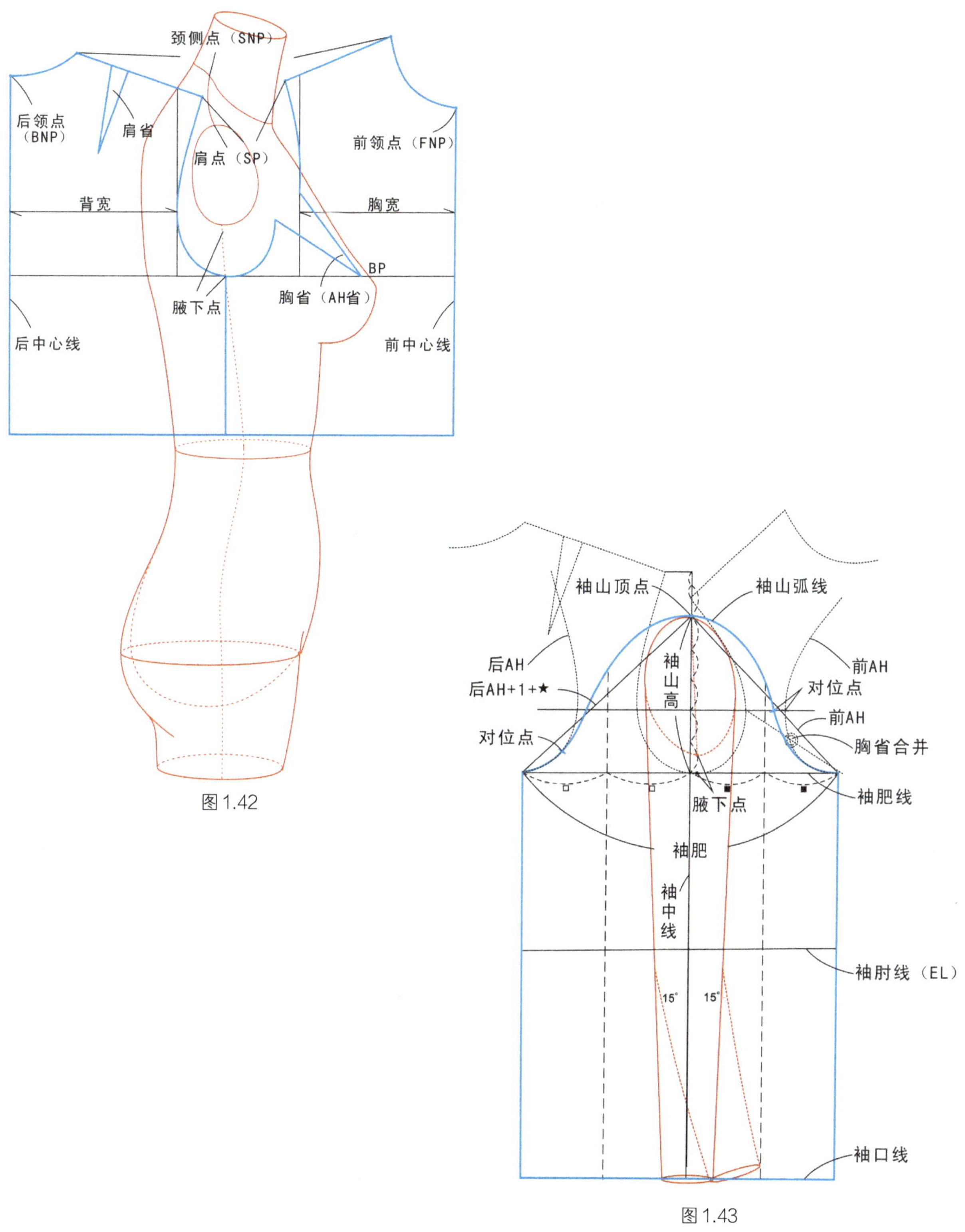

图1.42

图1.43

实践与操作：绘制日本文化式女上装原型整体结构图

日本文化式原型的制图公式是在大量实验数据的基础上归纳成型的。成人女上装原型利用胸围和背长进行制图，同时以右半身状态为参考。不同规格各部位尺寸可参照表1.1。

表 1.1

文化式原型各部位尺寸明细表 单位：cm													
项目 / B	前后身宽	Ⓐ~ BL	背宽	Ⓑ~ BL	胸宽	B/32	前领口宽	前领口深	胸省		后领口宽	后肩省	★
	B/2+6	B/12+13.7	B/8+7.4	B/5+8.3	B/8+6.2	B/32	B/24+3.4=◎	◎ +0.5	(B/4-2.5)/度	B/12-3.3	◎ +0.5	B/32-0.8	★
74	43.0	19.9	16.7	23.1	15.5	2.3	6.5	7.0	16.0	2.9	6.7	1.5	0.0
75	43.5	20.0	16.8	23.3	15.6	2.3	6.5	7.0	16.3	3.0	6.7	1.5	0.0
76	44.0	20.0	16.9	23.5	15.7	2.4	6.6	7.1	16.5	3.0	6.8	1.6	0.0
77	44.5	20.1	17.0	23.7	15.8	2.4	6.6	7.1	16.8	3.1	6.8	1.6	0.0
78	45.0	20.2	17.2	23.9	16.0	2.4	6.7	7.2	17.0	3.2	6.9	1.6	0.0
79	45.5	20.3	17.3	24.1	16.1	2.5	6.7	7.2	17.3	3.3	6.9	1.7	0.0
80	46.0	20.4	17.4	24.3	16.2	2.5	6.7	7.2	17.5	3.4	6.9	1.7	0.0
81	46.5	20.5	17.5	24.5	16.3	2.5	6.8	7.3	17.8	3.5	7.0	1.7	0.0
82	47.0	20.5	17.7	24.7	16.5	2.6	6.8	7.3	18.0	3.5	7.0	1.8	0.0
83	47.5	20.6	17.8	24.9	16.6	2.6	6.9	7.4	18.3	3.6	7.1	1.8	0.0
84	48.0	20.7	17.9	25.1	16.7	2.6	6.9	7.4	18.5	3.7	7.1	1.8	0.0
85	48.5	20.8	18.0	25.3	16.8	2.7	6.9	7.4	18.8	3.8	7.1	1.9	0.1
86	49.0	20.9	18.2	25.5	17.0	2.7	7.0	7.5	19.0	3.9	7.2	1.9	0.1
87	49.5	21.0	18.3	25.7	17.1	2.7	7.0	7.5	19.3	4.0	7.2	1.9	0.1
88	50.0	21.0	18.4	25.9	17.2	2.8	7.1	7.6	19.5	4.0	7.3	2.0	0.1
89	50.5	21.1	18.5	26.1	17.3	2.8	7.1	7.6	19.8	4.1	7.3	2.0	0.1
90	51.0	21.2	18.6	26.3	17.5	2.8	7.2	7.7	20.0	4.2	7.4	2.0	0.2
91	51.5	21.3	18.8	26.5	17.6	2.8	7.2	7.7	20.3	4.3	7.4	2.0	0.2
92	52.0	21.4	18.9	26.7	17.7	2.9	7.2	7.7	20.5	4.4	7.4	2.1	0.2
93	52.5	21.5	19.0	26.9	17.8	2.9	7.3	7.8	20.8	4.5	7.5	2.1	0.2
94	53.0	21.5	19.2	27.1	18.0	2.9	7.3	7.8	21.0	4.5	7.5	2.1	0.2
95	53.5	21.6	19.3	27.3	18.1	3.0	7.4	7.9	21.3	4.6	7.6	2.2	0.3
96	54.0	21.7	19.5	27.5	18.2	3.0	7.4	7.9	21.5	4.7	7.6	2.2	0.3
97	54.5	21.8	19.6	27.7	18.3	3.0	7.4	7.9	21.8	4.8	7.6	2.2	0.3
98	55.0	21.9	19.7	27.9	18.5	3.1	7.5	8.0	22.0	4.9	7.7	2.3	0.3
99	55.5	22.0	19.8	28.1	18.6	3.1	7.5	8.0	22.3	5.0	7.7	2.3	0.3
100	56.0	22.0	19.9	28.3	18.7	3.1	7.6	8.1	22.5	5.0	7.8	2.3	0.4

1 女上装原型衣身框架图的绘制

① 以Ⓐ点为后颈点，向下取背长长度作为后中线。

② 以Ⓑ点为起点，作后中线的垂线，画出腰围线，并确定身幅宽度为B/2+6。

③ 从Ⓐ向下取B/12+13.7确定胸围线，并取胸围线长度为B/2+6（如图1.44所示）。

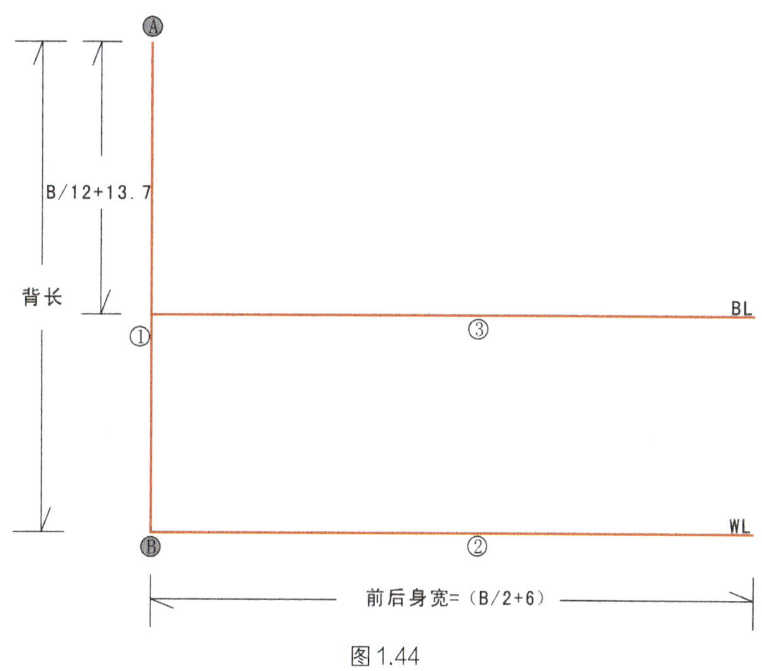

图1.44

④ 在腰围线上取Ⓒ点为起点，向上作腰围线的垂线，确定前中心线。

⑤ 以胸围线与后中线的交点Ⓓ点为起点，向前中线取后背宽B/8+7.4，确定Ⓔ点。

⑥ 以Ⓐ点为起点画水平线，与背宽线相交（如图1.45所示）。

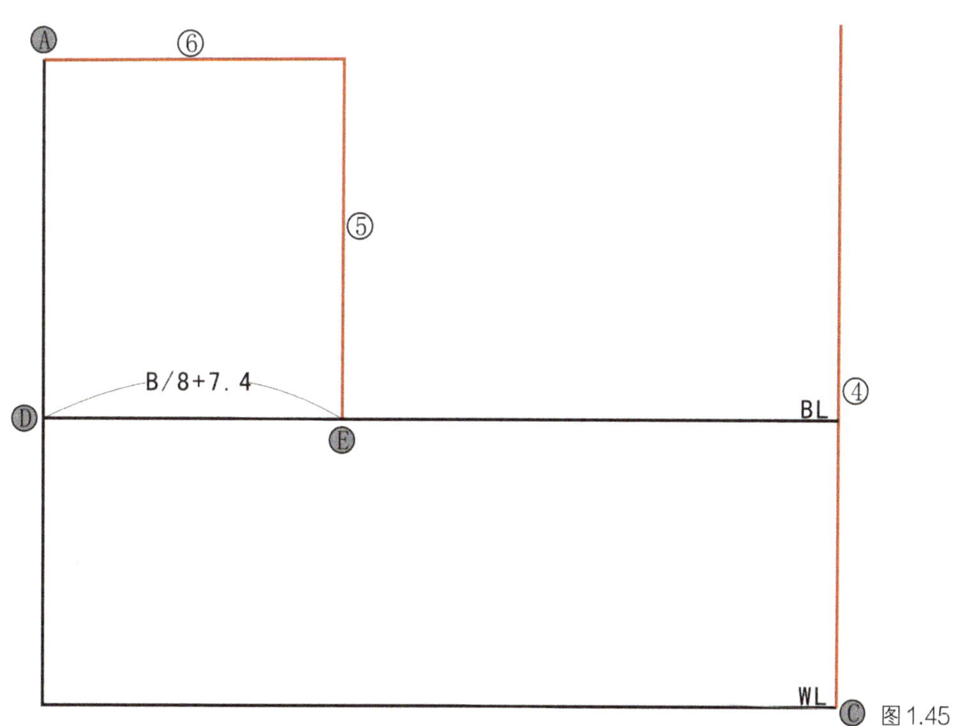

图1.45

⑦ 以Ⓐ点为起点向下量取8cm画水平线，与背宽线相交于Ⓕ点。将该水平线分成两等份，以中点向背宽线方向取1cm确定Ⓖ点，作为肩省省尖点。

⑧ 将Ⓔ点与Ⓕ点之间的线段两等分，以中点向胸围线方向取0.5cm，以该点向前中线方向画水平线（如图1.46所示）。

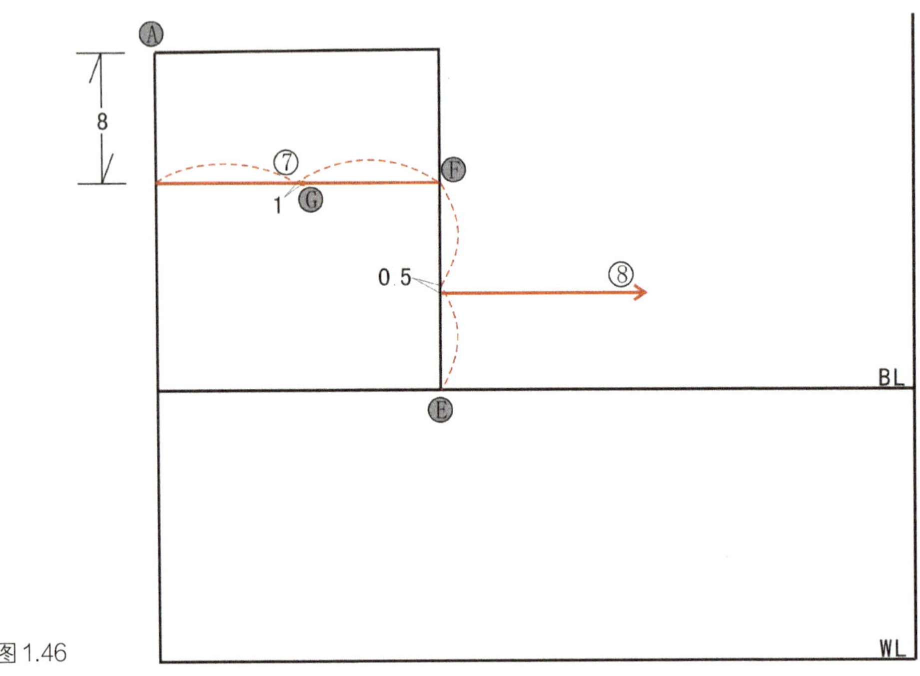

图1.46

⑨ 以胸围线和前中心线的交点Ⓗ点为起点向上量取B/5+8.3，确定Ⓘ点，以Ⓘ点为起点画一水平线。

⑩ 以Ⓗ点为起点在胸围线上量取B/8+6.2，确定Ⓙ点，以Ⓙ点为起点向上画垂线与线段⑨相交（如图1.47所示）。

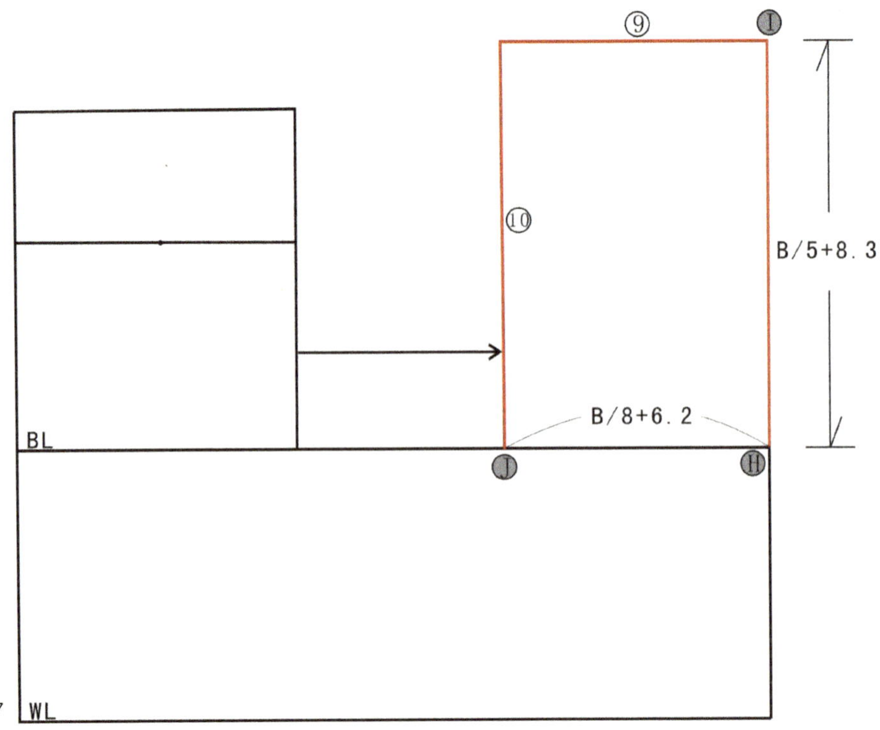

图1.47

⑪ 以Ⓙ点为起点向后中心线方向量取B/32，确定Ⓚ点，以Ⓚ点为起点向上作垂线与线段⑧相交。将Ⓗ点和Ⓙ点之间的线段两等分，向后中心线方向取0.7cm作为BP点。

⑫ 将Ⓔ点和Ⓚ点之间的线段两等分，以中点为起点向下作垂线，与腰围线相交（如图1.48所示）。

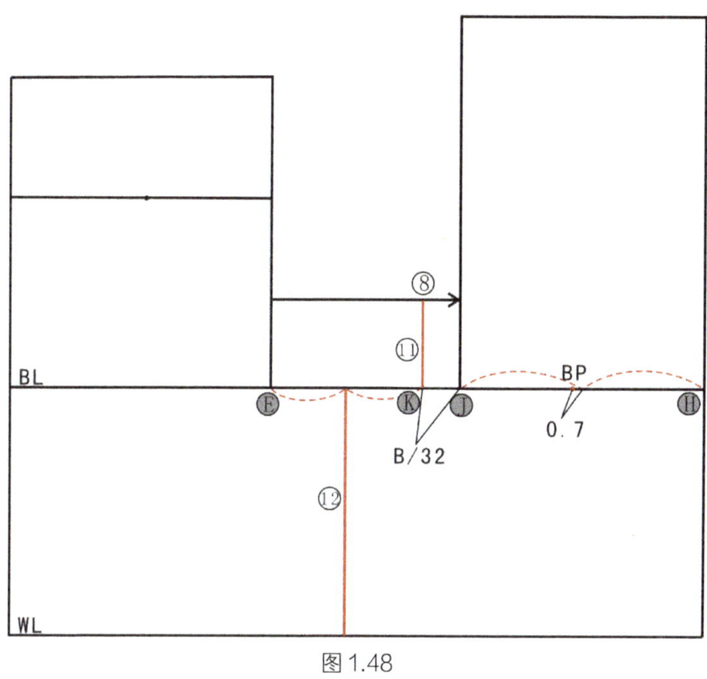

图1.48

日本文化式原型整体框架图如图1.49所示。

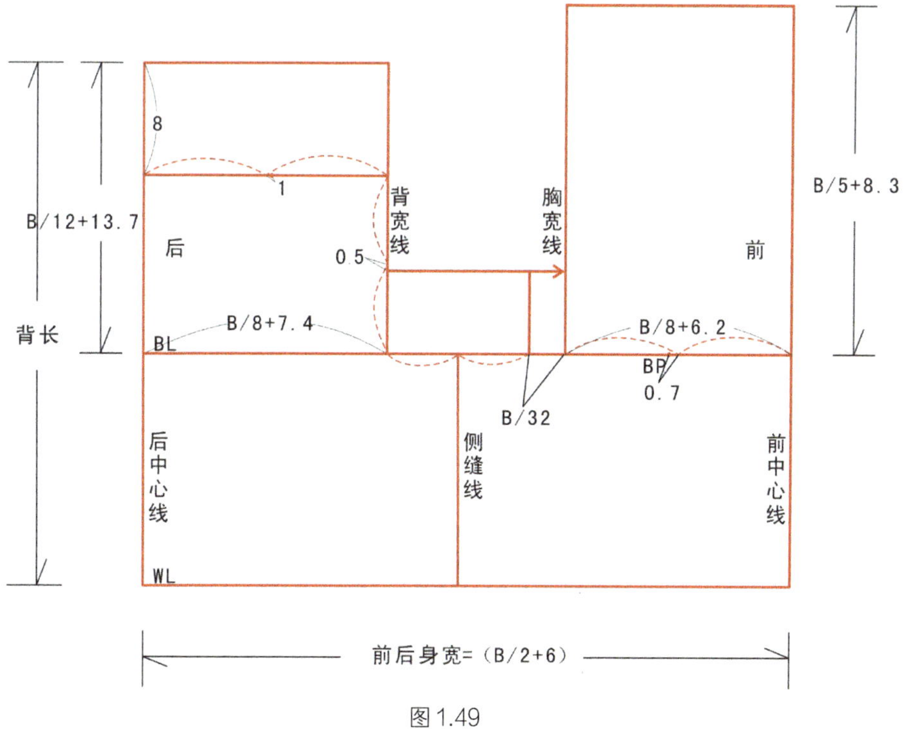

图1.49

2 女上装原型衣身结构图的绘制

① 前领口弧线：以Ⓘ点为起点，向背宽线方向取横开领宽B/24+3.4=◎，得到SNP，再以Ⓘ点为起点，向下取直开领深◎+0.5，绘制领口矩形。连接矩形对角线，并分成三等份，取1/3−0.5，确定Ⓛ点。将SNP、Ⓛ和直开领深点三点画弧，得到前领口弧线。

② 前小肩宽：以SNP为角度顶点，与线段⑨形成22。夹角画直线与胸宽线相交，并延长1.8cm，确定前小肩宽（如图1.50所示）。

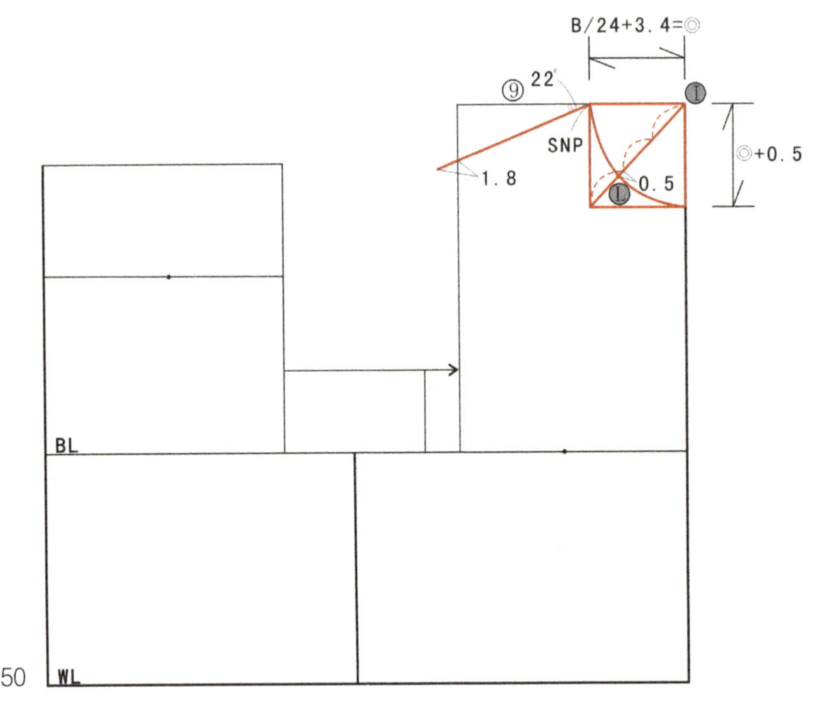

图1.50

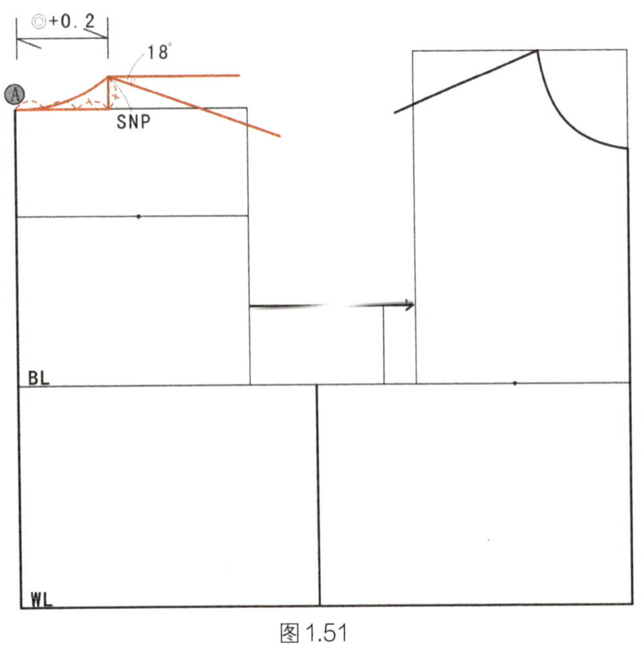

图1.51

③ 后领口弧线：以Ⓐ为起点向背宽线方向量取◎+0.2，确定后领宽，将其分成三等份，取1/3为后领深画垂直线，确定SNP。将Ⓐ点和SNP连成弧线，确定后领口弧线。

④ 后肩线：以SNP为起点向前中心线方向画水平线，SNP为角顶点与水平线形成18°夹角画直线，长度取前小肩+肩省量，确定后肩线（如图1.51所示）。

⑤ 肩省：以Ⓖ点为起点向上做垂线相交于后肩线，自该点向肩端点偏移1.5cm，再量取B/32-0.8作为肩省量，绘制出肩省。

⑥ 后袖窿弧线：将袖窿宽ⒺⓀ分成六等份，取1/6为▲。以Ⓔ为起点往袖窿方向绘制角平分线长度为▲+0.8cm，以Ⓚ为起点往袖窿方向绘制角平分线长度为▲+0.5cm。自肩点经背宽至胸围线画出后袖窿弧线，顺势画出前腋下弧线（如图1.52所示）。

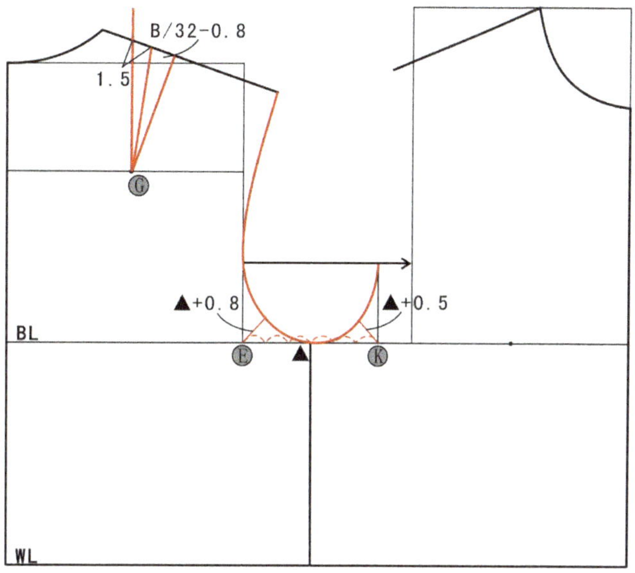

图1.52

⑦ 胸省：将胸高点（BP）与前腋下弧连接，确定胸省一条边线。以BP为角顶点，绘制夹角为（B/4-2.5）°的胸省，画顺袖窿弧线与前胸宽相切（如图1.53所示）。

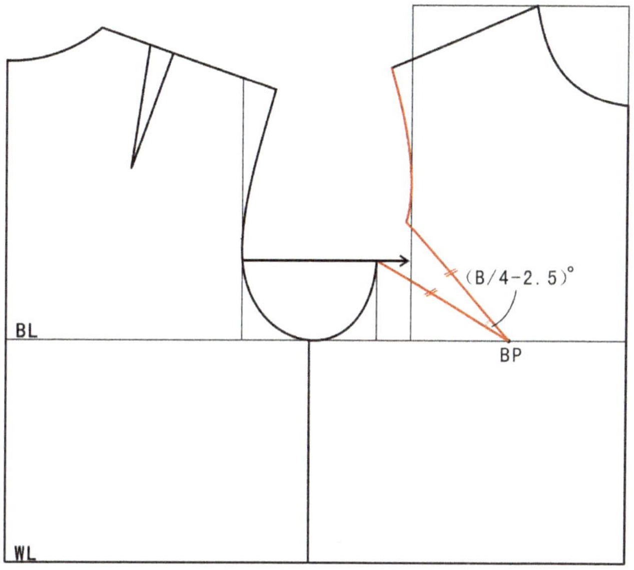

图1.53

⑧ 腰省：腰围留6cm余量，其余胸腰差按人体胸腰造型垂直收腰省，腰省差量的计算公式及腰省的分配如图1.54所示。

注意:

腰省分配量主要针对原型造型，在原型应用时，可选择相关省量，不必每个省量一一列出。

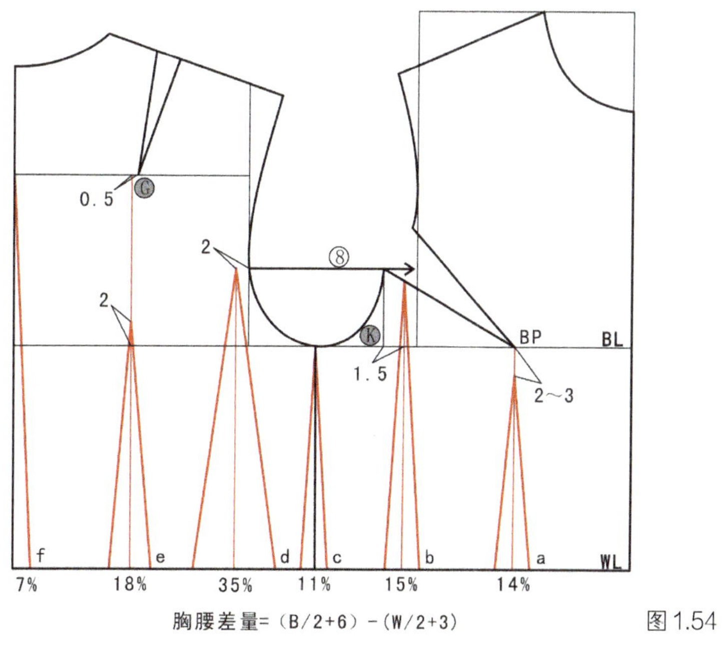

图1.54

3 女上装原型袖子的绘制

① 拷贝衣身原型的前后袖窿弧线，并将前片袖窿省合并，画顺袖窿弧线。

② 向上延长侧缝线，自前后肩点向侧缝延长线画水平线，将两交点间的距离平分，量取中点至胸围线之间的距离，自下往上取5/6作为袖山高（如图1.55所示）。

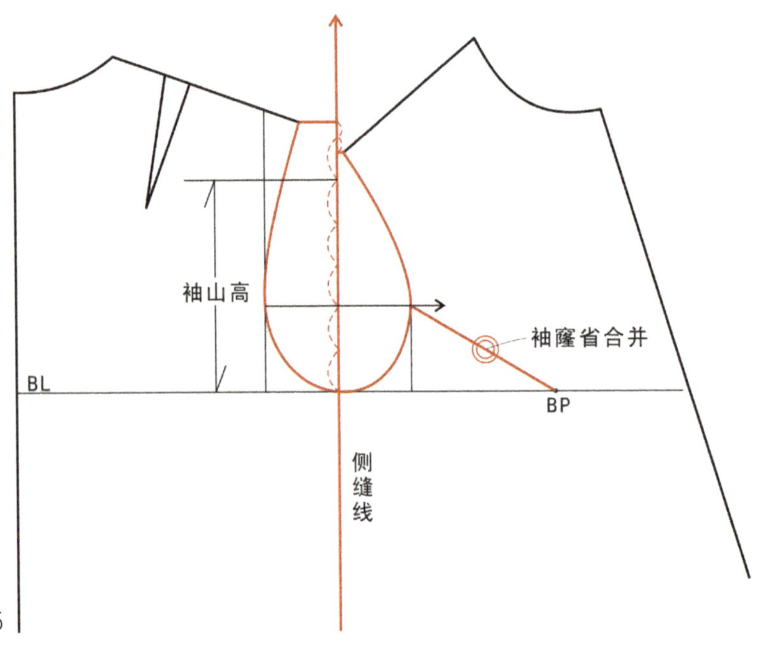

图1.55

③ 以袖山顶点为起点，向前片的胸围线取斜线长前AH，与胸围线相交于Ⓐ点，向后片的胸围线取斜线长后AH+1+★，与胸围线相交于Ⓑ点。

④ 以袖山顶点为起点，向下量取袖长画水平线确定袖长线，向下量取袖长/2+2.5cm画水平线确定袖肘线。自前、后袖山斜线与胸围线的交点处向下作垂线，与袖肘线、袖长线相交（如图1.56所示）。

图1.56

⑤ 将衣身袖窿弧线上●和○之间的距离拷贝至原型袖子框架上，确定袖山弧线底部辅助点Ⓒ点、Ⓓ点。

⑥ 在前袖山斜线与袖窿省水平线的交点处往上量取1cm，确定Ⓔ点，在后袖山斜线与袖窿省水平线的交点处往下量取1cm，确定Ⓕ点

⑦ 以袖山顶点为起点，量取前袖山斜线的1/4，自1/4的点作前袖山斜线的垂线，长度为1.8～1.9cm，确定袖山弧线顶部辅助点Ⓖ。经1/4的点再作水平线与后袖山斜线相交，自交点作后袖山斜线的垂线，垂线长度为1.9～2cm，确定袖山弧线顶部辅助点Ⓗ（如图1.57所示）。

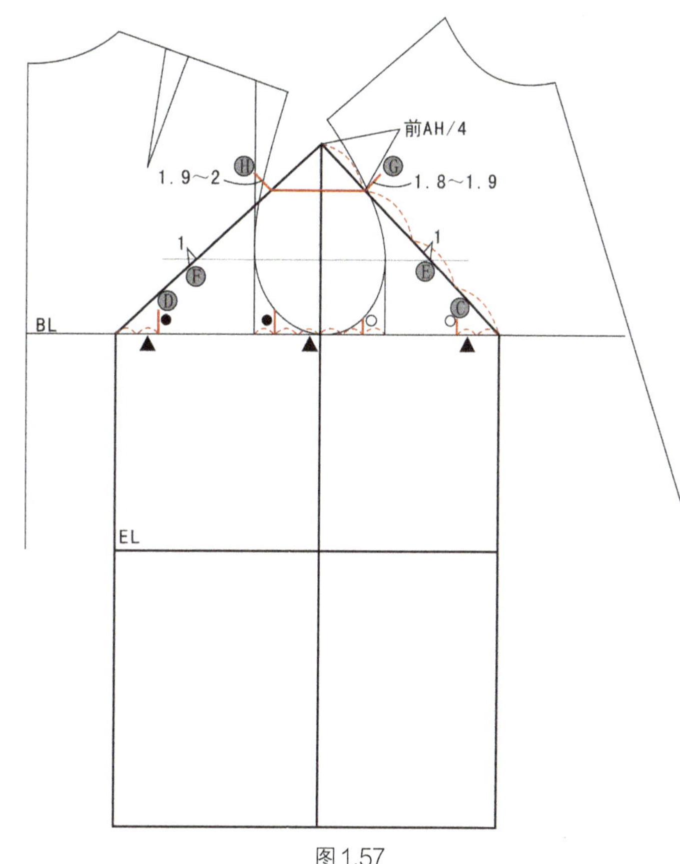

图1.57

⑧ 将Ⓐ、Ⓒ、Ⓔ、Ⓖ、袖山顶点、Ⓗ、Ⓕ、Ⓓ、Ⓑ9个点依次连接画顺，确定袖山弧线。

⑨ 量取腋下点至前袖窿弧线与袖窿省水平线交点的长度，同时以Ⓐ点为起点在袖山弧线上量取相同的长度确定前袖窿与前袖山的对位点。后袖窿与后袖山以●与其的交点为对位点（如图1.58所示）。

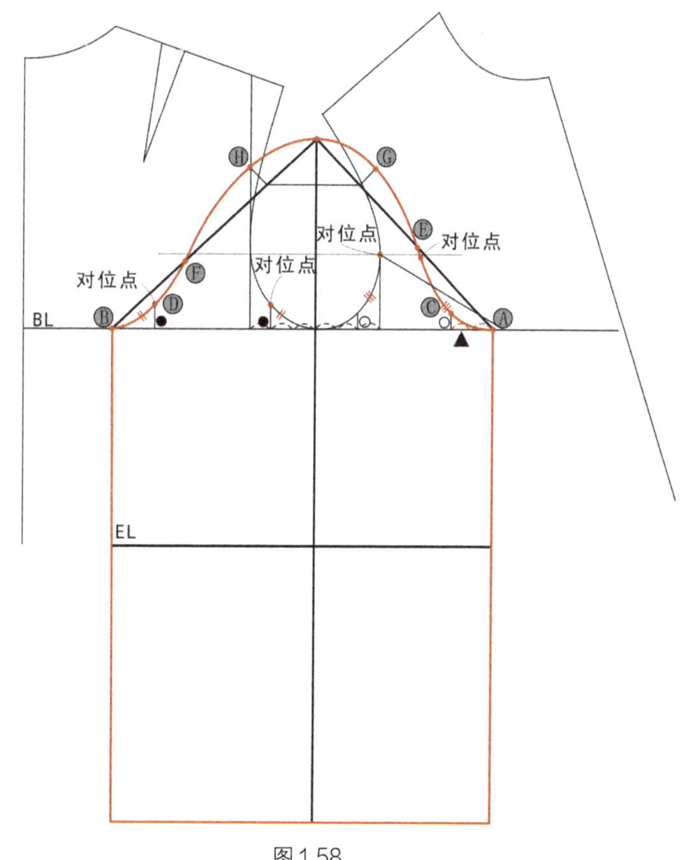

图1.58

4 日本文化式女上装原型整体结构图

最终绘制成的日本文化式原型女上装整体结构图如图1.59和图1.60所示。

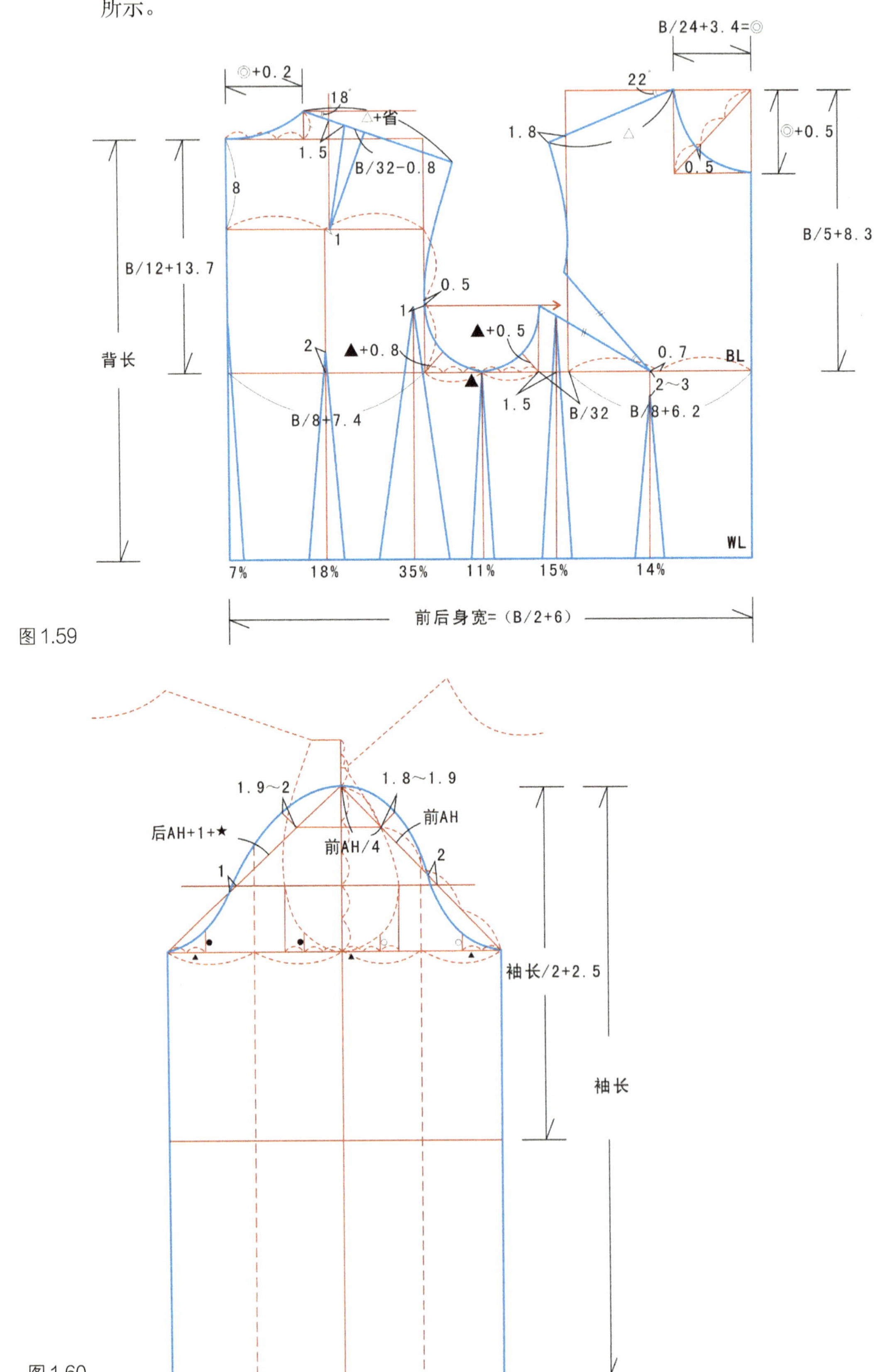

图1.59

图1.60

作业布置：绘制自己的原型纸样并制作原型衣

运用女上装原型的构成原理与绘制方法，分组测量自己的尺寸，绘制出自己的原型纸样并制作原型衣。

具体要求：

1. 每3～5人一组，男、女均衡搭配，测量2或3位女生尺寸（主要是胸围尺寸，其他部位按需测量）进行比较。

2. 挑选一位女同学的测量所得尺寸，按照日本文化式原型的绘制方法绘制出她的上装原型。

3. 将绘制出的原型纸样制作成原型衣，并试穿，进一步了解原型衣与人体之间的关系。

读书笔记

项目2 女上装纸样设计与立体造型

项目学习目标

学习目标

通过学习，能够根据企业的需要，按照制单要求，独立或相互合作完成女衬衫、女春秋装、女西装的纸样设计与立体造型，并通过立体造型来检验纸样的准确性，从而提高服装制板专业技术水平，增强团队合作意识，为适应服装企业发展打下基础。

相关知识

能够准确看懂制单、款式图特点；掌握现代女装制板技术；运用立体造型检验板型的准确性，学会调整修正纸样。

项目任务

1. 女衬衫纸样设计与立体造型
2. 女春秋装纸样设计与立体造型
3. 女西装纸样设计与立体造型
4. 女上装中长款式结构设计

任务2.1 女衬衫纸样设计与立体造型

【任务要求】

根据所提供的制单，分析审视制单所给出的信息，并按照制单要求进行纸样设计。

任务准备：识读设计通知单和款式图

1 解析纸样设计通知单

当接到纸样设计制单（如图2.1所示）时，不能拿过来就盲目地进行纸样设计，必须先从以下几个方面对制单进行解析。

制单用语——服装专业术语随地方不同而称呼不同，所以必须先对制单专业词汇有所了解。如本书的“介英”即袖头、“门筒”即叠门、“夹圈”即袖窿等。

用料要求——用料包括面料、里料、衬料和其他辅料，用料不同对制板的要求也有所不同。如制板前要对面料、里料进行预缩、考虑面料对条对格，以及面料是否分倒顺等问题。

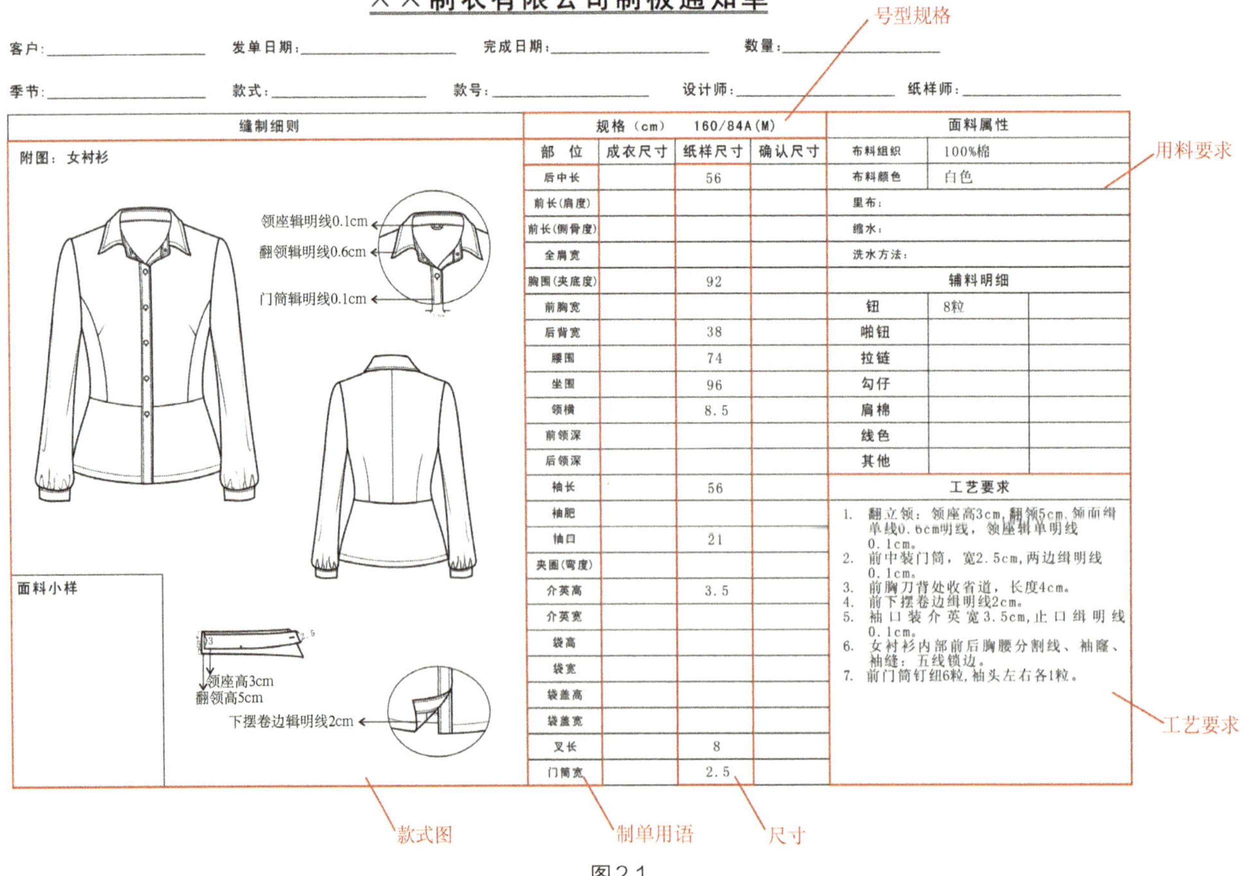

××制衣有限公司制板通知单

客户：　　发单日期：　　完成日期：　　数量：

季节：　　款式：　　款号：　　设计师：　　纸样师：

缝制细则

附图：女衬衫

规格（cm）　160/84A(M)

部　位	成衣尺寸	纸样尺寸	确认尺寸
后中长		56	
前长(肩度)			
前长(侧骨度)			
全肩宽			
胸围(夹底度)		92	
前胸宽			
后背宽		38	
腰围		74	
坐围		96	
领横		8.5	
前领深			
后领深			
袖长		56	
袖肥			
袖口		21	
夹圈(弯度)			
介英高		3.5	
介英宽			
袋高			
袋宽			
袋盖高			
袋盖宽			
叉长		8	
门筒宽		2.5	

面料属性	
布料组织	100%棉
布料颜色	白色
里布：	
缩水：	
洗水方法：	

辅料明细		
钮	8粒	
啪钮		
拉链		
勾仔		
肩棉		
线色		
其他		

工艺要求

1. 翻立领：领座高3cm，翻领5cm，领面缉单线0.6cm明线，领座辑单明线0.1cm。
2. 前中装门筒，宽2.5cm，两边缉明线0.1cm。
3. 前胸刀背处收省道，长度4cm。
4. 前下摆卷边缉明线2cm。
5. 袖口装介英宽3.5cm，止口缉明线0.1cm。
6. 女衬衫内部前后胸腰分割线、袖窿、袖缝：五线锁边。
7. 前门筒钉纽6粒，袖头左右各1粒。

图2.1

款式图（或实物照片）——款式图（或实物照片）是一份工艺制单的指导性文件，必须从多角度去审视款式图，保证服装顺利生产。

规格尺寸——规格尺寸是控制服装比例的重要数据，必须严格控制，错一个数据，整件衣服的比例就将发生变化。

工艺要求——工艺要求也是样板制作的技术指令之一。例如工艺要求的缝型不同，样板缝份的加放量也就不同。

2 审视设计款式图

根据所提供的女衬衫款式图，分析审视款式图所提供的信息，并按照款式图要求进行纸样设计（如图2.2所示）。

正面图——首先把握款式的胸围、腰围、臀围线的位置。其次，看清款式内部结构，找到相对应参照部位，把握结构和参照部位之间的比例关系。

背面图——参照后中、侧缝线，观察结构线在后片所在的位置关系。

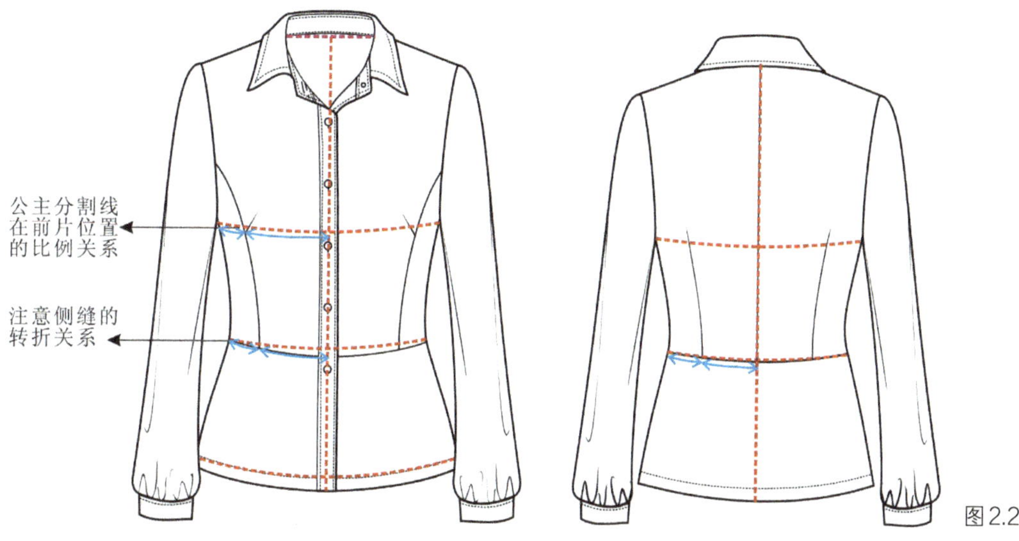

图2.2

注意：

由于样衣是穿在模型上，需考虑到样衣的透视关系。人体是有一定厚度的，在分析前分割线的位置时，要考虑到样衣侧缝的转折关系；在分析领子的翻折比例关系时，还要考虑到领子翻折的厚度等。

实践与操作：完成女衬衫纸样设计与立体造型

1 女衬衫纸样设计过程

根据制板通知单提供的规格尺寸，可以利用日本文化式女上装原型进行纸样设计。原型号型160/84A，净胸围84cm，背长38cm。

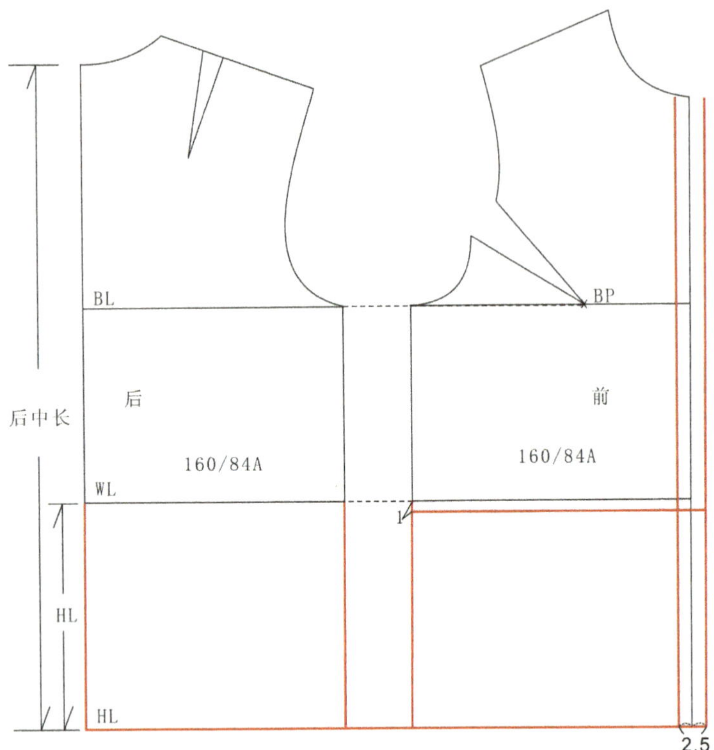

图2.3

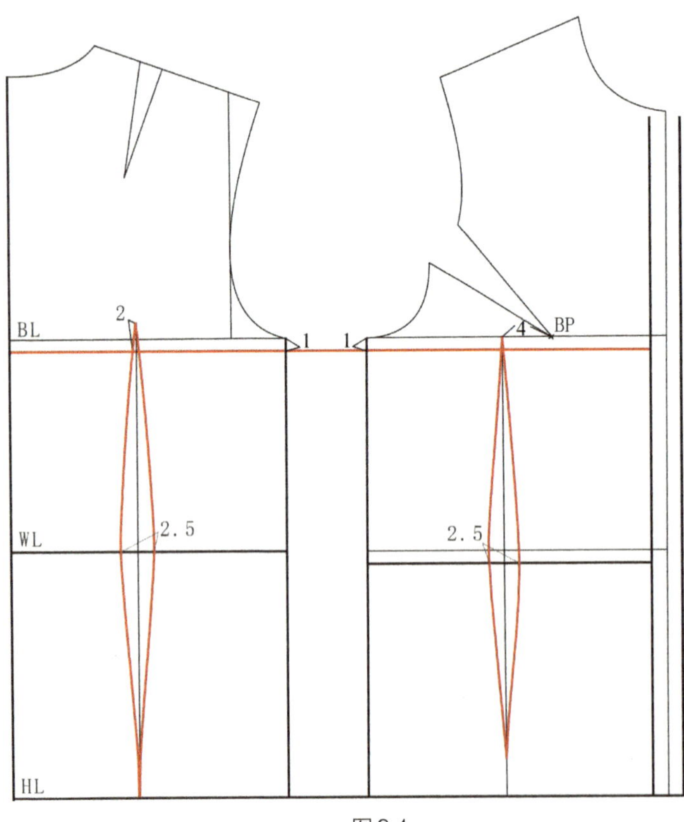

图2.4

（1）前、后片纸样设计

① 后衣长——自原型腰围线与后中线的交点向下量取18cm绘制水平线为衣长线，即臀围线。

② 前、后侧缝线——自原型前、后侧缝线与腰围线交点向下画垂线与臀围线相交。

③ 前中线——将原型前中线向下延长至臀围线。

④ 前门筒线——以前中线为中线向两边绘制平行线，平行线的宽度为2.5cm（如图2.3所示）。

⑤ 前片腰线——自原型前片腰围线向下量取1cm绘制水平线。

⑥ 袖窿深线（胸围线）——自原型胸围线向下量取1cm绘制水平线确定胸围线。

⑦ 后腰省——参照原型省道绘制方法绘制后腰省，省大2.5cm。

⑧ 前腰省——自BP点向侧缝水平移动4cm确定省尖，向下作垂线绘制前腰省，省大2.5cm（如图2.4所示）。

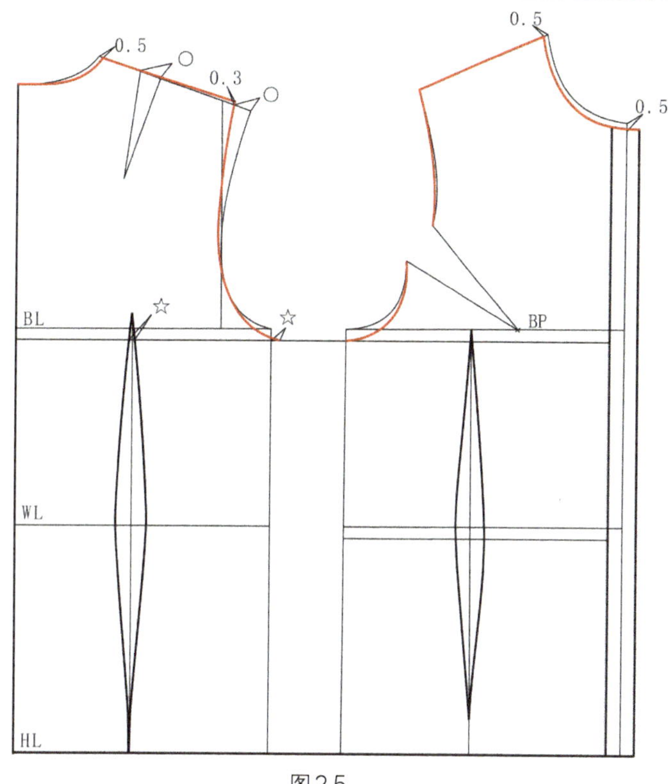

图2.5

⑨ 后领口弧——在原型领口基础上，肩颈点往外偏移0.5cm画顺弧线。

⑩ 后肩线——在原型后肩的基础上减去省道○，肩端点上抬0.3cm，即后肩长。

⑪ 后袖窿弧线——将后肩点与后腋下点连接画顺弧线，即后袖窿弧线。由于后片腰省省尖超过胸围线，需在胸围线上补回收去的量☆。

⑫ 前领口弧——在原型领口的基础上，横开领宽加大0.5cm，直开领深加大0.5cm，两点画顺弧线。

⑬ 前袖窿弧线——将前肩点与前腋下点连接画顺，即前袖窿弧线。由于胸省需转移，暂不考虑胸省（如图2.5所示）。

⑭ 后中分割线——以后领深点为起点，顺滑连接至臀围线。腰围线处收腰1.5cm，臀围线处收1cm。

⑮ 后侧缝线——自腋下点在腰节线向内收腰1.5cm，臀围线放摆1cm连接画顺弧线，即后侧缝线。

⑯ 后底摆线——自衣长线与臀围线交点顺滑连接至侧缝线，侧缝起翘1cm。

⑰ 前侧缝线、前下摆线——参照后侧缝线和后下摆线（如图2.6所示）。

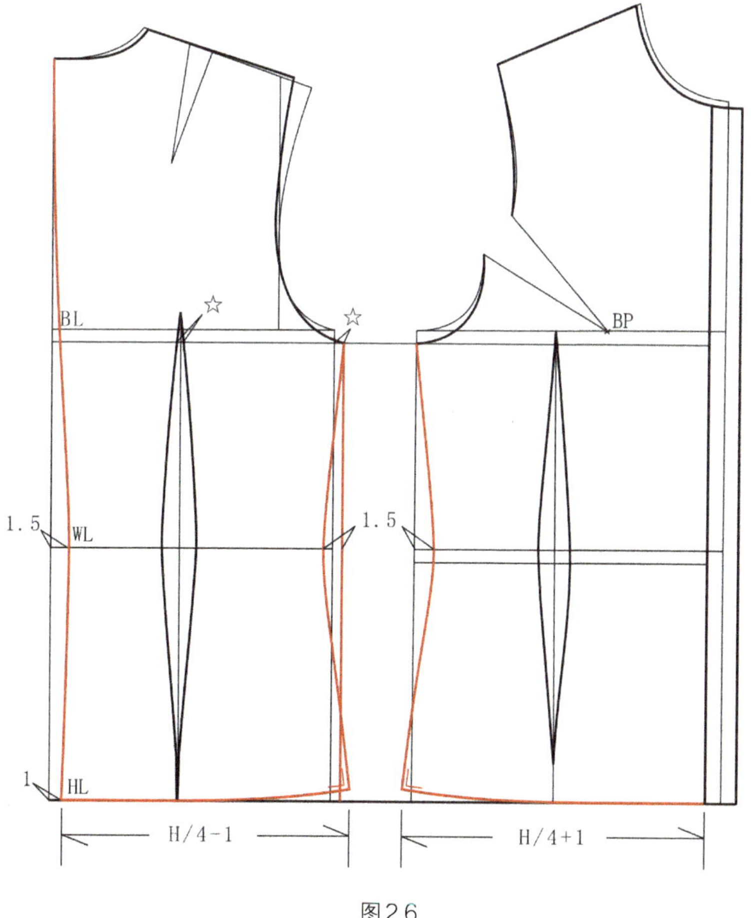

图2.6

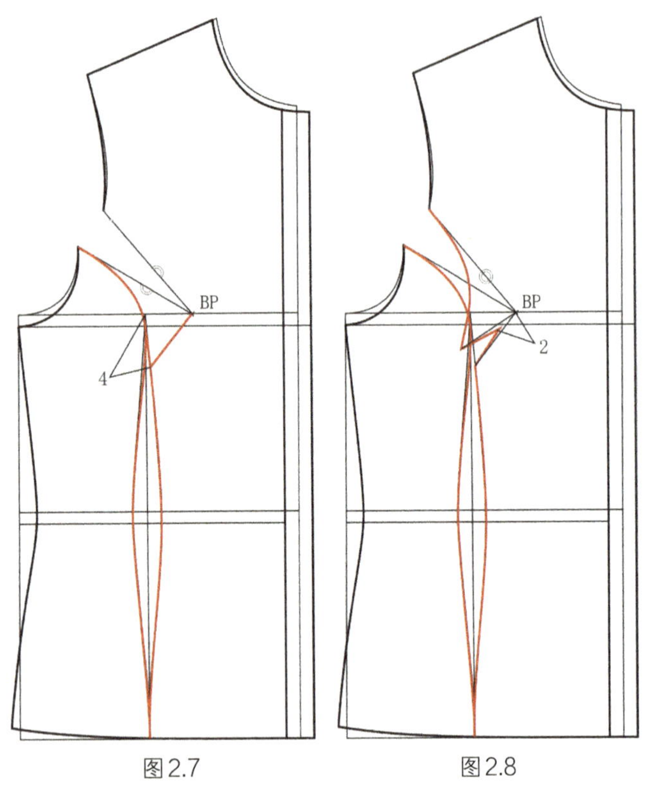

图2.7 图2.8

⑱ 前片分割线——以原型袖窿省端点为起点，顺滑连接分割线（如图2.7所示）。

⑲ 转省——合并原型袖窿省，将省道转移为腋下省（如图2.8所示）。

⑳ 前、后片横向分割线——后片横向分割线以后中分割线与腰节线的交点为起点，顺滑连接至侧缝线与腰节线的交点；前片横向分割线以前片腰节线与前中线的交点为起点，顺滑连接至原型侧缝线与腰围线的交点。

㉑ 扣眼定位——由衣片直开深垂直向上量1.5cm，为第一粒扣，从腰节向下量4cm定最末一粒扣，将此线段分5等份为扣眼的位置，共6粒扣（如图2.9所示）。

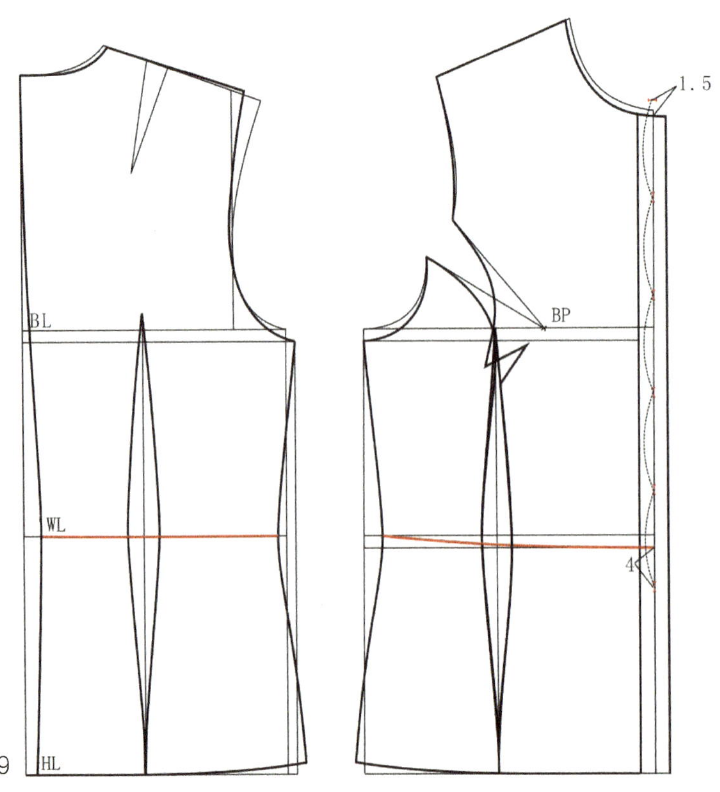

图2.9

㉒ 后片腰省转移——将后片下摆沿腰节分割线剪下，拼合后片腰省，画顺后片腰部弧线和下摆弧线（如图2.10所示）。

㉓ 前片腰省转移——将前片下摆沿腰节分割线剪下，拼合前片腰省，画顺前片腰部弧线和下摆弧线（如图2.11所示）。

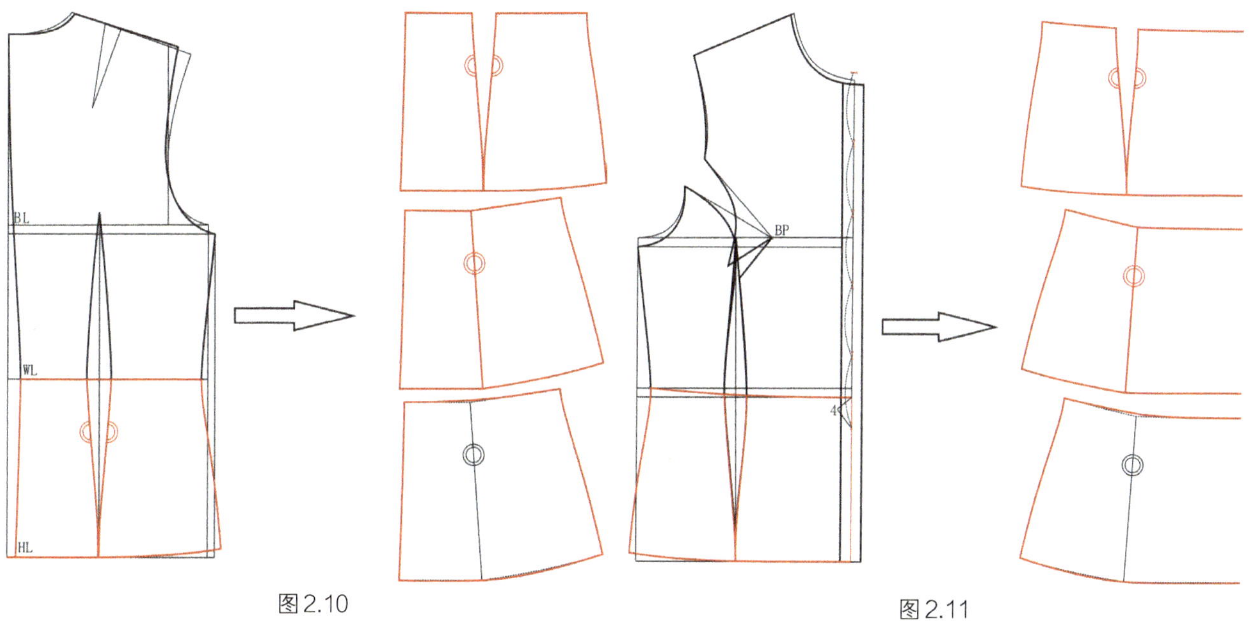

图2.10　　　　图2.11

（2）袖片制图

此款式为一片袖，袖型为灯笼袖。制图过程先画原型，后画袖口展开图。

① 袖子原型——根据日本文化式原型袖子的方法来画基本框架（如图2.12所示）。

② 袖山高——由于是女衬衫，考虑到袖子可适当宽松，袖山高在原型的基础上降落2cm。

③ 袖长——按照实际袖长-3.5cm（介英宽），从袖山高垂直向下量。

④ 袖肘——从袖山向下量袖长/2+2.5cm。

⑤ 袖山斜——前袖山斜等于前袖窿（FAH-0.2cm），后袖山斜等于后袖窿（BAH+0.5cm）。将前袖山斜分4等份，在袖山斜线的2等份下0.5cm定点，同样将后袖山斜线分4等份，在袖山斜线的3等份下2cm定点。

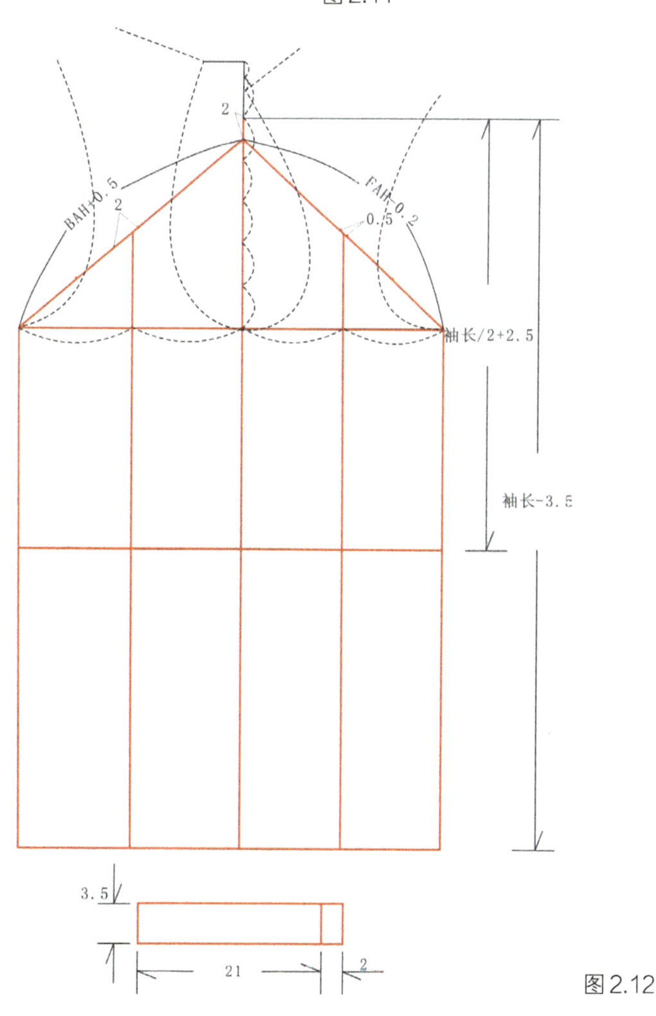

图2.12

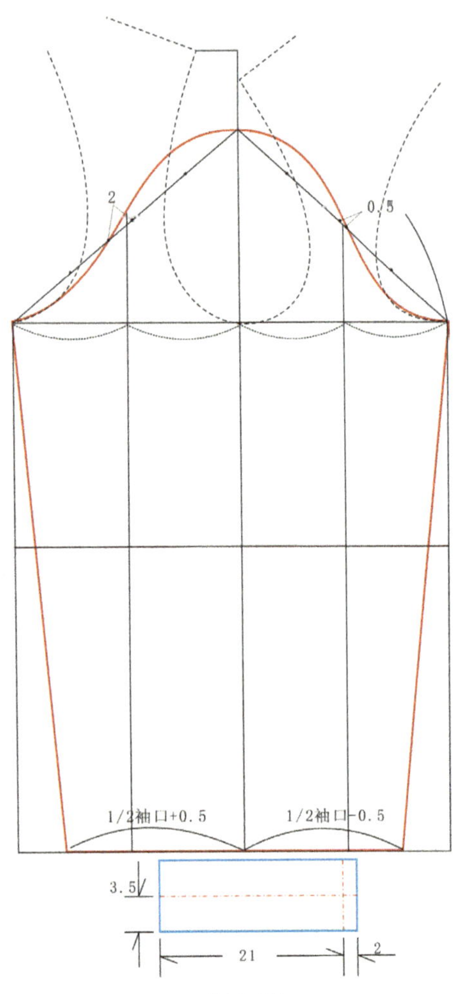

图2.13

⑥ 袖口——以袖中为基础线，前袖口在袖长基础线量出1/2袖口-0.5cm定点，后袖口在袖长基础线量出1/2袖口+0.5cm定点。

⑦ 袖侧缝——连接袖口点和袖肥点。

⑧ 介英——介英长21cm+2cm叠量，介英宽3.5cm，由于对折共7cm宽。

⑨ 画袖子外轮廓（如图2.13所示）。

⑩ 袖口展开图——先将前、后袖口、袖肥处分别分3等份，画直线，然后沿袖山和袖肥交点处剪开，再沿袖口展开缝剪开，每处放4cm，将袖口连线画顺（如图2.14所示）。

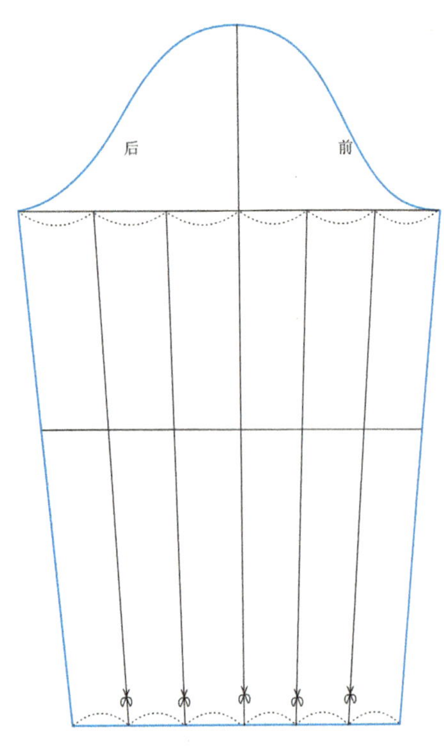

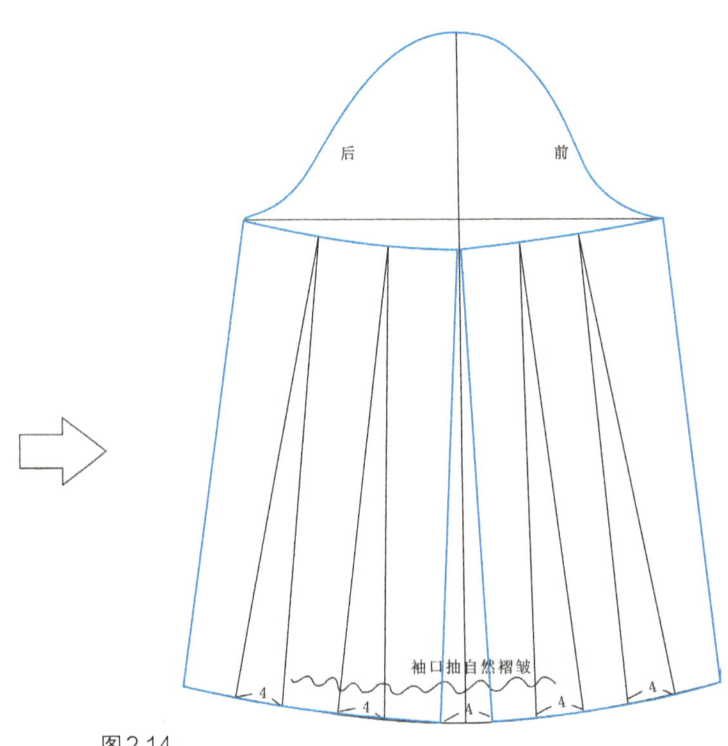

图2.14

（3）领片制图

① 画基本框架结构，如图2.15所示。

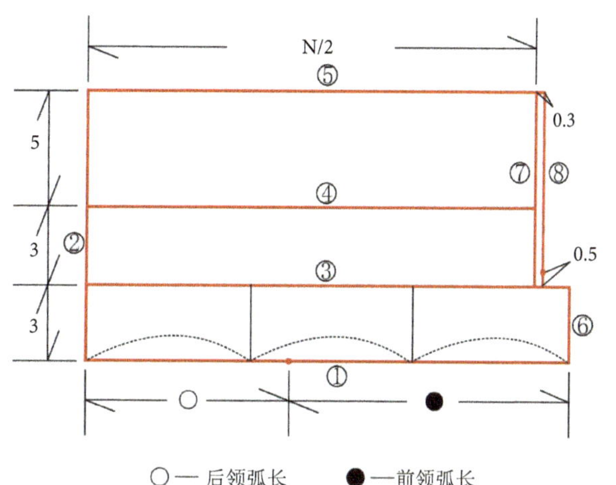

图2.15

② 画外轮廓，如图2.16所示。

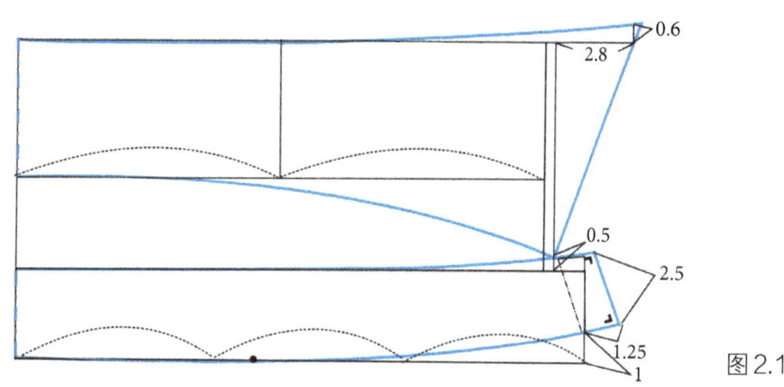

图2.16

③ 领座弧度要和领圈弧相吻合，这样制作后的效果更加伏贴，如图2.17所示。

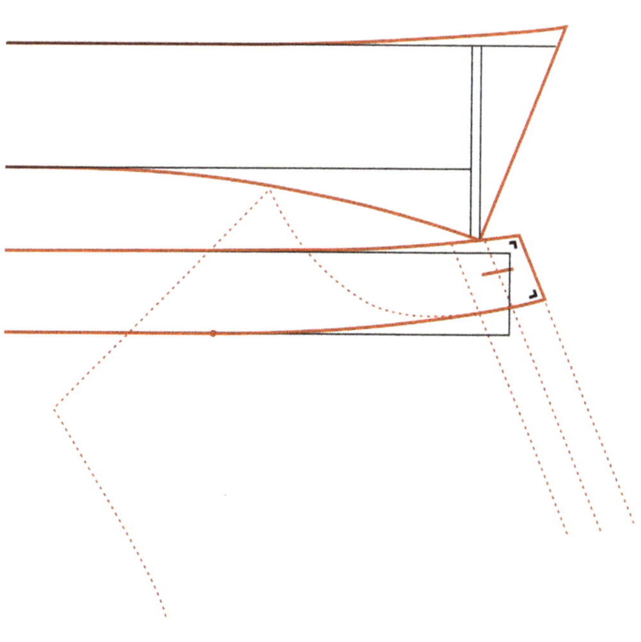
图2.17

2 女衬衫纸样设计整体图

女衬衫纸样设计整体图如图2.18所示。

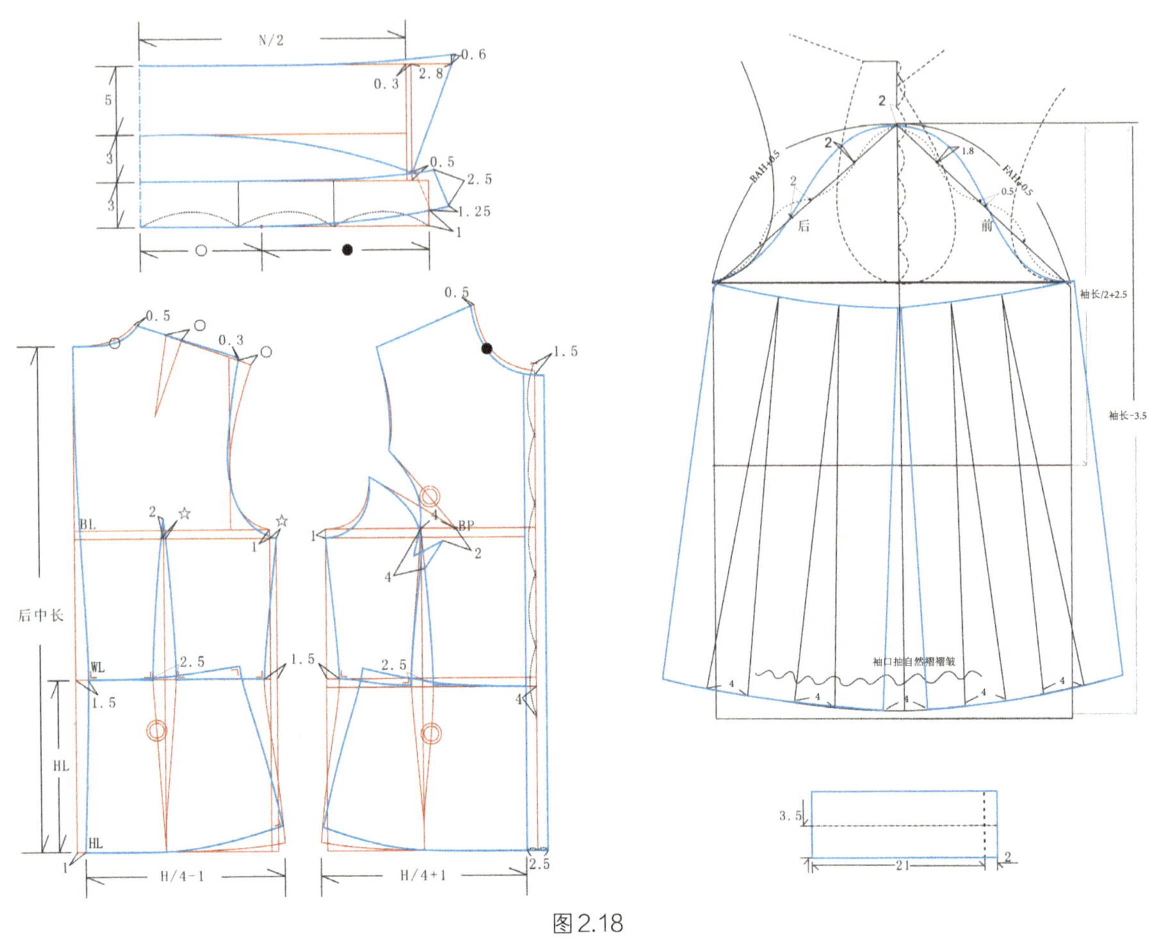

图2.18

3 女衬衫立体造型前准备

（1）配备器材

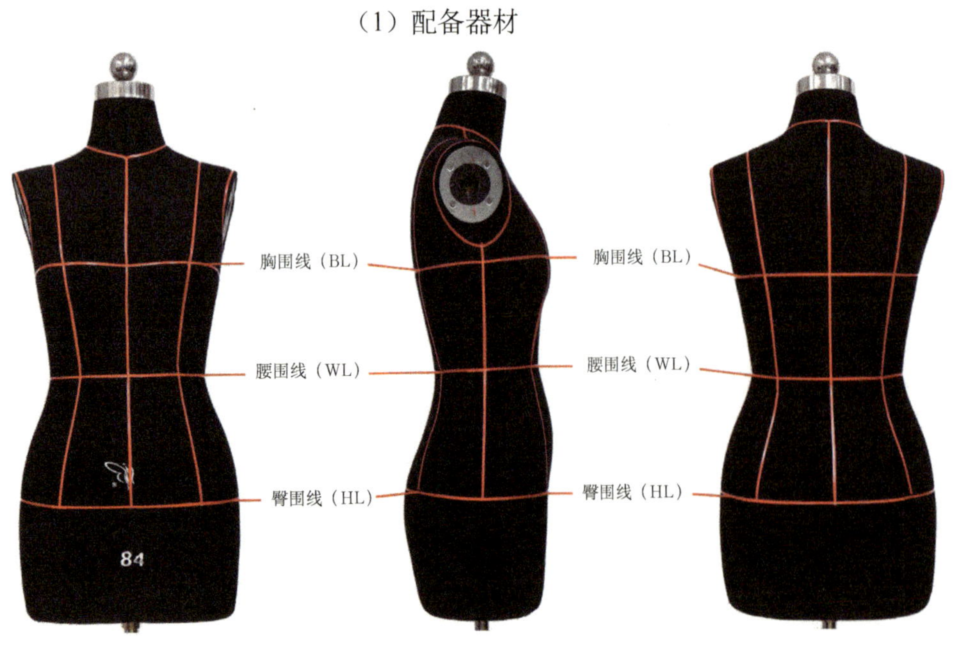

女衬衫立体造型准备

① 人台：M码（160/84A）标准女模如图2.19所示。

图2.19

② 纯棉白坯布。

③ 大头针：针尖细，针身长，无塑料头。

④ 插针包：一般自制。

⑤ 标记带：宽度0.3cm左右，颜色和人台模型颜色要有区别。

⑥ 尺子、剪刀、铅笔、橡皮、手工针、线、描线轮、压铁等。

（2）复制最初纸样

为了保留修改记录，将原结构图留下，需另外复制样板。复制时要保持画面整洁干净。为了保证造型的准确性和裁剪的需要，在纸样上要做以下标记。

前后衣身结构线——前中心线、前胸宽线、胸围线（袖窿深线）、腰围线（腰节线）、臀围线、前片轮廓线、省道、对位标记、经纱方向线、部位名称。

领子——领底线、后中线、颈肩点（SNP）、经纱方向线、部位名称。

袖子——袖山线、袖肥线、袖肘线（EL）、经纱方向线、部位名称。

门筒、介英——经纱方向线、部位名称。

（3）对最初纸样进行修正

为了避免假缝时裁片错位，要对复制后的纸样进行检查。将领口、肩部、袖山、袖口、低摆部位进行连接修改画顺（如图2.20所示）。蓝色线为裁片拼贴后的状态。

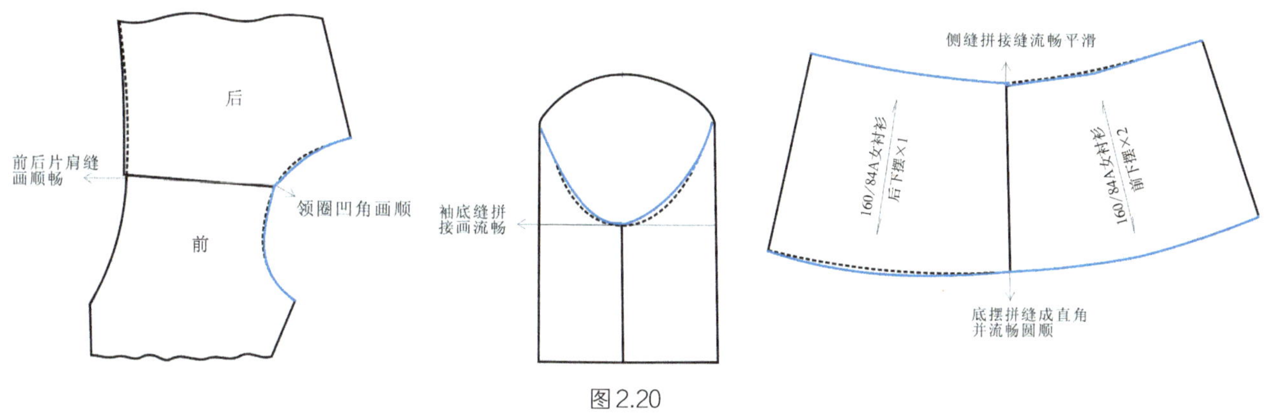

图2.20

（4）胚样裁剪

① 面料整烫：将白胚布用熨斗烫平整，并用熨斗调整好织物的纱向及纬斜现象，然后将白胚布对折放平。

② 将核对无误的1：1最初净缝纸样摆在对折白胚布上面（注意纸上的纱向符号应与织物纱向一致），检查无误后，用珠针或压铁将纸样固定在白胚布上。

③ 在最初净缝纸样上放缝，放缝的要求如下：由于要进行纸样修正，需留有足够的缝头量。女衬衫下摆一般放2.5cm缝头量，领圈、袖窿放1.2cm缝头量，其余放1.5cm缝头量。

④ 裁剪：裁剪时注意不要裁过量，根据裁片所留的缝头进行裁剪，注意裁剪的缝头要光洁流畅。

⑤ 裁片标记：由于立体造型是检验纸样造型的标准，所以要在裁片上将服装结构的基本线和相关标记做好，保证在缝制时不走样。

凡是纸样上所做的标记和所画的结构线，在坯布上都要做标记（如图2.21所示）。

图2.21

图2.22

（5）假缝技巧

大头针假缝法之对合法——将两块毛缝的面料反面相对后用大头针加以固定，此时大头针与布缝平行，可方便调整裁片的大小（如图2.22所示）。

大头针假缝法之折合法——将一块布料折光缝头后覆于另一块布料上，在折光的布缝上用呈斜向45°的珠针将面料固定，大头针之间的距离约3cm，反面不露针尖（如图2.23所示）。

手工假缝法——一般采用拱针，针距约2.5～3cm；有袖山吃势的部位（如袖山弧线上的吃势量），应先用拱针走一行，拱针针距为2mm，抽出吃势量然后再缝合（如图2.24所示）。

立体造型一般用大头针假缝法和手工假缝法结合来试做胚样。

图2.23

图2.24

（6）胚样修正技巧

① 胚样调试一般要反复进行三次，直到没有任何毛病为止。然后用笔沿调整后的缝合针迹重新做标记。

② 在上装调试过程中，应先调整前后身片，等前后身片问题解决之后，再装袖子、领子。

③ 在调试的过程中，沿调整后的缝合针迹点做标记，线迹为虚线，标记点的距离不要大于5mm。

④ 缝合的两层棉布，均要点好标记，以便调整纸样。

4 完成女衬衫立体造型

① 取出右前中衣片，将裁片前中心线、胸围线、腰围线与人台模型标记线相对应，用大头针固定（如图2.25所示）。

② 使前侧片中线与铅垂标记线对齐，胸围线、腰围线、臀围线与人台模型标记线相对应，抚平裁片，用大头针水平固定，沿分割处用大头针假缝“对合法”将前侧片与前中片拼合（如图2.26所示）。

女衬衫前片立体造型

女衬衫后片立体造型

女衬衫衣身立体造型

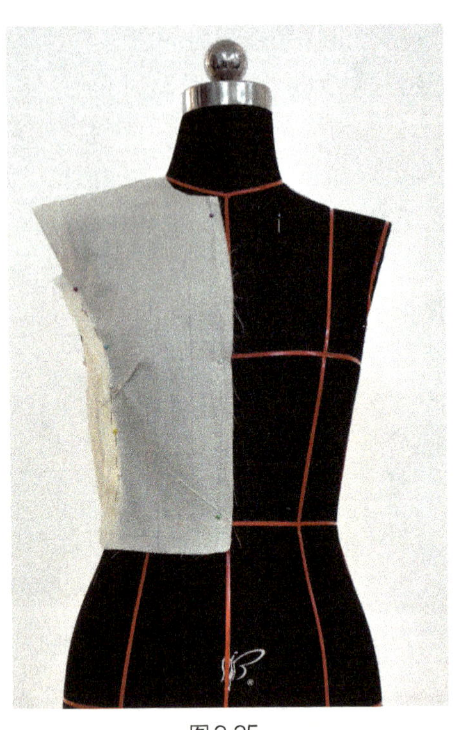
图2.25

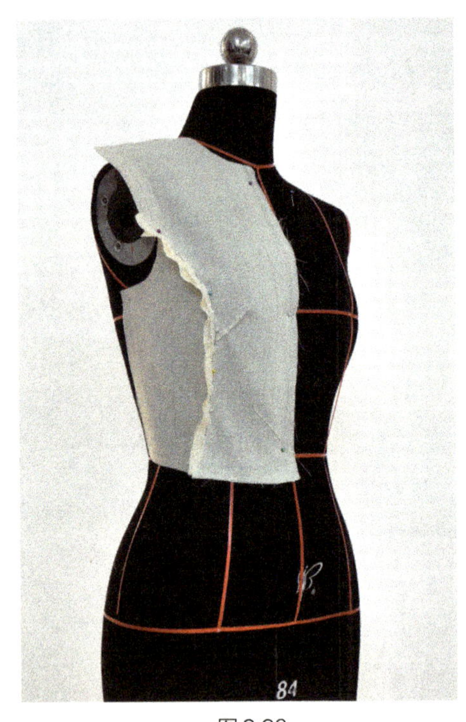
图2.26

③ 运用大头针假缝“折合法”将前片假缝好（如图2.27所示）。

④ 用大头针假缝后片，并试穿在模型上，观看穿着状态，并调整后腰多余的量，同时对纸样做相应的调整（如图2.28所示）。

⑤ 前、后衣身的胸围线、腰围线、臀围线要根据对位标记吻合无误后，假

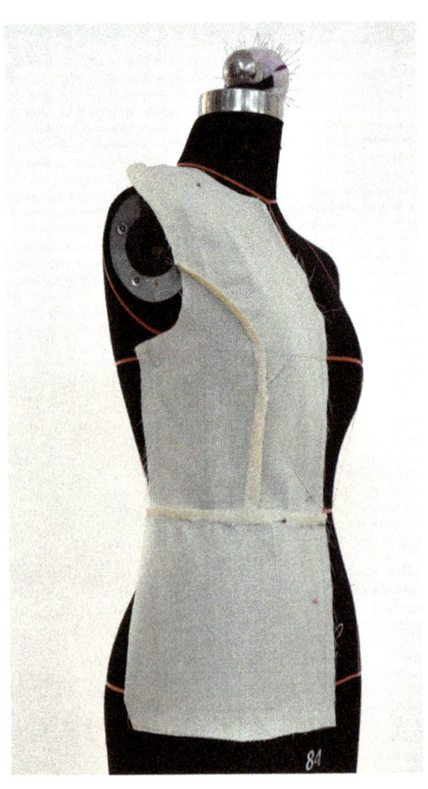
图2.27

图2.28

缝衣身、肩缝（如图2.29所示）。

⑥ 仔细观察胚样的状态，松度和合体度是否符合款式造型要求，侧边收腰是否自然，如果有不平伏、出现褶皱就要及时调整裁片，做好记号，并修正纸样（如图2.30所示）。

⑦ 领子假缝可单层也可双层。单层，运用拱针假缝法将领子的外领围的毛缝折光。双层，正面相对反面在上，按放缝缝好，再翻过来（如图2.31和图2.32所示）。经观察可知，领围和横开领过小，导致领子装上去时前、后领圈都有所拉扯。需要将前、后横开领加大，同时加大领座的围度（如图2.33和图2.34所示）。

图2.29

图2.30

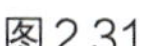

图2.31

图2.32

图2.33

图2.34

图2.35

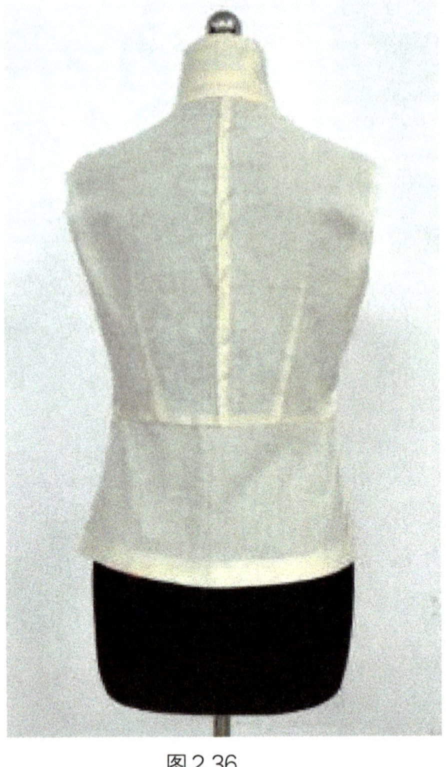
图2.36

⑧ 将领子的后中点、肩颈点、领口位置和衣身领圈的位置相对应，用大头针暂固定，试穿在人体模型上。仔细观察领子的外围轮廓及比例大小是否和款式图的比例效果一致；领子的倒伏状态是否自然；领子翻折是否到位顺畅。如果有问题就调整，做好相应的标记，并及时对纸样进行修正（如图2.35和图2.36所示）。

⑨ 运用手缝拱针法将领子和衣身缝好固定，将领圈逐步打剪口，使领圈顺畅（如图2.37和图2.38所示）。

修正女衬衫后领圈

女衬衫领子立体造型

图2.37

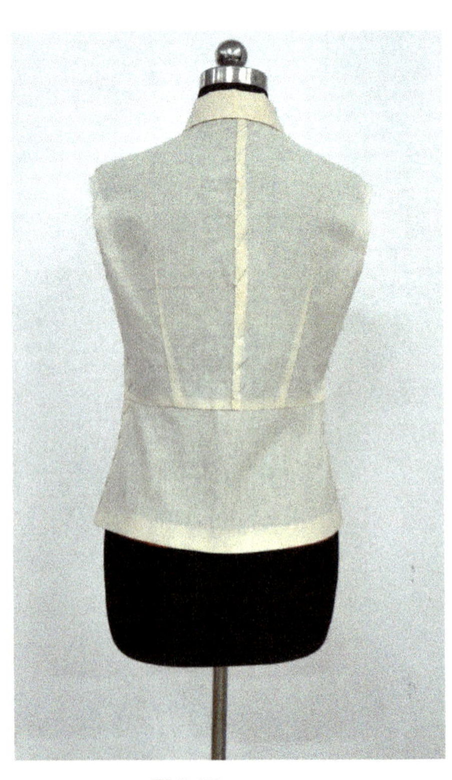
图2.38

⑩ 袖子假缝：袖山有吃势量的部位，应先用拱针走一行，拱针针距为2mm，按要求抽吃势量然后再绱袖。将上袖后的衣服试穿在人体模型上观察，进行适当调整与修改，达到最佳状态（如 图2.39和图2.40所示）。

图2.39　　图2.40

5 修正纸样

① 测量试穿样衣，核对与成品规格是否相符。

② 整理1∶1纸样的图纸。

③ 最初纸样上的图线调整，必须使用不同线迹表示，将调整后的图线画顺（如图2.41所示）。

④ 整理纸样图线时，应该注意各个相关部位的连线。

⑤ 相关部位图线的长度要一致，相关点要吻合。

⑥ 注意图样端点处的角度拼接后是否圆顺，核对吃势部位吃量。

女衬衫袖子立体造型、观察完成效果

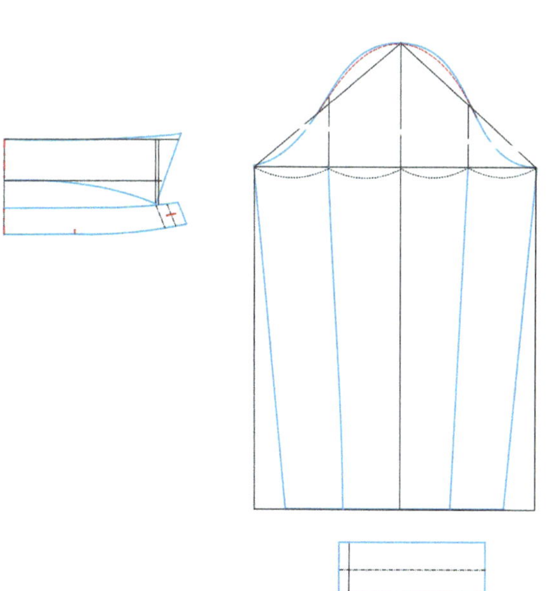

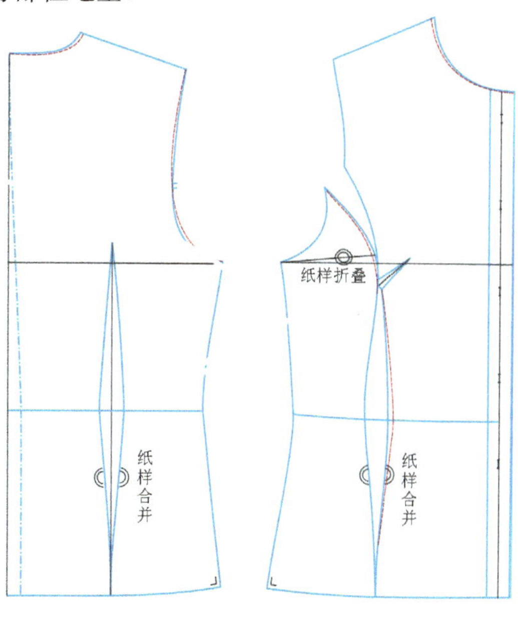

红色虚线是修正后的纸样

图2.41

技能拓展：女衬衫拓展款式纸样设计

1 款式图及工艺要求

女衬衫款式图如图2.42所示。可以看到：

① 这是一款当今市场很流行的春夏女衬衫，合体、时尚，在体现女装曲线美的同时，又富有层次变化感。

② 前片肩部横向分割与纵向公主线分割结合，将腋下省巧妙转移其中。

③ 前片腰节下摆合并后，在侧腰节断开，打褶裥两个。

④ 领子基本型为传统西装领，驳领在原型的基础上展开，转变为荷叶领，并且为两层，领子和衣身在结构上是断开的。

⑤ 前中圆下摆，钉纽一颗。

⑥ 后片有后中分割、纵向公主线分割，装过肩，在腰节处装腰带。

⑦ 袖子是当前市场非常流行的郁金香袖，袖山顶部打褶裥三个，袖口为弧形的流线型。

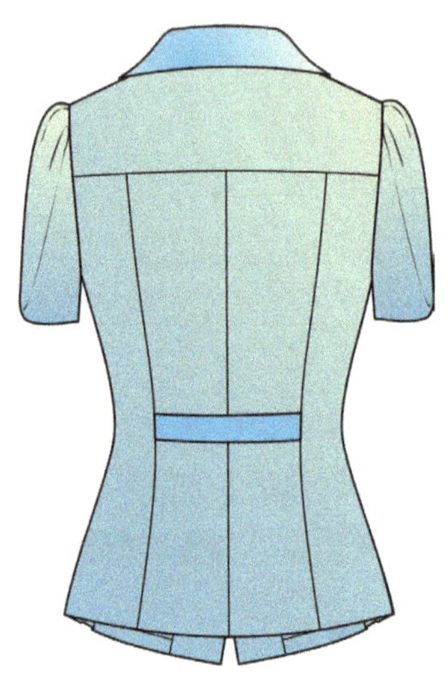

图2.42

产品规格参见表2.1。

表2.1　　单位：cm

号型	后中长	胸围	腰围	摆围	肩宽	袖长	袖口	领围	后腰节
160/84A	55	92	72	96	38	22	26	36	37

2 完成纸样设计

在这款女衬衫拓展纸样设计中，纸样绘制方法不同于原型制图法，这里将采用原型法与比例法结合的方式进行纸样设计。

第一步，衣身纸样设计，如图2.43所示。

第二步，领子纸样设计，如图2.44所示。

S/2
N/5
15:5
2.3
后领口弧线
后肩斜线
后袖窿弧线
9.5
后过肩
0.5
B/6+6
B/6+2
2相切
BWL
后中长
后中分割线
后直公主分割
1.5
3
2.5
HL
后侧线
后底边
后臀宽
H/4-1
15:6
N/5-0.3
N/5+0.3
前肩斜线
-0.3
前袖窿弧线
前过肩
1.5相切
前领口弧线
B/6+1.5
0.8
BP
FWL
3.5
前中胸省
1.3
前直公主分割
2.5
前侧横向分割
前侧线
前底边
3.5
前臀宽
H/4+1

图2.43

2(h-h0)
h+h0
0.8h0
3.5
1.5
3
2.5

领座高度
领座高度

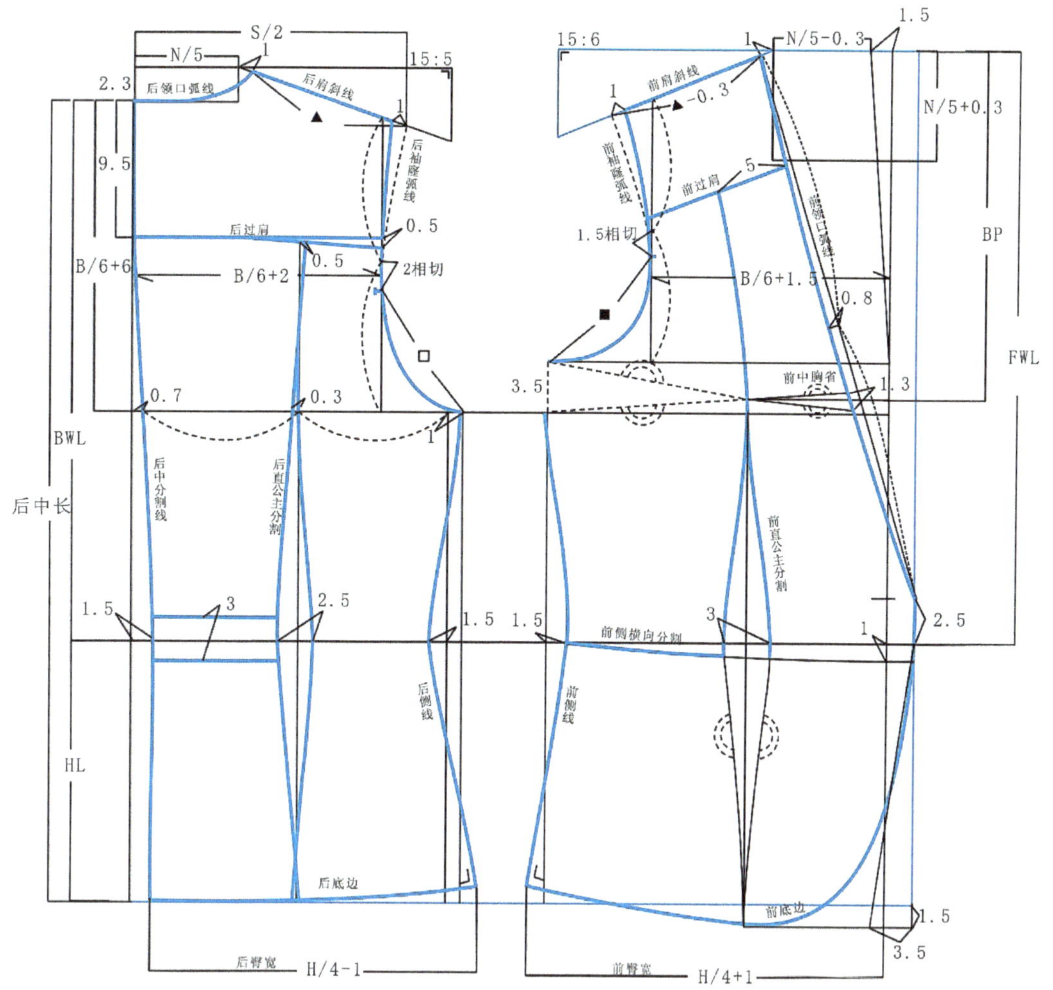

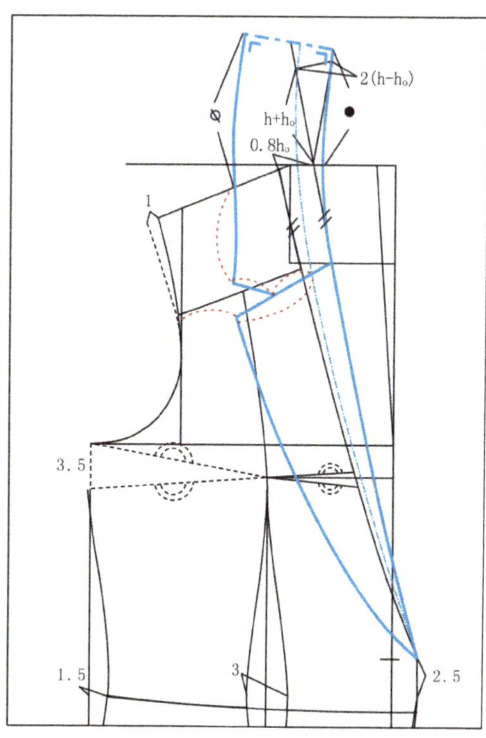

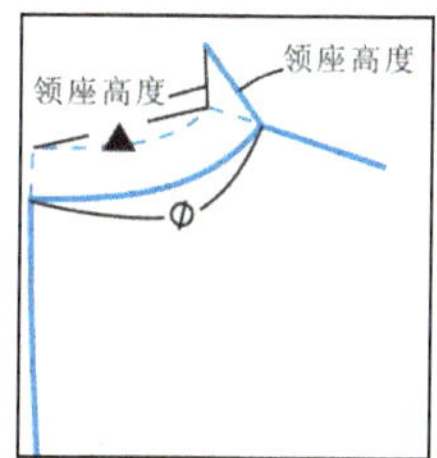

图2.44

第三步，袖子纸样设计，如图2.45所示。

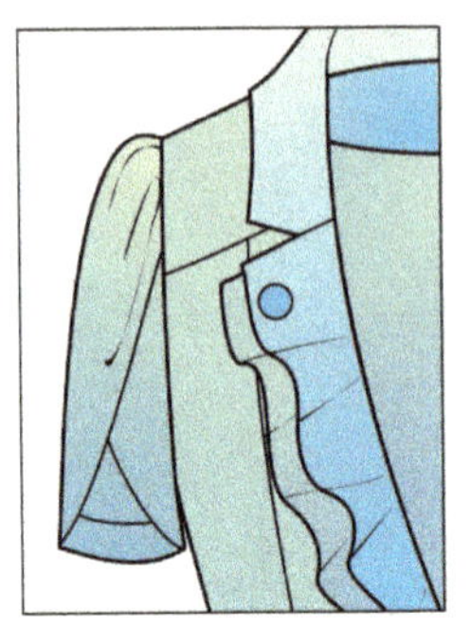
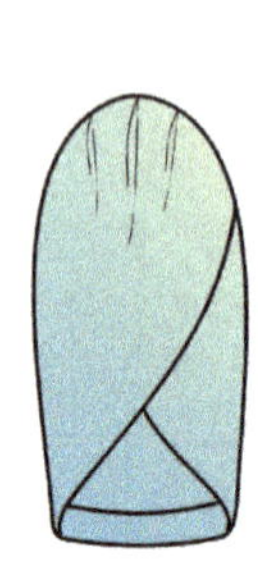
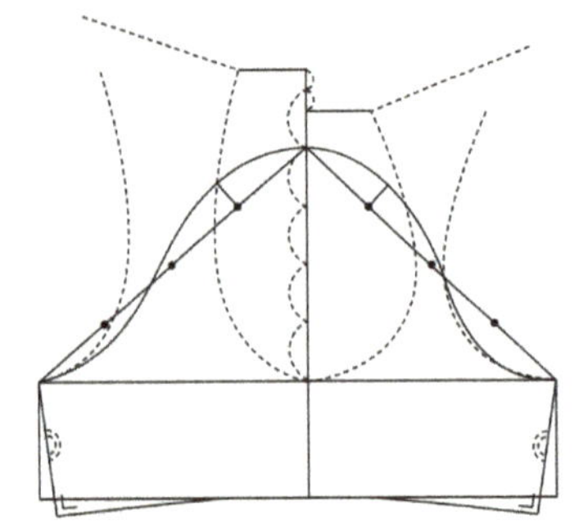
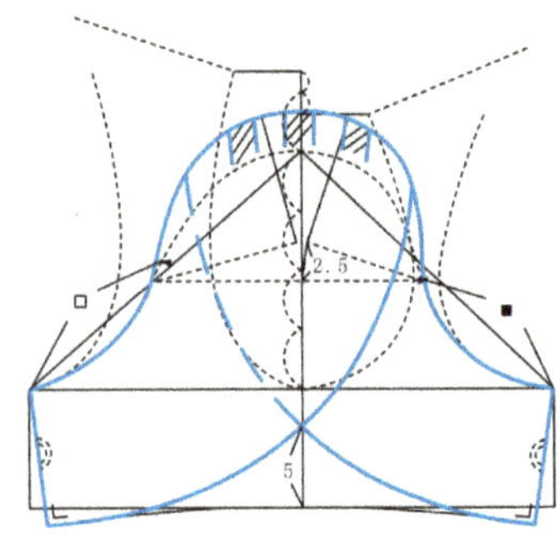

图2.45

第四步，省道转移与裁片拼合展开。

将荷叶领展开，如图2.46所示。

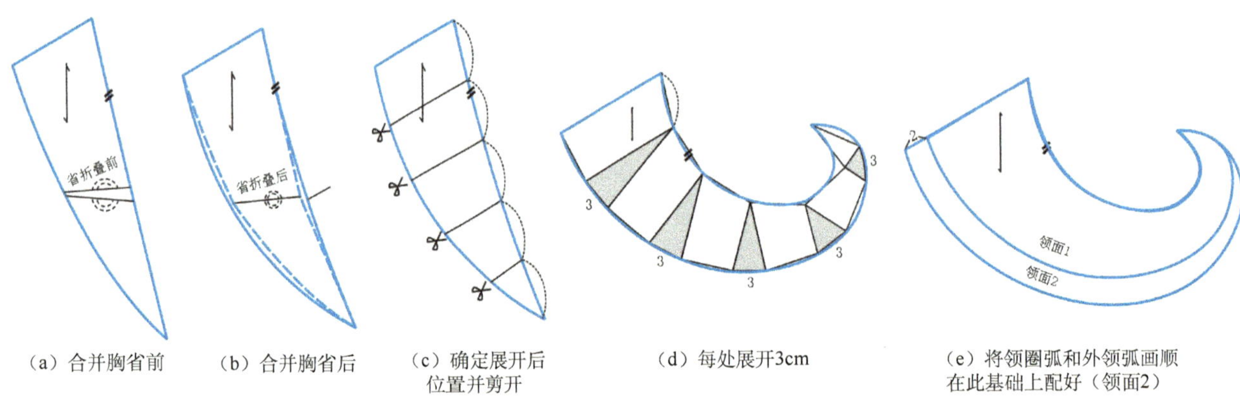

（a）合并胸省前　（b）合并胸省后　（c）确定展开后位置并剪开　（d）每处展开3cm　（e）将领圈弧和外领弧画顺在此基础上配好（领面2）

图2.46

拼合郁金香袖，如图2.47所示。

图2.47

省道转移，如图2.48所示。最终完成女衬衫拓展款式纸样设计。

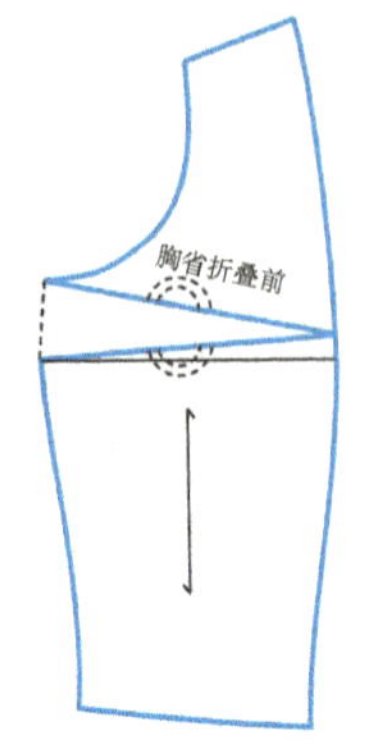

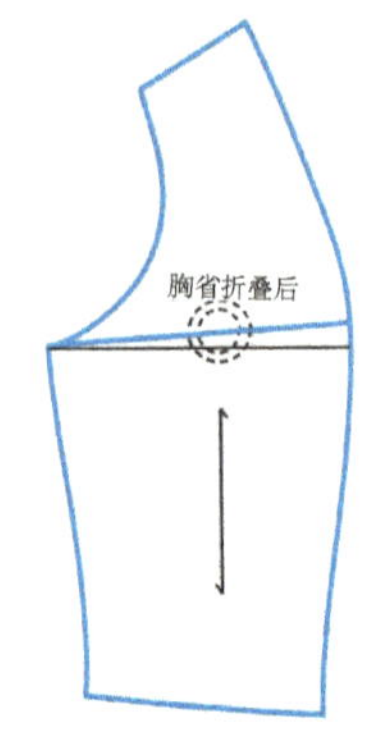

图2.48　（a）侧前片转移前裁片　（b）侧前片转移后裁片

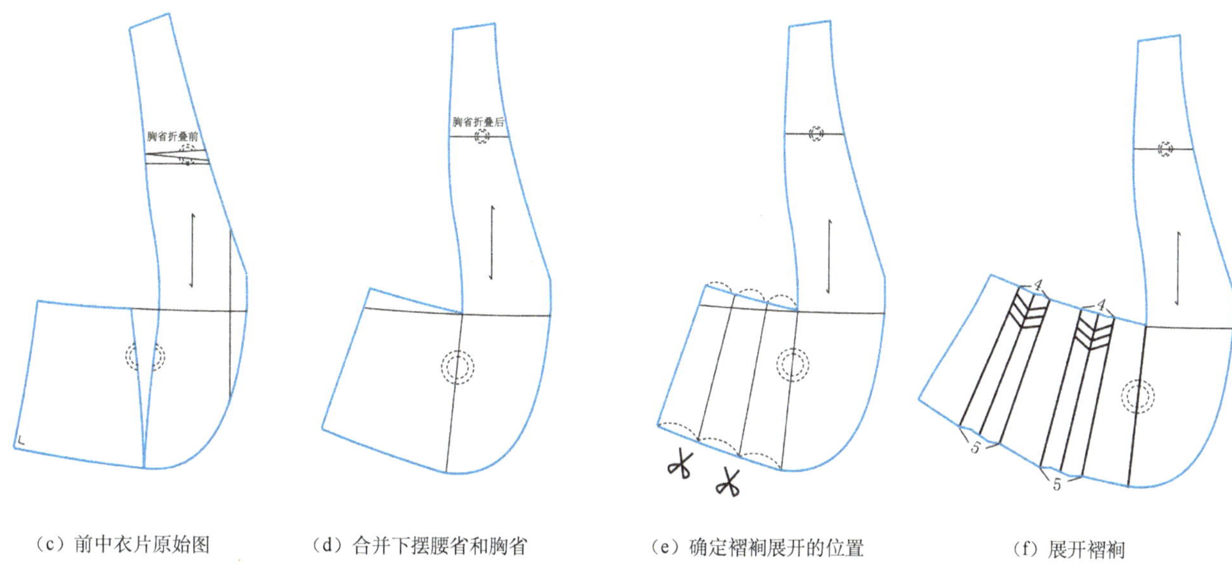

（c）前中衣片原始图　（d）合并下摆腰省和胸省　（e）确定褶裥展开的位置　（f）展开褶裥

图2.48（续）

任务2.2 女春秋装纸样设计与立体造型

【任务要求】

根据所提供的设计款式图，按要求完成女春秋装纸样设计，并进行立体造型，同时对纸样进行修正。

任务准备：识读女春秋装设计通知单与款式图

1 解读纸样设计通知单

在企业制板中，除了根据生产制单来设计纸样，还需根据设计师所设计的设计单来进行纸样设计（如图2.49所示）。根据设计单出纸样，最重要的原则就是理解设计师的理念，把握好款式比例关系，看清设计内容与相关工艺说明，根据款式图特点和人体模型比例关系设置尺寸规格。所以看懂设计图是设计纸样的前提。

（1）款式特点

这是一款合体、收腰、春秋夹里女上装，适合较年轻女性穿着。

① 两用衫的宽松量为B＋(8～10)。

② 前片有弧形分割线，袖窿省转移至领口分割处。

③ 一片领，前中 倒V形下摆，左右开对称双嵌线口袋。

④ 后中弧形分割，后肩省转移至领省处。

⑤ 圆装两片袖，袖型较合体。

××时装有限公司

编号：xu3289

款式名称	女春秋装款式	型号	160/84A	设计师：××	设计日期：2016.5.2

款式说明：
1. 此款为合体女春秋装款式，一片翻领，前中弧形分割由领圈部位过前胸一直到下摆
2. 在腰节下开口袋，口袋为双嵌线口袋，双嵌线口袋宽0.5cm，长13cm，袋盖宽度5cm，左右对称
3. 前下摆为倒V形状
4. 后片分割造型和前片分割相互呼应
5. 原装袖，袖窿弧要圆顺饱满
6. 前中叠门四粒钮扣

夹里说明：
1. 里料的配料如图所示
2. 领口辑本色贴布5cm
3. 领贴上辑主商标，侧缝辑规格商标和成分标
4. 前里辑腰省和腋下省
5. 后中里子中间打褶裥，左右各辑一个腰省
6. 在里子和挂棉面处辑0.1cm明线

图2.49

（2）规格设置

由于这是制作头样板，一般选用M码进行制板，便于出系列样板。选用标准女人体模型，规格为160/84A（M）。

（3）面、辅料要求

面料：涤纶60%、棉40%，里料：棉100%。

（4）工艺要求

前片挖双嵌线口袋，嵌袋盖，挂夹里。

2 审视设计款式图

在出样之前，除了要了解女春秋装款式特点和相关制作要求，还需要分析款式的结构比例，使纸样设计符合款式要求。服装的对象是人体，只有将人体和款式紧密结合，才能够准确把握款式结构的比例关系。

女春秋装的款式图如图2.50所示，可从以下几点来分析并审视设计款式图。

① 设想给服装款式虚拟人体模型，找出人体模型的主要参照结构线，如中心线、领窝线、肩线、胸围线、腰围线、臀围线等。

② 仔细观察款式内部结构线和人体模型结构线之间的比例。

③ 观察款式内部结构线之间的比例关系，并确定参照部位。

④ 考虑人体模型的透视关系。

⑤ 考虑领子翻折量及面料的厚度。

⑥ 观察袖长与衣长、臀部的比例关系。

⑦ 结合文字信息看清款式结构以及工艺处理特点。

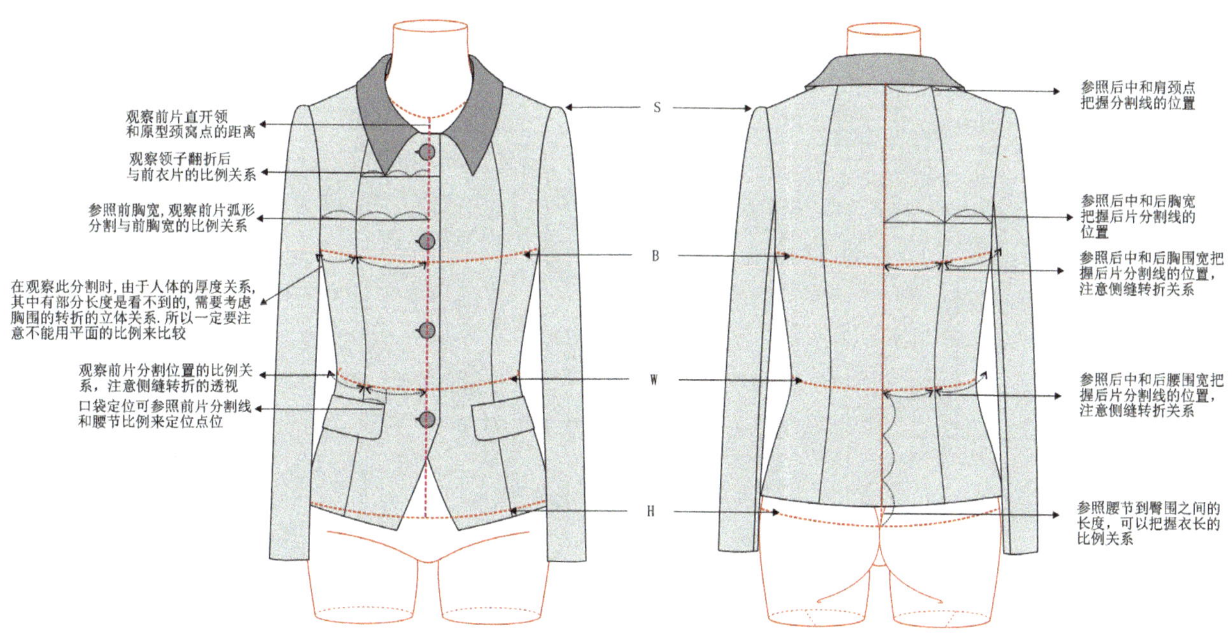

图2.50

3 确定女春秋装规格尺寸

女春秋装规格尺寸见表2.2。

表2.2　　单位：cm

号型	后衣长	胸围	腰围	摆围	肩宽	袖长	袖口	领围	后腰
160/84A	54	96	72	96	38	56	26	36	37

实践与操作：完成女春秋装纸样设计与立体造型

1 女春秋装纸样设计过程

以胸围84cm，背长38cm，先画原型衣身。由于是合体女装，前中需撇胸1cm，在原型前中胸围线处，对向BP点剪开，利用省道转移，将原型的袖窿省适当合并省量，使劈门量为1cm，此时前中胸部就会展开。转移部分袖窿身至前中，使衣身更符合人体特征（如图2.51所示）。

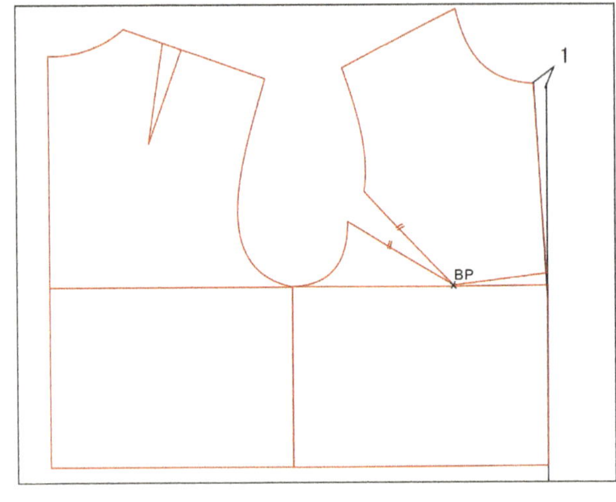

图2.51

在原型的基础上再根据款式尺寸和结构特点来进行纸样设计。

（1）先画基本结构线（如图2.52所示）

① 后衣长线——由原型后直开领深向下垂直量后衣长54cm。

② 下摆线——在衣长线处画一条平行于胸围线的水平线。

③ 臀高线——由原型后中腰节垂直向下量HL:18cm。

④ 前中长线——由原型前中腰节垂直向下量交于下摆线。

⑤ 前止口线——与前中间隔2cm，垂直画一条平行的直线。

⑥ 后胸宽线——在原型胸围处下落1cm，加宽0.5cm，画一条垂直线交于下摆线。

⑦ 前胸宽线——在原型胸宽处下落1cm，减小0.5cm，画一条垂直线交于衣长线。

⑧ 后中分割线——由后直开领深与袖窿深1/2处吻合后，与腰节处收腰1.5cm、下摆收进1cm定点相连。

⑨ 后臀宽——在衣长线上，由后中分割线处，向侧量出H/4−1。

⑩ 前臀宽——在衣长线上，由前中线，向侧量出H/4+1。

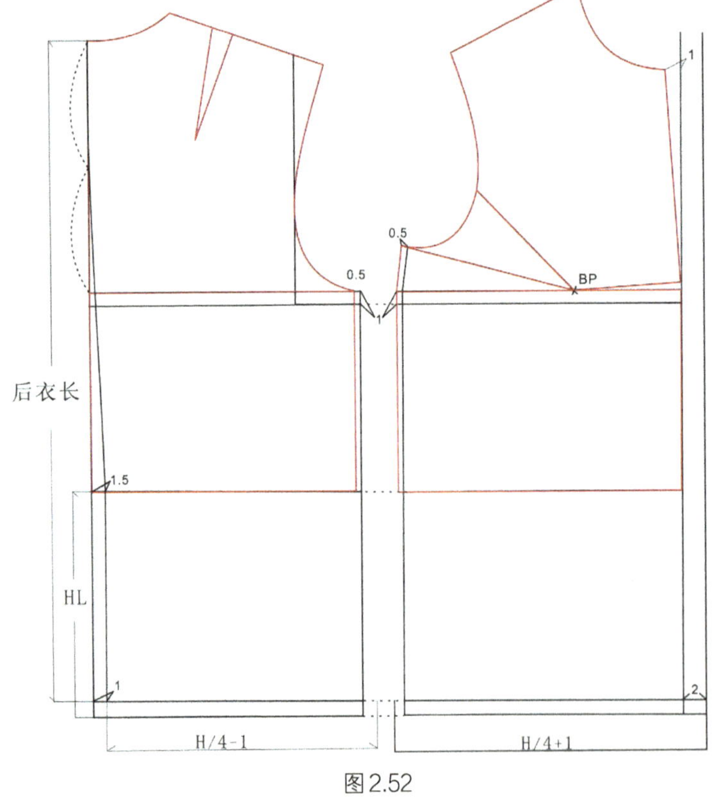

图2.52

（2）确定各部位的规格

各部位规格如图2.53所示。

① 前后领——由原型横开领肩颈点处斜量1cm，前直开领深在前中向下量2.5cm。

② 前后肩宽——肩端点落在原型肩点上。

③ 前后腰侧——前侧在实际胸围线上收腰1.5cm，后侧在原型腰侧收进1.5cm。

④ 前中下摆——由原型前中腰节处向下量4cm定点，前中下摆处量进2.5cm，垂直向下量1.5cm定点。

⑤ 前腰省——根据观察款式分割的比例关系，可确定前腰省位置，由胸围线向袖窿处量4cm，垂直画至底摆为省中线，以前省中线为基点，省大2.5cm，两边平分1.25cm确定腰省点。

⑥ 前分割线——此款前片分割线将前腰省融合其中，领圈分割位置也是根据款式比例关系来定点，直线连接前领分割点、腰省点、下摆点。

⑦ 后腰省——根据观察款式分割的比例关系，同样可确定后腰省位置，由后中分割线到侧缝1/2定后省中线，上交于胸围线，下交于下摆线，省大3cm，以后省中为基点，两边平分1.5cm确定腰省点。

⑧ 后分割线——方法同前分割线，同样根据观察款式分割比例关系来确定分割位置，将后腰省量融入后分割线，后领圈分割位置根据款式比例关系来定点，直线连接后领分割点、腰省点、下摆点。

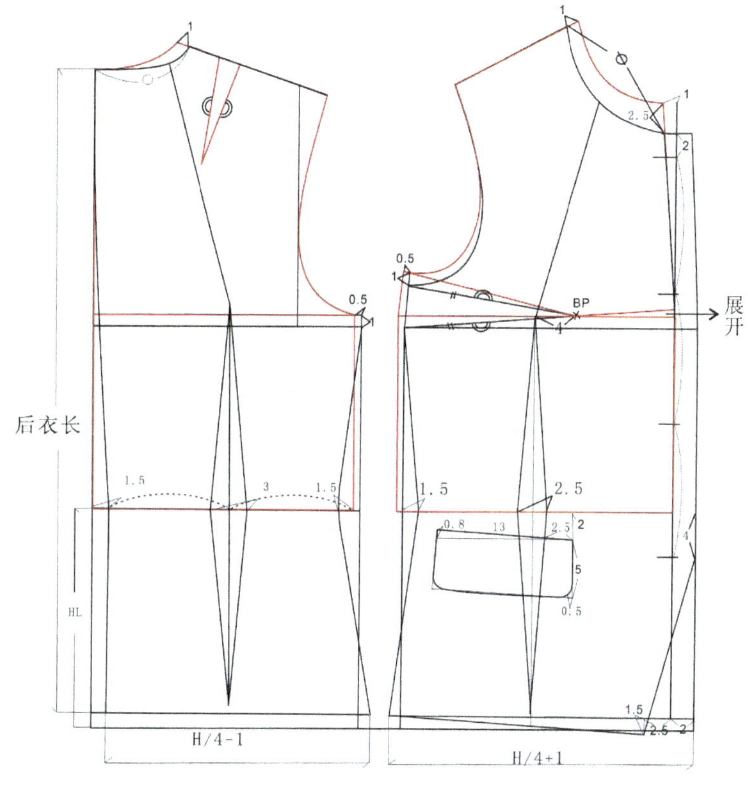

图2.53

⑨ 扣位——在叠门线上定扣位，直开领深下2cm为第一粒扣，腰节下4cm为最末一粒扣，一共5粒扣，将此线段分4等份，可得出扣位。

⑩ 口袋——在腰节处下落2cm，分割线处向前中偏2.5cm为起点，向侧画一条水平线，上提0.8cm画斜线，袋长13cm，袋宽5cm。

（3）画外轮廓线（如图2.54所示）

用流畅、圆顺的粗实线条画出服装结构的轮廓线。

（4）袖子绘制

首先画袖子原型，然后根据原型画袖子的基本框架（如图2.55所示）。

① 袖山高——同原型袖山高。

② 袖长——从袖山高垂直向下量56cm。

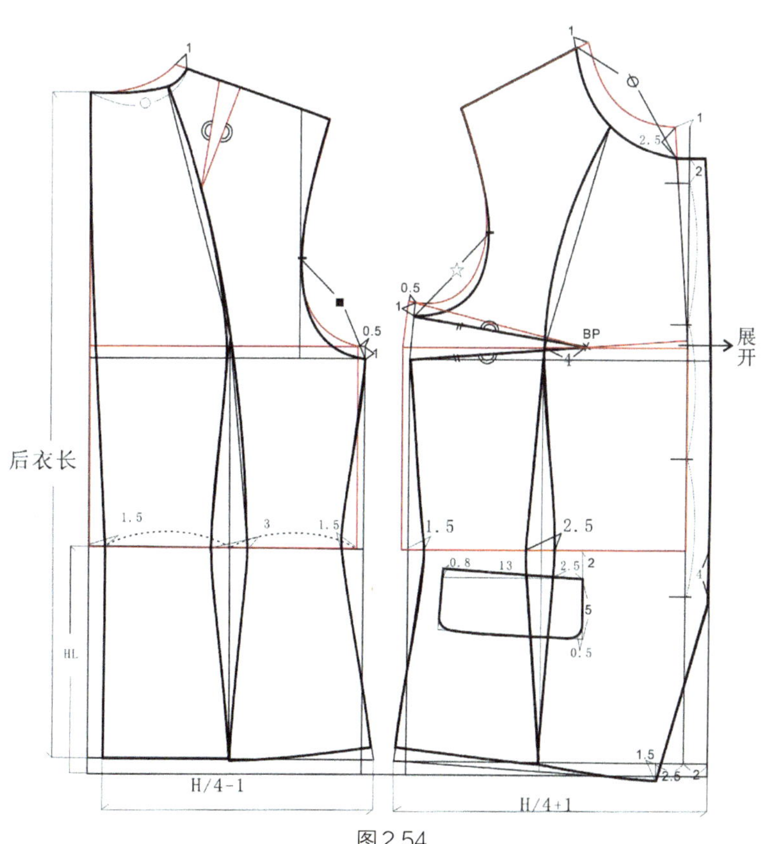

图2.54

③ 袖肘——从袖山向下量33cm。

④ 袖山斜——前袖山斜=前袖窿（FAH+0.2），后袖山斜=后袖窿（BAH+0.5）。将前袖山斜分4等份，在袖山斜线的2等份下0.5cm定点，同样将后袖山斜线分4等份，在袖山斜线3等份下2cm定点。

⑤ 袖缝线——过前后袖肥1/2点作袖中线的平行线。

⑥ 袖山曲线——按前、后袖斜线的等分点及过等分点的定数，确定袖山曲线的凹凸点，连接各点画顺袖山曲线。

⑦ 袖口起翘——为保持袖口成直角，袖口起翘1.5cm，在袖口处画一条平行于袖长的水平线。

⑧ 袖口大——取1/2袖口，在袖长线和前袖中线相交处偏0.5cm，画斜线交于袖口起翘线。

⑨ 直线连接袖缝线。

⑩ 画外轮廓线，如图2.56所示。

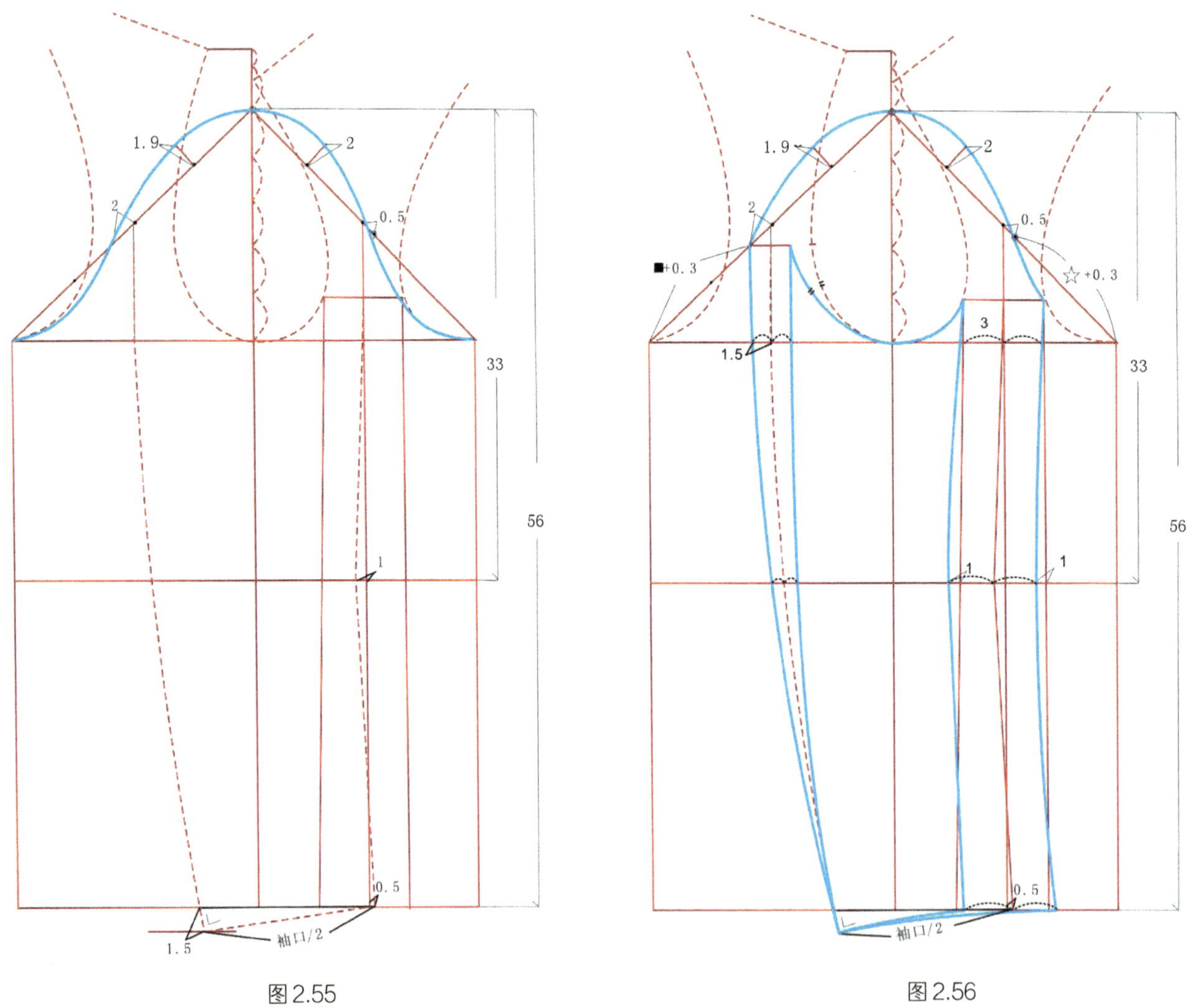

图2.55　　　图2.56

⑪ 前袖偏弧线——以前袖中线为对称线向内偏3cm为前小袖偏线、向外偏出3cm为前大袖偏线。在袖肘中线处收进1cm，袖口偏出0.5cm定点，将外轮廓画顺。

⑫ 后袖偏弧线——以后袖中线为对称线向内偏1.5cm为后小袖偏线，向外1.5cm为大袖偏线，和袖口起翘顺滑连接。

⑬ 袖口弧线——保持袖口成直角，顺滑连接大、小袖口。

⑭ 小袖山底线——按图将袖山底画顺。

（5）领子绘制

领子为一片领，直开领深在原型的基础上下落2.5cm，领宽7.5cm，h_o=3cm，h=4.5cm。

领子框架结构图如图2.57所示。

① 标准领基圆——设领脚高为h_o，由领肩点量进，取前横开领大$0.8h_o$为半径作圆。

② 驳口线——由叠门线与领圈弧线的交点（即驳口线）与标准领口圆作切线。

③ 领驳口直线——按$0.9h_o$作驳口线的平行线。

④ 衣领的松斜度定位。

领片结构轮廓图如图2.58所示。

① 领圈弧长——在领底斜线上取后领圈弧长。

② 领底弧线——与领圈弧线相连，画顺领底弧线。

③ 领宽线（领中线）——取领脚高（h_o）加翻领高（h）的宽度与领底弧线成直角。

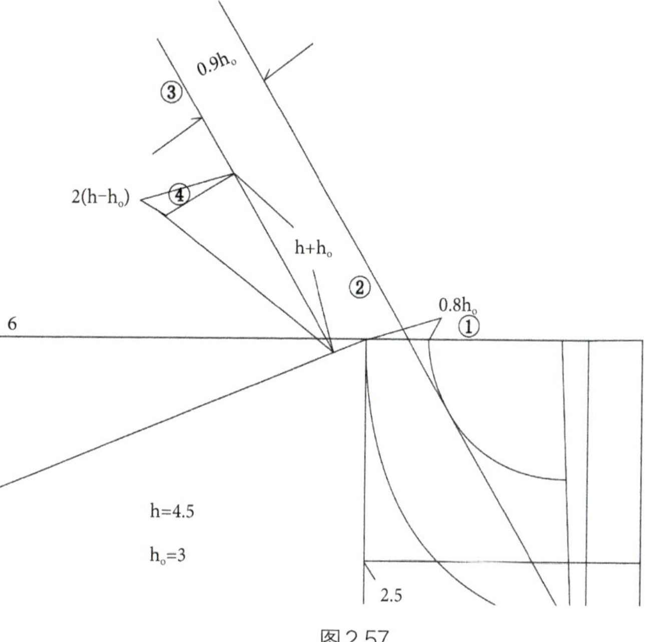

图2.57

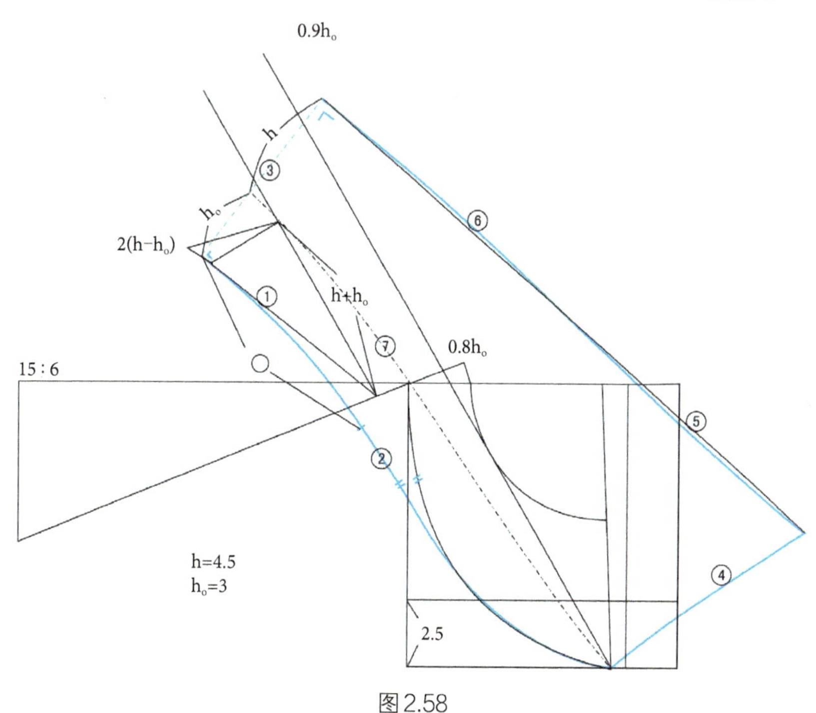

图2.58

④ 领角线——与直开领深线呈一定角度，领宽根据款式比例来确定。

⑤ 领外围直线——与领宽线成直角，交于领角线。

⑥ 领外围弧线——与领角长连接画顺外围弧线。

⑦ 领折线——按领脚高在领宽线上取点，画顺领脚高线。

（6）省道转换过程

省道转换过程的图解如图2.59所示。

① 把前片腋下省道合并拼贴，将腋下省转移到前片弧形分割缝中。转移后再将弧线画顺畅。

② 把后片肩省合并拼贴，将省道量转移至后背领领省处，将弧形分割画顺。

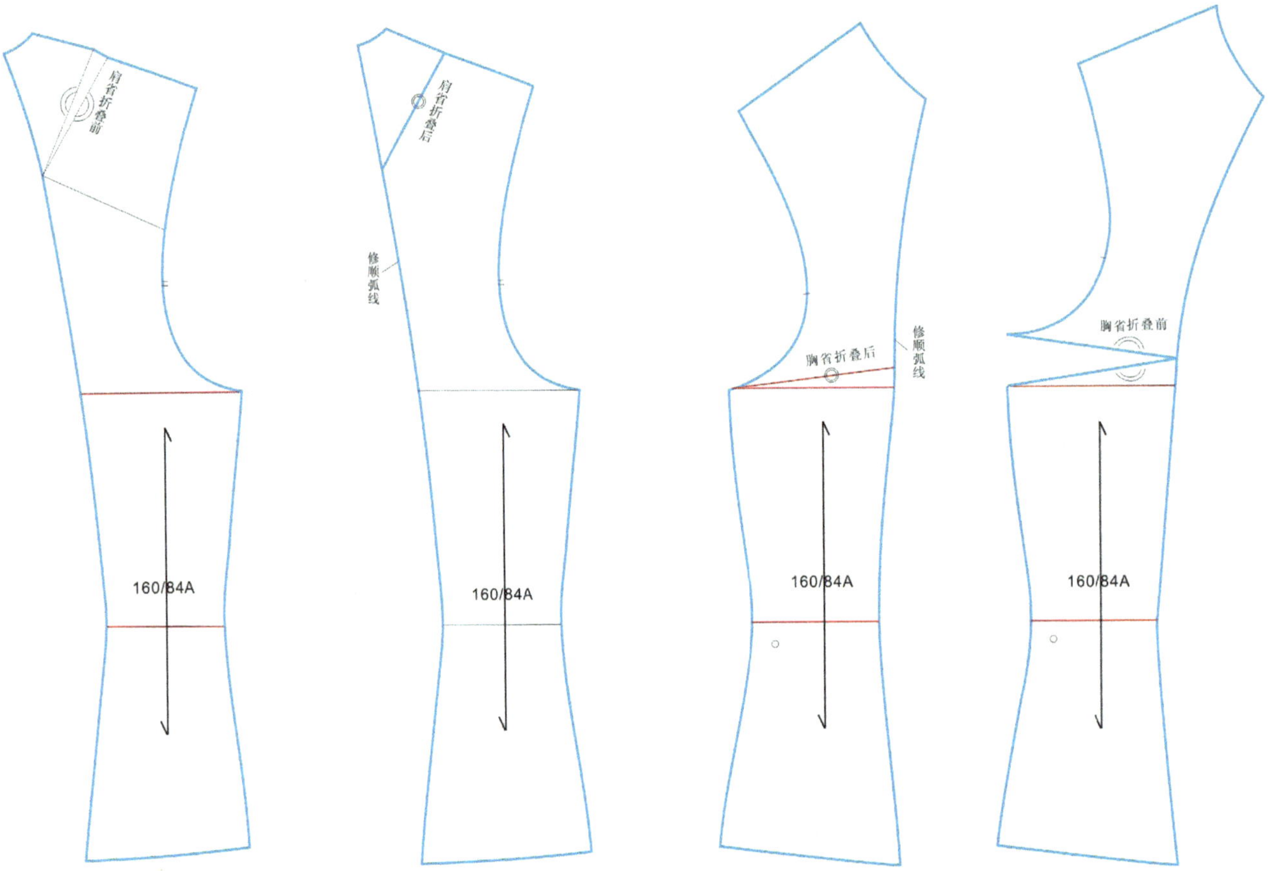

图2.59

女春秋装立体造型准备

2 女春秋装立体造型前准备

女春秋装立体造型流程与操作技巧基本与女衬衫相同，不同的是要根据款式的变化来进行细节调整。

（1）复制最初纸样

参照女春秋装结构图绘制出最初纸样，按照纸样的要求，复制最初纸样。

（2）对最初纸样进行修正

为了防止假缝时发生问题，要对复制后的纸样进行检查。将领口、肩部、袖山、袖口、低摆部位进行连接修改画顺。

（3）胚样裁剪

① 做好胚样裁剪准备。

② 裁剪。由于要进行纸样修正，需留有足够的缝头量。女春秋装下摆一般放2.5cm缝头量，领圈、袖窿放1.2cm缝头量，其余放1.5cm缝头量。

③ 裁片标记。由于立体造型是检验纸样造型的标准，所以要在裁片上将服装结构的基本线和相关标记做好，保证在缝制时不走样。凡是纸样上所做的标记和所画的结构线，在坯布上都要做标记（如图2.60所示）。

图2.60

3 完成女春秋装立体造型

（1）前片假缝、试穿与纸样调整

① 将裁片中心线、胸围线和人体模型中心线、胸围线对准，观察其效果，看到前胸分割处有皱褶（如图2.61所示）。

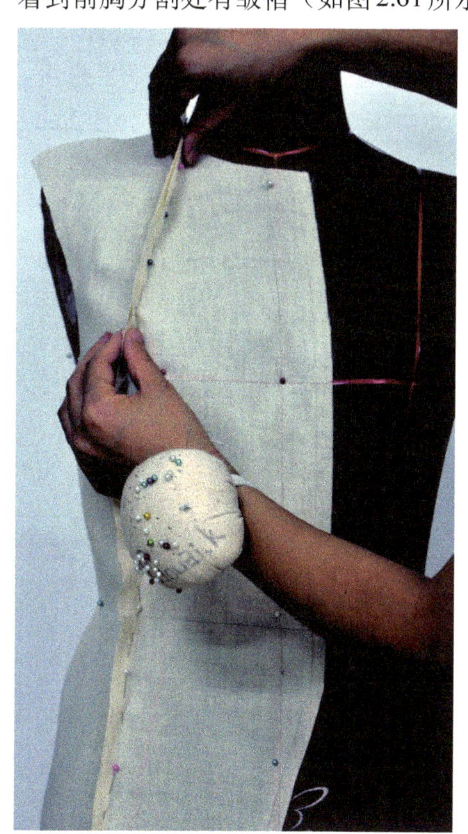

图2.61

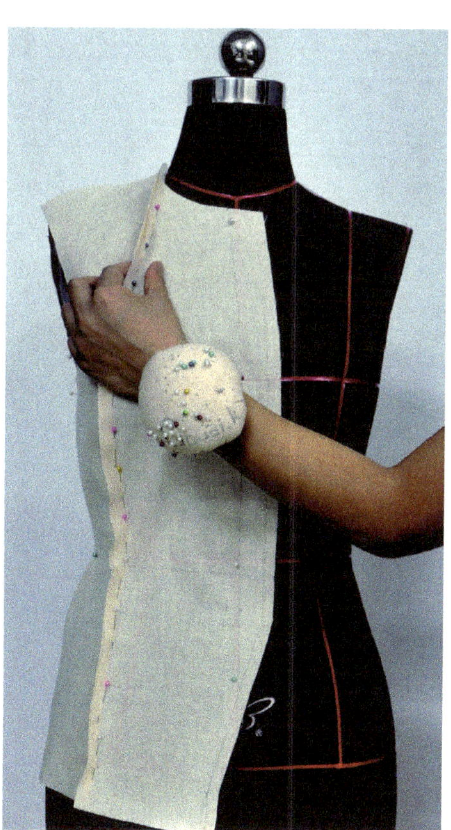

图2.62

女春秋装前片立体造型

图2.63

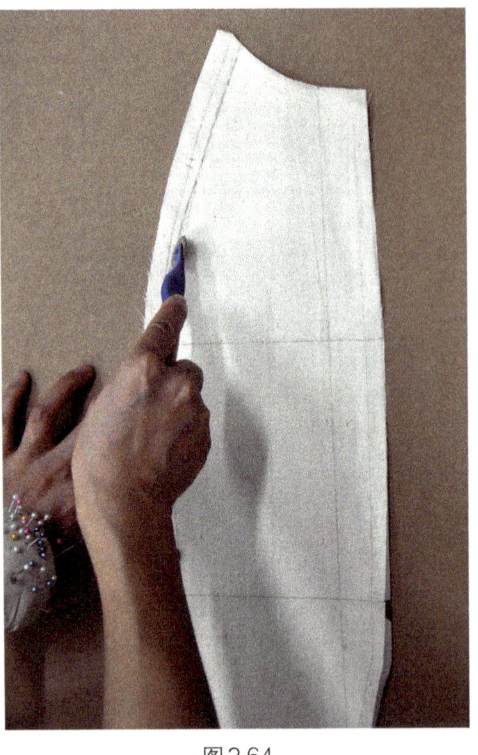
图2.64

② 将前胸部抚平，多余的皱褶捏掉，并在上面做好标记（如图2.62所示）。

③ 将裁片取下，把修改后的标记画圆顺流畅（如图2.63所示）。

④ 将纸样放在裁片下面，并和裁片对好，用描线轮按照修改后的线迹描线（如图2.64所示）。

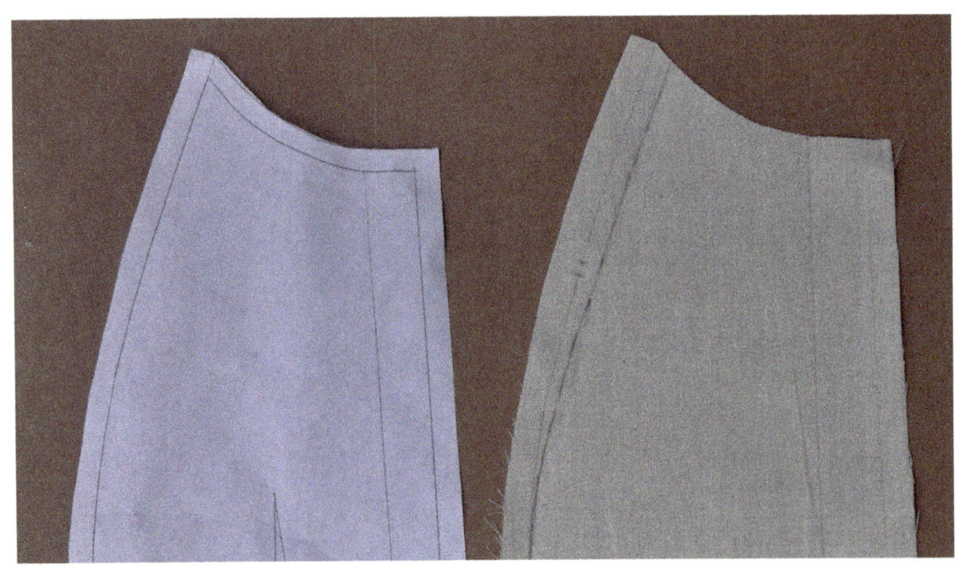
图2.65

⑤ 将纸样与裁片相对应好，在纸样上找到修改的地方进行修正（如图2.65所示）。虚线为修正后的效果（如图2.66所示）。

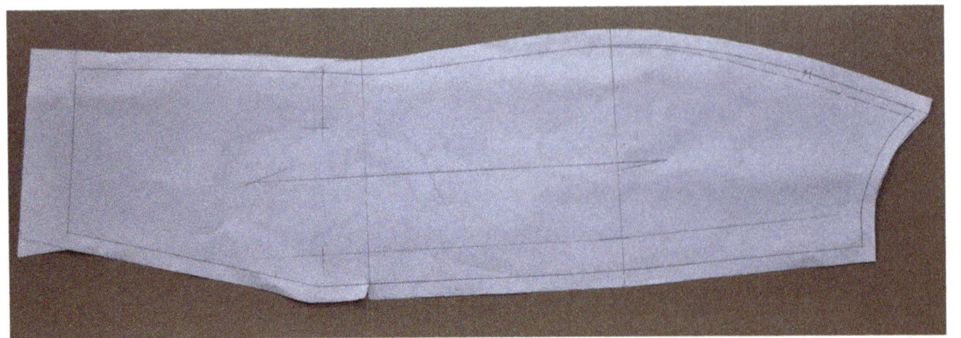
图2.66

观察前片修正后试穿在人体模型上的效果（如图2.67和图2.68所示）。

图2.67

图2.68

（2）后片假缝及试穿

用大头拼合后片，将裁片胸围线、腰围线与人体模型基本线对准，并试穿在模型上，观看穿着状态（如图2.69所示）。用大头针将缝头折合，做好后片，注意针法平整、间距一致（如图2.70所示）。

图2.69

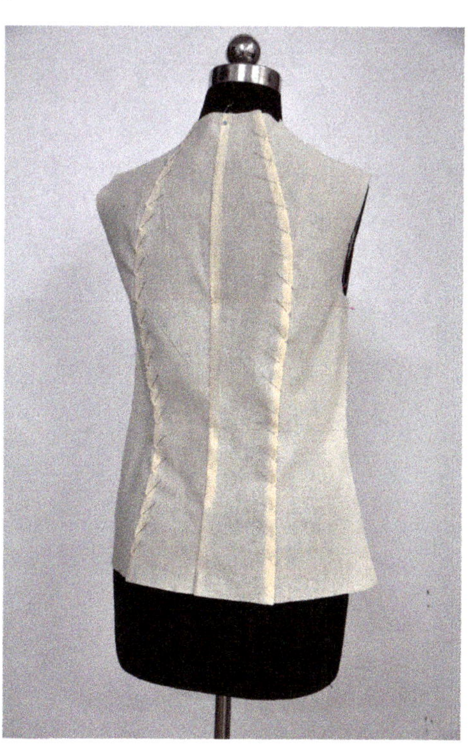
图2.70

女春秋装后片立体造型

（3）衣身假缝

前、后衣身的胸围线、腰围线、臀围线要根据对位标记对应无误后，假缝衣身、肩缝（如图2.71所示）。

仔细观察胚样的状态，松度和合体度是否符合款式造型要求，侧边收腰是否自然，如果有不平伏或出现褶皱就要及时调整裁片，做好记号，并修正纸样（如图2.72所示）。

女春秋装衣身立体造型

图2.71

图2.72

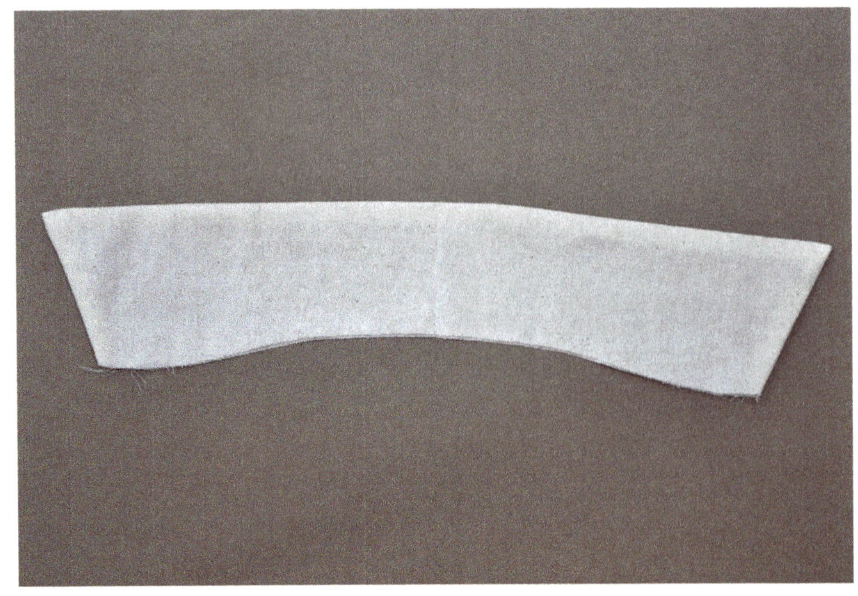

图2.73

（4）领子假缝及试穿

① 缝领子。领子正面相叠，反面在上，运拱针将领子缝好，翻转正面，用熨斗烫平（如图2.73所示）。

② 装领子。将领子的后中点、肩颈点、领口位置和衣身领圈的位置相对应，用大头针暂固定，试穿在人体模型上（如图2.74所示）。

③ 观察其效果。领子翻折后自然平伏，没有多余的皱褶，再用拱针法缝装好其领子（如图2.75所示）。

图2.74　　图2.75

（5）袖子假缝及试穿

① 袖山有吃势量的部位，应先用拱针走一行，拱针针距为2mm，然后再抽袖山吃势（如图2.76所示）。

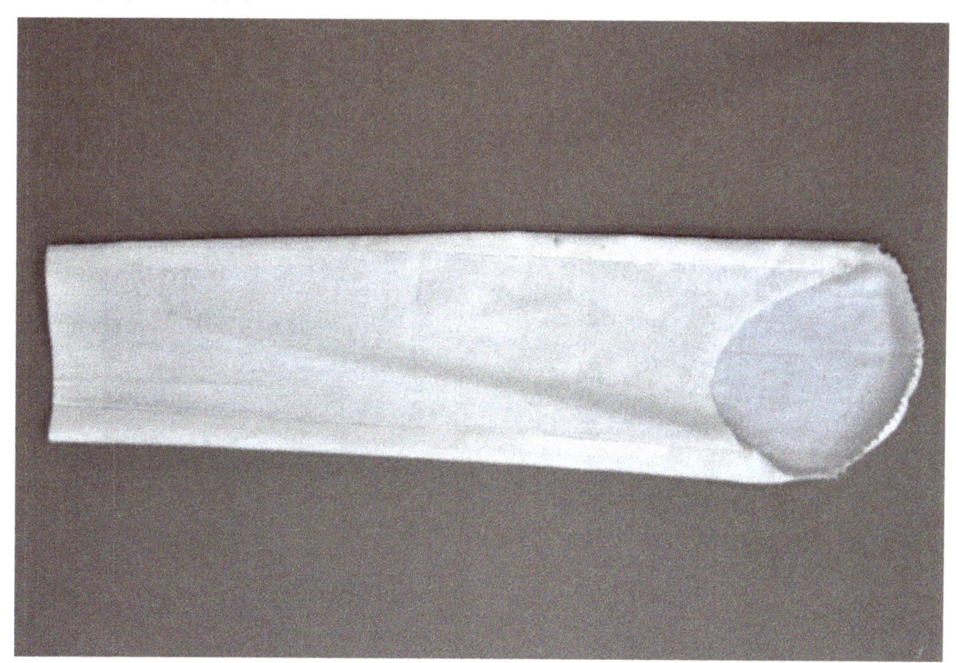

图2.76

女春秋装袖子立体造型

女春秋装领子立体造型、观察完成效果

图2.77

② 运用拱针假缝袖子，将上袖后的衣服穿在人体模型上观察试穿效果。观察结果如下。

a. 袖山底弧线弧度太大，导致装袖后不服帖，袖口向外翘（如图2.77所示）。

b. 后袖窿弧线不顺畅，同时袖山底弧线需要调整（如图2.78所示）。

c. 后袖山底弧线弧度太小，导致有多余的量，出现皱褶（如图2.79所示）。

图2.78

图2.79

根据观察结果对样衣进行调整，调整后的正面、侧面、背面如图2.80～图2.82所示。

图2.80

图2.81

图2.82

（6）修正纸样

完成纸样的修正，操作步骤和要求同女衬衫。纸样修正后的效果如图2.83所示。

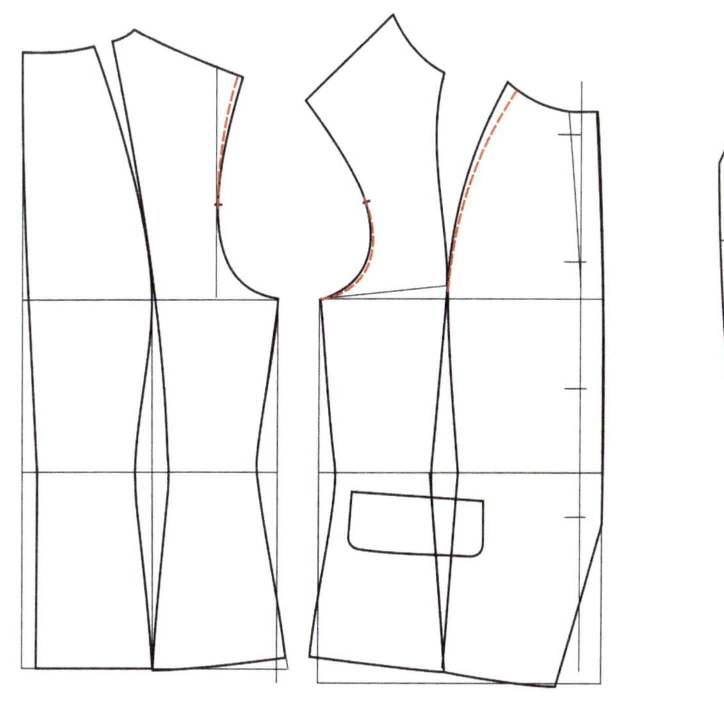

图2.83

技能拓展：女春秋装拓展款式纸样设计

1 款式一

（1）款式图及工艺要求

女春秋装拓展款式图如图2.84所示。款式分析与工艺说明如下。

① 这是一款板型合体的女春秋装款式，在体现女性曲线美的同时，又运用了流行元素，具有时尚、潮流的美感。

② 本款女装标准规格是160/84A，胸围加放量至92cm。

③ 领型为青果领，前片左右对称纵横分割，前中下摆对折装饰，使平面的款式显现立体的感觉。

④ 前中对襟，中间钉挂扣，左右各钉装饰扣一颗。

⑤ 后片后中分割、直刀背和弧形刀背结合，在侧腰下摆处合并腰省。

⑥ 袖子为两片袖，袖肥合体，在袖山顶部辑一个褶裥，前后袖山斜辑对称叠褶2个。

⑦ 装领贴、夹里。

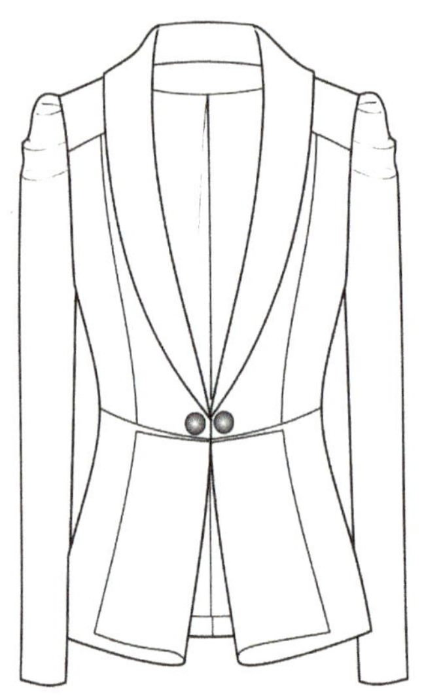
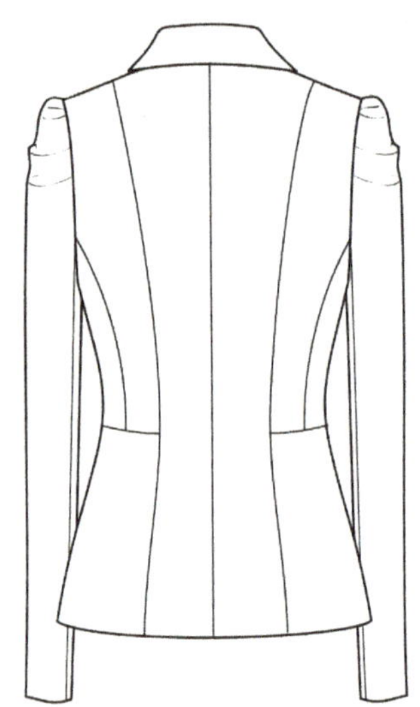

图2.84

产品规格参见表2.3。

表2.3　　单位：cm

号型	后中长	胸围	腰围	摆围	肩宽	袖长	袖口	领围	后腰节
160/84A	55	92	72	96	38	57	26	36	37

（2）完成纸样设计

衣身纸样设计如图2.85所示。

领子纸样设计如图2.86所示。

袖子纸样设计如图2.87所示。

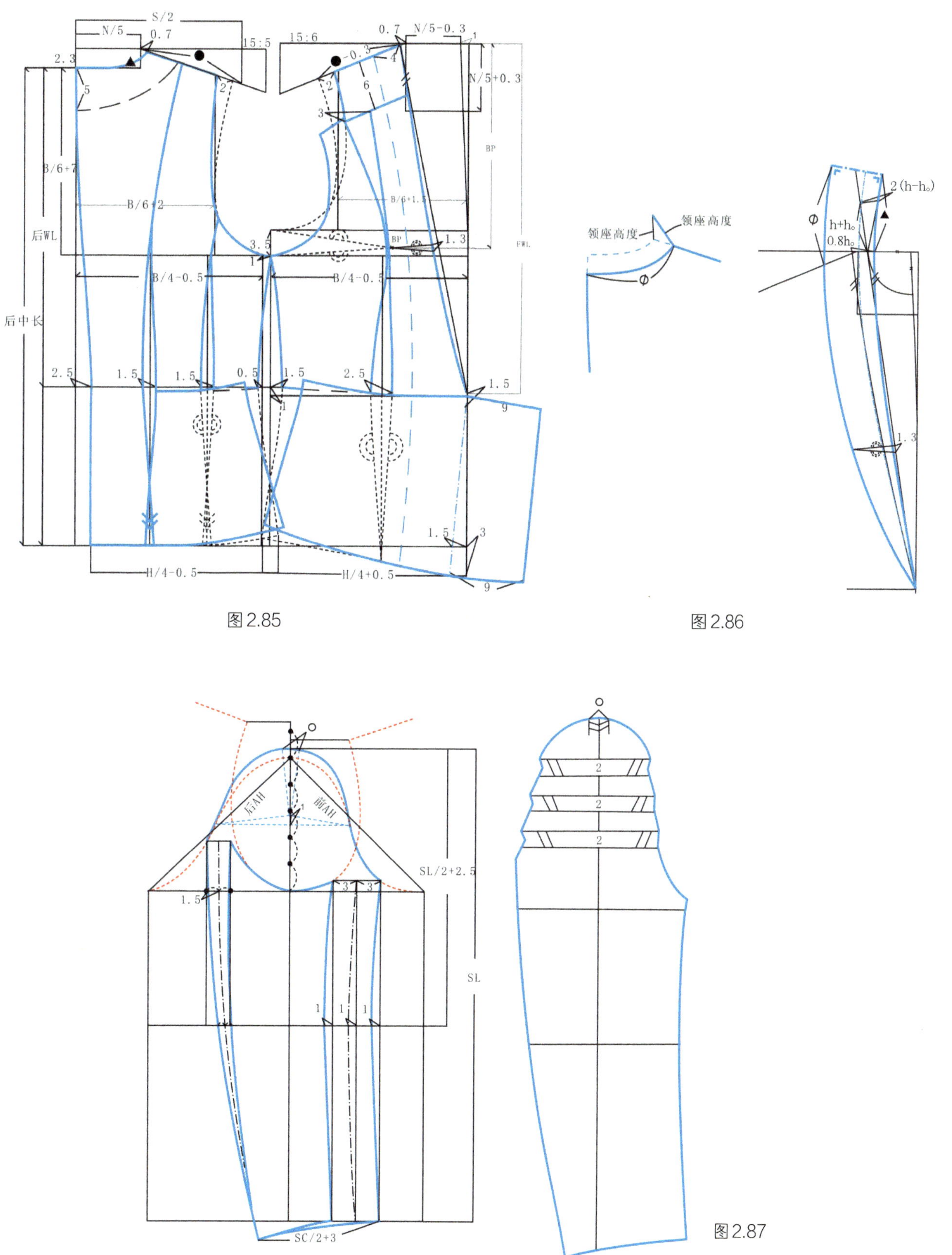

图2.85

图2.86

图2.87

2 款式二

（1）款式图及工艺要求

女春秋装拓展样衣图如图2.88所示。

图2.88

图2.89

其款式图如图2.89所示。款式分析与工艺说明如下。

① 这是一款比较时尚的合体女装款式。青果领，前片左右具有特色弧线分割。

② 双排一粒扣，左右单嵌线口袋。

③ 辑领贴，装夹里。

产品规格参见表2.4。

表2.4　　单位：cm

号型	后中长	胸围	腰围	摆围	肩宽	袖长	袖口	领围	后腰节
160/84A	48	92	74	38	57	26	37	37	48

（2）完成纸样设计

纸样设计结果如图2.90所示。

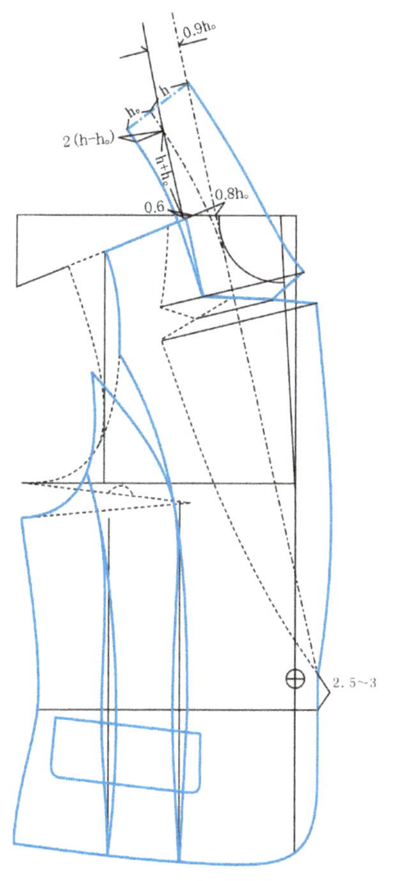

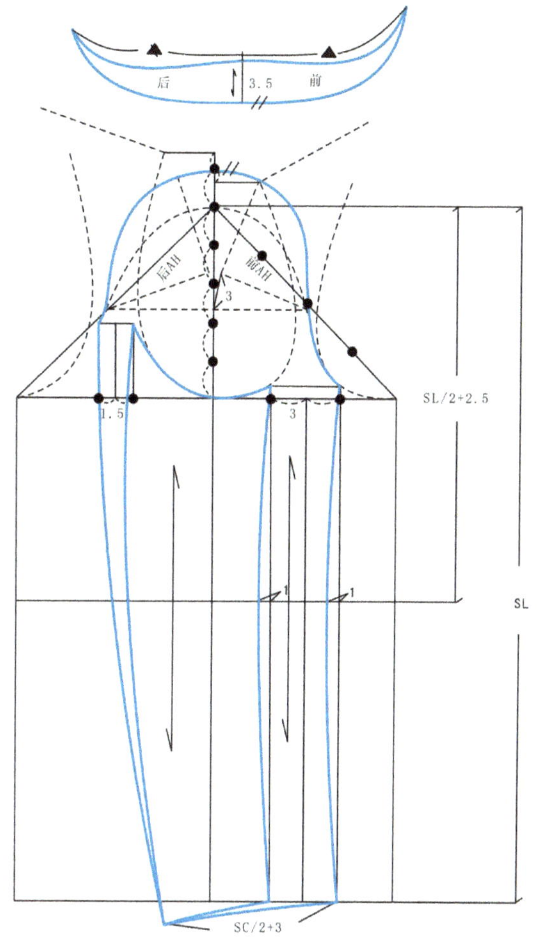

图2.90

3 款式三

（1）款式图及工艺要求

女春秋装拓展款式图如图2.91所示。款式分析与工艺说明如下。

① 这是一款合体女装，拿破仑立翻领，前中一粒扣，下摆结合燕尾服的风格，前短后长，在后片下摆打褶裥两个，具有时尚的风格特色。

② 袖子为两片原装袖，袖山抽细皱。

③ 前后都采用了直线刀背分割、弧线刀背分割，前后下摆合并省道。

④ 领口、后腰节辑装饰耳仔。

产品规格参见表2.5。

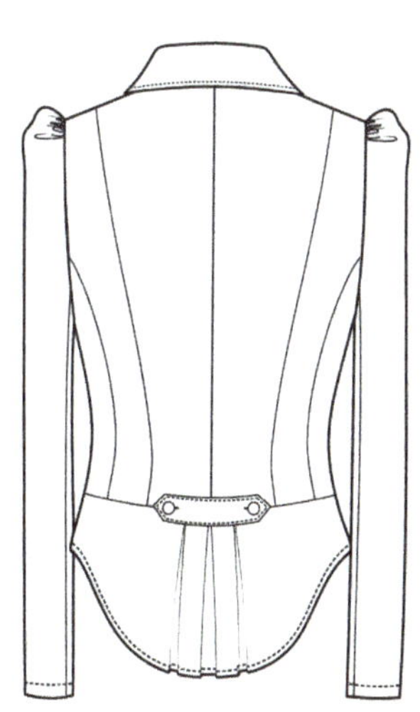

图2.91

表2.5 单位：cm

号型	后中长	胸围	腰围	摆围	肩宽	袖长	袖口	领围	后腰节
160/84A	54	92	74	96	38	58	26	37	37

（2）完成纸样设计

纸样设计结果如图2.92所示。

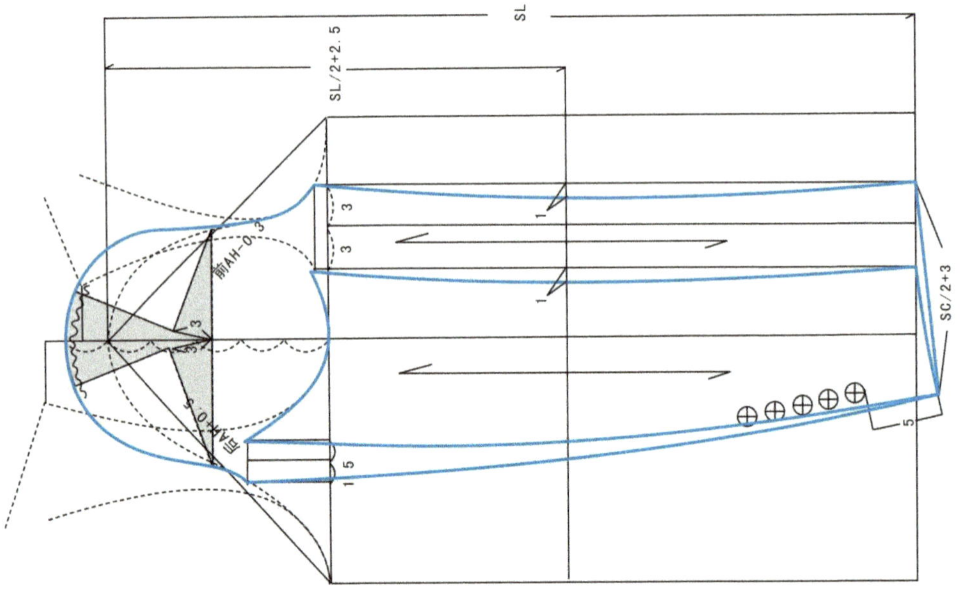

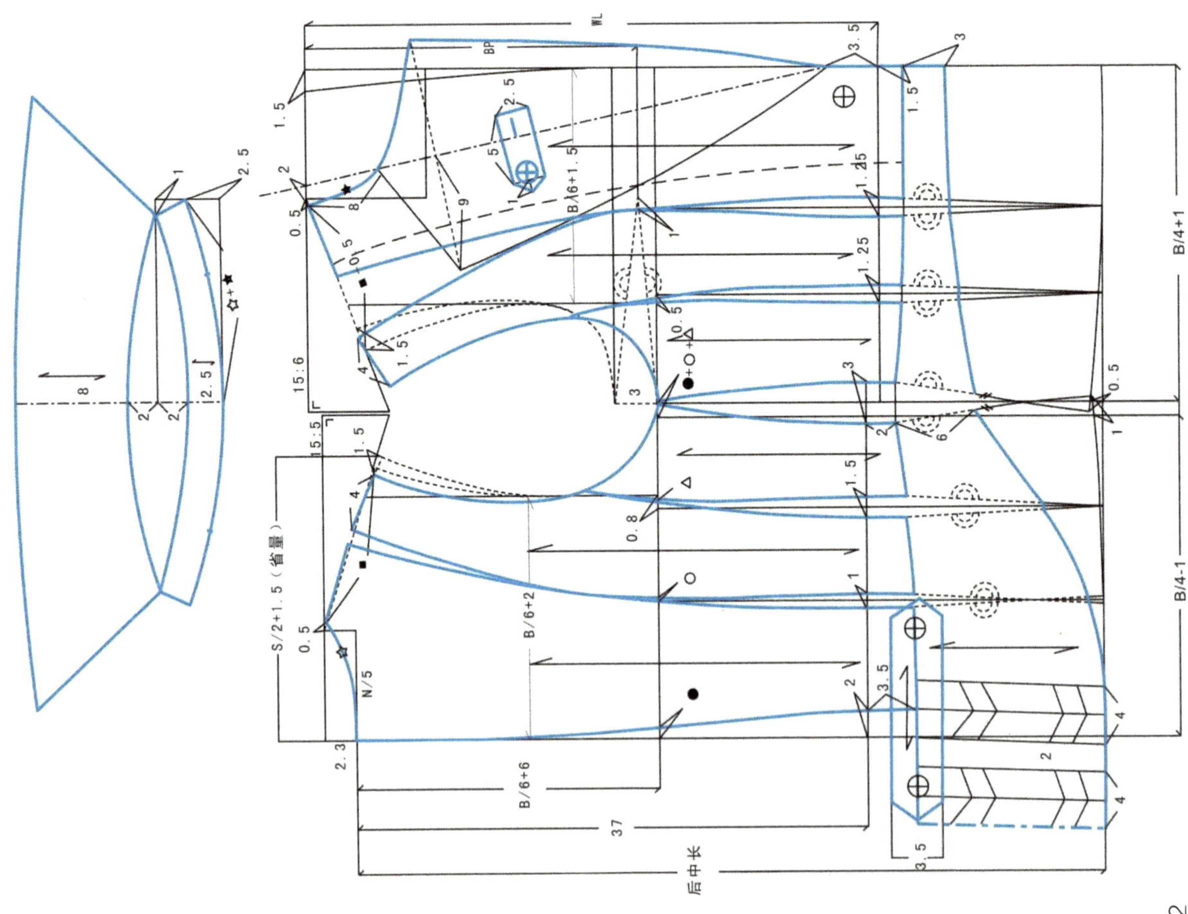

图2.92

4 款式四

（1）款式图及工艺要求

女春秋装拓展款式图如图2.93所示。款式分析与工艺说明如下。

① 这是一款比较合体、西装领、单排扣、两片袖的休闲女上装。

② 前片左右收腰节省、通天省，装贴袋，贴袋上辑袋盖。

③ 前后腰节侧摆断开，前后腰节打2个褶裥。

④ 后中分割开，左右开直刀背。

⑤ 袖子两片原装袖，袖口上辑装饰片。

⑥ 除下摆辑明线2.5cm以外，其余都辑0.6cm的明线。

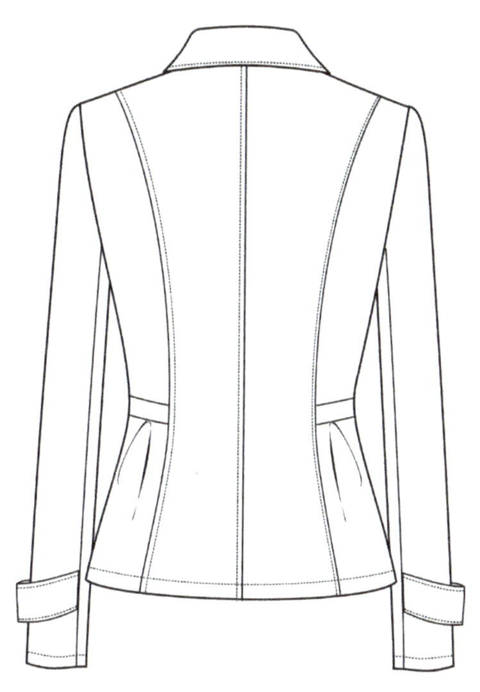

图2.93

产品规格参见表2.6。

表2.6　　单位：cm

号型	后中长	胸围	腰围	摆围	肩宽	袖长	袖口	领围	后腰节
160/84A	54	92	74	96	38	58	26	37	37

（2）完成纸样设计

纸样设计结果如图2.94所示。

SL
SL/2-4
SC/2+3
前AH
后AH
袖口装饰片
FWL
BP
N/5+0.3
B/4+0.5
H/4+0.5
H/4-0.5
S/2
N/5
B/6+2
B/6+6
后WL
后中长
装饰腰带
后腰节抽褶裥
后下摆
前腰节抽褶裥
前下摆

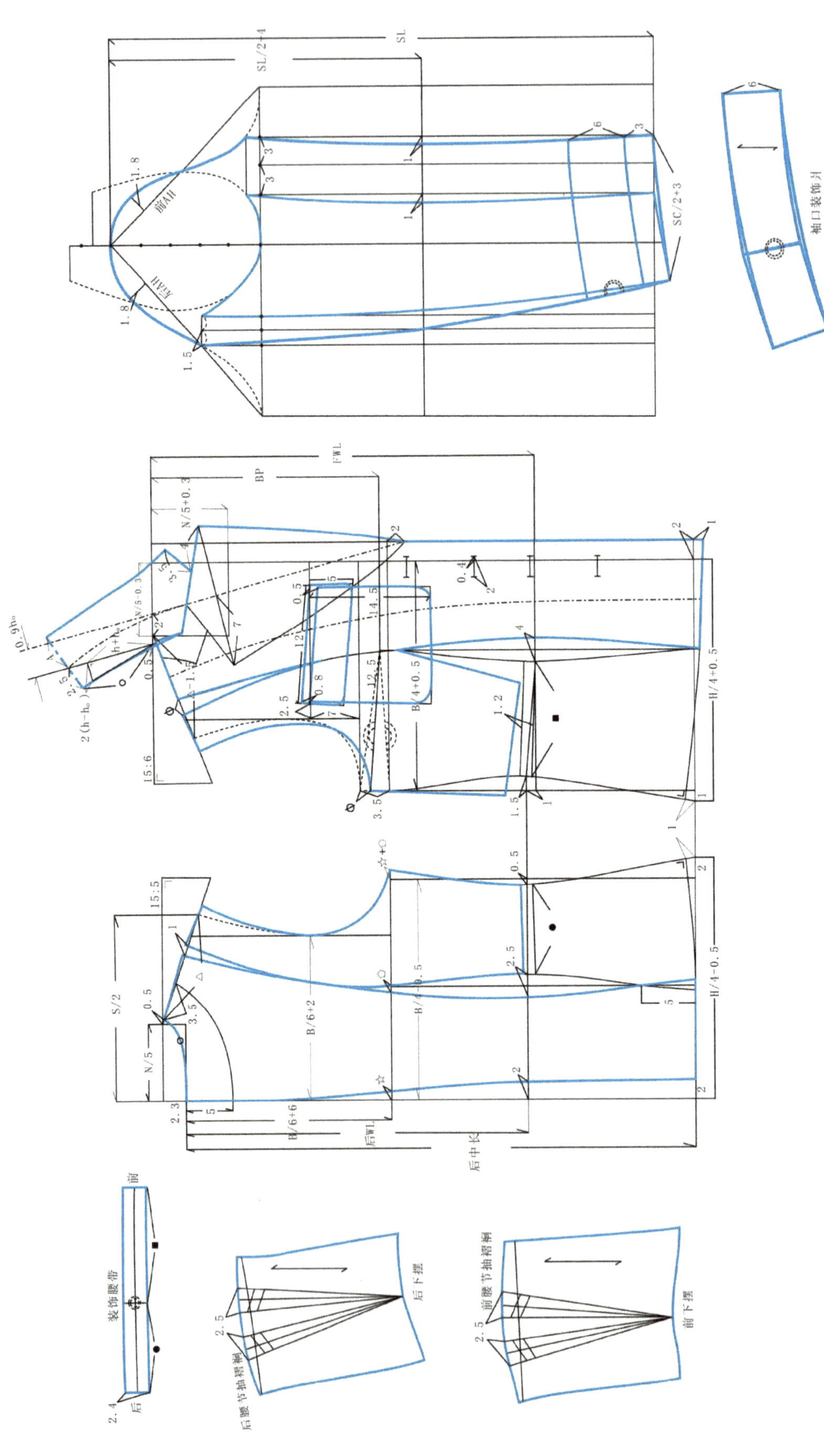

图2.94

任务2.3 女西装纸样设计与立体造型

【任务要求】

根据所提供的设计款式图，按要求完成女西装纸样设计。

任务准备：识读女西装款式图

1 款式图及工艺说明

女西装款式图如图2.95所示。

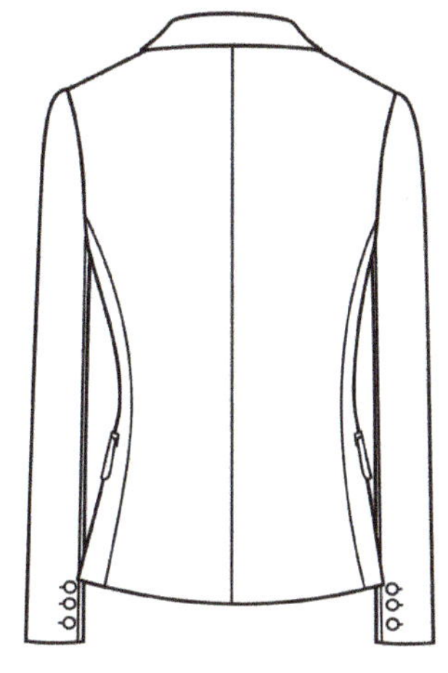

图2.95

这款女西装的款式特点如下。

① 这是一款合体、时尚、枪驳领、双排扣、两片袖的女西装。

② 本款女西装规格是160/84A，胸围加放量至92cm。

③ 前片左右对称腰省，前中倒V形下摆，双排两粒扣。

④ 前、后胸侧转折处破缝，后中破缝，但侧缝不破缝，衣身为三开身。

⑤ 袖窿省移至腰省分割线内。

2 款式结构分析

根据所提供的款式图，结合结构图基础线和服装内部结构进行分析比较。具体方法和分析女春秋装款式方法相同。

3 产品规格

女西装的产品规格参见表2.7。

表2.7　　单位：cm

部位	后衣长	胸围	腰围	领围	肩宽	袖长	袖口
规格	58	94	74	38	38	58	12

实践与操作：完成女西装纸样设计与立体造型

1 女西装纸样设计过程

以净胸围84cm，背长38 cm，先画原型衣身，由于是合体女装，前中需撇胸1cm，在原型前中胸围线处，对向BP点剪开，利用省道转移，将原型的袖窿省适当合并省量，使劈门量为1cm，此时前中胸部会展开，将袖窿省转移部分至前中，更符合人体特征，如图2.96所示。

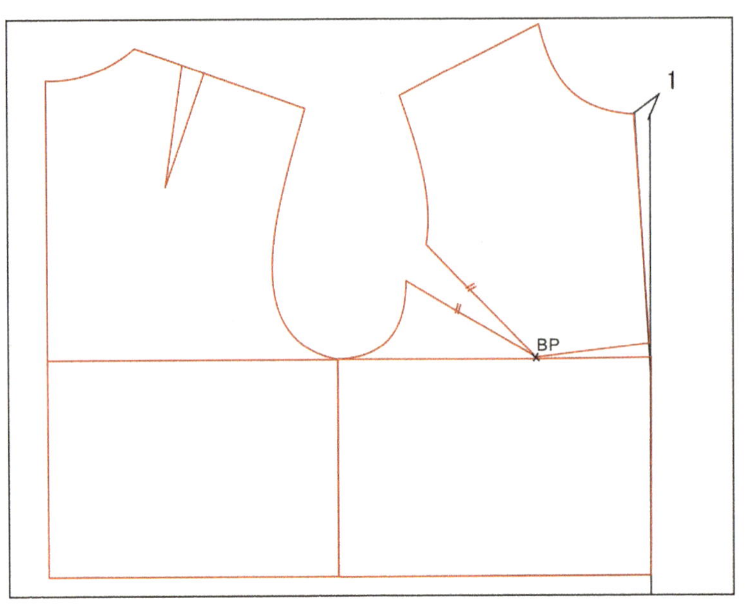

图2.96

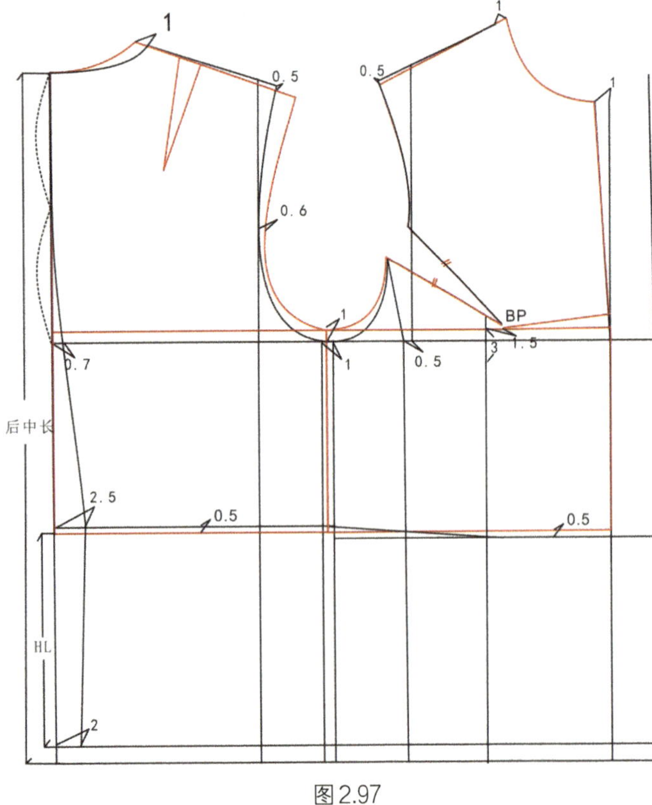

图2.97

（1）前后衣身制图（如图2.97所示）

① 后衣长线——由原型后直开领深向下垂直量58cm。

② 下摆线——画一条垂直于衣长，同时与胸围平行的线。

③ 前中线——由原型前中垂直向下量至下摆。

④ 前止口线——与前中间隔4cm，垂直画一条平行直线，由领口向下画，交于下摆线。

⑤ 臀高线——由原型后中腰节垂直向下量HL:18cm。

⑥ 胸围宽——净胸84cm+10cm，前后在原型胸围基础上各收进0.5cm左右，并作垂直线交于衣长线。

⑦ 袖窿深——在原型袖窿深下落1cm。

⑧ 腰节线——前腰在原型基础上下落0.5cm，后腰节在前腰节的基础上提1cm。

⑨ 前腰省线——由BP点向侧偏1.5cm定点垂直向下画至低摆。

⑩ 前侧线——从胸宽袖窿处向侧量0.5cm定点，连接袖窿省，再垂直画至下摆。

⑪ 后侧线——沿背宽线垂直量至低摆。

⑫ 后中线——在腰节处收进2.5cm，胸围线收进0.7cm，直线连接。

（2）确定各部位的规格，画外轮廓（如图2.98所示）

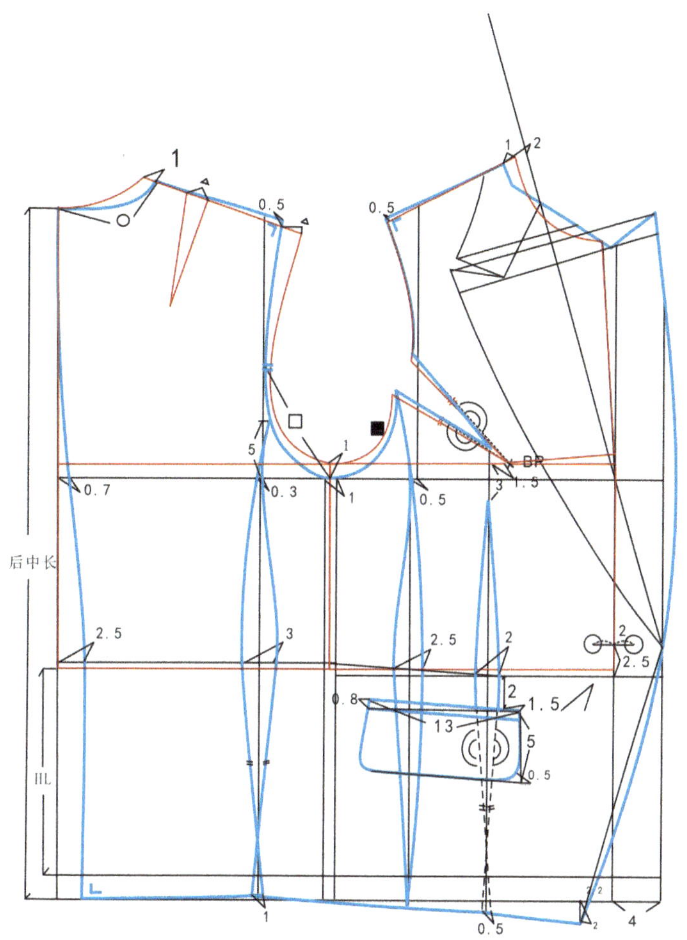

图2.98

① 肩宽——前肩宽在原型基础上提0.5cm，后肩宽同样在原型基础上提0.5cm。

② 胸宽——后胸宽在原型基础上收进0.6cm，前胸宽同原型。

③ 领宽——前、后领宽均在原型肩斜的基础上加宽1cm。

④ 前直开领深——在前中腰节止口部位向上提2.5cm。

⑤ 前止口——由衣长前中线处向内量2.2cm，再垂直向下量2cm定点，和直开领深直线相连。

⑥ 前下摆——由前止口下摆处和后侧线直接相连。

⑦ 前片腰省——省量2cm。

⑧ 前侧省——省量2.5cm。

⑨ 后侧省——省量2.5cm，下摆重叠1cm。

⑩ 前驳口线——由横开领量出2cm，和前直开领深直线相连接。

⑪ 前驳领——观察款式图的领型，以及领子在前胸的比例关系，根据其比例关系在结构图前片画出其造型，以驳口线为中轴，将所画的驳领对称复制过

去，得到驳领的造型。

（3）领子画法（如图2.99所示）

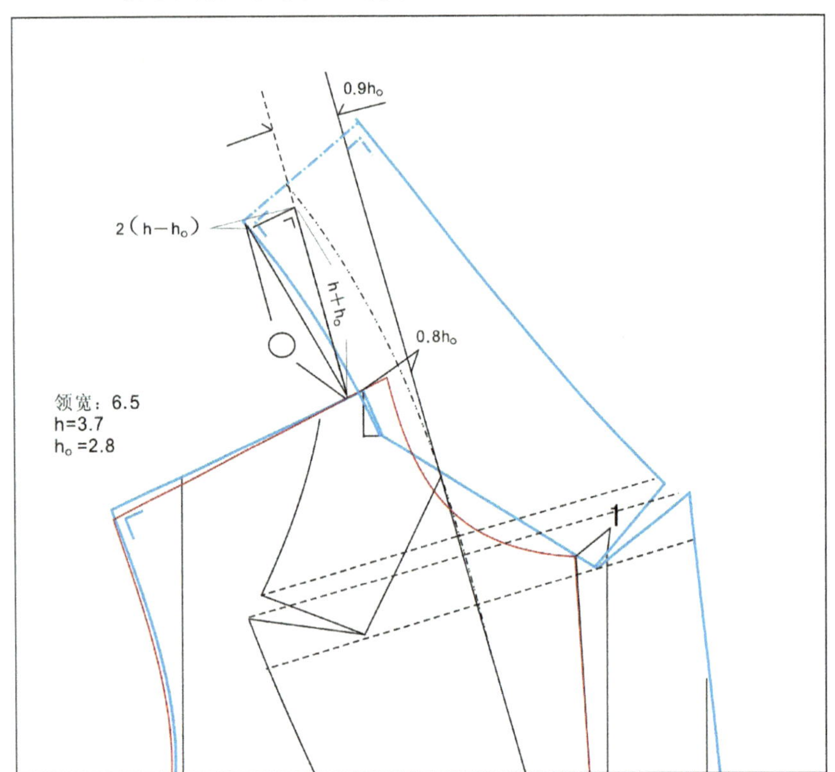

图2.99

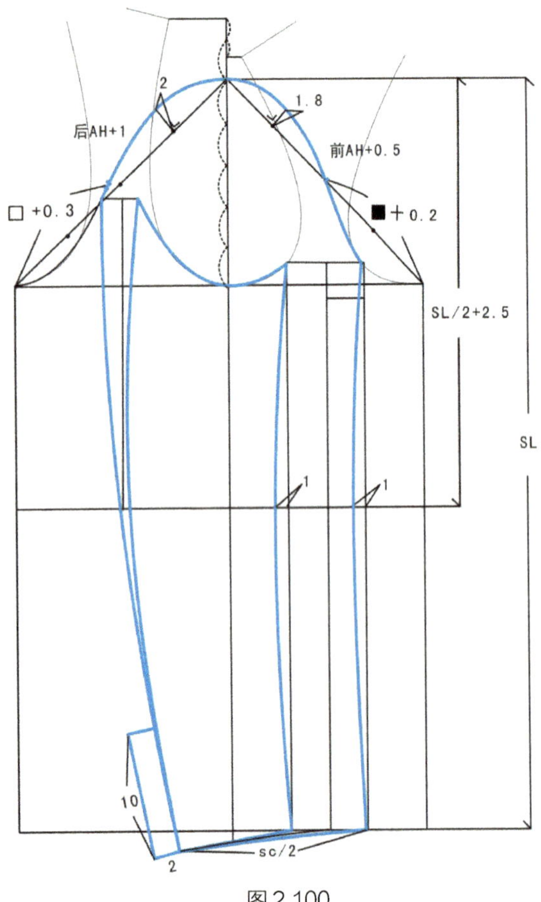

图2.100

（4）袖子画法

此袖为两片原装袖，袖口开装饰袖衩，具体制图如图2.100所示。

袖山吃势量的把握与款式、面料有关系，面料较薄时，吃势量在1.5～1.8cm；面料一般厚薄时，吃势量保持在2～2.5cm；面料较厚时，吃势量可控制在2.5～3.5cm。

2 原型法纸样设计注意事项

确定胸围，如图2.101所示。

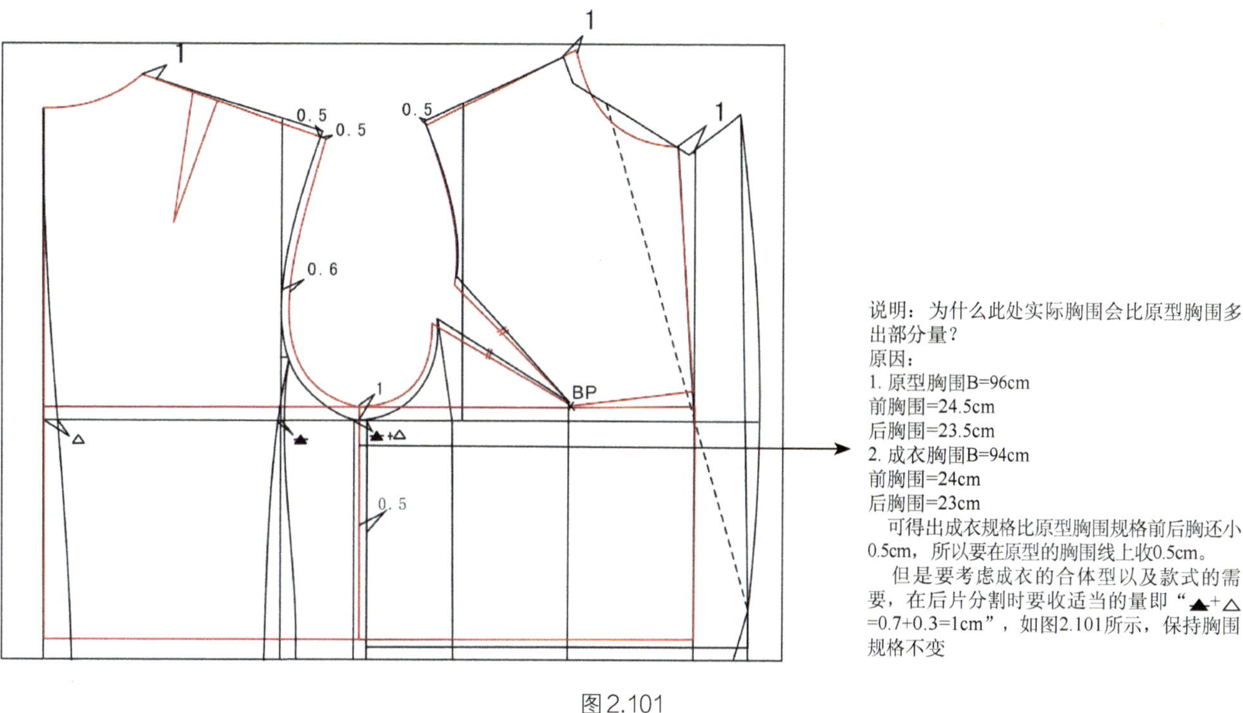

图2.101

分析前片撇胸量，如图2.102所示。

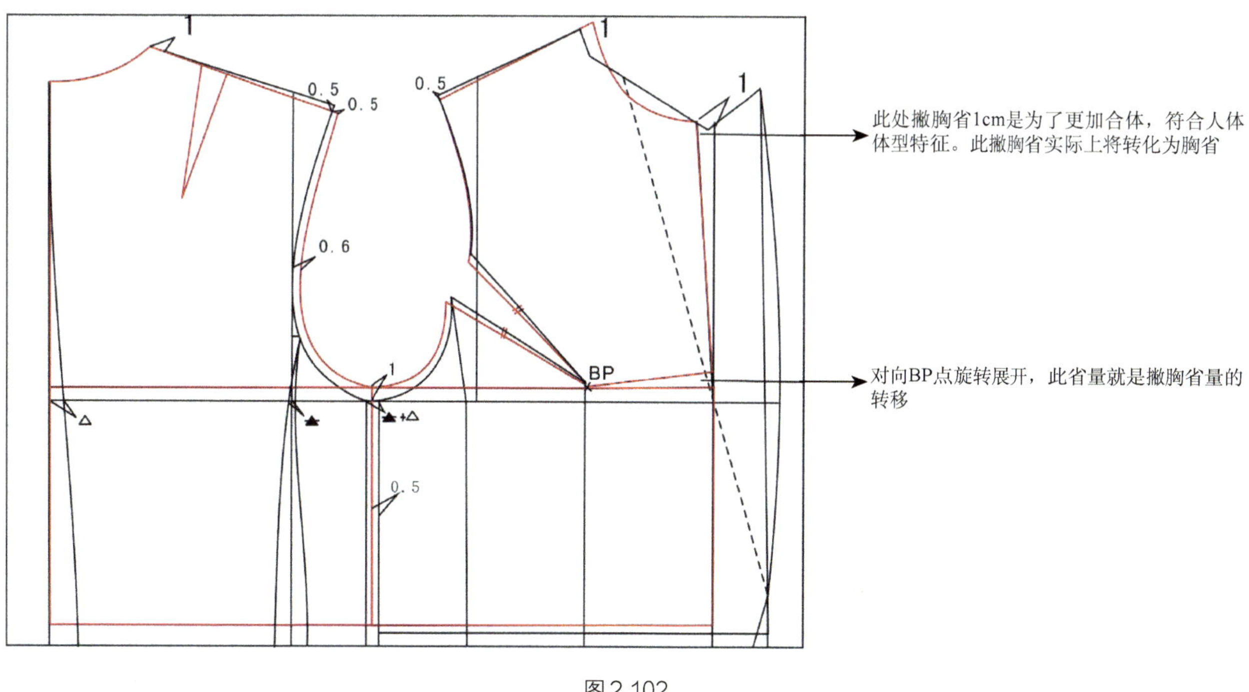

图2.102

分析前、后横开领及落肩部，如图2.103所示。

此处上提0.5cm的量是考虑到垫肩用量

由于此款式是穿在外面的套装，考虑到领部需要有一定的松量，所以要在原型的横开领处加宽，并直接在肩线上斜量1cm的量。不同的款式，所取的量不相同，对于相同的原型都是直接在肩颈处斜量即可

图2.103

前片省道转移过程如图2.104所示。

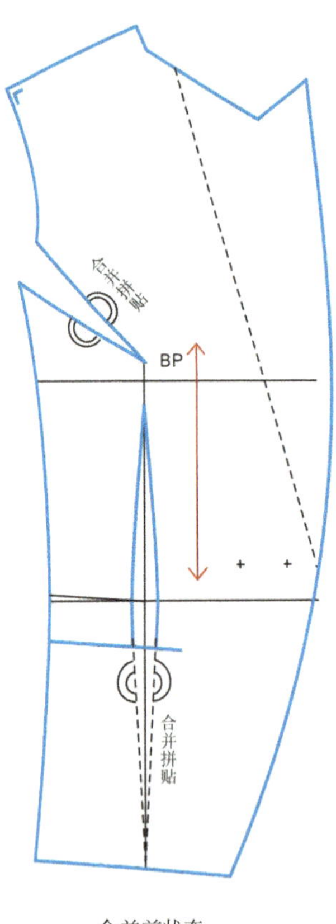

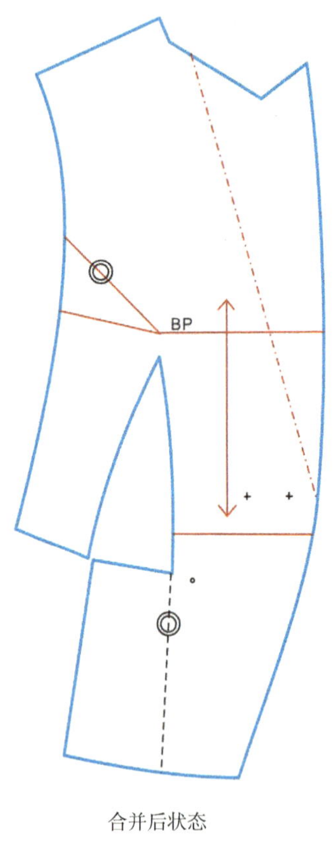

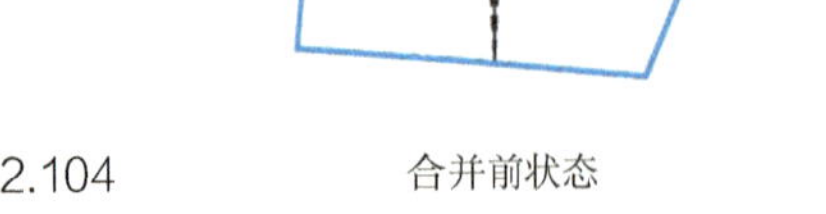

图2.104　合并前状态　合并后状态

3 完成女西装立体造型

女西装立体造型准备

女西装立体造型流程与操作技巧基本与女衬衫相同，不同的是要根据款式的变化来进行细节调整。

① 衣身试穿与修正如图2.105和图2.106所示。

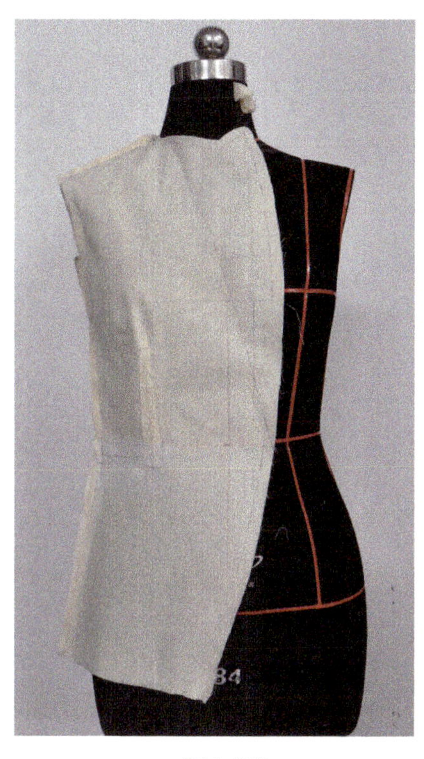

图2.105

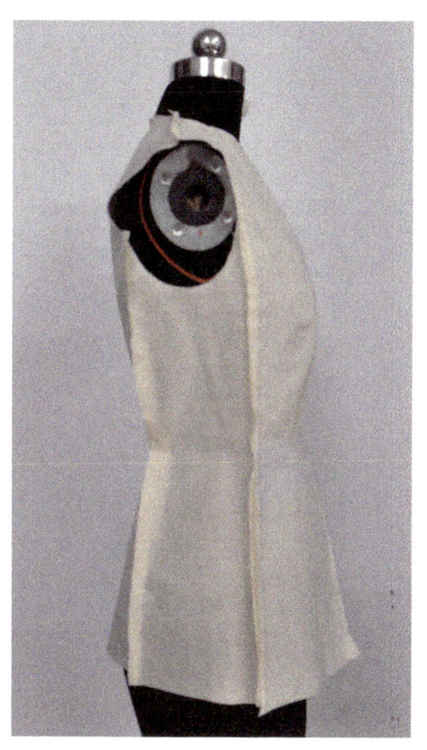

图2.106

女西装前后衣身立体造型

② 通过观察，发现衣身后侧腰不合体，所以在腰部适当收进一定的量，使衣身更合体一些（如图2.107和图2.108所示）。

女西装衣身修正

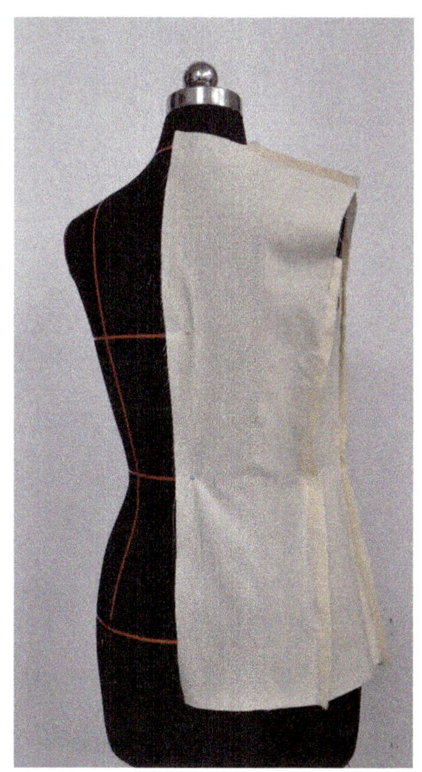

图2.107

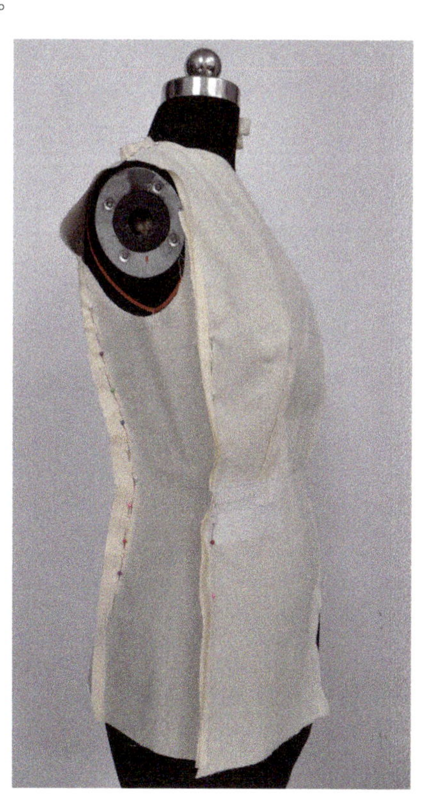

图2.108

③ 装好领子后的效果如图2.109～图2.111所示。领子装上衣身后基本平服，不需要改动。

女西装挂面、衣身假缝

图2.109

图2.110

④ 装袖子后衣身的整体效果如图2.112所示。

女西装口袋、领子假缝

女西装领子立体造型

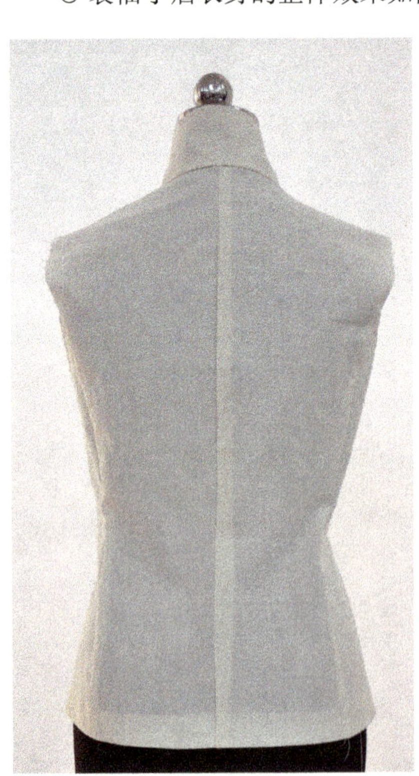
图2.111

图2.112

⑤衣服试穿在模型上，观察衣服效果基本和款式效果相同，衣服整体呈现水平状态，没有太多多余皱褶，腰部卡腰自然、合体，领子翻折平服、服帖，

效果较好，如图2.112和图2.113所示。

⑥ 侧面观察袖山饱满圆顺，袖子自然向前，符合款式要求，如图2.114所示。

图2.113

图2.114

女西装袖子立体造型、观察完成效果

4 修正纸样

完成纸样修正，如图2.115所示。

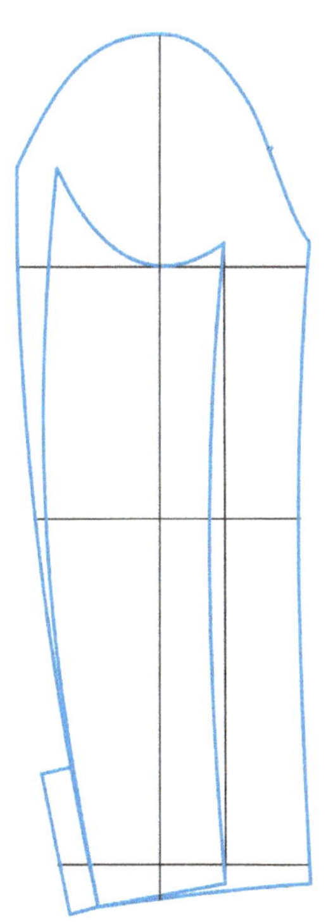

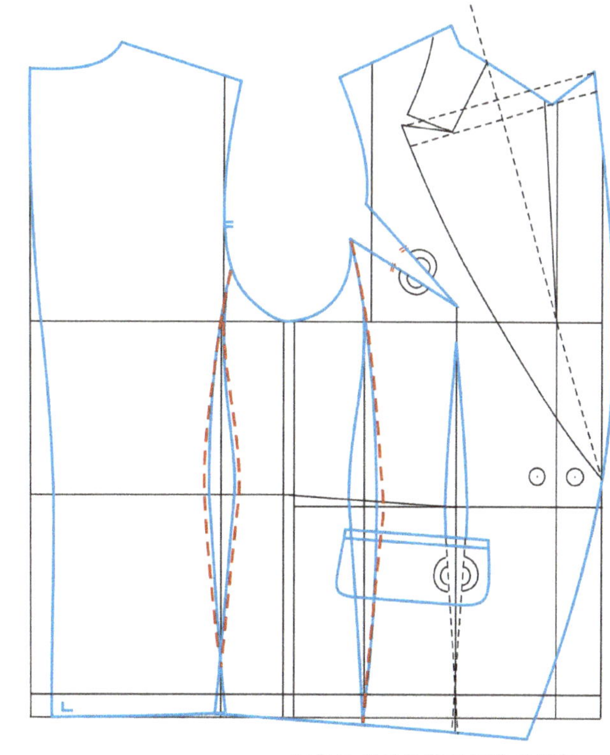

图2.115

技能拓展：女西装变化款式纸样设计

1 款式一

（1）款式图及工艺要求

女西装拓展款式图如图2.116所示。款式分析与工艺说明如下。

① 这是一款合体、时尚的女装款式。

② 本款女装标准规格是160/84A，胸围加放量至92cm。

③ 领型为传统西装领，前片两条弧形公主线分割，并且左右对称。

④ 前中钉纽扣1颗，圆下摆，双嵌线口袋，装袋盖。

⑤ 后片直刀背和弧形刀背结合，肩部有弧型分割，后下摆左右开衩。

⑥ 袖子为两片袖，袖肥合体，袖山为抬袖子。

⑦ 装领贴、夹里。

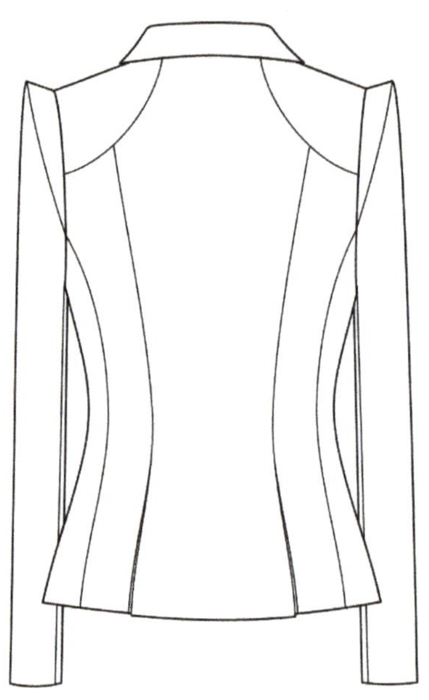

图2.116

产品规格参见表2.8。

表2.8　　单位：cm

号型	后中长	胸围	腰围	摆围	肩宽	袖长	袖口	领围	后腰节
160/84A	48	92	72	96	38	57	26	37	37

（2）完成纸样设计

① 衣身纸样设计，如图2.117所示。

② 领子、袖子纸样设计，如图2.118所示。

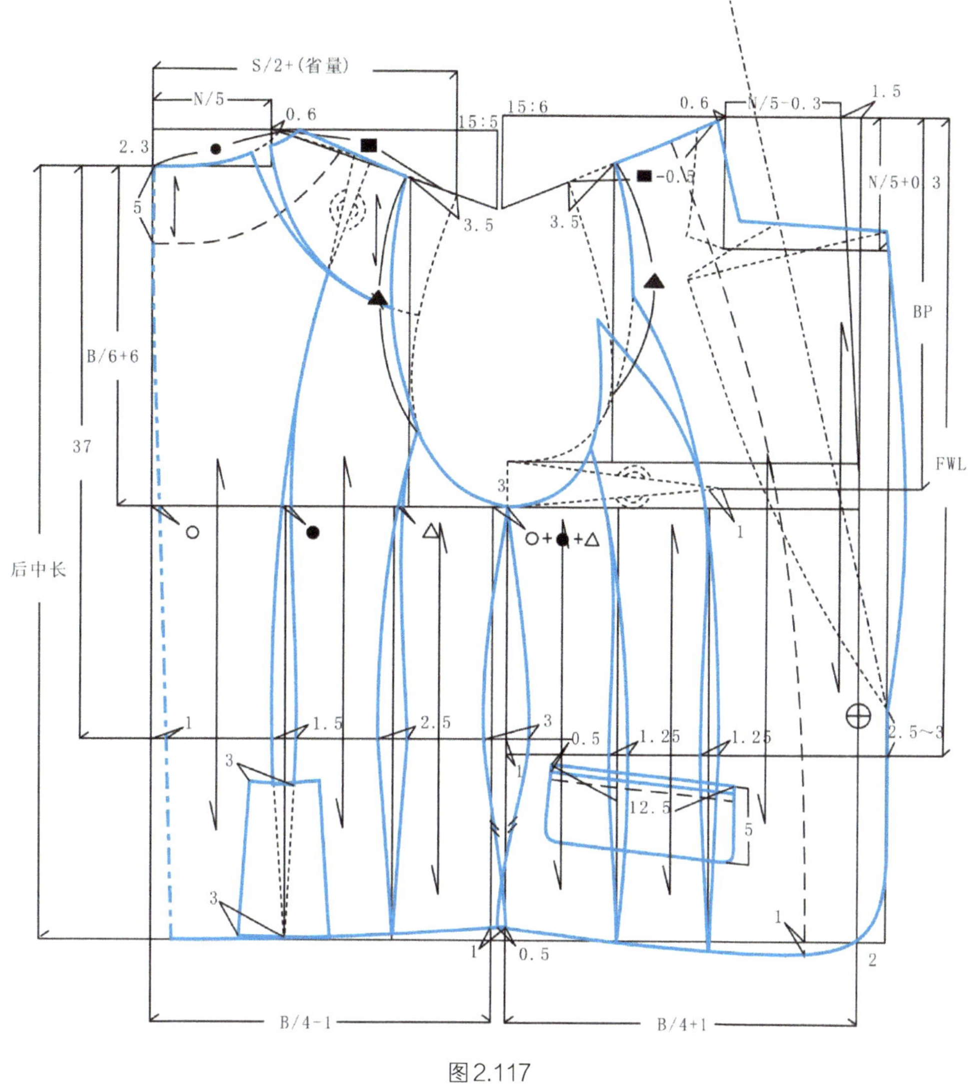

图2.117

2　款式二

（1）款式图及工艺要求

女西装拓展款式图如图2.119所示。款式分析与工艺说明如下。

① 这是一款合体、较为正式的女上装。枪驳领，单排一粒口。前片左右对称腰省、腰节处横向分割，侧弧线刀背分割。

② 左右开口袋，各辑两片形状不一的装饰袋盖。

③ 后片弧线分割，在下摆处合并腰省。

④ 袖子为圆装袖，在袖口处各钉纽扣3颗。

产品规格参见表2.9。

表2.9　　单位：cm

号型	后中长	胸围	腰围	摆围	肩宽	袖长	袖口	领围	后腰节
160/84A	60	92	74	96	38	57	26	37	37

（2）完成纸样设计

纸样设计结果如图2.120所示。

0.9h₀
h
h₀
2(h-h₀)
h+h₀
0.6
0.8h₀
2.5~3

后
3.5
前
后AH
前AH
3
1.5
3
SL/2+2.5
SL
1
1
SC/2+3

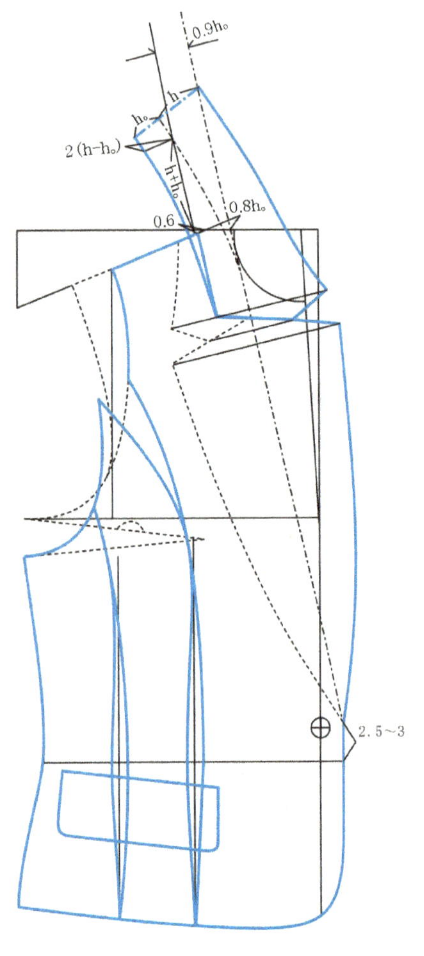

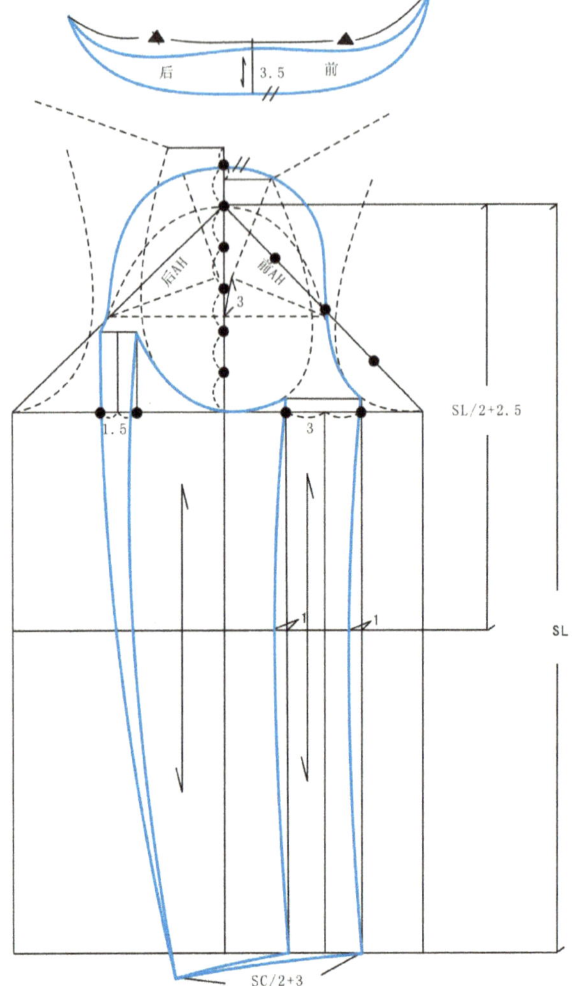

图2.118

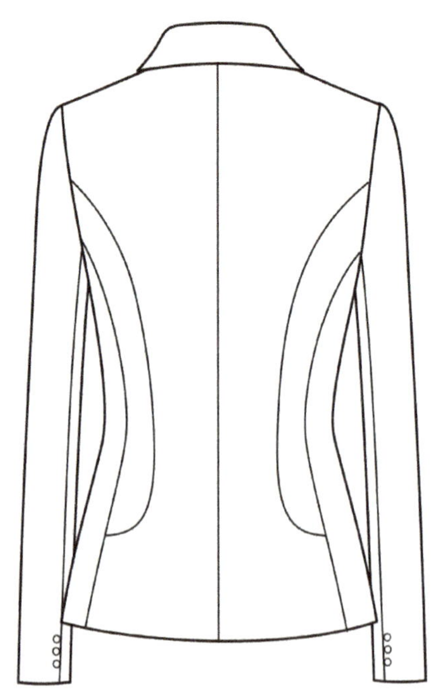

图2.119

SL
SL/2+2.5
1.8
前AH
后AH
SC/2
N/5
15:6
B/4+1
B/4-1
4.3
2.2
15:5
S/2
N/5+0.3
B/6+6
WL
HL
后中长

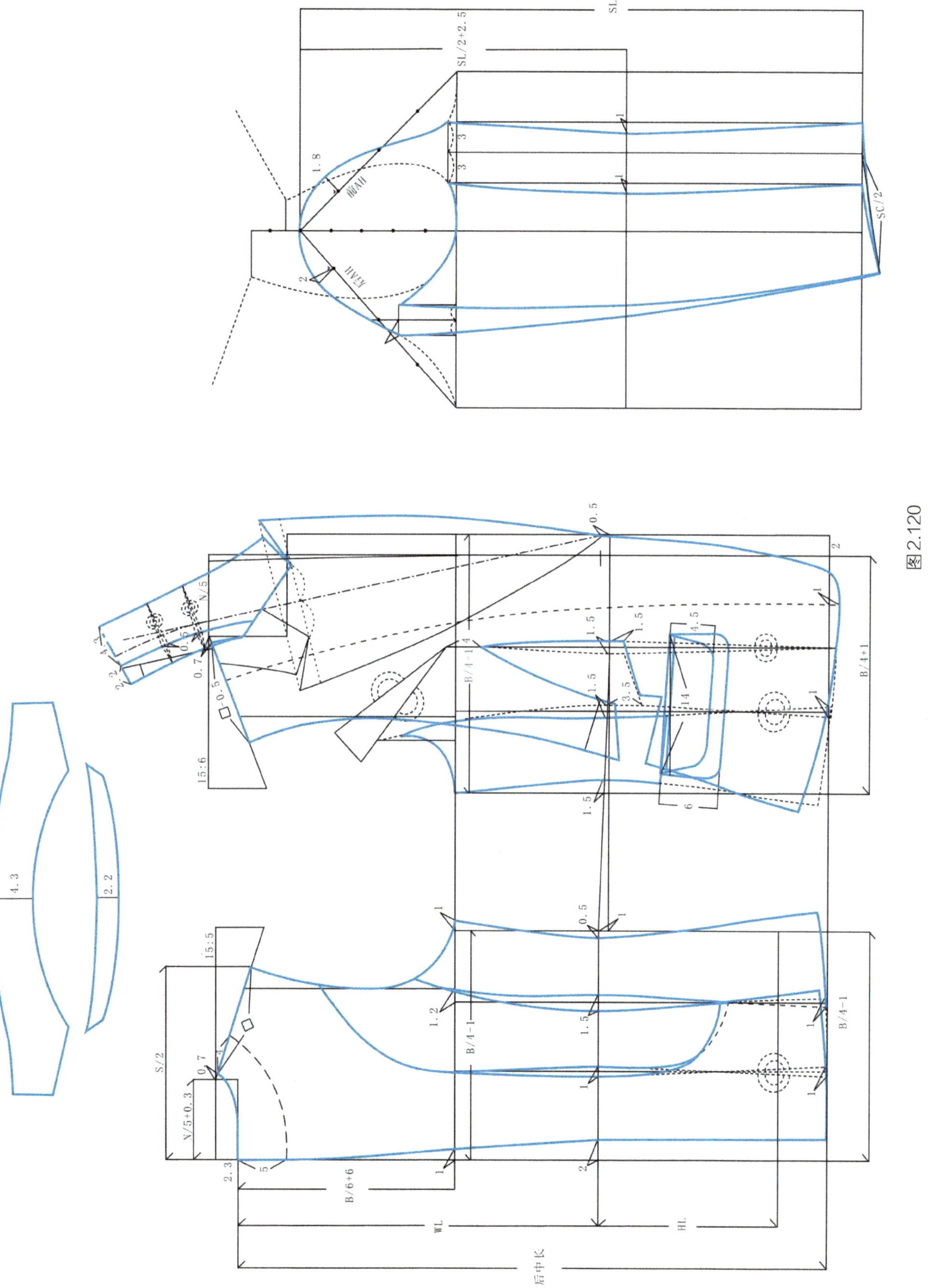

图2.120

任务2.4 女上装中长款式纸样设计

【任务要求】

根据所提供的款式图及工艺要求信息，完成女上装中长款式的纸样设计。

1 女大衣长款款式

（1）款式图及工艺要求

女大衣款式图如图2.121所示。款式分析与工艺说明如下。

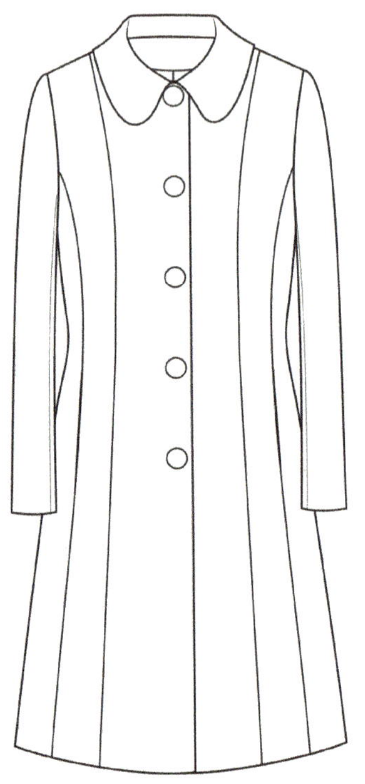

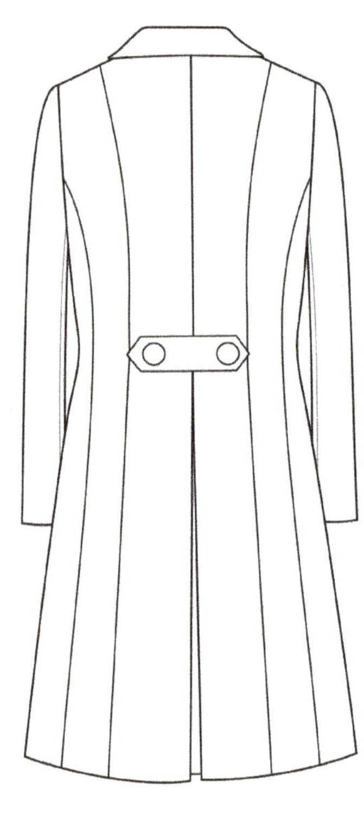

图2.121

① 这是一款较合体的女大衣长款款式。

② 本款式标准规格是160/84A，胸围加放量为14cm以上。

③ 领型为一片翻领，领角圆形。前片有直线公主分割和刀背弧形分割，左右对称。

④ 前中钉纽扣5颗，直下摆，左右借刀背弧形分割缝开袋。

⑤ 后片同样有直线公主分割和刀背弧形分割，后中分割到腰节，后腰节至下摆有褶裥，腰节处有装饰耳仔，耳仔上面钉纽扣2颗。

⑥ 袖子为两片圆装袖，袖肥合适。

⑦ 装领贴、夹里。

产品规格参见表2.10。

表2.10　　单位：cm

号型	后中长	胸围	臀围	肩宽	领围	袖长	袖口	后腰节	BP	臀高
160/84A	88	98	100	38	37	57	25	37	24.7	18

（2）完成纸样设计

纸样设计结果如图2.122～图2.124所示。

S/2
N/5
1
2.3
15:5
5
B/6+6
2
B/6+2
37
6
5
1.5
1.5
1.5
2
后中长
15
15
1
3
1
B/4-1
N/5-0.3
1
1.5
1.5
15:6
N/5+0.3
1.5
2
BP
1.5
B/6+1
0.7
40.5
3.5
2
2
1.5
8.5
10
1.5
5
6
13
1
1.5
23
3
12
1.5
2
8
3.5
B/4+1

图2.122

0.9h。
5.5
2(h-h。)
3
h+h。
0.8h。
后领圈弧长
后领圈弧长
h。=3
h=5.5

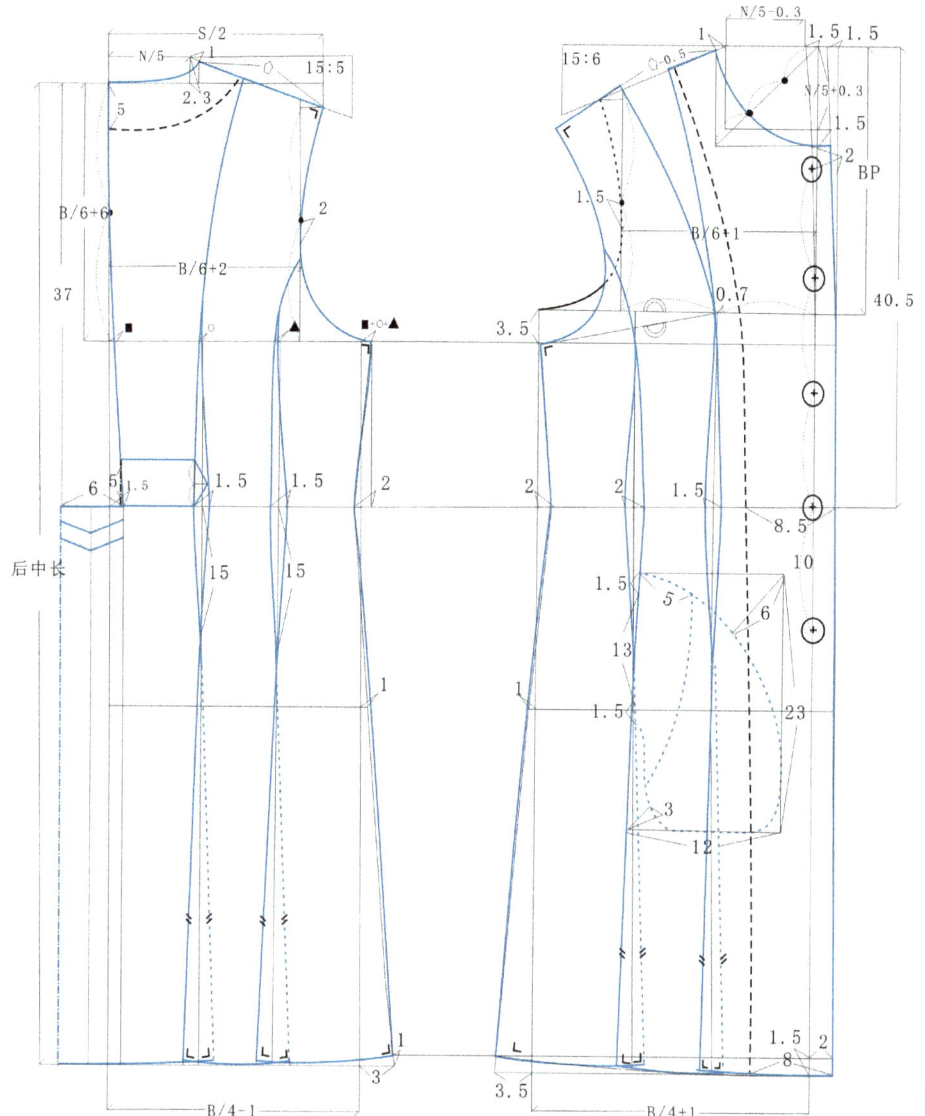

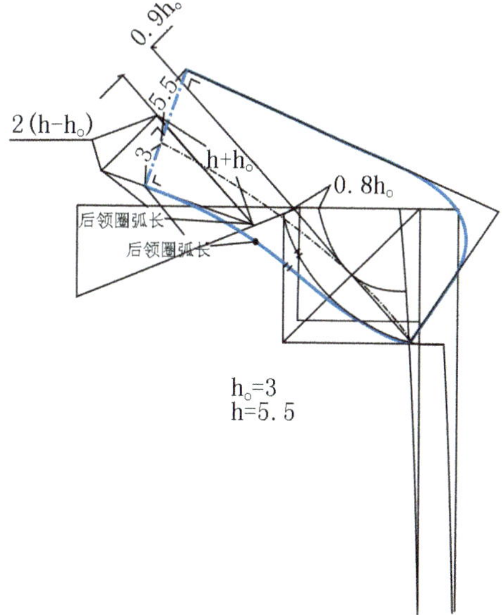

图2.123

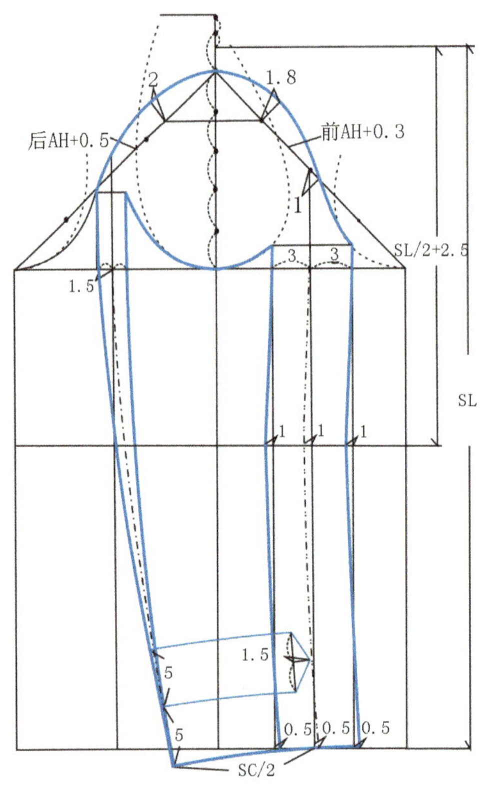

图2.124

2 女大衣中长宽松款款式

（1）款式图及工艺要求

女大衣款式图如图2.125所示。

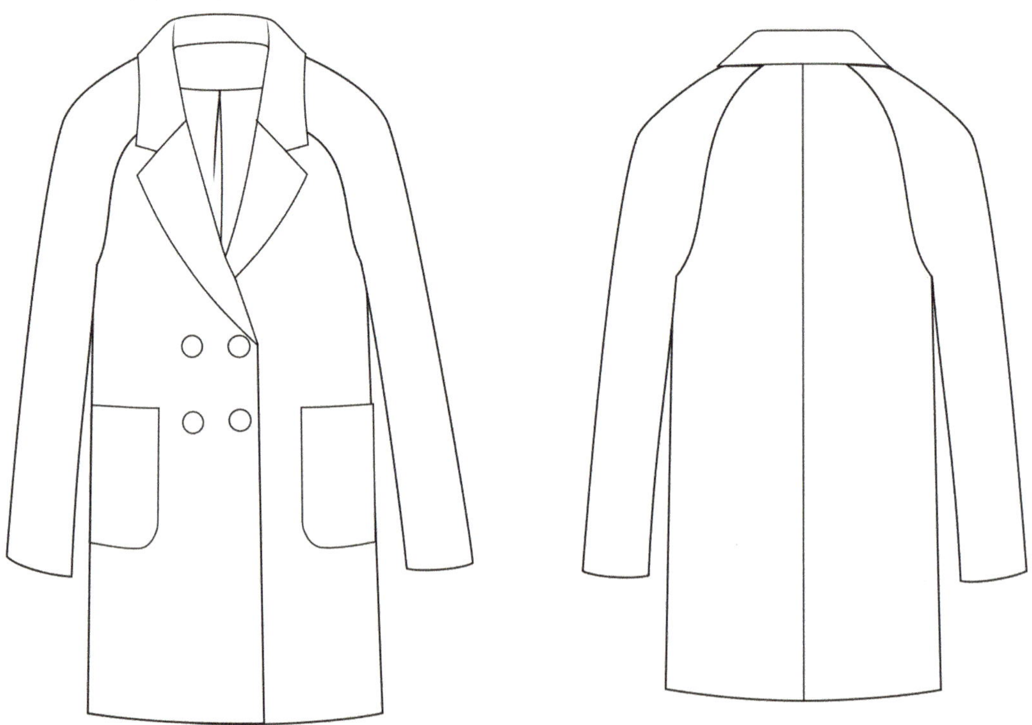

图2.125

款式分析与工艺说明如下。

① 这是一款女大衣中长款款式，造型简洁宽松大方，是当前较流行的宽松款式。

② 本款式标准规格是160/84A，胸围加放量为20～26cm。

③ 领型为西装领，造型大方，翻驳领比较宽大，直开领到腰节处。

④ 前片无分割，左右贴袋，双排4粒纽扣。

⑤ 后片中间分割。

⑥ 插肩袖，袖型宽松。

⑦ 装领贴、夹里。

⑧ 面料一般采用呢料等较厚的面料。

产品规格参见表2.11。

表2.11　　单位：cm

号型	后中长	胸围	肩宽	领围	袖长	后腰节	前腰节
160/84A	76	108	44	39	57	37	41

（2）完成纸样设计

纸样设计结果如图2.126～图2.129所示。

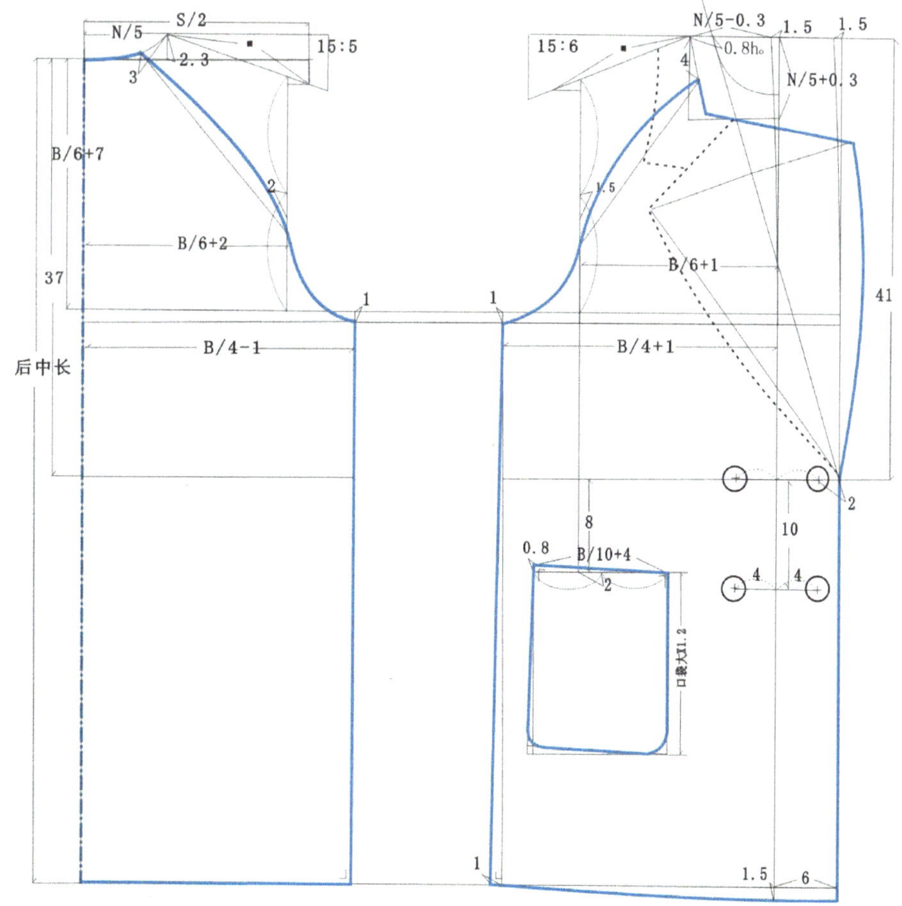

图2.126

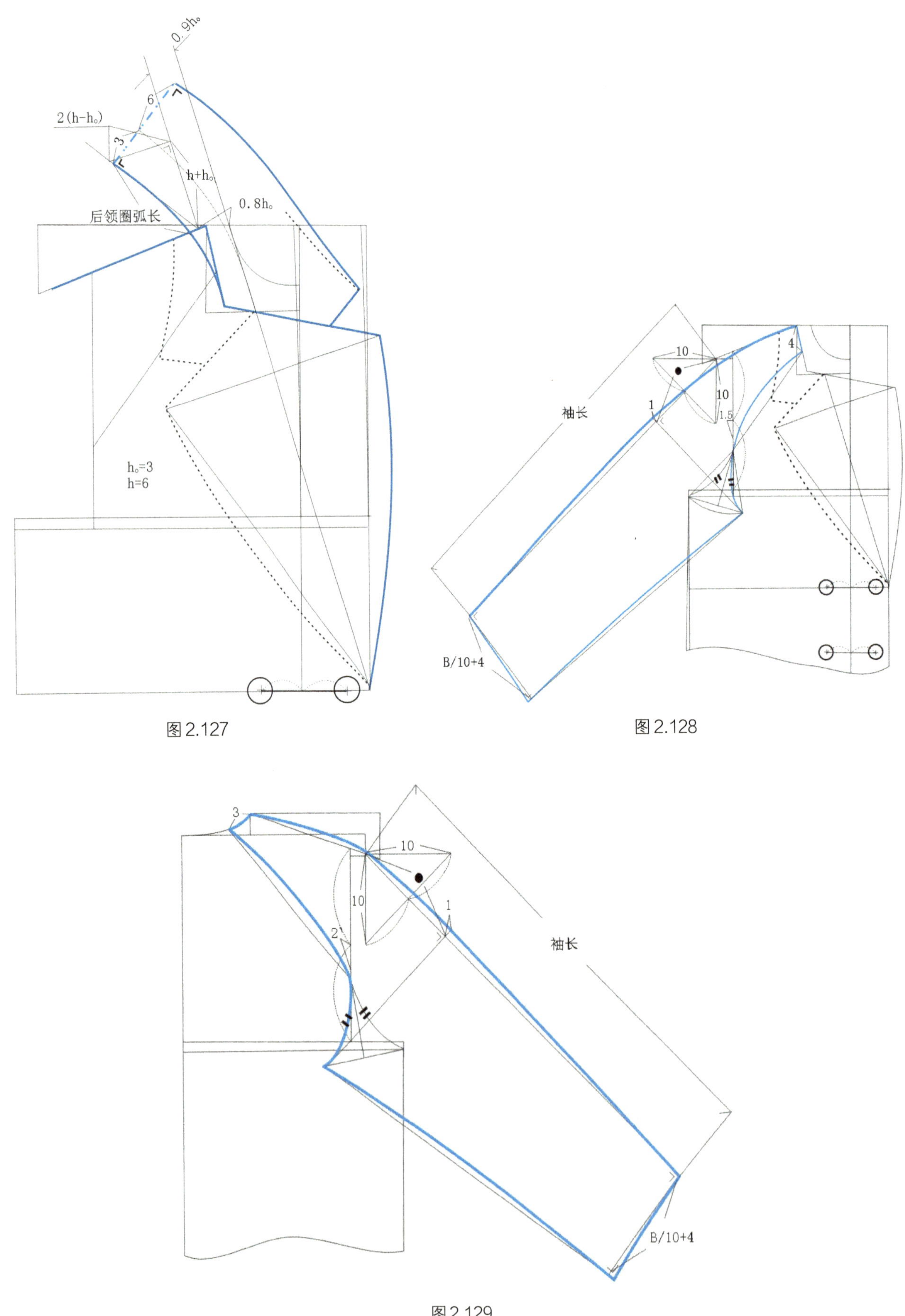

图2.127

图2.128

图2.129

3 女大衣宽松款款式

（1）款式图及工艺要求

女大衣款式图如图2.130所示。款式分析与工艺说明如下。

① 这是一款女装中镂款式，造型简洁宽松大方，特别是连肩袖造型在当前市场非常流行。

② 本款式标准规格是160/84A，胸围加放量为20～26cm。

③ 领型为无领，开襟单排5颗扣。

④ 前片无任何分割，左右斜插袋，袖山顶部与衣片肩端部连肩，肩端点下落。

⑤ 后片无任何分割。

⑥ 袖子一片袖，袖长略短，袖口褶裥，袖型宽松。

⑦ 装领贴、夹里。

⑧ 面料一般采用呢料等较厚的面料。

图2.130

产品规格参见表2.12。

表2.12

单位：cm

号型	后中长	胸围	肩宽	领围	袖长	后腰节	前腰节
160/84A	76	110	44	39	51	37.5	40.5

（2）完成纸样设计

纸样设计结果如图2.131和图2.132所示。

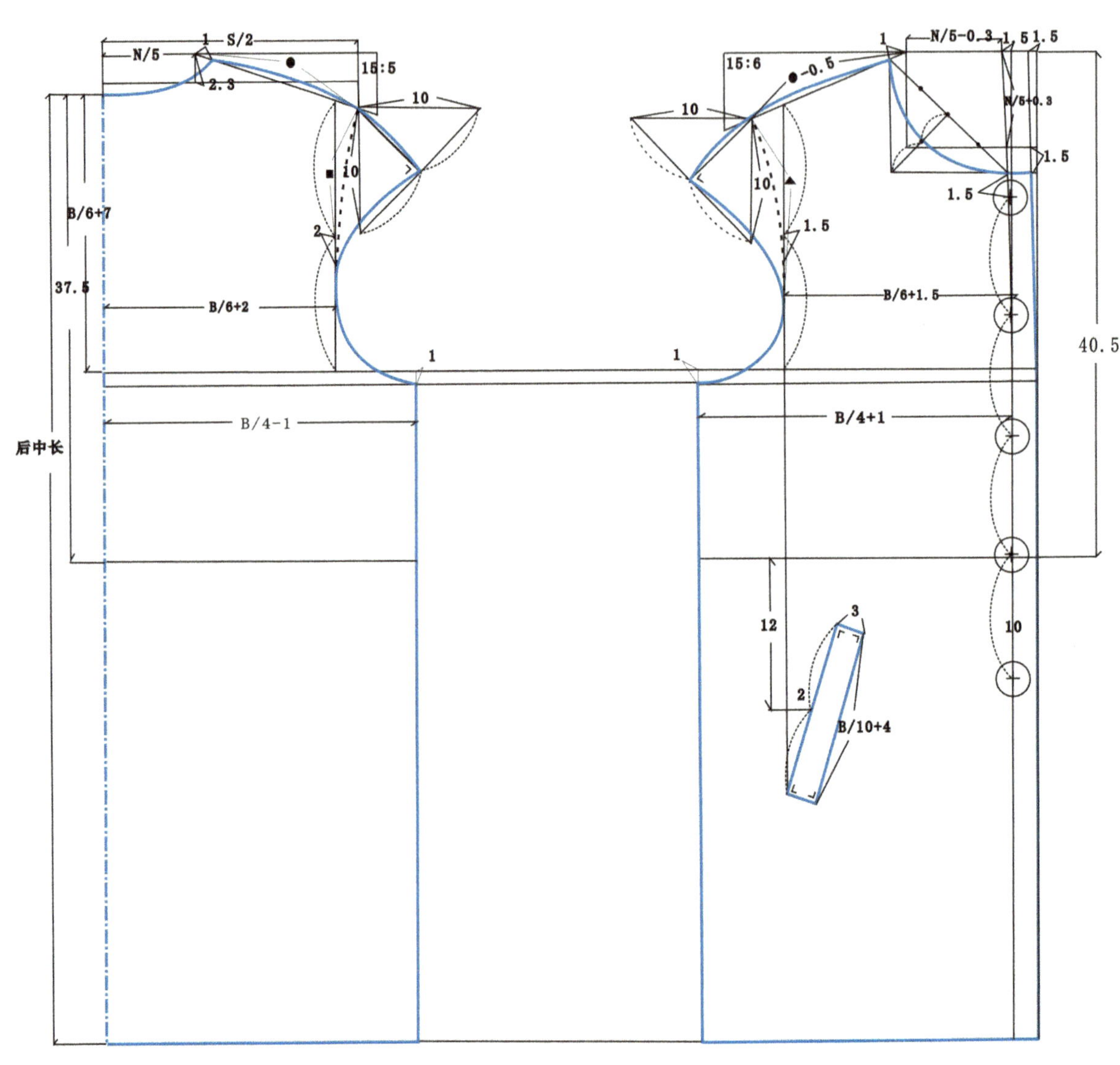

图2.131

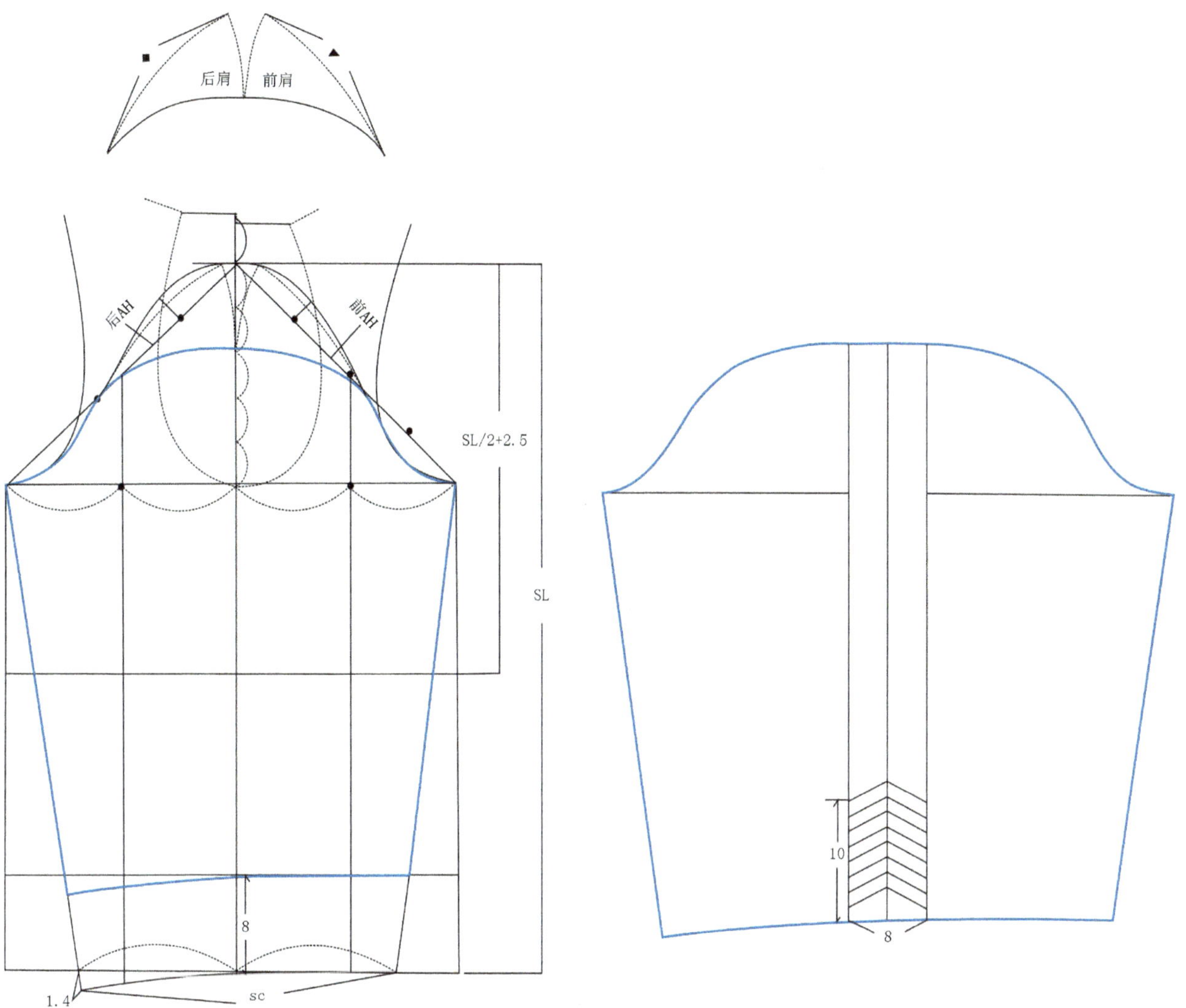

图2.132

读书笔记

项目 3 女上装工业样板制作

项目学习目标

学习目标

基于纸样设计师工作岗位，了解工业样板制作与推板的方法与技巧，能够熟练制作工业样板。

相关知识

服装工业样板，又称生产样板，是用于服装企业进行大货生产的样板，包括面料板、里料板、衬料板、车缝板、定位板。同时，服装工业样板制作也包括工业推板，也可称为放码，是指将校正确认的样板作为标准母板，按照实际要求放缩出其他规格样板的过程。标准母板一般是中间号型或者是客户指定的某个样品试制的号型。

项目任务

1. 了解工业样板知识
2. 制作女上装工业样板
3. 完成女上装工业推板
4. 课堂训练与模拟工厂实践

任务3.1 了解工业样板知识

【任务要求】

了解工业样板的相关知识与要求。

1 工业制板概述

工业制板主要根据现代社会的服装工业生产时装化的要求，使工业产品在投资之前能够准确定位，在投资中有可靠的技术依据，使投产的成衣产品符合“品牌”的要求，符合“市场尺码”的需求。这就要求制板技术人员具备较高的文化素质和艺术修养，不但要精通服装工艺，而且要能够完美地表达出设计师的设计意图；既能运用较高的技术来创作出美的服装造型，又能制出机能性很强、覆盖率较高的工业服装样板，以顺应市场的潮流。工业制板是服装产品在生产制作前的技术依据，它起着“模具、图样、型板”的作用，是一门专业性较强的技术。制板技术人员必须经过严格规范的训练，才能在这门专业上有所成就。对于制板人员来说，产品造型给人的感觉和印象是非常重要的，良好的感觉需要经过严格的技术训练，因此，平时要多学、多练、多动脑、多观摩分析。

工业制板是提高产品品位（质量）不可忽视的技术手段。一般人只简单认为，板就是按照“定单”尺码制成大样即可。其实，制板工作是设计师意图实施的再创作过程，是从技术上对设计意图的完善。因此，工业制板的技术内涵是创意，而不是复制。

2 工业样板要求

一件产品使用的全部材料都要有纸样，包括面料、里料、衬料、辅料的所有大小部件，缺一不可。这项工作，一般均由企业技术部门的专业人员来完成。工业纸样要把原材料的因素、机械设备的性能、加工工艺的技术要求、产品的缝份宽度等问题全部考虑进去。

3 依据热缩率、缩水率计算工业样板的方法

织物的缩水率是指织物在洗涤或浸水后收缩的百分数。缩水率最小的织物是合成纤维及混纺织品，毛织品、麻织品、棉织品居中，丝织品缩水率较大，粘胶纤维、人造棉、人造毛类织物缩水率最大。

（1）常用面料缩水率参考数值

全棉类4.5%～5%；T/C布类2%；锦棉类3%；灯芯绒5%；塔丝隆3%～5%；化纤8%～46%；棉涤3.56%～5.56%；本色白布3%；毛蓝布3%～4%；府绸3%～4.5%；卡叽华达呢4%～5.5%；哗叽3%～4%；劳动布10%；人造

棉10%。

（2）织品产生缩水的原因

① 织物的原材料不同，缩水率不同。一般来说，吸湿性大的纤维，浸水后纤维膨胀，直径增大，长度缩短，缩水率就大。如有的粘胶纤维吸水率高达13%，而合成纤维织物吸湿性差，其缩水率就小。

② 织物的密度不同，缩水率也不同。如经纬向密度相近，其经纬向缩水率也接近。经密度大于纬密度的织品，经向缩水大；反之，纬密度大于经密度的织品，纬向缩水大。

③ 织物纱支粗细不同，缩水率也不同。纱支粗的布缩水率大，纱支细的织物缩水率小。

④ 织物生产工艺不同，缩水率也不同。一般来说，织物在织造和染整过程中，纤维要拉伸多次，加工时间长，施加张力较大的织物缩水率就大，反之就小。

要熟悉针织面料的缩水率，则必须要熟悉针织面料的特点。针织服装面料风格很多，按照不同的织法和面料的成分，针织面料的风格有不同的分类，主要有平纹布、绒布、氨纶布、毛圈布等。要制作好针织服装的样板，就要对面料的缩水率进行准确的测试，根据缩水率来控制样板的尺寸。

水洗测试是一种常用的缩水率测试方法，不过对于样板来说只是一个参考。如果衣服的工艺要求水洗，那么水洗测试的结果就是缩放的标准了。在实际工业生产中，通常对面料进行水洗，在达到柔软、陈旧感等要求后，可以不再进行水洗。

（3）水洗类成衣的制板缩水率的计算

① 在拿到客户订单时，要看清楚该成衣是成衣水洗还是面料水洗，成衣水洗的衣服，在表面车明线的部位有明显的缩皱现象，就像我们平时穿的牛仔裤的侧边缝头一样，有深浅变化的面料车线；如果是面料水洗就没有这个现象。面料水洗的缩水率不需要去控制，大货面料拿到后，去水洗厂按要求水洗后再做，控制好车工的车缩即可。

② 成衣水洗有多种方法，特别是牛仔类，有普通水洗、酵素洗、石磨洗等。从客户处拿到大货面料样，最起码要5m以上的整个门幅面料。分别剪出边长1.2m的三块正方形面料，并分别在面料上做出边长1m大小的正方形，用车线订位在面料上做好记号。

③ 按客户要求告诉水洗厂的洗水要求，经水洗后的测试面料一份给客户确认效果（有些客户也会要求做个袖样或裤腿样），一份自己留底。

④ 水洗厂测试回来的面料，必须烘至干透，然后再测量面料上留的车线尺寸。三块面料都测量后取中间值作为计算缩水率的数值。例如，现量出纵向尺寸（直丝绺）长度为97%，说明面料纵向缩水率为3%；横向尺寸（横丝绺）长度为92%，说明面料横向缩水率为8%。

⑤ 根据上面测量出来的横向、纵向缩水率，在制作样板时，如要求衣长尺寸为78cm，那么制板时，要做到78cm ×（1+3%）=80.34cm；又如要求胸围尺寸为56cm，那么制板时，要做到56cm ×（1+8%）=60.48cm。

⑥ 正确的大货面料到厂后，必须重新做缩水率测试，以防有误。将各个批次的面料每卷面料布都剪出1.2m整个门幅大小的测试样布，重新做水洗，如果有几批缩水率相差比较大，如超过3～5cm的，必须要做出2套或更多的样板。成衣水洗的面料一定要反复地多次测试面料缩水率，千万不能怕麻烦。有时候甚至同样一件成衣，因为面料的缩水率不同，而需要做多个不同的缩水板型。

由于裁剪时，裁刀很难保证与面料绝对垂直，每层裁料的尺寸难免存在误差，下层裁料的条格图案与上层裁料的条格图案很难对准，这需要排料时除了要根据设计要求把各样板排放在相应的部位外，还要留出一定的裁剪量，使裁剪时的实际裁片比样板大一些，以便在缝制时能够保证“对格对条”的要求。反之，若裁片与样板一样大，或余量很小，那么下层裁片在缝制时就比较难“对条对格”。

4 服装企业推板的方法

（1）人工推板

人工推板属于传统的手工技艺方法，在经过了几十年的实践应用过程中又产生了几种不同的放码方法，主要有推画法、推剪法和等分法。

推画法又称制图法、点放码，就是以中间规格样板作为基础母板，用样板软纸先把基码拓画出来，然后按国家标准规格系列或客户提供规格系列的档差、档距进行计算、推导及档差分配，由基码各特征点进行放缩推移得到各个号型规格，并在同一张纸上叠层显现全套样板，经检验核对无误后，再依次拓画并复制出各个规格的号型样板，做好标记，一并复制齐全，即得整套纸样。

（2）计算机辅助推板

计算机辅助推板即为服装CAD技术。20世纪60年代末就开始使用了，是计算机技术在服装设计领域应用的重要成果。

计算机推板放码是将打板系统生成的样片或由数字化仪输入的样片，根据一定的缩放规则和档差，自动进行样片放缩。也有的公司直接在电脑上打板再推板，一般采用点放码和切开线方式。常见的服装CAD系统有法国的Lectra系统、美国的Gerber系统、西班牙的Investranic系统以及国产的深圳的富怡CAD系统、北京航天710所的ARISA系统、北京日升天辰的NAC系统和浙江杭州的ECHO系统等。

作业布置：回答有关工业样板问题

1. 工业样板技术人员应具备哪些知识才能完成制板工作？
2. 什么是服装工业制板？服装工业制板在服装工业化生产中的作用？
3. 服装工业制板的方式和流程有哪些？并举例说明。
4. 服装工业样板有哪些种类？各自的用途及相互之间的关系是什么？

5. 制作工业样板的依据有哪些？
6. 服装工业制板的制板方法有哪些？
7. 如何根据面料的缩率打制样板？

任务3.2 制作女上装工业样板

【任务要求】

根据制单要求自己动手绘制工业样板。

任务准备：女上装工业制板前的准备

1 女上装（女衬衣）净样的校对

① 领口弧吻合，如图3.1所示。

② 前后肩端点吻合，如图3.2所示。

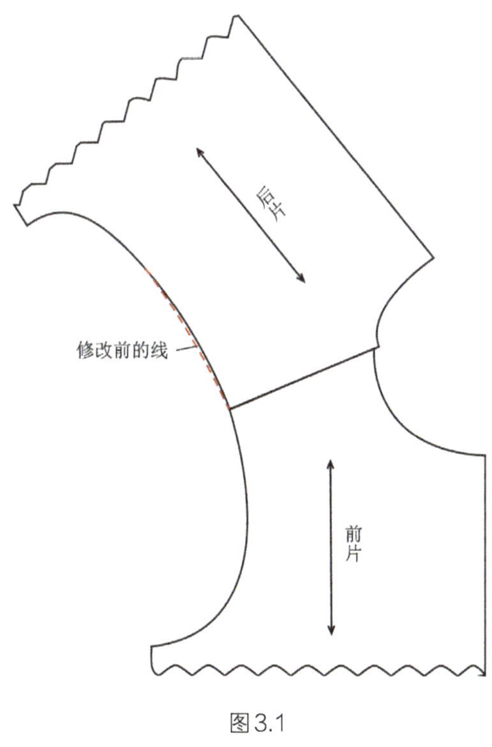

图3.1

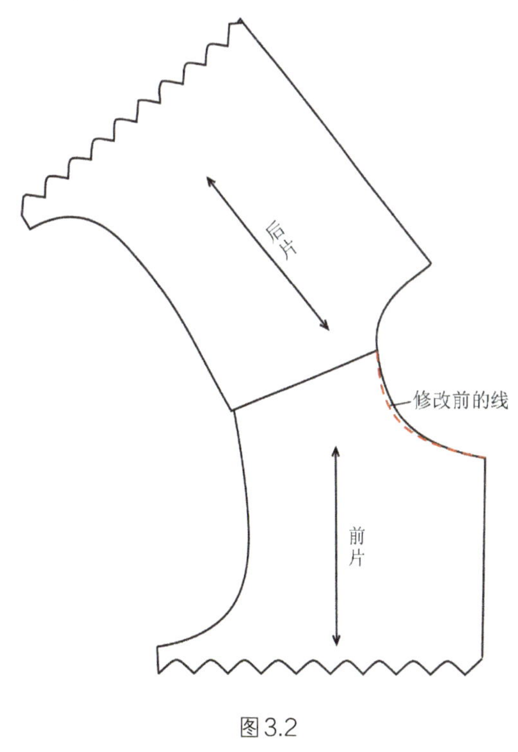

图3.2

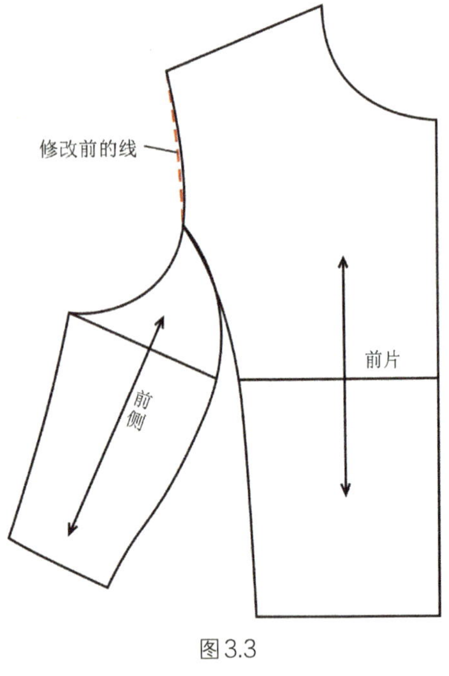

图3.3

③ 前身刀背破缝吻合，如图3.3所示。

④ 前后袖窿弧线吻合，如图3.4所示。

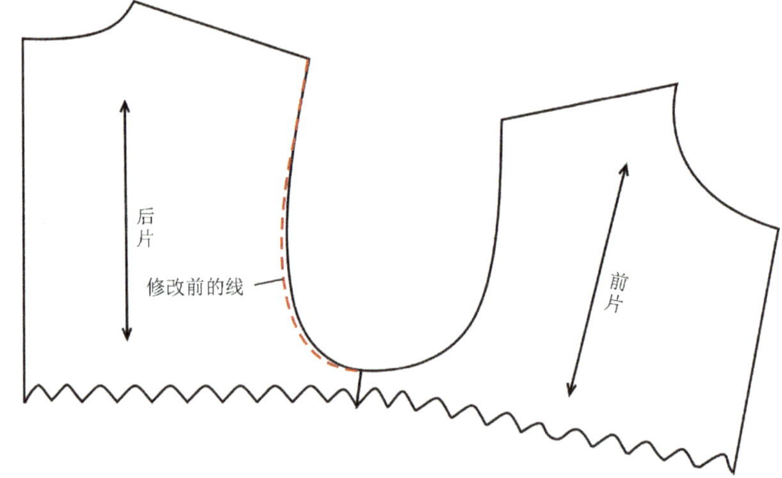

图3.4

图3.5

⑤ 前后衣摆线吻合，如图3.5所示。

⑥ 袖窿、袖山吃势，做对位合印标记，如图3.6所示。

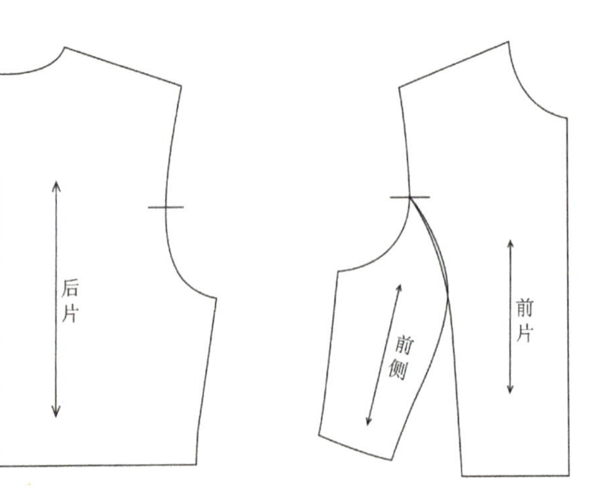

图3.6

2 整理材料

整理面料、里料、衬料样板，清算好各样板的数量，确定缝制工艺所需的净样，如领面、领座、袋盖、介英等。

3 女上装号型常识

成人服装的号型系列是以各种体型的中间体为中心，向两边依次递增或递减组成。身高以5cm分档，组成系列；胸围、腰围分别以4cm、2cm分档组成系列；身高与胸围、腰围搭配分别组成5.4系列和5.2系列，如表3.1所示。

表3.1

女子服装号型系列分档数值												
体型	Y			A			B			C		
部位	中间体	5.4系列档差值	5.2系列档差值	中间体	5.4系列档差值	5.2系列档差值	中间体	5.4系列档差值	5.2系列档差值	中间体	5.4系列档差值	5.2系列档差值
身高	160	5	5	160	5	5	160	5	5	160	5	5
颈椎点高	136	4		136	4		136.5	4		136.5	4	
坐姿颈椎点高	62.5	2		62.5	2		63	2		62.5	2	
全臂长	50.5	1.5		50.5	1.5		50.5	1.5		50.5	1.5	
腰围高	98	3	3	98	3	3	98	3	3	98	3	3
胸围	84	4		84	4		88	4		88	4	
颈围	33.4	0.8		33.6	0.8		34.6	0.8		34.8	0.8	
总肩宽	40	1		39.4	1		39.8	1		39.2	1	
腰围	64	4	2	68	1.4	2	78	4	2	92	4	2
臀围	90	3.6	1.8	90	3.6	1.8	96	3.2	1.6	96	3.2	1.6

4 识读女衬衣大货通知单

在识读女衬衣大货通知单时，需要分辨款号、款式特点、尺寸要求、面料纱向、面料成分与色彩要求、下单件数和工艺要求等内容。

女衬衣大货订单如图3.7所示。

生产制造单

款号：		制单日期	2016-06-15	印/车花厂	
款式：	时尚合体女衬衫	回布日期		加工厂	
面料：	跟板			交货期	

落单资料(颜色及细码分配)

尺码 / 主色	主色色号	S	M	L	XL	合计
白色		40	100	100	60	300
黑色		60	200	200	80	540

配色面料

主身布	内止口边/蝴蝶结			
跟板	撞色精棉平纹布			

裁床注意事项

1. 裁片跟足纸样
2. 注意布片次品要清出，保持清洁
3. 保证每扎货细数准确无误
4. 每款须试好缩水方可开裁

印/车花资料

尺寸表（厘米）

码数 / 部位		S	M	L	XL	
衣长	领边	54	56	58	60	
肩宽	全度	37.2	38	38.8	39.6	
胸宽(夹下)		44	46	48	50	
腰围		35	37	39	41	
1/2脚宽		44	48	52	56	
夹宽(直度)	缩起中度					
袖长	膊边度	54.5	56	57.5	59	
袖口宽		11	11.5	12	12.5	
领宽	边至边	17	17.5	18	18.5	
前领深(顶至顶)		6.7	7	7.3	7.6	
后领深(水平至顶)						
领高(下级领*上级领)			8			
代口(长*宽)边至边						

图3.7

实践与操作：制作女衬衣工业毛样板

放缝——底摆放缝要看款式与工艺要求而定，一般是2.5cm，如果是港式圆下摆，为1.6cm，领口弧线、袖窿弧线、袖山弧线为0.8cm，其他为1cm。

做标记、打剪口——每个裁片写好款号、款式名称、裁片名称、裁片数量。在省道位置做好钻眼的标记，在扣眼、扣子、袖叉位、袋口位、袋大位等位置做好记号，在需要对位的地方打好剪口，如领中点、领肩点、胸围线、腰围线、袖山弧线与袖窿对位点、下摆缝份点等。

女衬衣工业毛样板如图3.8所示。

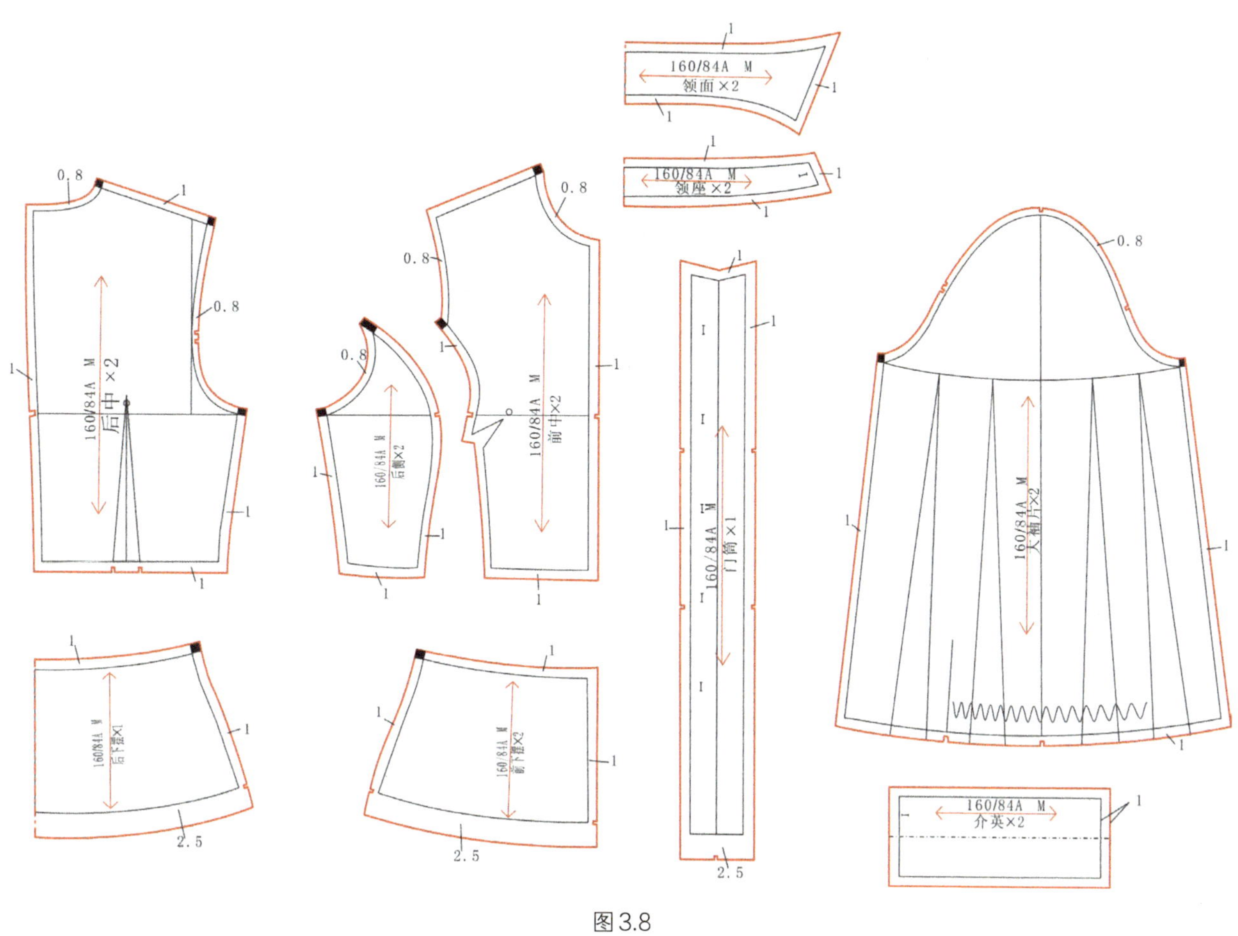

图3.8

技能拓展：纸样放缝

1　春秋衫纸样放缝

（1）春秋衫纸样放缝技巧

① 底摆放缝。衣服底摆的折边折叠后要和衣身相应部位的长短一致，所以底摆放缝时，缝份要以净缝线为基准线，净缝上下缝份宽度对称，如图3.9所示。

图3.9

② 公主线放缝、袖缝放缝时，因为需拼合两边的角度不同，如果按照常规的方法放缝，两片裁片的同一条缝合线，长度相差较大，这个现象在弧线放缝时表现尤其明显，如图3.10所示。正确的弧线放缝方法，如袖侧缝放缝方法如图3.11所示。

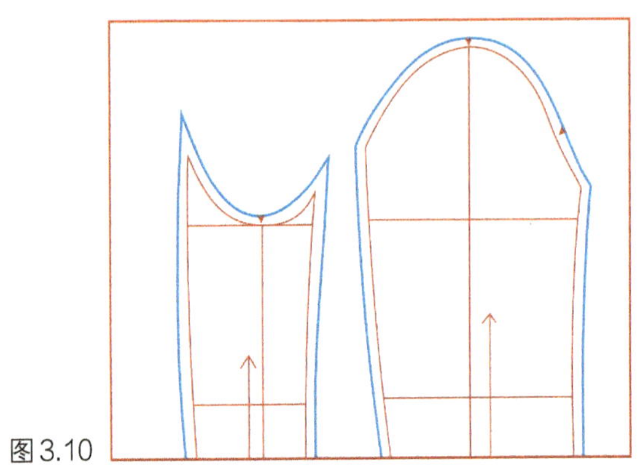
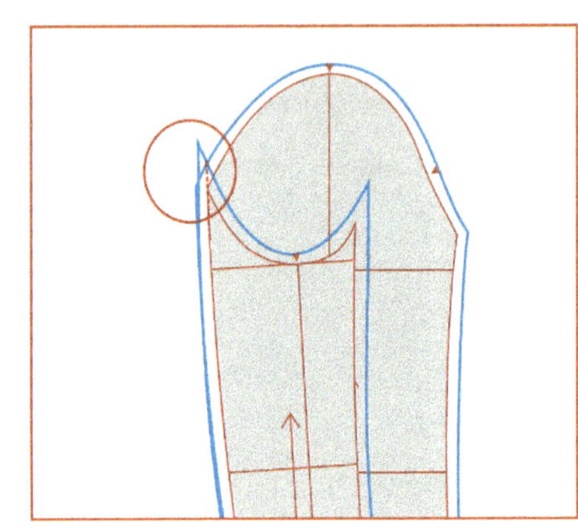
图3.10

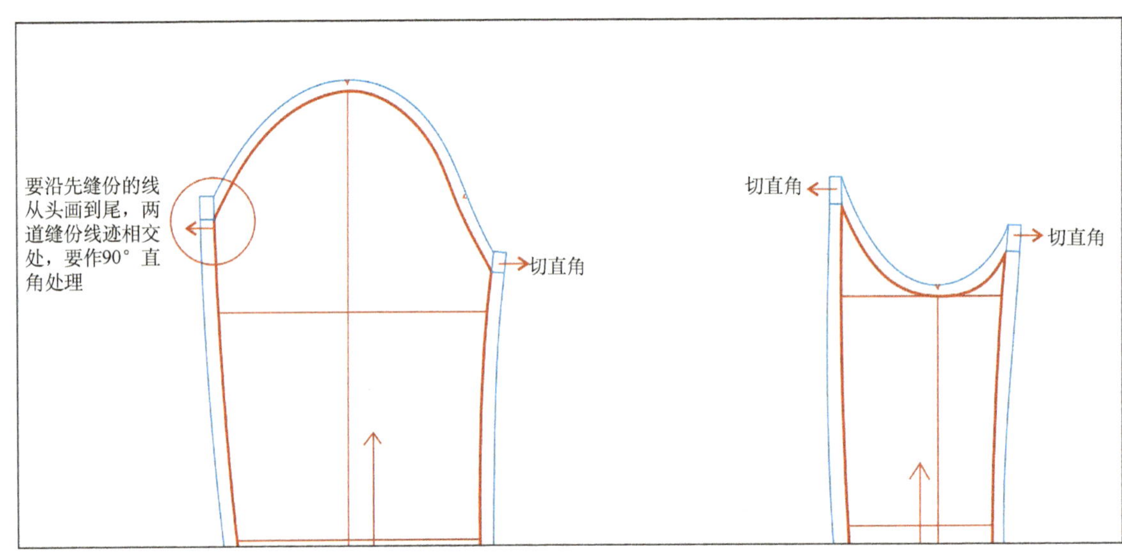

图3.11

（2）面料放缝过程（如图3.12所示）

① 弧线放缝一般0.8cm，如领圈、领口、袖窿、袖山。

② 下摆放缝一般为4cm，如衣身下摆、袖口下摆。

③ 其他部位均放缝1cm。

④ 零部件口袋放缝如图3.12所示。

（3）里料放缝过程（如图3.13所示）

① 下摆放缝在净缝的基础上下落1cm。

② 衣身、袖缝在净缝的基础上放1.2cm。

③ 袖窿放缝略放宽1.3～1.4cm。

④ 袖山底部放缝2cm，袖山顶放缝1.5cm。

（4）配衬料放缝（如图3.14所示）

配衬一般在面料的基础上配，通常在面料放缝的基础上进0.8cm。

2 女西装纸样放缝

（1）面料放缝（如图3.15所示）

先放主体裁片，后放部件裁片。

① 衣身下摆、袖口下摆均放缝4cm。

② 袖窿、袖山、领圈、领口弧线处放缝0.8cm，缝头少放的原因是为了制作工艺后弧线更流畅。

③ 衣身、袖片弧线缝、下摆外，其余都放缝1cm。

④ 口袋放缝如图3.15所示。

（2）夹里放缝（如图3.16所示）

（3）衬料放缝（如图3.17所示）

作业布置：评选最佳工业制板团队

1. 选出衬衫款式进行工业样板的制作。
2. 分组选图进行工业样板的制作，评选出最佳团队奖。

160/84A M 面 小袖片×2
160/84A M 面 大袖片×2
160/84A M 面 后中×2
160/84A M 面 后侧×2
160/84A M 面 前侧×2
160/84A M 面 前中×2
160/84A M 面 挂面×2

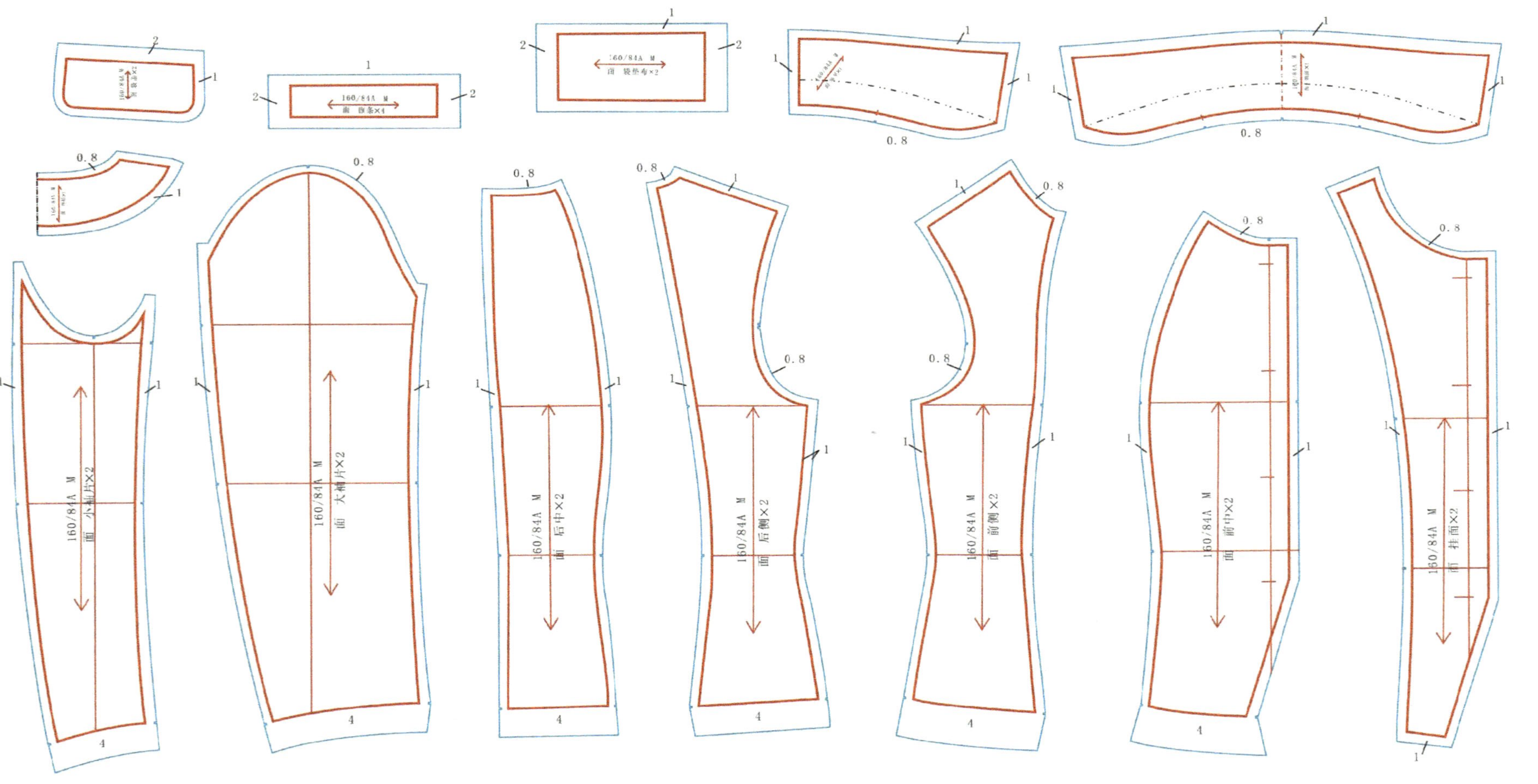

图3.12

160/84A M
里料 袋布×2
160/84A M
里料 小袖片×2
160/84A M
里料大袖片×2
160/84A M
里料 后片×2
160/84A M
里料 前片×2

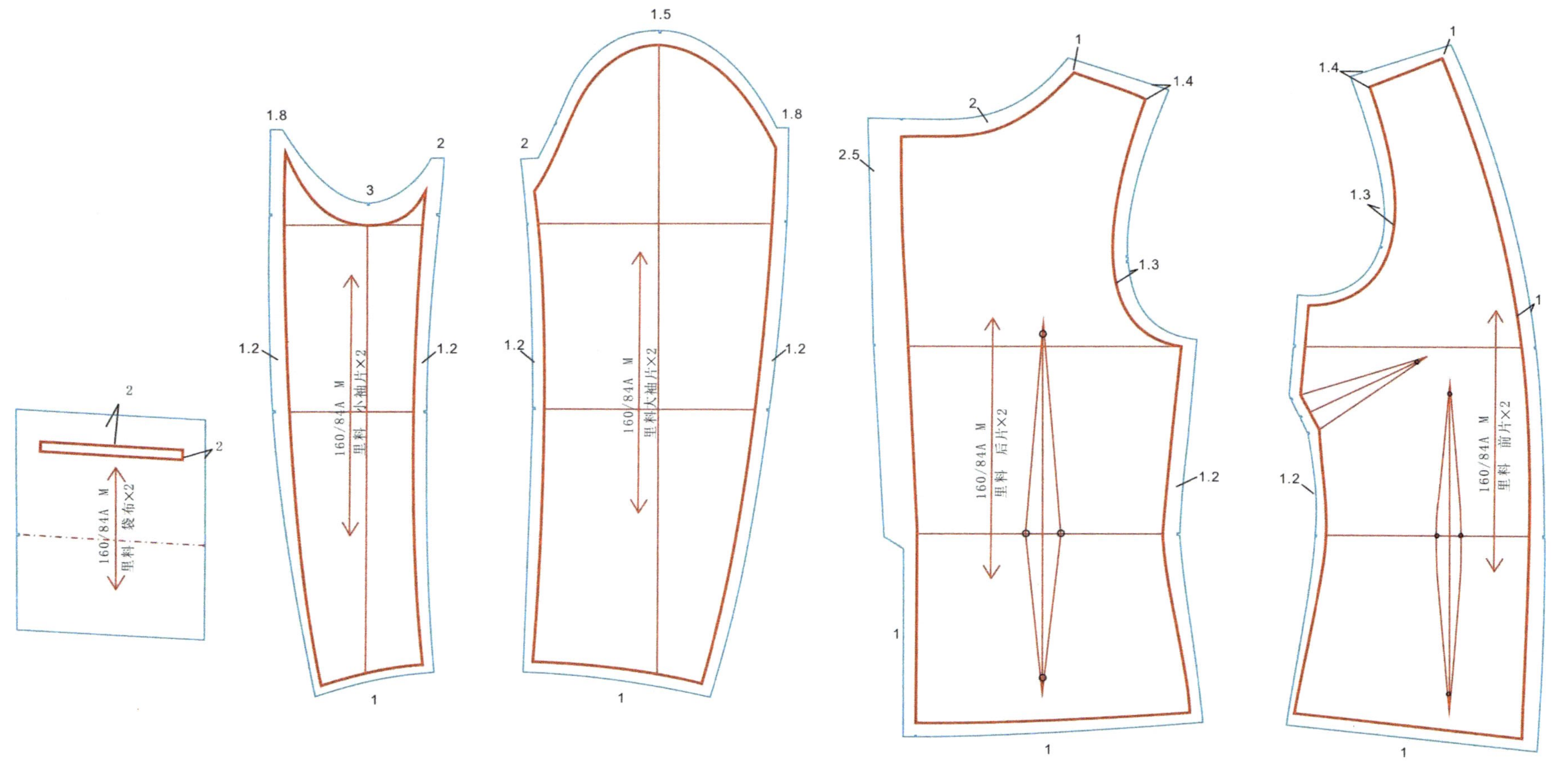

图3.13

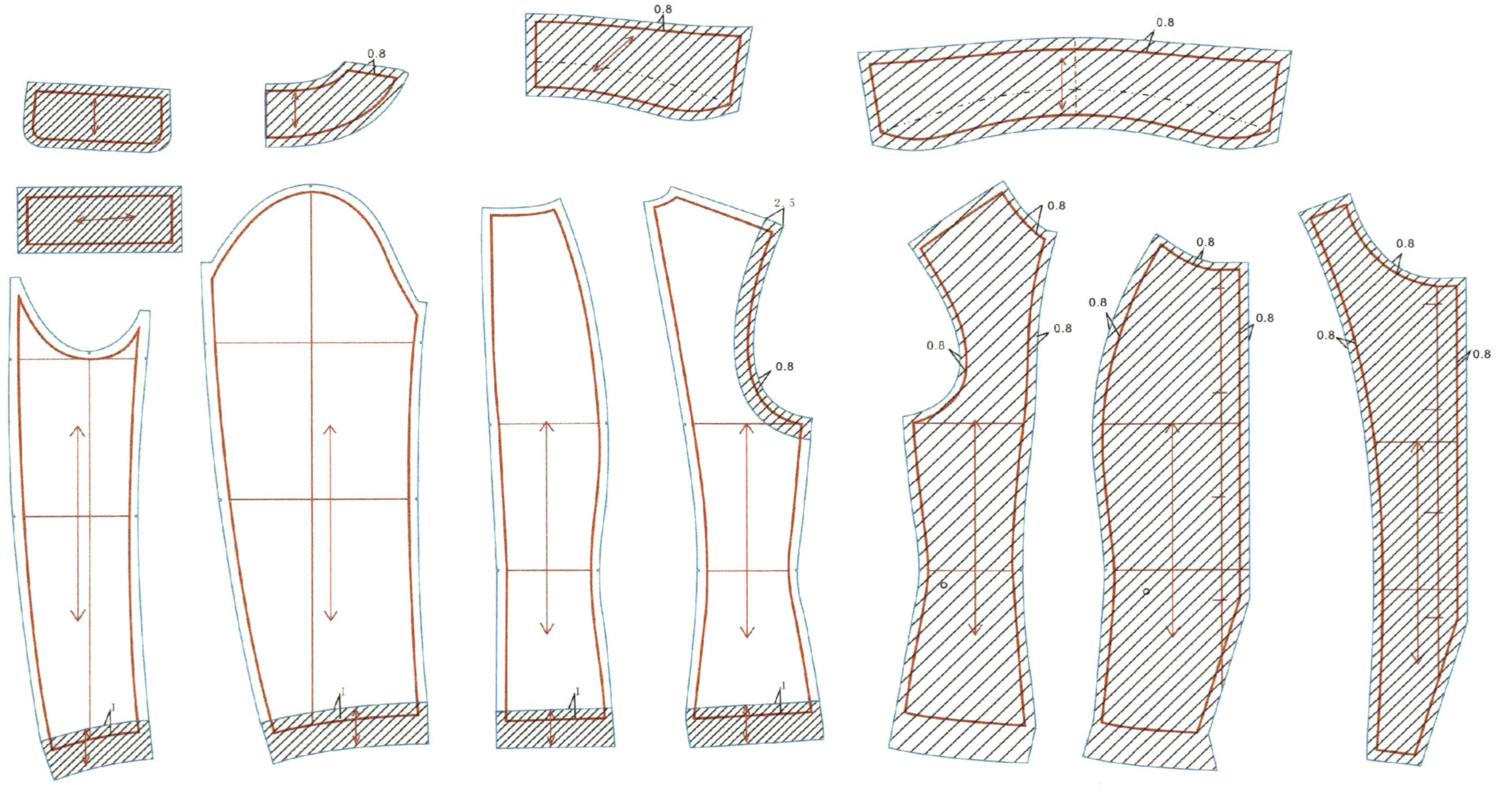

图3.14

160/84A M
面 小袖片×2
160/84A M
面 大袖片×2
1 60/84A M
面 后中×2
160/84A M
面 侧面片×2
160/84A M
面 前中×2
BP
160/84A M
面 挂面×2

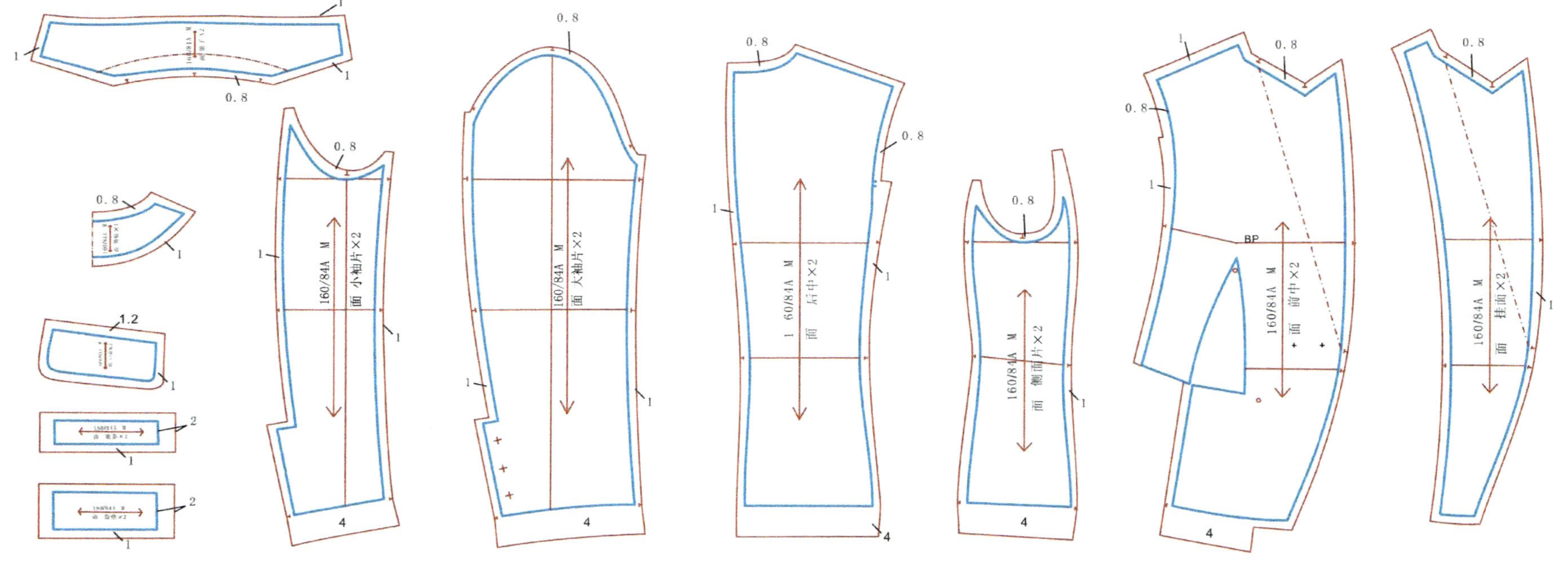

图3.15

160/84A M
里 小袖片×2
160/84A M
里 大袖片×2
160/84A M
里 后中×2
160/84A M
里 侧面×2
160/84A M
里 前片×2

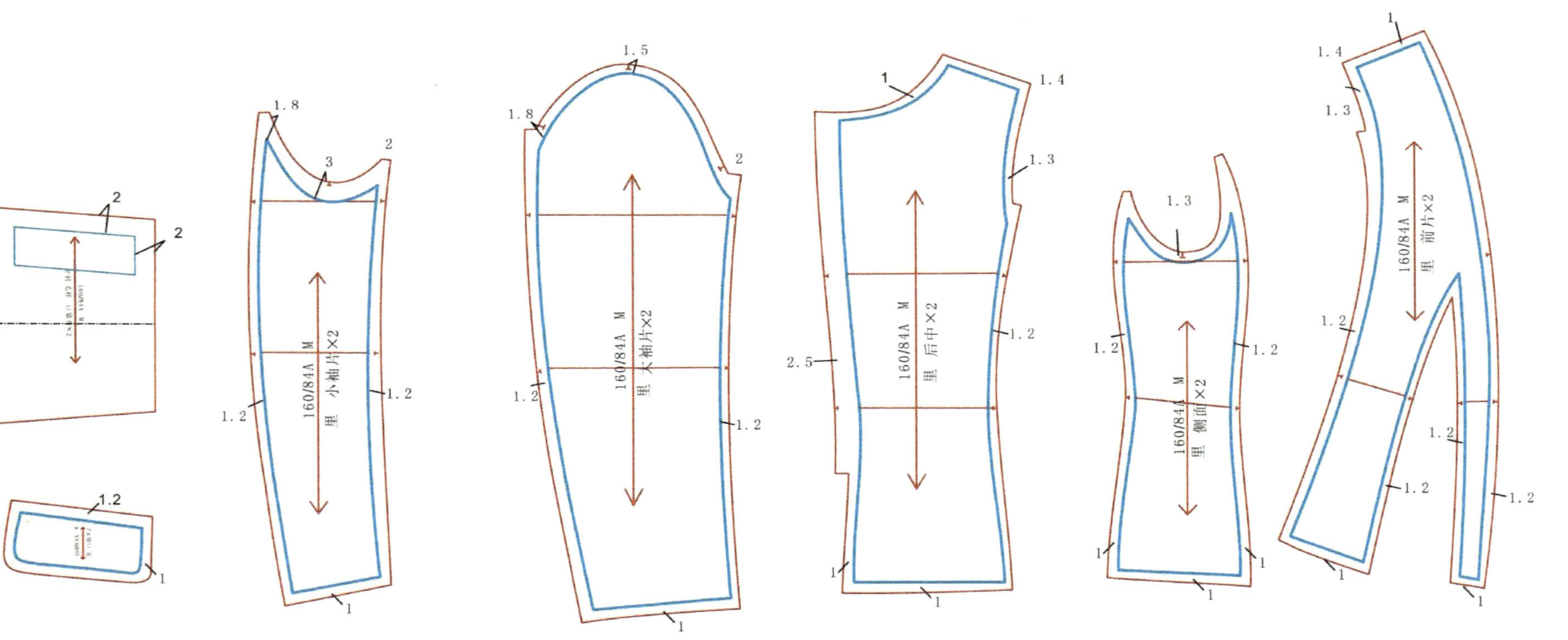

图 3.16

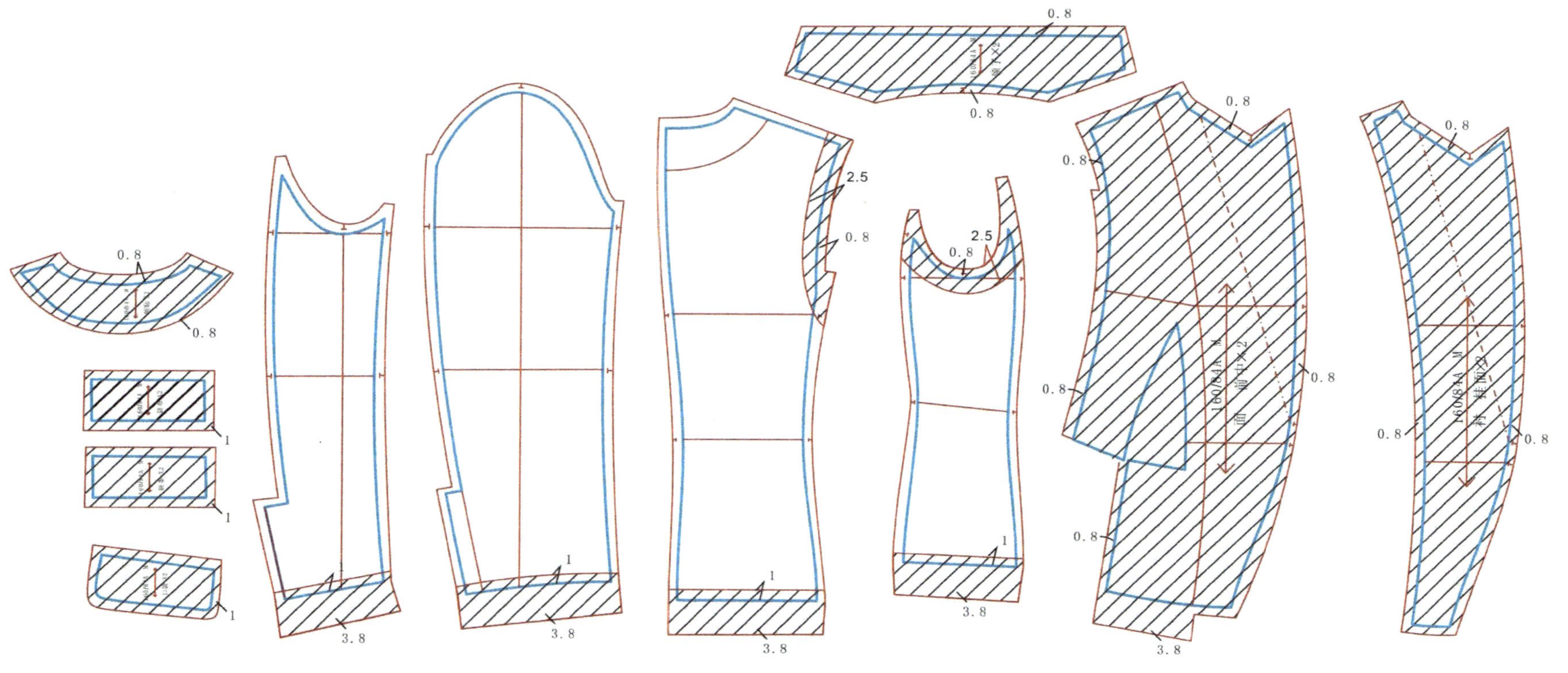

图3.17

任务3.3 完成女上装工业推板

【任务要求】

按女衬衣大货生产单的要求推板，并进行拓展款式推板。

任务准备：推板基本方法

1 推板基本原理

服装规格系列推板，是根据理想人体不同号型体型之间的结构变化规律，运用数学中相似形原理和坐标等平移原理，以图形轴心为中心将图形特征点向外或向内位移，一般按正比规律放大或缩小，最终完成各点位移、重新集合成图的过程。推板的准确与否，关键在于对特征点位移变化规律的把握与运用，其实质是对理想人体不同号型体型之间结构变化规律的把握。

2 推板基本方法与步骤

第一步，设置服装规格系列（外贸来单客户若已给定服装规格系列，则此步骤省略），找出主要部位成品规格档差。

第二步，选取放缩坐标轴，建立推板坐标系是服装纸样放缩的关键环节，若坐标轴选取的位置不同，则各部位放缩数值和方向也不同。

第三步，计算样板各部位（点）的档差、档距，确定特征点位移量。

一般上衣前后片的横向坐标轴可取上平线、胸围线、衣摆线，纵向坐标轴可取前后中线、前后宽线；袖片（一片袖）横向坐标轴可取袖肥线、袖口线，纵向坐标轴可取袖中线。

下面以线段、块面的放缩为例，对推板步骤作简单的说明。

（1）线段放缩

现以8cm的线段推出10cm线段来举例说明，先计算出线段的档差为2cm，然后确定不同的原点，找出2cm的分配方法，得出8cm变成10cm的过程。

① 以A为原点，2cm的量全部分配在轴的右边，只要从B点将线段延长2cm就可以得出10cm的线段，如图3.18所示。

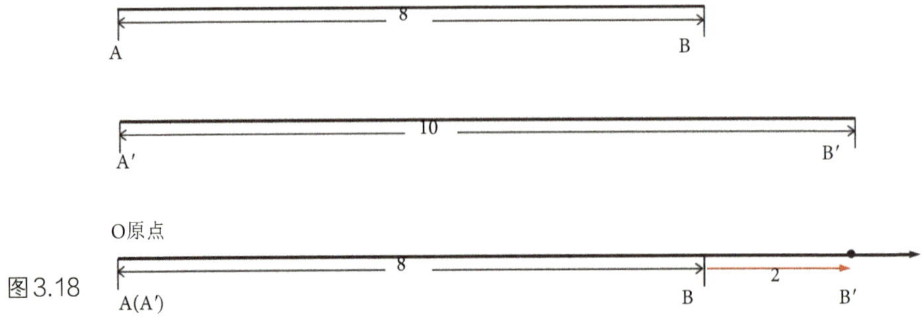

图3.18

② 以B为原点，2cm的量全部分配在轴的左边，只要从A点将线段延长2cm就可以得出10cm的线段，如图3.19所示。

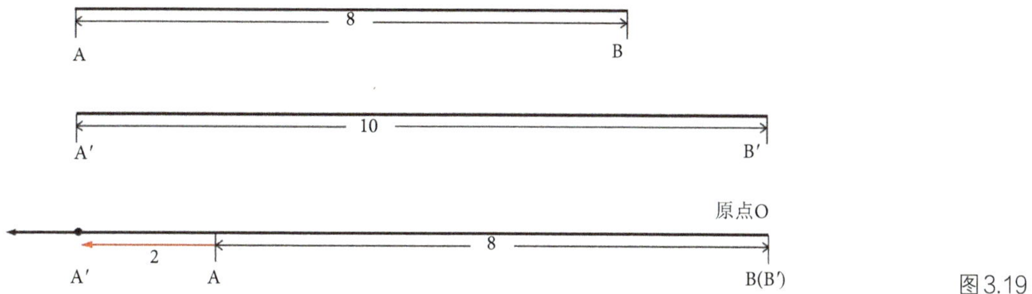

图3.19

③ 以AB线段的中点为原点，轴的两边各分配2cm的1/2的量，也就是1cm，分别从A点和B点将线段延长1cm就可以得出10cm的线段，如图3.20所示。

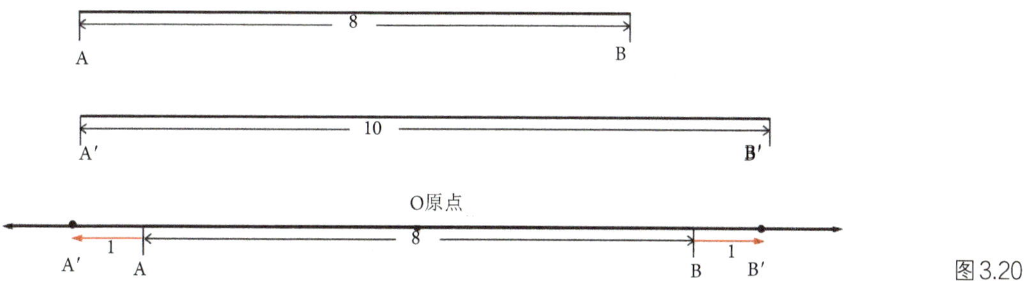

图3.20

④ 以AB线段的3/8为原点，2cm的量分成3/8（0.75cm）与5/8（1.25cm）分配在轴的两边，0.75cm从A点延长，1.25cm从B点延长，也可以得出10cm的线段，如图3.21所示。

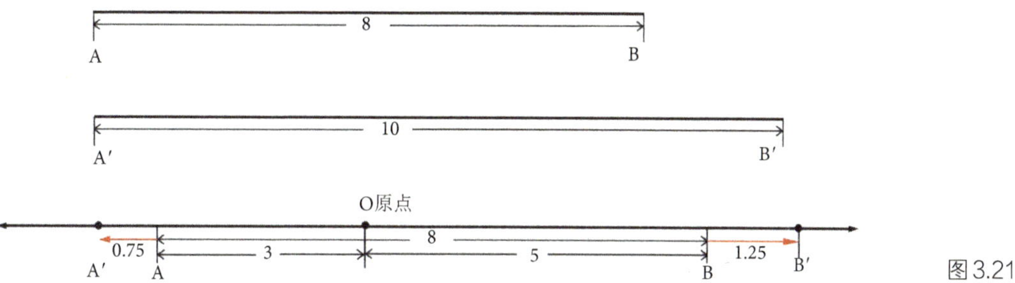

图3.21

从图3.21可以得出，原点可以放在轴的任何地方，比原线长或比原线短的线都可以推出来，只是比原线长的线由里往线段外走，比原线短的线由外往线段内走。

（2）块面放缩

现以边长3cm的矩形推出边长4cm矩形来举例说明，如图3.22所示。

第一步，找出主要部位成品规格档差，如将边长为3cm的正方形以推板的方法推放出边长为4cm的正方形，其档差（即边长差）为1cm。

第二步，定出坐标轴与原点。所谓坐标轴是指在样板放缩中，在母板上选取纵、横方向的轮廓线或主要辅助线作为放缩的坐标轴（不移动线），以此将计算得出各部位的档差分配到相应的部位。原点就是横向坐标轴与纵向坐标轴的交点。下面以边长3cm的正方形ABCD的D点为原点，推出边长4cm的正方形A B′C′D′的A′、B′、C′点。其中A′、C′点的位置可以从线段的例子推导出来；B′

点可以从B点先往上走1cm，再往右走1cm得到，也可以从B点先往右走1cm，再往上走1cm得到。

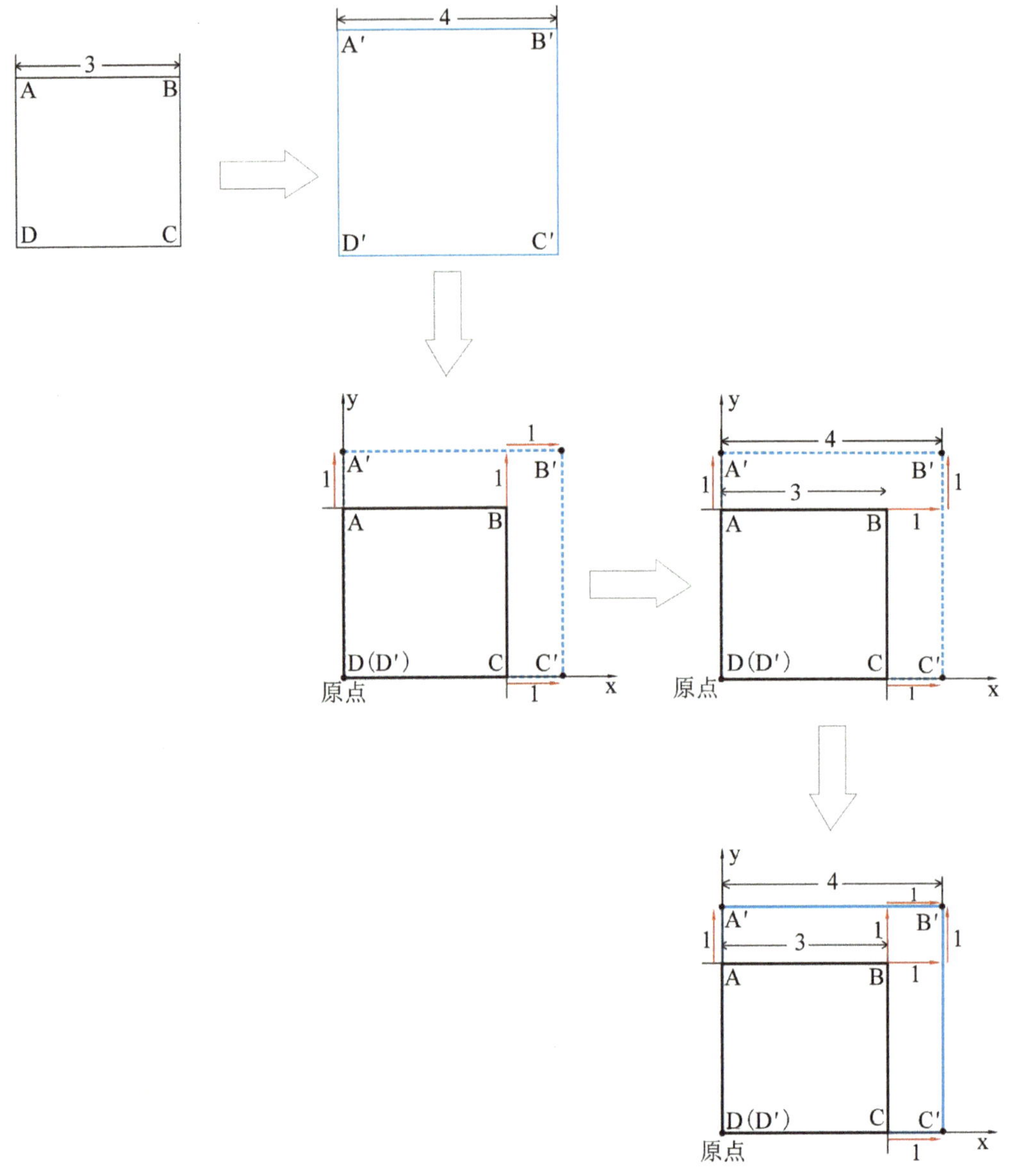

图3.22

原点、坐标轴位置的选取不是唯一的，可在不同位置设置坐标轴和原点。图3.23所示为分别以A点、B点、C点、D点、AD线中点和正方形正中心点为原点，推出边长4cm矩形的过程及方法。不同的原点，使两个正方形形成了不同的图形，把所有形成的新图形放在一起比较，可以看到原点、坐标轴的放置是任意的，不同位置的，在服装推板中因款式不同而定，但其坐标轴的选取应遵循一定的原则。

第三步，特征点位移量正负值的确定。坐标轴选取的位置不同，各部位（点）放缩数值和方向也不同。根据坐标轴的方向定每个点的正负值，正负值取

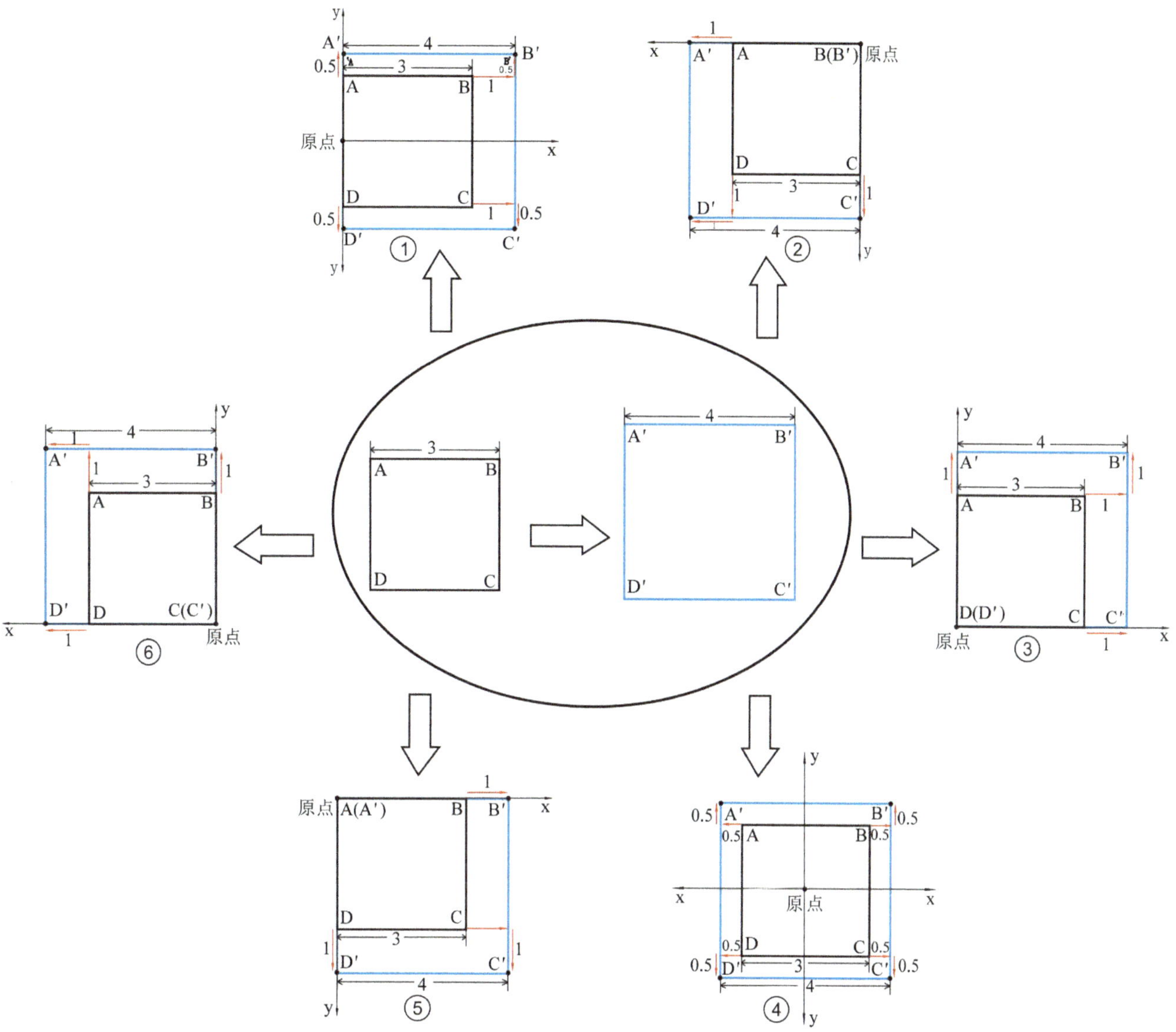

图3.23

值方法与数学中的直角坐标系正负取值方法相同。在电脑推板中尤其要注意值的正负，否则，会出现大码比中间码还小的问题。如果点在原点，表示点不要推移，往上推移为正，往右推移为正，往下推移为负，往左推移为负（如图3.24所示）。

第四步，特征点表示。

例如，以AB为8cm的线段推出A′B′为10cm的线段，原点是AB线段的3/8，A′、B′两点可表示为A′（0.75, 0）或0.75 $\overset{0}{\hookleftarrow}$，B′（1.25,0）或 $\overset{0}{\hookrightarrow}$ 1.25（如图3.25所示）。

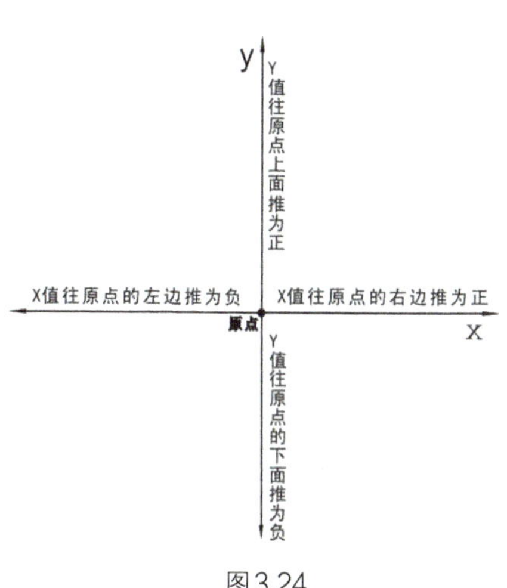

图3.24

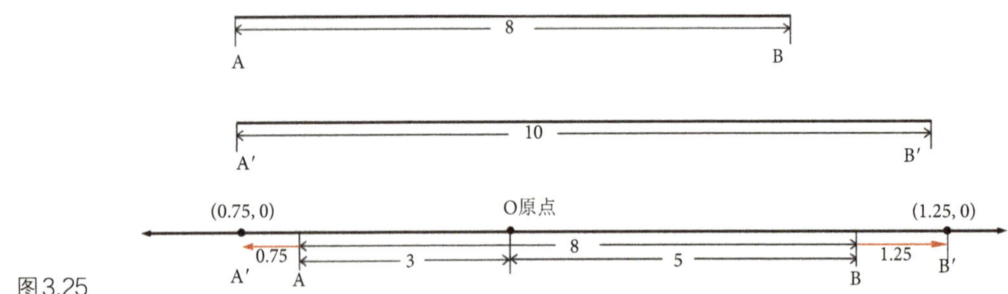

图3.25

又如，以边长3cm的正方形ABCD推出边长4cm正方形A′B′C′D′，原点为D点，A′B′C′D′各点可表示为A′（1, 0）或 $\overset{1}{\hookrightarrow}0$, B′（1, 1）或 $\overset{1}{\hookrightarrow}1$, C′（0, 1）或 $\overset{0}{\hookrightarrow}1$, D′（0, 0）或 $\overset{0}{\hookrightarrow}0$（如图3.26所示）。

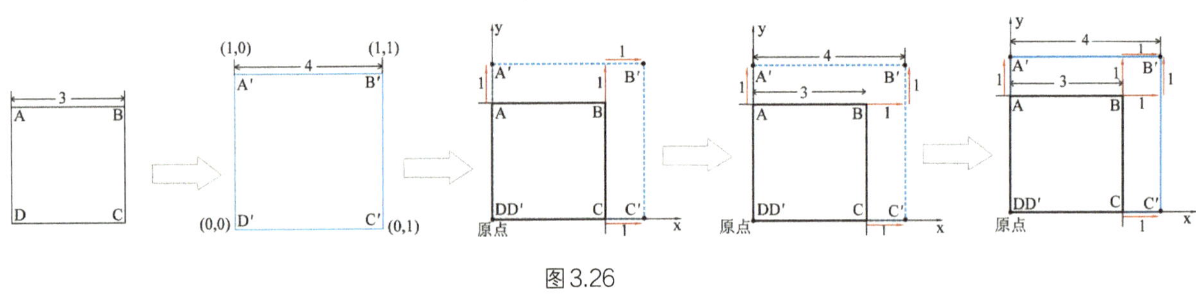

图3.26

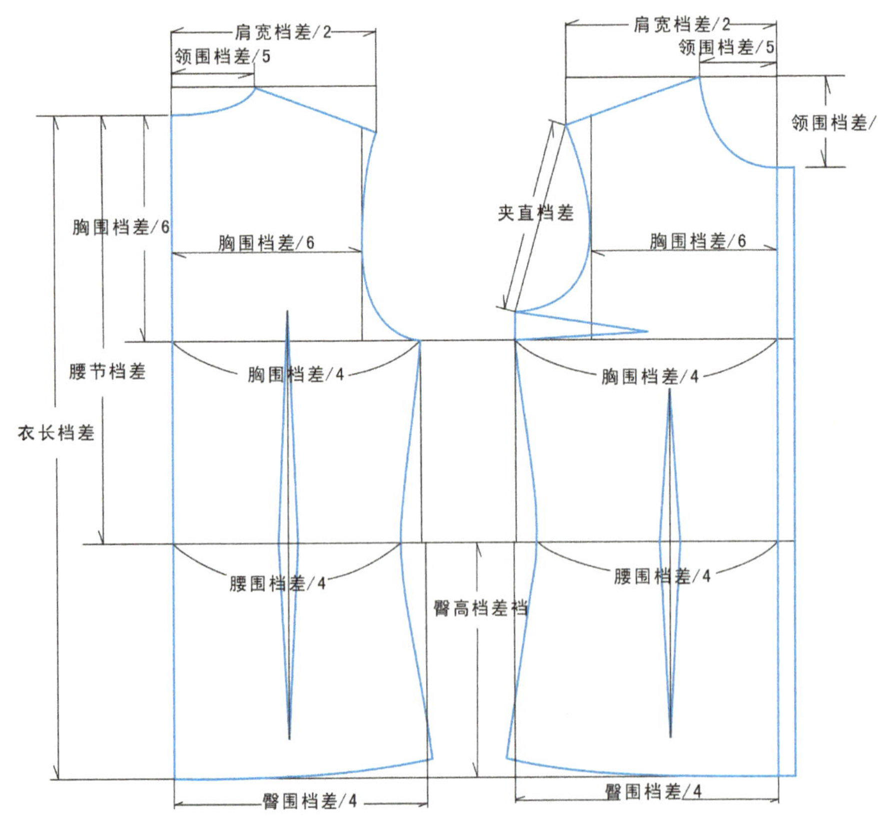

图3.27

3 放缩坐标轴的选取原则

① 坐标轴必须是直线或曲率非常小的弧线。

② 坐标轴应选取纵横方向的线条。

③ 坐标轴最多只能取互相垂直的两条，也可只取一条。

④ 坐标轴应有利于各档大曲率轮廓弧线拉开适当距离，尽量避免各档轮廓线靠得太近甚至重叠。

⑤ 坐标轴的选取尽可能使档差计算简便、纸样放缩快捷。

图3.27及图3.28中主要介绍了按国家服装号型标准配置规格系列的经典服装工业推板方法。所讲实例仅以国家服装号型标准中的54

系列A型来进行规格系列设置，以便初学者掌握推板基本规律及方法，结构设计分配比例可推导出样板的一些主要部位的档差计算公式。

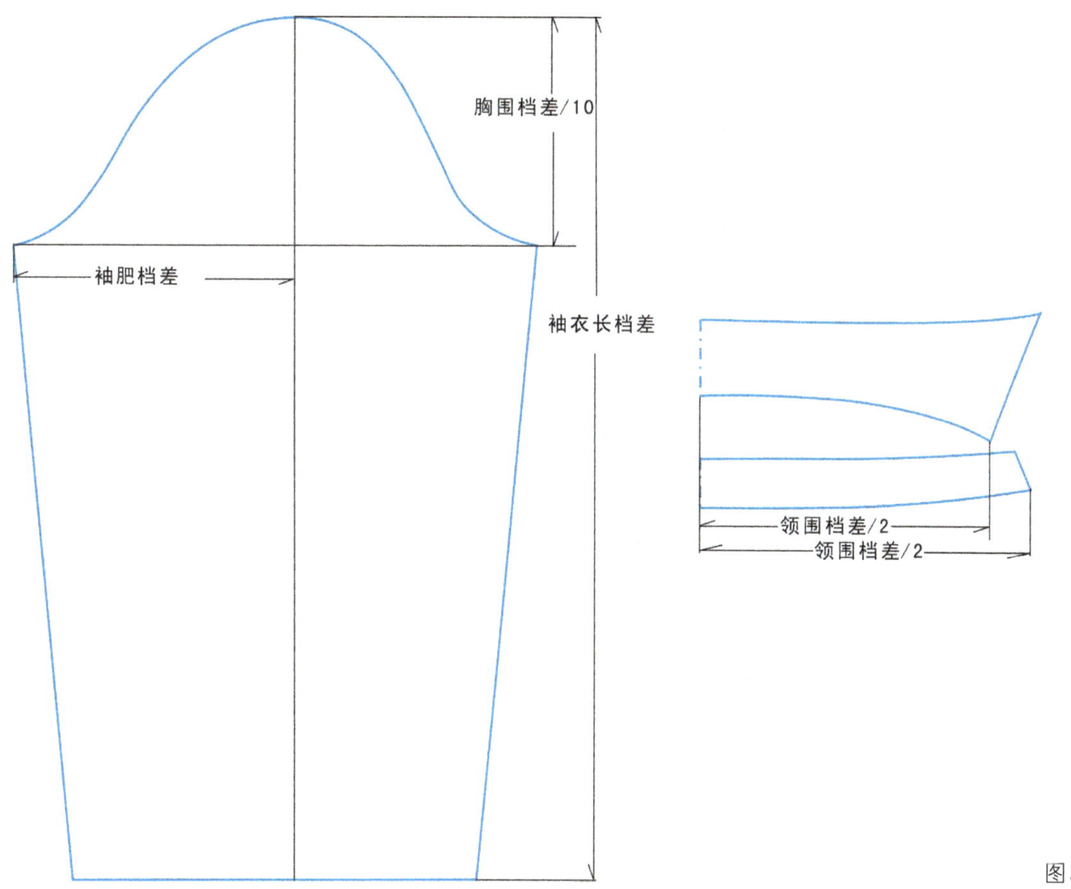

图3.28

袖窿深档差=袖肥档差=胸围档差/6=0.67

胸宽档差=背宽档差=胸围档差/6=0.67

前领宽档差=后领宽档差=领围档差/5=0.2

前领深档差=领围档差/5=0.2

肩高档差=肩宽档差/10～胸围档差/20=0.12～0.2

胸宽档差=背宽档差=1.5胸围档差/10～胸围档差/10=0.6～0.67

腰节档差=1～号的档差/4=1～1.25

袖山高档差=胸围档差/10～1.5胸围档差/10=0.4～0.6

实践与操作：完成女上装工业推板

女上装基础形的前后片及袖子工业推板的方法与步骤如下。

首先算出档差规格，确定各裁片的原点，再根据公式分配法进行各点推板（见表3.2）。

表3.2　　　　单位：cm

部位	衣长	胸围	腰围	摆围	肩宽	袖长	袖口	领围	后腰节
尺寸	2	4	4	4	1.2	0.8	1	1	1

推板时，首先要选择好坐标轴，使样板放缩方便快捷，不易变形。后片推板取胸围线为横向坐标轴，后中线为纵向坐标轴。

女上衣前后片及袖子工业推板的方法与步骤如下。

第一步，解读制单，得出档差规格，如图3.29所示。

尺寸表（厘米）						
码数 部位		S	M	L	XL	
衣长	领边	54	56	58	60	
肩宽	全度	37.2	38	38.8	39.6	
胸宽(夹下)		44	46	48	50	
腰围		35	37	39	41	
1/2脚宽		44	48	52	56	
夹宽(直度)	缩起中度					
袖长	膊边度	54.5	56	57.5	59	
袖口宽		11	11.5	12	12.5	
领宽	边至边	17	17.5	18	18.5	
前领深(顶至顶)		6.7	7	7.3	7.6	
后领深(水平至顶)						
领高(下级领*上级领)			8			
代口(长*宽)边至边						

图3.29

说明:

推板要在放完缝份、打好剪口的裁片上进行，但是为了更清楚地显示各点的推板值，以下的放码全在净缝上进行。

档差规格见表3.3。

表3.3　　单位：cm

部位	衣长	胸围	腰围	摆围	肩宽	袖长	袖口	领围	后腰节
尺寸	2	4	4	4	1.2	0.8	1	1	1

第二步，确定各裁片的原点，根据需要可以把原点定在任何位置，如图3.30所示。

第三步，根据公式算出后片各点推板数据并推板（如图3.31和图3.32所示）。

第四步，根据公式算出前片各点推板数据并推板（如图3.33和图3.34所示）。

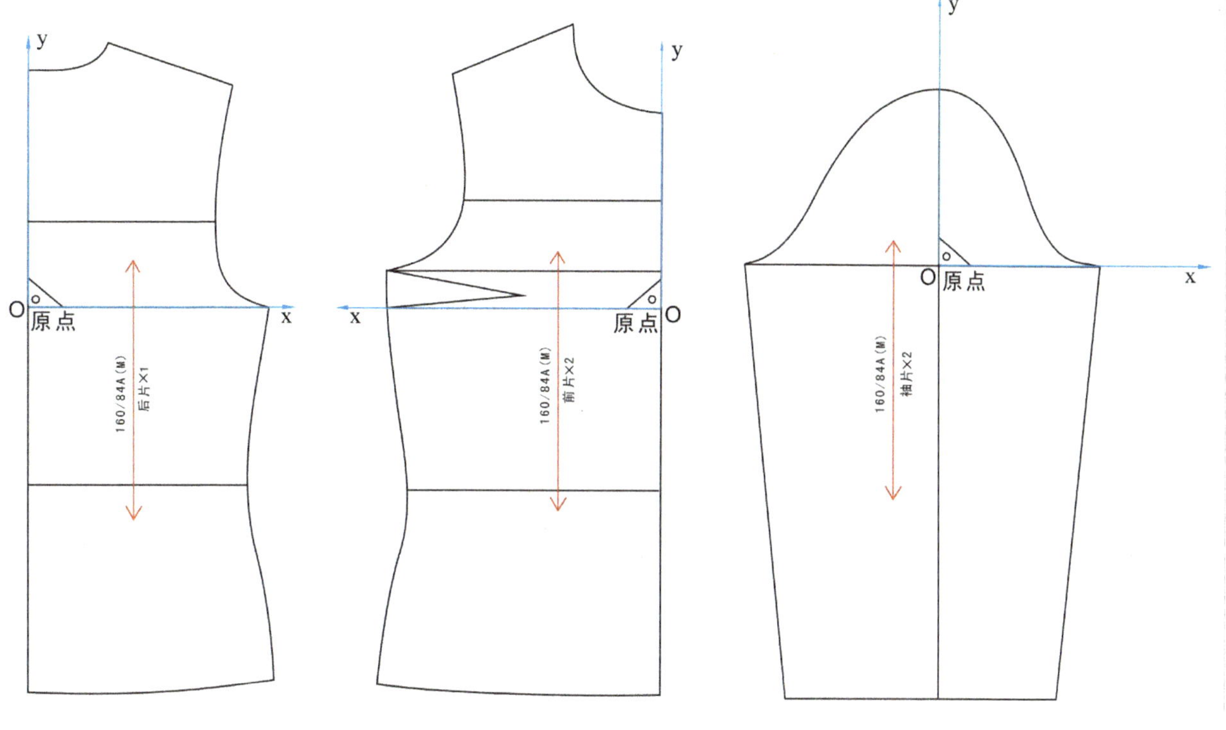

图3.30

第五步，根据公式算出领袖各点推板数据并推板（如图3.35和图3.36所示）。

第六步，整件衣服的排料图如图3.37所示。

后片特征点位移方向与位移量的分析

特征点	点的纵向横向档差值	点的位移方向及正负值	点的位移量计算
A	0.8（↑） 0.2（←）	0.8表示Y值向上推0.8，即正0.8 0.2表示X值向左推0.2，即负0.2	0.8=胸围档差/6+肩宽/10 0.2=领围档差/5
B	0.8（↑） 0（→）	0.8表示Y值向上推0.8，即正0.8 0表示在纵向基准线上X值不推移，即为0	0.8=胸围档差/6+肩宽/10 0=不推移
C	0.67（↑） 0.6（→）	0.67表示Y值向上推0.67，即正0.67 0.6表示X值向右推0.6，即正0.6	0.67=胸围档差/6 0.6=肩宽档差/2
D	0.33（↑） 0.67（→）	0.33表示Y值向上推0.33，即正0.22 0.67表示X值向右推0.67即正0.67	0.22=C点Y值的1/3 0.67=胸围档差/6
E	0（↑） 1（→）	0表示在横向基准线上Y值不推移，即为0 1表示X值向右推1，即正1	0=不推移 1=胸围档差/4
F	1（→） 0.2（↓）	1表示X值向右推1，即正1 0.2表示Y轴向下推0.2，即负0.2	1=胸围档差/4 0.2=腰节档差-A点的Y值
G	0（→） 0.2（↓）	0表示在纵向基准线上X值不推移，即为0 0.2表示Y轴向下推0.2，即负0.2	0=不推移 0.2=腰节档差-A点的Y值
H	1（→） 1.2（↓）	1表示X值向右推1，即正1 1.2表示Y值向下推1.2，即负1.2	1=胸围档差/4 1.2=衣长档差-A点的Y值
I	0（→） 1.2（↓）	0表示在纵向基准线上X值不推移，即为0 1.2表示Y值向下推1.2，即负1.2	0=不推移 1.2=衣长档差-A点的Y值

图3.31

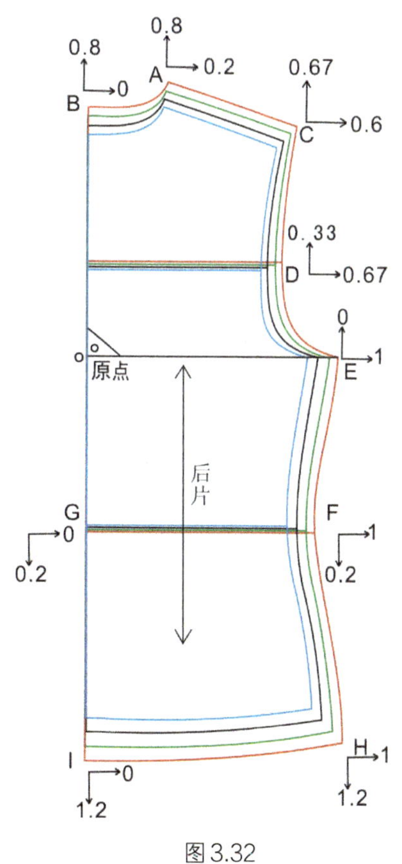

图3.32

前片特征点位移方向与位移量的分析

特征点	点的纵向横向档差值	点的位移方向及正负值	点的位移量计算
A	0.8↑ 0.2←	0.8表示Y值向上推0.8，即正0.8 0.2表示X值向左推0.2，即负0.2	0.8=胸围档差/6+肩宽档差/10 0.2=领围档差/5
B	0.6↑ →0	0.6 表示Y值向上推0.6，即正0.6 0表示在纵向基准线上X值不推移，即为0	0.6=A点的Y值-领围档差/5 0=不推移
C	0.67↑ 0.6←	0.67表示Y值向上推0.67，即正0.67 0.6表示X值向左推0.6，即负0.6	0.67=胸围档差/6 0.6=肩宽档差/2
D	0.22↑ 0.67←	0.22表示Y值向上推0.22，即正0.22 0.67表示X值向左推0.67 即负0.67	0.33=C点Y值的二分之一 0.67=胸围档差/6
E	0↑ 1←	0表示在横向基准线上Y值不推移，即为0 1表示X值向左推1，即负1	0=不推移 1=胸围档差/4
F	1← 0.2↓	1表示X值向左推1，即负1 0.2表示Y轴向下推0.2，即负0.2	1=胸围档差/4 0.2=腰节档差-A点的Y值
G	→0 0.2↓	0表示在纵向基准线上X值不推移，即为0 0.2表示Y轴向下推0.2，即负0.2	0=不推移 0.2=腰节档差-A点的Y值
H	1← 1.2↓	1表示X值向左推1，即负1 1.2表示Y值向下推1.2，即负1.2	1=胸围档差/4 1.2=衣长档差-A点的Y值
I	→0 1.2↓	0表示在纵向基准线上X值不推移，即为0 1.2表示Y值向下推1.2，即负1.2	0=不推移 1.2=衣长档差-A点的Y值
J	0.7← 0↓	0.7表示X值向左推0.7，即负0.7 0表示在横向基准线上Y值不推移，即为0	0.7=胸围/4-省长档差0.3 0=不推移

图3.33

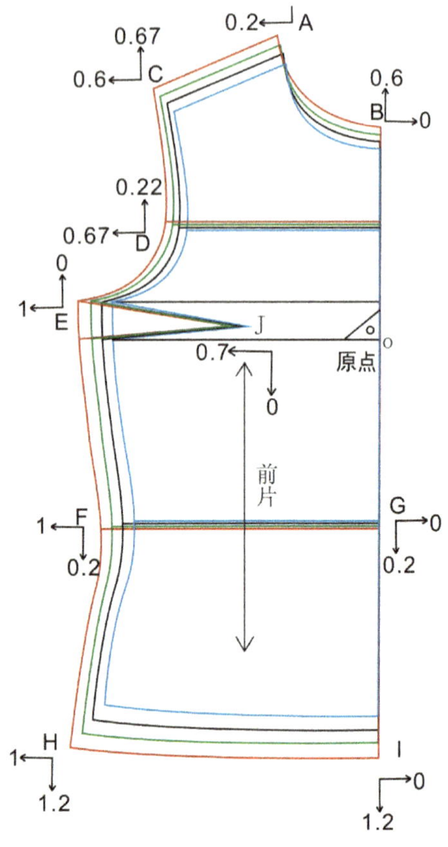

图3.34

袖片特征点位移方向与位移量的分析

特征点	点的纵向横向档差值	点的位移方向及正负值	点的位移量计算
A	0.4↑ 0←	0.4表示Y值向上推0.4，即正0.4 0表示在纵向基准线上X值不推移，即为0	0.4=胸围档差/10 0=不推移
B	0↑ 0.67←	0表示在横向基准线上Y值不推移，即为0 0.67表示X值向左推0.67 即负0.67	0=不推移 0.67=胸围档差/6
C	0↑ →0.67	0表示在横向基准线上Y值不推移，即为0 0.67表示X值向右推0.67 即正0.67	0=不推移 0.67=胸围档差/6
D	→0.4 1.1↓	0.4表示X值向右推0.4，即正0.4 1.1表示Y值向下推1.1 即负1.1	0.4=袖口档差/2 1.1=袖长档差-A点Y值
E	0.4← 1.1↓	0.4表示X值向左推0.4，即负0.4 1.1表示Y值向下推1.1 即负1.1	0.4=袖口档差/2
F	→0.8 0↓	0.8表示X值向右推0.8，即正0.8 0表示在横向基准线上Y值不推移，即为0	0.8=袖口档差 0=不推移
G	→0.8 0↓	0.8表示X值向右推0.8，即正0.8 0表示在横向基准线上Y值不推移，即为0	0.8=袖口档差 0=不推移

图3.35

0.4
A
0
0
B
0.67
C
0.67
原点
袖片
0
0.5
0
0.5
E
D
0.4
1.1
0.4
1.1
F
0.8
0
G

图3.36

后片
原点
前片
原点
袖片
原点

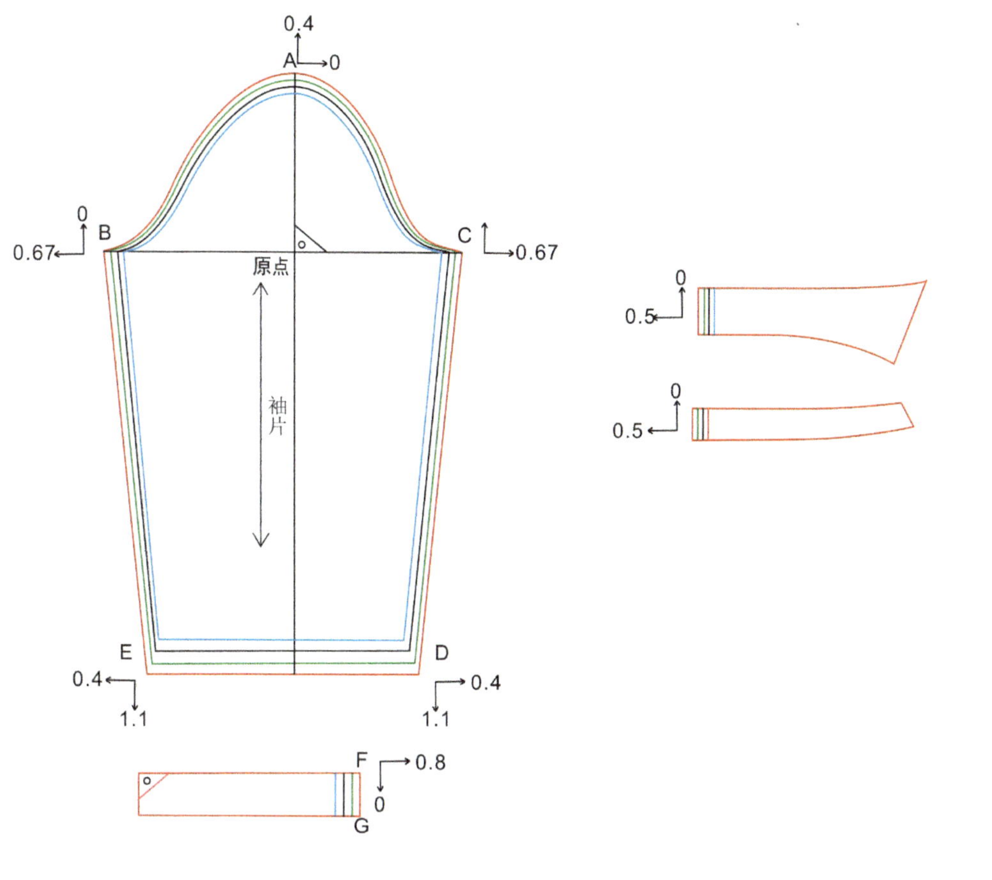

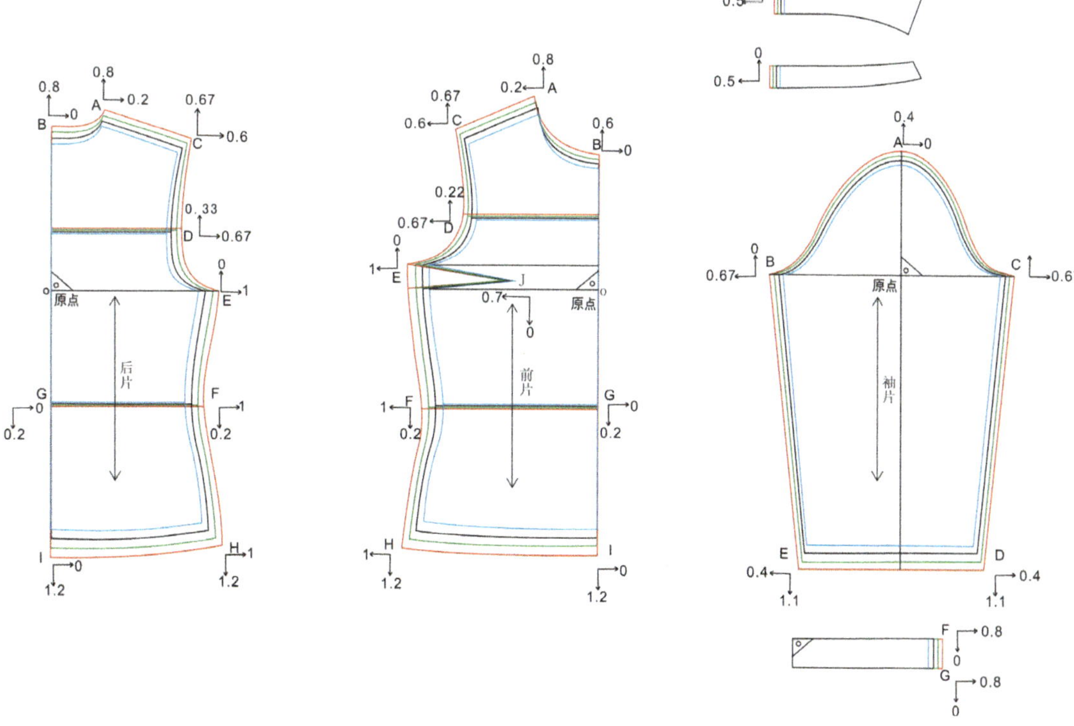

图3.37

技能拓展：根据女衬衣生产制单推板

1 按女衬衣生产制单进行前后片及袖子的推板

第一步，确认款式结构准确无误，看清制单上的档差要求，检查裁片数量，确定所有裁片的原点（如图3.38所示）。

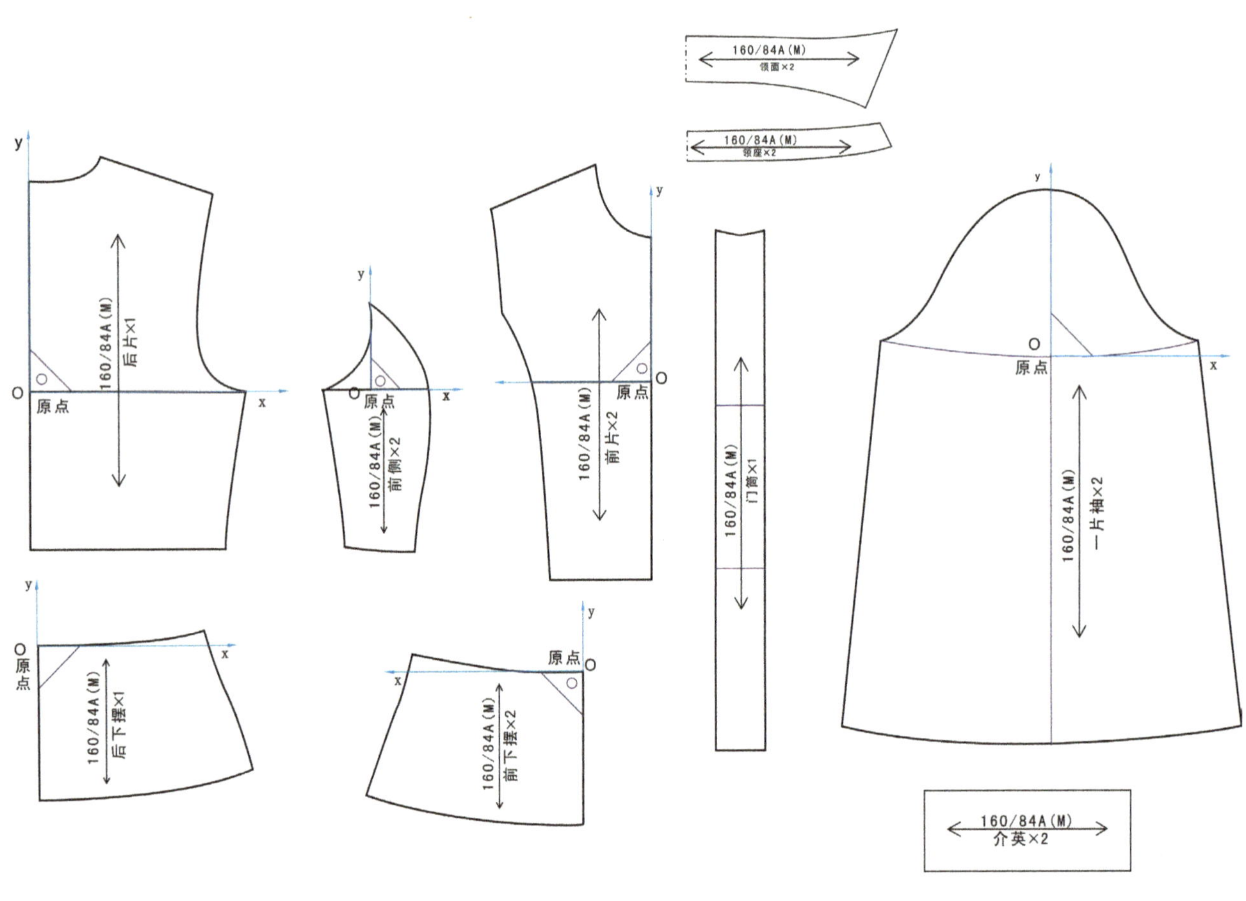

图3.38

第二步，后片的推板与位移点分析（如图3.39所示）。

后片特征点位移方向与位移量的分析

特征点	点的纵向横向档差值	点的位移方向及正负值	点的位移量计算
A	↑0.8 0.2←	0.8表示Y值向上推0.8，即正0.8 0.2表示X值向左推0.2，即负0.2	0.8≈胸围档差/6+肩宽/10 0.2=领围档差/5
B	↑0.8 →0	0.8表示Y值向上推0.8，即正0.8 0表示在纵向基准线上X值不推移，即为0	0.8≈胸围档差/6+肩宽/10 0=不推移
C	↑0.67 →0.6	0.67表示Y值向上推0.67，即正0.67 0.6表示X值向右推0.6，即正0.6	0.67=胸围档差/6 0.6=肩宽档差/2
D	↑0.33 →0.67	0.33表示Y值向上推0.33，即正0.33 0.67表示X值向右推0.67即正0.67	0.33=C点Y值的二分之一 0.67=胸围档差/6
E	→1 ↓0.2	1表示X值向右推1，即正1 0.2表示Y轴向下推0.2，即负0.2	1=胸围档差/4 0.2=腰节档差-A点的Y值
F	→0.5 ↓0.2	0.5表示X值向右推0.5，即正0.5 0.2表示Y轴向下推0.2，即负0.2	0.5=前片胸围档差的一半 0.2=腰节档差-A点的Y值
G	0← ↓0.2	0表示在纵向基准线上X值不推移，即为0 0.2表示Y轴向下推0.2，即负0.2	0=不推移 0.2=腰节档差-A点的Y值
H	→0 ↓0	0表示在纵向基准线上X值不推移，即为0 0表示在横向基准线上，Y值不推移，即为0	0=不推移 0=不推移
I	↑0 →1	0表示在横向基准线上，Y值不推移，即为0 1表示X值向右推1，即正1	0=不推移 1=胸围档差/4
J	→1 ↓1	1表示X值向右推1，即正1 1表示Y值向下推1，即负1	1=胸围档差/4 1=衣长档差-A点和K点的Y值
K	→0 ↓1	0表示在纵向基准线上X值不推移，即为0 1表示Y值向下推1，即负1	0=不推移 1=衣长档差-A点和K点的Y值

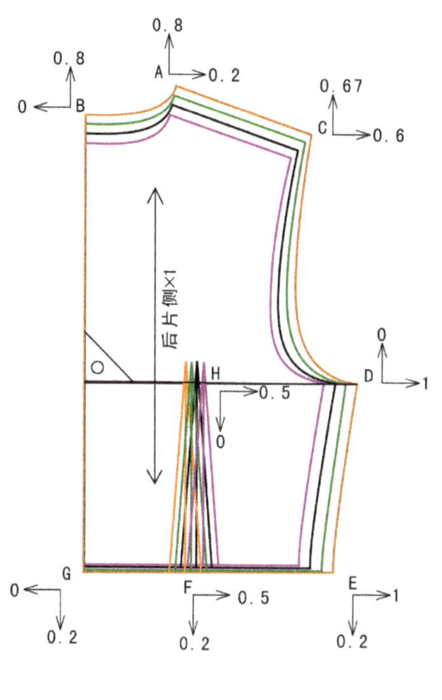

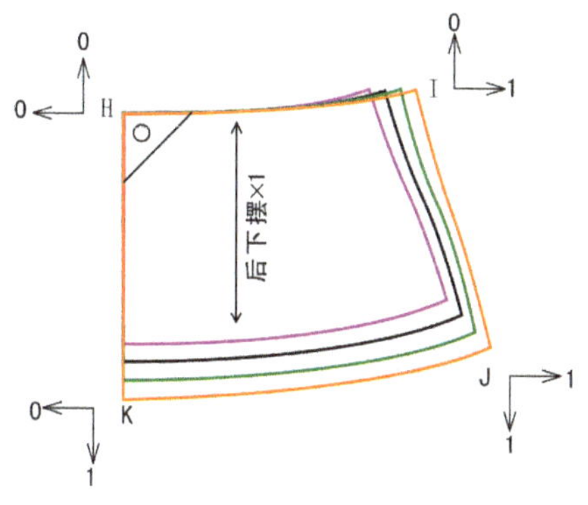

图3.39

第三步，前片、门筒的推板与位移点分析（如图3.40和图3.41所示）。

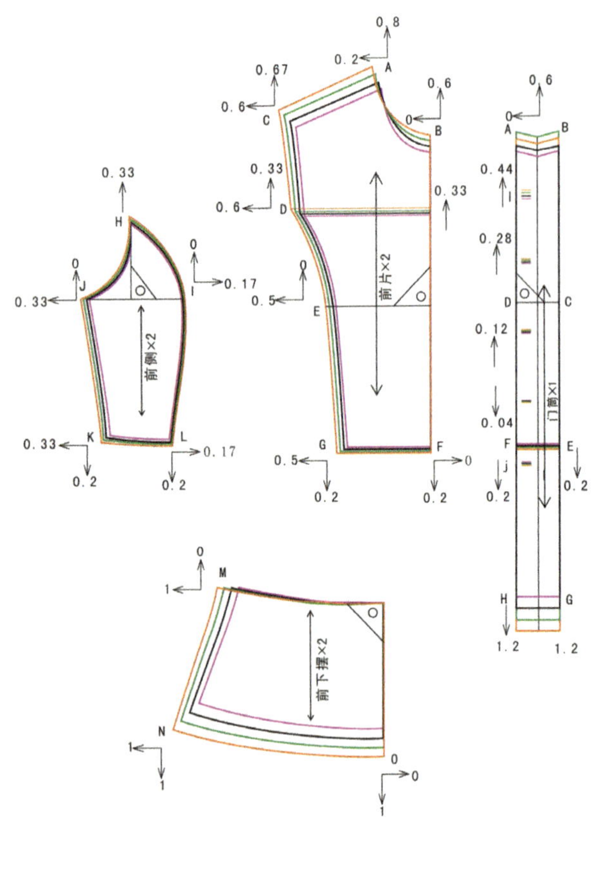

前片特征点位移方向与位移量的分析

特征点	点的纵向横向档差值	点的位移方向及正负值	点的位移量计算
A	0.8 ↑ →0.2	0.8表示Y值向上推0.8，即正0.8 0.2表示X值向左推0.2，即正0.2	0.8≈胸围档差/6+肩宽档差/10 0.2=领围档差/5
B	0.6 ↑ 0←	0.6 表示Y值向上推0.6，即正0.6 0表示在纵向基准线上X值不推移，即为0	0.6=A点的Y值-领围档差/5 0=不推移
C	0.67 ↑ 0.6←	0.67表示Y值向上推0.67，即正0.67 0.6表示X值向左推0.6，即负0.6	0.67=胸围档差/6 0.6=肩宽档差/2
D	0.33 ↑ 0.6←	0.33表示Y值向上推0.33，即正0.33 0.67表示X值向左推0.67 即负0.67	0.33=C点Y值的二分之一 0.67=胸围档差/6
E	0 ↑ 0.5←	0表示在横向基准线上Y值不推移，即为0 0.5表示X值向左推0.5，即负0.5	0=不推移 0.5=胸围档差/4
F	→0 ↓0.2	0表示在纵向基准线上X值不推移，即为0 0.2表示Y轴向下推0.2，即负0.2	0=不推移 0.2=腰节档差-A点的Y值
G	0.5← ↓0.2	0.5表示X值向左推0.5，即负0.5 0.2表示Y轴向下推0.2，即负0.2	0.5=胸围档差/4 0.2=腰节档差-A点的Y值
H	0.33 ↑ H →0.07	0.33表示Y值向上推0.33，即正0.33 0.17表示X值向右推0.17，即负0.07	0.33=C点Y值的二分之一 0.07=前胸围档差-0.9

图3.40

I	0 ↑ →0.17	0表示在横向基准线上，Y值不推移，即为0 0.1表示X值向右推0.17，即正0.1	0=不推移 0.17=胸围档差/4-E点的X值
J	0 ↑ 0.33←	0表示在横向基准线上，Y值不推移，即为0 0.33表示X值向左推0.33，即负0.33	0=不推移 0.33=前胸围档差-0.67
K	0.33← ↓0.2	0.4表示X值向左推0.33，即负0.33 0.2表示Y轴向下推0.2，即负0.2	0.33=前胸围档差-0.67 0.2=腰节档差-A点的Y值
L	→0.17 ↓0.2	0.1表示X值向右推0.17，即正0.1 0.2表示Y轴向下推0.2，即负0.2	0.17=胸围档差/4-E点的X值 0.2=腰节档差-A点的Y值
M	0 ↑ 1←	0表示在横向基准线上，Y值不推移，即为0 1表示X值向左推1，即负1	0=不推移 1=胸围档差/4
N	1← ↓1	1表示X值向左推1，即负1 1表示Y值向下推1，即负1	1=胸围档差/4 1=衣长档差-A点和K点的Y值
O	→0 ↓1	0表示在纵向基准线上，X值不推移，即为0 1表示Y值向下推1，即负1	0=不推移 1=衣长档差-A点和K点的Y值

门筒点位移方向与位移量的分析

A　B	0.6 ↑ 0←	0.6表示Y轴向上推0.6，即负0.6 0表示在纵向基准线上，X值不推移，即为0	0.6=衣片A点的Y值-领围档差/5 0=不推移
C　D	0 ↑ →0	0表示在纵向基准线上，X值不推移，即为0 0表示在纵向基准线上，X值不推移，即为0	0=不推移 0=不推移
E　F	↓ 0.2	0.2表示Y轴向下推0.2，即负0.2	0.2=同F点Y值相同
G　H	↓ 1.2	1.2表示Y值向下推1.2，即负1.2	1.2=衣长档差-前片A点的Y值
I	0.44 ↑	0.44表示Y轴向上推0.44，即正0.44	0.16=(0.6+0.2)/5 0.44=0.6-0.16
j	↓ 0.2	0.2表示Y轴向下推0.2，即负0.2	0.2=与E点Y值相同

其他扣位的点以此类推

图3.41

第四步，领袖的推板与位移点分析，如图3.42所示。

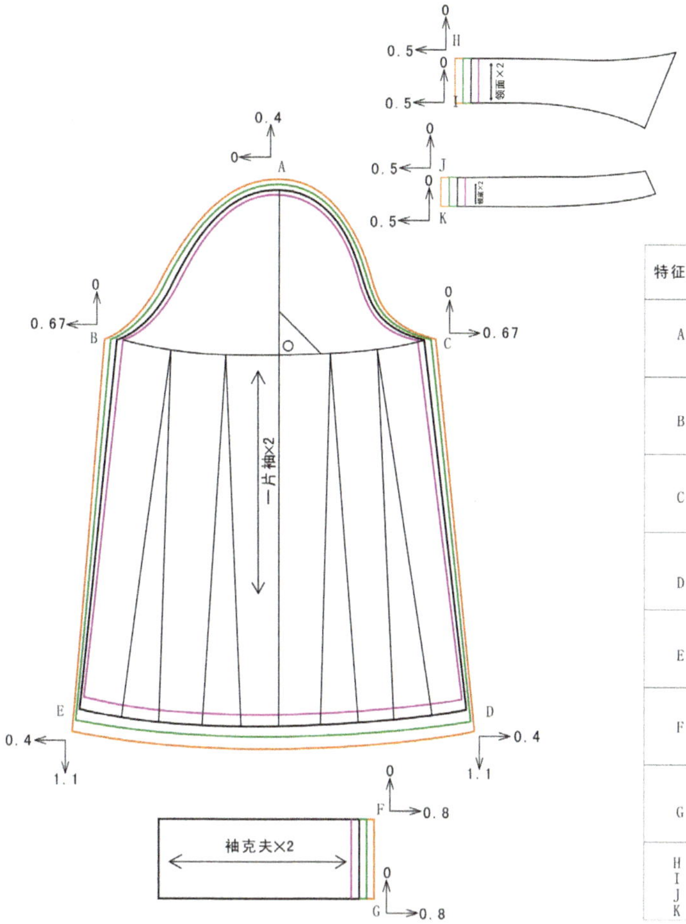

袖片特征点位移方向与位移量的分析

特征点	点的纵向横向档差值	点的位移方向及正负值	点的位移量计算
A	0.4 0	0.4表示Y值向上推0.4，即正0.4 0表示在纵向基准线上X值不推移，即为0	0.4=胸围档差/10 0=不推移
B	0 0.67	0表示在横向基准线上Y值不推移，即为0 0.67表示X值向左推0.67即负0.67	0=不推移 0.67=袖窿深档差
C	0 0.67	0表示在横向基准线上Y值不推移，即为0 0.67表示X值向右推0.67即正0.67	0=不推移 0.67=袖窿深档差
D	0.4 1.1	0.4表示X值向右推0.4，即正0.4 1.1表示Y值向下推1.1即负1.1	0.4=袖口档差/2 1.1=袖长档差-A点Y值
E	0.4 1.1	0.4表示X值向左推0.4，即负0.4 1.1表示Y值向下推1.1即负1.1	0.4=袖口档差/2 1.1=袖长档差-A点Y值
F	0.8 0	0.8表示X值向右推0.8，即正0.8 0表示在横向基准线上Y值不推移，即为0	0.8=袖口档差 0=不推移
G	0.8 0	0.8表示X值向右推0.8，即正0.8 0表示在横向基准线上Y值不推移，即为0	0.8=袖口档差 0=不推移
H I J K	0 0.5	0表示领子不推板， 0.5表示X值向左推0.5，即负0.5	0=不推移 0.5=领子档差/2

图3.42

2　女两用衫工业样板的推板（如图3.43所示）

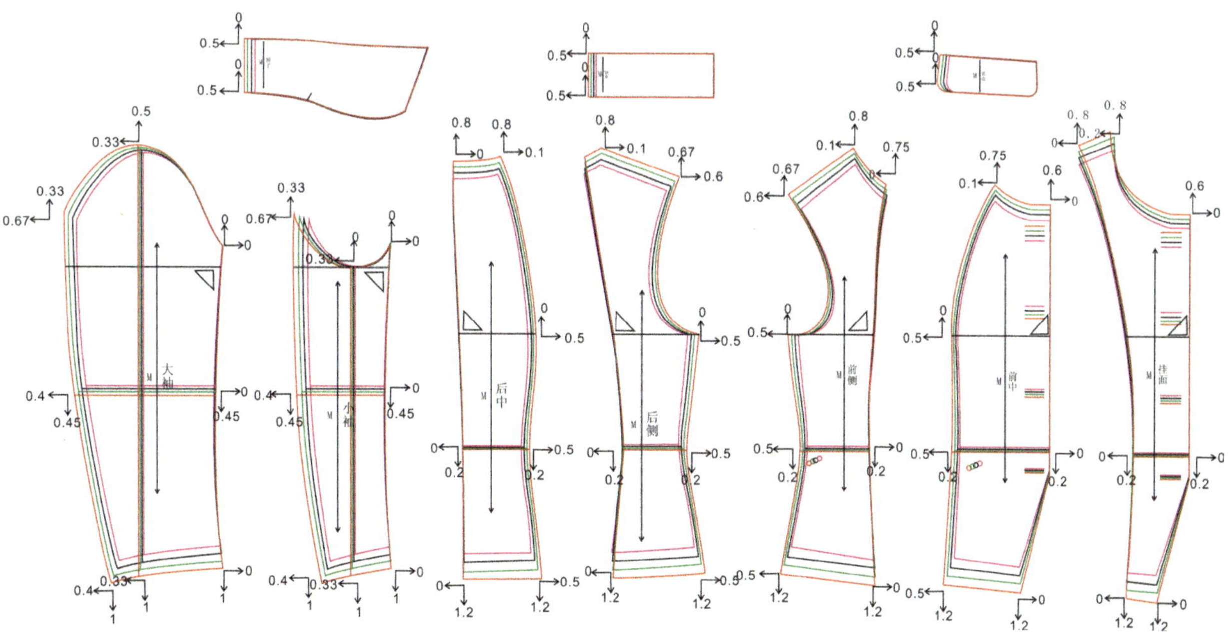

图3.43

3 女西装工业样板的推板（如图3.44所示）

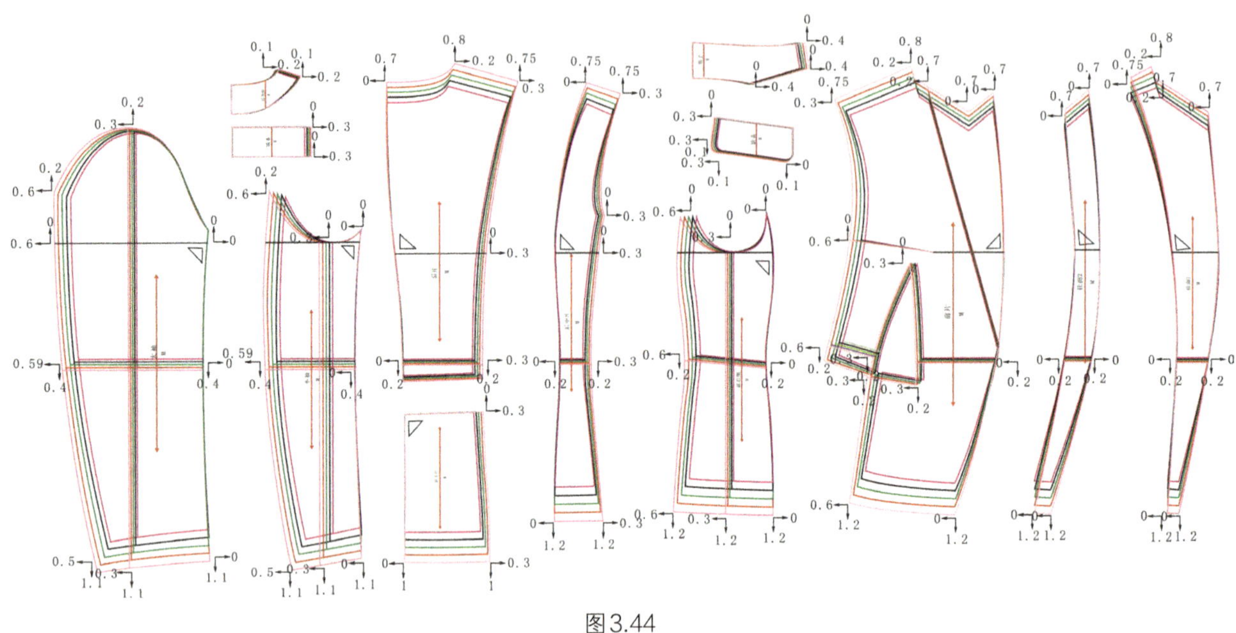

图3.44

任务3.4 课堂训练与模拟工厂实践

【任务要求】

根据不同款式，不同客户要求制作工业样板。

根据工厂制单要求，完成制板、放缝与推板。

① 从市场或工厂拿制单，根据款式与工厂的要求进行制板与放缝。

② 根据款式进行制板与放缝。

③ 根据款式进行XXL、XL、L、M、S的推板。

项目 女上装纸样设计综合实训

项目学习目标

学习目标

基于女上装款式纸样设计和立体造型的学习，进行综合实训，一方面检验对知识的把握程度，另一方面对所学知识进一步加深和巩固，提高应变能力。

相关知识

服装纸样设计需要设计师对时尚潮流变化影响于服装结构变化的理解和掌控（包括掌握一定的服装设计的知识与技能）；对服装面辅料影响于服装成品效果的理解与掌控；对服装工艺（尤其是高难度服装工艺）的掌握等。而纸样设计技术则是指从事本职工作的技能，目前特别需要掌握时尚女装立体造型的制板技术（包括平面和立体造型）、时尚女装的成衣工业推板技术等。

项目任务

1. 女上装纸样设计综合实训
2. 服装行业板房管理训练

任务4.1 女上装纸样设计实训

【任务要求】

通过纸样设计实训，使学生对所学专业知识加以巩固，提高自身综合纸样设计能力。

任务准备：女上装制板要点及步骤

1 按样衣制板

（1）按样衣制板的技术要点及方法

按样衣制板要注意以下几个技术要点：

① 分析样衣；

② 确认样衣丝缕方向；

③ 了解样衣的面辅料；

④ 分析样衣结构的合理性，并与客户及时沟通。

按样衣制板可参照以下几种方法：

① 测量法；

② 解剖分析法；

③ 部套样法；

④ 合法。

（2）按样衣制板步骤

① 样衣款式分析（款式及工艺特点、用料）；

② 测量样衣成品规格（关键部位如前衣片、明襟贴边、后衣片、袖片、领等，以及局部配件）；

③ 结构制图；

④ 结构图复核；

⑤ 样板制作（面料样板、里料样板、衬料样板、配件样板）；

⑥ 样板复核。

（3）样衣试制

① 核对样板、制单要求；

② 材料样板准备；

③ 裁剪；

④ 样衣缝制；

⑤ 整烫样衣；

⑥ 样衣检验（款式检验、规格检验、工艺检验、品质检验）；

⑦ 样衣修正；

⑧ 样衣确认。

2 按制单和样衣制板

（1）按制单和样衣制板的技术要点及方法

按制单和样衣制板的技术要点如下：

① 理单；

② 分析样衣；

③ 确认面辅料；

④ 按要求制板。

按样衣制板的方法如下：

① 比例法；

② 立体裁剪法。

（2）按制单和样衣制板步骤

① 服装制单分析（制单用语理解）；

② 样衣分析；

③ 准备纸样制图工具、确定基础板码；

④ 确定纸样尺寸；

⑤ 选择纸样制图方法；

⑥ 打板制图；

⑦ 制图复核；

⑧ 样板制作（面料样板、里料样板、衬料样板、配件样板）；

⑨ 样板复核。

（3）样衣试制

① 核对样板、制单要求；

② 材料样板准备；

③ 裁剪；

④ 样衣缝制；

⑤ 整烫样衣；

⑥ 样衣检验（款式检验、规格检验、工艺检验、品质检验）；

⑦ 样衣修正；

⑧ 样衣确认。

实践与操作：纸样制板训练

1 根据样衣制板并假缝试制

要求：根据客户提供的样衣，按照样衣制板的步骤进行制板训练，要求制作出纸样样板并进行样衣的假缝试制。

样衣1如图4.1所示。

图4.1

样衣2如图4.2所示。

图4.2

样衣3如图4.3所示。

图4.3

2 根据设计制单制板并假缝试制

要求：根据设计制单，制作出纸样样板并进行样衣的假缝试制。

制单1如图4.4所示。

××制衣有限公司制板通知单

客户：______　发单日期：______　完成日期：______　数量：______

季节：______　款式：______　款号：______　设计师：______　纸样师：______

缝制细则

附图：女休闲西装

缉明线0.1cm
3cm×8.5cm
5.5cm
9cm
黑色塑胶钮
1.5cm
黑色塑胶钮
0.8cm
1.2cm
3.5cm

面料小样

规格（cm）

部　位	成衣尺寸	纸样尺寸	确认尺寸
后中长	52	52.5	
前长(肩度)			
前长(侧骨度)			
全肩宽	38	38	
胸围(夹底度)	90	90	
前胸宽			
后背宽			
腰围	74	74	
坐围	90	90	
领横	9.5	9.5	
前领深			
后领深			
袖长	58	58	
袖肥	33.5	34	
袖口	24	24	
夹圈(弯度)			
介英高			
介英宽			
袋高			
袋宽			
袋盖高			
袋盖宽			
叉长			
门筒宽		3	

面料属性

布料组织	
布料颜色	
里布：	
缩水：	
洗水方法：	

辅料明细

钮		
啪钮		
拉链		
勾仔		
肩棉		
线色		
其他		

工艺要求

图4.4

制单2如图4.5所示。

××制衣有限公司制板通知单

客户：________　发单日期：________　完成日期：________　数量：________

季节：________　款式：________　款号：________　设计师：________　纸样师：________

缝制细则	规格（cm）				面料属性		
附图：女休闲西装	部　位	成衣尺寸	纸样尺寸	确认尺寸	布料组织		
辑唛头	后中长				布料颜色		
袖山抽有规律的细褶裥	前长(肩度)				里布：		
订亮珠	前长(侧骨度)				缩水：		
领面撞深蓝色丁布	全肩宽				洗水方法：		
装饰扣	胸围(夹底度)				辅料明细		
订亮珠	前胸宽				钮		
	后背宽				啪钮		
	腰围				拉链		
	坐围				勾仔		
	领横				肩棉		
	前领深				线色		
	后领深				其他		
	袖长				工艺要求		
	袖肥						
	袖口						
面料小样	夹圈(弯度)						
	介英高						
	介英宽						
	袋高						
	袋宽						
袖口撞装饰荷叶边	袋盖高						
	袋盖宽						
装饰分割	叉长						
	门筒宽						

图4.5

制单3如图4.6所示。

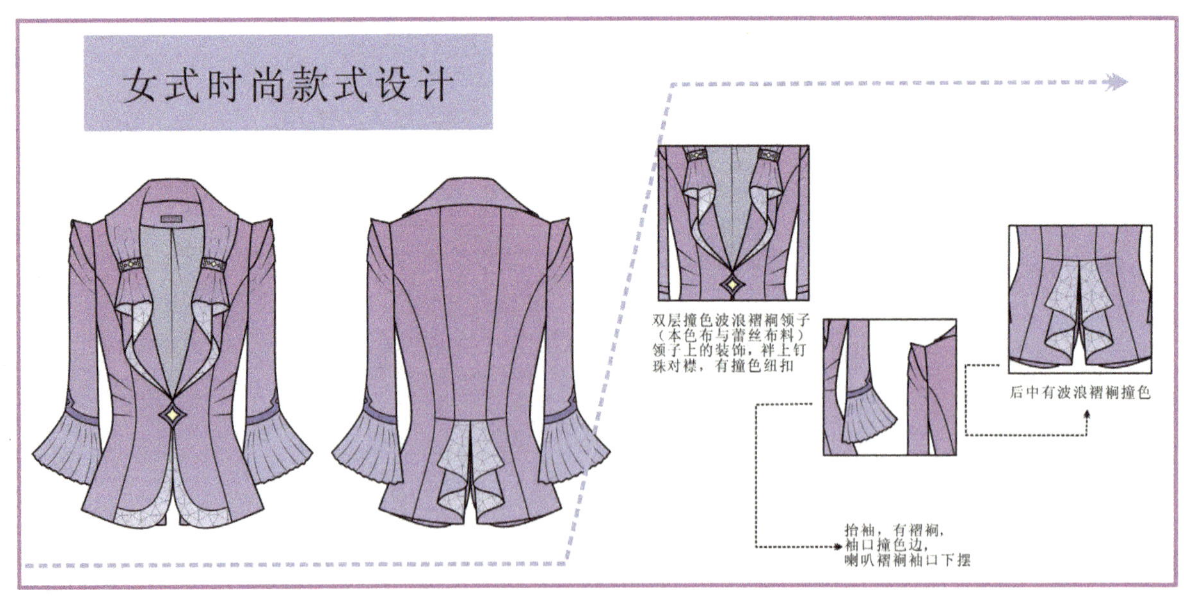

图4.6

3　根据工艺制单制板并假缝试制

要求： 根据客户提供的工艺制单，按照提供的规格尺寸进行制板训练，要求制作出纸样样板并进行样衣的假缝试制。

制单1如图4.7所示。

生产制造单

款号：		制单日期	2016-06-15	印/车花厂	
款式：	女装长款呢料外套	回布日期		加工厂	
面料：	跟板			交货期	

落单资料(颜色及细码分配)

尺码 主色	主色色号	S	M	L	XL	合计

配色面料

主身布	领	里布			
跟板	原身布	跟板			

裁床注意事项

1. 裁片跟足纸样。
2. 注意布片次品要清出，保持清洁。
3. 保证每扎货细数准确无误。
4. 每款须试好缩水方可开裁。

印/车花资料

尺寸表（厘米）

码数 部位		S	M	L	XL	
衣长	领边	82.5	85	87.5	90	
肩宽	全度	33.5	36	37.5	39	
胸宽(夹下)		44	46	48	50	
腰围		42	44	46	48	
1/2脚宽		63	65	67	69	
夹宽(直度)	缩起中度	20	21	22	23	
袖长	膊边度	62	63	64	65	
袖口宽		13.5	14	14.5	15	
领宽	边至边	8.5	9	9.5	10	
前领深(顶至顶)		9.7	10	10.3	10.6	
后领深(水平至顶)						
领高(下级领*上级领)		3.0*7.5				
代口(长*宽)边至边		15*3.5		15.5*3.5		

图4.7

制单2如图4.8所示。

生产制造单

款号：		制单日期	2016-06-15	印/车花厂	
款式：	女装格仔外套	回布日期		加工厂	
面料：	跟板			交货期	

落单资料(颜色及细码分配)

尺码/主色	主色色号	S	M	L	XL	合计

配色面料

主身布	内止口边/蝴蝶结				
跟板	撞色精棉平纹布				

裁床注意事项

1. 裁片跟足纸样。
2. 注意布片次品要清出，保持清洁。
3. 保证每扎货细数准确无误。
4. 每款须试好缩水方可开裁。

印/车花资料

尺寸表（厘米）

码数/部位		S	M	L	XL	
衣长	领边	50.5	53	55.5	57.5	
肩宽	全度	31.5	33	34.5	36	
胸宽(夹下)		40	42	44	46	
腰围		36	38	42	44	
1/2脚宽		40	42	44	46	
夹宽(直度)	缩起中度	19	20	21	22	
袖长	膊边度	58	59	60	61	
袖口宽		11	11.5	12	12.5	
领宽	边至边	17	17.5	18	18.5	
前领深(顶至顶)		6.7	7	7.3	7.6	
后领深(水平至顶)						
领高(下级领*上级领)			7			
代口(长*宽)边至边		2.5				

图4.8

任务4.2 服装行业板房管理训练

【任务要求】

按照现代服装企业板房的工作要求，对服装板房进行管理。

任务准备：板房相关常识

1 服装板房的人员配备

板房一般配备板房主管、打板、推板、样板复核、样板样衣管理、编写工艺、裁剪、缝纫、后整理等岗位，不同的企业配备的岗位有所不同。

2 板房员工薪酬

板房员工薪酬包含基本工资、功效工资、福利津贴，员工薪酬设定主要遵循6个原则：公平性原则、比较性原则、激励性原则、平衡性原则、成本控制性原则、安全稳定性原则。

3 样板与样衣管理

样板与样衣管理的主要内容包括以下几点：

① 样板与样衣保存；

② 样板与样衣领用管理；

③ 样板与样衣使用要求。

4 板房生产管理与生产计划控制

板房生产管理与生产计划控制包括以下几点：

① 人员配置与生产计划；

② 板房生产能力与生产计划平衡；

③ 板房生产控制；

④ 样衣质量控制；

⑤ 工艺文件执行。

5 板房管理制度

板房管理制度包含以下几点：

① 质量管理制度（样衣质量管理制度、裁剪工序质量管理制度、缝纫工序质量管理制度、后整理工序质量管理制度、质量分析管理制度）；

② 首样产品技术鉴定制度；
③ 安全文明生产规定；
④ 各岗位工作考核标准。

6 板房成本管理

板房成本管理内容包括以下几点：
① 样衣试制的成本控制；
② 建立成本管理机制；
③ 研究降低样衣试制的成本；
④ 顾及大货生产成本控制。

技能拓展：板房管理训练

1 板房生产计划制订训练

根据任务4.1中的设计制单制板并进行假缝试制训练，按照生产制单的要求，制订一份板房生产计划。

2 板房管理制度制订训练

根据任务4.1中的设计制单制板并进行假缝试制训练，按照生产制单的要求，制订一份板房生产计划。

（1）样片、裁片清单表制定（见表4.1）

表4.1

××公司样板、裁片清单表						
序号	裁片名称	面	里	衬	实样	修剪样
1	前片	1×2		1×2		
2	前侧片	1×2		1×2		
3	后片	1×2		1×2		
4	后侧片	1×2		1×2		
5	大袖片	1×2				
6	小袖片	1×2				
7	大袖口衬			1×2		
8	小袖口衬			1×2		
9	前片里		1×2			
10	前侧片里		1×2			
11	后片里		1×2			
12	后侧片里		1×2			

续表

××公司样板、裁片清单表						
序号	裁片名称	面	里	衬	实样	修剪样
13	大袖里		1×2			
14	小袖里		1×2			
15	领面	1×1		1×1	1	
16	领底	1×2		1×2	1	
17	袋布	1×2		1×2		
18	扣眼定位样				1	
19	口袋定位样				1	

（2）样衣、样板领用记录表制定（见表4.2）

表4.2

××公司样板（样衣）领用记录单							
合同号：　　生产通知单： 品名：　　款号：　　样衣：有（ ）无（ ）							
样衣		样板					
规格	件数	面料样板数	里料样板数	附件样板数	工艺样板数	其他	样板总数
备注：		备注：					
领料部门：　　经手人：　　用途：　　计划使用天数：　天 领出日期：　年　月　日　　归还日期：　年　月　日 样板保管人：							

（3）服装制作工序表制定（见表4.3）

表4.3

<table>
<tr><th colspan="5">× × 公司　服装工序表</th></tr>
<tr><td colspan="5">品名：　　　　　　　　款号：</td></tr>
<tr><td colspan="2">样衣</td><td colspan="3">样板</td></tr>
<tr><td>缝制编号</td><td>缝制名称</td><td>缝型</td><td>缝纫设备</td><td rowspan="6">1
2，3
4</td></tr>
<tr><td>1</td><td>牵牵条</td><td></td><td>粘合机</td></tr>
<tr><td>2.3</td><td>粘衬、牵条</td><td></td><td>粘合机</td></tr>
<tr><td>4</td><td>前片缝合</td><td></td><td>平缝机</td></tr>
<tr><td></td><td></td><td></td><td></td></tr>
<tr><td></td><td></td><td></td><td></td></tr>
<tr><td colspan="2">备注：</td><td colspan="3">备注：</td></tr>
<tr><td colspan="3">工序制定人：</td><td colspan="2">制定日期：　　年　月　日</td></tr>
</table>

（4）制定一份板房管理制度，要求包含以下内容：

① 样衣质量管理制度、裁剪工序质量管理制度、缝纫工序质量管理制度、后整理工序质量管理制度、质量分析管理制度；

② 首样产品技术鉴定制度；

③ 安全文明生产规定；

④ 各岗位工作考核标准。

附　录

女上装纸样设计造型赏析

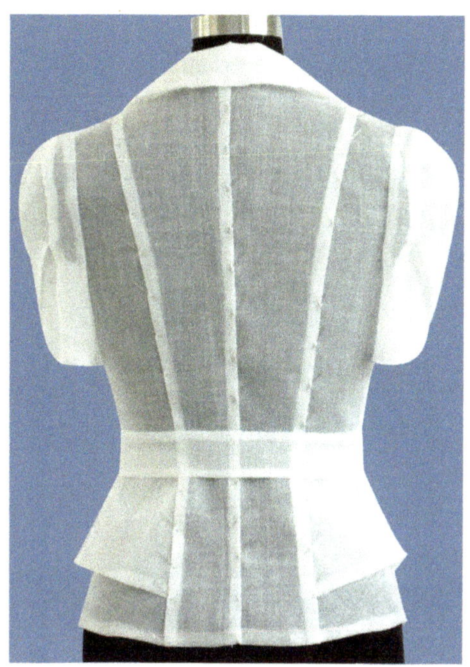
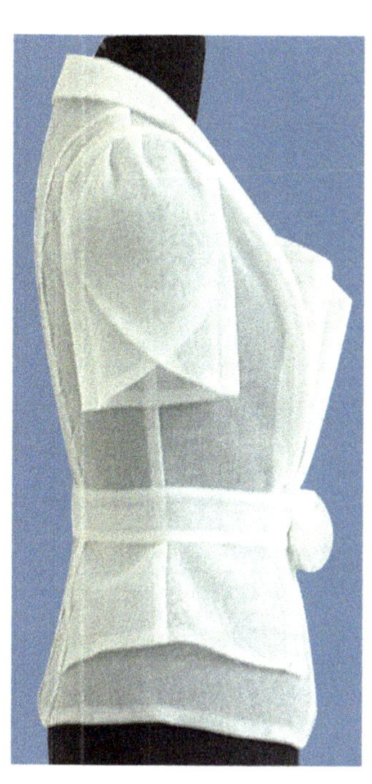

款式1

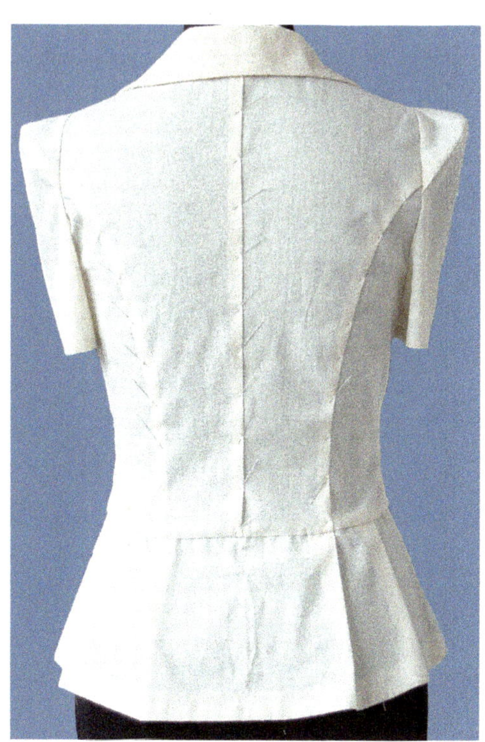

款式2

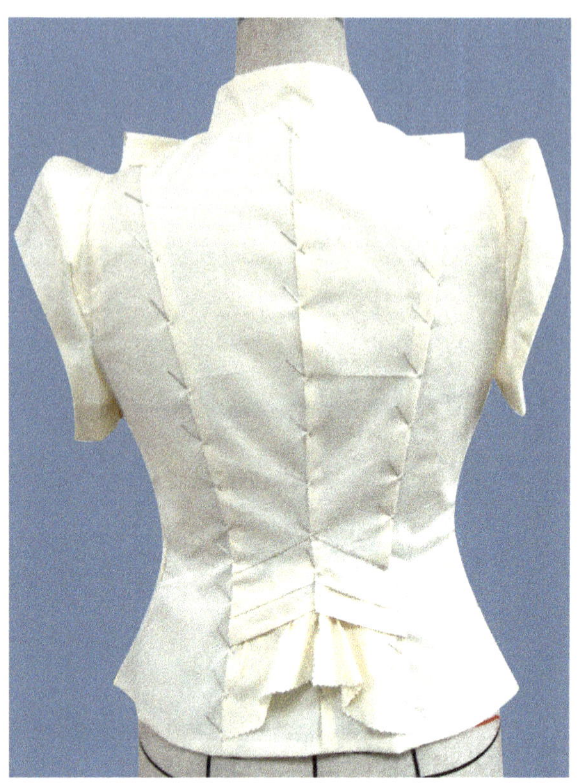

款式3

款式4

款式5

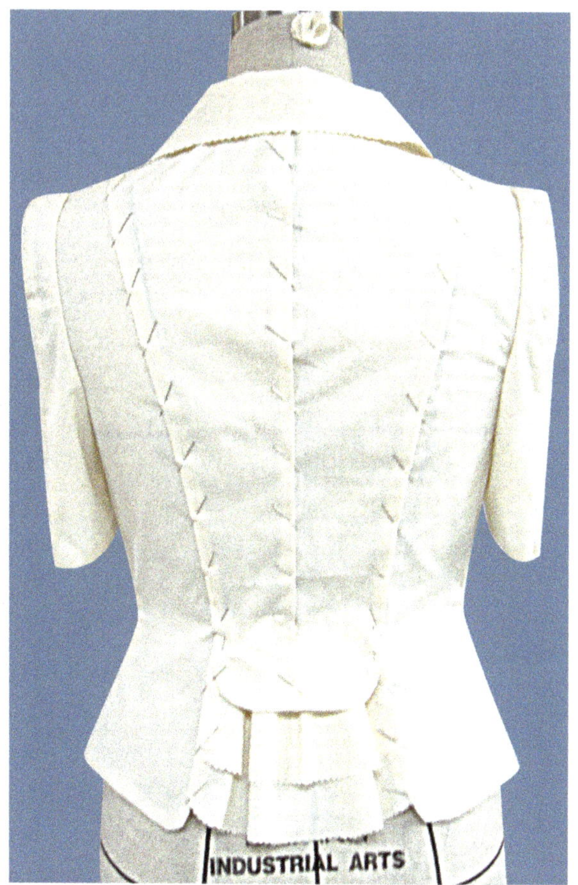

款式6

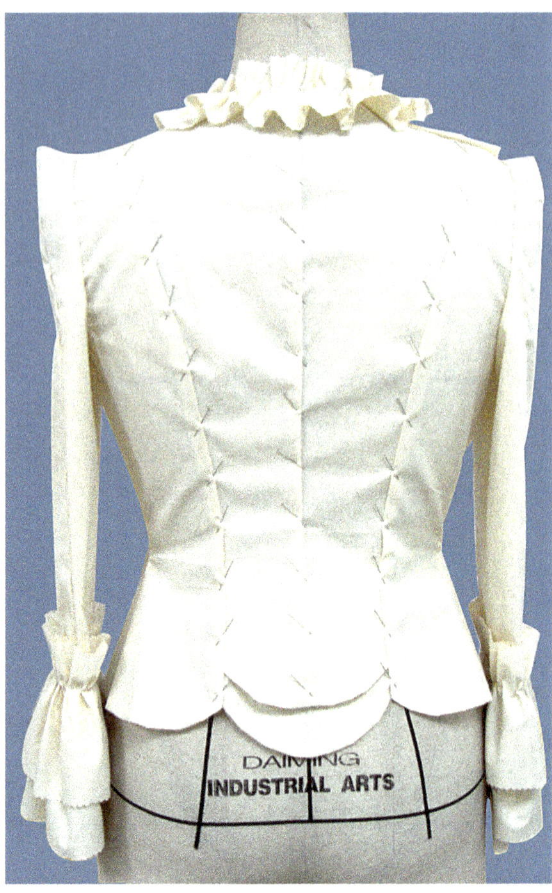

款式7

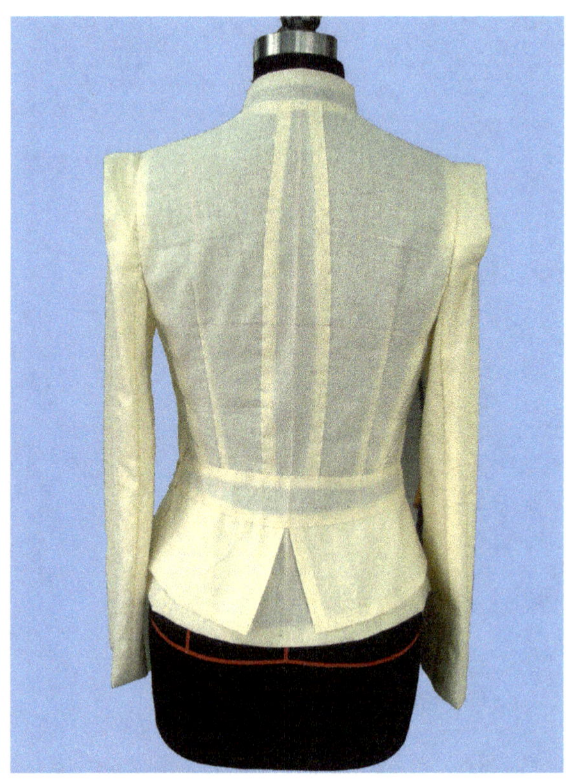

款式8

款式9

参 考 文 献

徐雅琴，2005．服装结构制图．4版．北京：高等教育出版社．
中屋典子，三吉满智子，2006．服装造型学（技术篇）．北京：中国纺织出版社．

全国高等学校法医学专业第五轮

规划教材编审委员会

顾　　问

石鹏建　陈贤义

主任委员

侯一平

副主任委员

丛　斌　王保捷　李生斌　周　韧　杜　贤

委　　员

张　林　杜　冰　喻林升　赵子琴　王英元

樊爱英　陈　晓　陶陆阳　赵　虎　莫耀南

李利华　刘　良　邓世雄　杨　晋

秘　　书

廖林川　潘　丽

主编简介

成建定，教授，主任法医师，博士生导师。现任中山大学中山医学院法医学系副主任、法医学研究所副所长，法医病理学教研室主任。目前兼任中国法医学会法医病理专业委员会委员、广东省司法鉴定协会法医病理专业委员会副主任委员、广州市司法鉴定协会法医临床专业委员会主任委员、美国心脏学会会员。

长期从事“法医病理学”“法医临床学”“法医毒理学”的本科教学工作，系国家级精品资源共享课“法医病理学”负责人。已获得3项省部级、校级教学研究与改革课题资助。主要从事心脏性猝死及恶性心律失常的分子病理学及细胞电生理学猝死机制研究，在该研究领域已获得国家自然科学基金面上项目及重点项目资助，以第一或通讯作者在国内外学术期刊上发表论著30余篇，主编《猝死法医病理学》专著1部。

副主编简介

周韧，医学博士、教授、博士生导师。现任浙江大学病理学与法医学研究所所长、病理学与病理生理学系副主任；兼任教育部法医学教学指导委员会副主任委员、国家医学考试中心委员会专家，浙江省司法鉴定协会副会长、省医师协会病理科医师分会副会长，中华医学会病理学分会委员等。

从事病理学、法医学教育、科研和司法鉴定工作30余年。以第一或通讯作者在国内外核心期刊上发表科研及教学论文60余篇，主、参编教材和专著数十部，任《中华病理学杂志》、*Journal of Forensic Science and Medicine* 等编委，主持和承担国家自然科学基金、省部级科研基金项目十数项。获国家精品课程、教育部来华留学英语品牌课程奖、省部级教学及科研成果奖多项。

王慧君，教授，留德博士，博士生导师。现任南方医科大学法医学系及司法鉴定中心主任、交通事故司法鉴定技术研究所所长。兼任教育部法医学专业教学指导委员会委员，司法部高级专业技术任职资格评审委员会委员，公安部法医病理重点实验室特聘专家，中国法医学会理事，广东省司法鉴定协会副会长，广州市司法鉴定协会会长等职务。

从事法医学教学、科研、鉴定工作几十余年，在毒品的毒性损伤、猝死机制等研究方面处国内外先进地位。近年主持包括国家自然科学基金重点项目等国家级科研基金10余项。编译专著8部，发表科研论著80余篇，曾在国际著名杂志 *New England Journal of Medicine* 发表高影响因子论文。曾参与获得军队科技进步二等奖，中华医学科技奖一等奖。

副主编简介

周亦武，教授，主任法医师，博士生导师，华中科技大学同济医学院法医学系副主任。先后赴法国巴黎第六大学、美国纽约市法医局、英国剑桥大学及伦敦大学国王学院从事合作研究。现为中国法医学会法医病理专业委员会委员、湖北省法医学会副秘书长，中华医学会、湖北省医学会及武汉市医学会医疗事故鉴定专家库委员，《法医学杂志》编辑委员会委员等。

主要从事颅脑损伤、猝死、中毒病理及医疗纠纷的鉴定及研究，2008年获首届“鼎永杯”司法鉴定文书评选一等奖，2014年获司法部首届“宋慈杯”司法鉴定文书评选一等奖。先后获多项国家自然科学基金及其他科学基金资助，在国内外刊物发表80余篇论文。

莫耀南，医学博士，教授，硕士生导师。中国法医学会理事，教育部法医学专业教育指导委员会委员，法医学教材编审委员会委员，河南省法医学会副会长，司法鉴定人协会常务理事，副秘书长，法医临床专业委员会主任委员，河南省优秀教师，法医学省级重点学科带头人，实验室和检查机构认证认可国家级评审员，2009年司法部授予全国司法鉴定先进个人。

曾获河南省科技进步二等奖、三等奖各一项；主编《实用法医学司法鉴定》《法医学司法鉴定》专著2部，专利2项。参编国家规划教材、专著6部。发表学术论文多篇。研究领域涉及法医学病理学死亡时间、死因分析等方面。

前　言

《法医病理学实验指导》（第1版）出版以来，为全国各高校法医学本科专业的法医病理学实验教学提供了很好的范例和指导性教材。在使用过程中，广大师生对教材的学科特色、编撰优势及实用性给予了充分的肯定，也提出了一些宝贵的意见。近年来，法医学教学研究与改革不断推进，法医病理学理论和实践也颇有进展，各高校对法医病理学实验教学的内容、形式和效果也提出了更高的要求。为此人民卫生出版社、全国高等学校法医学专业第五轮规划教材编委会组织编写了这本全国"十三五"规划教材《法医病理学实验指导》（第2版）。

本版教材继承了第1版教材的形态学教学特色，在教学内容、编排形式和教学理念上作了部分调整和有益的探索。主要特点体现在：①精心遴选实验模块。以《法医病理学》理论教材的核心内容为基准，设置了与当前法医病理学实践密切相关、重要的内容为实验模块。②大力充实可读性、启发性、实用性强的优秀教学资源。如增添了较多优质教学图片及案例；补充了实用性极强的基于法医昆虫学的死亡时间推断、检材的处理等实验内容。③内容编排有继承和创新。如死因分析、医疗纠纷实案分析、法医昆虫学实验等内容说理透彻，紧扣法医病理学实践；一大批包含图片、案例、教学视频及课件等可读性极强的丰富教学资源以网络增值服务的形式编排，对进一步拓展知识、启发思维、提升实践技能大有裨益。④博采各高校实验教学经验和理念之长。本书编委是来自18个高校、活跃在实验教学第一线的23名中青年骨干教师，教材汇聚了全国各地的优秀教学理念及实践教学经验。

本书的顺利完成（尤其是知识点覆盖、内容编排、详略取舍、问题设置、继承和创新的把握、素材遴选、文字可读性凝练），凝聚了全体编者及主编团队的创造性的艰辛劳动。本教材旨在为法医病理学实验教学提供优质的教学资源和教学参考用书。各高校可视实际情况，从中遴选合适的内容开展相应的实验教学，通过教师的讲授（病理形态学、案例示教）、实验操作（动物实验、尸体解剖、检材处理）、课堂讨论（实案分析）、课后练习（复习思考题、自学网络增值服务内容）等多种形式，使学生能够较系统地学习相关教学内容的基本理论、知识和技能，并逐步训练、提升其解决法医病理学实案问题的实践和思维能力。

由于编撰时间较为仓促，编者水平所限，本书虽然数易其稿，仍然难免存在一些文字及学术错漏、存疑甚至谬误，敬请广大老师、同学、读者在使用过程中批评指正，并请提出宝贵的修订意见和建议，以便本书在再版时得到进步和更正。张立勇、吴业达、殷坤在本书的文字统稿、图片编辑阶段付出了大量的劳动，在此一并表示感谢！

成建定

2016年3月

目　　录

实验一　法医学尸体检验

一、实验目的

通过实验，掌握法医学尸体解剖基本操作技能，树立标准化、规范化意识，为今后的法医学实践奠定基础。

法医学尸体检验包括尸表检查（含衣着检查）、尸体剖验、实验室检验及相关物证检材的提取等过程。

二、尸体检验的注意事项及规则

1. 态度严肃，遵守纪律，不在解剖现场随意议论、讨论，对尸检所见不随意外传。

2. 剖检者应戴手套，穿隔离衣，注意自我保护。手套破损时应及时更换，皮肤被刺破应及时行创口清洗消毒处理。操作时应注意保持清洁。

3. 不同的尸检案例，应选择不同的解剖方法。选用解剖方法应遵照国家公共安全行业标准进行解剖检验。尸检时应尽量少破坏尸体的外形。

4. 法医尸体检验包括尸表检验与解剖检验两大部分。解剖检验包括四腔，即腹腔、胸腔、心包腔、颅腔以及各内脏器官的检查。各器官检查，应先观察表面性状，再检查局部损伤病变的特点，最后剖开检查。

5. 新生儿案例应参照《新生儿尸体检验》标准进行。猝死案例或疑有中毒的案例，注意提取心血、胃肠内容物、其他体液、分泌物或器官组织送毒物化学检查，同时如考虑作其他相关实验室检验时，应预先保留足量的尸体检材。机械性窒息死亡案例和道路交通事故死亡案例均应遵照相应的标准进行解剖检验（标准是不断更新的，应以最新标准为准）。

6. 尸检前对可疑传染病，应按照原卫生部《传染病病人或疑似传染病病人尸体解剖查验规定》，在独立的、有消毒排污措施的解剖间进行，如乙类传染病病人（如 HIV 阳性患者、SARS 疑似者、禽流感疑似者等）；一般情况下法医不涉及甲类传染病病人的解剖。

7. 法医学尸体解剖过程中，重要部位以及解剖发现要拍摄照片。法医学尸体解剖拍摄的照片要求放置唯一性标识（如解剖编号）和比例尺，必要时还需放置箭头指示标记（拍摄三要素），强调法医学解剖拍摄照片的唯一性。有条件的可以进行视频录像。

8. 尸检完毕后，尸检台、各种器械等物品应及时进行常规清洗消毒。

三、衣着及配饰物检验

尸体的衣着包含大量的涉案信息，对个人识别、死亡性质判定、死亡时间推断、致伤物推断、现场重建及物证的提取均有重要意义，应予以检验分析。

检验步骤：按由“静”到“动”、自外而内、从上到下的顺序进行。尽可能将衣着固定于原始状态进行检验，按照相、记录、提取、包装、送检等分步实施。

注意观察衣着是否整齐、有无反穿、层次有无穿错、纽扣有无缺损等。对衣着的件数、式样、类型、颜色、质料、厂名牌号、新旧程度及纽扣、裤带的形状和颜色进行检查并记录。仔细检查衣着服饰上有无血痕（图 1-1）、精斑、毛发、泥土、杂草、烟灰、油迹、火药、弹片、呕吐物及排泄物以及衣服有无擦痕（图 1-2）、皱褶、变形（图 1-3）。检查口袋内所有物品。对衣着服饰破损的部位、范围、程度、数目及方向与特征进行检查并描述，并与损伤及尸体周围可能存在的衣物破损残留物对比（图 1-4）。检查有否戴饰物等。检查过程中，解脱衣着要严谨，应逐层逐件解下。

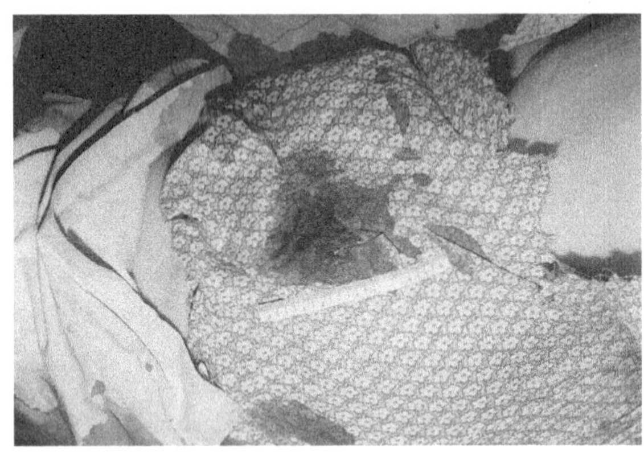

图 1-1　衣物上血迹（blood stain in clothing）

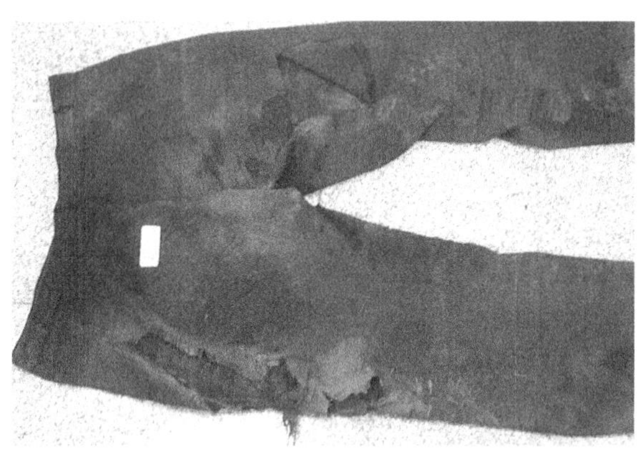

图 1-2　衣物破损（clothing mangled by violence）

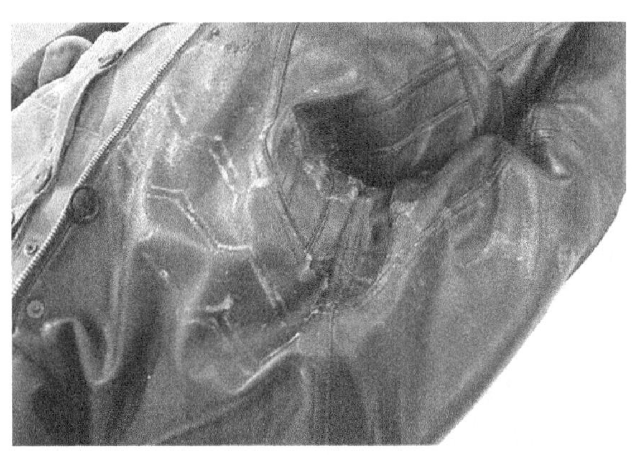

图 1-3　衣物上印痕（moulage on clothing）

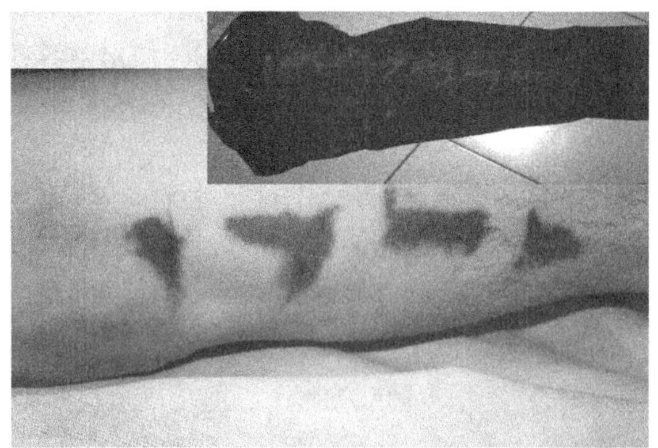

图 1-4　衣物上痕迹与体表损伤比对（comparing the trail on clothing to abrasion）

四、尸表检查

（一）一般检验

1．检验步骤

（1）摄尸体头面像和全身像（包括腹侧和背侧尸体全长），测量尸体全长；

（2）检查尸体现象出现的部位、类型、程度、范围及形态特征；

（3）用长温度计插入直肠，测量直肠温度，同时测量环境温度（学习用尸冷来推测死亡时间）；

（4）检查尸斑的位置及分布，用示指压迫尸斑，判断尸斑形成时间；

（5）由上至下检查各关节尸僵的形成与其程度；

（6）双眼角膜有无混浊及其程度；

（7）查找体表各部位有无皮革样化出现；

（8）检查残疾或畸形及病理征象；

（9）检查唇、指（趾）甲及皮肤是否苍白或发绀；

（10）观察和记录尸绿、腐败静脉网出现的部位，有无形成“巨人观”及其他特殊表现，描述其特点。

2. 检验要点

（1）对个人特征如身材、体形、发型、面容、肤色、文身（图 1-5）、义齿（假牙）、痣（图 1-6）、疣、瘢痕（图 1-7）、营养状况、体型及发育是否正常予以细致观察和详细检查，记录并拍照。记录应有顺序并作记录说明，必要时附示意图。拍照要放置标示及比例尺。

（2）尸斑的色泽浓淡的描述应尽量准确，注意尸斑分布是否符合发现尸体时的体位。

（3）疑有皮下出血的部位应切开检查，以便与尸斑相鉴别（图 1-8）。

（4）尸绿、腐败静脉网、“巨人观”等晚期死后变化的出现提示尸体腐败，后续检查应注意自我保护。

（5）检查关节活动度要根据关节的正常解剖活动来进行，不做反关节运动。

（6）对多处损伤分别编号并检验。

（7）根据损伤特征推断致伤物要说明推断的主要依据。

（8）要注意比较体表损伤与衣着服饰破损是否对应，并能合理解释。

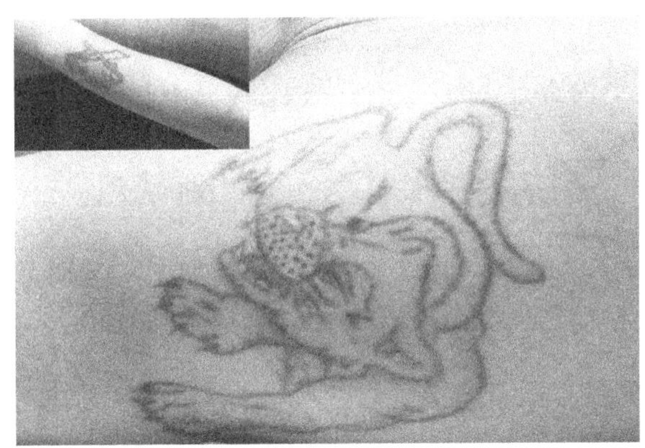

图 1-5　文身（tattoo）

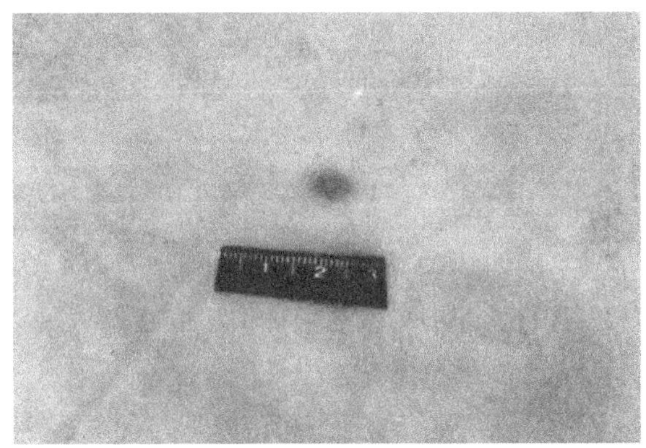

图 1-6　皮肤痣（nevus）

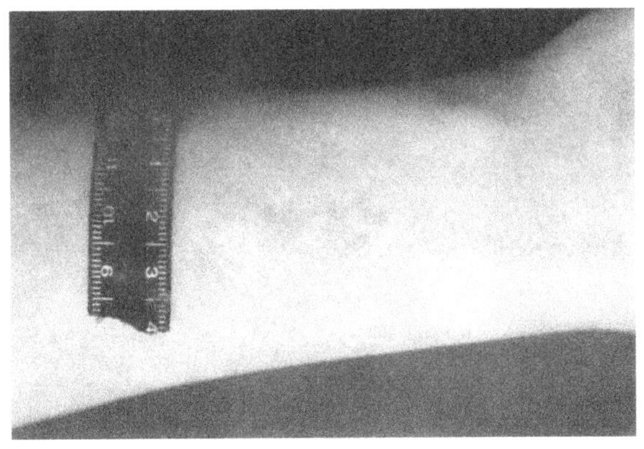

图 1-7　体表瘢痕（scar on skin）

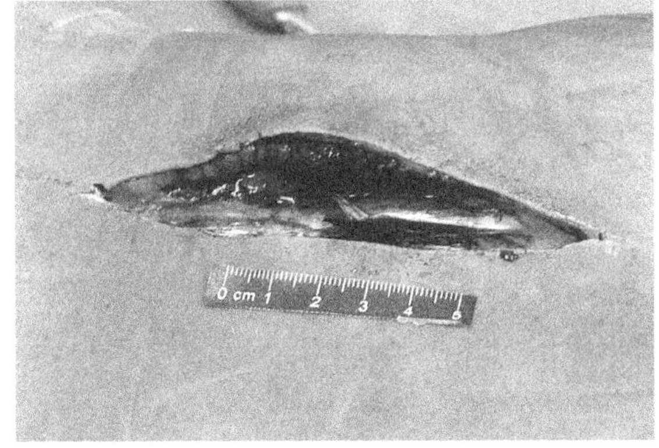

图 1-8　尸斑与皮下出血（livor mortis and subcutaneous hemorrhage）

（二）体表损伤检验

1. 检验步骤　对损伤的部位、类型、数目、形态特征及失血情况进行详细检查，并按体表解剖标志及分区进行定位。

2. 检验要点

（1）按顺序检验，并分析判断其先后次序和相互关系。

(2) 用几何学名词如圆形、椭圆形等描述损伤的形态特征，不规则损伤形态特征的描述可用近似几何图形或类比来描述，按国家法定计量单位（cm、mm 等）测量损伤的大小与深度。

（三）各部位的检验

1．头部

(1) 检验步骤

1) 测量发长，观察发型、颜色、分布和数量，是否秃发、脱发，检查有无染发、烫发及是否假发。观察和检验头发上有无附着物及其种类、数量和分布特点。

2) 用镊子依次分开头发，检查头皮有无损伤和病变。

3) 用双手触摸、挤压头颅前后左右，检查头颅有无变形、颅骨有无骨折。

4) 检查颜面有无肿胀，有无瘢痕、色素斑、痣、疣等特征。

5) 观察眼睑有无水肿和皮下出血，眼裂睁闭情况，睑结膜、球结膜和穹隆部结膜是否有充血及出血斑点，巩膜有无黄染，角膜是否透明或混浊程度。测量瞳孔大小，左右是否对称。检查有无义眼（假眼）或隐形眼镜。

6) 观察鼻外形是否对称、偏位、塌陷，鼻孔周围有无泡沫及其形状和颜色，鼻腔有无异物、出血、流涕、脑脊液流出等。

7) 观察耳廓形状，是否畸形，有无损伤，检查外耳道内有无异物、血液、脓液和脑脊液流出等。

8) 观察口唇、上腭有无畸形，口的开合情况；口唇黏膜颜色；口角及周围皮肤有无损伤或流柱状腐蚀痕（图 1-9）；检查口腔有无异物、血液及特殊气味，口腔黏膜有无溃疡、出血及损伤；牙齿的特异形状、数目、排列情况及咬合面磨损情况。

(2) 检验要点

1) 测量发长应伸直头发，自发根量至发梢。

2) 观察头皮应从前向后仔细排查，如发现损伤或异常，应剃头发以充分暴露该部位（图 1-10）。

3) 触摸、挤压头颅不可用力过大造成骨折假象。

4) 面部是识别个体的主要部位，应仔细全面，必要时应用放大镜帮助检查微小部位。

5) 眼结膜尤其是穹隆部的观察对判断是否存在窒息经过有重要意义。

6) 耳、鼻、口腔是人体的自然孔道，常有异物遗留，不得疏漏。

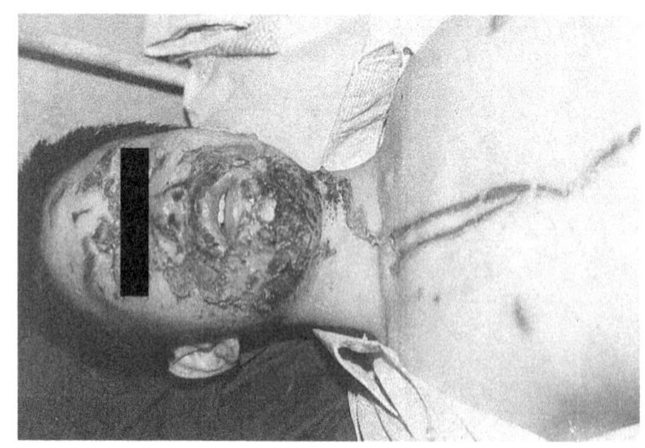

图 1-9　口周皮肤腐蚀（perioral corrosive skin）

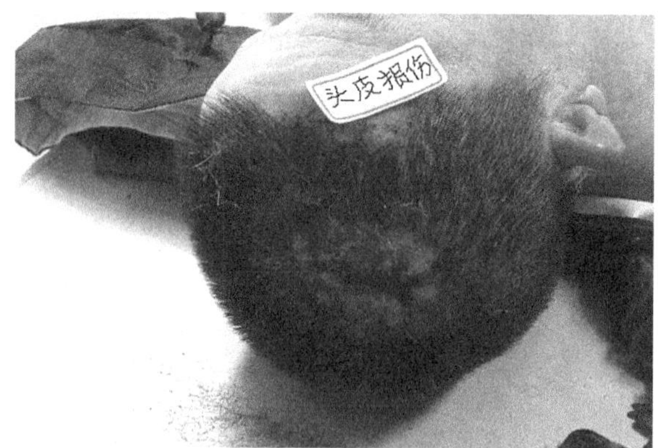

图 1-10　头皮损伤（scalp injuries）

2．颈项部

检验步骤：①观察颈部是否对称。②观察和检验颈部有无损伤、索沟、扼痕及压痕及创口等。如有损伤要检查创的部位、数目、方向、深度（图 1-11）。③检查甲状腺及颈部淋巴结是否肿大（图 1-12）。④颈部屈伸旋转状态，颈椎有无脱位及骨折征象。

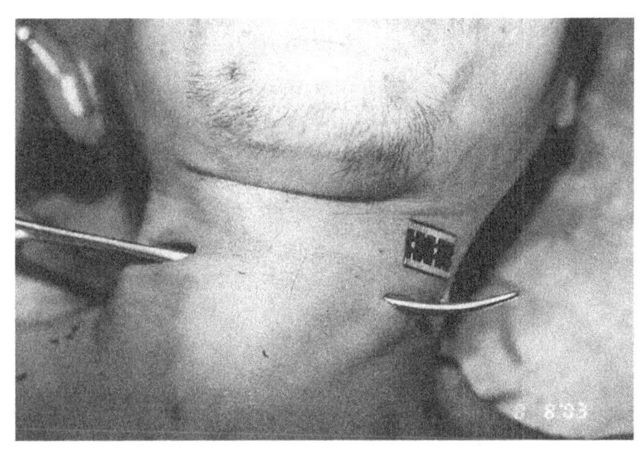

图 1-11　创的检查（examination of wound）

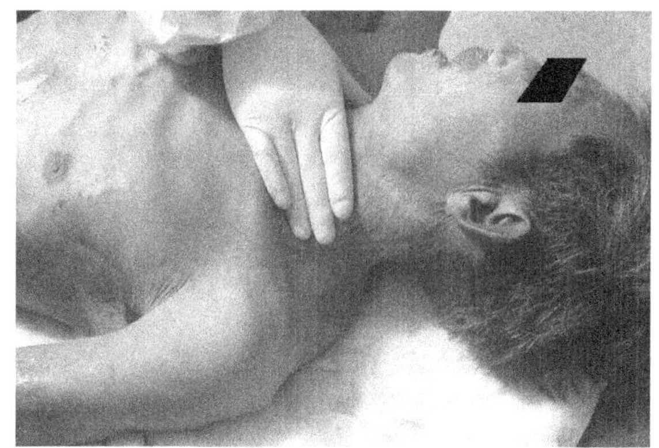

图 1-12　浅表淋巴结检查（examination of superficial lymphoid nodule）

颈部检验在判断机械性窒息致死案例中尤其重要，应高度重视。细部检验可使用放大镜。

3．胸腹部

（1）检验步骤

1）观察胸廓是否对称，胸壁有无损伤，肋骨有无骨折等。女性尸体需检查乳房发育状况，有无咬痕、肿块及损伤。

2）观察腹部外形是否平坦、膨隆、有无舟状腹，腹壁有无瘢痕、损伤及皮下静脉曲张，检查腹部有无波动感、腹股沟淋巴结是否肿大等。

3）观察腰背部有无损伤。

4）观察会阴部、外生殖器发育情况及阴囊、睾丸有无损伤（图 1-13）。女性尸体要观察外阴部有无血痕、精液及分泌物附着。检查处女膜是否破裂（图 1-14）及阴道内有无异物。

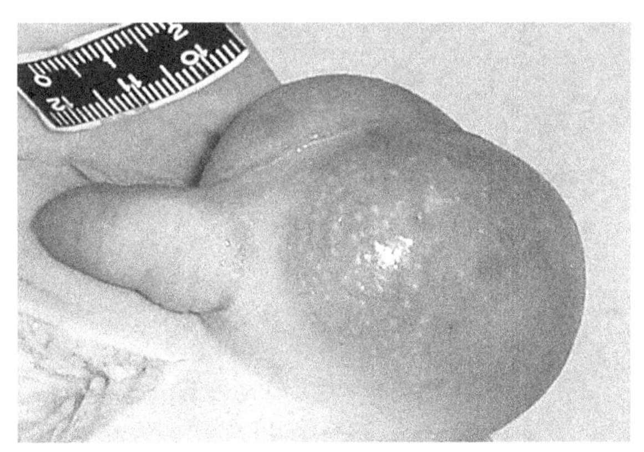

图 1-13　阴囊水肿（edema of scrotum）

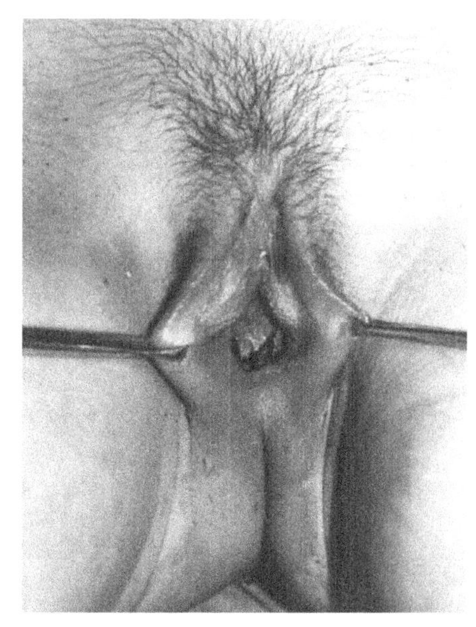

图 1-14　处女膜的检查（examination of virginal membrane）

5）观察肢体的状态、位置（图 1-15），有无肿胀、畸形，有无软组织损伤。上肢应检查手掌，手中是否有物体或附有异物如布片、毛发等，指甲颜色及是否脱落，甲沟内有无异物（如血痕、皮肉、毛发、药物及衣物纤维等）。

（2）检验要点：①观察胸廓是否对称，有无骨折征。②用左手触摸尸体右腋窝淋巴结，用右手触摸尸体左腋窝淋巴结。③腹壁检查也可用望、触、叩的方式进行。④会阴等隐蔽部位的检查对虐待、性侵犯等案件的判断有重要价值。⑤注意区分阴囊等处的皮革样化与损伤。

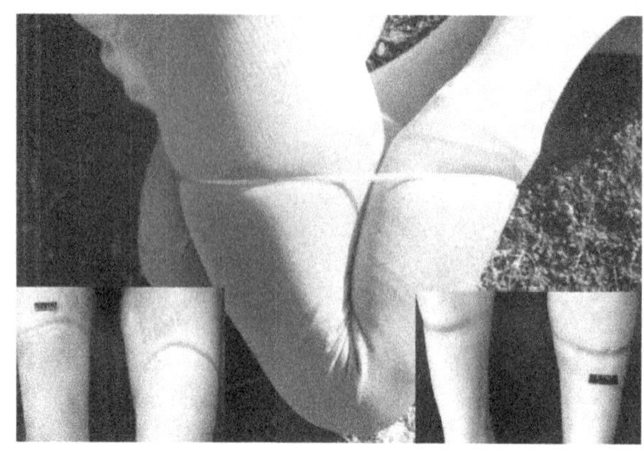

图 1-15　捆绑（binding）

五、尸体剖验

（一）皮肤切开

1. 检验步骤　主检双手适度轻压切口皮肤边缘，右手持解剖刀（握持式），以刀腹为受力部垂直皮肤，自下颌下缘正中开始，沿胸腹正中线绕脐左达耻骨联合，逐层切开皮肤（图 1-16）。

2. 检验要点　解剖术式还可选择 T 字弧形切法、Y 字形切开法、倒 Y 字形切开法等（图 1-17），视具体情况而定。

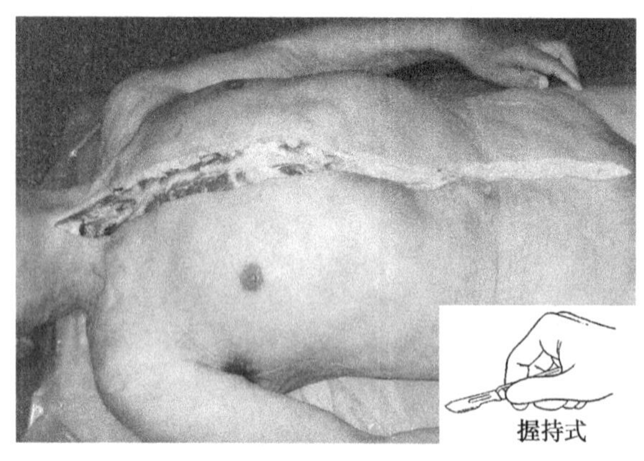

图 1-16　直线形切口（linear incision）

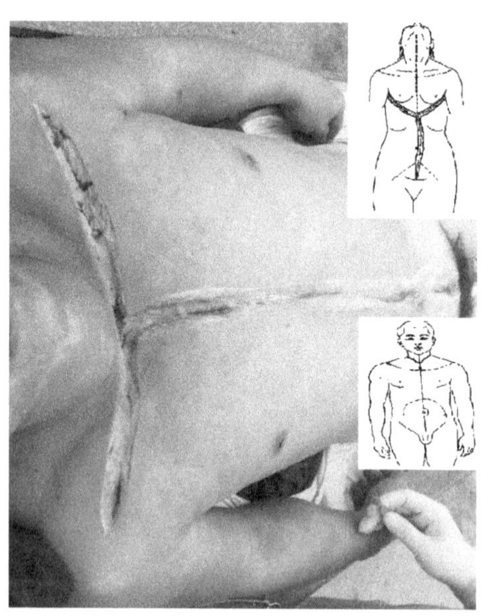

图 1-17　其他解剖术式（the other dissections）

（二）暴露腹腔

1. 检验步骤　用镊子或血管钳轻提上腹部腹膜，用解剖刀或剪刀作小切口，左手示指和中指插入切口内，两指分开并将腹膜稍向上提，右手持圆剪沿两指间插入，剪开腹膜，并向下延伸直达耻骨联合处，打开腹腔（图 1-18）。

2. 检验要点　剖开腹腔后应注意观察腹腔内有无异常气味。大网膜有无异常如粘连、坏死、包裹其他脏器或下移等。各脏器位置是否正常。腹腔内有无腹水、积血。

图 1-18　暴露胸壁及腹膜腔（exposure of thorax and cavitas peritonealis）

（三）腹部各脏器的取出与检验

1. 脾

（1）检验步骤

1）向相反方向适度牵拉胃与网膜，在网膜与胃大弯相连中心处用剪刀剪开大网膜，并沿胃大弯向两侧分离大网膜，将胃上翻，显露小网膜囊，用手将胃底向右推移即显露出脾门及脾蒂。

2）将脾提起，结扎脾蒂并切断，取出脾脏，测量脾重量、大小和质地，观察脾被膜是否光滑或皱缩，有无增厚及破裂。

3）沿脾脏长轴自外缘向脾门作一切面，再依次作数个平行切面。用刀背轻刮脾红髓，观察脾小体及脾髓的色泽和性状，有无出血、梗死灶和结节形成等病变。

（2）检验要点：①检查脾蒂血管腔内有无血栓。②注意检查有无副脾存在（图 1-19）。③如有脾破裂应描述破裂的部位、形状、范围及程度。④尸体腐败时脾发生软化，呈暗绿色斑块状，组织液化而外溢。

图 1-19　脾与副脾（spleen and accessory spleen）

2. 肠及系膜

（1）检验步骤

1）左手向上提起横结肠，右手将全部小肠向右下方轻推，显露十二指肠悬韧带（Treitz 韧带），此为上、下消化道分界处。

2）在肠系膜处戳一小洞，用两把血管钳穿过并向两侧轻压后夹住肠管，在两血管钳间切断上段空肠（图 1-20）。辅检牵拉空肠使之有一定张力，主检者左手持肠系膜，右手持解剖刀，沿肠系膜根部切分小肠与系膜。至回盲部时剪开阑尾系膜，再分离结肠两侧的肠系膜、韧带及软组织，从升结肠、横结肠、降结肠直至直肠，在乙状结肠与直肠交界线处用血管钳穿过系膜并向夹住肠管以防止切断后粪便流出，然后在血管钳远端切断，取出全部肠段。

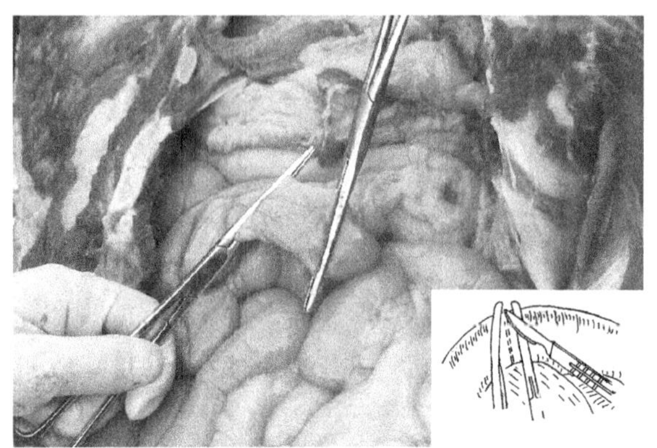

图 1-20　找出上段空肠（finding superior jejunum）

（2）检验要点

1）用肠剪沿肠系膜附着处剪开空肠和回肠、沿结肠带剪开结肠。检查肠内容物及各段肠管有无损伤、病变等。

2）正常小肠内容呈稀粥状，混有少量黏液。

3）检查肠系膜淋巴结有无肿大及增生。应注意如有肠坏死征象，应检查系膜血管有无栓塞或血栓形成。推拉腰段检查脊柱有无畸形及骨折。

3. 胃和十二指肠

（1）检验步骤：①用肠剪在十二指肠水平部前面正中剪开，继而向上沿肠管前壁剪开。②沿胃大弯剪开胃壁至贲门部，最后将胃与食管切断。③挤压胆囊，观察十二指肠乳头处有无胆汁排出。

（2）检验要点：①剪开幽门或贲门前将手指伸入探查其宽窄度，并记录。②反复挤压而无胆汁排出，提示有胆道梗阻，可剪开胆管检查。③如胃、十二指肠、胰等脏器存在紧密粘连或有胆管病变时，可将胃、十二指肠、胰、肠系膜等联合取出检查。

4. 肝脏及胆道

（1）检验步骤：①用剪刀在总胆管下段作一斜切口，插入探针检查。然后由原切口向上剪开胆囊管及肝管，检查总胆管、胆囊管、肝管有无瘢痕及狭窄。②沿胆囊长轴纵形剪开胆囊，检查胆囊壁的厚度及黏膜有无异常，检查胆汁颜色、数量、有无结石、寄生虫等。③用剪刀剪断膈面的镰状韧带、左右三角韧带，分离膈肌。切断肝圆韧带、肝门血管及胆管，取出肝脏。观察肝表面是否光滑，肝的色泽、质地，如有损伤，测量、记录损伤的位置、大小、形状。测量肝的大小，称重。④用长脏器刀从膈面沿左右肝叶最长径切开，并作数个与之平行切面，观察肝切面颜色、肝小叶结构及有无病变（图 1-21）。

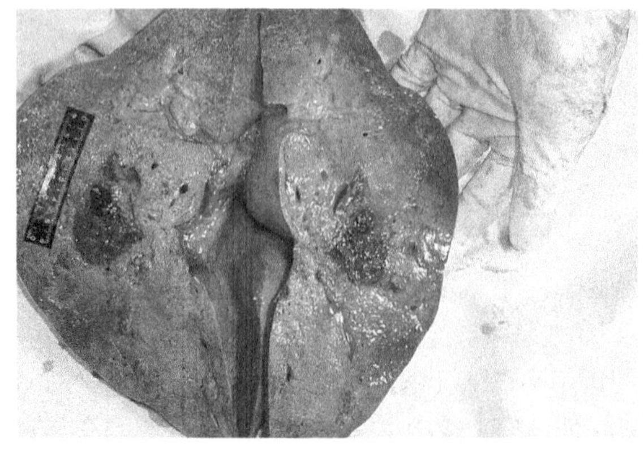

图 1-21　肝的剖验（dissection of liver）

（2）检验要点：①在取出肝脏之前检查胆道系统，剪开十二指肠前壁观察胆汁流出是否通畅。②取出肝脏过程中，注意不要人为损坏肝实质以造成假象。③胆囊检查时要注意胆汁勿污染腹腔内其他器官。④肝脏表面是否光滑。注意切面黄色指示脂肪变性。如呈黄褐色、黄绿色、黑绿色提示有淤胆。

5. 胰腺

（1）检验步骤：①用解剖刀分离后腹膜，显露胰腺。将胰腺与十二指肠及下腔静脉、腹主动脉等组织分离，取出胰腺。②从胰头至尾部作一纵切面，找出胰管，用探针引导纵行剪开胰管，观察胰管管腔、管壁和管内容物。

（2）检验要点：①取出胰腺前先观察胰腺大小、颜色、形状、质地及周围脂肪组织有无坏死，胰包膜下是否有出血。②检查胰腺也可作横切面，间隔 5mm 而不完全断离，观察切面有无出血、坏死及胰管有无扩张、阻塞、结石等。

6. 肾、输尿管、肾上腺

（1）检验步骤：①切开后腹膜暴露肾、输尿管（图 1-22）、肾上腺，原位检查肾、肾动脉及输尿管，观察其位置、形状，肾周及后腹膜组织有无出血或血肿，输尿管有无异常分支、阻塞或扩张。②剥离肾周围软组织，切断肾蒂、输尿管及软组织，取出肾脏，观察肾脏大小、形状及表面情况，测量肾脏大小、重量。③沿外侧缘向肾门作一纵切面（图 1-23）。翻开后剪开肾盏、肾盂，检查腔内是否扩张，有无结石，黏膜是否光滑。④在两侧肾脏上极找到肾上腺后，用剪刀分离周围脂肪组织，取出肾上腺。⑤观察肾上腺大小、形状，剔除肾上腺周围的脂肪组织，称重，作数个横切面，观察皮髓质结构，有无出血及肿瘤。

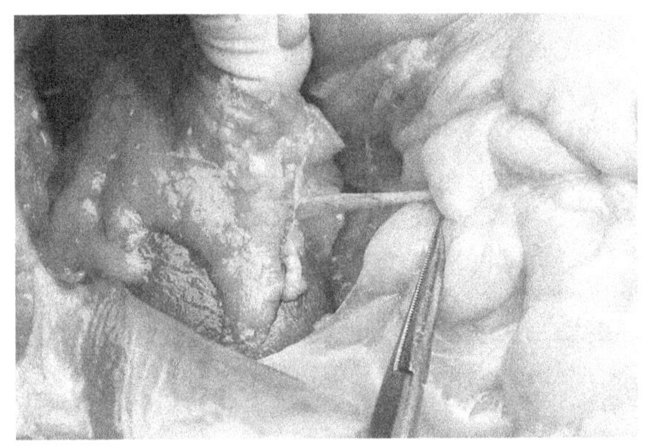

图 1-22 肾与输尿管检查（examination of kidney and ureter）

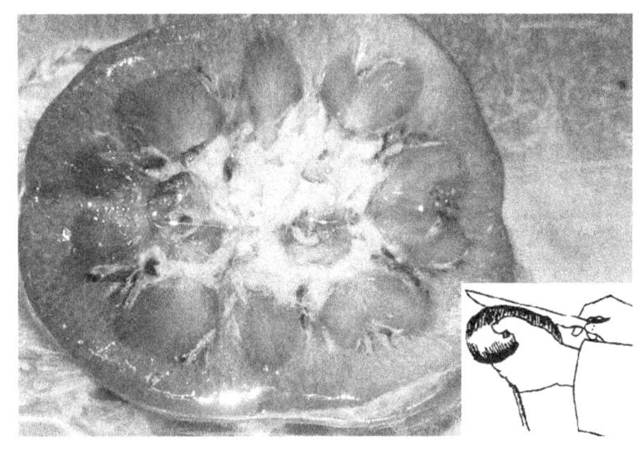

图 1-23 肾的剖验（dissection of kidney）

（2）检验要点：①肾皮质与髓质比例约为 1∶2。②急性传染病、中毒（汞中毒）肾实质浑浊，体积增大，剖面包膜外翻。③左侧肾上腺似方形，右侧似三角形，其形状有助于区分左右。

7. 盆腔器官

（1）男性盆腔器官剖验

检验步骤：①用刀在膀胱顶部作一小切口，检查尿液性状，并收集尿量。②用手与钝器深入骨盆腔内，沿骨盆壁从左向右依次剥离耻骨后软组织，分离出膀胱及后尿道，用力牵引向后分离直肠后、骶骨前软组织，在左手握住膀胱与直肠上拉的同时，用刀尽量向下将尿道及阴茎海绵体上端切断，并于肛门上 2cm 或略高处切断直肠，再将其后的骶骨及腰椎剥离，将盆腔器官一并取出。③自膀胱基底部向尿道口作直切口，翻转膀胱内腔，检查膀胱三角等处黏膜及膀胱壁，用探针探查两侧输尿管。④用肠剪自后正中线剪开直肠，观察黏膜有无溃疡、出血及炎性渗出物，肠腔有无扩张，肠壁有无息肉和肿块等。⑤切开腹股沟管的内口，一手向上推挤睾丸，一手轻轻用力向上拉取输精管，然后切断其下端连系阴囊的睾丸韧带，取出睾丸（图 1-24）。⑥检查两侧睾丸大小及是否对称，称重并测量睾丸大小。检查有无硬结或包块，有无损伤（尤其是挫伤出血）。从一侧中部水平切开睾丸，检查切面上鞘膜厚度、睾丸、附睾软硬度，有无病变。⑦必要时将前列腺分离取出后，测量大小、重量。作多个横切面，检查上尿道有无狭窄，前列腺有无结节、肿块及肥大。

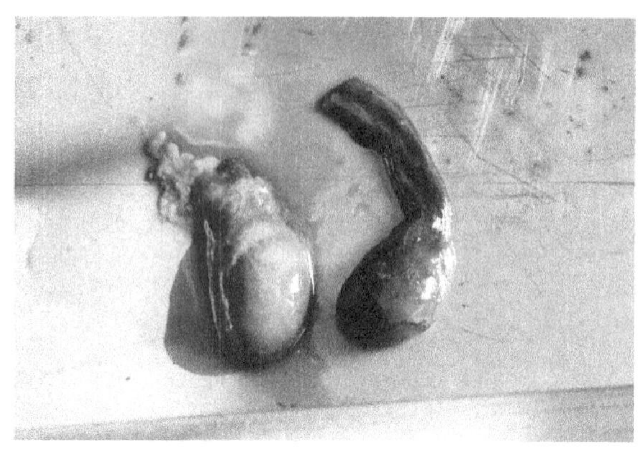

图 1-24　睾丸的检查（examination of testis）

（2）女性盆腔器官检查

1）检验步骤：①至④步骤基本同男性。⑤将阴道与膀胱分离，观察子宫、卵巢的大小，表面形状，有无肿块、结节。⑥沿阴道前壁正中剪开，观察阴道有无损伤、病变及异物；检查宫颈形状，有无损伤、糜烂、息肉或肿块。⑦自宫颈口沿前正中线剪开子宫颈至子宫底处，斜向两侧剪开子宫角，呈"Y"形（图 1-25）。检查宫腔有无出血、胎儿或异物；子宫内膜有无增厚及肿块；子宫壁的厚度。⑧检查输卵管有无扩张、包块。横切数刀，检查管壁是否增厚，管腔有无闭塞、输卵管妊娠及破裂出血。⑨观察卵巢大小，表面是否光滑，两侧是否对称。纵行切开卵巢，观察黄体大小、有无肿块、囊肿等病变。

2）检验要点：①取出盆腔脏器前，先检查并收集尿量，据尿量多少可推断入睡至死亡的时间。怀疑中毒、吸毒或服用药物，可检验尿液内相关成分含量。②女性生殖系统检查应注意有无妊娠，如有妊娠，应检查胎儿的身长、体重及坐高，以推定胎儿月份（图 1-26），提取胎儿血液或组织，以备 DNA 分析使用。如系分娩后死亡，应注意宫内出血、产伤、植入性胎盘或胎盘早期剥离，子宫收缩情况及有无破裂，并检查胎盘大小、形状，有无畸形等，检查脐带形状、长短及有无扭转和出血。

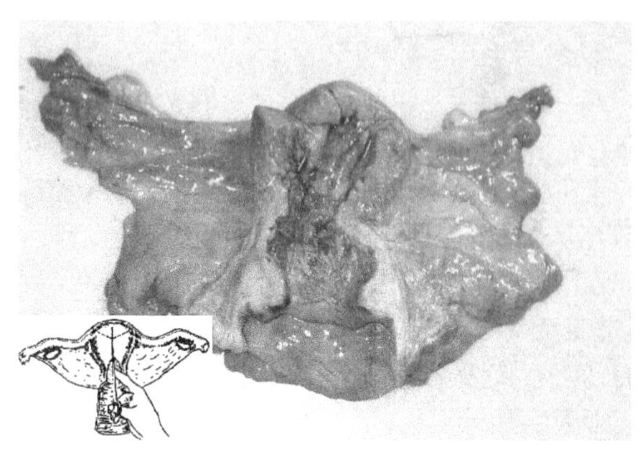

图 1-25　子宫检查（examination of uterus）

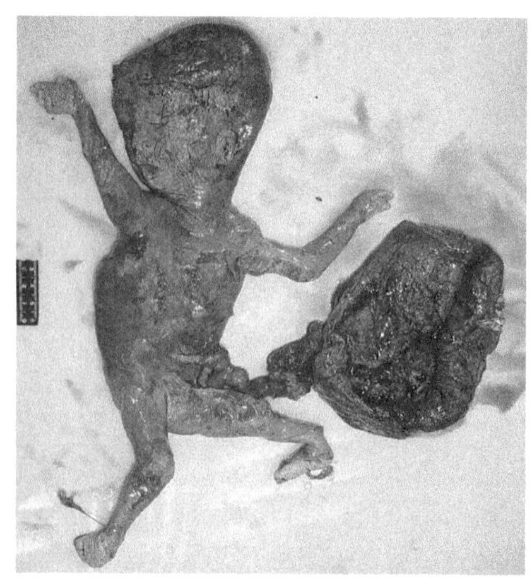

图 1-26　胎儿及胎盘检查（examination of fetus and placenta）

8．腹腔、盆腔内大血管、淋巴结及软组织检查

（1）检验步骤：①用肠剪沿腹主动脉及下腔静脉前正中线剪开，用手自下而上推挤两大腿内侧，观察血液流出是否通畅。②剥离腹主动脉周围软组织，剪断其动脉分支，将腹主动脉分离至两侧髂总动脉处切断，观察管壁有无扩张、破裂，内膜有无粥样硬化斑块、溃疡及血栓等（图 1-27）。③观察髂内静脉有无呈条索状增粗、变实、质硬的血栓及炎症的改变。④两侧腰大肌可作数个纵或横切口，观察有无出血或脓肿。⑤检查腹股沟处淋巴结有无病变。

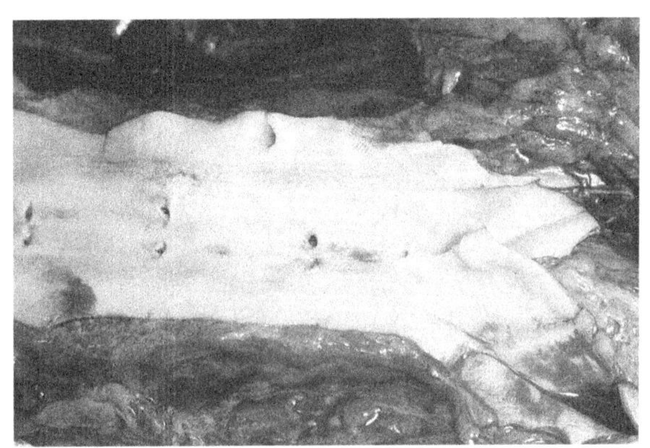

图 1-27　腹主动脉检查（examination of abdominal aorta）

（2）检验要点：①腹主动脉是动脉夹层易发部位，应剪开检查。②腹腔、盆腔内淋巴结的增生、肿大提示感染、肿瘤等病变存在。③腹腔、盆腔内软组织的损伤出血提示发生过暴力作用。④应仔细检查各主要静脉内有无血栓形成。

（四）颈部和胸部检验

1．颈部剖验

（1）检验步骤：①在项部垫一木枕，使头部充分后仰。自切口向两侧分离颈部皮下组织、浅肌层和深肌层。辅检用拉钩向两侧牵拉，扩大视野。显露甲状腺（图 1-28）、甲状软骨、舌骨及环状软骨。②用解剖刀自下颌骨正中刺入口腔割断舌下系带，紧贴下颌骨内缘向左、右两侧尽量将下颌与舌间的软组织分离。③左手指伸入切口内，向下牵拉舌头，切分软、硬腭及口咽、鼻咽。左手向前上方提拉舌头，右手用刀分离咽、食管后壁与颈椎联系的软组织，切断气管、食管和血管等软组织。

（2）检验要点：①观察颈部各层有无损伤和出血。②检查甲状软骨上角、舌骨大角及环状软骨有无骨折。③检查甲状腺是否肿大、有无结节。④检查颈部淋巴结是否肿大、增生。⑤可将舌、扁桃体、各气管软骨与气管分离后取下检查（图 1-29），也可连同气管、肺脏、心脏联合取下（图 1-30），再作检查。

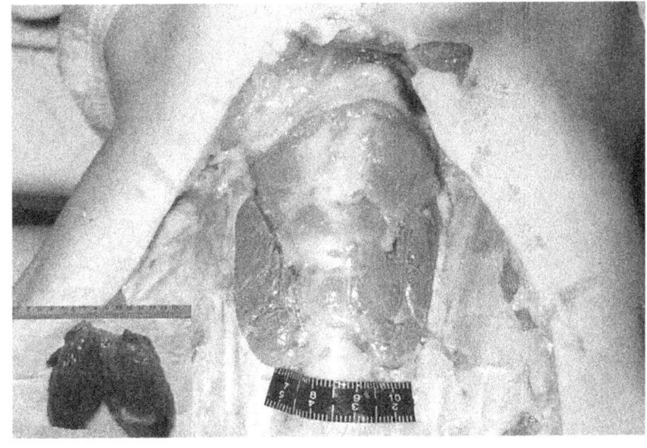

图 1-28　甲状腺检查（examination of thyroid gland）

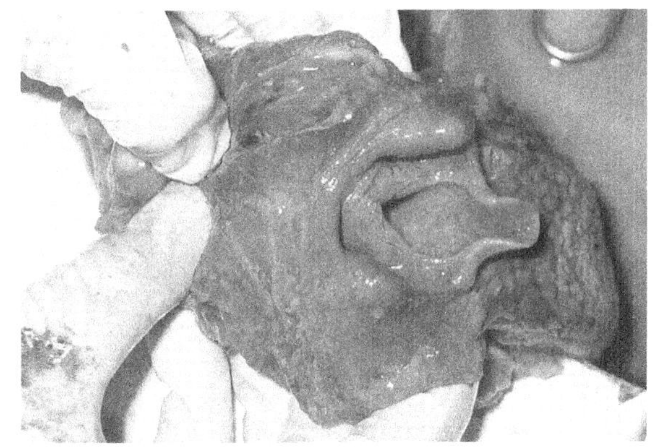

图 1-29　舌及舌周检查（examination around tongue）

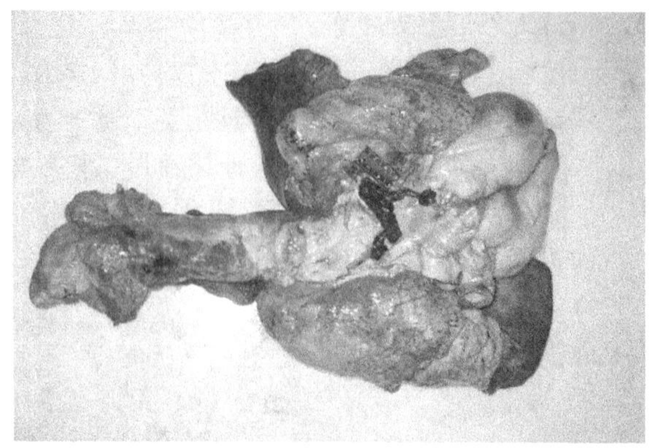

图 1-30　舌、气管、肺、心联合取出（extraction of tongue，trachea，lung and heart）

2．打开胸腔

（1）检验步骤：①自切口两侧沿肋骨向左、右及上、下锐性分离胸壁皮肤、皮下组织及胸大肌直至腋中线，充分暴露肋骨、肋间肌及肋软骨（剥离胸壁皮肤时，应注意将胸肌一并剥离，但勿破入胸腔）。②自肋软骨和肋骨交界处内侧 1.0cm 处逐一切断两侧肋软骨（刀口与肋软骨斜向约呈 60° 切下，避免人为损坏肺脏。若肋软骨已骨化，可用骨剪剪断）（图 1-31）。③向上提取胸骨及相连的肋骨端，自下而上紧贴胸骨内面将胸骨与纵隔分离至第一肋间隙。④解剖刀垂直向下在胸锁关节间隙内弧形分离之（勿过深，以免伤及血管致血液流出污染视野）（图 1-32）。用咬骨钳剪断第一肋骨（图 1-33），切断肋间肌和与肋弓相连的膈肌（图 1-34）。取下胸骨及肋软骨，暴露胸腔。

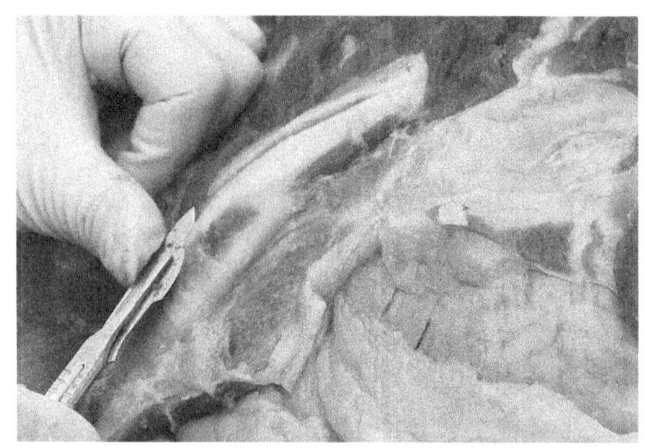

图 1-31　切断肋骨（cutting off ribs）

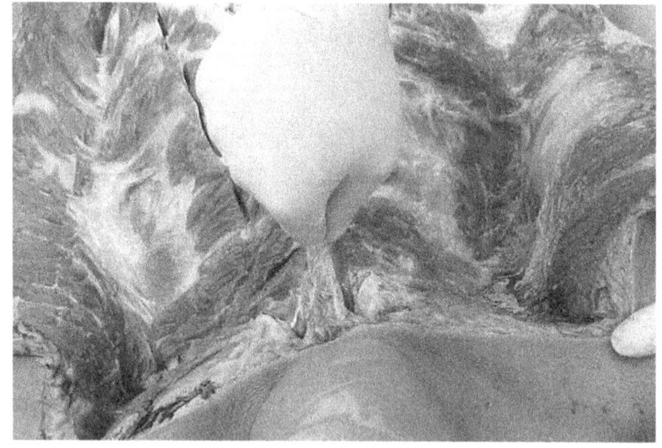

图 1-32　分离胸锁关节（severing of sternoclavicular joint）

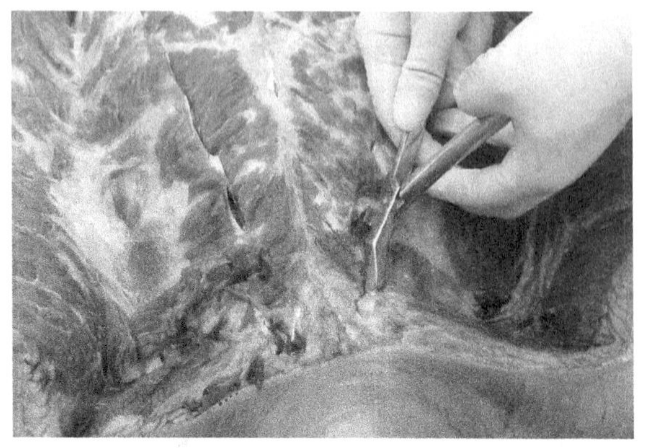

图 1-33　骨钳咬断第一肋骨（No.1 rib clamped off by bone nipper）

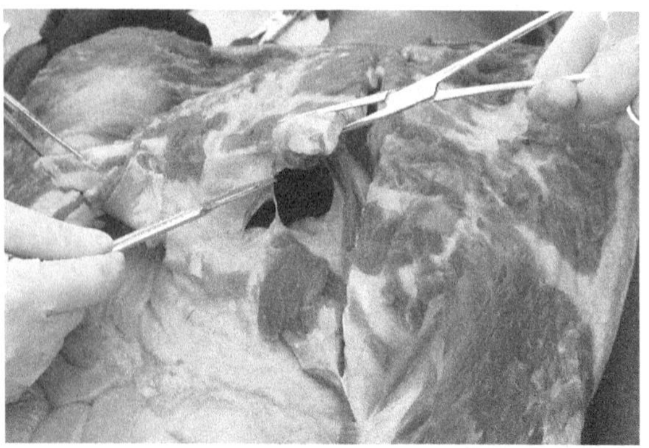

图 1-34　切断膈肌及肋间肌（cutting off diaphragma and intercostal muscle）

（2）检验要点：①检查胸壁各层有无出血、损伤，胸骨及肋骨有无骨折和其他病变。②检查两侧胸腔有无积液及病变。③观察胸腔内各脏器的位置、大小、表面颜色及相互关系。④检查胸腺的大小及脂化程度。⑤如需检查是否存在气胸，则在暴露胸腔前于胸部正中作一纵形切口，将皮下组织剥离至两侧腋中线处，提起使其形成袋状，盛水后用刀在水面下刺破肋间隙，若有气泡冒出水面，即可证实气胸的存在。

3．胸部各脏器的取出与检验

（1）心脏

1）检验步骤：①用血管钳或镊子提起心包前壁，用剪刀作“Y”字形剪开心包壁层，暴露心脏（图 1-35）。②左手握持心脏底部，心尖向上，提起心脏，右手持剪刀在左手下缘剪断各大血管取出心脏。③按血流方向剪开心脏（图 1-36）（详细过程可以观看网络增值服务实验十八中的“心脏的法医学检查方法”视频）。

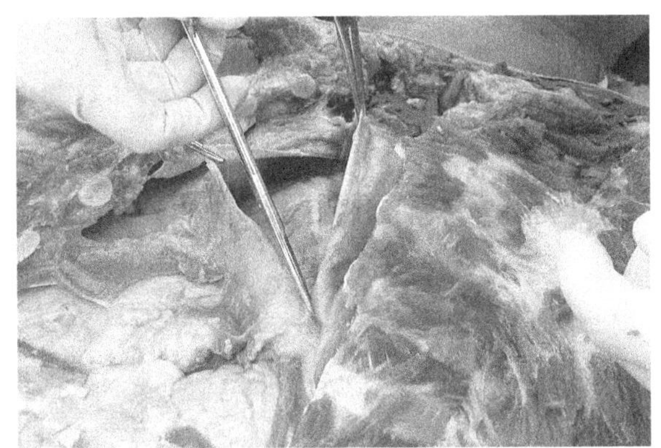

图 1-35　剪开心包（incising pericardium）

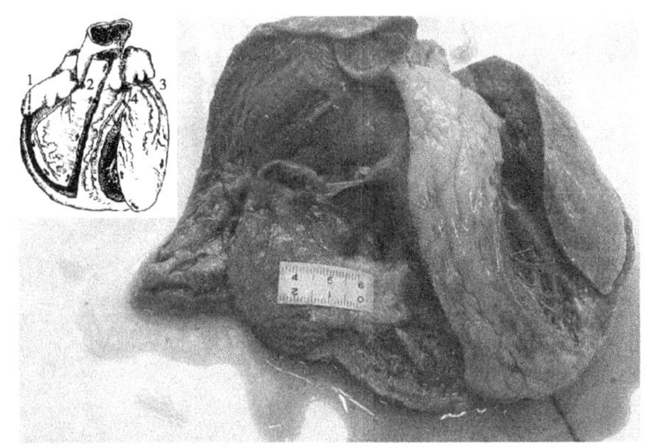

图 1-36　按血流方向剪开心脏（incising heart along the direction of blood stream）

2）检验要点：①检查心包有无损伤、粘连或闭锁等病变，心包腔内液体的量和性状。②观察心脏大小、形状、质地、色泽，有无损伤、出血、梗死、室壁瘤，有无注射针眼，触摸质地。③观察心壁各切面情况，各腔室是否扩张或缩小，乳头肌、肉柱有无改变，主动脉根部有无病变，房间隔、室间隔膜部有无缺损。④测量各心瓣膜周径、左右心室壁厚度，测量室间隔厚度。⑤检查心外膜是否光滑。有无出血点。⑥检查心肌颜色，心肌内有无瘢痕，心肌是否肥厚。⑦观察心内膜有无出血斑，如有，测量记录并拍照。检查各心瓣膜周径、厚度、粘连、赘生物及腱索增粗、缩短的情况。⑧常规检查冠状动脉。观察冠脉开口的部位、数目和大小，有无畸形及狭窄。自左、右冠状动脉主干始，沿主要分支作与其纵轴垂直切面。切面间距 0.2cm。观察各切面内冠脉主要分支，管壁内有无斑块、增厚，管腔有无狭窄及程度，腔内有无栓塞等病变。⑨必要时应检查心传导系统（图 1-37）（详细过程可以观看网络增值服务实验十八中的“心脏的法医学检查方法”视频）。⑩如需查明有无空气栓塞，于原位在心包前壁作一纵形切口，辅检用血管钳夹住切口边缘并向上提起，使心包腔呈囊袋状张开。加入清水完全淹没心脏，在右心上方的水面上置一 300ml 长盛水量筒，用解剖刀刺破右心室，并旋转刀柄数次，若有气泡从水中涌出，即证实有静脉空气栓塞。⑪如检查肺动脉有无血栓栓塞，可将肺脏连同心脏联合取出后，原位剪开肺动脉观察（图 1-38）。

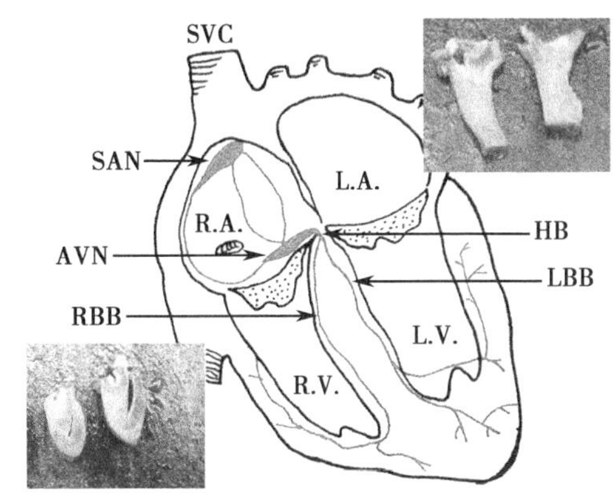

图 1-37　心传导系统检查（examination of cardiac conductive system）（左下角为窦房结取材，右上角为房室结取材）

（2）肺脏

1）检验步骤：①在肺根部将主支气管和血管切断，将气管、支气管及两肺一同取出。②剪开各肺叶的支气管和血管。③将两肺用脏器刀沿左右肺的长轴自肺外缘向肺门或由肺门向肺外缘作水平切面（图 1-39）。

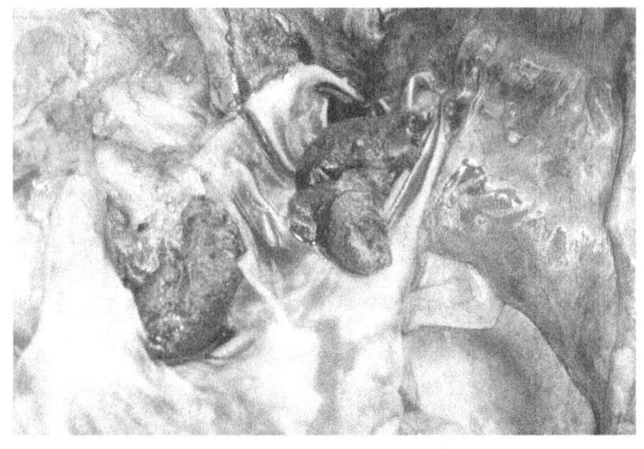

图 1-38　肺动脉栓塞（pulmonary arterial embolism）

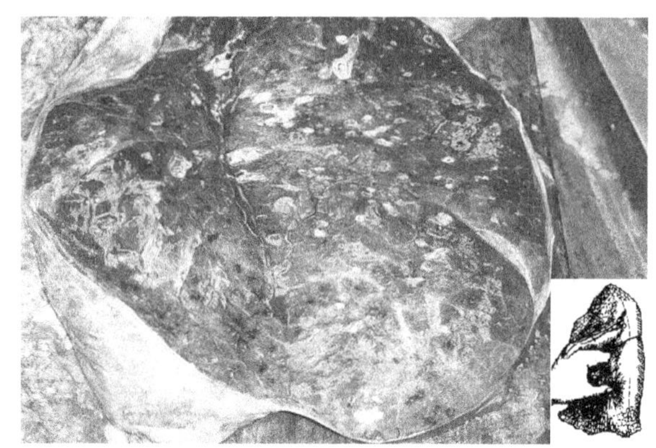

图 1-39　肺的剖验（cross sectional view of lung）

2）检验要点：①称量两肺重量。②观察各叶的外形、颜色和大小，检查胸膜间有无粘连、损伤及出血点。③观察各肺叶切面的颜色、性状，有无实质性病灶、气肿、空洞、萎陷及肿块。④轻挤肺组织，观察有无液体流出。⑤检查支气管内有无异物阻塞、黏液或溺液及其颜色、性状和数量（图 1-40）。⑥观察肺动脉及其分支内有无血栓和栓子，肺门淋巴结是否肿大。

（3）胸腺

1）检验步骤：将胸腺与周围软组织分离，取出胸腺。纵向切开胸腺。

2）检验要点：称量胸腺重量，测量大小，观察各切面性状，有无出血、肿块及脂肪化程度。

（4）主动脉弓和胸主动脉

1）检验步骤：分离出主动脉全程，在主动脉弓内侧、胸主动脉前壁纵形剪开动脉全层（图 1-41）。

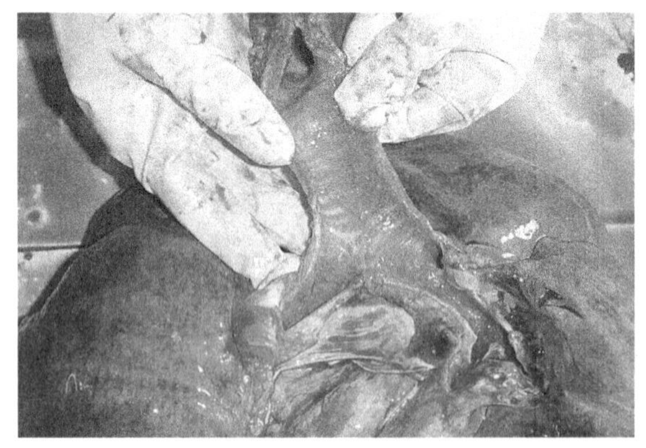

图 1-40　气管检验（examination of trachea）

图 1-41　主动脉的检验（examination of aorta）

2）检验要点：观察主动脉形状、管径大小，有无畸形、破裂及动脉瘤形成，动脉导管是否闭锁，是否增厚、有无动脉粥样硬化及溃疡、钙化等病变。若有主动脉夹层动脉瘤，应检查瘤的位置、大小、形状、有无破裂及出血情况。若有大血管移位、动脉导管未闭等先天性心脏病，则应在未分离心脏前原位检查畸形情况及与心脏的关系。

（5）舌、扁桃体和食管

1）检验步骤：将舌取出后水平切开。在食管后壁纵形剪开食管。

2）检验要点：注意观察舌边和舌后有无咬痕，有无损伤及出血。检查两侧腭扁桃体有无肿大，表面有无炎性渗出物及假膜形成，观察食管管腔内有无异物、食物及凝血块，食管黏膜有无损伤、出血、溃疡及静脉曲张。

（6）甲状腺和甲状旁腺

1）检验步骤：锐、钝性交替分离甲状腺，并分别将甲状腺两侧叶纵切一刀检查。

2）检验要点：观察甲状腺和甲状旁腺的位置、大小和外形、有无肿大及结节。观察切面性状、颜色及有无肿块和出血。

（五）颅脑剖验

1. 脑的取出与整体检查

（1）检验步骤：①仰卧位，头部置于枕上。自左耳乳突上方 1cm 处向颅顶冠状切开头皮全层，向右延伸至右耳后乳突上方。②分别向前、后翻转并剥离切口两侧头皮，前方剥至眉弓上 1cm，后至枕骨粗隆下，暴露颅盖骨（图 1-42）。③自前额中心处向左右两侧延伸，经耳廓上缘，再向后向上延至枕外隆突近处，划好环形锯线（颅骨有骨折时，锯线应避开骨折线），按锯线切断两侧颞肌。④在眶上缘上 2cm 向两侧用电锯沿环形锯线锯断颅板全层，锯到抵抗力减少或见锯口有染血骨末时即停止。⑤用丁字凿轻轻凿开内板（此过程是拇指和示指握紧丁字凿，手掌的尺侧缘和小指的尺侧缘紧贴颅骨表面，丁字凿有落空感为准，避免丁字凿凿空损坏脑组织），并将丁字凿插入锯口，两手握住丁字凿把手，用力扭动，揭开颅盖（图 1-43）。⑥在距颅骨锯口断端上 0.5cm 处剪开硬脑膜（图 1-44），并水平向后达枕部，在枕部的硬脑膜应保留 15cm 长，防止取脑时，向后推压脑组织，枕骨断端损坏枕叶脑组织。环形剪开硬脑膜，在颅骨鸡冠处切断突入两大脑半球之间的大脑镰附着部和进入上矢状窦的静脉，继而向后轻轻揭起硬脑膜及大脑镰，并注意剪断桥静脉和蛛网膜颗粒，避免拉坏脑组织。⑦左手四指自额骨后方伸入颅前窝，轻轻推压大脑额叶，向后上方抬起大脑前端，右手持剪逐一剪断颅底嗅神经、视神经、垂体柄、颈内动脉及动眼神经（图 1-45）。⑧切开左右两侧附着于颞骨岩部上缘的小脑幕。用左手托住大脑顶叶、右手掌贴附脑底，向后轻轻将颞叶及脑干移出颅中凹。⑨依次剪断第 4～12 对脑神经，用刀伸入枕骨大孔内，切断椎动脉和第一对颈神经。再将弯剪刀尽量伸入椎管，剪断脊髓。右手指持小脑及延脑，轻轻用力取出全脑（图 1-46）。⑩蝶鞍背剪开硬膜，取出脑垂体。

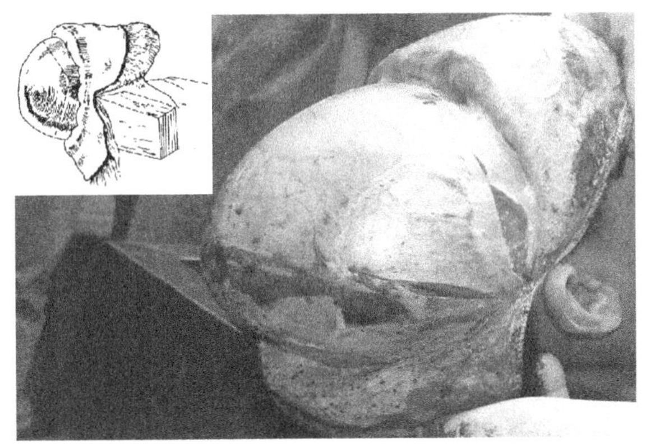

图 1-42 切开并分离头皮（incising and peeling scalp）

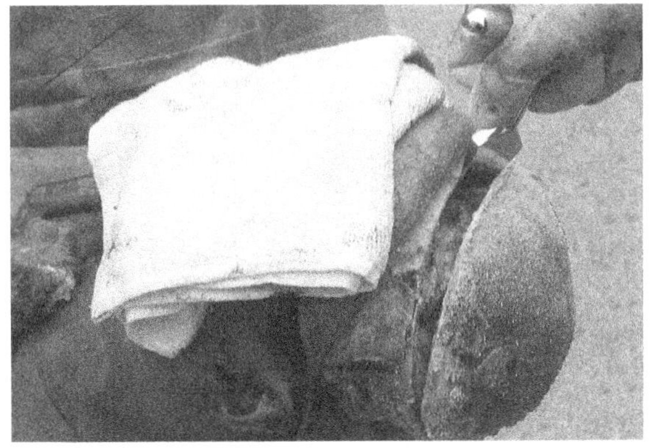

图 1-43 分开颅骨（severing cranial bone）

（2）检验要点：①切开头皮前观察头颅是否变形，有无损伤、出血。②检查头皮下和帽状腱膜下有无损伤、出血、血肿及其部位、范围和程度。③检查颅骨有无畸形和骨折，如有骨折应注意骨折部位、形状、数目及范围。④检查硬脑膜，注意有无硬膜外血肿。观察有无硬膜下出血、蛛网膜、软脑膜及蛛网膜下腔有无病变。⑤剥离硬脑膜后应将脑称重，测量大小。观察脑的外形和表面情况，两侧大脑半球是否对称、有无移位。观察脑回宽窄，脑沟的深浅程度。⑥在脑和脊髓检查过程中应注意避免与水接触，以避免造成人为现象。⑦仔细检查脑表面有无脑挫伤或对冲性脑挫伤及其分布部位、范围和程度。检查脑血管有无畸形、动脉瘤及动脉粥样硬化病变。⑧将脑底部向上，先观察脑底动脉环血管壁的情况，有粥样硬化病变时，血管变硬（图 1-47）。⑨仔细检查脑底动脉环有无异常或畸形，组成动脉环的各主要动脉有无动脉瘤膨出，尤其是动脉瘤好发部位（图 1-48）。⑩剪开大脑外侧沟及前纵沟部的蛛网膜，检查两侧大脑外侧裂内大脑中动脉、大脑前动脉及其主要分支等动脉瘤的

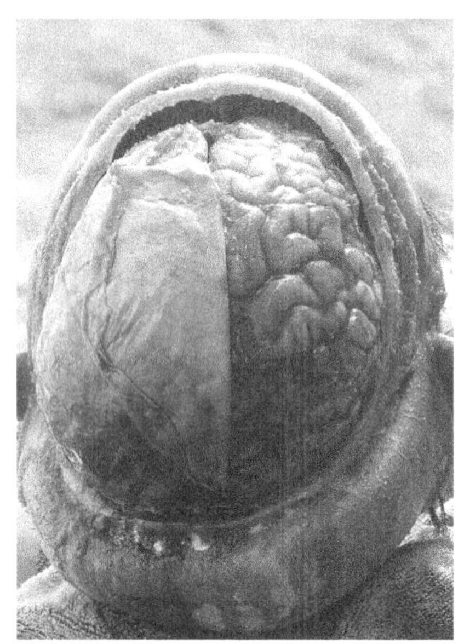

图 1-44　剪开硬脑膜（cutting the cerebral dura mater）

图 1-45　剪断视交叉（cutting optic chiasma）

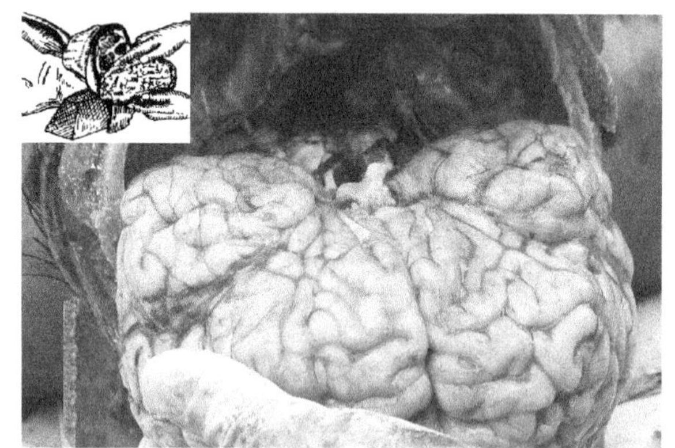

图 1-46　取脑（extraction of the brain）

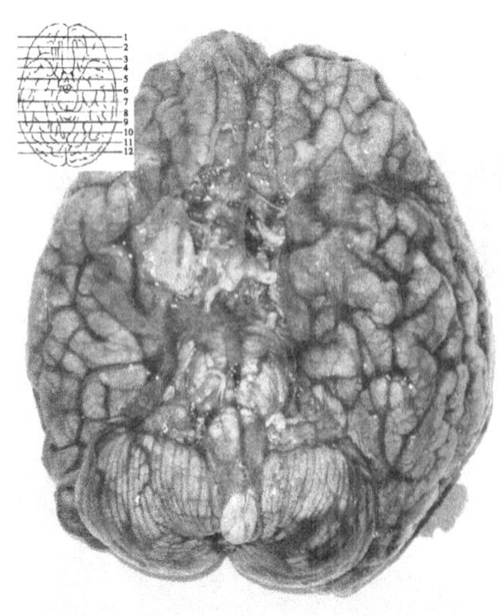

图 1-47　脑底血管检查（examination of brain basilar arteries）

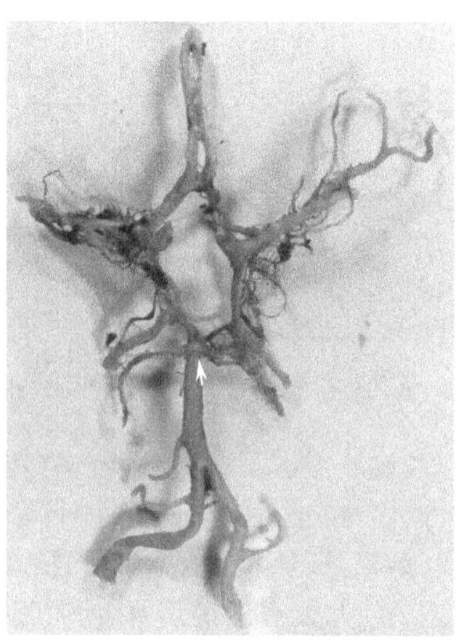

图 1-48　动脉瘤及易发部位（aneurysm and it tendentious occurred position）

好发部位。⑪如颅底有凝血块，在最多处剪开脑表面的蛛网膜，用流水徐徐冲洗去凝血块，同时用眼科镊辨别凝血块中的血管。操作时耐心细致，动作轻柔，边剥离边冲洗，充分暴露血管出血处或动脉瘤的破裂口。必要时借助放大镜仔细观察。若未发现破裂之血管或动脉瘤，可在冲去血块后以注射器将清水注入脑基底动脉，同时注意观察脑底各动脉分支有无出水或膨出处。

2. 脑的切开与检验　脑的切开检验应在脑充分固定后较好，如需尽早检查了解脑的损伤、病变，尸检时可即时进行。

(1) 检验步骤：①将脑底向上，在乳头体后缘用刀呈 45° 角分别在两侧大脑脚的上端横断中脑，取下小脑和脑干（见图 1-46）。②从脑干两侧将小脑脚切断，取下小脑。③沿脑的冠状面切开，观察脑内不同切面（图 1-49）。④脑底血管或炎症时，可在大脑上作一个或多个水平切面。⑤脑中线有肿瘤时，应在正中线作矢状切面，或将脑分成左右半球后，一半作冠状切面，一半作水平切面。⑥小脑与脑干保持原来联系，将小脑与脑干作多个横切面。也可在小脑蚓部作一矢状切面，分开小脑两半球，检查第四脑室后将小脑与脑干分离，再从小脑后外斜向小脑底将两侧小脑半球作多个矢状切面。⑦脑干可与小脑保持原来联系，作多个横切面检查。也可将脑干与小脑分离，沿中脑、脑桥和延脑作间距为 0.5cm 多个横切面检查。⑧检查完毕后，为便于以后复查，将切开的大、小脑和脑干切面依原来次序排列复原，用大纱布包扎好，浸入固定液固定。

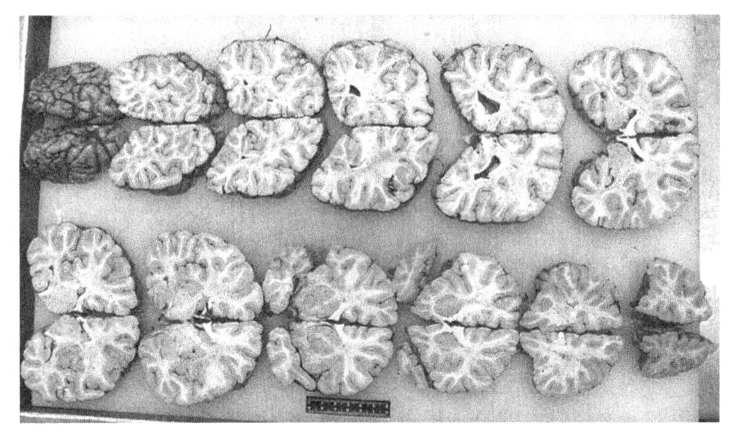

图 1-49　脑的切开检查（transection of brain）
（本图片由华中科技大学周亦武教授提供）

(2) 检验要点：①大脑切开后应检查各切面解剖结构是否正常，有无损伤、出血、囊肿、肿瘤及软化灶。②检查脑室是否扩大、有无阻塞，左右两侧是否对称。若有出血，注意出血的部位、数量和波及途径与范围。③小脑切开后，注意观察各切面有无损伤、出血、肿瘤和软化灶。检查第四脑室有无病变。④观察脑干每个切面有无损伤、出血及其他病变，注意脑干周围小血管有无畸形和病变。⑤对肉眼检查时仅见轻度脑挫伤、脑干之细小出血灶及疑有动脉瘤、脑血管畸形等病变者均应取检材作病理切片检查。⑥必要时应检查脑部相应的各类神经核团（如基底节、海马回、杏仁体等）。

3. 颅底检验

(1) 检验步骤：①剪开下矢状窦、乙状窦及横窦，观察有无血栓形成及凝血块等变化。②用血管钳夹住颅后窝处硬脑膜，按顺时针方向转动剥离硬脑膜，观察颅底有无骨折（图 1-50）。③检查颞骨各部有无出血（如在溺死等机械性窒息尸体可见岩部出血）。

(2) 检验要点：①颅底若有骨折应查清骨折线的数目、大小、形态、走向及彼此关系。②颞叶及小脑有脓肿者应凿开颞骨岩部，检查中耳有无感染。③在疑有视神经及视网膜损害或视网膜出血时取眼球检查。

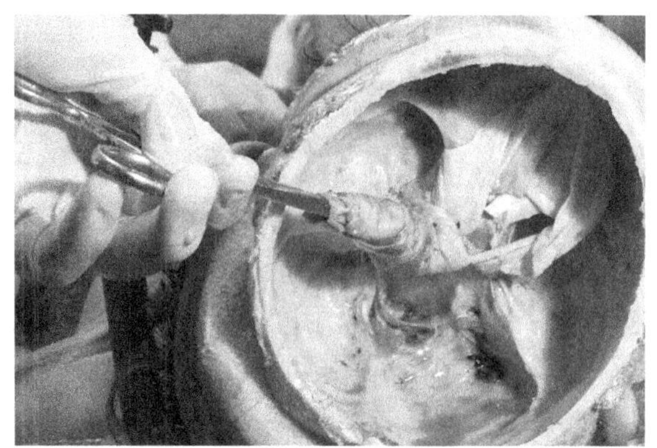

图 1-50　颅底骨折检查（examination of basicranial fracture）

4. 小脑扁桃体疝的检验

（1）检验步骤：在剖开颅腔前，将尸体俯卧，垫高颈部。从枕骨粗隆下开始，沿颈后部正中线切开枕项部头皮、深达骨膜。自切口两侧分离软组织，用咬骨钳咬断寰椎弓，剪开硬脑膜，暴露枕骨大孔内的延脑和颈髓，观察有无小脑扁桃体疝及其程度，是否伴有充血、出血、坏死、软化等。

（2）检验要点：依据疝入椎管内的小脑扁桃体下缘与枕骨大孔后缘之间的距离，判断如下：0.1cm以下者为阴性；0.1～0.5cm 者为可疑；0.6～1.0cm 者为阳性Ⅰ级；1.1～1.5cm 者为Ⅱ级；1.6～2.0cm 者为Ⅲ级；2.1cm 以上者为Ⅳ级。

（六）脊柱和脊髓

脊柱和脊髓一般不作常规检查，在怀疑有损伤、病变及麻醉用药致死等情况下，需检验。

1. 检验步骤

（1）尸体置俯卧位，用右手示、中、环三指分别按住脊柱体及脊柱两旁，自上而下均匀拖动，检查脊柱有无弯曲、塌陷或其他畸形，用拇、示指推压脊柱，初步检查有无骨折、脱位和变形。

（2）自项部（枕骨粗隆）至骶部沿棘突直线切开颈、胸及腰部皮肤和皮下组织、分离棘突及两侧椎板上的软组织，暴露脊柱背侧（图 1-51）。剥离棘突与椎板上骨膜及周围软组织，用板锯或电锯靠近棘突垂直均匀用力锯分椎板，在感觉将进入脊髓腔前改用骨凿，用锤轻敲骨凿打开脊髓腔。在第二颈椎及第三、四腰椎水平横断脊柱，用血管钳夹住棘突及椎板，自上而下掀起已分离的棘突与椎板，充分暴露脊髓腔（图 1-52）。

（3）检查硬脊膜有无损伤、充血、出血及其他病变。分节剪断硬脊膜两侧的神经根，再用解剖刀切断马尾神经丛和终丝及周围硬脊膜，用镊子钳起，逐节向上分离脊膜腹侧软组织，直至枕骨大孔附近，剪断周围硬脊膜。小心取出脊髓（图 1-53）。

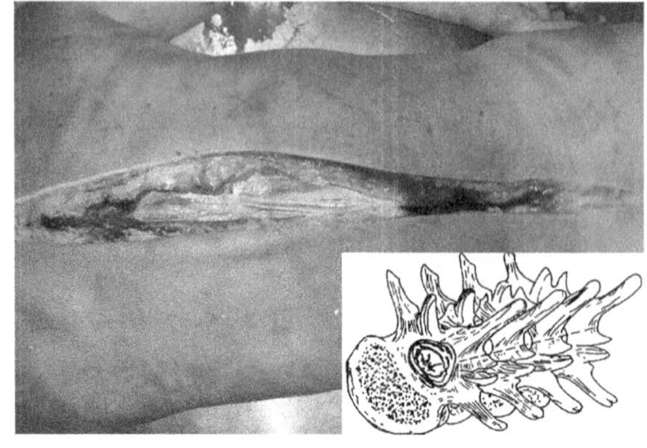

图 1-51　后进路法取脊髓（posterior extraction of spinal cord）

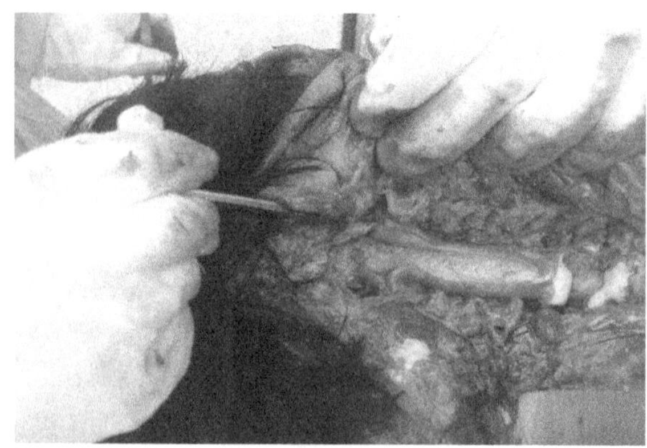

图 1-52　暴露脊髓腔（exposure of spinal cord cavity）

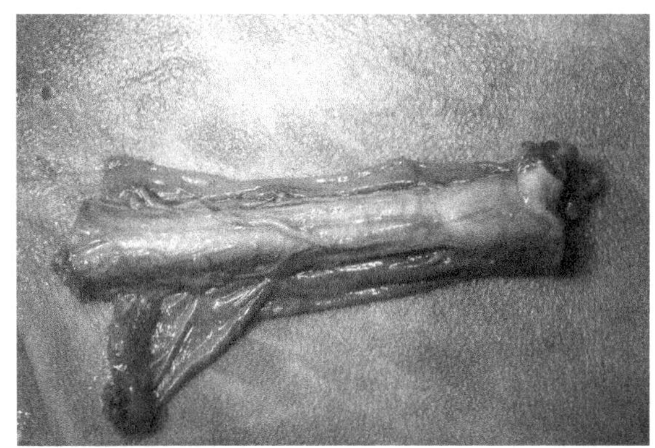

图 1-53　脊髓检查（examination of spinal cord）

（4）取出脊髓后，摊直平放于盘中，检查硬脊膜有无损伤、出血、肿瘤和炎症等病变。沿前正中线剪开硬脊膜，注意蛛网膜下腔有无炎性渗出物、出血、血管曲张等，检查脊髓表面有无损伤、出血及其他病变，脊髓本身有无肿大、软化、肿瘤等。对疑有损伤或病变处取检材作病理切片检查。

（5）也可采用腹侧取脊髓法。暴露脊髓腔，取出脊髓。如只取出一段需要的脊髓，则在该段上下端切断椎间盘即可（图 1-54）。

（6）交通事故及高坠时运动的头部突然停止而迅速死亡的案件。如重点检查是否存在挥鞭样损伤，可将尸体呈俯卧位，胸部垫木枕，使头下垂、项部伸长。先用刀切开寰椎、枢椎关节处皮肤，检查有无关节脱位、关节囊和鞘韧带撕裂及肌肉损伤（图 1-55）。然后取出寰椎，切除颈椎的椎板，再剪开硬脊膜，先原位检查，然后取出脊髓，检查有无脊髓损伤及其损伤的部位和类型，并取颈髓检材作病理组织学检查。

图 1-54　前位法截取脊柱（anterior extraction of spine）

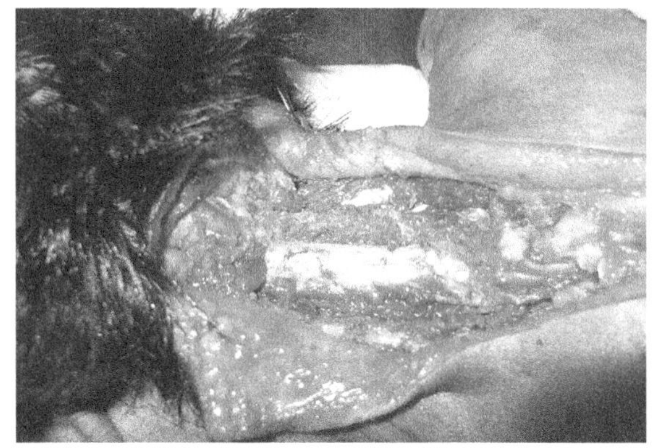

图 1-55　挥鞭样损伤检查（examination of whiplash injuries）

2. 检验要点

（1）检查时用力要适度，仔细体会脊柱的正常生理弧度与畸形的不同。

（2）两个椎体间存在间隙，锯开椎板时不应离棘突过远，以免破坏脊髓。

（3）在取出脊髓前分别于颈、胸、腰段神经根系线作标志，以利辨认脊髓各部位。

（4）如怀疑因麻醉用药致死者，应在脊髓取出前检查针刺的部位、数目及深度，记录并拍照。并抽取脊髓腔内液体备查。注意勿用力过猛，以免损伤硬脊膜和脊髓。

（七）骨和关节的检查

1. 检验步骤

（1）对损伤或病变体表处观察检查。

（2）膝、踝、腕等关节剖开检查。如膝关节检查，可将腿拉直，在关节上皮肤作 U 形切片。U 形切线之基底应划过髌韧带之上。两侧切开后，将皮瓣及其下的髌韧带、髌骨、股直肌及其周围组织向上翻转，同时弯转小腿，显露股骨与胫骨之关节面。

（3）四肢长骨骨髓检查，可于四肢皮肤作 10cm 长切口，分离骨表面附着的肌肉及骨膜，用骨锯锯至骨皮质 1/3 厚度时，换用凿或锤轻轻除去表面骨片，暴露骨髓。然后用骨匙自该处刮取足量骨髓置吸水纸上包好，固定液固定。

2．检验要点

（1）骨、关节损伤的体表检查见尸体体表检查部分。

（2）注意关节腔有无积液、异常物质，关节软骨及滑膜是否光滑或破坏。如有关节脱臼或分离，应检查其部位和程度。疑有病变时，应检查病变的部位、性质及程度。然后分离软组织，仔细检查骨折情况（图 1-56）。

（3）有条件时宜做 X 线检查或拍片检查。

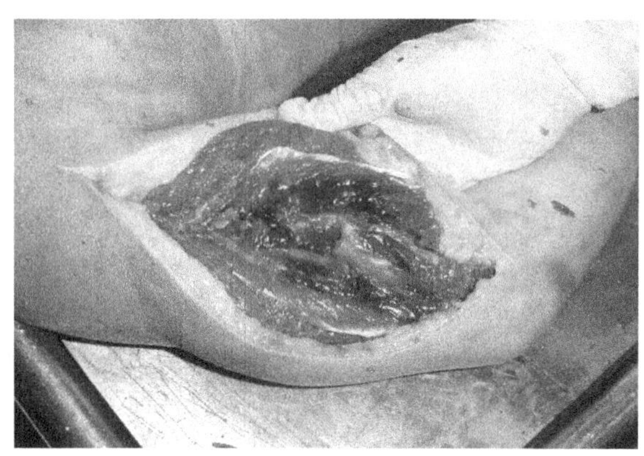

图 1-56　骨折检查（examination of fracture）

（八）肢体软组织及周围神经检查

1．检验步骤　①对需进行软组织检查的尸体，注意观察软组织损伤的部位、种类、范围和程度。②切开皮肤，分离皮下组织，观察软组织损伤、出血的部位和范围，推测损伤的着力点、判断受伤时的体位、姿势及暴力作用的方向。③在要切取的外周神经体表平行切开皮肤和肌肉，分离周围软组织，暴露神经，横切取材（必要时加纵切）制片镜检。④如检查下肢静脉有无血栓形成，将尸体置俯卧位。从足跟至腘窝直线切开皮肤，并向两侧分离，暴露腘窝静脉，剪开检查血栓。或切断腓肠肌跟腱，再自下而上将腓肠肌与骨分离，然后以 2cm 的间距对腓肠肌作横切面（图 1-57）。也可在大腿内侧切开皮肤、肌肉，自股静脉断端开始纵形剪开，观察有无血栓及其部位、大小和长度。

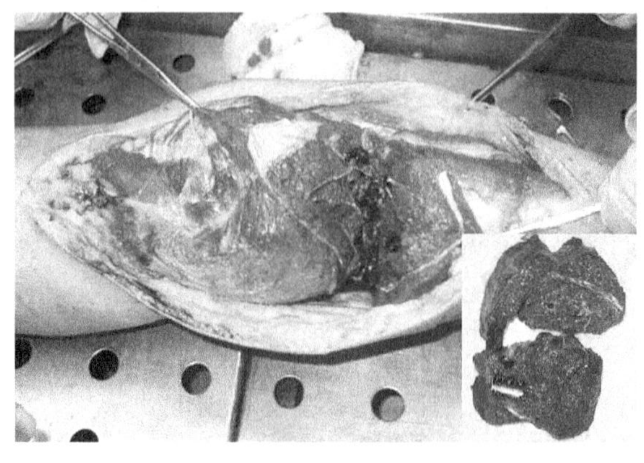

图 1-57　下肢静脉血栓形成（phlebothrombosis of leg）

2. 检验要点　①软组织损伤的检查切口应深达正常组织处，并尽量解剖清楚与正常组织的交界及联系。面、颈及手臂等外露部位之皮肤，应尽量保留而勿随意切割，以保持尸体外观。②如需取材作组织学检查，应采用梭形或条形切口，取材后将皮瓣整复、缝合。③取外周神经时，应标明部位、数量和方向（纵切或横切），分别编号，必要时标示包埋切面。④若从横断的静脉中迅速突出坚实、香肠样结构者为血栓，并注意血栓的部位、大小和长度；不迅速突出而呈松弛块状物为死后凝血块。

六、尸体解剖结束前的工作

尸体解剖各步完成后，暂不缝合尸体。

1. 回顾尸体解剖工作中是否存在遗漏。注意需作进一步病理组织学检查的器官、组织及物证、毒物化验、细菌学检查等方面的检材是否都已留取，需拍照的部位有无遗漏等。

2. 整复尸表外观，将不需留查的器官放入体腔。用缝合线将切口两侧的肋间肌缝合，再缝合皮肤以恢复原形。洗净、擦干尸体表面。

七、思考题

1. 简述法医学尸体解剖在法医病理学检案中的意义。
2. 简述法医尸体检验的主要步骤。
3. 讨论法医学尸体解剖建立标准化、规范化操作程序的意义。

（周　韧）

实验二　早期尸体现象观察

一、实验目的

大体观察是尸体检验的首要环节，也是法医病理工作的重要内容之一，本实验通过大体及组织学图片的学习，应达到以下教学目的：

1. 掌握各种早期尸体现象的形态特点及其法医学死亡时间推断的意义。
2. 掌握常见早期尸体现象与生前疾病、损伤的鉴别要点。
3. 熟悉尸斑与皮下出血的区别。

二、实验观察内容

（一）大体观察

1. 大体图片（图 2-1）

（1）案情摘要：某男，17 岁。某年 8 月 6 日在与人争吵中突然倒地死亡。法医病理学检查证实为病毒性心肌炎猝死。

（2）观察要点：死后 72 天冰冻尸体，尸斑位于尸体腰背部未受压处，呈暗紫红色，重压不褪色。

（3）诊断：浸润期尸斑。

2. 大体图片（图 2-2）

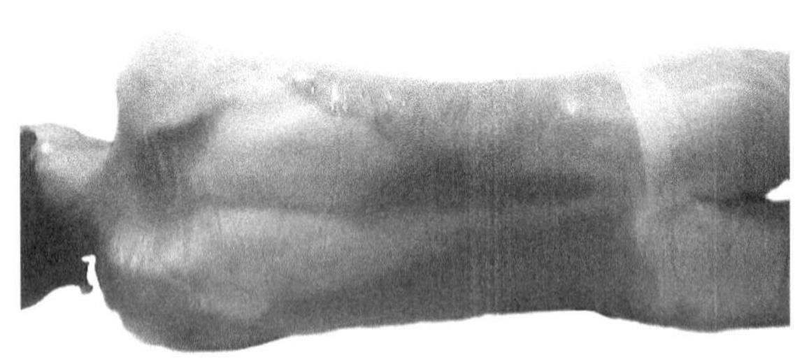

图 2-1　尸斑（livor mortis）
图中所见尸斑位于尸体腰背部未受压处，呈暗紫红色，重压不褪色

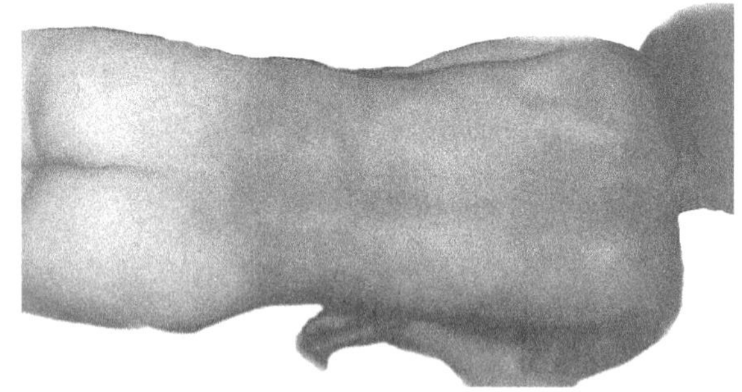

图 2-2　尸斑（急性失血性休克死亡）（livor mortis on the body due to acute hemorrhagic shock）
图中见尸斑浅淡，分布于尸体腰背部未受压处

（1）案情摘要：一名餐厅女服务员，18 岁，某日下班后到厕所换工作服时，被一青年男子用刀刺破左心室致急性失血性休克死亡。

（2）观察要点：死后 24 小时尸体，尸斑浅淡，分布于尸体腰背部未受压处。

（3）诊断：浅淡色尸斑（失血性休克死亡）。

3. 大体图片（图 2-3）

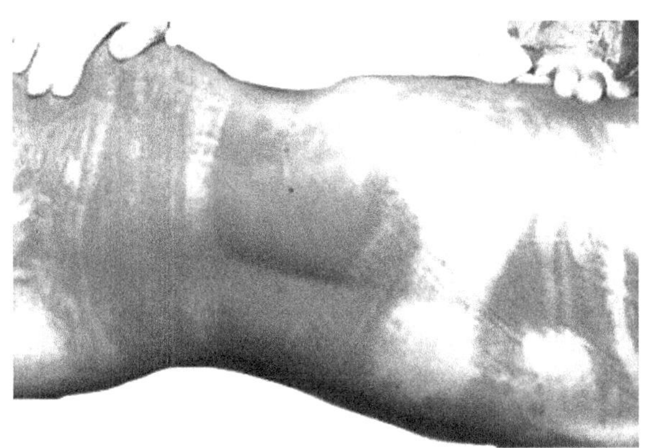

图 2-3 尸斑（一氧化碳中毒）（livor mortis on the body due to carbon monoxide poisoning）
图中见尸斑呈鲜红色，位于腰背部未受压处

（1）案情摘要：某男，40 岁，无业。某日晨 8 时被人发现死于自家床上，现场门窗紧闭，家中无打斗痕迹，但煤气罐被打开。尸检：尸斑呈鲜红色，位于尸体腰背部未受压处，按压褪色，取心血毒物化验检查，血中碳氧血红蛋白含量为 80%。后经调查，其妻与人有奸情，当日借口回娘家，晚 10 时许，趁其丈夫睡熟后又潜回家中，打开煤气并迅速离开。

（2）观察要点：死后 15 小时尸体，尸斑呈鲜红色或樱桃红色（cherry-pink color），位于腰背部未受压处。

（3）诊断：樱桃红色尸斑（一氧化碳中毒）。

4. 大体图片（图 2-4）

（1）案情摘要：某女，30 岁。某年 6 月 19 日在水中被发现打捞上岸。

（2）观察要点：尸体打捞于水中，尸体漂流于水中，尸体双手向上举起，保持尸体在水中的姿势。

（3）诊断：尸僵。

5. 大体图片（图 2-5）

图 2-4 尸僵（水中尸体）（rigor mortis）
图中见尸体双手向上举起，保持尸体在水中的姿势

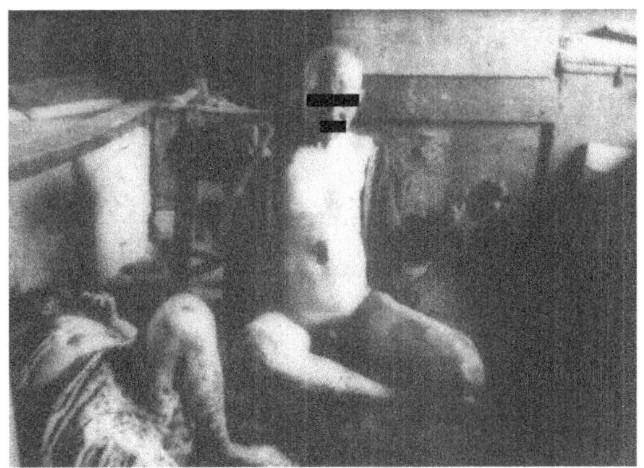

图 2-5 尸体痉挛（cadaveric spasm）
图中见尸体坐立位状态，双手向上举起，右手紧握刀具，保持临死前的姿态，脐周见刺创口

（1）案情摘要：某男，52 岁。因纠纷用刀杀人后剖腹自杀。

（2）观察要点：尸体坐立位状态，双手向上举起，右手紧握刀具，保持临死前的姿态，脐周见刺创口。

（3）诊断：尸体痉挛。

6. 大体图片（图 2-6）

（1）案情摘要：某女婴，因孕 35 周脐带绕颈致宫内窘迫，剖宫产后 3 天死亡，死因：肺羊水吸入。

（2）观察要点：死后 3 天尸检，口唇黏膜因干燥变硬，呈蜡黄色。

（3）诊断：口唇黏膜皮革样化。

7. 大体图片（图 2-7）

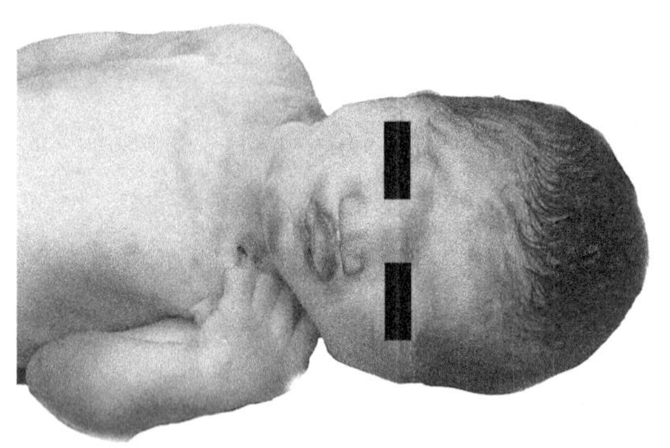

图 2-6　皮革样化（parchment-like transformation）
图中见口唇黏膜因干燥变硬，呈蜡黄色

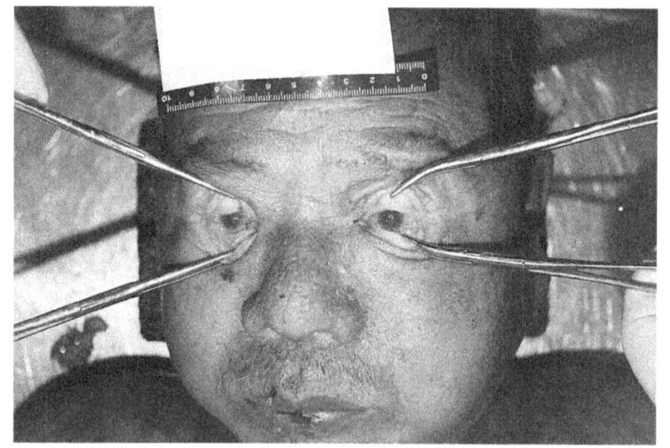

图 2-7　角膜混浊（postmortem turbidity of cornea）
图中见角膜外观呈水肿状，灰白色，明显增厚突出，表面有皱褶。瞳孔透视不清

（1）案情摘要：某男，50 岁。因腹痛、呕吐，低热 3 天到诊所就诊，诊断为胃肠炎，给予输液抗感染治疗，第 5 天因急性肝功能衰竭、DIC 死亡。

（2）观察要点：死后 7 天尸检，角膜外观呈水肿状，灰白色，明显增厚突出，表面有皱褶。瞳孔透视不清。

（3）诊断：角膜混浊。

8. 大体图片（图 2-8）

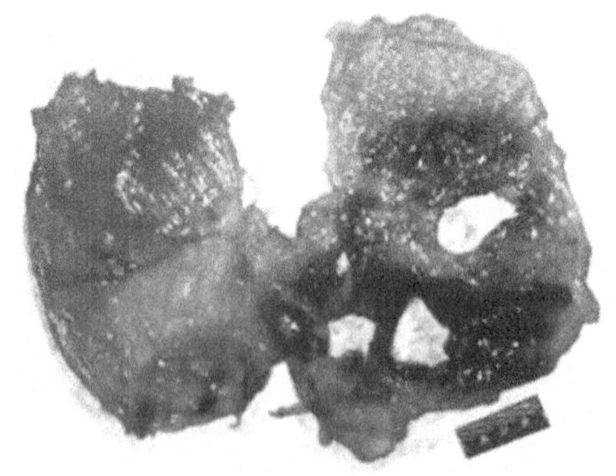

图 2-8　死后胃穿孔（postmortem stomach perforation）
图中见胃黏膜肿胀，皱襞消失，胃底部黏膜颜色变暗，可见多处大小不等、形状不规则穿孔，穿孔边缘较薄，无出血炎症等生活反应

（1）案情摘要：某男，40 岁，某日在工厂车间劳动时遭电击死亡。

（2）观察要点：死后 36 小时尸检，胃黏膜肿胀，皱襞消失，胃底部黏膜颜色变暗，可见多处大小不等、形状不规则穿孔，穿孔边缘较薄，无出血炎症等生活反应。

（3）诊断：死后胃自消化性穿孔。

（二）组织学观察

1. 组织学图片（图 2-9）

（1）案情摘要：某男，48 岁，出租车司机。某日因发热到一个体诊所就诊，在静脉输注“双黄连”过程中死亡。尸检证实系冠心病猝死。

（2）观察要点：

1）检材取自死后 26 小时尸体背部的皮肤。

2）镜下皮肤的复层鳞状上皮结构清晰可见。

3）真皮及皮下组织内小血管及毛细血管扩张，管腔内充满均质淡染的粉红色液体及红细胞，多数红细胞已溶解。血管壁内皮细胞肿胀，有的脱落。真皮内结缔组织疏松水肿。

（3）诊断：尸斑（浸润期）。

2. 组织学图片（图 2-10）

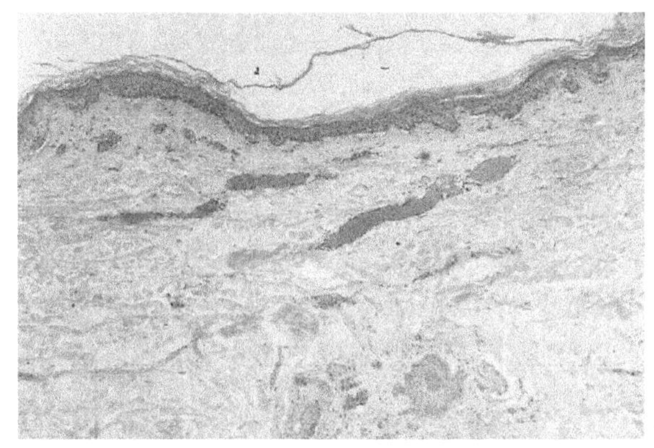

图 2-9　尸斑（livor mortis，HE × 40）
图中见真皮及皮下组织内小血管及毛细血管扩张，管腔内充满均质淡染的粉红色液体，多数红细胞已溶解，真皮内结缔组织疏松水肿

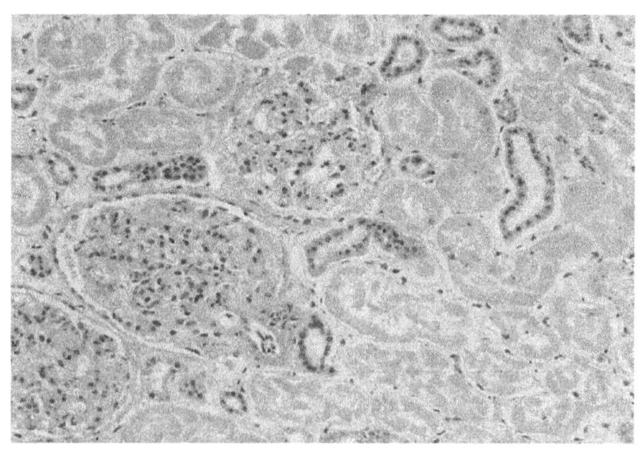

图 2-10　肾组织自溶（kidney autolysis，HE × 40）
图中见肾近曲小管上皮细胞肿胀，管腔变小或几乎消失；大部分细胞核淡染或只留残影、甚至消失。细胞之间境界不清，有的细胞已自基底膜脱落坠入管腔，基底膜清楚

（1）案情摘要：某女，某日因交通事故致颅脑损伤死亡死后 36 小时取材。

（2）观察要点：

1）肾的组织结构尚清晰。

2）肾小球毛细血管内皮细胞和肾小球囊上皮细胞核模糊不清或消失，部分上皮细胞核周呈空隙透明状。

3）肾近曲小管上皮细胞肿胀，胞浆嗜酸性，管腔变小或几乎消失；大部分核淡染，部分核只留残影、甚至消失。细胞之间境界不清，部分细胞已自基底膜脱落坠入管腔，基底膜清楚。

4）部分肾远曲小管，有类似改变，程度轻微。

（3）诊断：肾组织自溶。

3. 组织学图片（图 2-11）

（1）案情摘要：某女，65 岁，某日因家庭纠纷被其儿媳用双手扼压颈部致机械性窒息死亡。检材取自死后 36 小时尸检的胰腺。

（2）观察要点：

1）胰腺腺泡及导管上皮细胞结构模糊、境界不清，胞浆呈污紫红色，核溶解消失。

2）有的腺细胞融合成团块与基底膜分离而形成透明空隙，胰岛已不能辨认。

3）未见出血及炎性细胞浸润。

（3）诊断：胰腺组织弥漫性自溶。

4. 组织学图片（图 2-12）

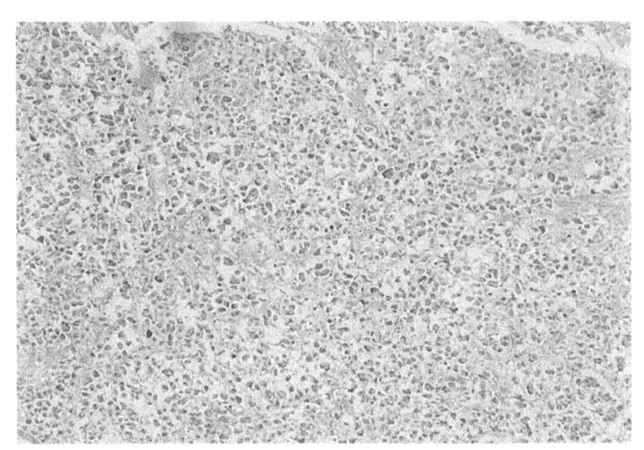

图 2-11　胰腺组织弥漫性自溶（pancreatic diffuse autolysis，HE×40）
图中见胰腺腺泡及导管上皮细胞结构模糊、境界不清，胞浆呈污紫红色，核溶解消失

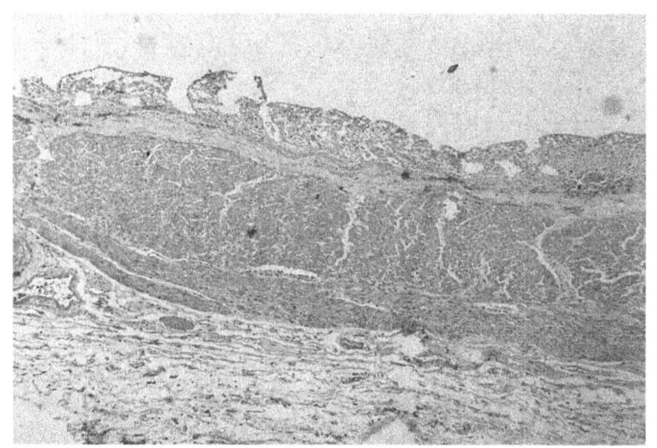

图 2-12　胃壁组织自溶（stomach autolysis，HE×40）
图中见胃黏膜结构模糊，上皮细胞境界不清，胞浆红染、核淡染，表层细胞核大部分已溶解消失

（1）案情摘要：某女，24 岁，某日因腹痛、呕吐到一个体诊所就诊，诊断为胃肠炎，给予解痉、消炎治疗后回家。当日晚腹痛加剧，再次送医院，途中发生呼吸心跳停止而死亡。死后 36 小时尸检，经法医病理学检查证实系输卵管壶腹部妊娠破裂致急性失血性休克而死亡。

（2）观察要点：

1）胃壁 4 层组织结构清晰可辨，但黏膜层上皮细胞已脱落缺失。

2）胃黏膜结构模糊，上皮细胞境界不清，胞浆红染、核淡染，表层细胞核大部分已溶解消失。

3）黏膜下层、肌层及浆膜未见明显改变。

（3）诊断：胃组织自溶。

5. 组织学图片（图 2-13）

（1）案情摘要：某男，20 岁，某日因盗窃被公安机关收审，第 3 天在看守所死亡。死后 36 小时尸检，尸表及全身器官无损伤，血和胃内容物未发现常见毒物，病理检查见左心室及乳头肌心肌灶性凝固性坏死，间质内见大量以单核淋巴细胞为主的炎性细胞浸润，诊断为病毒性心肌炎猝死。

（2）观察要点：

1）小肠肠壁 4 层组织结构清晰可辨，但黏膜层部分肠绒毛上皮已脱落缺失。

2）多数肠绒毛结构模糊、肠上皮细胞境界不清，其中大部分细胞核已消失。

3）黏膜下层、肌层及浆膜未见明显变化。

（3）诊断：小肠组织自溶。

6. 组织学图片（图 2-14）

（1）案情摘要：某男，52 岁，工人。某日向某厂老板讨薪时，被人用木凳打伤头部，10 分钟后被人送医院检查，发现前额部大小 2.0cm×1.0cm 头皮裂创，CT 检查颅内无异常。次日和其弟再次到工厂，在与老板争吵过程中突然倒地死亡。法医学检查证实系冠心病猝死。检材取自死后 36 小时尸检的心脏。

（2）观察要点

1）冠状动脉左前降支检见偏心性Ⅳ级粥样硬化斑块，管腔狭窄达血管腔的 90%，右心室呈扩张状，其中见大量凝血块。

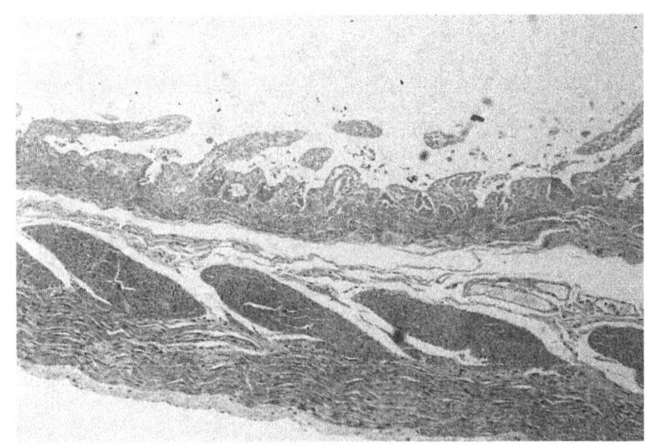

图 2-13 小肠组织自溶（small intestine autolysis，HE ×40）
图中见多数肠绒毛结构模糊、肠上皮细胞境界不清，其中大部分细胞核已消失

图 2-14 死后凝血块（postmortem clots）
图中见凝血块成分为大量堆聚的红细胞，其间有少量的白细胞（如淋巴细胞及中性粒细胞）和少量纤维素，但无血小板梁形成

2）组织学见凝血块主要为大量堆聚的红细胞，但多数已溶解，其间有少量呈散在分布的白细胞（如淋巴细胞及中性粒细胞）和少量纤维素，但无血小板梁形成。

（3）诊断：死后凝血块。

三、案例讨论

（一）案情摘要

张某，38 岁，某年 4 月 13 日中午，其在本村村民马某家喝喜酒，当日下午三时酒宴后，张某在醉酒返家途中与本村干部因计划生育问题而发生争执，村民王某见状后上前劝解，遭其谩骂，后王某与其对骂并发生相互厮打，经人劝解开后不久张某即倒地死亡。

次日上午 10 时法医对死者张某的尸体进行了法医病理学解剖检查，角膜轻度混浊，双侧瞳孔可见，等大等圆，直径约为 5.0mm。口鼻部有白色液体溢出，左眉弓上缘两处表皮擦伤，大小分别为 2.2cm × 0.2cm 及 0.5cm × 0.2cm（图 2-15）。左侧颈部见 1.2cm × 0.5cm 表皮擦伤，左手多处点状表皮划伤，尸斑暗红色，分布于腰背未受压处，重压褪色。右手背见 1.8cm × 0.2cm 表皮擦伤。打开胸腔，心表面见点片状出血，气管及支气管内见多量胃内容物（图 2-16）。胃呈充盈扩张状，触动胃可见食糜从食管内涌出。当地法医未开颅检查，认为系酒后呕吐，胃内容物误吸入呼吸道致机械性窒息死亡。因家属不服，死后第 3 天再次尸检，头皮下未见出血，颅骨未见骨折（图 2-17），蛛网膜下腔见广泛性出血，以颅底部为重，并有凝血块形成（图 2-18）。后提取脑、心、部分肺、肾组织送某鉴定中心进行法医病理学检查，以查明死因。

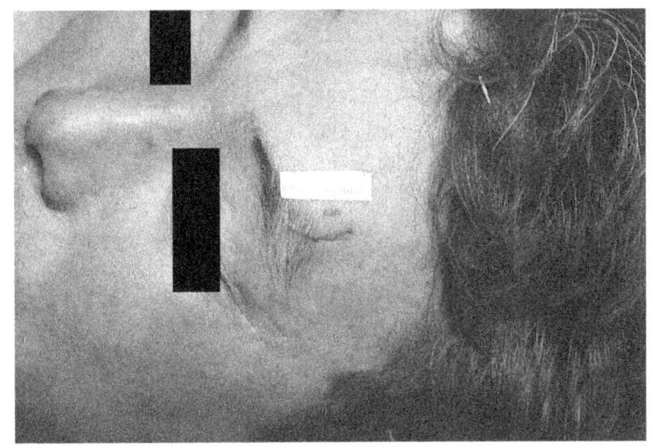

图 2-15 左眉弓上缘表皮擦伤

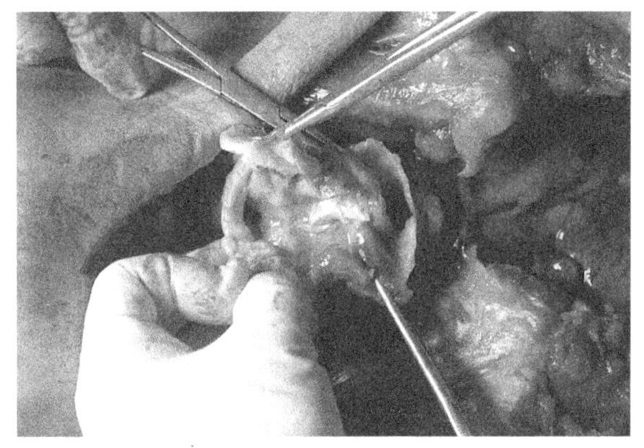

图 2-16 气管及支气管内有多量胃内容物

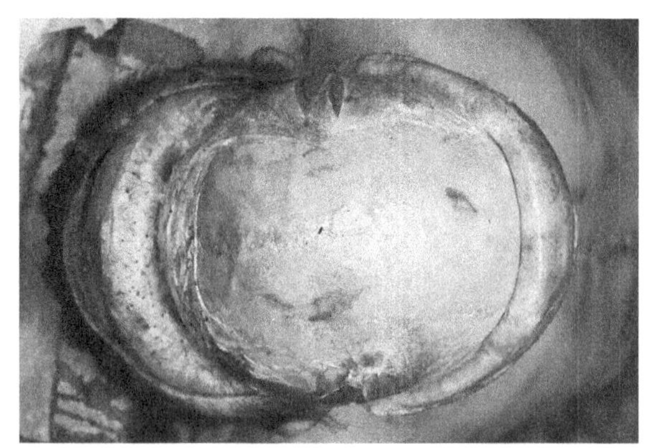

图 2-17 头皮下无出血，颅骨未见骨折

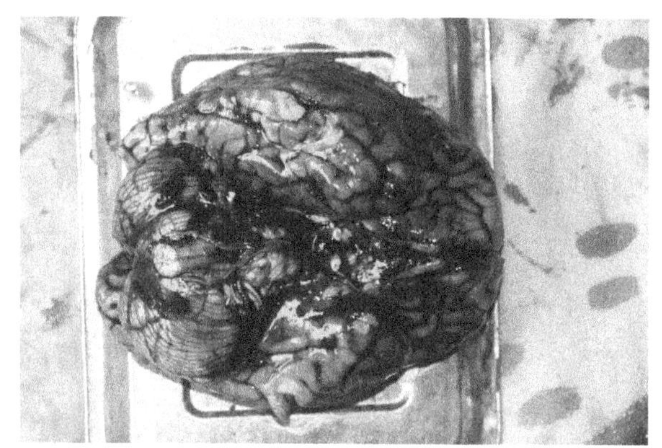

图 2-18 蛛网膜下腔见广泛性出血，以颅底部为重

（二）法医病理学检查

送检器官均已用福尔马林液固定。

脑重 1500.0g，肉眼观脑表面蛛网膜下腔呈弥漫性出血，出血以大脑外侧裂、颅底部为重，小脑扁桃体部见明显脑疝形成，脑切面及脑室系统未见异常。镜下脑各部见重度水肿，蛛网膜下腔呈弥漫性出血；脑基底动脉环后交通动脉段局部血管呈团块状分布，伴凝血块附着。镜下该处血管呈团块状，管壁厚薄不一，有的小动脉直接移行成小静脉，有的血管壁无平滑肌，仅见一层内皮细胞，少数血管腔局部异常膨大，血管周围见大量出血（图 2-19）。

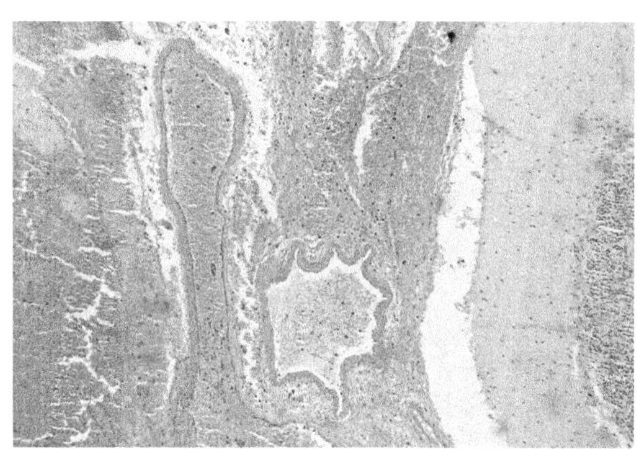

图 2-19 血管管壁厚薄不一，有的小动脉直接移行成小静脉，有的血管壁无平滑肌，仅见一层内皮细胞，少数血管腔局部异常膨大，血管周围见大量出血

心重 400.0g，左心室壁厚 1.3cm，右心室壁厚 0.5cm。冠状动脉左前降支检查见Ⅳ级粥样硬化斑块。镜下左心室及乳头肌心肌细胞灶性肥大，多数心肌横纹不清，心肌间质小血管扩张淤血，右心室中度脂肪浸润，冠状动脉左前降支检查见Ⅳ级偏心性粥样硬化斑块，管腔狭窄约占管腔的 80%。

肺组织块重 280.0g，肺表面及切面未见异常。镜下肺淤血，灶性肺水肿、气肿及出血。部分支气管内及肺泡腔内可见大量脱落的支气管及肺泡上皮细胞，部分肺泡间隔离断，肺内细、小支气管及肺泡腔内未检见食物及其他异物成分。

一侧肾重 160.0g，表面及切面未见明显异常。镜下肾内小血管及肾小球毛细血管见轻度硬化，肾髓质小血管扩张淤血，部分肾近曲小管上皮细胞自溶。

（三）法医病理学诊断

1. 弥漫性蛛网膜下腔出血；
2. 脑重度水肿，双侧小脑扁桃体疝形成；

3．冠心病（心重400.0g，冠状动脉左前降支粥样硬化管腔狭窄Ⅳ级）；

4．肺淤血伴灶性水肿、气肿及出血；

5．肾自溶。

（四）分析说明

1．根据其角膜及尸斑的改变推断死亡时间，其死亡距尸体解剖约14小时。

2．根据对死者张某送检器官的法医病理学检查结果，结合复阅原尸检照片，其全身体表及体内器官未检见致命性损伤的形态学改变，故可排除其因机械性损伤所致的死亡。

3．法医尸检见死者张某气管及支气管内有多量胃内容物。送法医病理学检查见肺内细、小支气管及肺泡腔无食物残渣及其他异物成分，可排除其因呕吐物反流阻塞呼吸道所致的窒息死亡。原尸检所见气管及支气管内胃内容物成分认为系抢救及搬动尸体过程中食物反流所致。

4．根据对送检死者张某器官的法医病理学检验结果，其脑重1500.0g，蛛网膜下腔呈弥漫性出血，出血以大脑外侧裂、颅底部为重，双侧小脑扁桃体部见明显脑疝形成，脑基底动脉环后交通动脉段见呈团块状分布的血管伴血凝块附着，镜下该处管壁厚薄不一，有的小动脉直接移行为小静脉，有的血管壁无平滑肌，管腔局部异常膨大；结合原尸检所见及死亡经过情况综合分析，认为死者张某系因病理性蛛网膜下腔出血致急性中枢神经系统功能衰竭而死亡。冠心病则在死亡过程中产生协同作用。其生前与人厮打、争吵、情绪激动及饮酒是蛛网膜下腔出血的诱因。

（五）鉴定意见

根据对送检死者张某器官的法医病理学检验，结合原尸检所见及死亡经过情况综合分析，认为死者张某系因病理性蛛网膜下腔出血（脑血管畸形）致急性中枢神经系统功能衰竭而死亡。冠心病则在死亡过程中产生协同作用。其生前与人厮打，争吵，情绪激动及饮酒是自发性蛛网膜下腔出血的诱因。

四、思考题

1．分析组织自溶对法医学的鉴定有哪些影响？

2．简述尸体器官组织自溶的顺序及影响因素。如何鉴别自溶与坏死？

3．请结合教学图片，比较死后凝血块与血栓形态学改变，分析两者的特征。

（许弘飞）

实验三　晚期尸体现象观察

一、实验目的

晚期尸体现象的观察是尸体检验的难点，本实验通过大体及组织学图片的学习，应达到以下教学目的：

1. 掌握各种晚期死后变化在法医学死亡时间推断的意义。
2. 了解常见的死后人为现象及其产生原因。

二、实验观察内容

（一）　大体观察

1. 大体图片（图 3-1）

（1）案情摘要：郑某，女，2 岁，某年 8 月因发热 38.0℃在村卫生所注射青霉素过程中过敏性休克死亡。

（2）观察要点：死后 36 小时尸检，下腹壁尸绿形成。

（3）诊断：下腹部尸绿。

2. 大体图片（图 3-2）

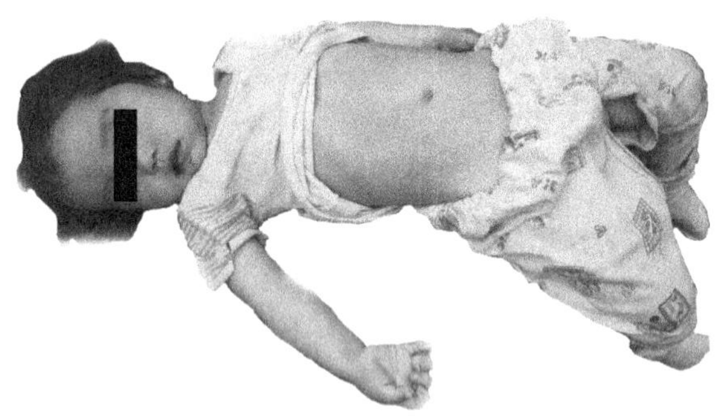

图 3-1　下腹部尸绿（greenish discoloration of cadaver on the lower abdomen）

图中见下腹壁尸绿形成

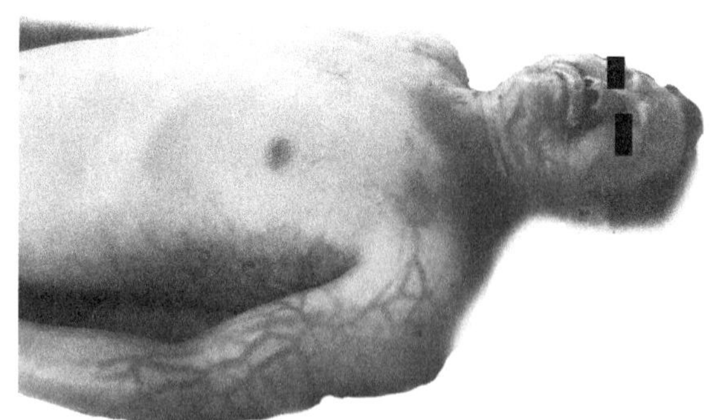

图 3-2　腐败静脉网（putrefactive networks）

图中见头面部及左上肢皮下静脉扩张，充满腐败血液，呈污绿色树枝状

（1）案情摘要：郑某，男，53 岁，某年 5 月 19 日因纠纷被人用拳击中头面部后当场倒地死亡。尸检证实为冠心病猝死。

（2）观察要点：死后 4 天尸检，头面部及左上肢腐败静脉网形成，呈污绿色树枝状。

（3）诊断：腐败静脉网。

3. 大体图片（图 3-3）

（1）案情摘要：李某，男，35 岁。某年 6 月 30 日帮朋友拆吊扇时双手遭电击死亡。同年 7 月 1 日下午土葬，7 月 5 日开棺尸检。

（2）观察要点：尸检见颜面膨大，眼球突出，口唇外翻，舌突出于口外，颈部变粗。

（3）诊断：巨人观尸体。

4. 大体图片（图 3-4）

图 3-3　巨人观（bloated cadaver）

图中见尸体膨胀，体积变大，眼球突出，口唇外翻，舌突出于口外，颈部变粗

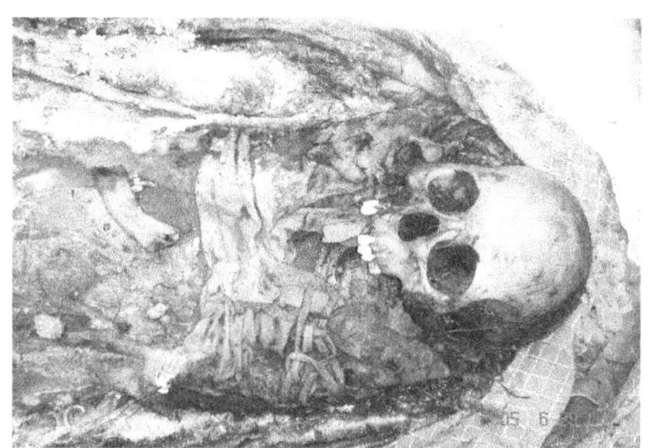

图 3-4　白骨化（skeletonized remains）

图中见尸体软组织完全溶解消失，指趾甲、毛发脱落，仅剩下骨骼

（1）案情摘要：某女，20 岁，某年 12 月被人扼颈致死后抛尸于一悬崖下，死后 2 个月被人发现，检验时尸体已白骨化。

（2）观察要点：尸体软组织完全溶解消失，指趾甲、毛发脱落，仅剩下骨骼。

（3）诊断：白骨化尸体。

5. 大体图片（图 3-5）

（1）案情摘要：马某，男，18 岁。某年 9 月 4 日因纠纷被多人用木棒打击头部，伤后 2 小时死亡。同年 10 月 2 日尸检，次年 5 月 4 日再次尸检。

（2）观察要点：尸体呈冰冻状，眼周、颈部、腹部切口、上肢等部位见白色霉斑形成。

（3）诊断：霉尸。

6. 大体图片（图 3-6）

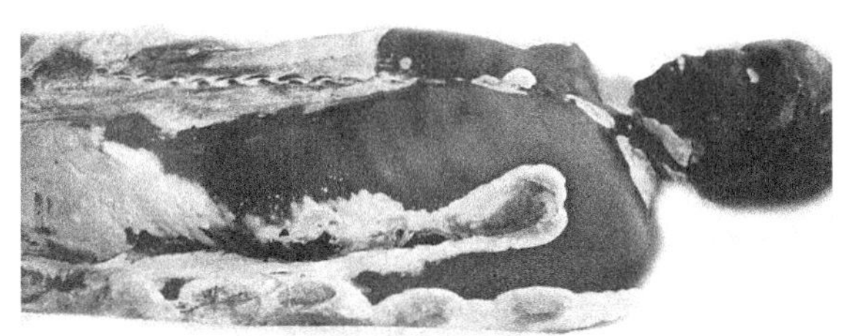

图 3-5　霉尸（molded cadaver）

图中见尸体呈冰冻状，眼周、颈部、腹部切口、上肢等部位见白色霉斑形成

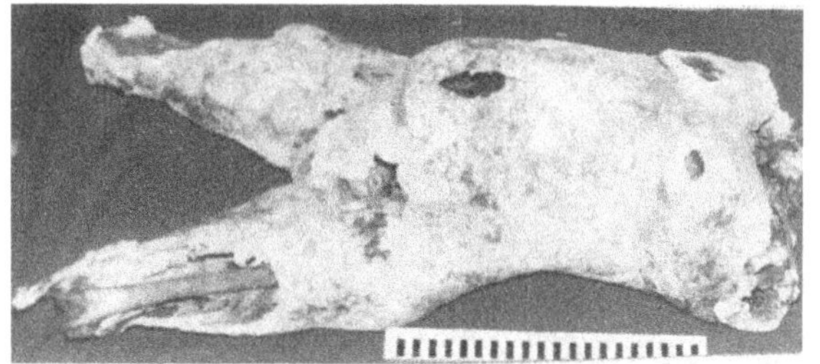

图 3-6　尸蜡（adipocere）（云南省公安厅供图）

图中见头部已脱落，左、右乳房，躯干部及两大腿已形成尸蜡

（1）案情摘要：青年孕妇，因翻船落水溺死。10 年后渔民打鱼时从水深 70 余米处网起。

（2）观察要点：头部已脱落，左、右乳房，躯干部及两大腿已形成尸蜡。腹内有一胎儿，约 7 个月大小，亦尸蜡化。

（3）诊断：尸蜡化尸体。

7. 大体图片（图 3-7）

（1）案情摘要：1980 年在甘肃某地发现一男性尸体，埋葬时间不详，由于墓穴地处高原，土质干燥，尸体全身已木乃伊化。

（2）观察要点：尸体外观呈暗褐色，皮肤和软组织干燥皱缩，眼球凹陷，内脏也干燥变硬，体积缩小。

（3）诊断：干尸。

8. 大体图片（图 3-8）

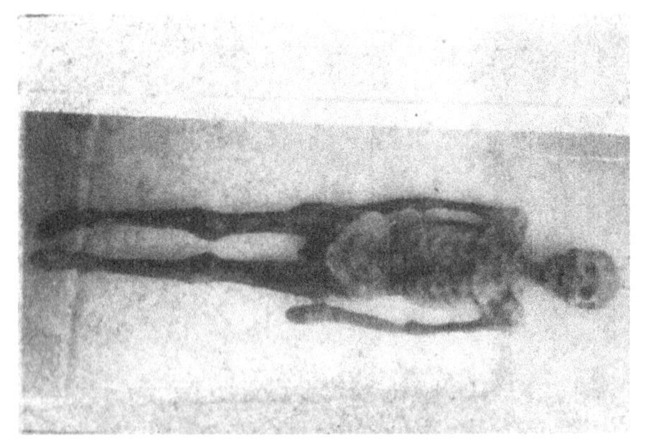

图 3-7　干尸或木乃伊（mummy）
图中见尸体外观呈暗褐色，皮肤和软组织干燥皱缩，眼球凹陷，内脏也干燥变硬，体积缩小

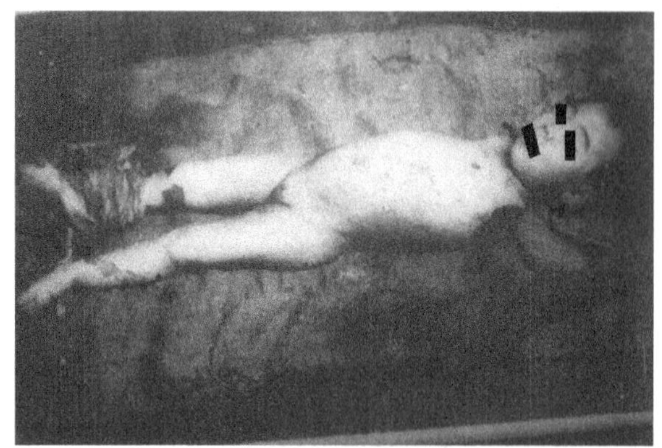

图 3-8　死后豺狗咬伤（postmortem jackal bite marks）
图中见尸体双上肢离断缺失，断端有豺狗牙咬痕迹，无生活反应

（1）案情摘要：标本系山区农村一 12 岁女孩的尸体，死后因土埋较浅，尸体被豺狗咬后形成。

（2）观察要点：尸体双上肢离断缺失，断端较整齐，无生活反应，可见动物（狗）牙咬痕迹。

（3）诊断：死后双上肢动物咬伤。

9. 大体图片（图 3-9）

（1）案情摘要：某男，35 岁。某年 6 月 2 日因负债投江自杀，6 月 3 日发现尸体并尸检，左前臂平行性皮肤、肌肉裂创，创口局部无明显生活反应。

（2）诊断：死后螺旋桨损伤。

10. 大体图片（图 3-10）

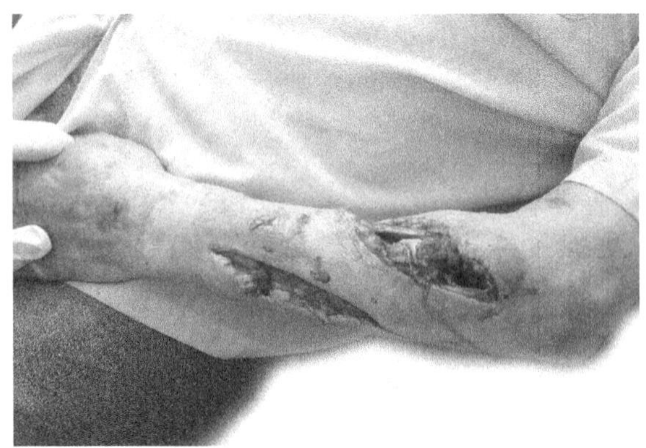

图 3-9　死后螺旋桨损伤（postmortem propeller injury）
图中见左前臂两处平行性皮肤、肌肉裂创，创口局部无明显出血

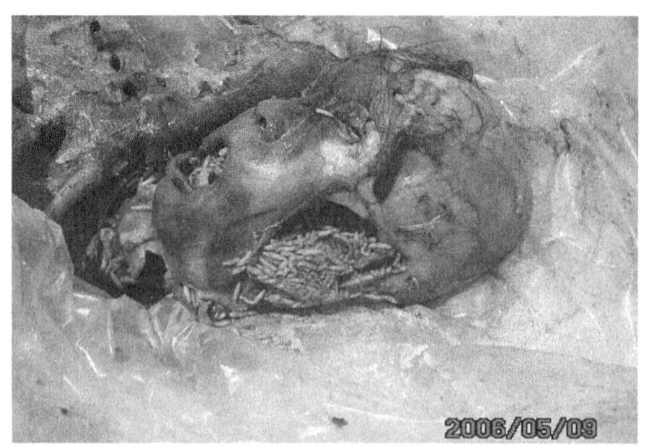

图 3-10　昆虫对尸体毁坏（postmortem destructive corpse due to insect stings）
图中见头皮及脑组织被蝇蛆噬食殆尽，仅剩颅骨及少量毛发

（1）案情摘要：陈某，女，32 岁。某年 8 月 5 日被人发现死于其租住的出租室内，门窗紧闭，尸体位于床上并盖有棉被。后经查实系先前同居男友因经济纠纷于同年 6 月 30 日先用手扼颈，再用奶头锤打击头部后致颅脑损伤死亡。

（2）观察要点：死后 40 天检查，头部被蝇蛆噬食殆尽，仅剩颅骨及少量毛发。

（3）诊断：蛆虫对尸体毁坏。

（二）组织学观察

1. 组织学图片（图 3-11）

（1）案情摘要：某男，42 岁，因交通事故致左下肢骨折，住院 40 天后出院回家，回家后第 5 天突发胸闷、呼吸困难，在送医院抢救途中死亡。死后 72 小时尸检证实系冠心病猝死。检材取自死后 72 小时尸检之肝脏。

（2）观察要点

1）镜下见肝组织结构不清，细胞溶解成细颗粒状，但从其排列方式及轮廓仍可分辨出是肝组织。

2）肝组织内有散在分布大小不等的空泡。

（3）诊断：泡沫肝（腐败气体所致）。

2. 组织学图片（图 3-12）

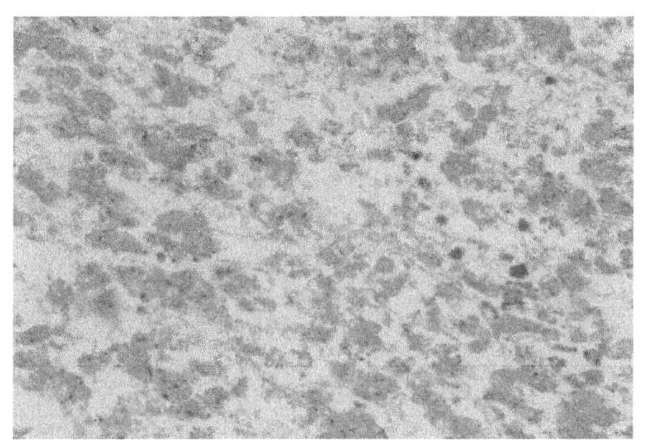

图 3-11　泡沫肝（foaming liver，HE×40）
图中见肝组织结构不清，多数细胞溶解消失，少数残存肝细胞核溶解消失，组织内有散在分布的大小不等的空泡，未见明显炎性细胞浸润或渗出

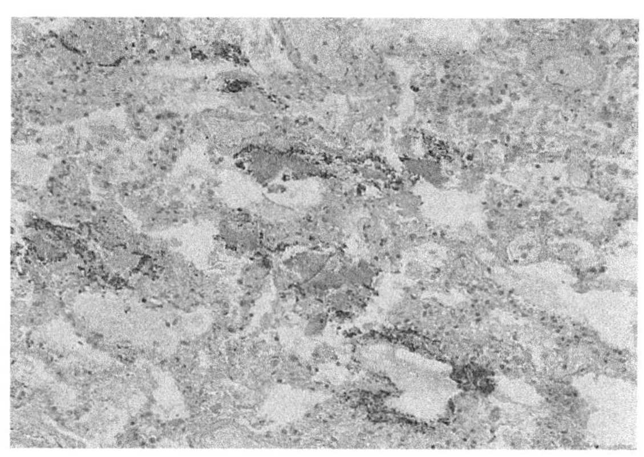

图 3-12　肺死后细菌污染（postmortem pulmonary bacterial contamination，HE×100）
图中见肺组织结构清晰，肺泡腔内见散在分布紫蓝色球菌和杆菌菌落

（1）案情摘要：某男，42 岁，某日晚 11 时醉酒后被人送往某宾馆休息，次日晨 9 时被服务员发现死于床上。死后当日抽心脏血酒精化验，血中乙醇浓度为 120mg/ml。因死因不明，死后 10 天尸体解剖检查，证实为肥厚型心肌病致猝死。

（2）观察要点

1）肺组织结构清晰可辨。

2）肺泡腔内见散在分布紫蓝色球菌和杆菌菌落，以球菌为多。

（3）诊断：死后肺腐败细菌生长。

三、案例讨论

（一）案情摘要

2008 年 5 月 14 日 8 时许，某市公安局刑警大队值班室接到报警，称本市某新村 110 号楼 104 室车库内发现一具腐败尸体（经查死者系叶某，女，26 岁，住某市）。

（二）尸体检验

当日下午 14 时对叶某的尸体进行了法医学解剖检查：尸长 162.0cm，全身赤裸，尸体高度腐败

(图 3-13)，全身有大量蛆虫(长度为 0.3～1.6cm)，足穿白色丝袜，袜底无泥迹。头发长 16.0cm，头皮未见开放性损伤，颅骨未扪及骨折感。面部软组织腐败，呈白骨化，面颅骨无骨折，牙齿无新鲜松动及脱落(图 3-14)。颈项部皮肤呈皮革样改变，未见开放性损伤。胸廓对称，右侧胸壁软组织部分腐败(图 3-15)，肋骨无骨折，腹部、腰背部未见开放性损伤。四肢皮肤未见开放性损伤，长骨未及骨折。骨盆无骨折，会阴部附有大便及蛆虫，外生殖器无损伤(图 3-16)。解剖检验见头皮下无血肿，颅骨无骨折，硬脑膜无破损，脑组织已液化，颅底无骨折。切开颈、胸、腹部，颈部肌肉软组织腐败液化，舌骨左侧大角内向性骨折(图 3-17)，气管内无异物。胸壁肌层未见出血，肋骨无骨折，两肺已腐败液化，心脏已软化。胃内容物重 300.0g(系米粒、韭黄、西红柿、鸡蛋等)，胃黏膜未见出血，肝、脾、肾、子宫未见损伤，膀胱空虚。提取胃内容物作毒物检验，提取肋骨、指甲作 DNA 检测，提取宫颈擦拭物、阴道擦拭物、大腿根部擦拭物备检。

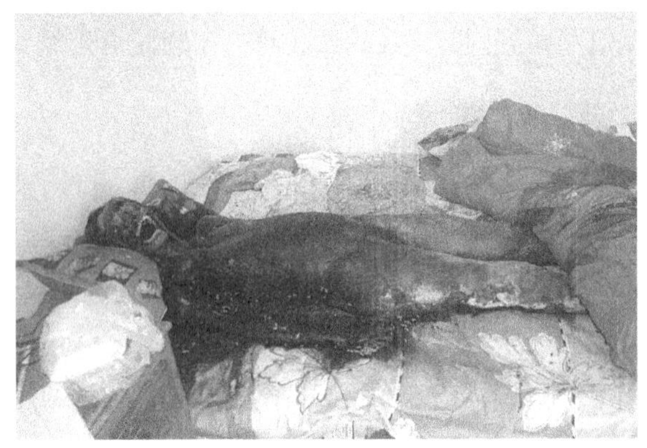

图 3-13　全身高度腐败

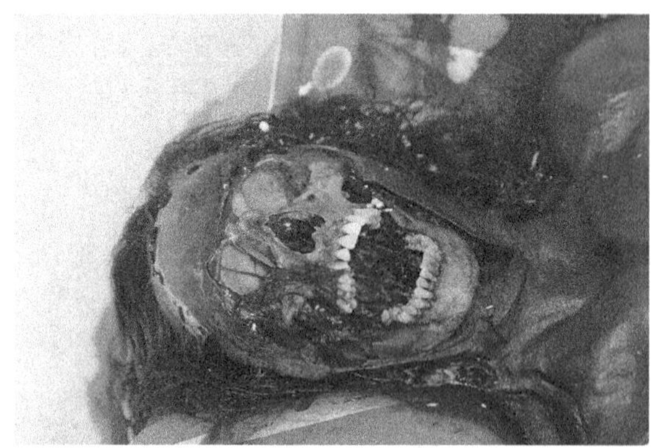

图 3-14　面部软组织高度腐败，全身有大量蛆虫

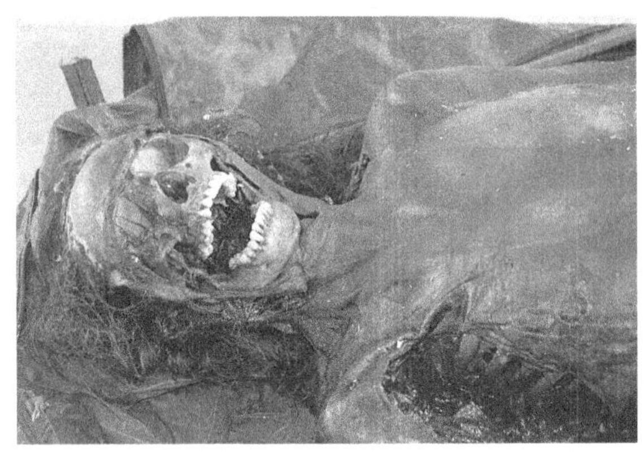

图 3-15　右侧胸壁软组织部分腐败

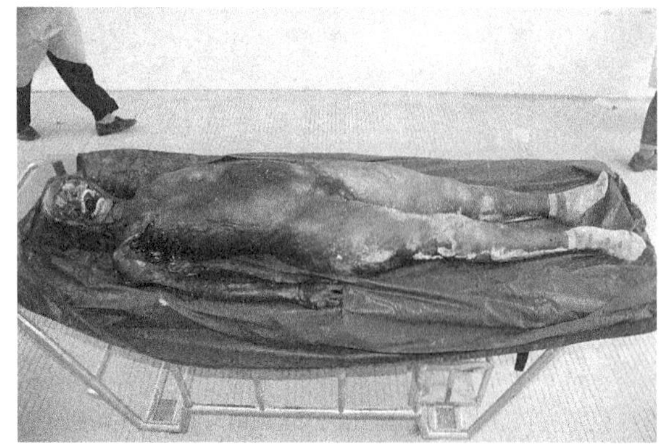

图 3-16　全身高度腐败

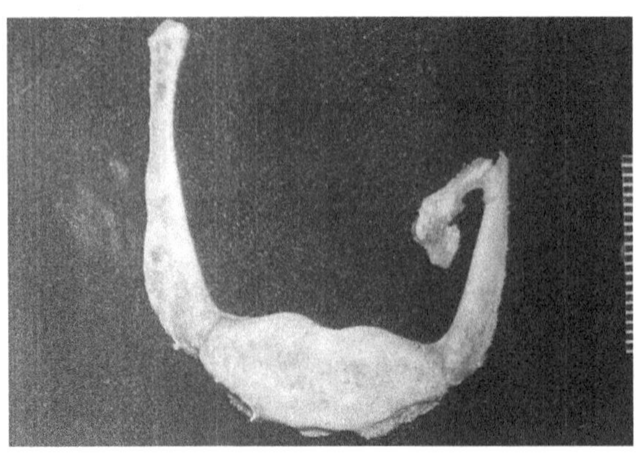

图 3-17　舌骨左侧大角内向性骨折

（三）分析说明

根据检验，死者叶某全身未见开放性损伤，颅骨无骨折，残存的皮肤、皮下组织未见暴力性损伤，毒物检验未检见毒物成分；死者全身赤裸，舌骨左侧大角内向性骨折，据此分析，死者系遭他人扼颈致机械性窒息死亡。

根据死者全身高度腐败，部分呈白骨化改变，脑组织、两肺组织均液化，结合尸体身上有蛆虫、地上蛹壳及气温分析，推断其死亡时间约 4 周，根据死者胃内容物的消化程度分析，死亡时间距末次进食约 2 小时。

（四）鉴定意见

叶某系遭他人扼颈致机械性窒息死亡。

四、思考题

1. 晚期尸体现象有哪几种？
2. 说明尸体腐败现象的主要特征及其法医学意义。

（许弘飞）

实验四　死亡时间推断

一、实验目的

死亡时间（postmortem interval）推断是法医学命案现场检查的重点及难点，法医学已经形成了死亡时间推断的一系列指标，包括尸温下降、胃内容消化程度、超生反应、尸体现象（尸斑、尸僵、角膜变化等）、尸体尿量等等。这些指标在早期死亡时间推断方面较有价值。近年来法医昆虫学的方法也逐步成熟并走向应用。本实验包括动物实验、昆虫形态观察（通过图片）、尸体死后逐日变化形态（含昆虫，通过图片）等，结合案例分析，达到以下目的：

1. 加深对死亡时间推断常用方法的理解；
2. 熟悉利用昆虫学推断死亡时间的方法；
3. 熟悉尸体的腐败过程；
4. 熟悉5种常见嗜尸性昆虫的形态。

二、实验观察内容

本实验包括动物试验、昆虫形态观察及尸体死后逐日变化形态等三个部分。因动物试验等待时间较长，后面的观察可穿插进行。

（一）动物实验（观察尸温变化、超生反应等）

1. 材料

（1）实验动物：家兔（体重约2.0kg），每组一只。

（2）实验器材、药品与试剂（每组）：家兔实验台一个，20.0ml注射器及针头一套，实验动物解剖器械一套（手术刀一把，止血钳两把，剪刀一把，镊子两支），0.0～60.0℃温度计两个，20.0ml烧杯两个，医用纱布，固定用棉纱绳2.0m；一次性手套等；生理盐水，乙醚，扩瞳剂（硫酸阿托品滴眼液），缩瞳剂（硝酸毛果芸香碱滴眼液）。

2. 实验步骤

（1）动物牺牲前处理：家兔用乙醚麻醉后固定在实验台上，观察并记录角膜透明度、瞳孔大小，记录室温，取一支温度计插入家兔肛门，在右腹部肋缘下锁骨中线作斜形切口，置另一支温度计于肝表面，分别记录温度（室温、生前肛温、生前肝温度）。之后采用颈椎离断方法牺牲家兔。

（2）动物牺牲后处理：牺牲家兔后，记录死亡时间，解开家兔固定装置，仰卧位置于解剖台。观察、记录死亡即刻肛门温度、肝表面温度。在家兔中下腹部正中作纵形切口长约2.0cm，打开腹腔，滴加一滴冷生理盐水，观察肠超生蠕动情况并记录，然后用生理盐水纱布覆盖腹腔切口；同时在一侧后肢近段作切口，暴露骨骼肌，用针头刺激，观察肌肉收缩情况并记录，然后用生理盐水纱布覆盖创口，以备在死后不同时间继续观察。

（3）按不同时间段观察、检测下列指标并描述、记录。

1）尸温：分别记录死亡即刻、死后30分钟、1小时、2小时、3小时、4小时、5小时、6小时、7小时、8 小时、12 小时和 24 小时直肠温度和肝表面温度，并以时间段为横坐标、直肠温度和肝表面温度为纵坐标分别描记直肠温度和肝表面温度与死亡时间变化曲线图。

2）超生反应：于死亡即刻、死后 30 分钟、1 小时、2 小时、3 小时、4 小时、5 小时、6 小时、7 小时、8 小时、12 小时和 24 小时分别进行如下操作和观察：

瞳孔超生反应：在家兔左右眼结膜囊内分别滴加一滴硫酸阿托品滴眼液和硝酸毛果芸香碱滴眼液，观察并记录瞳孔大小变化。

肠蠕动超生反应：将冷生理盐水一滴滴加在肠壁上，观察、记录肠蠕动变化情况（蠕动肠管分布及持续时间）。

肌肉收缩超生反应：用针头刺激骨骼肌，观察、记录肌肉收缩情况（肢体收缩、肌肉收缩、肌肉局部收缩等）。

角膜透明度：死亡即刻、死后 1 小时、3 小时、6 小时、12 小时和 24 小时分别观察、记录角膜透明度情况。

尸僵：观察尸温同时，检查、记录尸僵出现的关节，注意出现的时间、程度和顺序。

（4）分别将各观察内容及指标进行曲线图分析，填写实验报告。

（二）常见嗜尸性昆虫（sarcosarprophagous insects）形态观察

应用法医昆虫学的关键是准确地识别昆虫的种类，准确地判断昆虫的年龄（或日龄）且熟悉该种类在尸体上活动的习性。尸体上的昆虫有数百种，但占优势的只有几十种，真正用于死亡时间推断的只有十多种，本教材选取了最常见且特征比较显著的 5 种尸食昆虫，实现对此五种昆虫识别的目的。严格意义的昆虫鉴定应该是在显微镜下对昆虫细微特征进行观察。有条件的学校可以建立法医昆虫标本库，让学生在显微镜下观察。

1．大头金蝇 *Chrysomya megacephala* 成虫（图 4-1）

观察要点：大型昆虫，成虫虫体粗壮，整体为金属绿色，复眼占据了头部的大部分且颜色为鲜红色，面部金黄色。

2．大头金蝇 *C.megacephala* 蛹（图 4-2）

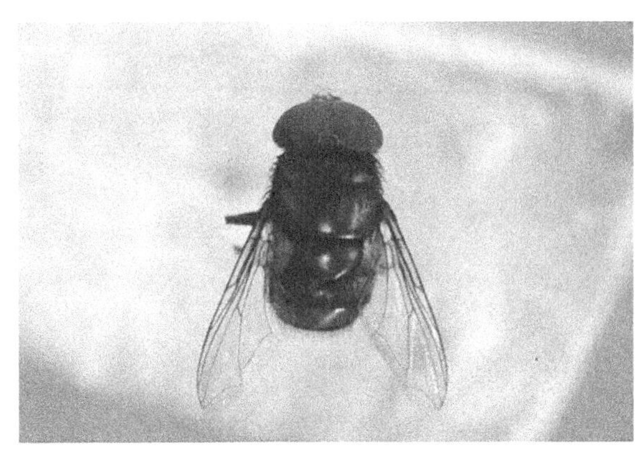

图 4-1　大头金蝇 C.megacephala 成虫

图 4-2　大头金蝇 C.megacephala 蛹

观察要点：蛹红褐色，表面光滑，呈圆筒形，长度与宽度比约为 2.5∶1。

3．大头金蝇 *C.megacephala* 幼虫（图 4-3）

观察要点：幼虫为白色，全身光滑且粗壮，虫体略呈圆锥状。最后一个体节后表面微凹，且后表面明显呈两个层面，有一对后气门，气门环不闭合。

4．绯颜裸金蝇 *Chrysomya rufifacies* 成虫（图 4-4）

观察要点：大型昆虫，成虫为金属绿色，复眼红色但稍小，面部为银灰色。

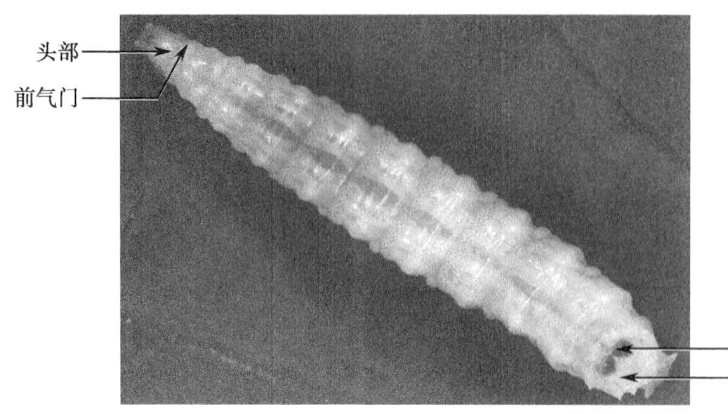

图 4-3　大头金蝇 C.megacephala 幼虫

5．绯颜裸金蝇 C.rufifacies 蛹（图 4-5）

图 4-4　绯颜裸金蝇 C.rufifacies 成虫

图 4-5　绯颜裸金蝇 C.rufifacies 蛹

观察要点：蛹红褐色，蛹体比较粗壮，表面布满疣突。

6．绯颜裸金蝇 C.rufifacies 幼虫（图 4-6）

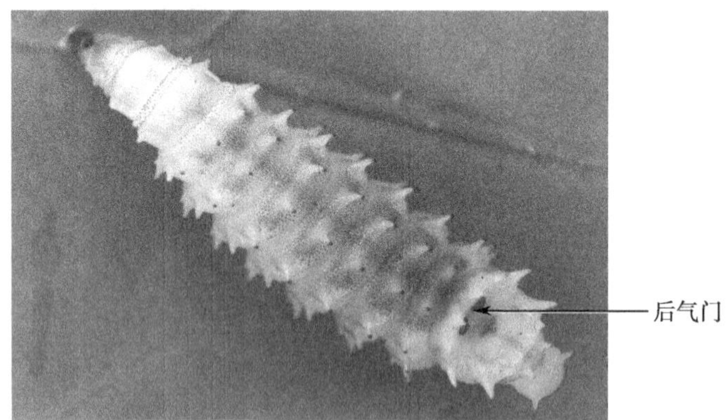

图 4-6　绯颜裸金蝇 C.rufifacies 幼虫

观察要点：幼虫全身布满疣突，疣突尖端呈黑色。虫体呈土黄色。最后一个体节后表面微凹，且后表面明显呈两个层面，有一对后气门，气门环不闭合。

7．厚环黑蝇 Hydrotaea spinigera 成虫（图 4-7）

观察要点：中型昆虫，成虫为黑色或者橄榄绿色。

图 4-7　厚环黑蝇 H.spinigera 成虫

8．厚环黑蝇 H.spinigera 蛹（图 4-8）

观察要点：蛹颜色呈红色，表面光滑，比较瘦长。

9．厚环黑蝇 H.spinigera 幼虫（图 4-9）

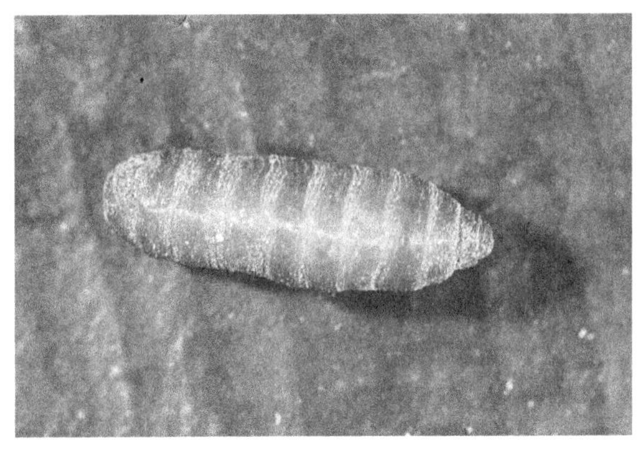

图 4-8　厚环黑蝇 H.spinigera 蛹

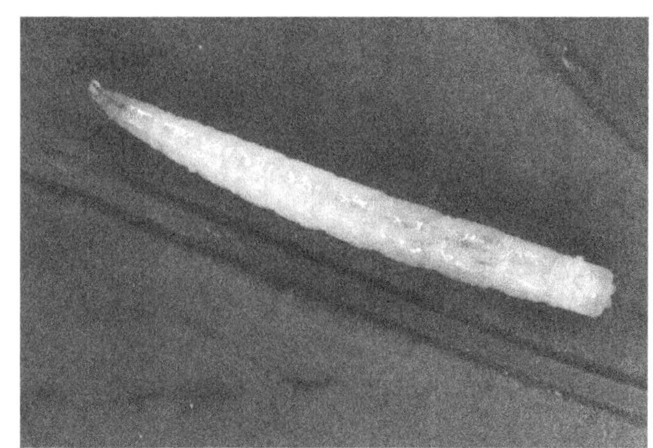

图 4-9　厚环黑蝇 H.spinigera 幼虫

观察要点：幼虫细长，通体白色光滑。如同断掉的纺纱用白线。后表面只有一个层面，没有凹陷，后气门环闭合。

10．白腹皮蠹 Dermestes maculatus（图 4-10）

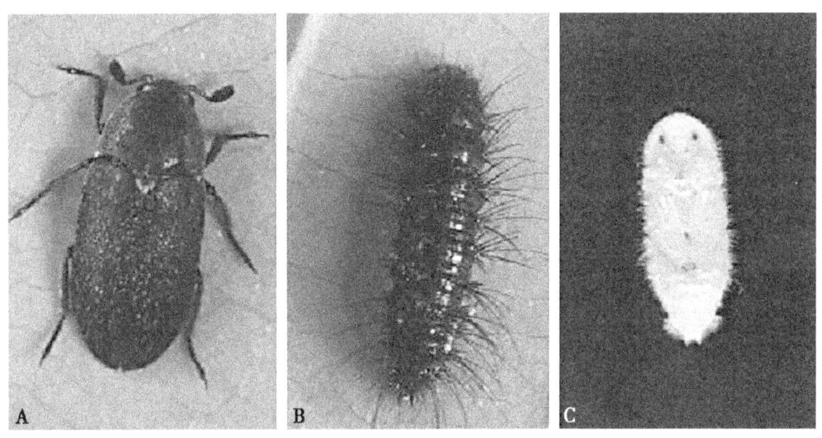

图 4-10　白腐皮蠹 D.maculatus 的成虫、幼虫及蛹

观察要点：成虫长椭圆形，背部黑色，腹面棕色，鞘翅的顶部为锯齿状并在一个末端隆起结束。幼虫黑棕色，沿身体的纵向有一个宽的亮棕色或黄色的条纹，幼虫体表覆盖着成簇长而黑的绒毛。蛹为被蛹型，全身黄色，不能活动。

11．大隐翅甲 Creophilus maxillosus Linnaeus（图 4-11）

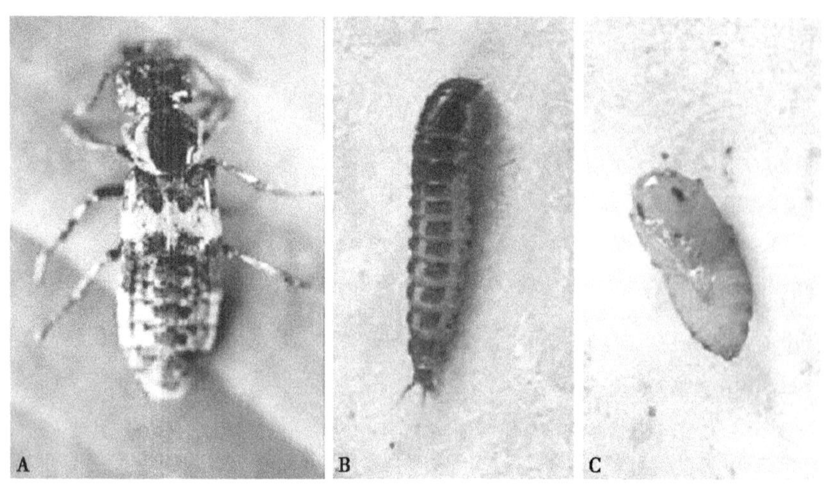

图 4-11　大隐翅甲 C.maxillosus Linnaeus 的成虫、幼虫及蛹

观察要点：成虫个体巨大，身体狭长，鞘翅短，呈正方形。膜质后翅折叠隐藏在腹部。6 到 7 个腹节暴露，这使得该类昆虫看上去被分成 4 个部分：头部、胸部和鞘翅形成的前 3 个大小相等的部分，第 4 个部分是暴露的腹部。虫体覆盖着成簇灰黄色的绒毛。幼虫细长，全身各体节有黑色的斑块状纹饰，有一对尾须。

（三）死后逐日变化及昆虫发生观察

在法医学实践中，经常会遇到腐败尸体，对于法医学生来说，熟悉尸体从新鲜到白骨化的变化过程及其所对应的死亡时间关系、熟悉在尸体变化过程中昆虫的变化过程非常重要。在本实验中，选取了死后 2 天、5 天、8 天、12 天、16 天、20 天的尸体整体图片。要求学生通过对图片的观察明确死后各尸体现象的出现时间及发展过程、尸体腐败出现巨人观、内部器官及各部位骨骼暴露直至尸体全部白骨化的时间，同时明确昆虫在尸体上随时间演变的规律。具体见图 4-12～图 4-17。教学时，采用讨论的方法，就每一张图片进行讨论，确保完整的观察到每一张图片所反映的细节。在增值版中列出了死后 1～20 天的照片，欲了解更多变化请参考增值版。

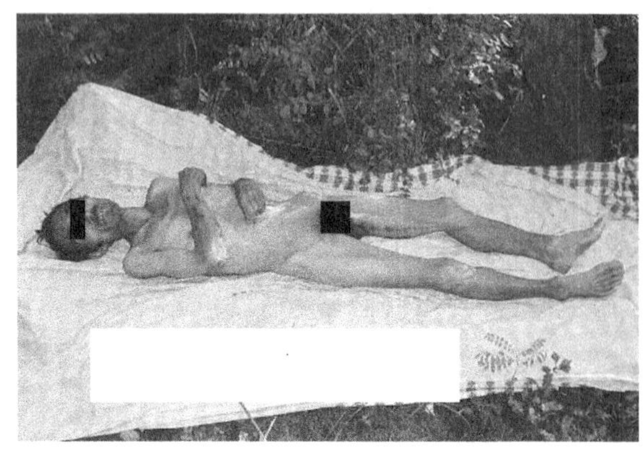

图 4-12　夏天死亡第 2 天的尸体

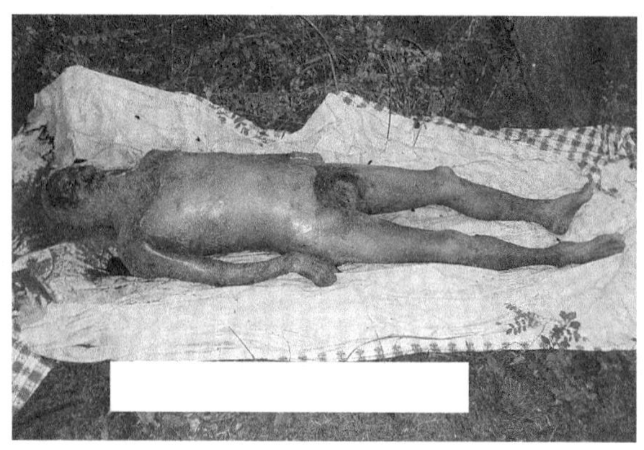

图 4-13　夏天死亡第 5 天的尸体

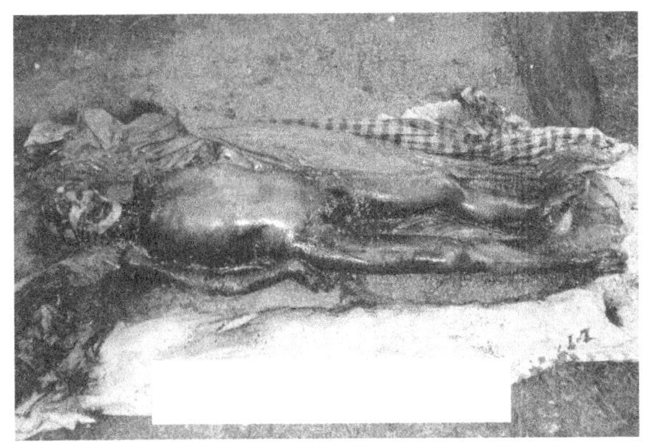
图 4-14 夏天死亡第 8 天的尸体

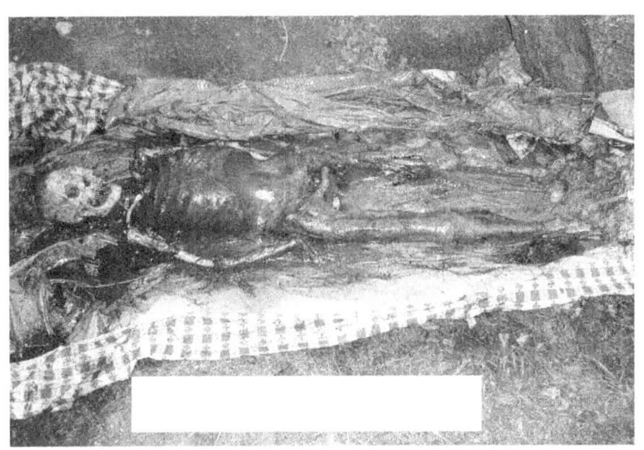
图 4-15 夏天死亡第 12 天的尸体

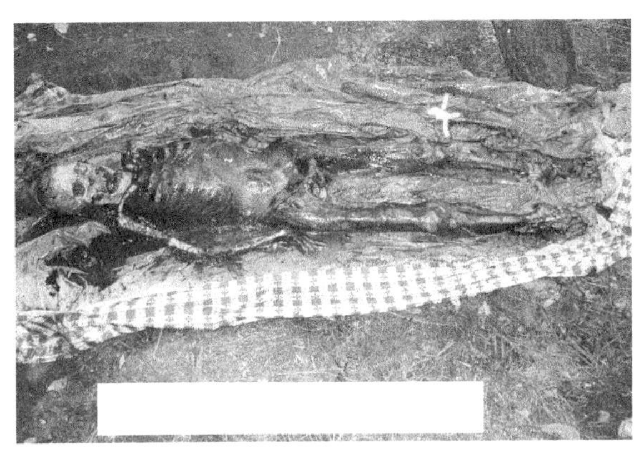
图 4-16 夏天死亡第 16 天的尸体

图 4-17 夏天死亡第 20 天的尸体

三、案例讨论

(一)案例 1 根据尸体现象推断死亡时间

1. 案情摘要

据调查：施某，男，28 岁。某年 11 月 1 日 19:30 左右，有人见施某离开工作的车间往厂外走去。次日 7 时许，施某尸体被发现呈俯卧状于车间外附近的草地里，遂报警。当地法医现场检查时发现施某的裤子褪在腿部尚未提起，脚后有一堆大便，身旁有呕吐物。现场无搏斗迹象。

2. 与死亡时间相关的尸检症状(尸体解剖于 11 月 5 日进行)

男性冷藏尸体，尸长 177.0cm。发育良好，营养欠佳，身材消瘦；尸斑呈暗红色，分布于颈前、胸前区及项背、腰臀部(以躯体前侧颜色为深)，指压均不褪色(图 4-18)。各大关节尸僵已缓解。角膜高度混浊，瞳孔不能透视。巩膜、结膜未见异常。口、鼻腔、两外耳道未见异常溢液。

消化道：食管内未见异常。胃内充满未消化的食糜(饭、菜叶、鸡蛋等)，1100.0g(图 4-19)，可闻及酒精味。胃黏膜淤血，取胃内容物约 100.0g 备检。小肠空虚，仅见少量黏液。结肠见食物残渣。

心肌：肌层心肌细胞可见小灶性肌溶解；间质水肿，血管周围散在少量炎症细胞浸润(以淋巴细胞为主)，冠状动脉管壁未见异常(图 4-20)。

肺：局部胸膜轻度增厚，胸膜下未见炎症反应；肺门小支气管以及细支气管黏膜上皮细胞脱落，管腔内见大量黏液性痰栓，痰栓内见大量脱落的上皮细胞、嗜酸性粒细胞和红细胞。细、小支气管平滑肌明显增生，呈收缩状，黏液腺增生，杯状细胞肥大、增生；黏膜下层间质明显水肿，可见大量淋巴细胞、嗜酸性粒细胞浸润。肺泡壁弥漫性变菲薄，互相融合，呈气肿样改变；部分肺泡内见大量水肿液及红细胞。肝：肝小叶结构尚清晰，肝细胞自溶，中央静脉及血窦淤血（图 4-21）。脾、胰、肾：实质细胞自溶，未见出血；间质淤血水肿（图 4-22，图 4-23 和图 4-24）。胃、肠：黏膜自溶，黏膜下见少量嗜酸性粒细胞及淋巴细胞浸润。脑：蛛网膜下腔血管高度淤血，局部见淤血性出血灶；神经细胞自溶改变，余未见异常。

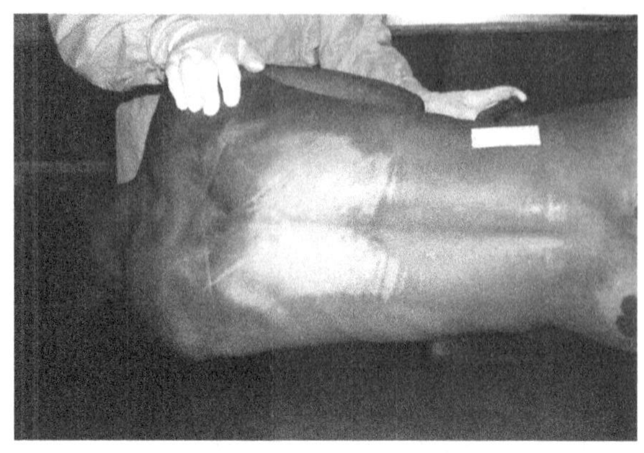

图 4-18 尸斑呈暗红色，分布项背、腰臀部，指压均不褪色

图 4-19 胃内充满未消化的食糜（饭、菜叶、鸡蛋等）

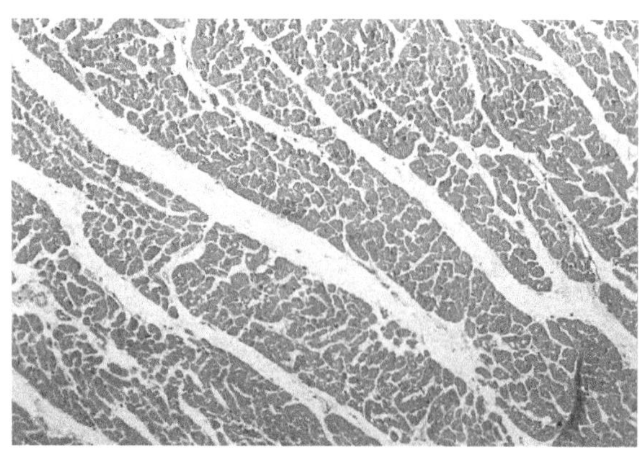

图 4-20 肌层心肌细胞可见小灶性肌溶解（HE×400）

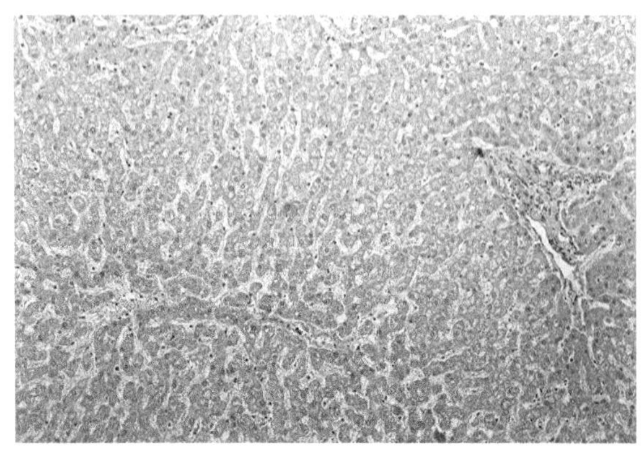

图 4-21 肝小叶结构尚清晰，肝细胞自溶（HE×400）

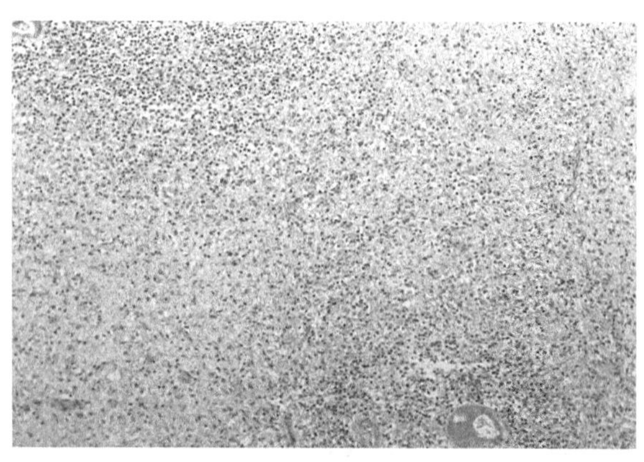

图 4-22 脾实质细胞自溶（HE×200）

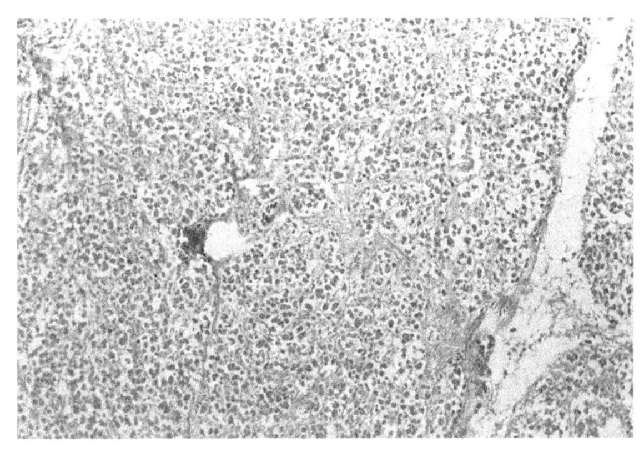

图 4-23　胰实质细胞自溶（HE×200）

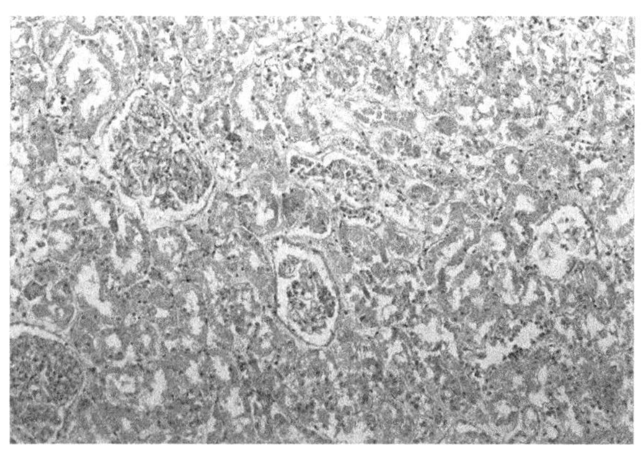

图 4-24　肾实质细胞自溶（HE×400）

（二）案例 2　根据昆虫推断死亡时间

1. 案情摘要　某年 6 月 14 日 7 时许接报警：某处居民楼二层一房间内发现一具高度腐败的尸体，女性，28 岁。现场是一面积约 10.0m^2 的半密闭的房间。死者仰卧于房间床上，尸体高度腐败，巨人观形成，头发易脱，双眼球突出。全身表皮脱落，手足套易脱。口、鼻腔内腐败液体流出。尸体周围有大量腐败液体。头、颈部有大量白色蛆虫蠕动，未发现蛹壳，蛆虫最长为 14.0mm（见图 4-25）。颈部被一条浅黄色睡裤勒颈一周。综合分析，最后确定死者符合被他人用睡裤勒颈致死。

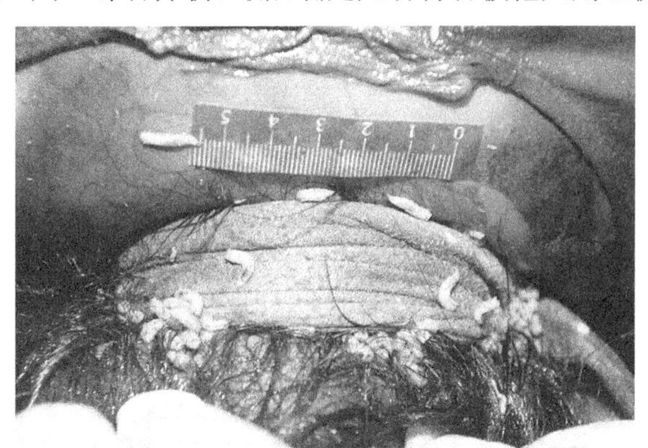

图 4-25　案例 2 现场昆虫情况

2. 昆虫学调查　在案发现场，对尸体的昆虫情况进行了调查，发现：

（1）在现场发现少量蝇类的成虫；

（2）在现场没有发现昆虫的蛹及空的蛹壳；

（3）现场的幼虫主要分布在头面部及受伤的颈部，主要为丽蝇类幼虫，包括大头金蝇和绯颜裸金蝇，其中最大（或者老）的幼虫为大头金蝇离食期的 3 龄幼虫，体长为 14.0mm。消化道中为黑色的食物。采集了 20 头最大的幼虫在现场用 XA 液（二甲苯：醋酸醇 = 1∶1）处死，另外采集 20 头最大的幼虫带回实验室，第二天就化了蛹。通过成虫进一步鉴定为大头金蝇。

3. 温度数据调查　根据现场尸体处于腐败肿胀期及昆虫尚未完成一代发育周期的特点，从当地气象局调查案发前 15 天的气象数据，其平均气温见表 4-1。

表 4-1　案例二自尸体发现之前 15 天的平均气温

日期	6.1	6.2	6.3	6.4	6.5	6.6	6.7
温度（℃）	27.8	26.9	27.6	26.8	28.7	29.7	27.3
日期	6.8	6.9	6.10	6.11	6.12	6.13	6.14
温度（℃）	27.4	25.4	28.2	25.8	26.1	27.8	27.2
总平均气温（℃）				27.3			

现场位于城市郊区，且位于一高层建筑的2层，室内温度低于气温，经过现场温度测量校正，现场室内平均温度为26.0℃。

4. 死亡时间推断分析　大头金蝇在24.0℃下从产卵到化蛹需要167.0小时，在28.0℃从产卵到化蛹需要126.2小时，由于目前没有26.0℃的发育数据，取二者的平均值作为26.0℃的发育时间，为146.6小时，减去24.0小时，为122.6小时=5.1天，考虑到是室内现场，在6月份的炎热天气蝇类飞到二楼室内现场需要时间0.5天左右，故推断该案件死亡时间为6.0天左右，即某年6月8日左右。

5. 破案情况　侦查人员锁定某年6月8日左右时间范围，侦查发现6月8日19时许，一名男子随该女进入其出租屋（发现尸体的房间），约1小时左右该男子离开，此后再未发现该女离开房间，也未曾与其他亲属及朋友联系，据此该男子成为主要犯罪嫌疑人，抓获该男子后其对犯罪事实供认不讳。

（三）案例3　应用巨尾阿丽蝇进行死亡时间推断

1. 案情介绍　某年3月23日20时30分，有群众报：在某市某山腰树林内发现一具男尸，尸体被条纹防雨布包裹。经调查证实死者为李×（男，47岁），尸体高度腐败，全身大量蝇蛆生长，最长三龄幼虫长达1.5cm，未发现蛹壳。按常规对尸体进行解剖，颈部及胸锁关节部软组织高度腐败。胸部大量刺创，左肺上叶见裂伤，纵隔内主要大血管断裂。通过尸表、解剖分析死者系肺裂伤、大血管断裂致失血性休克而死亡；案件性质应为他杀，此刻推断死亡时间就成了案件侦破的关键。

2. 死亡时间推断

（1）幼虫体长：随机收集尸体上较大的三龄蛆15只，采用沸水杀死后测量体长，结果见表4-2。

表4-2　收集嗜尸性昆虫样本体长测量表（单位：cm）

编号	1	2	3	4	5	6	7	8	9	10	11	12	13	14	15
体长	1.5	1.4	1.3	1.4	1.5	1.4	1.5	1.4	1.4	1.5	1.4	1.3	1.5	1.4	1.4

（2）形态学鉴定种类全部为巨尾阿丽蝇 *Aldrichina grahami*。

（3）结合现场气温23℃，最近一周的平均气温25.0℃的气候因素，大部分幼虫处于深闭环期，参考巨尾阿丽蝇发育资料（王江峰，2002，昆虫学报），综合推断李×的死亡时间距离被发现时间约4～5天左右，也就是某年3月18日至19日左右。

3. 破案情况　侦查人员锁定某年3月18日至19日这个时间范围，经过侦查发现某年3月18日晚李某曾和狄某一起吃晚饭，从此李×失踪，也未曾与任何亲属有过联系，据此狄某成为重大嫌疑人，抓获该男子后其对犯罪事实供认不讳。狄某刚刚服刑期满出狱，出狱后多次找李某借钱，3月18日晚两人饮酒过程中发生口角，狄某掏出事先准备好的匕首将李某杀害。

四、思考题

1. 分析死亡原因对早期尸体现象以及对死亡时间推断的影响。

2. 在早期尸体现象中，推断死亡时间比较可靠的指标有哪些？影响因素有哪些？

3. 请根据案例讨论中案例一提供的尸体检验报告，试推断该案例死者的死亡时间，并列出推断依据。

4. 应用昆虫推断死亡时间的优势及不足之处？

5. 不同种类昆虫的蛆的最大个体的大小是否有差异？

（王江峰　郭亚东）

实验五　机械性损伤-钝器损伤特征

一、实验目的

钝器伤在机械性损伤中占有非常重要的地位。本实验将通过对钝器伤的大体标本的展示与组织学图片的观察，使学习者：

1. 掌握不同类型钝器伤的形态学特点；
2. 掌握机械性损伤案例的法医学鉴定要点。

二、实验观察内容

（一）大体标本观察

1. 大体图片（图 5-1）

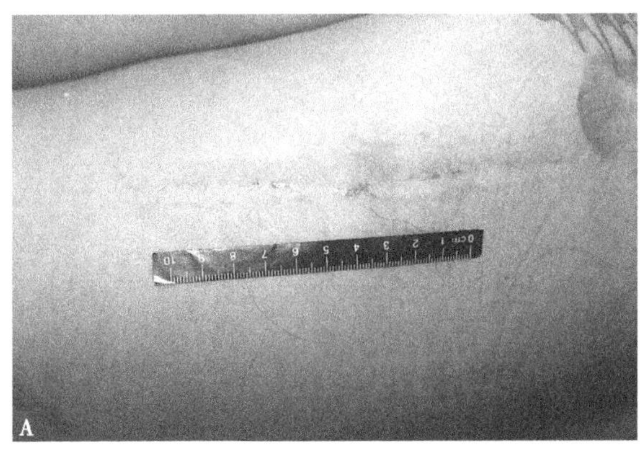

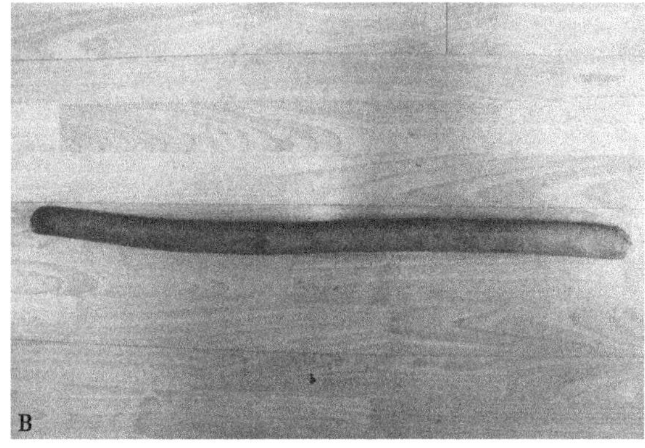

图 5-1　中空性皮下出血（railway line bruise）

A. 可见死者背部平行排列的出血带，状似铁轨走行，出血带之间为相对正常皮肤“竹打中空”；B. 为致伤物——木棍

（华中科技大学周亦武教授提供）

（1）案情摘要：某男，34 岁，被人用木棒殴打致伤，当晚送医院抢救，8 天后因颅脑损伤致死（高颅压致枕骨大孔疝），此图片为受伤次日所拍。

（2）观察要点：死者背部可见平行排列的出血带，状似铁轨走行，出血带之间为相对正常皮肤，并见致伤物-木棍。

（3）诊断：中空性皮下出血“竹打中空”。

2. 大体图片（图 5-2）

（1）案情摘要：某女，18 岁，外出时被人侵害后报案。

（2）观察要点：右面部可见一弧形损伤伴出血，形态与人类牙列走向、排列一致。

（3）诊断：面部人咬伤。

3. 大体图片（图 5-3）

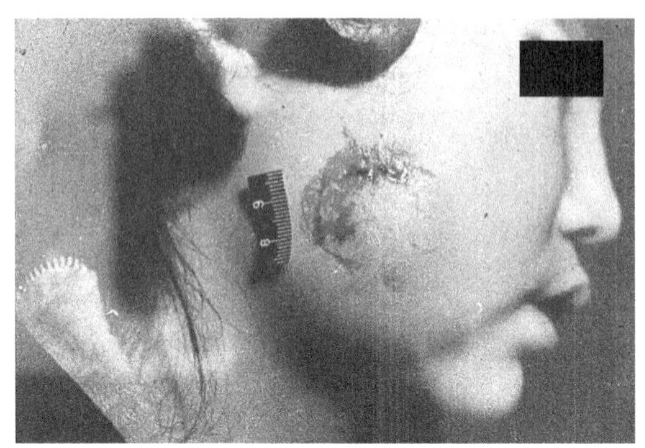

图 5-2　面部人咬伤（bite mark on the face）
图中见右面部可见一弧形损伤伴明显出血，与人类牙列走向与排列一致

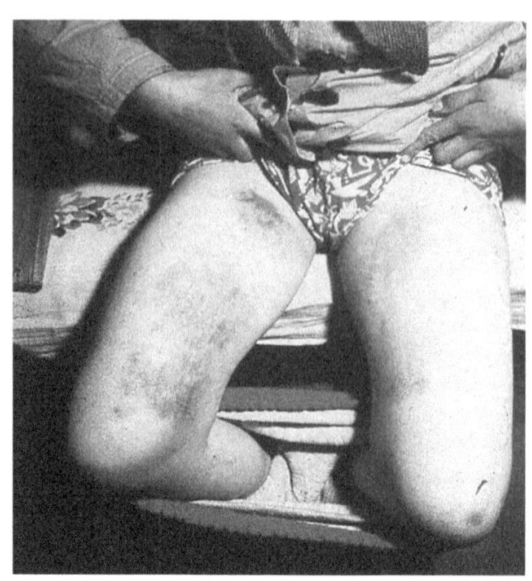

图 5-3　大腿内侧挫伤（contusion on the medial thigh）
图中见双大腿内侧较大范围皮肤擦、挫伤（女性，提示遭受性侵犯）

（1）案情摘要：某女，27 岁，被人强奸后报案。
（2）观察要点：双大腿内侧较大范围皮肤擦、挫伤（女性，提示遭受性侵犯）。
（3）诊断：大腿内侧挫伤。
4. 大体图片（图 5-4）

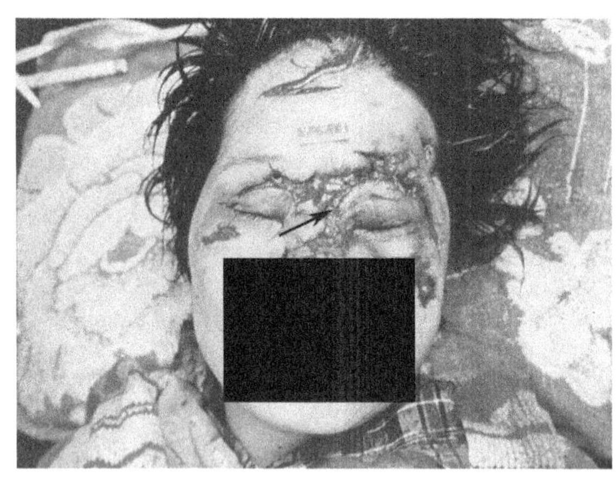

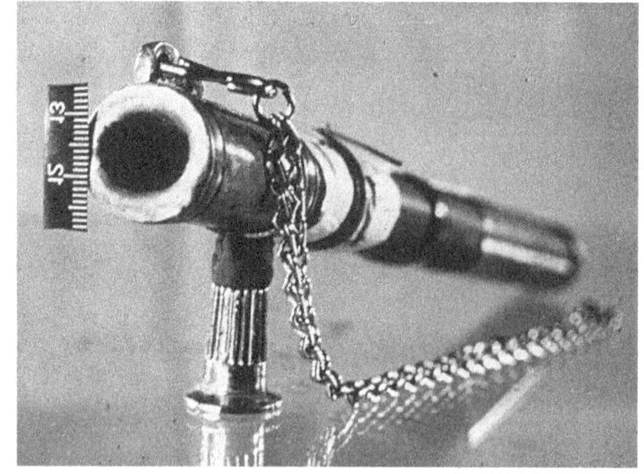

图 5-4　刀鞘损伤（knife scabbard injury）
左图显示死者额部、鼻背及左眼周围挫裂创，系右图刀鞘口形成

（1）案情摘要：某女，26 岁，被其夫用刀鞘击打头部致死。
（2）观察要点：左图显示死者额部、鼻背及左眼周围挫裂创，致伤物为右图刀鞘口形成。
（3）诊断：颜面部挫裂创。
5. 大体图片（图 5-5）
（1）案情摘要：某女，48 岁，吵架中被人用砖块击打头部。
（2）观察要点：头面部创角较为锐利的挫裂创，创缘挫伤带清晰（箭头），创腔可见组织间桥（箭头）。
（3）诊断：面部挫裂创（砖块所致）。
6. 大体图片（图 5-6）
（1）案情摘要：独居男，52 岁，被人杀死于床上。

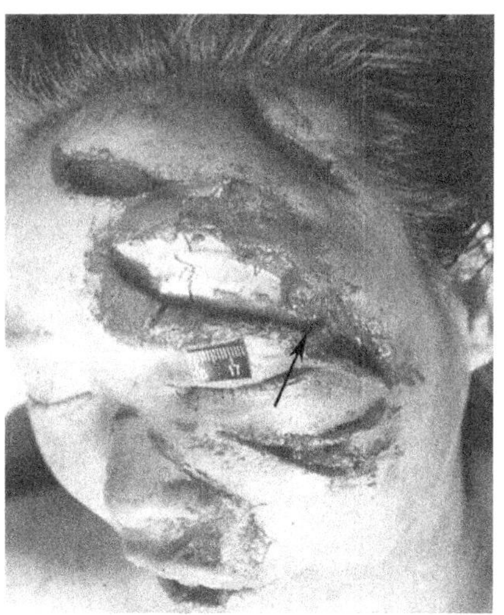

图 5-5　左图为头面部挫裂创（laceration on the head and face）**；右图为致伤物 - 砖块**（the instrument causing the trauma-brick）

头面部创角较为锐利的挫裂创，创缘挫伤带清晰（箭头），创腔可见组织间桥（箭头）

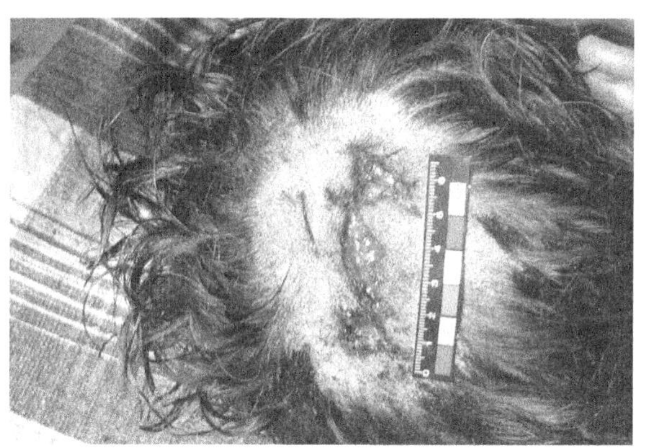

图 5-6　头皮挫裂创（laceration of the scalp）

挫裂创不规则，系一次性形成，提示致伤物有一定长度且带有凸起

（2）观察要点：挫裂创不规则，系一次性形成，提示致伤物有一定长度且带有凸起。

（3）诊断：头皮挫裂创。

7. 大体图片（图 5-7）

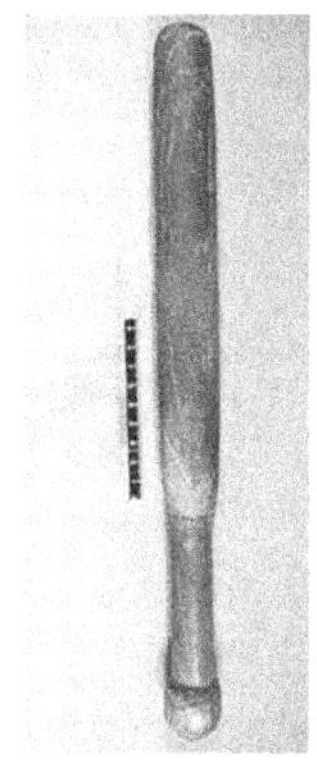
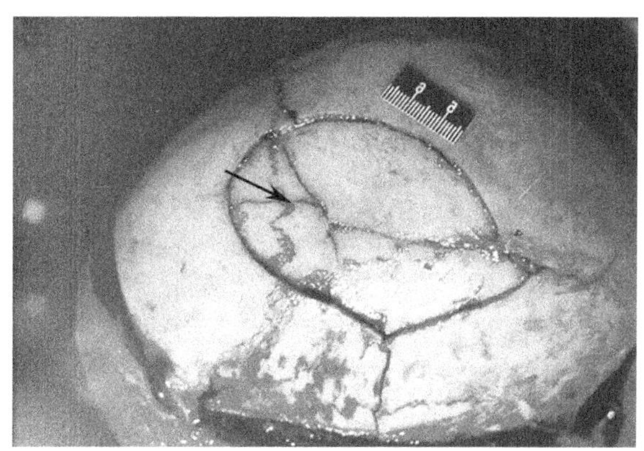

图 5-7　舟状骨折 / 凹陷性粉碎性骨折（navicular fracture/ depressed comminuted fracture）

颅顶部有一较大范围塌陷区，呈椭圆形，数条骨折线向周围延伸。致伤物为一棒槌

(1) 案情摘要：某男，20 岁，被人用棒槌击打头部死亡。

(2) 观察要点：颅顶部有一较大范围塌陷区，呈椭圆形，数条骨折线向周围延伸。致伤物为一棒槌。

(3) 诊断：颅骨凹陷性骨折。

8. 大体图片（图 5-8）

(1) 案情摘要：某男，19 岁，被人拳击左上腹后 2 小时死亡。

(2) 观察要点：脾包膜不完整，多处破裂、出血，多见于钝性暴力作用于腹部或腰背部。

(3) 诊断：脾破裂。

9. 大体图片（图 5-9）

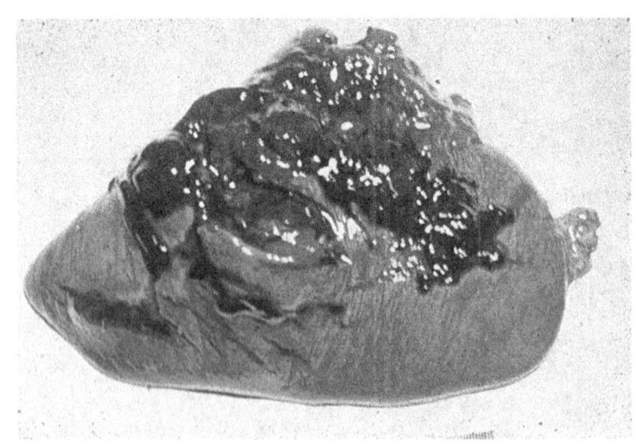

图 5-8　脾破裂（rupture of spleen）
脾包膜不完整，多处破裂、出血，多见于钝性暴力作用于腹部或腰背部

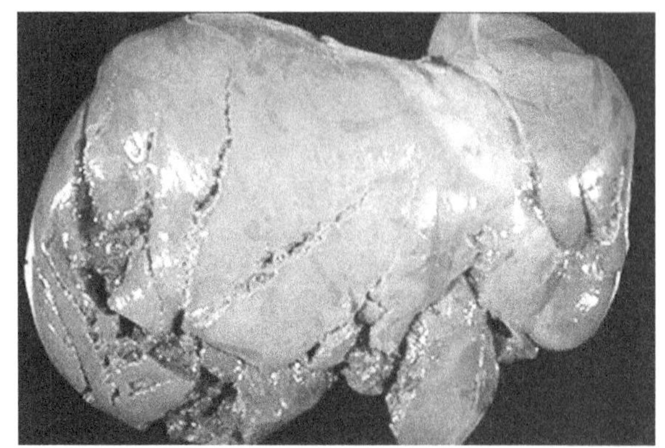

图 5-9　肝破裂（rupture of liver）
肝多处破裂，已达肝实质，多系钝性暴力作用于腹部或腰背部所致，如交通事故、坠落伤、人为打击等；如破裂为生前形成，可引发致命性腹腔积血

(1) 案情摘要：某男，48 岁，从 100 余米高山崖跌落后死亡。

(2) 观察要点：肝是最大的内脏器官，上图可见肝多处破裂，已达肝实质，多系钝性暴力作用于腹部或腰背部所致，如交通事故、坠落伤、人为打击等；如破裂为生前形成，可引发致命性腹腔积血。

(3) 诊断：肝破裂。

10. 大体图片（图 5-10）

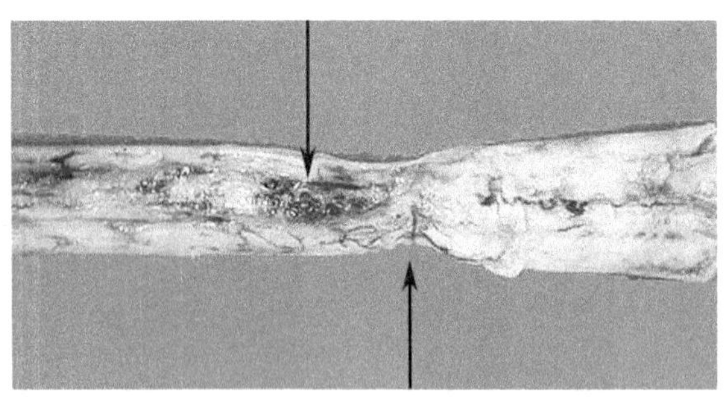

图 5-10　脊髓损伤（injury of spinal cord）
脊髓损伤多见于椎骨骨折，也可由于牵拉致伤。上图示脊髓挫伤、出血，少数情形下脊髓仅表现为外伤性软化

(1) 案情摘要：某男，33 岁，车祸中死亡。

(2) 观察要点：脊髓损伤多见于椎骨骨折，也可由于牵拉致伤。上图示脊髓挫伤、出血，少数情形下脊髓仅表现为外伤性软化。

(3) 诊断：脊髓损伤。

（二）组织学观察

1．组织学图片（图5-11）

（1）案情摘要：略。

（2）观察要点：镜下见多数红细胞散在于骨骼肌之中，无明显炎细胞浸润。

（3）诊断：肌肉组织出血。

2．组织学图片（图5-12）

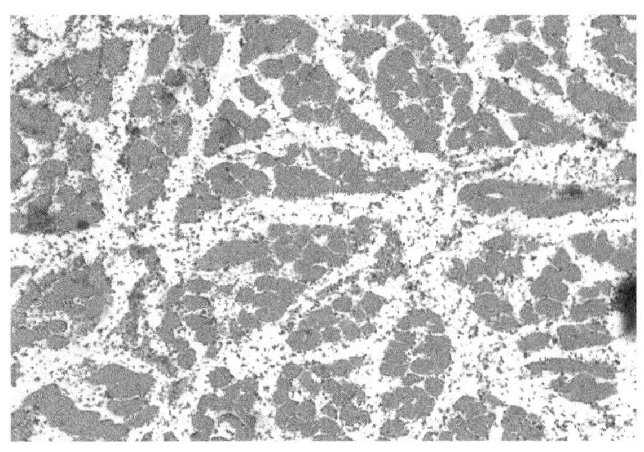

图5-11　肌肉组织出血（muscular hemorrhage）

多个红细胞散在于骨骼肌组织之中，无明显炎性细胞浸润

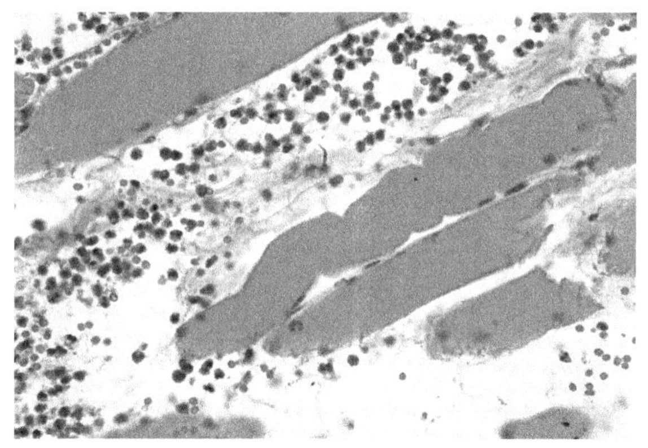

图5-12　肌肉挫伤（muscular bruise）

伴炎症反应浸润的白细胞（主要为中性粒细胞）散在于骨骼肌组织之中，肌纤维呈均质化，嗜酸性明显增强

（1）案情摘要：略。

（2）观察要点：镜下见多个红细胞、炎细胞散在于骨骼肌之中，肌纤维嗜酸性增强。高倍镜下见浸润的炎细胞散在于骨骼肌之中（主要为中性粒细胞），肌纤维呈均质化，嗜酸性明显增强。

（3）诊断：骨骼肌挫伤伴炎性反应。

三、案例讨论

（一）案情摘要

据调查：李某，男，35岁，屠户。某年9月13日因债务问题被他人非法拘禁，其间被多人多次殴打，5天后死亡。

（二）法医学检查

1．尸表检查　尸长173cm，发育正常，营养良好。尸斑浅淡，分布于项背部未受压处，指压不褪色。尸僵已缓解。角膜中度混浊，双侧瞳孔隐约可见，巩膜无黄染，结膜苍白。口腔无异常。头面部、躯干、四肢可见多处大小不等、新旧程度不一的软组织挫伤（图5-13，图5-14）。

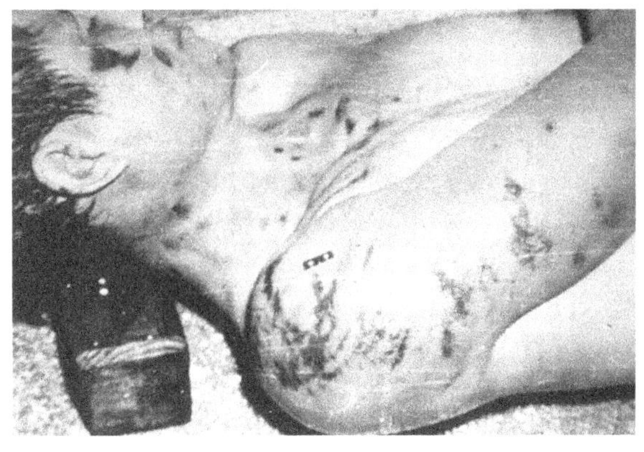

图5-13

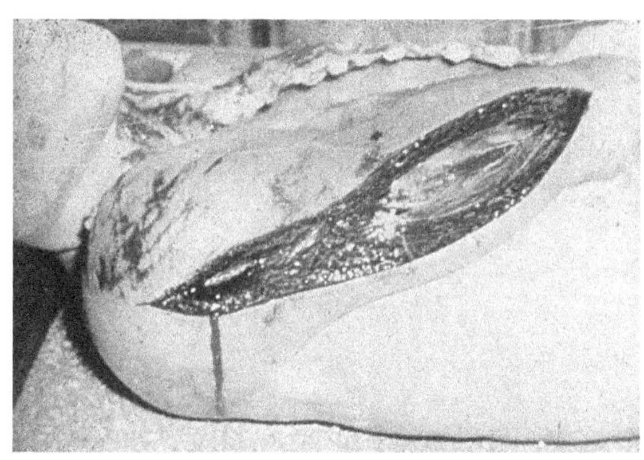

图5-14

2．内部检查　内脏整体呈缺血状态，膀胱空虚。主要病变在肾（图 5-15，图 5-16）。

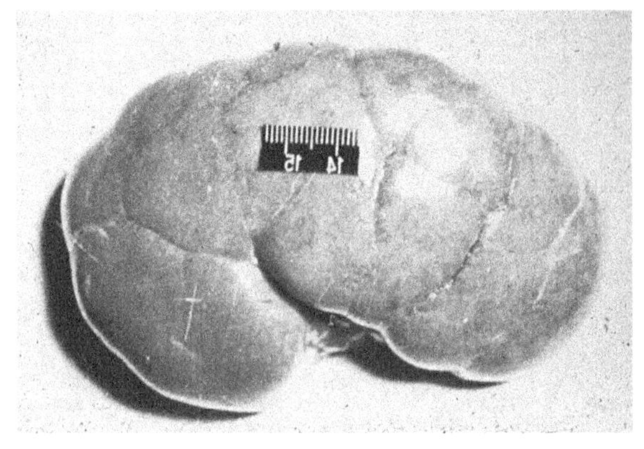

图 5-15

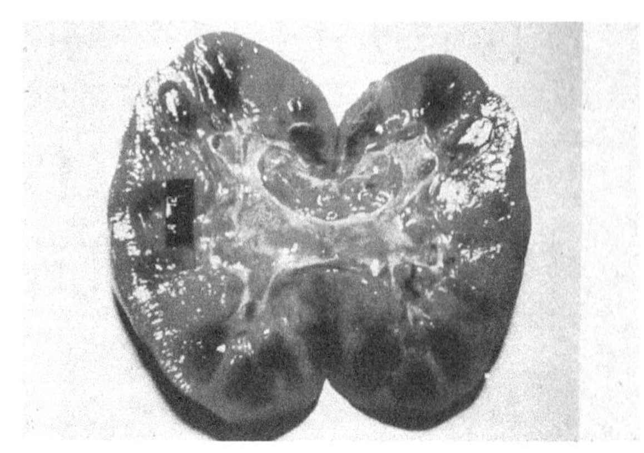

图 5-16

3．组织学检查　肾病理改变见肾小管上皮细胞水样变性，肾远曲小管中见肌红蛋白管型（图 5-17，图 5-18）。注：本例未做免疫组织化学染色，如做免疫组织化学染色，在远曲小管内可见 Myoglobin 染色阳性的蛋白管型，又称“低部肾单位肾病”（图 5-19，图 5-20）。

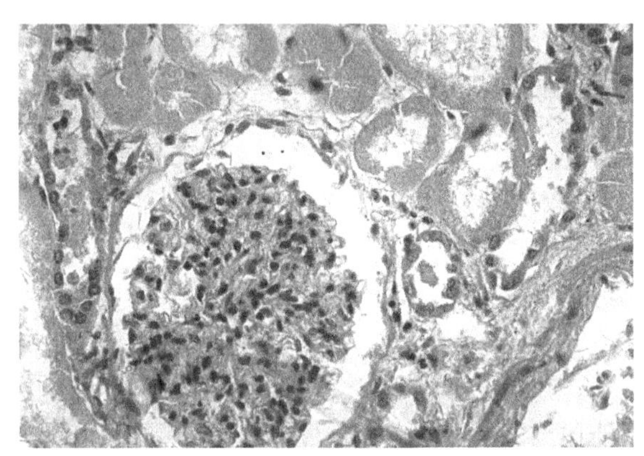

图 5-17　HE × 400

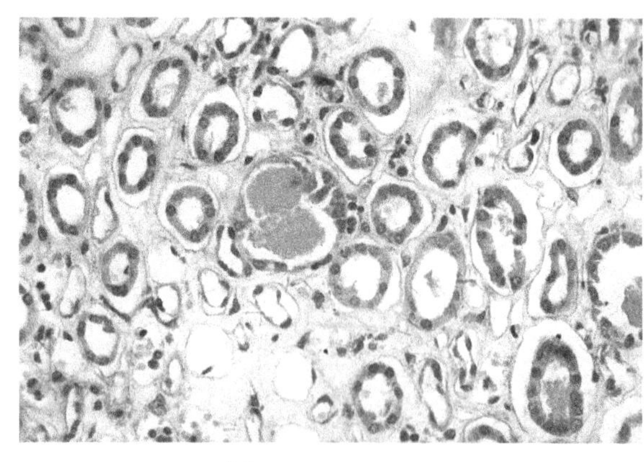

图 5-18　HE × 400

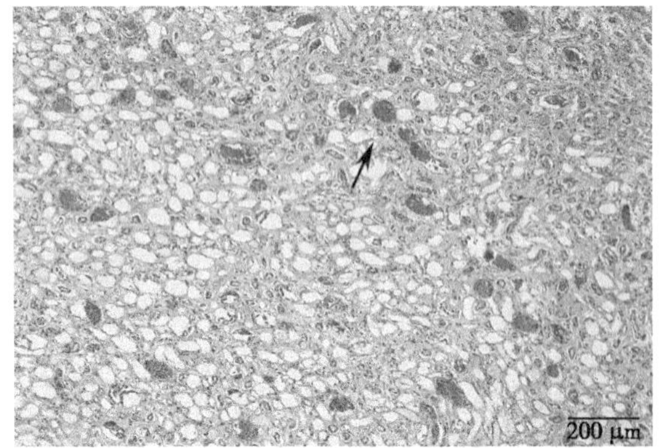

图 5-19　肾远曲小管内的肌红蛋白管型（HE × 200）
肾髓质远曲小管腔内见较多以肌红蛋白为主的色素管型和细胞色素管型
（河北医科大学李英敏教授提供）

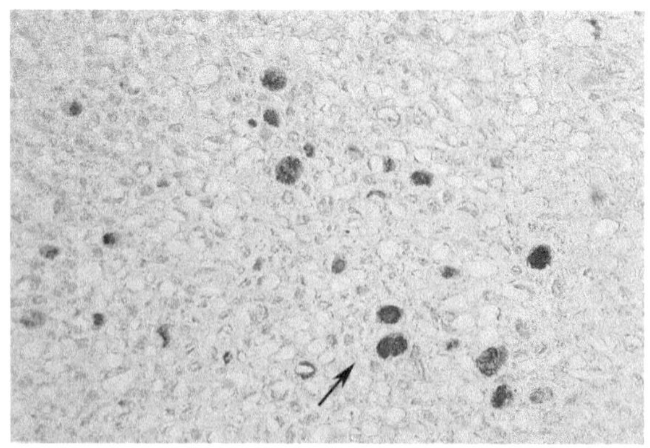

图 5-20　Myoglobin 染色阳性的肌红蛋白管型（Myoglobin 染色 × 200）
肾髓质远曲小管腔内见较多以肌红蛋白为主的色素管型和细胞色素管型
（河北医科大学李英敏教授提供）

4. 毒物分析结果　李某血液、胃为内容、肝组织中未检出常见毒物(农药类、镇静安眠药、鼠药、毒品等)。

(三) 分析说明

1. 本例系统法医学解剖主要诊断为：全身广泛面积软组织挫伤伴失血性贫血；外伤性低部肾单位肾病；各器官除缺血性改变外未检出其他病变。系统毒物分析未检出常见毒物中毒。

2. 外伤性低部肾单位肾病又称为外伤性挤压综合征，是由于身体软组织丰富的部位遭受长时间的挤压伤后发生的以急性肾衰竭为特征的全身性严重病变。本例死者生前5天被人多次殴打，案情调查显示，死者曾有严重口渴、无尿等症状。法医病理学检验排除了疾病致死；毒物分析排除常见毒物中毒致死。

(四) 鉴定意见

李某系全身多处软组织挫伤致挤压综合征死亡。

(五) 案例点评

挤压综合征多见于灾害与事故及暴力损伤。由于无内脏破裂或体腔出血，主要为软组织损伤，常常引起争议，肾组织学检查并结合软组织损伤的面积和深度以及外伤后的时间就显得至关重要。本例应对损伤区切开，肉眼检查其损伤深度及范围，显微镜下观察组织出血程度及肾远曲小管管型以确定为挤压综合征致死。如果受害人伤后1～2天内死亡，常常来不及形成挤压综合征即因“创伤性休克”而死亡，应引起鉴定人的注意。

需要提及的是，不管是诊断挤压综合征还是创伤性休克，均应排除疾病与中毒。

四、思考题

1. 挤压综合征的定义及病理改变是什么？
2. 钝器伤在法医学鉴定中的难点是什么？

(武　彦)

实验六　高坠伤与摔跌伤

一、实验目的

通过对高坠伤和摔跌伤大体及组织学标本的观察，达到加深对以下几方面知识认识和理解的目的：

1. 掌握高坠伤的概念、损伤特点和法医学鉴定任务。
2. 掌握摔跌伤的特点。
3. 熟悉高坠伤和摔跌伤的异同。
4. 了解坠落损伤现场勘验要点。

二、实验观察内容

1. 大体图片（图 6-1）

（1）案情摘要：某男，25 岁，从楼上坠下，当场死亡。

（2）观察要点：右背部及右臂后侧大片状擦挫伤，右肘部擦挫伤及挫裂创，右腰部片状、条状、点线状皮肤擦挫伤；损伤部位颜色暗红，形态不规则，上重下轻；系右背外部及上臂部位先着地。

（3）病理诊断：右背、右上臂及右腰部挫伤。

2. 大体图片（图 6-2）

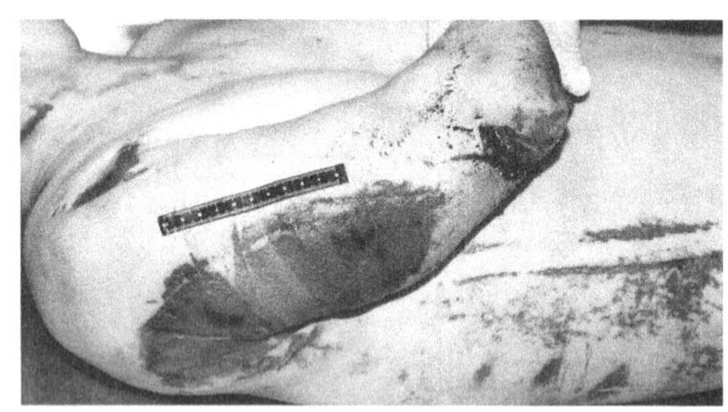

图 6-1　高坠致右背、右上臂后外侧及右侧腰部挫伤（Contusion on the rightside of back，upper arm，and pars lumbalis caused by falling from height）

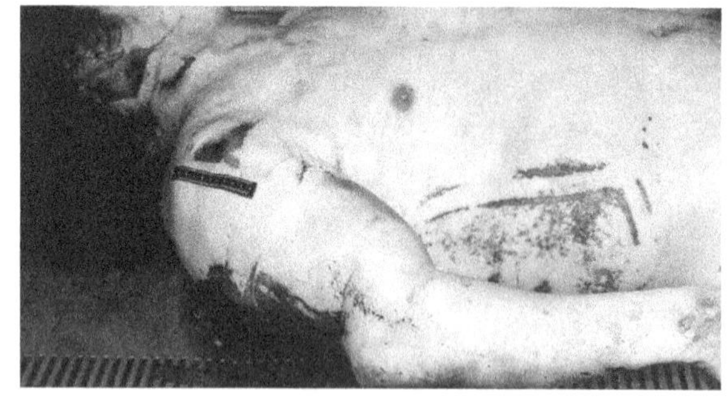

图 6-2　高坠致右侧肱骨下端骨折，假关节形成（Right humerus shaft fracture and pseudarthrosis formation caused by falling from height）

（1）案情摘要：某男，25 岁。从楼上坠下，当场死亡。

（2）观察要点：右上臂肱骨下端骨折，在右肘关节上 5.0cm 部位形成假关节，右上臂出现畸形；骨折部位有皮肤擦挫伤；骨折断端刺破皮肤软组织，形成钝性刺穿。

（3）病理诊断：右肱骨骨折。

3. 大体图片（图 6-3）

（1）案情摘要：某男，48 岁，晚上外出，从 100 余米高的山崖跌落到深沟内，次日清早被他人发现时已死亡。

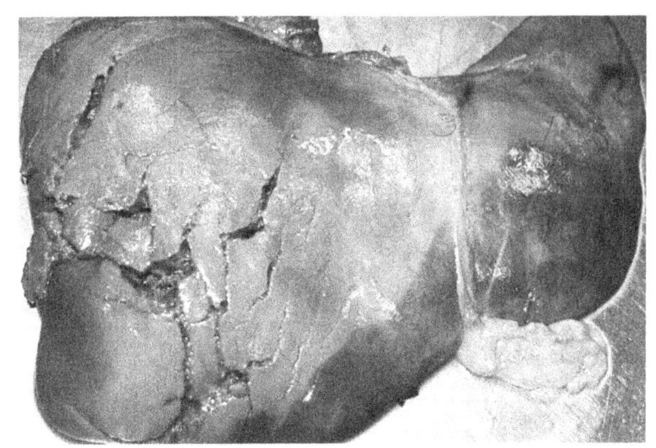

图 6-3　高坠致肝破裂（liver rupture caused by falling from height）

（2）观察要点：肝脏是人体最大的内脏器官，上图可见肝脏右叶呈星芒状破裂，达肝实质；肝左、右叶包膜下均有出血。系坠落后腹部或腰背部着地所致。此特点与钝器打击腹部形成的肝破裂不同。

（3）病理诊断：肝破裂。

4．大体图片（图 6-4）

（1）案情摘要：女性，23 岁，在 KTV 工作。某日下夜班后与一男性朋友在酒店房间吸食冰毒，凌晨被他人发现从 5 楼坠下死亡。

（2）观察要点：脾在坠落损伤时也容易破裂出血。图 6-4 可见脾下缘左、右侧部位均有挫裂创，达脾实质；出血部位呈暗红色；系坠落后左腹部或腰背部着地所致；受害人迅速死亡，腹腔出血不多。此特点与钝器打击腹部形成的脾破裂、腹腔大出血不同。

（3）病理诊断：脾破裂。

5．大体图片（图 6-5）

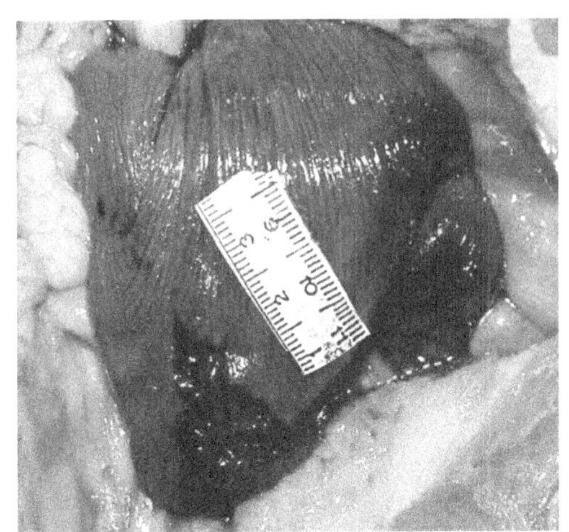

图 6-4　高坠致脾脏破裂（spleen rupture caused by falling from height）

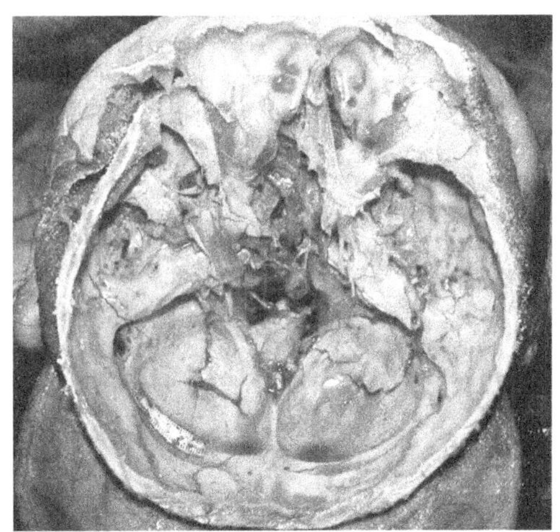

图 6-5　高坠致颅底骨折（comminuted fractures of the skull base caused by falling from height）

（1）案情摘要：某男，21 岁，工人。在建筑工地工作时从 8 层楼高的塔吊车上坠地死亡。

（2）观察要点：颅底从内面看分为颅前凹、颅中凹和颅后凹；颅前凹由额骨眶板、蝶骨体前部、蝶骨小翼和筛板构成；颅中凹由蝶骨骨体、蝶骨大翼及颞骨岩部构成；颅后凹由枕骨和颞骨岩部构成，中央为枕骨大孔。本例坠落伤颅前凹、颅中凹和颅后凹均发生骨折，其中颅后凹枕骨大空周围骨折尤为严重；枕骨大孔前方斜坡承载脑桥和延髓，骨折将造成呼吸、循环生命中枢严重损伤和功能障碍。

（3）病理诊断：颅底粉碎性骨折。

6. 大体图片（图 6-6）

（1）案情摘要：男性，32 岁；晚上在饭店与朋友饮酒，与他人发生争执，相互厮打中从高约 1m 左右的楼梯上摔下，头部着地，送医院急救 1 天后死亡。尸体解剖发现头皮挫裂创及颅内出血，颅骨无骨折。

（2）观察要点：脑枕部硬脑膜下腔有暗红色血凝块；清除硬脑膜外血凝块，可见枕部脑表面呈暗红色，蛛网膜菲薄、透明，脑沟填塞有暗红色血凝块；脑表面血管扩张、淤血。

（3）病理诊断：枕部硬脑膜下腔出血及蛛网膜下腔出血。

7. 大体图片（图 6-7）

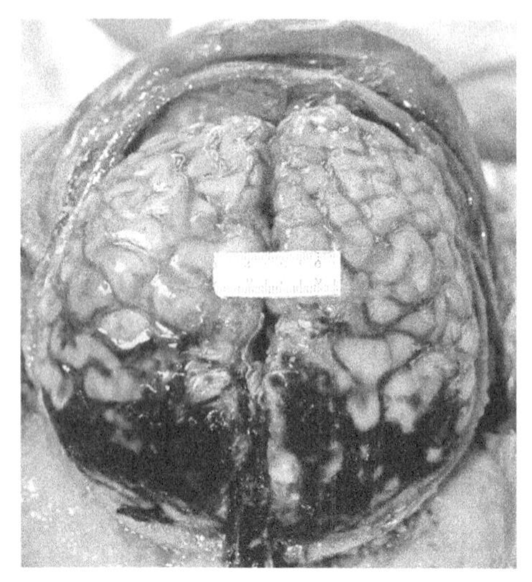

图 6-6　摔跌致脑枕部硬脑膜下腔及蛛网膜下腔出血（subdural hematoma and subarachnoid hemorrhage in occipital lobes caused by falling）

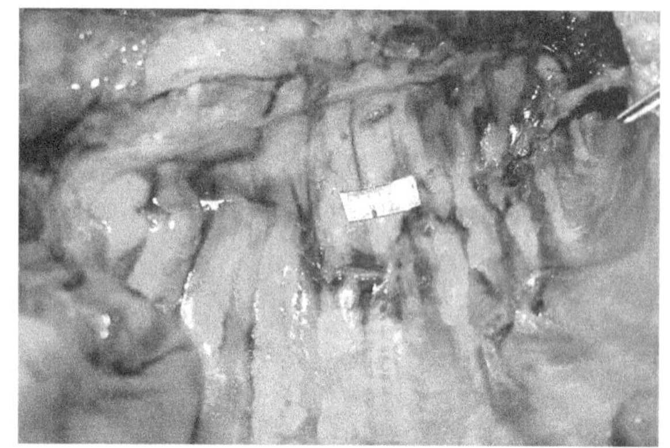

图 6-7　摔跌致胸壁软组织出血及多发性肋骨骨折（contusion of thoracic wall and fractures of ribs caused by falling）

（1）案情摘要：男性，41 岁，乘坐摩托车外出，行驶途中摩托车与三轮车相撞，该男子从摩托车后座上摔到人行道的道沿，路人呼叫“120”急救车送至医院急救，抢救无效死亡。尸体解剖发现胸壁肋骨骨折，双侧胸腔积血，肺挫裂创。

（2）观察要点：右侧胸壁从上而下 1～10 肋骨均有骨折，骨折部位从锁骨中线至腋前线；肋骨断端周围软组织灶状出血。损伤特点表明受害人摔跌着地点为胸前壁。

（3）病理诊断：右侧胸壁第 1～10 肋骨骨折伴软组织出血。

三、案例分析

（一）案情摘要

李某，男性，25 岁。某年 6 月 20 日来某市自助旅游，住某大厦 19 层一家庭旅馆。入住后李某告知店主将于 6 月 24 日 11:00 时离店去机场，请店主帮忙预订送达机场车辆。6 月 24 日早 7:30 时店主准备好早餐，9:00 时其他住店客人基本用餐结束、离店外出；9:30 时店主在客厅看见李某收拾好行李，走出房间到阳台上吸烟；10:15 时大厦管理人员发现李某坠落在地面人行道上，急呼“120”电话急救，发现身亡。

（二）现场勘验

尸体位于阳台直下一层地面人行道上，尸体周围有暗红色血迹；尸体内侧距离大厦外墙 1.2m；尸体周围可见散落的眼镜和蓝色塑料拖鞋。该拖鞋款式与家庭旅馆内拖鞋颜色、款式相同。

李某生前所住的家庭旅馆位于大厦 19 层，有 4 间卧室，李某所住卧室木床上有其双肩背包，机票放在双肩包上；卧室窗台上有死者帽子、手机和折叠的纸张，三样物品摆放整齐；卧室无搏斗痕迹。卧室有门可达南面阳台。阳台有铝合金推拉窗封闭，窗口距阳台地面0.93m，推拉窗推开宽度为0.57m；阳台窗户玻璃完好；阳台窗台上有一玻璃烟灰缸，内有2枚烟头和少许烟灰；提取烟头和死者血液进行DNA检验，比对相一致。阳台上物品未见移动，阳台地面及窗台未见血迹或其他黏附物品。

（三）法医学检验

1. 衣着检查　上身穿T恤衫，领口、肩、胸部有大量血迹浸染，背部黏附有泥土；下身穿运动中裤和内裤，内、外裤裆部均撕裂，前后均有大量血迹浸染；外裤所系皮带断裂。

2. 尸表检查　青年男性尸体。尸长175.0cm。双眼周青紫；左眼外眦有一3.3cm×1.0cm大小的挫伤；右耳后有一长2.5cm条形挫裂创；右下颌角部位有5.5cm×1.2cm大小的擦挫伤。右肩峰部位有7.5cm×6.5cm大小的挫伤；右肩胛骨骨折。右肱骨下段粉碎性骨折，假关节形成；右肘关节背外侧有5.5cm×2.8cm大小的骨刺创；右前臂中段有13.0cm×5.5cm大小的擦挫伤。左前臂有14.0cm×4.0cm大小的擦挫伤。胸壁右侧腋下部位在22.0cm×6.0cm大小的范围内可见条片状擦挫伤。骨盆挤压分离试验阳性。左腹股沟及会阴区有25.0cm×13.0cm大小的挫裂创。右股后外侧有25.0cm×12.5cm大小的挫伤；左、右股骨下段骨折；左胫腓骨中段粉碎性骨折。双足部可见散在分布的点片状擦伤。

3. 内部检查　右侧颞肌出血；左侧颞骨横行骨折；脑表面部分区域颜色加深；取出脑组织，可见颅前凹、颅中凹及颅后凹广泛骨折，以枕骨大孔周围为著。右侧胸壁第1～7肋骨在与软骨结合处及腋前线处骨折，第1～6肋在腋后线处骨折，第1～11肋在近脊柱旁骨折；左侧第1～5肋在锁骨中线至腋前线处骨折，第2～4肋在肩胛线处骨折，第6～7肋在腋中线处骨折，以上骨折部位周围软组织有出血。右侧胸腔内有30.0ml血性积液，左侧胸腔内有100.0ml血性积液；第5胸椎周围软组织少量出血。肺门软组织灶状出血。心包腔内有10.0ml凝血块和少量血性液体，主动脉根部内膜有长4.0cm的撕裂创；下腔静脉根部内膜有长2.8cm的撕裂创。腹腔内有100.0ml积血；腹膜后部软组织出血。肝右叶表面有18.0cm×10.0cm大小不规则挫裂创；脾表面有7.0cm×4.0cm大小的不规则挫裂创；右肾上极有2.8cm×1.2cm大小的星芒状挫裂创。

4. 组织学检查　蛛网膜下腔灶状出血。肺各叶组织内灶状出血。心外膜下灶状出血。肝、脾、肾脏组织内灶状出血。

5. 毒物分析　心血、胃内容物、肝和肾组织中均未检出常见毒物。

（四）分析说明

经系统的法医学解剖检验，主要发现有：死者体表多发软组织擦挫伤及挫裂创；颞骨及颅底骨折；右侧肩胛骨、右侧肱骨、双侧肋骨、骨盆、双侧股骨、左侧胫腓骨等多发、多处骨折，骨折部位伴有软组织少量出血；主动脉、下腔静脉根部撕裂创；肺门及肺组织挫伤；肝、脾及肾脏挫裂创；心包腔及胸、腹腔出血。系统解剖及脏器显微病理学检验学检验未发现致死性疾病；系统毒物分析未检出常见毒物。

死者损伤表现为“体表损伤相对较轻、内部损伤重；损伤广泛、有多发性复合性骨折；脏器破裂部位出血相对较少；多处损伤均由一次性暴力形成”等特点，呈现高坠损伤的典型表现；如此严重而广泛的损伤可在极短时间内引起多器官严重损害而致死亡。

（五）鉴定意见

李某系高坠损伤死亡。

（本案例图片见网络增值服务实验六PPT内容）

四、思考题

1. 根据本实验中所提供的图片和案例，分析高坠伤有哪些特点？
2. 高坠伤法医鉴定的任务有哪些？
3. 摔跌伤有何特点？

（阎春霞）

实验七　机械性损伤-锐器损伤特征

一、实验目的

锐器损伤为常见的机械性损伤类型之一，本实验通过对锐器伤大体标本的图片观察，使学习者进一步：

1. 熟悉常见锐器创的基本形态和特征。
2. 掌握刺创的形态特征，能区别单刃刺创与双刃刺创。
3. 掌握切创的形态特征，能区别自杀切创与他杀切创。
4. 掌握砍创的形态特征。

二、实验观察内容

（一）常见刺创的大体标本观察

1. 大体图片（图7-1）

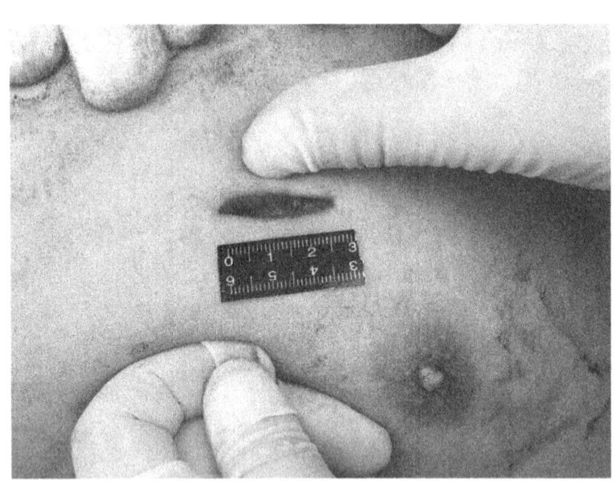

图7-1　单刃刺创（wound by single-blade weapon）
创缘整齐，创角一锐（左）一钝（右）

（1）简要案情：某男，被人用刺器刺伤心脏死亡。

（2）观察要点：左胸前乳头内下方有一2.5cm长刺创，创缘整齐，无表皮剥脱，下侧创角锐利，上侧创角稍钝。

（3）诊断：左侧胸部刺创，符合单刃刺创特征。

2. 大体图片（图7-2）

（1）简要案情：某男，被人用单刃匕首刺破左股动脉大出血死亡。

（2）观察要点：左腹股沟部有一长梭形创口，哆开明显，创缘无表皮剥脱及皮下出血，左侧创缘有一皮瓣，下1/3创壁平整，创底见股动脉破裂。本例创口较长，创腔局部较深，分析为刺切创，破案后证实系凶手在下蹲位持水果刀斜向上刺入造成。

（3）诊断：左侧腹股沟刺切创，股动脉破裂。

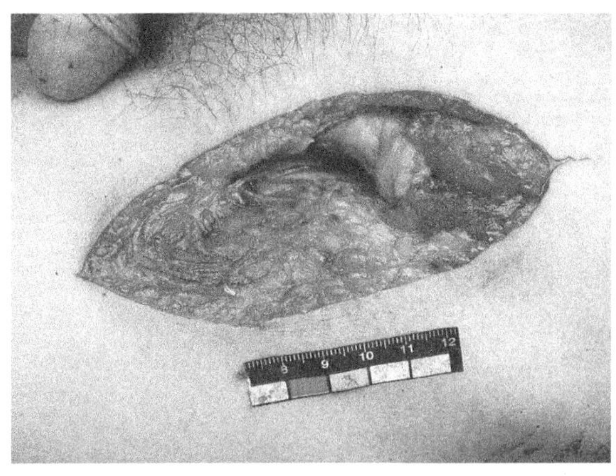

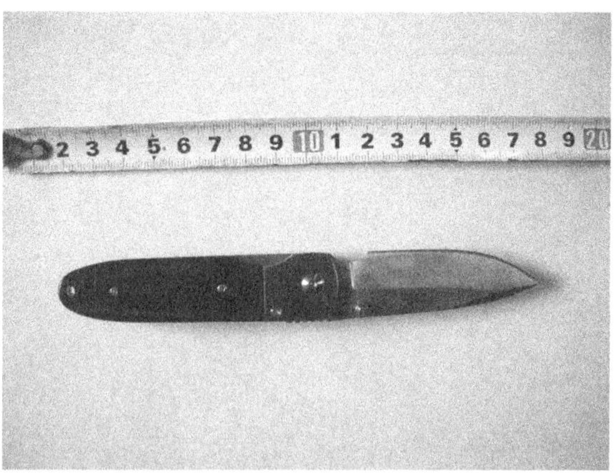

图 7-2　左图为刺切创（stab-incised wound）**；右图为刺器**（stab weapon）
左腹股沟部有一长梭形创口，哆开明显；右图示致伤物水果刀

3．大体图片（图 7-3）

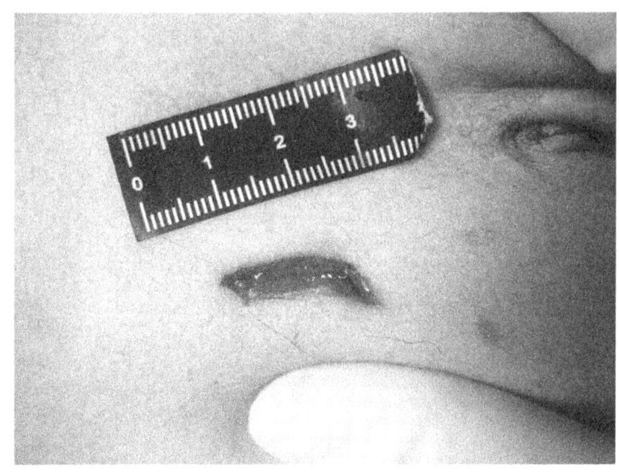

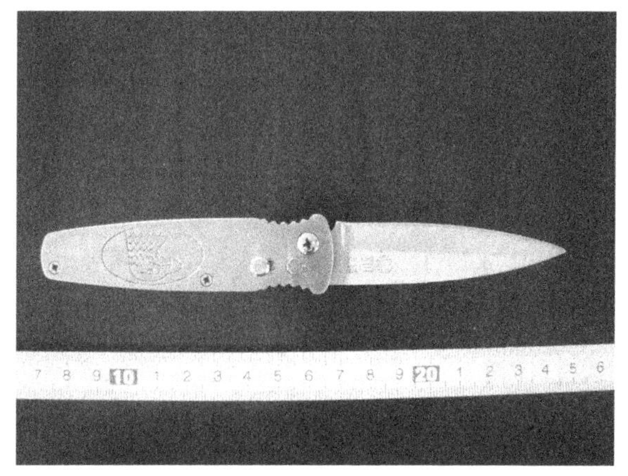

图 7-3　左图为刺创（stab wound）**；右图为刺器**（stab weapon）
左图示创口合拢后形态，右图示致伤物单刃匕首

（1）简要案情：某男，被人用单刃匕首刺伤腹部致肠系膜动脉破裂、腹腔大出血死亡。

（2）观察要点：左下腹部有一纵行裂创，创口哆开，呈椭圆形，左侧创缘有少许表皮剥脱，无皮下出血，创道深达腹腔；创口合拢后呈裂隙状，创角一钝一锐，形态稍不规则，致伤物为单刃匕首，创口轻度变异为刺入后身体位移或刺器方向改变所致。

（3）诊断：单刃刺创。

4．大体图片（图 7-4）

（1）简要案情：某男，被人用单刃匕首刺伤胸部致死。

（2）观察要点：胸部有一刺创，创口不规则，哆开明显，创缘无表皮剥脱，创角较锐，一创角有分支，创口合并后可见创缘不规整，为单刃匕首刺入后旋转或改变方向所致。

（3）诊断：胸部单刃变异刺创。

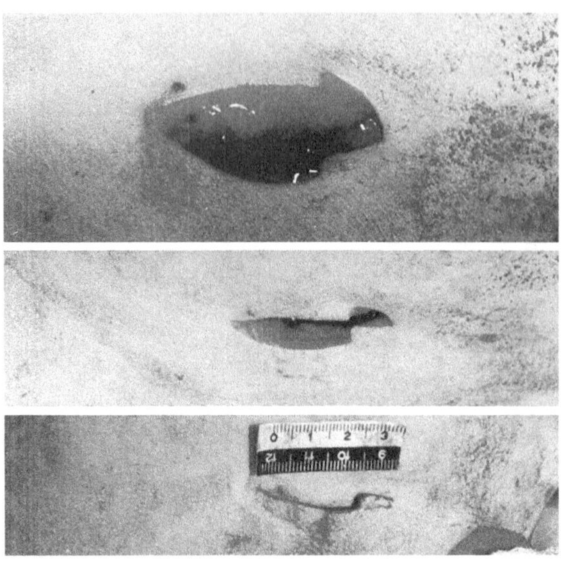

图 7-4　单刃变异刺创（multiple single-blade wound）
一单刃变异刺创口，形状不规则
（廖志刚提供）

（二）常见切、砍创的大体标本观察

1．大体图片（图 7-5，图 7-6）

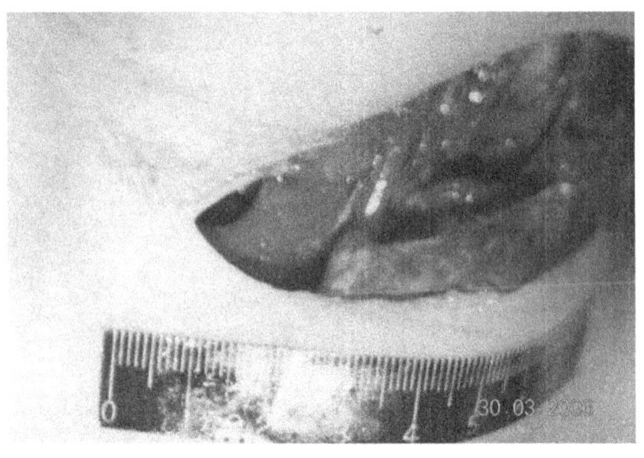

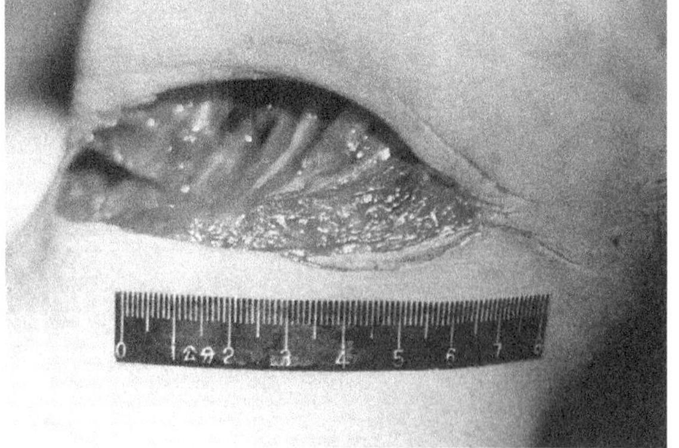

图 7-5　颈部切创（incised wound on neck）
左图示颈右侧创角锐利，创腔较深；右图示左侧创角有拖刀痕，创周可见试切痕

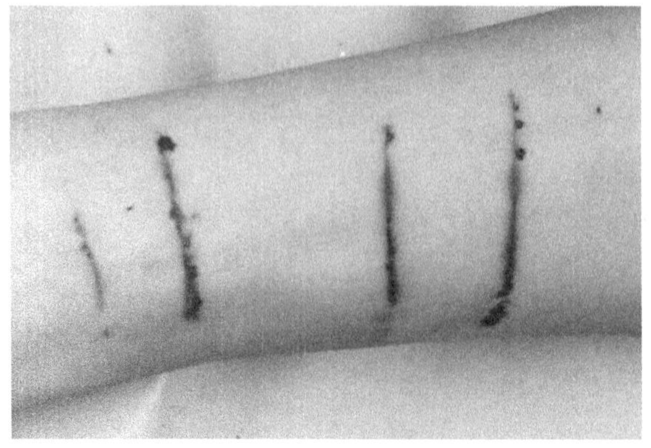

图 7-6　左前臂切创（incised wound on left forearm）
左前臂有数条平行切创

(1) 案情摘要：某女，28 岁，被人发现死于家中，颈前有横行创口，曾自杀未遂。

(2) 观察要点：颈前有一横行创口，创口较长，创缘整齐，创腔较深、无组织间桥；左侧创缘上下分别有浅表划痕；颈右侧创角锐利，左侧创角前端有浅表划痕，呈鱼尾状。左前臂有数条平行切创。

(3) 诊断：自杀切颈。

2. 大体图片(图 7-7，图 7-8)

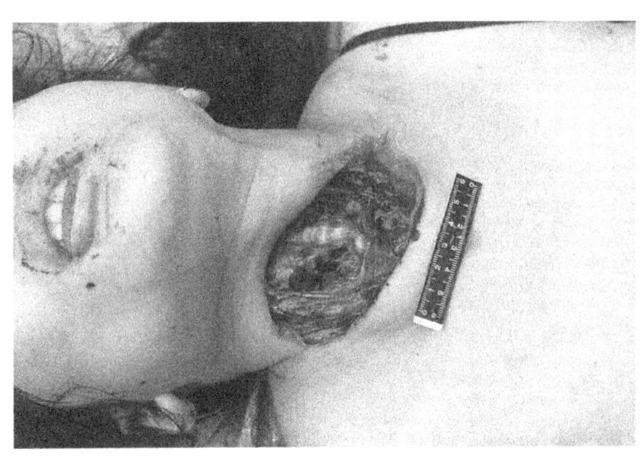

图 7-7　颈部切创(incised wound on neck)
颈部切创，左低右高，创腔较深

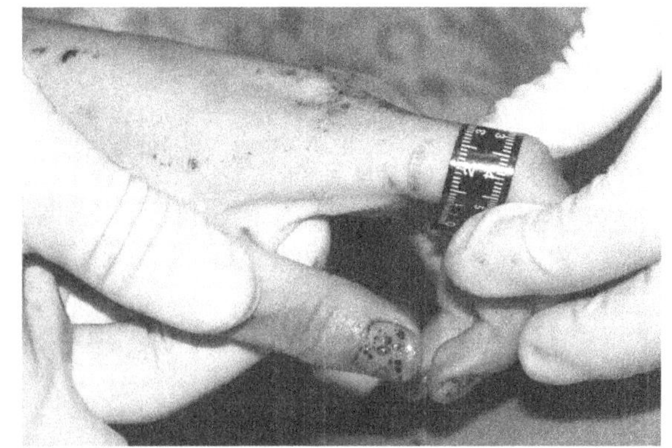

图 7-8　左手抵抗伤(defense wound on left hand)
左手示指抵抗伤

(1) 案情摘要：某女，16 岁，学生，被人发现死于楼房电梯中，颈部有横行创口，左手示指有抵抗伤。

(2) 观察要点：颈前有一横行创口，创口长、哆开，创角有皮瓣，创缘整齐，创腔较深、无组织间桥；创口方向左下至右上；创口周围没有划痕、平行创口等。左手示指有抵抗伤。

(3) 诊断：他杀切颈。

3. 大体图片(图 7-9)

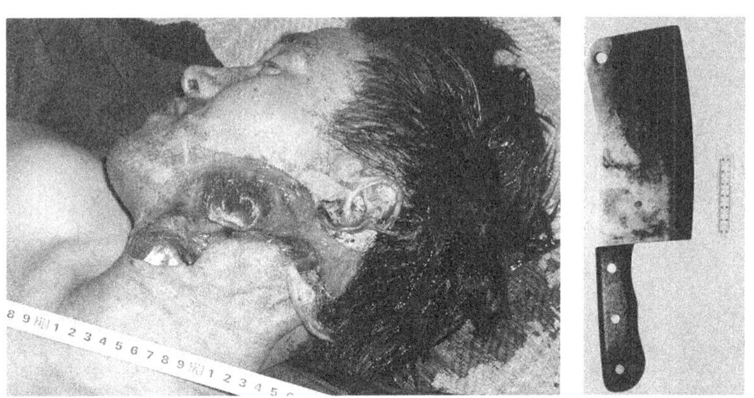

图 7-9　左图为砍创(chop wound)；**右图为砍器：菜刀**(chop weapon，kitchen knife)
左图示左下颌部及左颈部有一砍创，创底较深，伤及骨质；右图示致伤物菜刀

(1) 案情摘要：某男，26 岁，出纳员。被发现死于自己宿舍内，系被人用菜刀砍死后抢劫保险柜现金。

(2) 观察要点：左下颌部及左颈部有一创口，创口较长，创缘整齐，创缘无表皮剥脱及皮下出血，创角形成皮瓣，创腔较深，创腔内无组织间桥，合并颈椎骨折。

(3) 诊断：他杀砍创。

三、案例讨论

（一）案情摘要

某男，40 岁，出租车司机。某日晚，发现其被杀后抛尸在郊区。

（二）法医学检查

1. 尸表检查　双眼球睑结膜苍白，口唇苍白。右前胸上部锁骨中线外侧第 5、6 肋间可见 2.3cm × 1.5cm、2.1cm × 1.3cm 两个略呈菱形创口，右背部肩胛下缘有 4.3cm × 0.6cm、4.1cm × 0.5cm 两个创口，创角一钝一锐，创缘整齐无表皮剥脱及皮下出血，创腔内无组织间桥，创均深入胸腔（图 7-10，图 7-11，图 7-12）。右肘部后外侧、右前臂后外侧有 3.0cm × 2.0cm、4.3cm × 1.6cm 条片状擦挫伤；左中指第二指间关节背侧有 0.4cm 类圆形皮肤擦挫伤。右膝下前外侧可见 1.0cm × 0.5cm、1.0cm × 0.7cm、1.0cm × 1.0cm 三处皮肤擦挫伤。四肢未触及骨擦感。

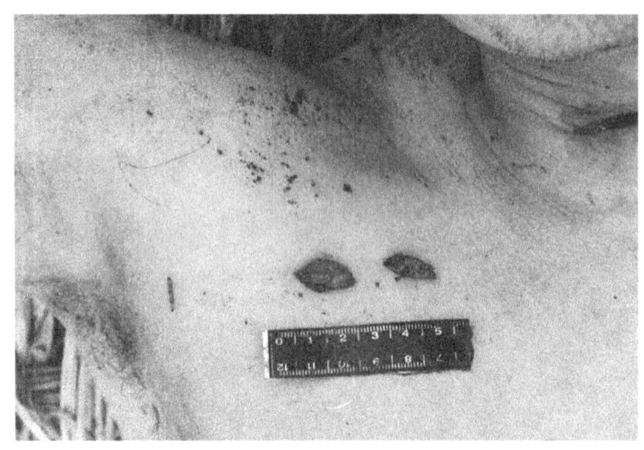

图 7-10　死者右胸部刺创

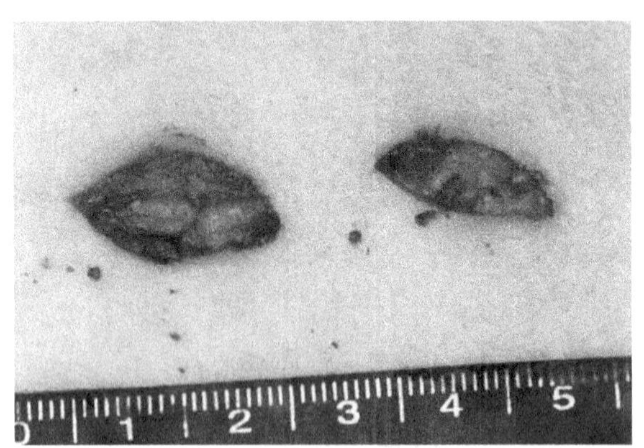

图 7-11　右胸部刺创，创角一钝一锐

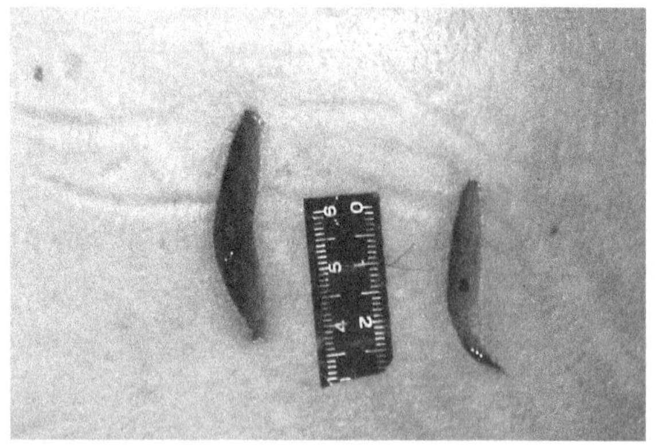

图 7-12　左背部刺创，创角一钝一锐

2. 内部检查　右侧颞肌内见 5.0cm × 4.5cm 出血，颅骨无骨折，颅内无出血。颈部皮肤、皮下组织、颈前各肌群内未见出血。甲状软骨及舌骨完整，无骨折。胸部右侧锁骨中线第 5、6 肋间肌片状出血，右腋后线第 8 肋间肌片状出血。右肺上叶前外侧可见 3.4cm × 0.8cm、5.2cm × 1.6cm 两处创口，双肺叶间无粘连，右侧胸腔有血性液体 850ml。心包膜、心前壁可见 1.7cm × 0.2cm 创口（图 7-13，图 7-14），该创由右胸部创口贯通，心包腔有 180ml 血性液体并有血凝块形成。心脏大小、心肌厚度、各瓣膜未见异常。左冠状动脉开口处动脉粥样硬化，管腔狭窄Ⅱ级。腹盆腔解剖未见异常。

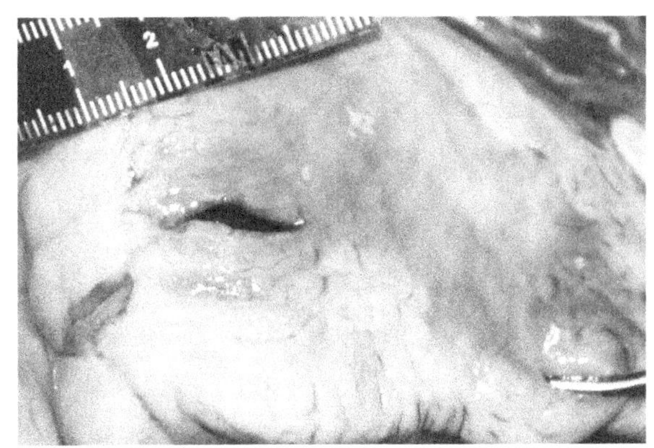

图 7-13　心脏创口

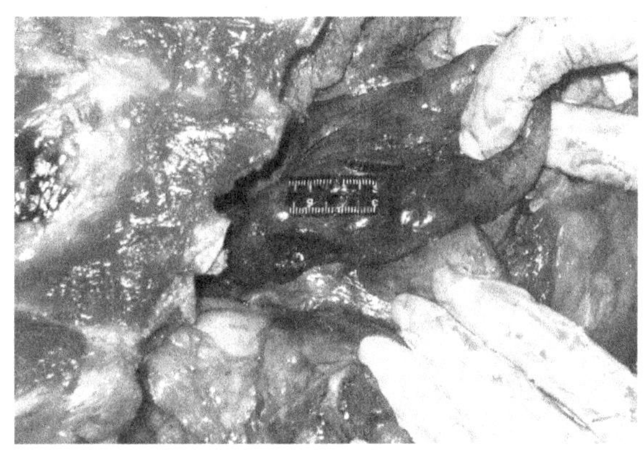

图 7-14　左肺两个创口

（三）分析说明

1. 经法医学检验，发现死者右胸部、右背部刺创口；右肺、右心刺创，继发胸腔积血、心包腔积血，导致急性呼吸循环功能障碍而死亡。

2. 死者右胸部、右背部创口，创角一钝一锐，创缘整齐无表皮剥脱及皮下出血，创腔无组织间桥；上述损伤创道均深入胸腔，形成肺部刺创，其中一创刺入心脏。提示致伤物为单刃刺器，且该刺器具有一定长度。

（四）鉴定意见

死者系单刃刺器刺破心、肺，导致急性呼吸循环功能障碍而死亡。

四、思考题

1. 请结合本实验中锐器伤图片，试述锐器创有哪些基本特征？

2. 结合本实验所提供的图片，如何寻找自杀切颈的法医学依据？

（莫耀南）

实验八　火器损伤特征

一、实验目的

近年来在我国火器损伤的案件呈上升趋势，通过对火器损伤大体及组织学标本的观察有助于加深对以下几方面的认识和理解：

1. 枪弹对人体的损伤机制。
2. 枪弹损伤的类型。
3. 掌握枪弹损伤的特点、种类、射入口及射出口的特征。
4. 散弹损伤及爆炸损伤的特征及诊断要点。

二、实验观察内容

（一）大体标本观察

1. 标本（图 8-1）

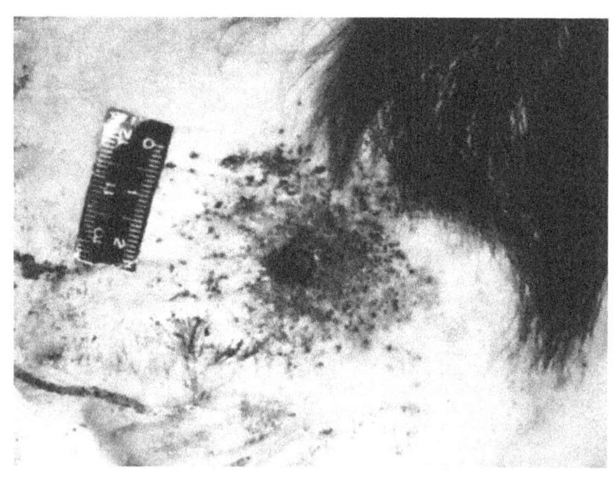

图 8-1　射入口（entrance bullet wound）
图中可见左侧额颞部交界处可见一由弹头所致直径约为6mm 的组织缺损及擦拭轮、挫伤轮、射击残留物

（1）案情摘要：某男，32 岁，死于自家卧室，死者左手持“五四”式手枪，现场留有遗书。

（2）观察要点：左侧额颞部交界处可见一直径约 6.0mm 的类圆形皮肤缺损。皮肤缺损最内侧可见一圈黑色污浊的轮状带（擦拭轮）。在组织缺损边缘向外侧 2.0～4.0mm 范围内可见一环形表皮剥脱及皮下出血区（挫伤轮）。在组织缺损周围可见黑色雾状区，其间掺杂许多黑色点状物（射击残留物）。

（3）诊断：头部枪弹射入口。

（4）诊断依据：

1）左侧额颞部交界处类圆形组织缺损；

2）缺损周围可见擦拭轮、挫伤轮及射击残留物。

2. 标本（图 8-2）

（1）案情摘要：某男，45 岁，在某住宅区开枪杀死两人后自杀。

（2）观察要点：右侧颞部可见一类圆形皮肤缺损。皮肤缺损周边可见擦拭轮及挫伤轮，但未见由射击残留物所致黑色雾状区，在擦拭轮及挫伤轮外侧有一宽 5.0～6.0mm 不规则皮下组织出血区，此形态学特点为接触射击时弹药爆炸所致高压气体引起皮肤过度膨胀，使枪口外形印在射入口部位的皮肤上（枪口印痕，muzzle imprint）。

（3）诊断：头部枪弹射入口。

（4）诊断依据：

1）右侧颞部类圆形皮肤缺损；

2）缺损周边可见擦拭轮、挫伤轮；

3）缺损周边印痕与现场所留枪支枪口相符合。

3. 标本（图 8-3）

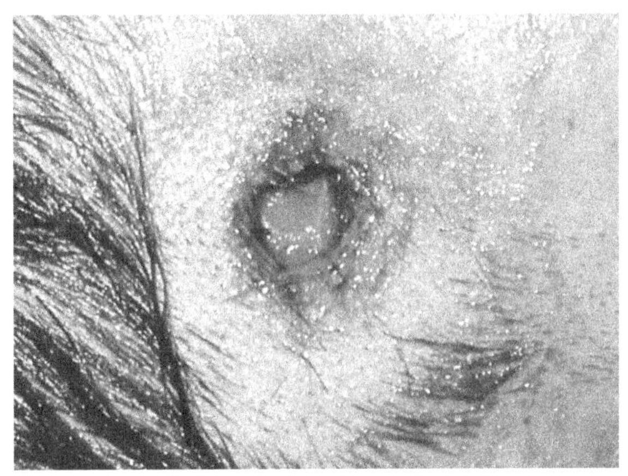

图 8-2　射入口（entrance bullet wound）
图中可见右侧颞部有一由弹头所致组织缺损。组织缺损周边可见擦拭轮及挫伤轮，但未见由射击残留物所致黑色雾状区，在擦拭轮及挫伤轮外侧有一宽 5.0～6.0mm 不规则皮下组织出血区

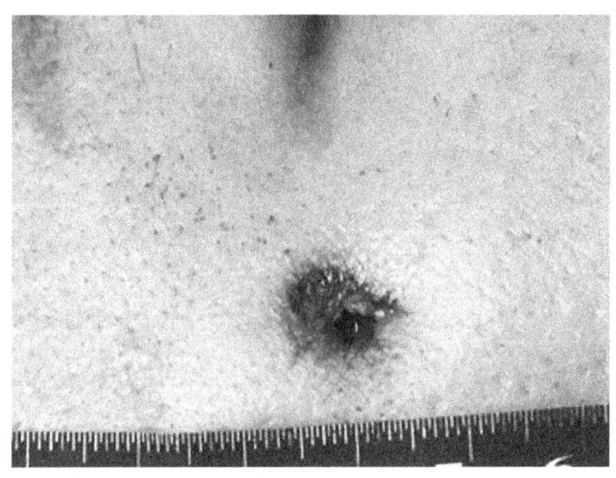

图 8-3　射入口（entrance bullet wound）
图中可见右侧颞部一由弹头所致组织缺损，组织缺损上缘周边可见皮肤挫伤，两侧创缘中心部可见皮肤裂创

（1）案情摘要：某男，39 岁，抢劫杀人后被警方用“六四”式手枪击毙。

（2）观察要点：右侧颞部可见一孔状皮肤缺损。皮肤缺损上缘周边可见皮肤挫伤，两侧创缘中心部可见皮肤裂创。此射入口为非垂直射入弹头所致，皮肤挫伤部可提示弹头射入方向。

（3）诊断：头部枪弹射入口。

（4）诊断依据：

1）右侧颞部孔状皮肤缺损；

2）组织缺损周边皮肤挫伤及小裂创。

4. 标本（图 8-4）

（1）案情摘要：某男，29 岁，抢劫杀人后被警方用“五四”式手枪击毙。

（2）观察要点：左侧胸部乳头上可见一孔状皮肤缺损（射入口）。创口周围除可见有轻微组织挫伤（挫伤轮）外，未见擦拭轮及射击残留物所致黑色雾状区，但组织缺损周边部可见由弹药爆炸所致高压气体引起的皮肤变色区（皮内出血）。

（3）诊断：胸部枪弹射入口。

（4）诊断依据：

1）孔状皮肤缺损；

2）创口周围挫伤轮。

5．标本（图 8-5）

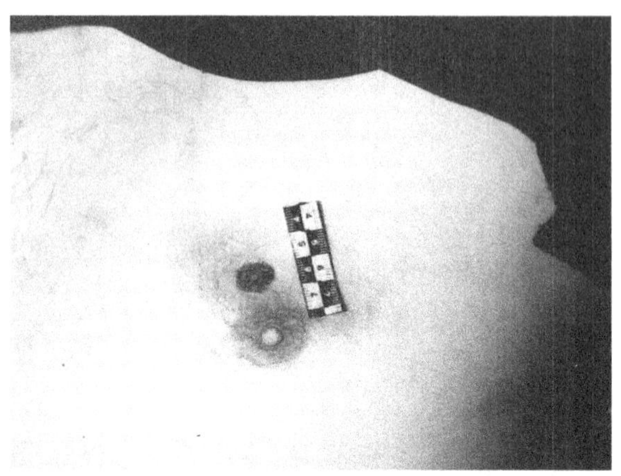

图 8-4　射入口（entrance bullet wound）

图中可见左侧胸部乳头上一由弹头经过衣服所致组织缺损（射入口），创口周围除可见有轻微组织挫伤（挫伤轮）外，未见擦拭轮及射击残留物所致黑色雾状区

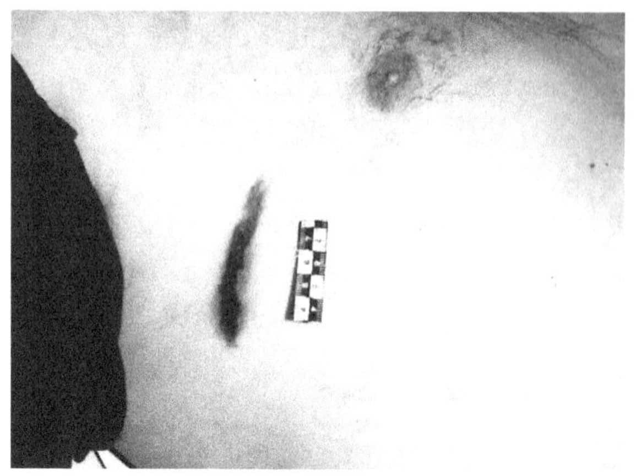

图 8-5　擦过枪弹创（grazing bullet wound）

图中可见左侧胸部乳头外侧长 7.5cm 沟槽状皮肤缺损。皮肤缺损远端周边部可见皮下出血，近端处可见由外侧向内侧走行的表皮剥脱

（1）案情摘要：与标本 4 为同一案件。

（2）观察要点：左侧胸部乳头外侧可见长 7.5cm 沟槽状皮肤缺损。皮肤缺损远端周边部可见皮下出血，近端处可见由外侧向内侧走行的表皮剥脱，提示弹头的运行方向。

（3）诊断：胸部擦过枪弹创。

（4）诊断依据：

1）沟槽状皮肤缺损；

2）周边部皮下出血。

6．标本（图 8-6）

（1）案情摘要：与标本 1 为同一案件。

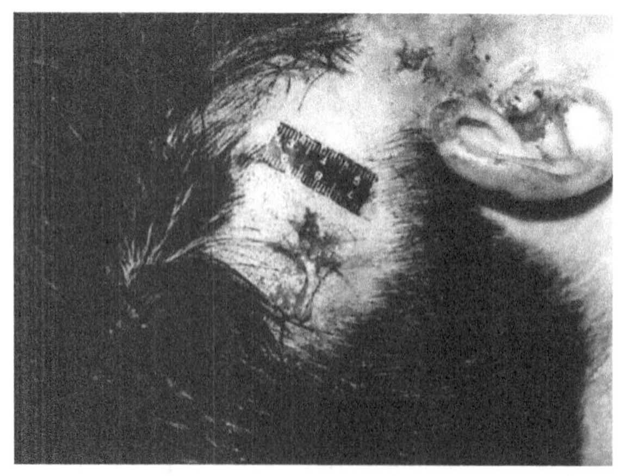

图 8-6　射出口（exit bullet wound）

图中可见右侧颞顶部头皮破裂，破裂口呈星芒状，边缘不规则。皮肤破裂处无擦拭轮、挫伤轮、火药颗粒嵌入等枪弹损伤射入口的形态学所见

(2) 观察要点：右侧颞顶部头皮破裂，破裂口呈星芒状，边缘不规则。皮肤破裂处无擦拭轮、挫伤轮、火药颗粒嵌入等枪弹损伤射入口的形态学所见。

(3) 诊断：头部枪弹射出口。

(4) 诊断依据：

1) 头皮裂创；

2) 创口呈星芒状，边缘不规则。

7. 标本(图 8-7)

(1) 案情摘要：某男，30 岁，抢劫杀人案被害者，致伤物为小口径手枪。

(2) 观察要点：右侧肘部可见一直径 0.5cm 的孔状皮肤缺损。皮肤缺损周边部可见多处放射状的皮肤小裂创。

(3) 诊断：枪弹射出口。

(4) 诊断依据：小孔状皮肤缺损，周围可见小裂创。

8. 标本(图 8-8)

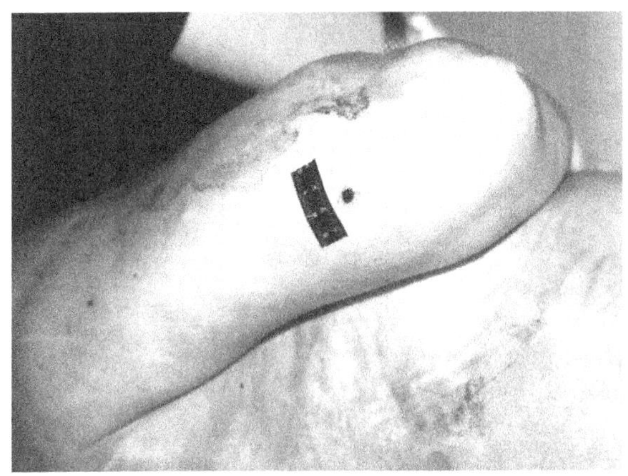

图 8-7　射出口(exit bullet wound)
图中可见右侧肘部一直径 0.5cm 的孔状皮肤缺损。皮肤缺损周边部可见多处放射状的皮肤小裂创

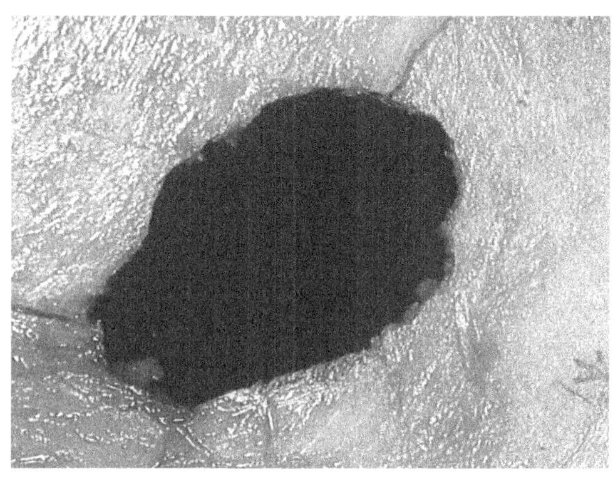

图 8-8　枪弹创(gunshot wound)
图中可见右部颞骨孔状缺损，可见以孔状缺损部为中心的放射状、线状骨折

(1) 案情摘要：某男，54 岁，抢劫杀人案被害者，致伤物为“五四”式手枪。

(2) 观察要点：右部颞骨孔状缺损，可见以孔状缺损部为中心的放射状、线状骨折。

(3) 诊断：颅骨枪弹创。

(4) 诊断依据：

1) 颞骨孔状缺损；

2) 周围放射状、线状骨折。

9. 标本(图 8-9)

(1) 案情摘要：与标本 8 为同一案件。

(2) 观察要点：右侧颞骨孔状缺损(颅骨内面观)，缺损骨片面积内板侧大于外板侧(提示弹头运行方向)，可见以孔状缺损部为中心的放射状、线状骨折。

(3) 诊断：颅骨枪弹创。

(4) 诊断依据：

1) 颞骨孔状缺损；

2) 缺损骨片面积内板侧大于外板侧，周围放射状、线状骨折。

10. 标本(图 8-10)

(1) 案情摘要：某男，31 岁，抢劫枪击案被害者。

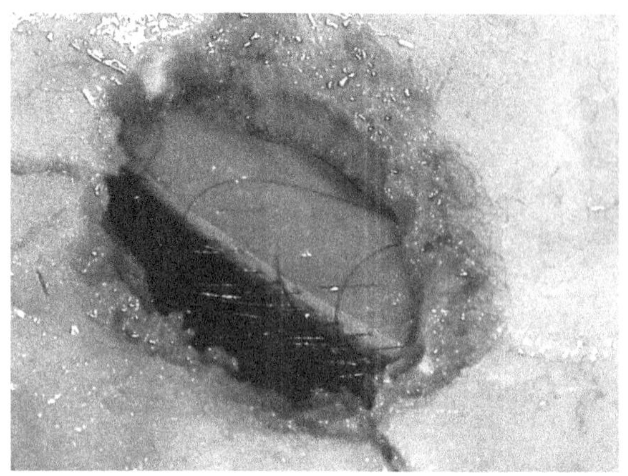

图 8-9　枪弹创(gunshot wound)

图中可见右侧颞骨孔状缺损，缺损骨片面积内板侧大于外板侧(提示弹头运行方向)

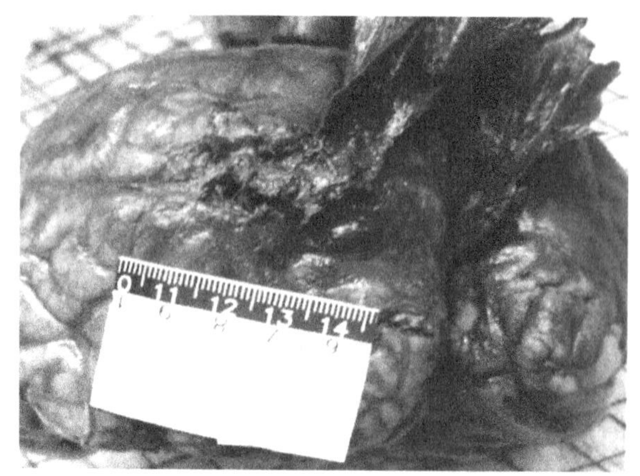

图 8-10　枪弹创(gunshot wound)

图中可见大脑左枕叶蛛网膜下腔出血，局部蛛网膜裂伤及大脑组织崩解

(2) 观察要点：大脑枪弹损伤射入口。可见大脑左枕叶蛛网膜下腔出血，局部蛛网膜裂伤及大脑组织崩解。破损处形态不规则，其损伤主要由弹头直接作用及破碎颅骨骨片作用共同形成。

(3) 诊断：大脑枪弹创。

(4) 诊断依据：

1) 大脑左枕叶蛛网膜下腔出血；

2) 蛛网膜裂伤、大脑组织崩解。

11. 标本(图 8-11)

(1) 案情摘要：与标本 10 为同一案件。

(2) 观察要点：大脑枪弹损伤射出口。图中可见右侧大脑颞叶局部脑组织崩解、挫灭及蛛网膜破裂，射创周围蛛网膜下腔出血。

(3) 诊断：大脑枪弹创。

(4) 诊断依据

1) 大脑组织崩解、挫灭；

2) 蛛网膜破裂及蛛网膜下腔出血。

12. 标本(图 8-12)

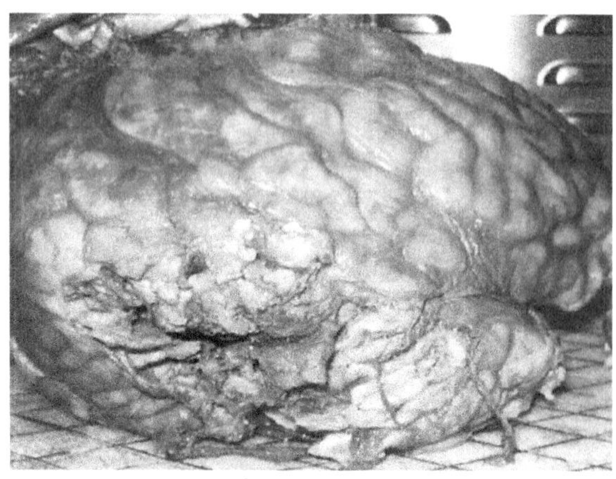

图 8-11　枪弹创(gunshot wound)

图中可见右侧大脑颞叶局部脑组织崩解、挫灭及蛛网膜破裂，射创周围蛛网膜下腔出血

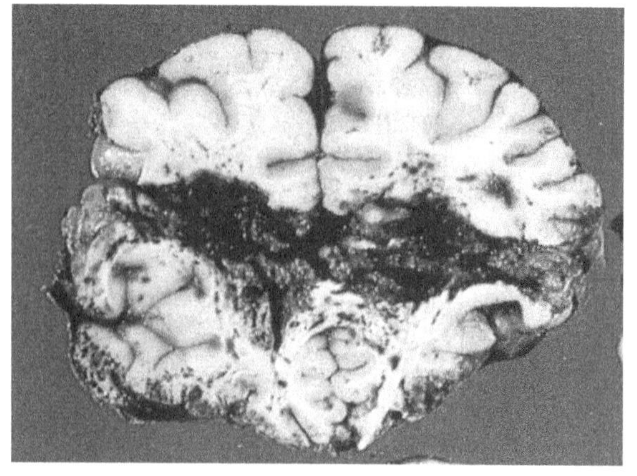

图 8-12　枪弹创(gunshot wound)

图中可见贯通大脑左右的弹头通道，弹头通过处脑组织缺损、挫灭，弹道周围脑组织出血显著

(1) 案情摘要：某男，45 岁，在自宅内用自制手枪开枪自杀。

(2) 观察要点：大脑断层所见。可见贯通大脑左右的弹头通道，弹头通过处脑组织缺损、挫灭，弹道周围脑组织出血显著。

(3) 诊断：大脑枪弹创。

(4) 诊断依据：贯通性大脑组织缺损、挫灭及出血。

13. 示意图（图 8-13）

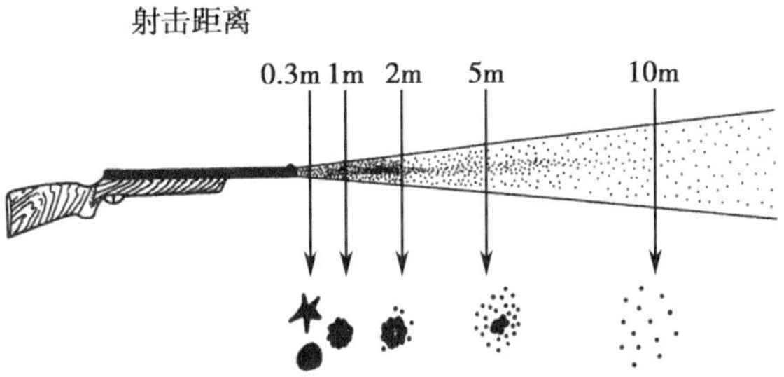

射击距离

0.3m 1m 2m 5m 10m

图 8-13　散弹损伤与射击距离（gunshot wound and different distance）

图中可见散弹损伤的形态学特点与射击距离的关系

说明：

1) 射击距离约 0.3m：弹头损伤区域较小，但远大于枪口直径。创口边缘不规则，周围可见火药烟晕及烧灼伤。

2) 射击距离约 1.0m：弹头损伤区域增大，创口边缘不整齐，呈锯齿状、星芒状。

3) 射击距离约 2.0m：除创口边缘不整齐外，尚可见有少数散在独立弹丸创口。

4) 射击距离约 5.0m：弹头创口较松散，但中心部仍可见弹丸集中孔。

5) 射击距离约 10.0m：弹头完全分散呈播散状，找不到集中弹孔。

14. 标本（图 8-14）

(1) 案情摘要：某男，11 岁，在自宅内被抢劫犯用双筒猎枪杀害。

(2) 观察要点：观察要点：左侧胸部可见一类圆形皮肤缺损（散弹创射入口），射入口弹孔集中，边缘部不整齐。

(3) 诊断：胸部散弹创。

(4) 诊断依据

1) 类圆形皮肤缺损；

2) 皮肤缺损边缘部不整齐。

15. 标本（图 8-15）

(1) 案情摘要：某男，52 岁，在狩猎时被同伴猎枪误伤。

(2) 观察要点：左胸部乳头周围可见一不规则形皮肤缺损（散弹创），中心部弹丸较集中，创口边缘不整齐，周边可见有少数散在独立弹丸创口。

(3) 诊断：胸部散弹创。

(4) 诊断依据

1) 皮肤缺损，创口边缘不整齐；

2) 创口周边可见有少数独立类圆形创口。

16. 标本（图 8-16）

(1) 案情摘要：某男，46 岁，在回家途中被抢劫犯用双筒猎枪杀害。

(2) 观察要点：胸部及左上肢可见多发散在类圆形皮肤缺损（散弹创），弹丸呈播散状分布，找不到集中弹孔。

(3) 诊断：散弹创。

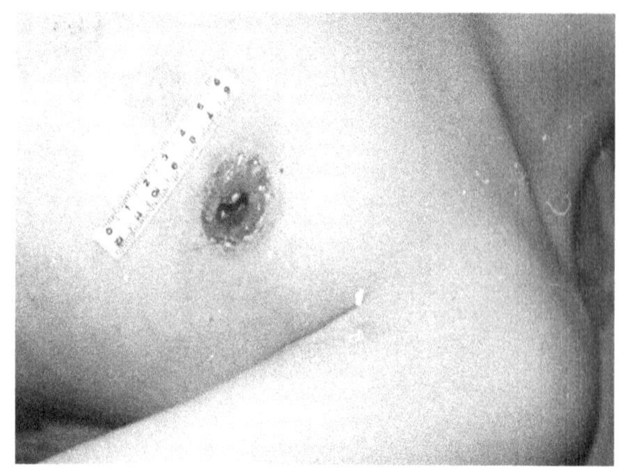

图 8-14　散弹创（shotgun wound）
图中可见左侧胸部可见一类圆形皮肤缺损（散弹创射入口），射入口弹孔集中，边缘部不整齐

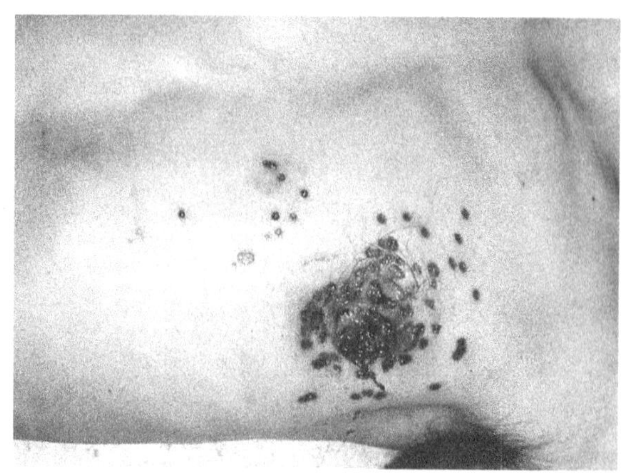

图 8-15　散弹创（shotgun wound）
左胸部乳头周围可见一不规则形皮肤缺损（散弹创），中心部弹丸较集中，创口边缘不整齐，周边可见有少数散在独立弹丸创口

（4）诊断依据：胸部及左上肢多发散在类圆形皮肤缺损。

17. 标本（图 8-17）

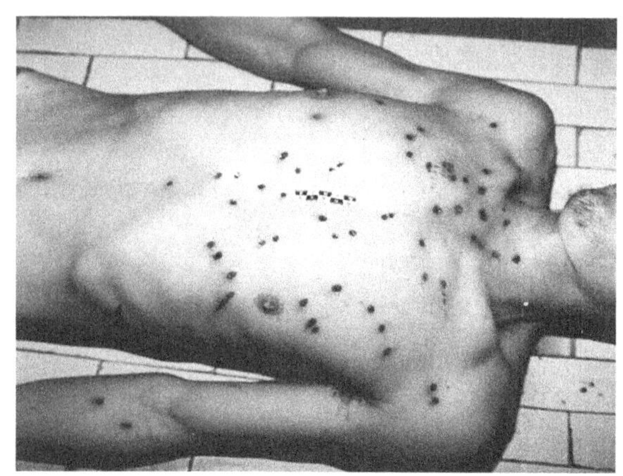

图 8-16　散弹创（shotgun wound）
胸部及左上肢可见多发散在类圆形皮肤缺损（散弹创），弹丸呈播散状分布，找不到集中弹孔

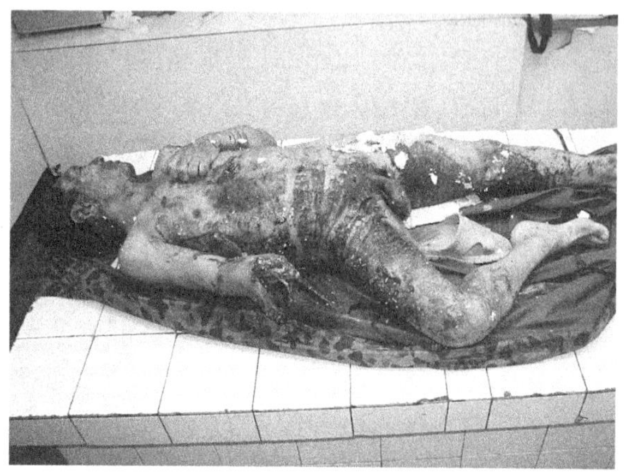

图 8-17　爆炸损伤（explosive trauma）
图中可见尸体的右上肢远端缺失，全身体表大面积表皮剥脱、皮下出血及多处皮肤裂伤。上述损伤以身体右侧为重，提示爆炸源位于死者身体右侧

（1）案情摘要：某男，34 岁，室内硝铵炸药爆炸后，在爆炸现场被发现。

（2）观察要点：尸体的右上肢远端缺失，全身体表大面积表皮剥脱、皮下出血及多处皮肤裂伤。上述损伤以身体右侧为重，提示爆炸源位于死者身体右侧。

（3）诊断：爆炸损伤。

（4）诊断依据

1）上肢离断；

2）全身多处皮肤表皮剥脱、皮下出血及皮肤裂伤。

（二）组织学观察

1. 标本（图 8-18）

（1）案情摘要：与标本 10 为同一案件。

（2）观察要点：可见局部大脑组织崩解、缺损，广泛性脑实质内出血。

(3) 诊断：大脑枪弹损伤。

(4) 诊断依据：大脑组织崩解及出血。

2. 标本（图 8-19）

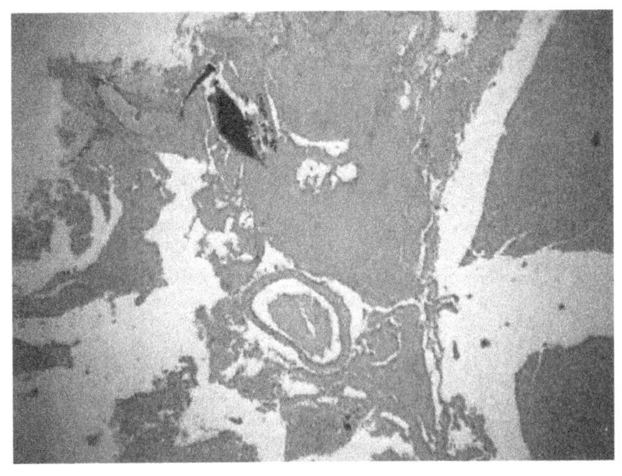

图 8-18　大脑枪弹损伤（gunshot wound in brain，HE ×40）
图中可见局部大脑组织崩解、缺损，广泛性脑实质内出血

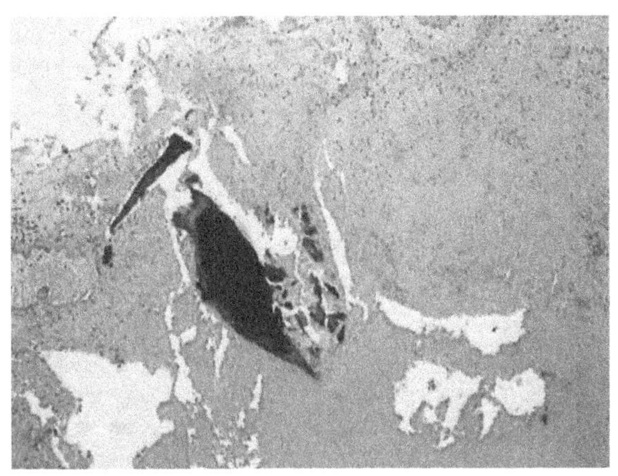

图 8-19　大脑枪弹损伤（gunshot wound in brain，HE ×100）
图中可见嗜苏木素染色增强区域为破碎颅骨骨片

(1) 案情摘要：与标本 10 为同一案件。

(2) 观察要点：大脑组织崩解、脑实质内出血，局部可见嗜苏木素染色增强区域为破碎颅骨骨片。

(3) 诊断：大脑枪弹损伤。

(4) 诊断依据：

1) 大脑组织崩解及出血；

2) 局部可见破碎颅骨骨片。

三、案例讨论

（一）案情摘要

据调查：林某（女，22 岁）于某日 19 时许在某旅店单人房间内死亡。经现场勘察，死者头面部布满血迹（图 8-20），在左侧鼻翼旁及右侧颞部各有一皮肤缺损（疑似枪弹创）。在尸体右侧有一枚弹壳。房间内未发现枪支及遗书，家具凌乱。

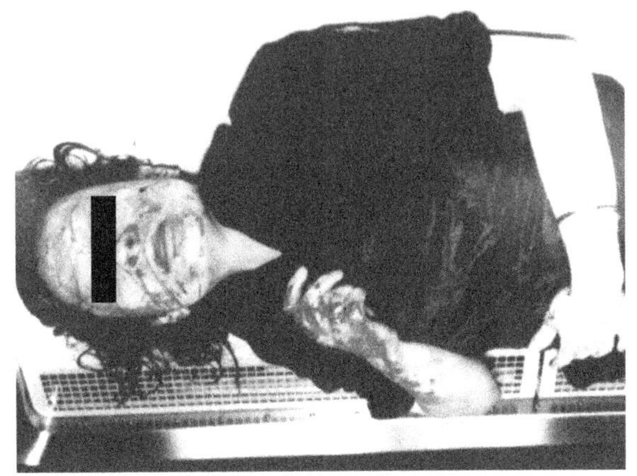

图 8-20　尸体上半身所见

（二）法医学检查

1. 尸表检查　死者身长 162.0cm，发育正常，营养良好。尸斑呈暗紫红色，指压部分褪色。尸僵分布于项、髋关节，余消失。角膜轻度混浊，双瞳孔等大正圆，双瞳孔直径 5.0mm，双侧睑结膜散在出

血点。双侧鼻腔及外耳道可见少量血性液体流出（图 8-21）。左侧鼻翼中部有一类圆形皮肤缺损，范围 0.8cm × 0.4cm，创口边缘不整，左侧呈锯齿状，皮肤缺损部周围表皮剥脱及皮下出血，局部呈黑色（图 8-22、图 8-23）。以皮肤缺损部为中心，在 15.0cm × 14.0cm 范围内弥漫性皮肤点状损伤（图 8-24）。右侧枕部发迹下 1.0cm，距后颈部正中 3.0cm 处有一皮肤缺损，范围 1.4cm × 0.8cm，创口边缘不整，未见表皮剥脱及皮下出血（图 8-25）。口腔黏膜淤血，口腔内可见少量血性液体。左上肢肘窝下方沿静脉走行处可见多处较陈旧性注射针痕，其间一处为新鲜注射针痕伴皮下出血（图 8-26）。

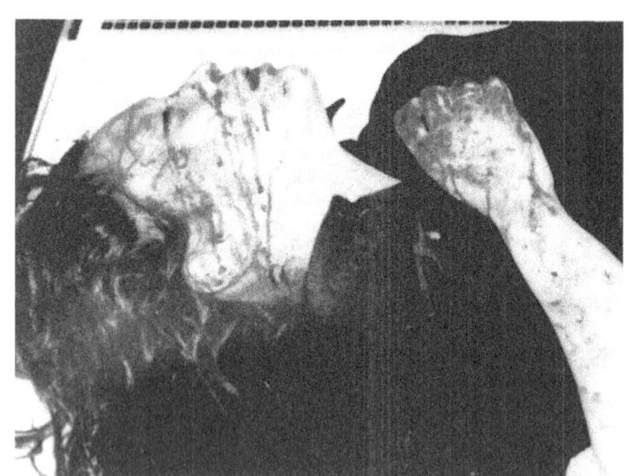

图 8-21　鼻腔及外耳道血性液体流出

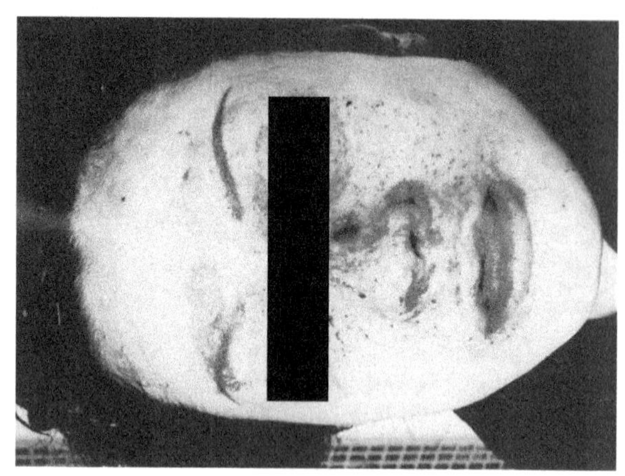

图 8-22　左侧鼻翼皮肤缺损（射入口）

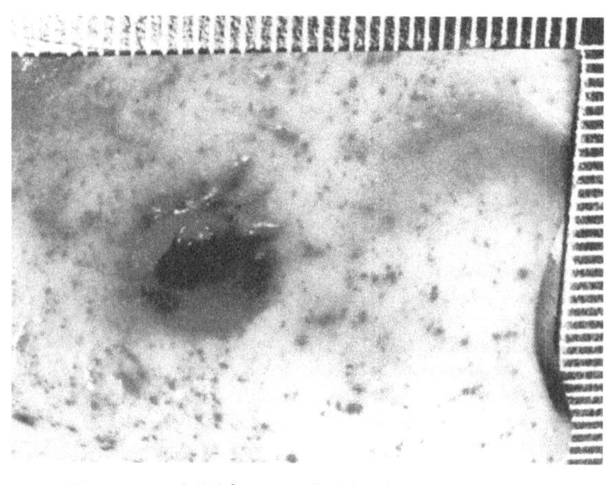

图 8-23　左侧鼻翼皮肤缺损放大像（射入口）

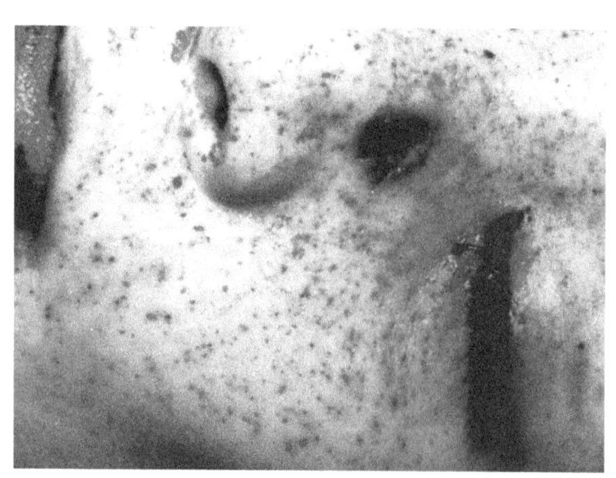

图 8-24　面部皮肤弥漫性点状损伤

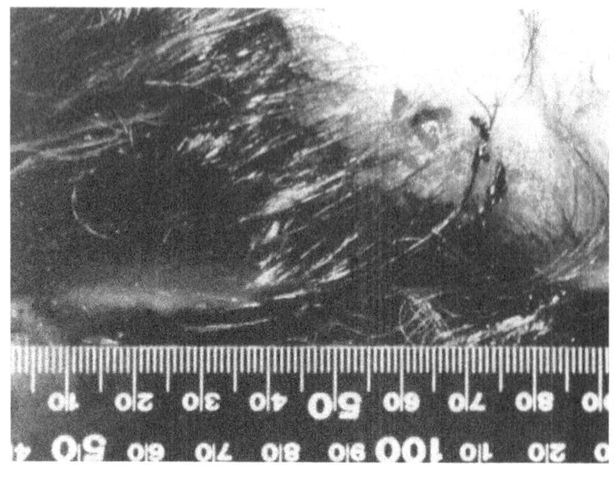

图 8-25　右侧枕部皮肤缺损（射出口）

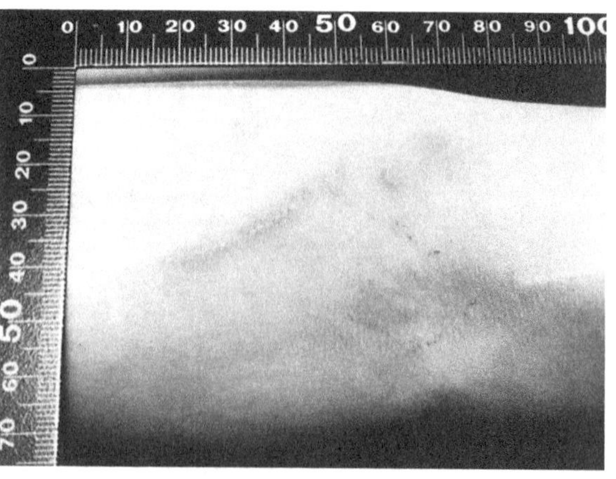

图 8-26　左肘部注射针痕

2. 内部检查　常规冠状切开颅皮，内面观，右枕部颅皮下出血，范围11.0cm×8.0cm。右枕骨枕结节上3.0cm处有一1.0cm×0.8cm的孔状骨折，骨折处颅骨外板缺损范围大于内板（图8-27），孔状骨折上方有一长13.0cm向上走行的线状骨折。颅底骨右侧颞骨岩部后缘近枕大孔3.0cm处有一孔状骨折，大小0.9cm×0.8cm。用探针可将左侧鼻翼中部皮肤缺损、右侧颞骨岩部孔状骨折及右枕骨孔状骨折相连。脑，重1400.0g。脑弥漫性肿胀，回平沟浅。脑膜血管扩张淤血，大脑右枕叶底面脑挫伤，大脑底部及小脑蛛网膜下腔出血（图8-28），小脑右叶挫灭（图8-29）。切开脑实质，右侧大脑、小脑、脑桥断面多发性点状出血。心，重220.0g。外膜光滑，左心室心外膜下多发散在出血点。左、右冠状动脉开口通畅，主干及各分支管腔通畅，管壁未见异常。肺，左肺重345.0g，右肺重390.0g。右肺肺尖部、上叶下段、中叶中部及下叶背上侧及左肺中叶可见局部实质内出血，其他区域界限清楚。

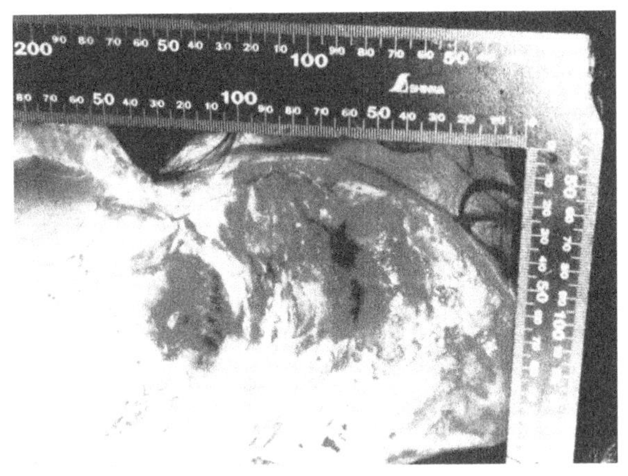

图8-27　右枕骨枕结节处头皮下出血及颅骨孔状骨折

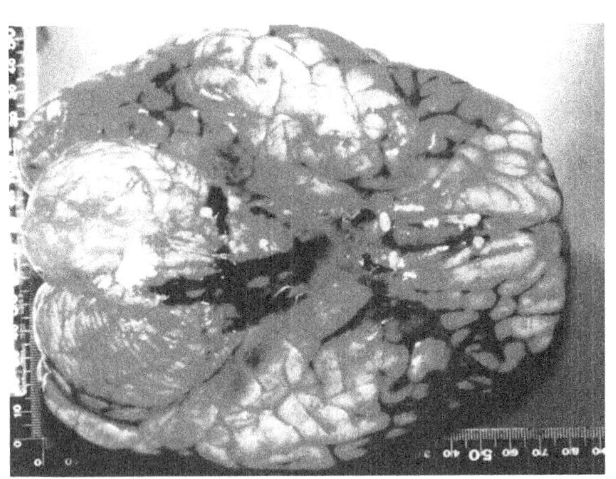

图8-28　大脑底部及小脑蛛网膜下腔出血

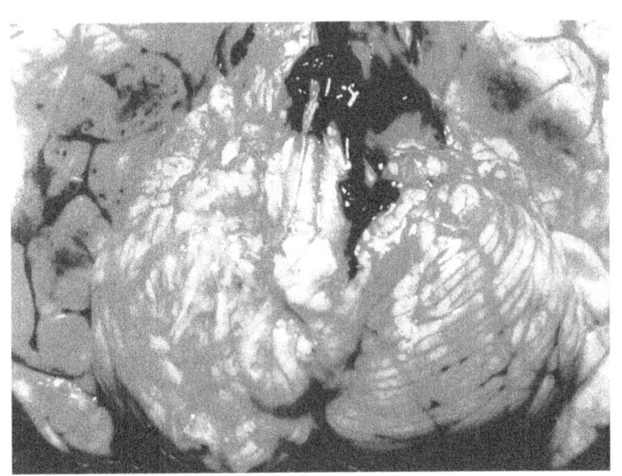

图8-29　小脑右叶及大脑枕叶底部脑挫伤

3. 组织学检查　弥漫性蛛网膜下腔血管扩张淤血，大脑底部及小脑弥漫性蛛网膜下腔出血。小脑右叶及大脑右枕叶脑实质挫伤，周围脑组织出血显著。脑内神经细胞和胶质细胞周围间隙增宽。神经细胞尼氏体消失，核仁不清。大脑、小脑及脑干实质内血管周围散在小出血灶。心，右心室外膜脂肪组织增生，向心肌纤维间浸入。局部心肌纤维横纹不清、波浪样变。心肌间质间隙增宽，血管扩张淤血。肺，弥漫性肺泡壁毛细血管及肺间质血管扩张淤血。肺泡腔内充满粉染状物，局部肺泡腔内红细胞聚集。肺泡间隔增宽。细支气管管腔内可见脱落的黏膜上皮和红细胞存在。

4. 毒物、药物分析：提取死者心血进行毒物、药物筛查，血中检出甲基苯丙胺，浓度22.1μmol/L。

5. 阴道内容物涂片显微镜检查：提取死者阴道内容物涂片显微镜检查结果，检出数个精子（图8-30）。

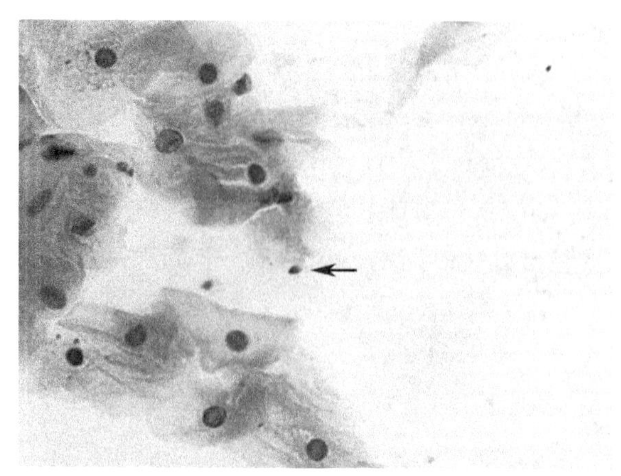

图 8-30　阴道内容物涂片检出精子头部（图片中部嗜苏木素物←，HE×400）

（三）分析说明

1. 经系统法医学检验，发现死者头面部损伤（左侧鼻翼中部皮肤缺损、右侧颞骨岩部孔状骨折、右枕骨孔状骨折、大脑及小脑挫伤），符合枪弹损伤的病理形态学特点。

2. 结合现场勘验及尸体剖验结果，死者林某系他杀。

3. 死者死前曾经静脉注射甲基苯丙胺（冰毒），但血中浓度未达到致死量（>35.0μmol/L）。

4. 死者死前曾有过性行为。

（四）鉴定意见

死者林某符合头部枪弹损伤所重度颅脑损伤导致急性中枢性呼吸、循环功能障碍而死亡。

四、思考题

1. 头部枪弹损伤的形态学特点。
2. 枪弹损伤的法医学鉴定要解决哪些问题，如何解决？
3. 枪弹损伤致死例的自、他杀鉴别要点。
4. 爆炸现场人体损伤的类型及形态学特点。

（本章所用标本照片由中国医科大学法医学院、
中山大学中山医学院法医学系及鞍山市公安局刑侦支队提供）

（朱宝利）

实验九　道路交通损伤

一、实验目的

随着我国经济的快速发展，道路建设逐渐完善，交通事故也日益增多，道路交通损伤在法医学鉴定中占有相当大的比例。本实验通过对道路交通损伤实验标本及相关案例的学习，加深对道路交通损伤以下几个方面的认识和理解：

1. 道路交通损伤的基本类型；
2. 道路交通事故行人及车内人员的损伤特征；
3. 其他常见类型交通损伤的特征；
4. 道路交通损伤的检验方法与法医学鉴定。

二、道路交通损伤的基本类型

（一）擦伤

1. 大体图片（图 9-1）

（1）案情摘要：男性，40 岁。骑二轮摩托摔倒后因重型颅脑损伤而死亡。

（2）观察要点：右侧肩背部在 17.0cm × 16.0cm 大小范围内见片状擦挫伤，其内可见多条近似平行排列的条状擦痕，符合与地面摩擦形成。

（3）诊断：右侧肩背部擦伤。

2. 大体图片（图 9-2）

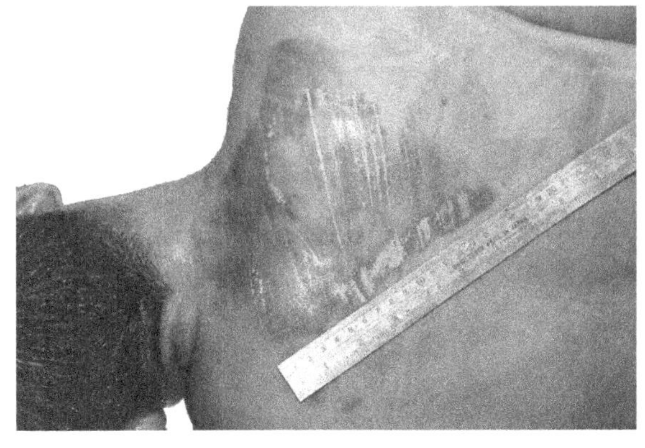

图 9-1　擦伤（abrasion）

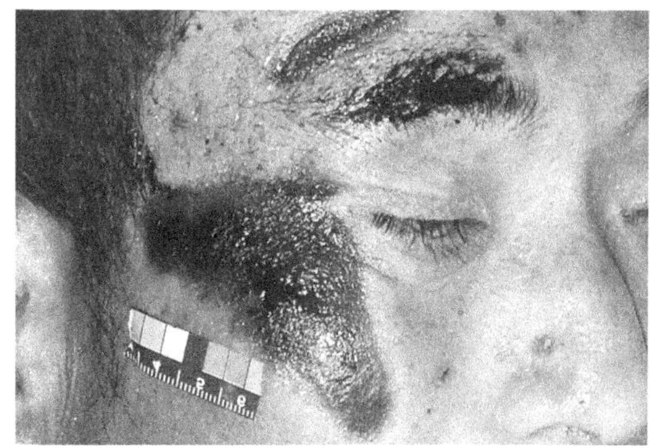

图 9-2　擦伤伴皮革样化（abrasion with parchment-like transformation）

（1）案情摘要：男性，49 岁。酒后驾驶微型轿车与路旁树木相撞受伤，经医院抢救无效死亡。

（2）观察要点：右侧面部皮肤擦伤，擦伤表面有红褐色皮革样化形成。仔细检查见损伤表面有散在的细微玻璃碎片。结合案情分析，上述损伤为面部撞击其前方挡风玻璃所形成，为驾驶员交通事故损伤特点。

(3) 诊断：面部皮肤擦伤伴皮革样化。

（二）挫伤

1. 大体图片（图 9-3）

(1) 案情摘要：男性，32 岁。行走过程中被小货车撞击后因重型颅脑损伤而死亡。

(2) 观察要点：右上臂背侧见片状皮下出血，颜色青紫，大小 6.0cm × 5.0cm，符合与一定接触面且质地坚硬的钝性物体碰撞所致。

(3) 诊断：右上臂外侧挫伤。

2. 脑挫伤大体图片

详细内容见实验十　颅脑损伤。

3. 组织学图片（图 9-4）

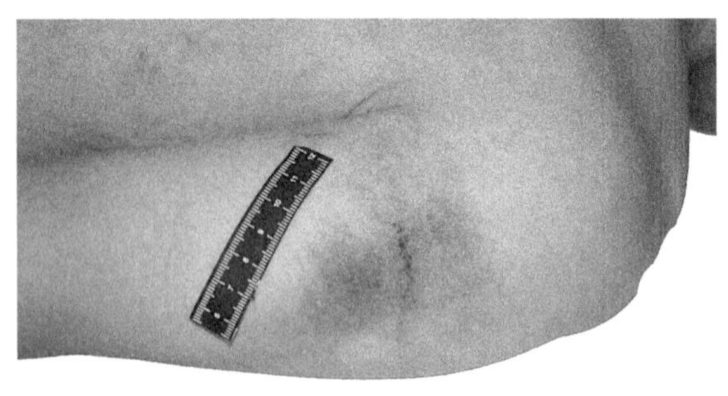

图 9-3　挫伤（contusion）

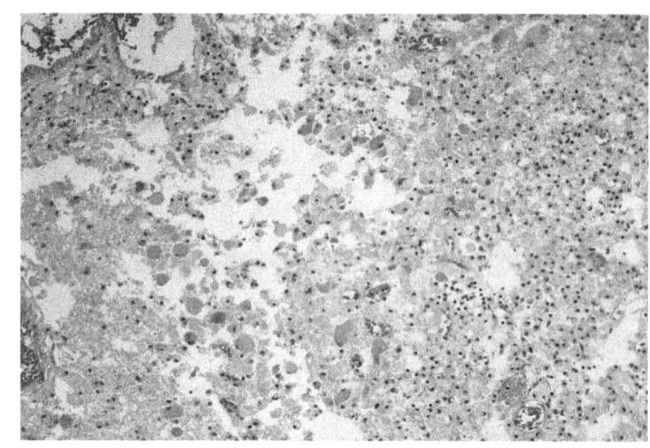

图 9-4　挫伤（contusion）HE × 100

(1) 案情摘要：骑二轮摩托车摔倒后入院治疗 2 个月后因重型颅脑损伤并多器官功能衰竭而死亡。

(2) 观察要点：挫伤处大脑组织结构破坏，神经细胞溶解消失形成小软化灶，大量泡沫细胞及胶质细胞增生，其中反应性星形胶质细胞的细胞核体积增大、偏位，胞浆丰富，嗜伊红。

(3) 诊断：陈旧性脑挫伤（软化灶形成伴胶质瘢痕形成）。

（三）挫裂创

1. 大体图片（图 9-5）

(1) 案情摘要：男性，38 岁。被一大型货车撞击，送医院途中死亡。

(2) 观察要点：头顶部头皮创形成。创的形状呈 L 或直角形，创缘、创壁不光滑，创腔内有组织间桥，深达颅骨。该创的形态特征反映出致伤物部分形态特征。

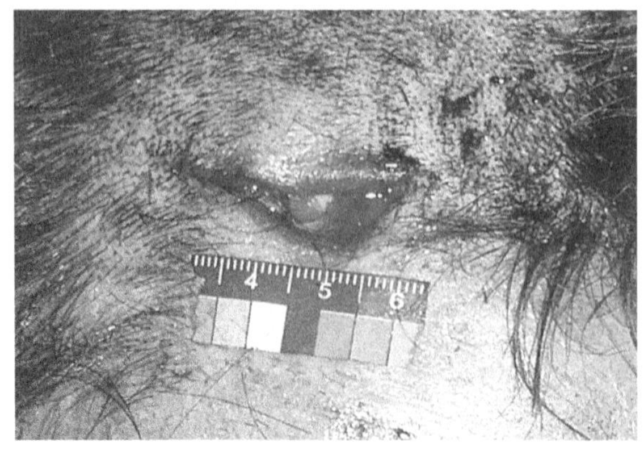

图 9-5　头皮挫裂创（laceration）

(3) 诊断：头皮挫裂创。

2. 大体图片(图9-6)

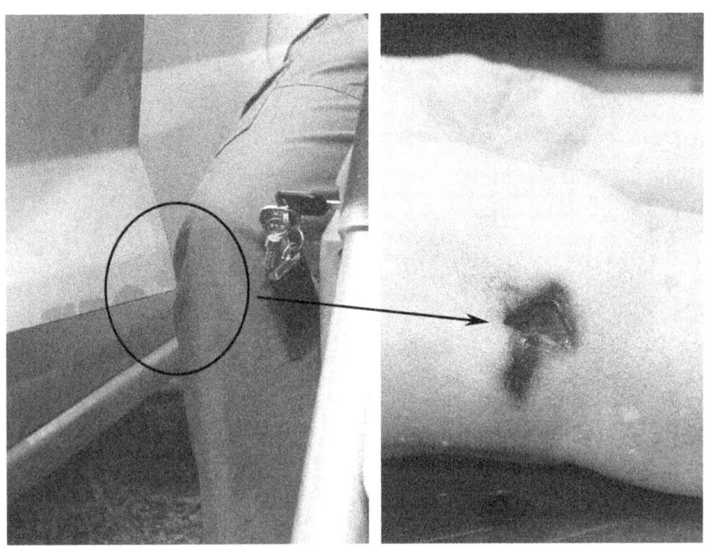

图9-6 右膝外侧挫裂创(laceration)

(1) 案情摘要：女性，53岁。骑电动自行车与小客车打开的车门相撞。

(2) 观察要点：右膝外侧(距足底约50.0cm)见一大小为1.7cm×2.0cm的直角形挫裂创(右图)，提示其与质地较硬、较锐利的角形物体接触所致，根据模拟实验(左图)，该损伤符合与小客车左前门距地高61.0cm处的边角相撞形成。

(3) 诊断：右膝外侧挫裂创。

(四) 骨折

1. 大体图片(图9-7)

(1) 案情摘要：男性，38岁。被一辆手扶拖拉机从身后撞击并碾压，因全身多部位损伤并失血性休克死亡。

(2) 观察要点：左小腿开放性损伤，胫骨与腓骨骨质外露伴粉碎性骨折。

(3) 诊断：左小腿胫骨与腓骨骨折。

2. 大体图片(图9-8)

(1) 案情摘要：男性，44岁。步行过马路时被大型货车撞击后因重型颅脑损伤而死亡。

(2) 观察要点：额部骨折为多块，碎骨片大小不一，可直接观察到暴露的硬脑膜。

(3) 诊断：颅骨粉碎性骨折。

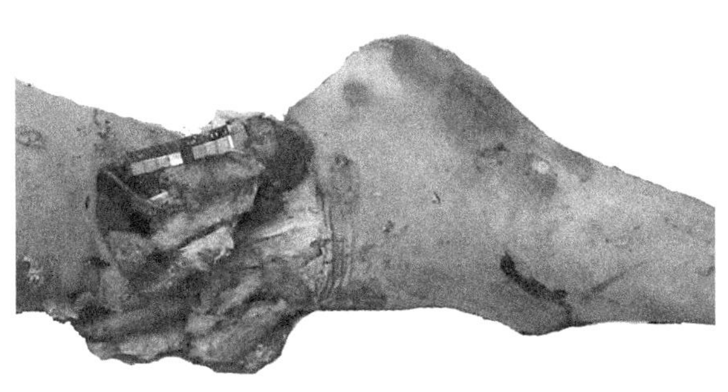

图9-7 左小腿胫骨与腓骨骨折(fracture)

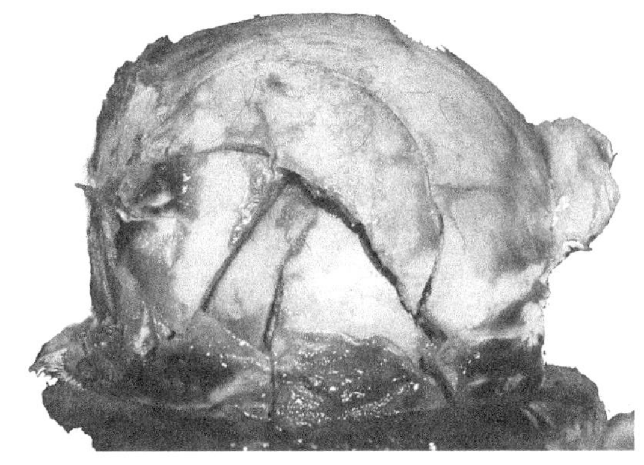

图9-8 粉碎性骨折(comminuted fracture)

（五）内脏器官破裂

1. 大体图片（图 9-9）

（1）案情摘要：男性，39 岁。被一向后倒车的大型货车车厢挤压于车体与墙壁间死亡。

（2）观察要点：右心室壁完全破裂，创口撕裂，创壁不规则并可见组织间桥。

（3）诊断：心破裂。

2. 大体图片（图 9-10）

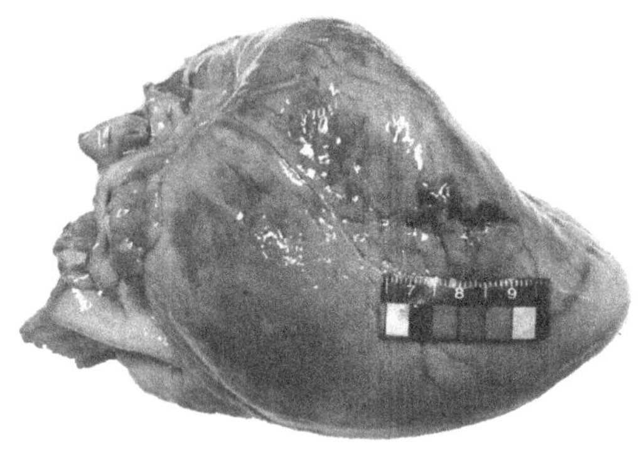

图 9-9　心破裂出血（rupture of the heart）

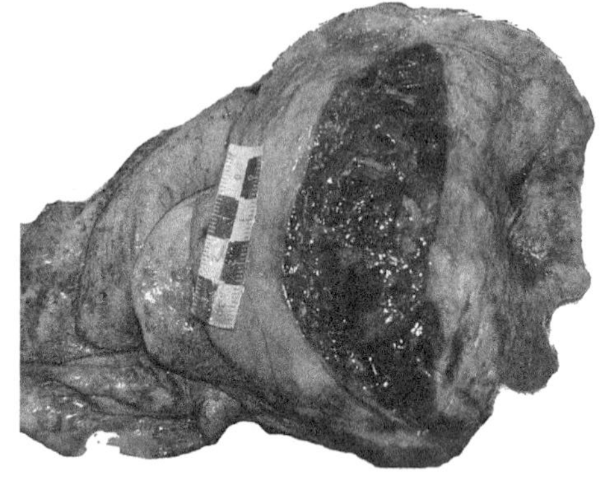

图 9-10　肺挫裂创（laceration）

（1）案情摘要：男性，35 岁，行走时被小型货车碾压后因胸腹部多发损伤而死亡。

（2）观察要点：左肺下叶见一横行挫裂创，长 12.0cm，深 6.5cm，创腔内见组织间桥形成。

（3）诊断：肺挫裂创。

（六）肢体断离

大体图片（图 9-11）

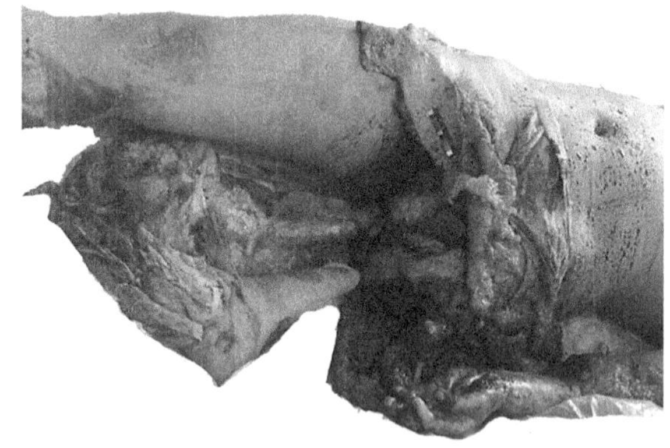

图 9-11　左下肢肢体断离（dismemberment of the left lower limb）

（1）案情摘要：女性，24 岁，因感情纠葛卧轨自杀。

（2）观察要点：身体机械性损伤严重，左下肢肢体断离。

（3）诊断：左下肢肢体断离。

三、道路交通事故行人损伤特征

（一）撞击伤

1. 大体图片（图 9-12）

（1）案情摘要：女性，38 岁。死者家属报称该女性被一辆大型货车保险杠和发动机罩前端撞击，经医院抢救无效死亡。

（2）观察要点：右侧臀部大片状挫伤，局部皮下出血明显。结合案情、车辆检验和损伤高度测量，认为上述损伤符合由大型车辆的保险杠和发动机罩前端撞击所形成。

（3）诊断：右侧臀部撞击伤。

2. 大体图片（图 9-13）

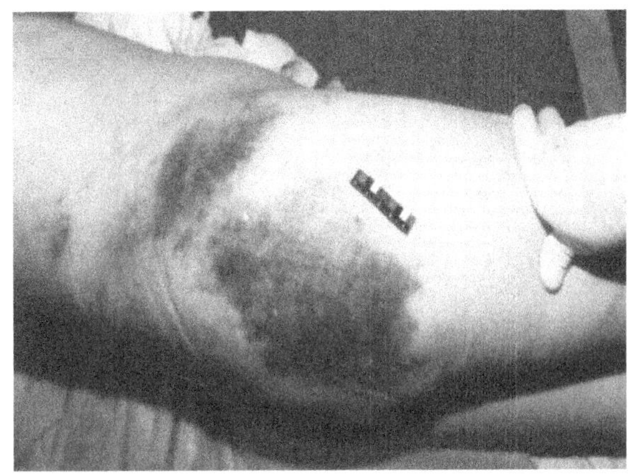

图 9-12　右侧臀部撞击伤（impact injury）

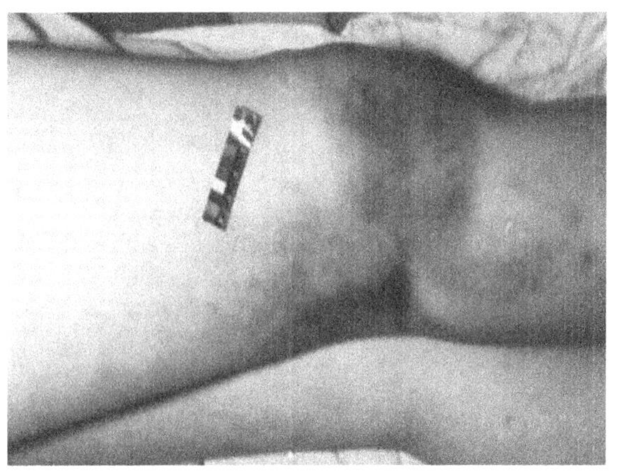

图 9-13　右侧膝关节撞击伤（impact injury）

（1）案情摘要：与大体图片（图 9-12）为同一案例。

（2）观察要点：右侧膝关节大片状挫伤，局部皮下出血明显。

（3）诊断：右侧膝关节撞击伤。

3. 大体图片（图 9-14）

（1）案情摘要：杜某，男性，34 岁。被一迎面驶来的轿车撞击腾空后落到轿车发动机罩上与挡风玻璃相撞，形成右肩峰区撞击伤。

（2）观察要点：右肩胛部片状挫伤区，系由该部位撞击到挡风玻璃上所形成。

（3）诊断：右肩胛部撞击伤。

4. 大体图片（图 9-15）

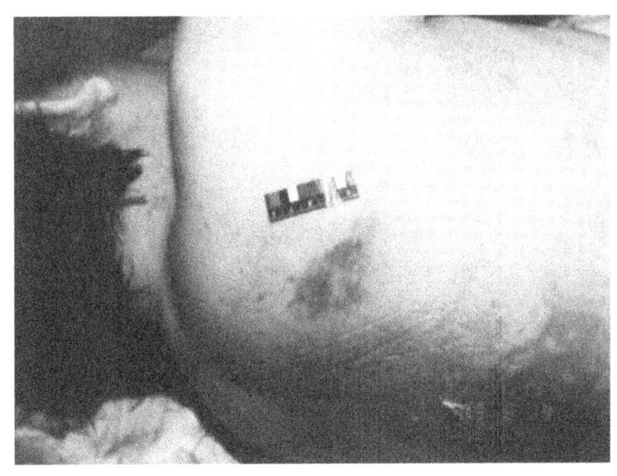

图 9-14　右肩胛部撞击伤（impact injury）

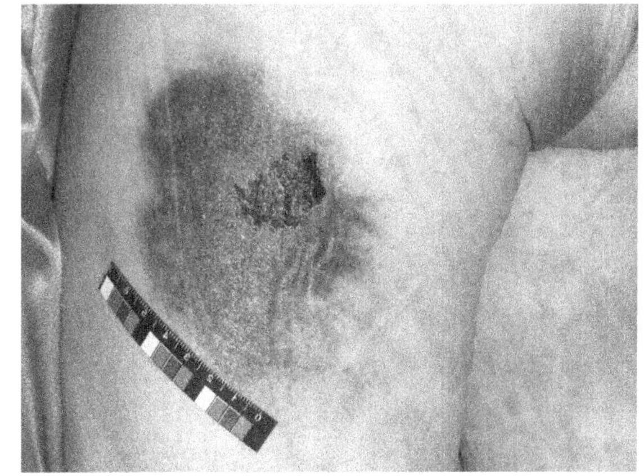

图 9-15　左大腿撞击伤（impact injury）

（1）案情摘要：男性，29 岁。行走时被从身体左侧驶来的车辆撞击于左侧大腿上段。

（2）观察要点：损伤由大型车辆前端碰撞于左侧大腿上段外侧形成，皮肤及皮下软组织挫伤明显。

（3）诊断：左大腿上段撞击伤。

（二）伸展创

大体图片（图 9-16）

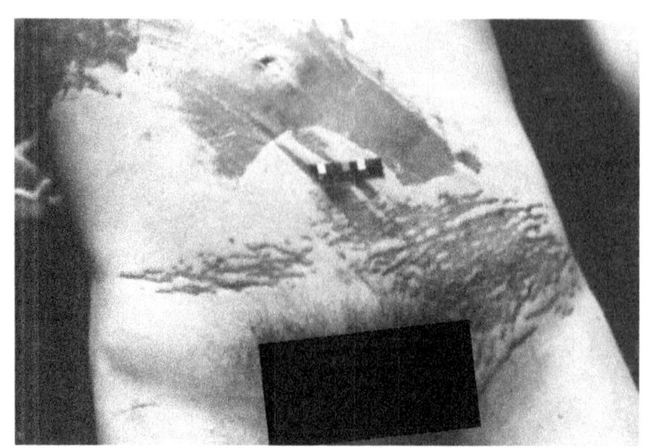

图 9-16　左腹股沟区及下腹部伸展创（extension wound）

（1）案情摘要：男性，26 岁。被迎面驶来的大型货车撞击倒地后，又被车轮碾压致死。

（2）观察要点：左腹股沟区及下腹部皮肤表面有多数浅表的、呈断续平行排列的微小撕裂，其走行方向与皮肤纹理一致。该伸展创因皮革样化改变而颜色较深。

（3）诊断：左腹股沟区及下腹部伸展创。

（三）碾压伤

1．大体图片（图 9-17）

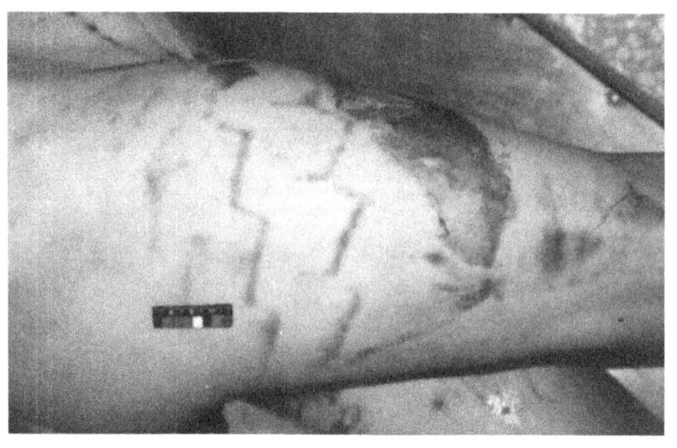

图 9-17　右大腿轮胎花纹印痕（tire marks）

（1）案情摘要：男性，30 岁。行走时被迎面驶来的大型货车撞击倒地，车辆从右大腿碾压而过。

（2）观察要点：右大腿皮肤见与车轮凹面花纹印痕类似的表皮剥脱和皮下出血。根据轮胎花纹的形状和特征，可与肇事车轮胎进行比对，判断该损伤为不刹车碾压。

（3）诊断：右大腿汽车轮胎碾压印痕。

2．大体图片（图 9-18）

（1）案情摘要：男性，5 岁。被汽车撞击倒地，车辆从胸腹部碾压而过。

（2）观察要点：胸腹部皮肤见与车轮凸面花纹印痕类似的表皮剥脱和皮下出血。根据轮胎花纹的形状和特征，可与肇事车轮胎进行比对，判断该损伤为刹车碾压。

（3）诊断：胸腹部汽车轮胎碾压印痕。

3．大体图片（图 9-19）

（1）案情摘要：男性，50 岁，骑电动自行车时被重型自卸车撞倒后碾压致死。

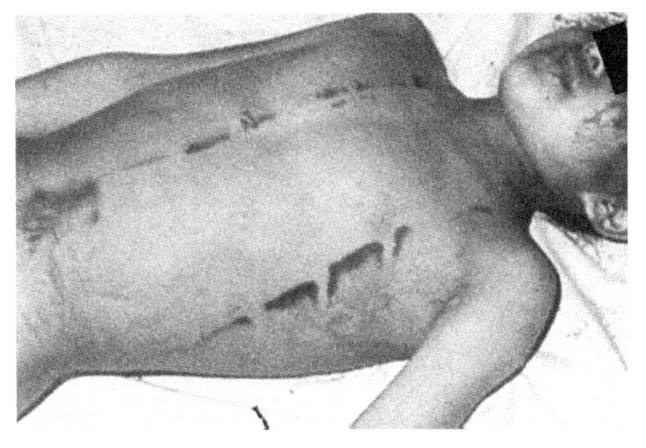

图 9-18　胸腹部轮胎花纹印痕（tire marks）

图 9-19　撕脱伤（avulsion injury of skin）

（2）观察要点：左前臂皮肤呈半环状较大面积裂开，皮下出血，深部肌肉裸露，撕裂范围超过前臂周径的一半以上。

（3）诊断：左前臂半环状撕脱伤。

4．大体图片（图 9-20）

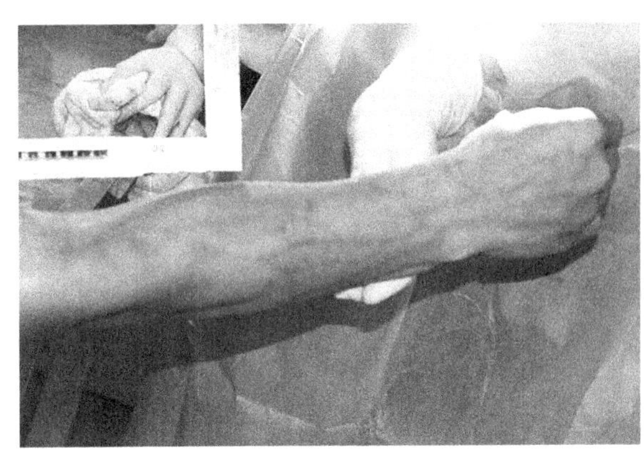

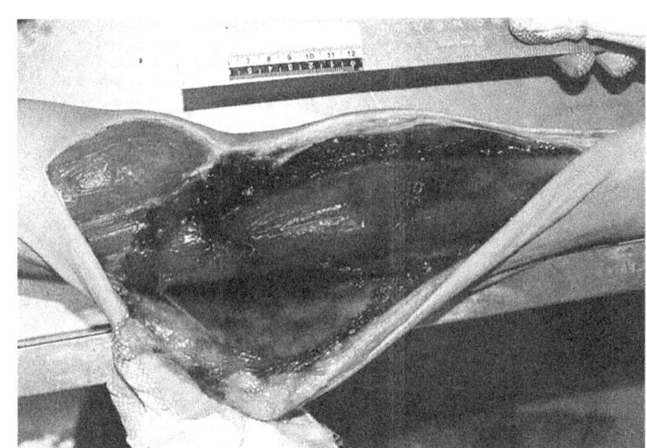

图 9-20　撕脱伤（avulsion injury of skin）

（1）案情摘要：男性，45 岁，骑二轮摩托车被重型自卸货车撞倒后碾压致死。

（2）观察要点：右前臂表面见腐败静脉网形成，皮肤完整，未见挫裂创（左图），切开见皮下囊腔形成，其内见皮下、肌肉组织内大面积出血（右图）。

（3）诊断：右前臂闭合性撕脱伤。

（四）摔跌伤

详细内容见实验六高坠伤与摔跌伤。

（五）拖擦伤

1．大体图片（图 9-21）

（1）案情摘要：男性，45 岁。被车辆撞击后的人体未与车体分离经与地面拖擦形成机体严重损伤。在衣服背侧可检见衣物与路面拖擦所形成的衣着拖擦痕。

（2）观察要点：背侧衣服大面积的拖擦破口，成一定的方向性。根据拖擦痕迹的检验情况，可以推断肇事车辆的行驶方向。

（3）诊断：背侧衣服与地面形成的拖擦痕。

2．大体图片（图 9-22）

（1）案情摘要：男性，58 岁。散步时被身后驶来的大型车辆撞击倒地，人体背腰部与地面拖擦形成拖擦伤。

（2）观察要点：背腰部与地面拖擦形成拖擦伤。

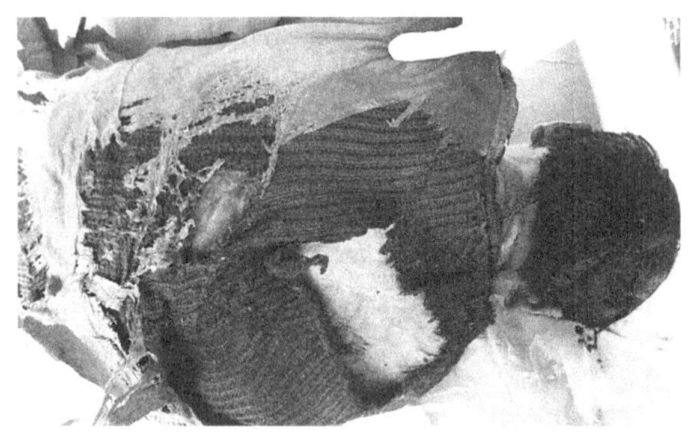

图 9-21　衣服背侧的拖擦痕（dragging mark）

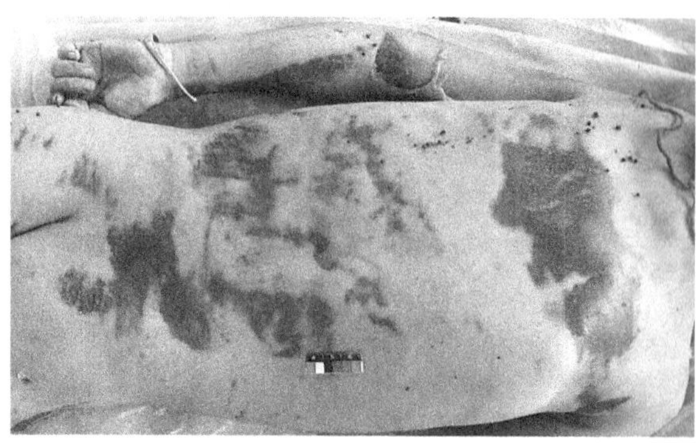

图 9-22　腰背部拖擦伤（dragging injury）

（3）诊断：背腰部拖擦伤。

3．大体图片（图 9-23）

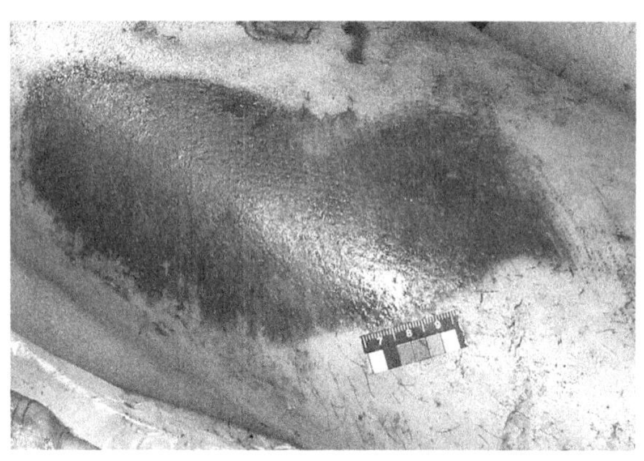

图 9-23　右大腿前侧皮肤拖擦伤（dragging injury）

（1）案情摘要：男性，28 岁。玩耍时被身旁驶来的小型轿车撞击后倒地，右大腿前侧与地面拖擦形成体表损伤。

（2）观察要点：右大腿前侧与地面拖擦形成体表损伤。

（3）诊断：右大腿前侧皮肤拖擦伤。

四、车内人员损伤特征

（一）挡风玻璃碰撞伤

大体图片（图 9-24）

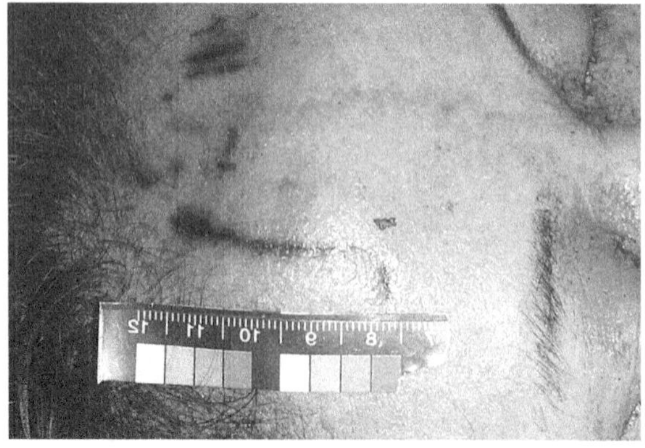

图 9-24　头部挡风玻璃碰撞伤（impact injury due to head ramming against the windshield）

(1) 案情摘要：女性，39 岁。驾驶一辆微型面包车与路旁树木相撞受伤，经医院抢救无效死亡。

(2) 观察要点：前额部皮肤条形擦伤形成，擦伤表面有皮革样化形成。仔细检查见损伤表面及发根处有散在分布的细微玻璃碎片。

(3) 诊断：挡风玻璃碰撞伤。

(二) 挥鞭样损伤

大体图片（图 9-25）

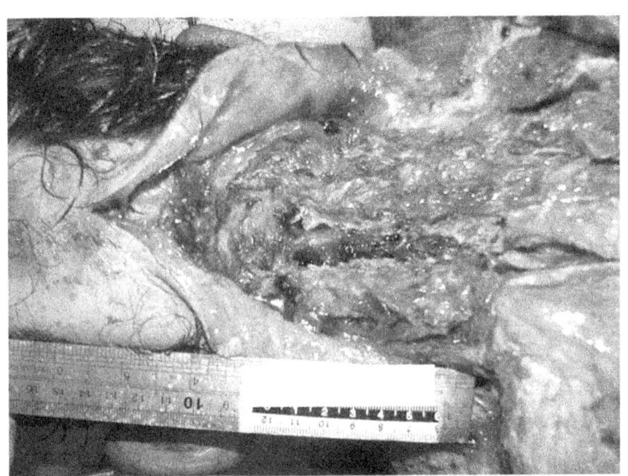

图 9-25　挥鞭样损伤（whiplash injuries）

(1) 案情摘要：男性，38 岁。乘坐的车辆与前方突然停止的大型货车相撞，当场死亡。

(2) 观察要点：颈椎及周围软组织损伤出血。

(3) 诊断：颈椎挥鞭样损伤。

(三) 方向盘损伤

大体图片（图 9-26）

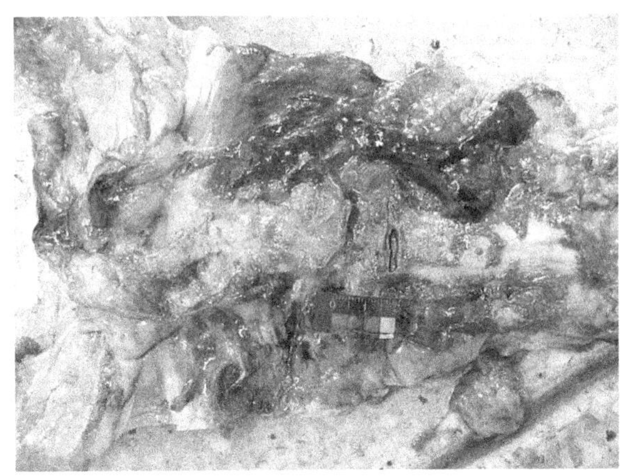

图 9-26　方向盘碰撞所致胸骨横断性损伤（sternal transversal fracture due to chest ramming against steering wheel）

(1) 案情摘要：男性，29 岁。酒后与朋友开车比赛中与一辆微型轿车相撞，当场死亡。

(2) 观察要点：胸骨横断性骨折。

(3) 诊断：方向盘损伤。

(四) 四肢反射性损伤

1. 大体图片（图 9-27）

(1) 案情摘要：女性，66 岁。驾驶自家车辆在高速公路上学驾时发生交通事故，被迎面驶来的大型货车撞击后死亡。

（2）观察要点：左侧手腕部骨折致肢体变形。

（3）诊断：左侧手腕部骨折。

2. 大体图片（图 9-28）

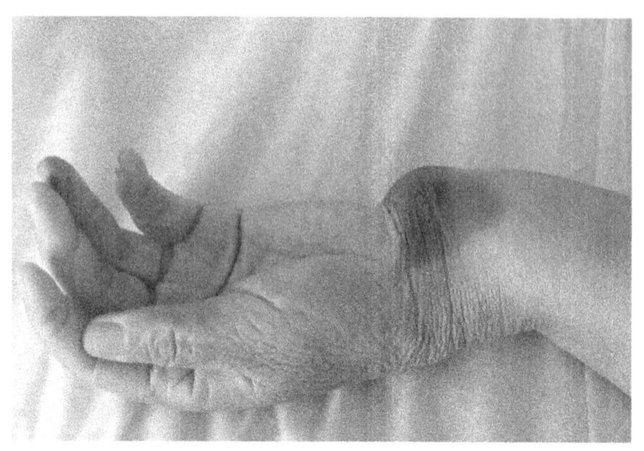

图 9-27　手腕部骨折致肢体变形：Colles' 骨折（fracture of the wrist: Colles' fracture）

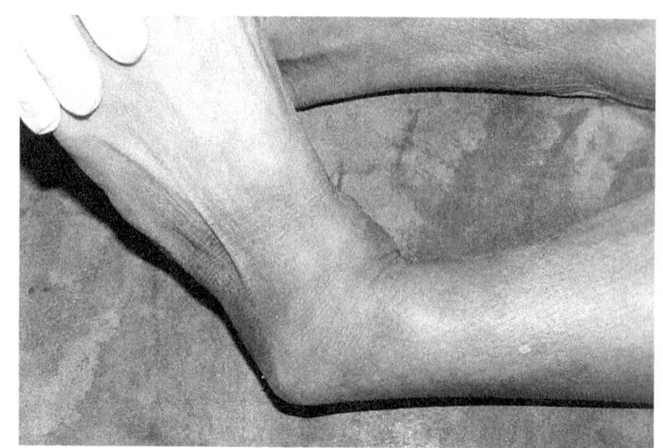

图 9-28　刹车踏板损伤（brake pedal injury）

（1）案情摘要：同车三人在某交通事故中翻滚于山涧中死亡，委托进行车内乘坐人员的确定。

（2）观察要点：左侧胫腓骨扭转性骨折、肢体变形。

（3）诊断：左侧胫腓骨骨折。

（五）安全带损伤

1. 大体图片（图 9-29）

（1）案情摘要：两辆小轿车在路上发生碰撞，委托进行事故责任认定。

（2）观察要点：自右肩至左季肋见一斜行条状皮肤擦伤，按照我国汽车制造标准，此人应坐在副驾驶的位置。

（3）诊断：安全带损伤。

2. 大体图片（图 9-30）

（1）案情摘要：女性，50 岁。因驾驶技术生疏在高速公路上驾驶时与前方驶来的汽车碰撞，在送医院途中死亡。

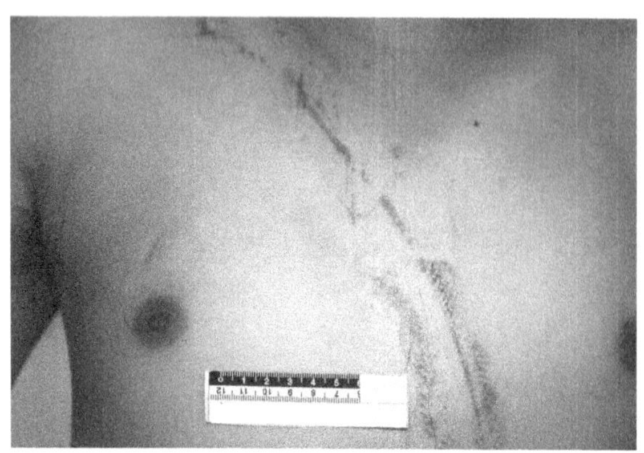

图 9-29　安全带损伤（seat belt injury）

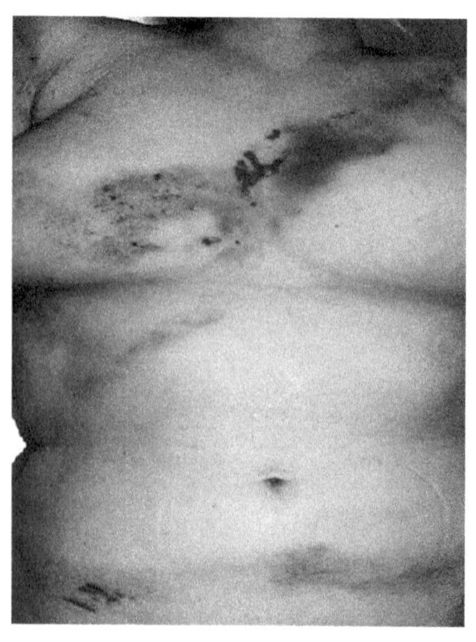

图 9-30　安全带损伤（seat belt injury）

（2）观察要点：自左肩至右侧季肋部于安全带相对应的部位检见斜行跨越胸腹和环绕腹周的条状皮肤擦伤，按照我国汽车制造标准，此人应坐在驾驶员的位置上。

（3）诊断：安全带损伤。

（六）挤压伤

大体图片（图 9-31）

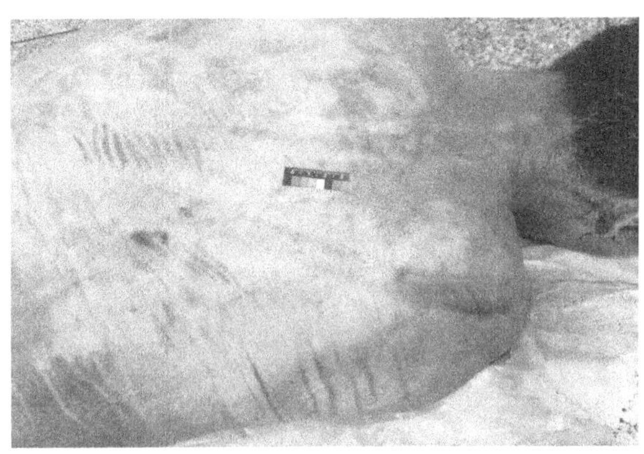

图 9-31　胸部挤压伤（crush injury of the chest）

（1）案情摘要：某男，48 岁。某日夜晚在交通事故中其身体被挤压于变形的轿车车体中，两小时后死亡。事故调查及现场勘验结果提示其驾驶的轿车与一辆大型机动车相撞后轿车严重变形，导致挤压伤的发生。

（2）观察要点：胸廓扁平变形，双侧胸部有多根肋骨骨折。此外，挤压伤死者的眼部、颜面部、颈项部及胸背部检见皮肤青紫、点片状出血及组织肿胀等形态学改变。

（3）诊断：胸部挤压伤。

（七）烧伤

详细内容见实验十六　烧死、高低温损伤。

五、其他类型交通损伤

（一）摩托车骑跨伤

1. 大体图片（图 9-32）

（1）案情摘要：女性，28 岁，骑摩托车与大货车发生碰撞死亡。

（2）观察要点：大腿内侧软组织挫伤出血。

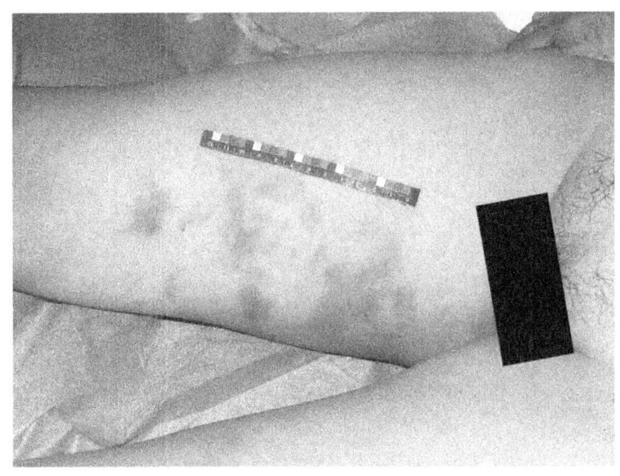

图 9-32　大腿内侧骑跨伤（straddle injury）

（3）诊断：大腿内侧骑跨伤。

2. 大体图片（图 9-33）

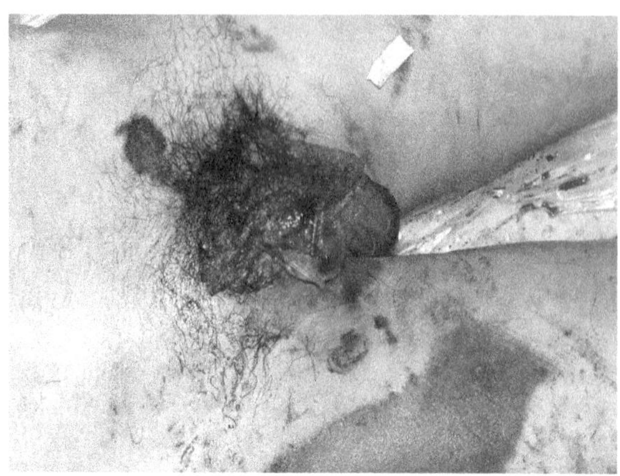

图 9-33　会阴部骑跨伤（straddle injury of perineum）

（1）案情摘要：男性，36 岁。骑摩托车与迎面驶来的大货车发生碰撞。

（2）观察要点：会阴部撕裂创形成。

（3）诊断：会阴部撕裂创。

（二）自行车把手损伤

大体图片（图 9-34）

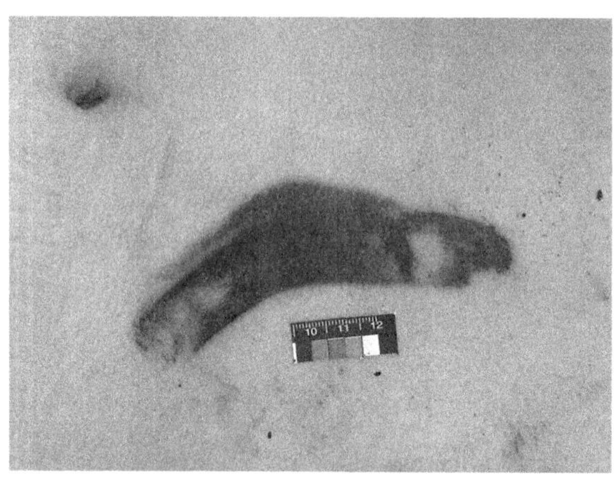

图 9-34　自行车把手伤（injury caused by bicycle handles）

（1）案情摘要：男性，26 岁。在高速公路上骑自行车与对面驶来的轿车相撞，伤后不久死亡。

（2）观察要点：腹部软组织表面有由自行车把手形成的损伤，呈擦伤伴皮革样化。

（3）诊断：自行车把手伤。

（三）后视镜边缘印痕

大体图片（图 9-35）

（1）案情摘要：男性，22 岁，骑二轮摩托车载人行驶过程中，与路边护栏相撞，造成驾驶员受伤，后位成员死亡。

（2）观察要点：其颈前及胸部见弧形擦挫伤（左图），此损伤符合与摩托车的右侧后视镜（右图）相撞形成。

（3）摩托车后视镜边缘印痕。

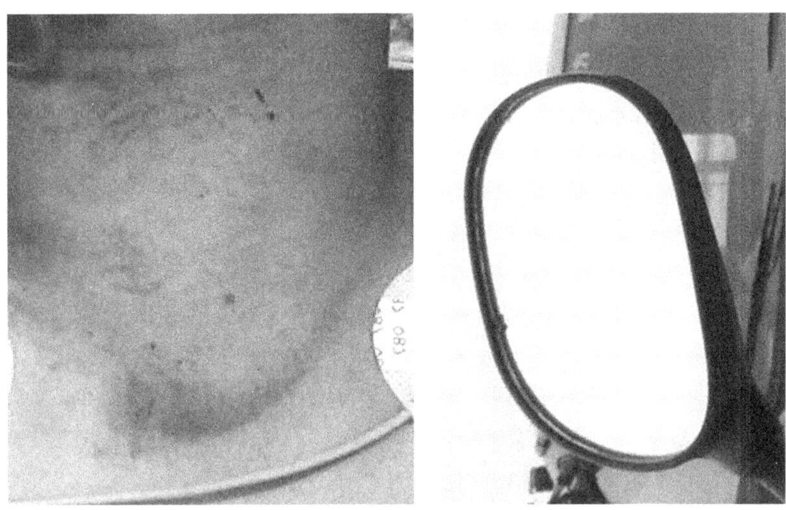

图 9-35 后视镜边缘印痕

六、道路交通损伤的相关检验

(一) 衣着检查

1. 大体图片(图 9-36)

图 9-36 衣着血痕(blood stains)

(1) 案情摘要：男性，26 岁，骑二轮摩托车被中型货车撞倒后碾压致死。

(2) 观察要点：上衣以左半侧为主见大面积血痕。

2. 大体图片(图 9-37)

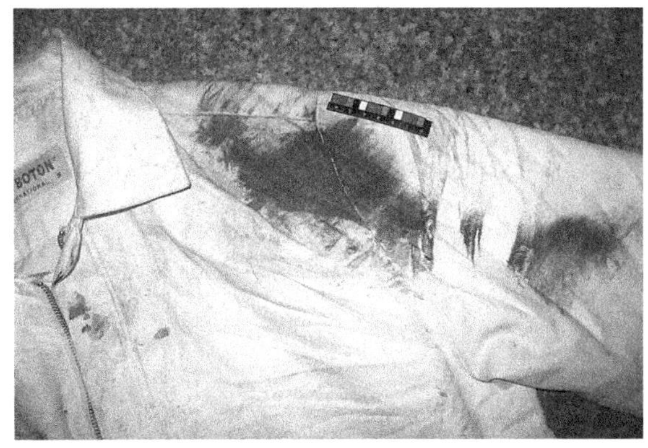

图 9-37 衣着油漆痕(paint stains on clothes)

（1）案情摘要：男性，28岁。被大型车辆撞击后死亡，肇事车辆逃逸。

（2）观察要点：衣服肩部有片状油漆痕。

3. 大体图片（图9-38）

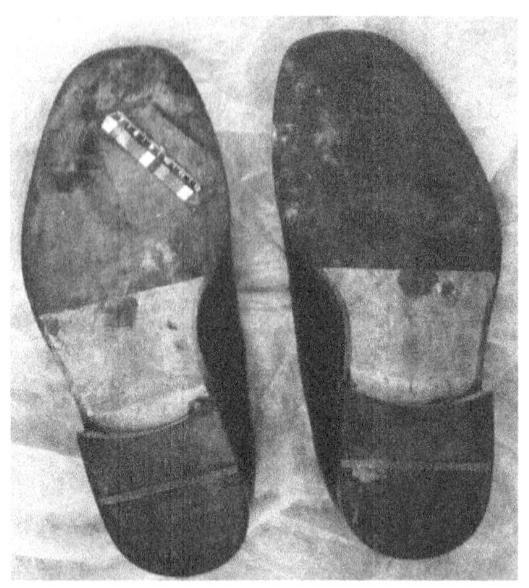

图9-38　右鞋底刹车印痕（braking-prints）

（1）案情摘要：某车辆落入山沟内，要求进行驾驶人员的认定。

（2）观察要点：右鞋底检见刹车印痕，结合其他相关资料进行驾驶人员的认定。鞋底的检查对于驾驶员的推断有时具有重要的作用。

（二）个人识别

1. 大体图片（图9-39）

案情摘要：某交通事故中死者头面部严重碾压变形，无法确定其面部特征并确定尸源。通过死者衣着口袋中找到的机票和登机牌所提供的信息，最终经多方核对找到了尸源。

2. 大体图片（图9-40）

图9-39　机票与登机牌（air-ticket and boarding check）

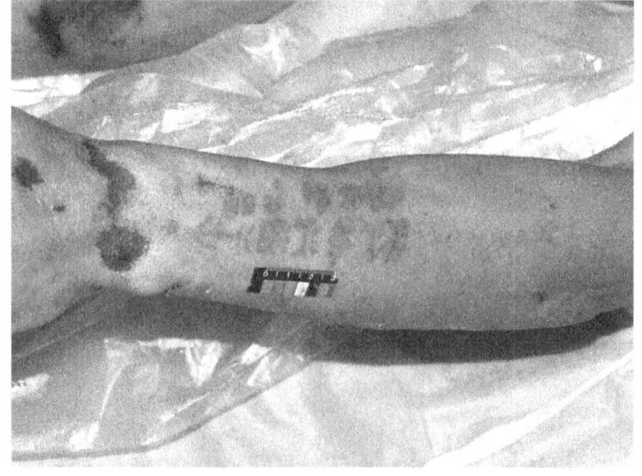

图9-40　前臂皮肤文身（tattoo）

（1）案情摘要：某交通事故中死者头面部严重碾压变形，无法确定其面部特征并确定尸源。通过对死者体貌特征和皮肤文身的登报，最终死者家属前来认尸。

（2）观察要点：前臂背侧的文身为文字。

（三）酒精、药毒物检测

交通事故发生后，应采血测定乙醇浓度，采血以周围静脉（股静脉）血为佳；对怀疑吸毒者，可视情况需要进行药毒物筛查，详细内容见《法医毒理学》内容。

（四）交通事故现场及肇事车辆的检验

1．大体图片（图 9-41）

（1）案情摘要：男性，48 岁。在车辆驾驶的过程中由于违章行驶，其驾驶的车辆被强力挤压于两辆大型货车与道路护栏之间，造成车辆严重变形。

（2）观察要点：注意观察严重变形的车辆与周围物体之间的关系。本例车辆及尸体的位置和形态特征，对交通事故发生的具体情况及死因判定均具有一定的提示作用。

2．大体图片（图 9-42）

图 9-41 交通事故现场（scene of a traffic accidence）

图 9-42 现场尸体检验（postmortem examination at the scene）

（1）案情摘要：与大体图片（图 9-41）为同一案例。

（2）观察要点：人体被挤压于严重变形的车辆驾驶室中。

3．大体图片（图 9-43）

图 9-43 现场尸体检验（postmortem examination at the scene）

（1）案情摘要：与大体图片（图 9-41）为同一案例。

（2）观察要点：人体被挤压于严重变形的车辆驾驶室中。

4．大体图片（图 9-44）

（1）案情摘要：有人目击一辆小汽车撞击并碾压一名行人。现场勘验见路面上有与车辆轮胎花纹印痕一致的血迹印痕，其中可见人体组织样物质，车轮上亦检见血液组织和人体组织。经比对 DNA 结果，最终证实该车辆即为肇事车辆。

（2）观察要点：现场留下的车轮血印及组织碎块。

5. 大体图片（图 9-45）

图 9-44　现场留下的车轮血印（wheel blood stains at the scene）

图 9-45　车轮及轮胎上的血迹（wheel blood stains）

（1）案情摘要：某男性青年被撞击死亡，肇事车辆逃逸。经取可疑车辆轮胎表面的可疑血液组织与死者进行 DNA 比对，最终确定该可疑肇事车辆即为肇事车辆。

（2）观察要点：车辆轮胎表面的血液组织。

七、案例分析

案例一

（一）案情摘要

某市公安局交警大队接到群众电话称“该市某路段路旁草丛中发现一名中年男性，已经死亡”。现场勘验，死者为中年男性，仰卧于距上述路段旁 10m 处的碎石堆上，周围长有茂盛的植物（图 9-46）。死者身体扭曲变形，衣服严重破损，腹壁迸裂，内脏组织脱于体外。该柏油马路的路段正中可见汽车刹车痕迹，同时可见一条长 11m、宽 0.22m 的 S 形带状血迹拖痕（图 9-47），血迹附近可见附着有血渍的破损衣物、皮带和纽扣。

图 9-46

图 9-47

（二）法医学检查

1. 衣着检查　尸体上身外穿深蓝色西服，内穿白色衬衣，上述衣服上有大量血迹及泥土附着。下身外穿深蓝色西裤，腰部及双侧裤腿有大量干性泥土附着；左侧裤腰至裤腿下段撕裂，右侧裤腿下段有大量血迹浸染。内穿蓝色三角裤，有大量血迹附着。双足穿黄红相间条纹皮鞋（图 9-48）。

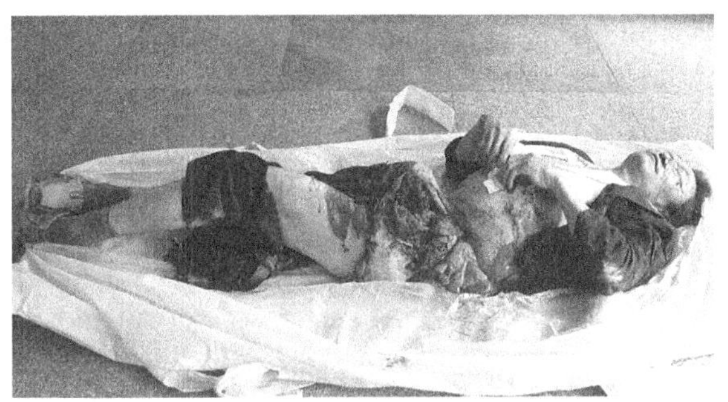

图 9-48

2. 尸体检查　中年男性尸体，尸长 170.0cm，未检见尸斑。黑色直发，发长 4.0cm，发间有多量泥沙附着。右眼内眦部青紫，左眼球结膜血肿。胸部右侧第 5～10 肋骨折，体表检见大片皮肤擦挫伤及车轮压迹（图 9-49，图 9-50）。腰椎横断，腹盆部开放性损伤，部分腹盆腔组织脱出体外（图 9-51）。左肘关节背侧检见一个大小为 9.0cm × 4.5cm 的皮肤裂创。右大腿背侧检见一个大小为 28.0cm × 10.0cm 的表皮擦伤，右小腿内侧检见大小为 28.0cm × 6.0cm 的皮肤肌肉缺失。锁骨下静脉血液检测显示，死者当时血中酒精浓度明显超出正常标准。

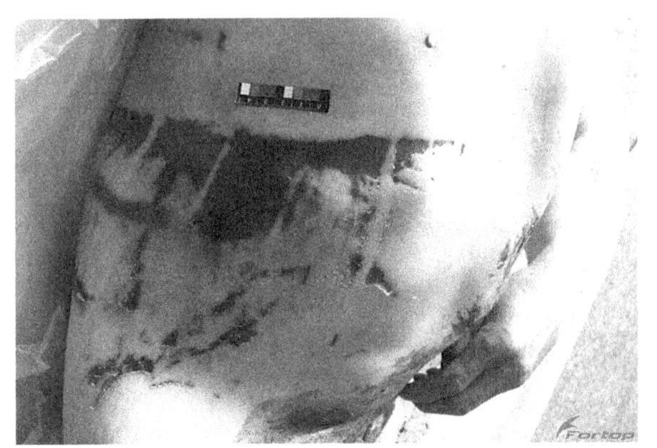

图 9-49

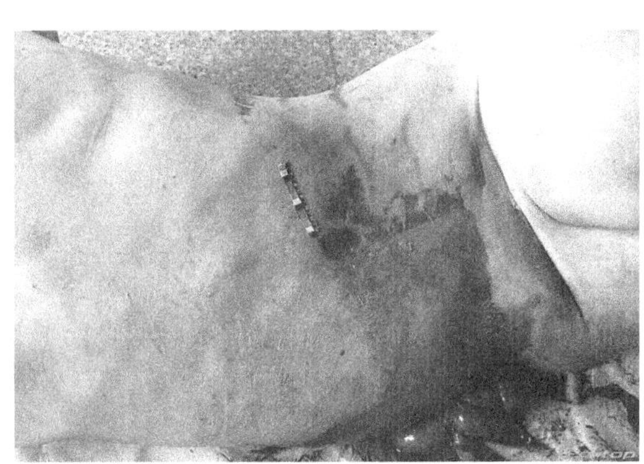

图 9-50

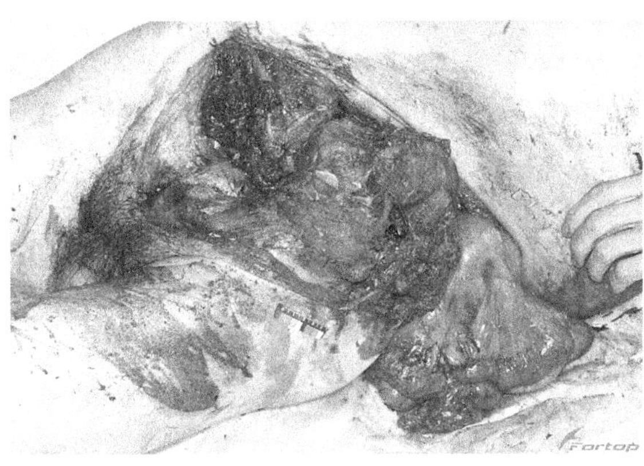

图 9-51

（三）案情分析

结合现场勘察、衣物痕迹、尸体检查和其他相关资料分析，认为：①本例死者很可能为醉酒后独自一人在此段马路上行走，被车辆从身后撞击、碾压、拖擦后导致死亡并被人移尸路边。②根据死者衣物痕迹以及皮肤表面及路面留下的轮胎印痕，推断该起事故的肇事车辆应为一大型车辆。③从现场痕迹推断出肇事车辆是沿着原来的行驶方向继续向前行驶，这对肇事车辆的排查具有重要的指导作用。④死者身体多处检见大面积开放性损伤，所以肇事车辆的轮胎一定会粘连部分死者软组织或血液成分，因此可疑肇事车辆与人体组织的对比性DNA检测对于肇事车辆的认定具有重要的作用。⑤从死者身上擦伤的生活反应可以看出是生前伤，所以人体死后伪造成交通事故的可能性较小。⑥路面血迹拖痕的存在，提示在该案例中尸体曾有被拖动到路旁的事实。

（四）破案经过

根据法医尸体检验结果以及上述法医提供的分析信息，公安交警及时调阅过往车辆的相关信息并采取一系列相关措施，终于在6小时后查获可疑肇事车辆，并在肇事车辆轮胎上检见少量可疑人体组织和血液成分。经过DNA同一认定分析，轮胎上的人体组织和血液成分与死者具有同一性。在铁证面前，肇事司机如实交代了肇事移尸过程：当时光线昏暗，路上行人稀少，由于自己大意及死者醉酒未能及时躲避车辆，造成了将行人撞倒并碾压导致其死亡的事实。考虑到天黑及无人目击等情况，肇事司机抱着侥幸心理将死者移尸路旁。经过法医和公安交警的密切配合，本案例终于成功告破。

案例二

（一）案情摘要

男性，41岁，于某日19时左右推自行车沿一条大道北侧路面由北往南横过公路过程中与一辆沿该大道南侧路面由西往东行驶的小型普通客车发生碰撞，事故造成该男子当场死亡和车辆损坏，为查明此次交通事故中双方应负的责任，需要鉴定该男子通过马路时是骑还是推自行车。

（二）法医学尸体检查主要所见

尸体解剖所见：男性尸体，尸长164.0cm，右侧颊部及下颌变形，下颌骨在左侧中切齿和侧切齿之间断裂性骨折，下颌骨右侧平尖牙位置骨折，右侧颞顶枕部头皮下出血，右侧颞顶枕部帽状腱膜下出血，右侧硬脑膜破裂，右侧颞顶骨粉碎性骨折，骨折线从右侧耳后经右颞顶骨后到枕骨并延续到左侧颞骨，颅底见经双侧颞骨岩部并跨越垂体窝的颅中窝横断性骨折。右上臂上段外侧可见一刺青，前侧可见一6.4cm×0.7cm大小的表皮擦伤。右大腿下段外侧可见一大小为10.0cm×2.5cm的擦伤痕，擦伤痕内可见两条平行、长分别为11.0cm和9.5cm的线性压痕，两条平行线痕之间的距离为0.7cm，右侧膝关节前外侧见一大小为5.5cm×5.5cm的擦伤痕，距足底距离有49.0cm，右膝关节后外侧见一大小为4.0cm×1.0cm的擦伤痕，右侧小腿中下段胫骨前侧在踝关节上8.0cm处见一大小为8.2cm×2.0cm的弧形擦伤痕，距足底距离有22.0cm。

主要器官检查：全脑重1200.0g，大脑肿胀，蛛网膜下腔弥漫性出血，脑底部血管未见硬化及狭窄，脑底部散在滑脱性脑挫伤，左侧视神经断裂伴周围脑组织挫裂伤，小脑扁桃体疝形成，大小为1.0cm×1.0cm，延髓挫伤，大脑切面左侧侧脑室及第三脑室内血肿形成；左肺重330.0g，大小为23.0cm×11.0cm×4.5cm，右肺重430.0g，大小为24.0cm×12.0cm×4.0cm，双肺切面高度淤血、水肿；心重310.0g，心内血呈暗红流动性，冠状动脉、心肌各切面及各瓣膜未见异常；其余各器官淤血、水肿。

死亡原因：该男子系重度颅脑损伤而死亡。

（三）对交通事故车辆痕迹检验

1. 无号牌自行车　车身长150.0cm，座包高80.0cm；前轮损坏脱离；前叉右叉腿扭曲变形；车架上斜管离地面高50.0cm处变形；车架上斜管离地面高40.0cm处变形；右侧脚踏板变形固定，右脚踏板轴长11.5cm；左闸把损坏脱离。

2. 某小型普通客车　前护杠左侧离地面高 30.0～60.0cm 位置碰撞损坏；左前轮直径 54.0cm；左前大灯离地面高 80.0cm 位置碰撞损坏；前护杠左侧距左前轮约 25.0cm；左前叶子板损坏变形；车前盖左侧离地面高 90.0cm 位置有碰刮痕迹；左侧倒后镜离地面高 110.0cm 位置损坏脱离；左前柱变形损坏，挡风玻璃左上角破裂并向四周扩散，离地高 140.0～160.0cm。

（四）分析说明

1. 人体损伤特点与自行车和某小型普通客车损伤特点相互关系的分析

（1）右侧颊部及下颌变形，下颌骨在左侧中切齿和侧切齿之间断裂性骨折，下颌骨右侧平尖牙位置骨折，右侧颞顶枕部头皮下出血，右侧颞顶枕部帽状腱膜下出血，右侧硬脑膜破裂，右侧颞顶骨粉碎性骨折，骨折线从右侧耳后经右颞顶骨后到枕骨并延续到左侧颞骨，颅底见经双侧颞骨岩部并跨越垂体窝的颅中窝横断性骨折。上述头面部的损伤系钝性暴力所致，其特点符合该男子右侧耳部及头颅右侧颞部与小型普通客车前挡风玻璃左上角处撞击形成（图 9-52）；

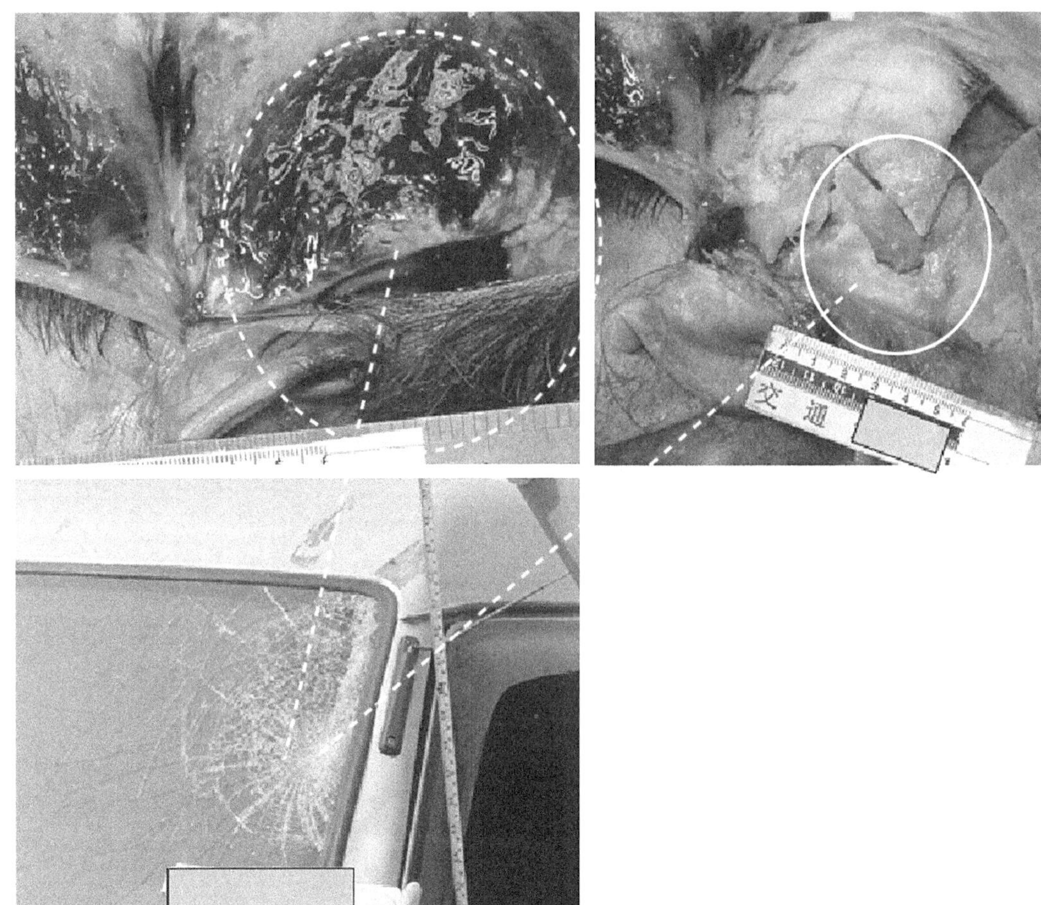

图 9-52

（2）右侧季肋至脐部的大片状斜行的表皮擦伤痕，右髂骨上的片状擦伤痕及右侧臀大肌外侧肌肉水肿系与接触面积较大、质地较硬的钝性物体接触所致，其距足底距离有 80.0～110.0cm，分析认为，上述损伤系钝性暴力所致，符合与该小型普通客车车前盖左侧和左前叶子板相撞形成（图 9-53）；

（3）右上臂外侧上下方向的条状擦伤痕，系与质地较硬、接触面长约 0.8cm 的钝性物体相接触所致，分析认为，该小型普通客车前挡风玻璃左侧刮雨器的固定处螺丝可以造成上述损伤（图 9-54）；

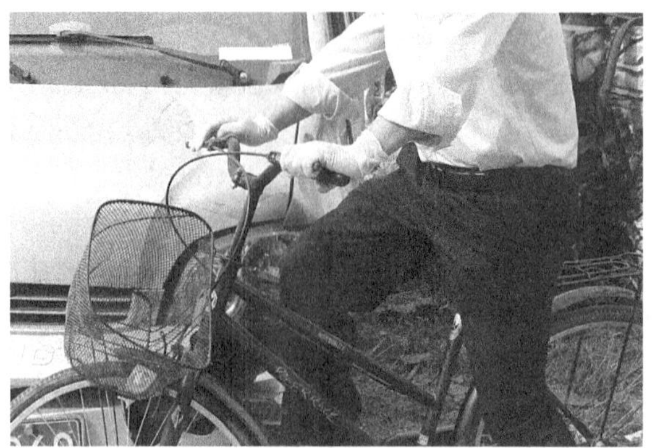

图 9-53

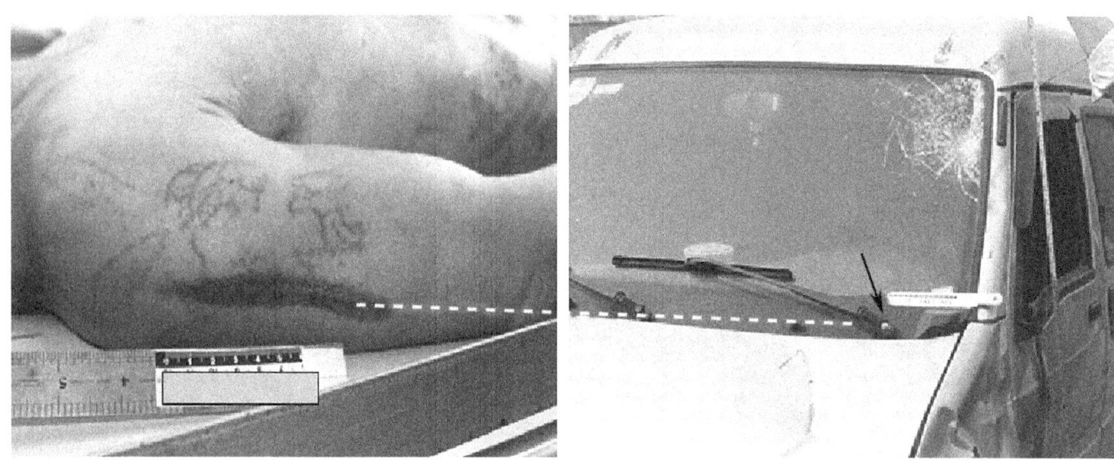

图 9-54

（4）右大腿下段外侧擦伤痕内的两条平行线形表皮剥脱，系与两边质地较硬，中间有空隙的钝性物体压擦所致，分析认为，形态上可以与该小型普通客车发动机盖和左前叶子板之间的缝隙结构压擦形成（图 9-55）。

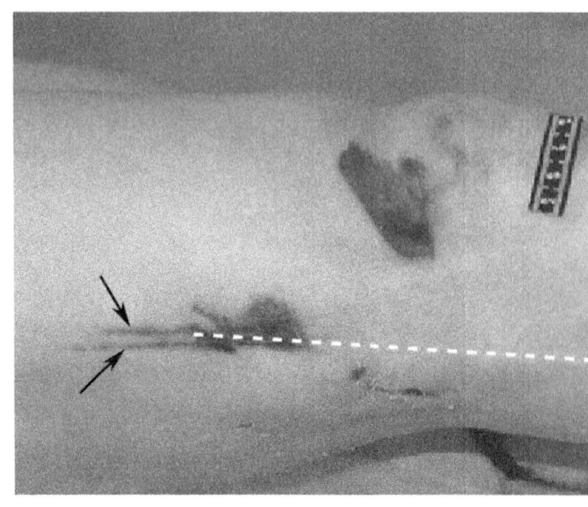

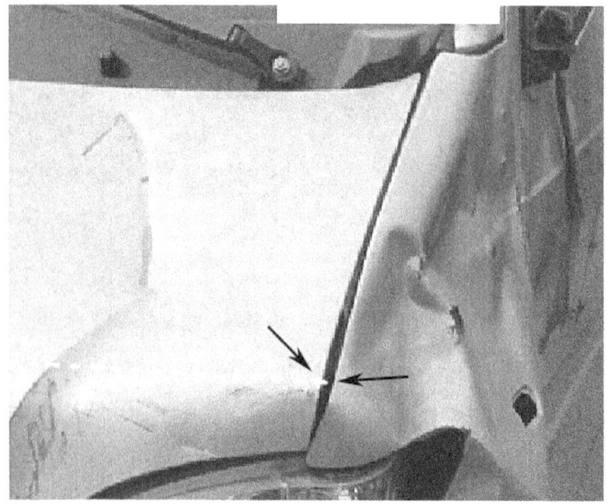

图 9-55

2. 肇事车辆与非机动车和人的碰撞关系及行为方式的力学关系分析

根据对肇事小型普通客车和自行车的检验，可以明确：①该小型普通客车和自行车相撞时肇事车辆的长轴和自行车的长轴的角度大约在79.02°（图9-56）；②肇事小型普通客车车前盖上的线形刮痕系与自行车右方向把接触所致，依据是高度和角度均吻合，并可排除其他可能因素（图9-57）；③自行车右侧脚踏板的变形系与肇事小型普通客车前护杠左侧相撞并撞破之后再与左前轮相撞所致，依据是自行车右侧脚踏板距地面高度为32.0～36.0cm，这一高度与该小型普通客车前护杠左侧的高度相吻合，由于该小型普通客车前护杠为非金属物质，没有足够坚强的结构与之对抗，故判断自行车右侧脚踏板的严重变形应系与该小型普通客车的左前轮碰撞所致最为合理，这与自行车右方向把在该小型普通客车车前盖左前部的戳刮痕迹相对应。由碰撞后自行车的抛出距离远而人体的抛出距离近来判断，符合骑车碰撞的特征。骑车时比推车时，人的重心更靠前，碰撞后人的抛出轨迹应更靠近机动车的行车方向，这一点也与现场特征相符。自行车的前部车架变形前轮飞出，碰撞地点地面有明显的前轮擦痕的痕迹，说明车轮与地面有较大的摩擦力，这也符合骑行的特点。根据死者的头部在该小型普通客车左前挡风玻璃上留下的碰撞痕迹高度来看，骑行的可能性比推行的可能性更大，因推车时，人的重心比骑车时更低和更靠后，与肇事车辆碰撞时，死者的头部很难在肇事车辆的这一高度和部位留下碰撞痕迹。而骑车时，则无论是在高度或部位上都与肇事车辆上的痕迹相符。综合以上力学分析，事故发生时死者骑车的可能性大。

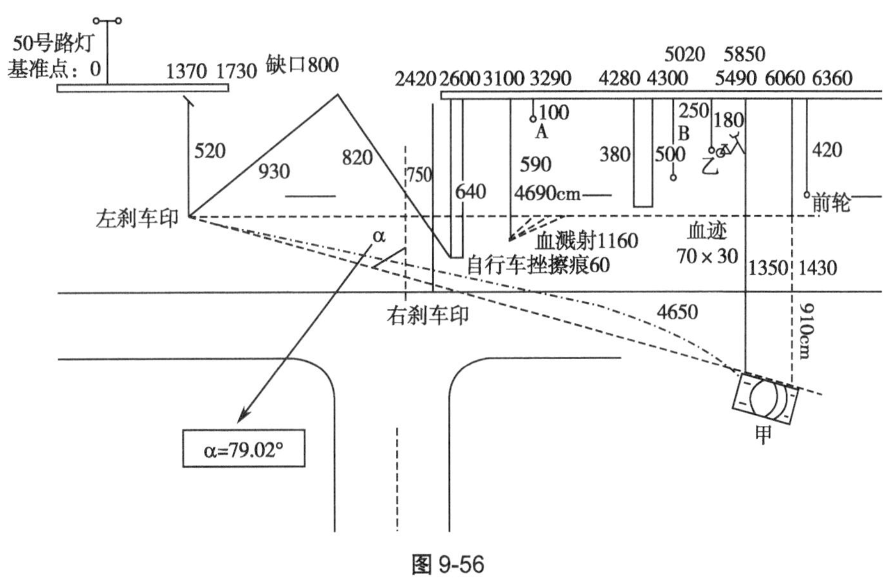

图9-56

图9-57

3. 骑推方式分析

（1）假设自行车推行：假设人在自行车的左侧推行，由于肇事车辆的前护杠与前轮台的距离有25.0cm，自行车右脚踏板与肇事车辆左前轮胎发生碰撞前自行车的斜梁必定会与肇事车辆的前护杠及左前车灯等处发生接触，由于自行车的斜梁接触部位在自行车重心的前方，而死者的身高为164.0cm，自行车的座包将会与死者的右侧臀腰部发生碰撞，由于臀腰部基本接近人体的重心，且肇事车辆与自行车的碰撞角度大约在79.02°，故碰撞后人体将向肇事车辆的左前外方运动，死者的头部很难与肇事车辆的前挡风玻璃左上角发生碰撞。此外，自行车推行时右上臂外侧上下方向的条状擦伤痕和右大腿下段外侧擦伤痕内的两条平行线形表皮剥脱基本没有条件形成。根据委托方提供的鉴定材料结合大体解剖及力学分析，该男子不符合推行自行车。

（2）假设自行车骑行：假设骑行，由于骑车时比推车时，人的重心更靠前，且自行车与地面有更大的摩擦，自行车右脚踏板与肇事车辆前护杠左侧发生碰撞并破坏前护杠及自行车的斜梁与前护杠发生接触时会引起自行车的向外逆时针的旋转，之后很短的时间内右脚踏板与肇事车辆的左前轮发生碰撞，引起自行车加剧向外逆时针旋转的同时使自行车外翻。此时，由于肇事车辆与自行车的碰撞角度大约在79.02°，人体轻微逆时针旋转的同时相对肇事车辆向车前盖和前挡风玻璃处运动，而死者骑车时高度大概在155.0～165.0cm，人体的右侧头面部、右大腿外侧、右侧臀腰部可与肇事车辆的前挡风玻璃，车前盖左侧和左前叶子板发生碰撞，尸体检验时确认的右侧耳部及头颅右侧颞部损伤、右侧季肋至脐部的大片状斜行的表皮擦伤痕、右髂骨上的片状擦伤痕及右侧臀大肌外侧肌肉水肿、右上臂外侧上下方向的条状擦伤痕、右大腿下段外侧擦伤痕内的两条平行线形表皮剥脱等损伤，从形态、高度和角度均有可能形成，尤其是右大腿下段外侧擦伤痕内的两条平行线形表皮剥脱只有在骑行时具有形成条件。

综上分析，事故发生时死者符合骑车。

4. 模拟实验　选择与死者身高相同个体，根据上述推导的骑车状态、车辆碰撞行为，人体运动行为，验证该男子骑自行车与车辆接触的方式成立；该男子骑自行车通过马路的方式成立；该男子的右颞枕部与肇事车辆前挡风玻璃左上角发生碰撞成立；右上臂外侧上下方向的条状擦伤痕、右大腿下段外侧擦伤痕内的两条平行线形表皮剥脱等损伤具备形成条件（图9-58）。

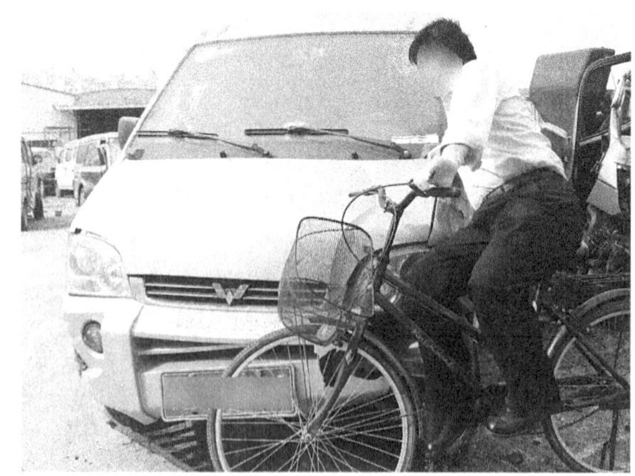

图9-58

综上所述，认为该男子符合骑自行车通过马路。

（五）鉴定意见

（1）该男子系因交通事故致重度颅脑损伤及心挫伤而死亡的。

（2）根据委托方提供的材料及现场勘验，结合力学分析及损伤分析，认为该男子符合骑自行车通过马路。

八、思考题

1. 道路交通损伤有哪些基本类型和形态学特征？
2. 道路交通事故车内不同座位人员损伤有何异同？
3. 道路交通损伤的法医学鉴定应注意哪些问题？
4. 如何在法医学检案中识别伪装交通事故意外致死？

（王　起）

实验十　颅 脑 损 伤

一、实验目的

颅脑损伤是常见机械性损伤，其致死率和致残率均高。本实验通过对颅脑损伤大体标本及组织学的观察，有助于加深对以下几方面的认识和理解：

1. 头皮损伤的形态特征。
2. 颅骨骨折的形态特征及损伤机制。
3. 颅内出血的形态特征及鉴别要点。
4. 脑挫伤的形态特征及损伤机制。

二、实验内容

（一）颅脑损伤大体标本观察

1. 大体图片（图 10-1）

（1）案情摘要：某男，64 岁，因纠纷仰面倒地受伤，经医院治疗无效死亡。

（2）观察要点：枕部正中头皮表皮剥脱，呈类圆形，边界不规则，大小约 2.0cm × 2.0cm。头皮擦伤部位为致伤物接触部位，头皮损伤部位与损伤方式相对应，擦伤形态与平坦接触面的致伤物损伤特征相符合。

（3）诊断：枕部头皮擦伤。

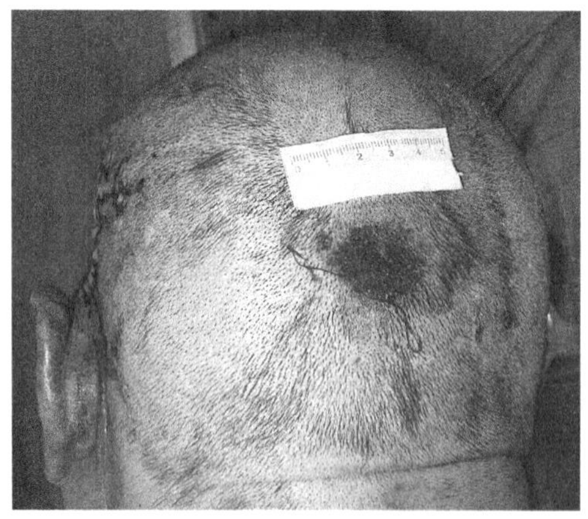

图 10-1　枕部头皮擦伤（abrasion of occipital scalp）

2. 大体图片（图 10-2）

（1）案情摘要：某男，54 岁，被人用钝器击打头部及全身，后倒地死亡。

（2）观察要点：顶部正中见一星芒状挫裂创，创缘不整齐，伴有表皮剥脱，创壁不光滑。请根据头皮损伤部位、形态讨论成伤方式。

（3）诊断：顶部头皮挫裂创。

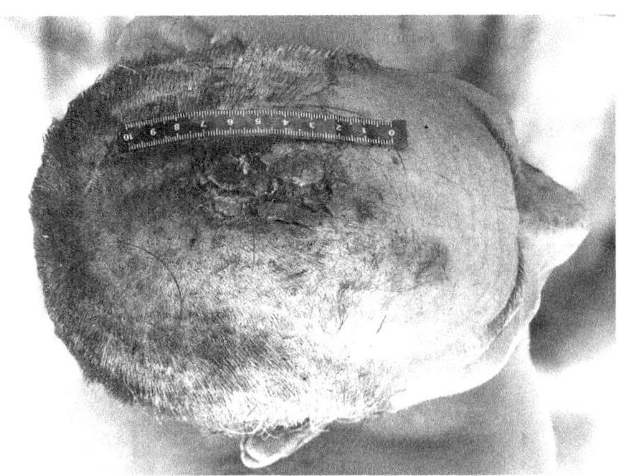

图 10-2 顶部头皮挫裂创（laceration of parietal scalp）

3．大体图片（图 10-3）

（1）案情摘要：某男，54 岁，与他人发生纠纷，推搡中倒地受伤，经医院治疗无效死亡。

（2）观察要点：右侧“熊猫眼”征。右侧眼睑呈紫红色，局部无表皮剥脱。睑结膜及球结膜无出血。眼睑青紫局限于眶缘范围内。头部剖验见右侧颅前窝骨折。考虑如何鉴别眼部受外力作用所致的眼睑青紫与颅前窝骨折所致的“熊猫眼”。

（3）诊断：颅前窝骨折致右侧眼眶软组织出血。

4．大体图片（图 10-4）

（1）案情摘要：某男，35 岁，在打篮球过程中受伤倒地，经医院治疗无效死亡。

（2）观察要点：左外耳道见流柱状血迹；解剖见左侧颅中窝骨折。

（3）诊断：左侧颅中窝骨折伴外耳道脑脊液漏。

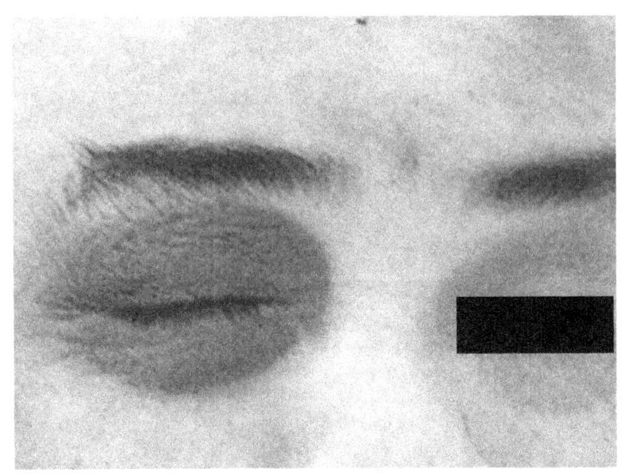

图 10-3 颅前窝骨折致右侧眼眶软组织出血（“Racoon eyes” resembled by periorbital ecchymoses that arouse from fracture of anterior cranial fossa with internal bleeding）

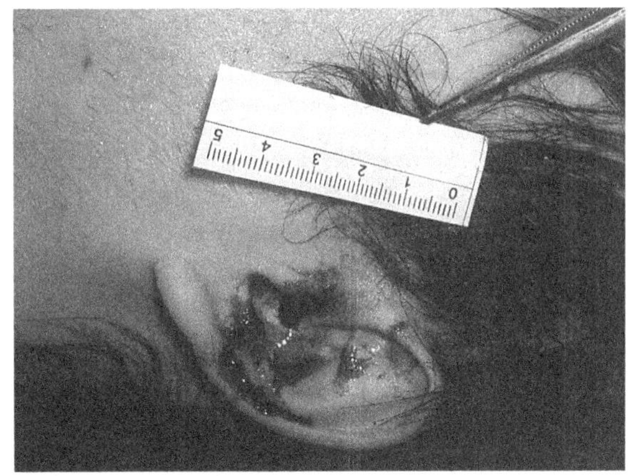

图 10-4 左侧颅中窝骨折伴外耳道脑脊液漏（the left middle cranial fossa fracture with external auditory canal bleeding）

5．大体图片（图 10-5）

（1）案情摘要：某男，26 岁，某日在一工厂内晕倒，经医院治疗无效死亡。

（2）观察要点：左额顶部头皮出血，呈暗红色，大小约 5.0cm×3.0cm，呈前后走向，切开见皮内、皮下充满暗红色血液成分。

（3）诊断：左侧额顶部头皮挫伤。

6. 大体图片（图10-6）

（1）案情摘要：某男，51岁，从3楼坠落死亡。

（2）观察要点：头皮帽状腱膜下弥漫性出血。帽状腱膜下组织疏松，出血弥散，无法反映致伤物接触部位。

（3）诊断：帽状腱膜下血肿。

图10-5 左侧额顶部头皮挫伤（contusion of left fronto-parietal scalp）

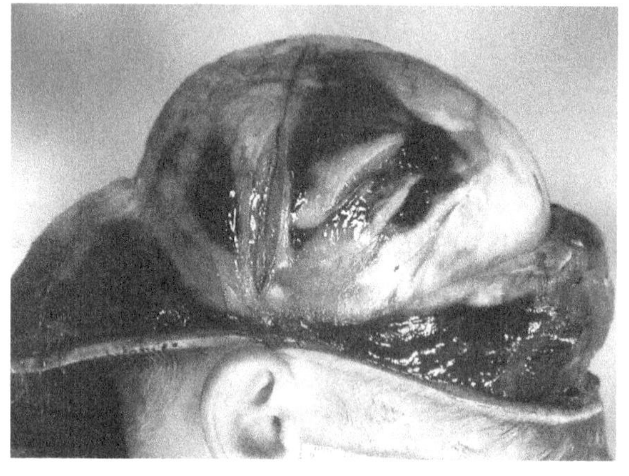

图10-6 帽状腱膜下血肿（subgaleal hematoma）

7. 大体图片（图10-7）

（1）案情摘要：某女，59岁，因交通事故受伤死亡。

（2）观察要点：左侧颞肌片状挫伤出血。

（3）诊断：左侧颞肌挫伤。

8. 大体图片（图10-8）

（1）案情摘要：某男，51岁，因高坠受伤经治疗无效死亡。

（2）观察要点：左侧顶骨见一骨折线，向前下方走行，延伸至左颞骨。骨折分离程度反映该骨折自顶部向颞部延伸。此类骨折可由平坦接触面及条形接触面的致伤物形成。

（3）诊断：左侧顶骨及颞骨线性骨折。

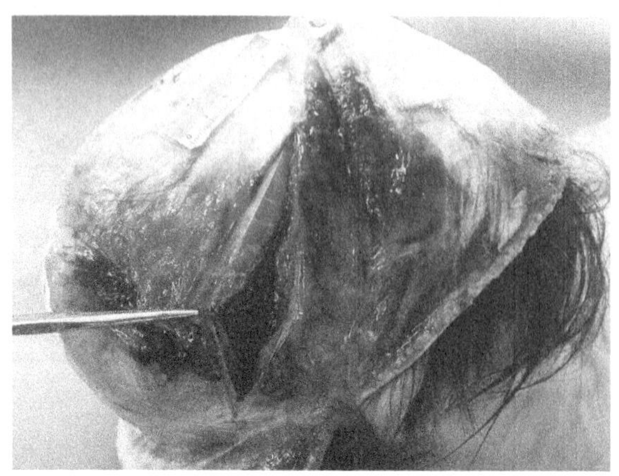

图10-7 左侧颞肌挫伤（contusion of the left temporalis）

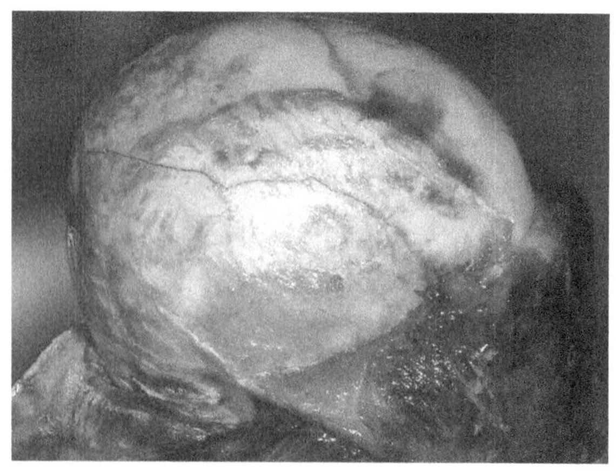

图10-8 左侧顶骨及颞骨线性骨折（linear fracture of the left temporal-parietal skull）

9. 大体图片（图 10-9）

（1）案情摘要：某男，45 岁，头部被人用棍棒击伤，经治疗无效死亡。

（2）观察要点：枕部可见 2.0cm × 1.3cm 大小的凹陷性骨折，环形骨折线中央可见一横行骨折线，该处骨折两折端向颅内塌陷。颅盖骨凹陷性骨折部位为致伤物作用部位，凹陷骨折形态可反映致伤物接触面与头部相互的位置关系。

（3）诊断：枕骨凹陷性骨折。

10. 大体图片（图 10-10）

（1）案情摘要：某男，51 岁，因交通事故受伤后死亡。

（2）观察要点：右侧颞部可见一半圆形骨折线，该处可见一骨折线沿与半圆形骨折线夹 80° 角方向向颞骨延伸。额部、枕部各见一骨折线与颞部骨折线相交。请考虑如何判断多条骨折线形成的先后次序。

（3）诊断：右侧颞、额、枕部颅骨骨折。

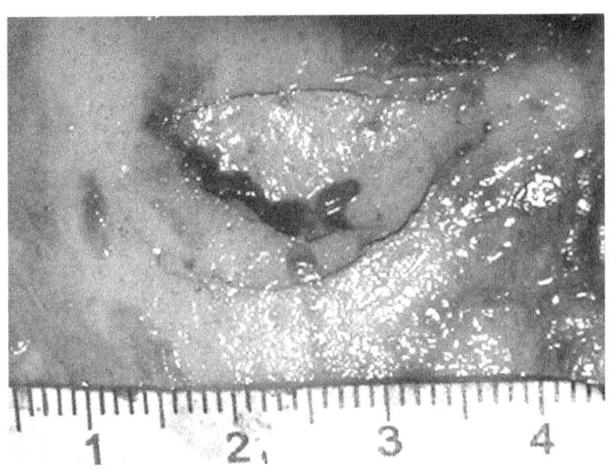

图 10-9　枕骨凹陷性骨折（depressed fracture of the occipital skull）

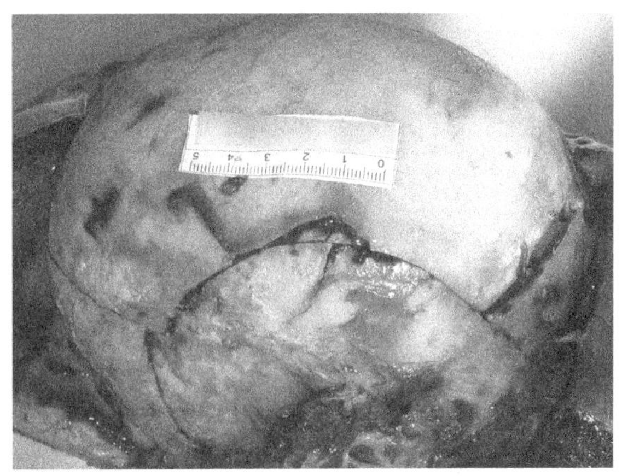

图 10-10　右侧颞、额、枕部颅骨骨折（fracture on the right frontal, temporal and occipital skull）

11. 大体图片（图 10-11）

（1）案情摘要：某女，59 岁，因交通事故受伤后死亡。

（2）观察要点：左颞骨鳞部一 9.0cm 长折线，沿冠状面走行，向下延伸至颅中窝达蝶鞍左侧。左侧颅前窝一 4.5cm 长折线，沿矢状面走行至蝶骨嵴。本例两条骨折线位置接近，但走行方向相互垂直，请思考外力作用部位，二处骨折的形成机制，能否由一次外力作用形成。

（3）诊断：左侧颞骨、颅中窝及颅前窝骨折。

12. 大体图片（图 10-12）

（1）案情摘要：某男，23 岁，因车祸致头部外伤到医院就诊，保守治疗 5 天后死亡。

（2）观察要点：右额骨两条 9.0cm、2.0cm 长骨折线，延伸至颅底。右额部 7.0cm × 4.5cm × 1.5cm 硬膜外血肿。

（3）诊断：右额部硬膜外血肿。

13. 大体图片（图 10-13）

（1）案情摘要：某男，35 岁，因交通事故死亡。

（2）观察要点：解剖取下颅盖骨，剪开硬脑膜后见左额颞顶枕部 12.0cm × 13.0cm × 0.5cm 硬膜下血凝块，易脱落。

（3）诊断：左侧额、颞、顶、枕部硬膜下血肿。

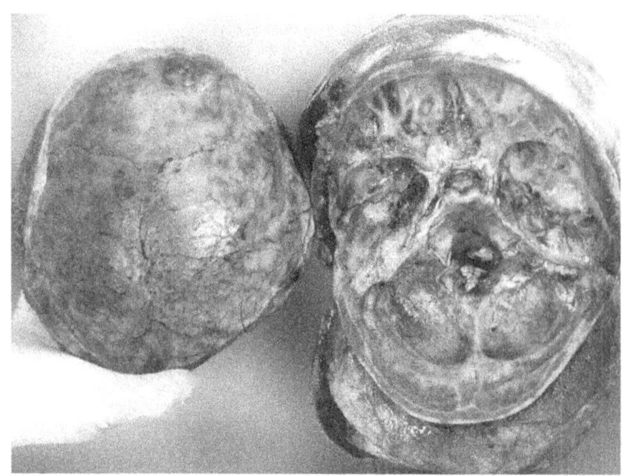

图 10-11 左侧颞骨、颅中窝及颅前窝线性骨折（linear fracture of the left temporal skull, left middle and anterior cranial fossa）

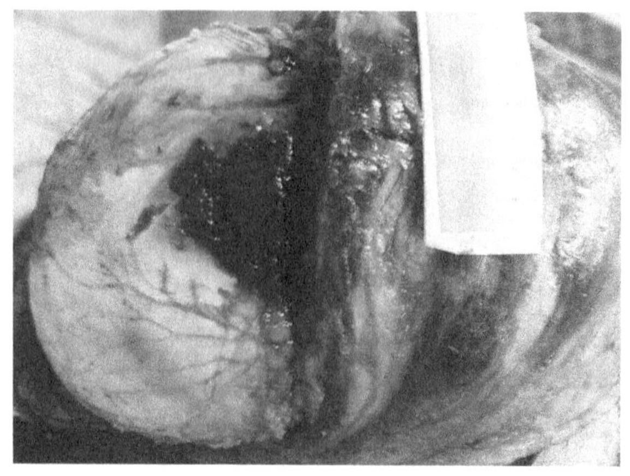

图 10-12 右额部硬膜外血肿（right frontal epidural hematoma）

14. 大体图片（图 10-14）

（1）案情摘要：某男，24 岁，服食甲基苯丙胺后摔跌受伤，次日被人发现死于卧室。

（2）观察要点：右额叶 4.0cm × 4.0cm 区域蛛网膜下腔暗红色血液淤积。血液位于脑沟内，脑沟、脑回结构不清。

（3）诊断：右额叶蛛网膜下腔出血。

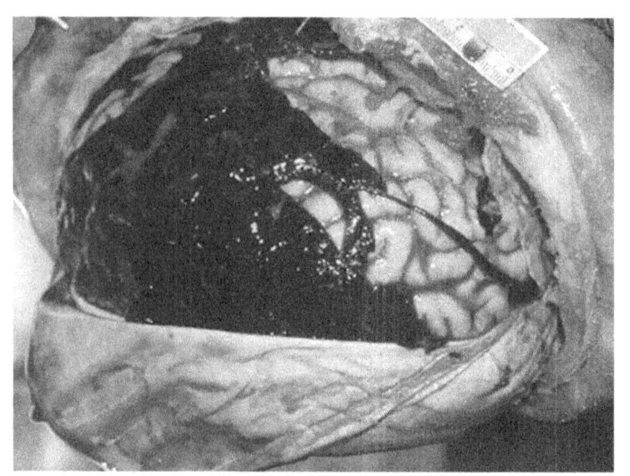

图 10-13 左侧额、颞、顶、枕部硬膜下血肿（subdural hematoma located over left frontal, temporal, parietal and occipital lobe）

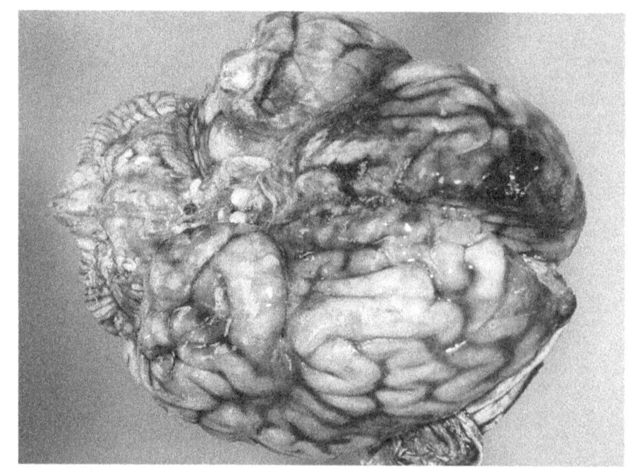

图 10-14 右额叶蛛网膜下腔出血（subarachnoid hemorrhage on surface of right frontal lobe）

15. 大体图片（图 10-15）

（1）案情摘要：某男，21 岁，被人用钢管打伤头部，送医院救治无效死亡。

（2）观察要点：标本为脑底面观。右侧额叶、颞叶外侧面及底面可见多处灶性脑挫伤出血。本例尸检时发现右侧颞骨、左枕骨骨折，右颞部硬膜外血肿。请考虑其右额叶、右颞叶脑挫伤的形成机制。

（3）诊断：右侧额叶、右侧颞叶脑挫裂伤。

16. 大体图片（图 10-16）

（1）案情摘要：某男，61 岁，因交通事故受伤，在医院住院治疗，27 天后死亡。

（2）观察要点：左侧颞叶脑组织局灶坏死，局部塌陷呈黄褐色，形态不规则，边界尚清晰。请比较新鲜脑挫伤（图 10-15）与陈旧性脑挫伤（图 10-16）的形态。

（3）诊断：左侧颞叶陈旧性挫伤。

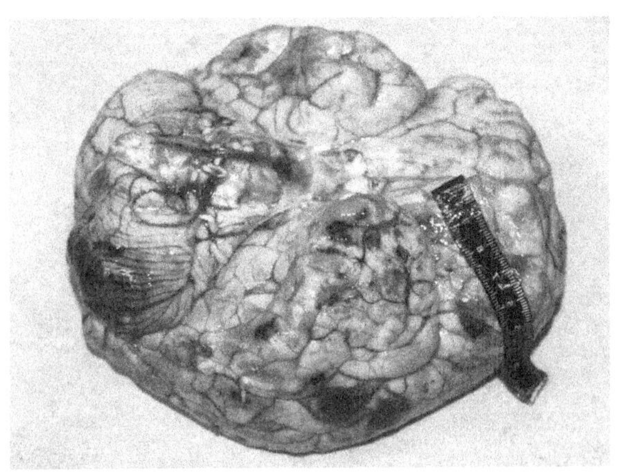

图 10-15 右额叶、右颞叶脑挫伤（contusion on the right frontal and temporal lobe）

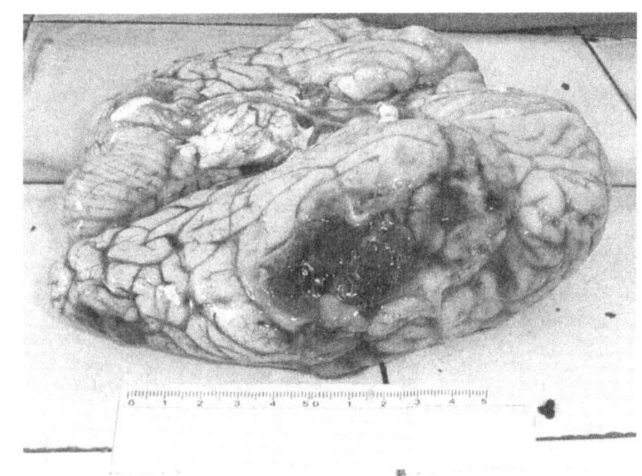

图 10-16 左侧颞叶陈旧性脑挫伤（remote contusion on left temporal lobe）

（二）颅脑损伤组织学观察

1．组织学图片（图 10-17）

（1）案情摘要：某男，25 岁，因纠纷发生争执被推打倒地死亡。

（2）观察要点：大量血细胞聚积于蛛网膜和软脑膜之间的蛛网膜下腔。

（3）脑蛛网膜下腔出血。

2．组织学图片（图 10-18）

（1）案情摘要：某男，36 岁，因交通事故受伤死亡。

（2）观察要点：脑组织内散在不规则多处小灶出血。

（3）诊断：脑挫伤。

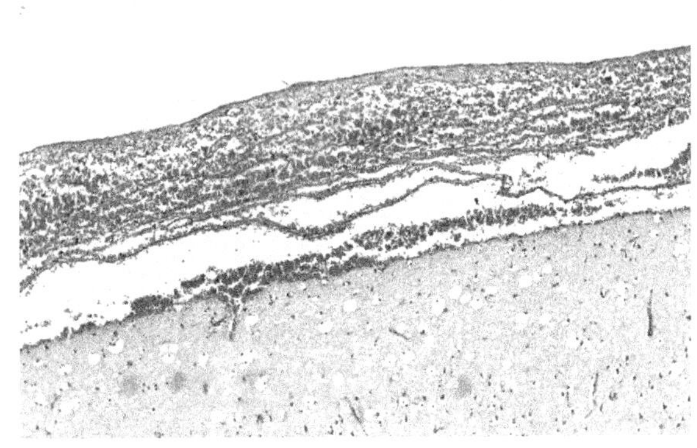

图 10-17 脑蛛网膜下腔出血（subarachnoid hemorrhage，HE × 100）

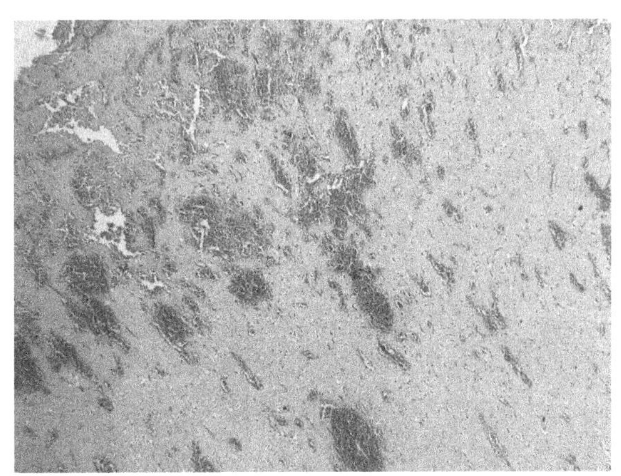

图 10-18 脑挫伤（brain contusion，HE × 40）

3．组织学图片（图 10-19）

（1）案情摘要：某男，61 岁，因交通事故受伤，在医院住院治疗，27 天后死亡。

（2）观察要点：左图片上方为损伤邻近相对正常脑组织，下方为损伤出血区，中间带为成纤维细胞及少量胶原纤维，其内可见大量胞浆充满棕黄色色素颗粒（含铁血黄素）的吞噬细胞。

（3）诊断：陈旧性脑挫伤。

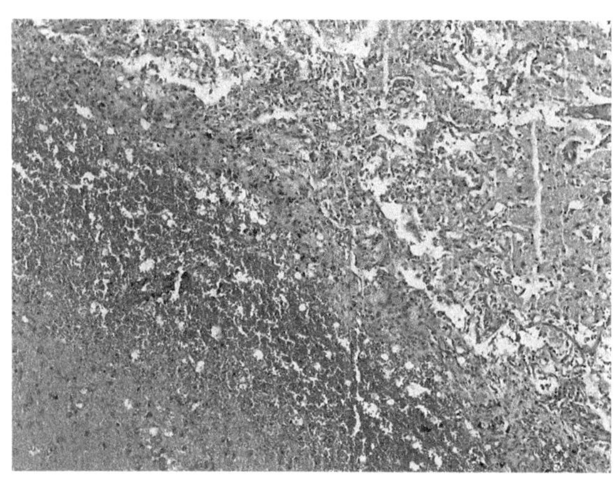
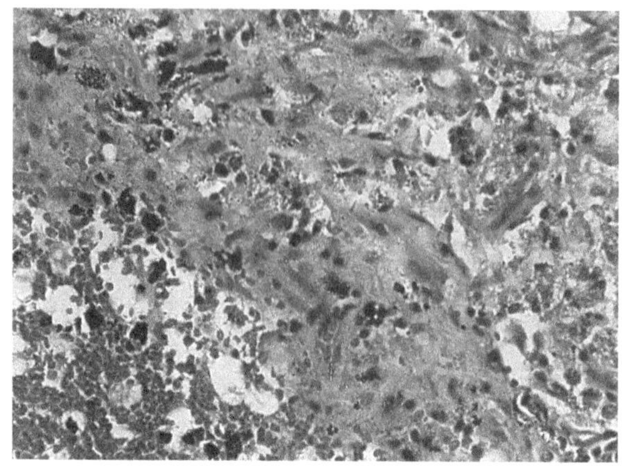

图 10-19　陈旧性脑挫伤（remote brain contusion）

左图（HE×100）上方为损伤邻近相对正常脑组织，下方为损伤出血区，中间带为纤维结缔组织；右图（HE×400）显示胞浆充满棕黄色色素颗粒（含铁血黄素）的吞噬细胞

三、案例讨论

（一）案情及病历摘要

雷某，女，45 岁，某年 6 月 26 日因"呕吐、头痛 1+ 小时"至医院就诊。5+ 小时后死亡。死亡诊断为：1. 猝死？2. 乙醇中毒？3. 中毒性脑病？4. 中毒性心肌炎？

尸检后追问病史，雷某死前 1 日曾摔倒，伤后觉头部隐痛，未在意，伤后无意识障碍。

（二）法医学检查

左颞部及顶部 9.0cm×8.5cm 头皮出血（图 10-20），左颞肌 7.0cm×5.0cm 出血（图 10-21）。右颞部、额部及枕部头皮未见出血（图 10-22）。左颞骨见 8.5cm 长骨折线向下延伸至颅中窝（图 10-23）。左颞部 8.0cm×7.0cm×2.0cm 硬膜外血肿（图 10-24，图 10-25）。脑重 1130.0g，左颞叶脑受压变形，左侧脑室受压，左侧海马回见压痕（图 10-26，图 10-27）。右颞叶 5.0cm×3.0cm 范围内见多处点片状脑皮质挫伤，右额叶 2.0cm×1.0cm 范围内见多处点片状脑皮质挫伤，挫伤区域周围蛛网膜下腔出血；右顶叶蛛网膜下腔出血（图 10-28）。

（三）法医病理学诊断

机械性颅脑损伤：

（1）左颞部、顶部头皮挫伤；左侧颞肌挫伤。

（2）左颞骨、左侧颅中窝线性骨折。

（3）左颞部硬膜外血肿。

（4）右额叶、颞叶脑挫裂伤，蛛网膜下腔出血；右顶叶蛛网膜下腔出血。

（5）左侧海马钩回疝。

（四）分析说明

雷某遗体法医病理学检验发现左颞部、顶部头皮挫伤、左侧颞肌挫伤、左颞骨线性骨折，提示左颞部受较强外力作用。死者左颞部硬膜外血肿位于左颞骨骨折部位，且骨折线行经脑膜中动脉走行区，故其左颞部硬膜外血肿为左颞骨骨折波及脑膜中动脉出血局部积聚所致。死者右侧头皮未见出血，右侧颅骨未见骨折，其右侧额叶、颞叶脑挫裂伤、蛛网膜下腔出血及右顶叶蛛网膜下腔出血的形成机制为左颞部受较强外力作用后右侧大脑半球外侧面脑组织与颅骨相互作用产生的对冲性脑损伤。死者左侧颞部巨大硬膜外血肿，导致颅内高压，局部脑组织受压变形、移位，左侧脑室受压、小脑幕游离缘挤压左侧海马，出现左侧海马钩回疝的继发性脑损伤。雷某尸体检验未发现严重器质性疾病。综合病史，雷某死亡原因为机械性颅脑损伤并发颅内高压、脑疝。

死者左颞部受外力作用，死者右额叶、右颞叶对冲性脑挫伤，左颞叶未见脑挫伤，上述冲击性脑损伤轻微而对冲性脑损伤重，符合减速性脑损伤的表现。倒地摔伤的损伤方式同其颅脑损伤征象相一致。

（五）鉴定意见

雷某的死亡原因为机械性颅脑损伤并发颅内高压、脑疝。

（图 10-20～图 10-28 见网络增值服务实验十）

四、思考题

1. 结合本实验图片及案例分析，试述颅脑损伤死亡的法医病理学鉴定要点。
2. 如何鉴别减速性脑损伤与加速性脑损伤？

（陈晓刚）

实验十一　身体其他重要器官的机械性损伤

一、实验目的

除颅脑损伤外，身体其他部位的重要器官均可遭受钝器、锐器、火器等致伤物造成的致命性或非致命性损伤。本实验通过对大体及组织学标本图片观察，以进一步加深对身体其他重要器官机械性损伤的认识。

二、实验观察内容

（一）身体其他重要器官机械性损伤大体图片的观察：

1. 大体图片（图 11-1）

（1）案情摘要：某男，30 岁，驾驶摩托车发生道路交通事故死亡。

（2）观察要点：下颌颏部下方软组织及椎体完全横断（颈 2、颈 3 椎体水平），局部呈水平裂隙状，裂隙内有血液。此种损伤常伴发高位颈髓损伤。

（3）诊断：颈 2、颈 3 椎体横断。

2. 大体图片（图 11-2）

（1）案情摘要：某男，46 岁，因纠纷受伤经抢救无效死亡。

（2）观察要点：10% 福尔马林固定的颈髓，切面中央管周围出血并软化，后角明显。

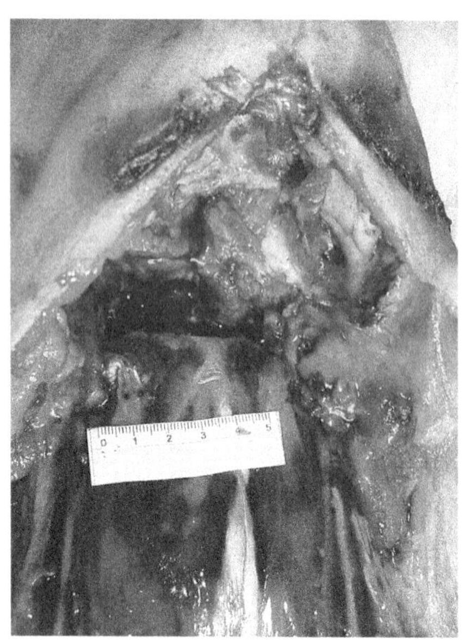

图 11-1　颈椎椎体横断（transverse fracture of the cervical vertebrae）

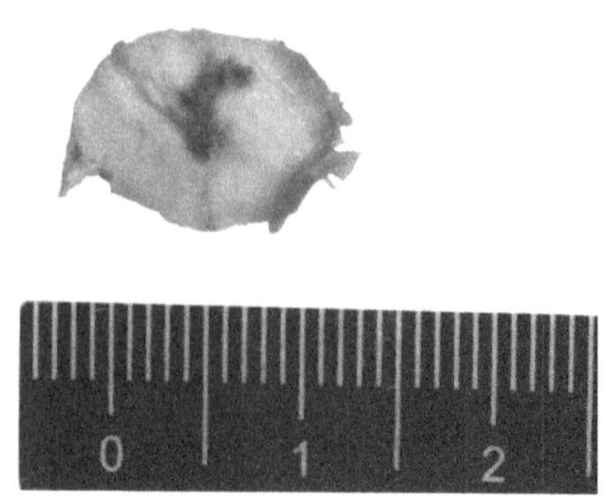

图 11-2　颈髓挫伤（cervical spinal contusion）

（3）诊断：颈髓挫伤。

3．大体图片（图 11-3）

（1）案情摘要：某男，38 岁，从约 12.0m 高处坠落死亡。

（2）观察要点：右侧胸部第 3～10 肋骨背外侧段骨折，骨折断端软组织出血，其中第 8 肋骨折断端刺破壁层胸膜，局部肺裂伤引起血气胸。

（3）诊断：右侧胸部肋骨背外侧段多发性骨折。

4．大体图片（图 11-4）

图 11-3　右侧胸部肋骨背外侧段多发性骨折（multiple fractures of the dorsolateral right ribs）

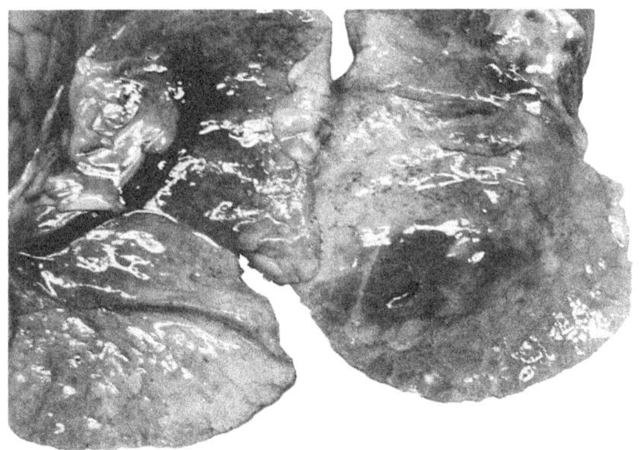

图 11-4　肺挫裂伤（the laceration of the lower lobe of the right lung）

（1）案情摘要：某女，42 岁，从约 6.0m 高处坠落死亡。

（2）观察要点：右肺下叶挫伤，呈暗红色，挫伤部位见一破裂口。解剖可见相应部位肋骨骨折，骨折断端刺破胸膜及肺组织，致右侧胸腔血气胸。

（3）诊断：右肺下叶挫裂伤。

5．大体图片（图 11-5）

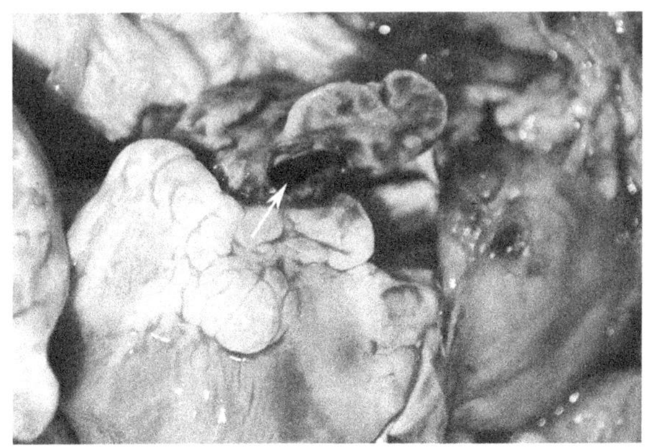

图 11-5　心破裂（cardiac rupture）

（1）案情摘要：某男，2 岁，被他人拳击胸部死亡。

（2）观察要点：右心耳有一不规则的破裂口，长 1.5cm 并延至右心房。

（3）诊断：心破裂。

6．大体图片（图 11-6）

（1）案情摘要：某男，46 岁，从约 12.0m 高处坠落死亡。

（2）观察要点：右心室前下壁近室间隔处见一不规则挫伤，局部暗红色；左心室前上壁见一不规则挫伤，局部暗红色；光镜下见局部心肌挫伤出血。

（3）诊断：左、右心室前壁挫伤。

7. 大体图片（图 11-7）

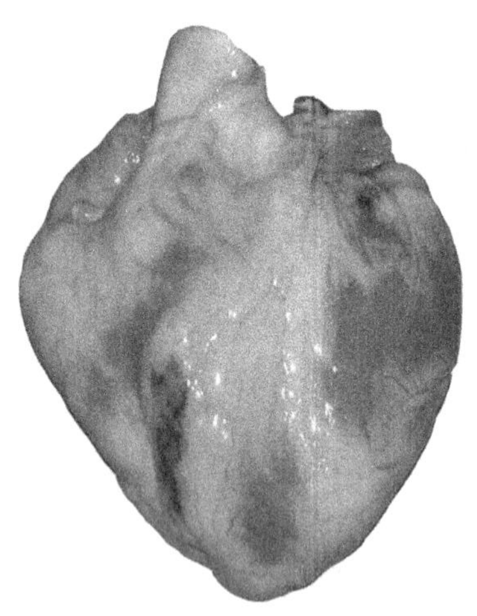

图 11-6　右心室前下壁及左心室前上壁片状挫伤（patchy contusions on inferior anterior right ventricular wall and superior anterior left ventricular wall）

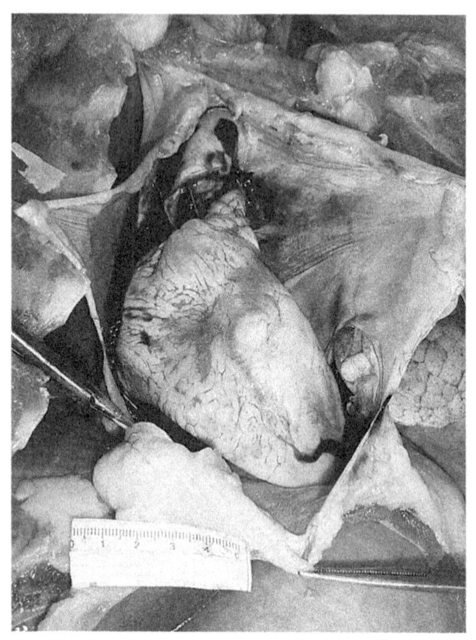

图 11-7　主动脉根部断裂（transaction of aortic root）

（1）案情摘要：某男，30 岁，驾驶摩托车发生道路交通事故死亡。

（2）观察要点：心包腔内大量血液淤积，清除血液后见主动脉根部完全横断。

（3）诊断：主动脉根部断裂。

8. 大体图片（图 11-8）

（1）案情摘要：某男，21 岁，因高处坠落致伤经抢救无效死亡。

（2）观察要点：肝多发裂伤，破裂口呈条状。

（3）诊断：肝破裂。

9. 大体图片（图 11-9）

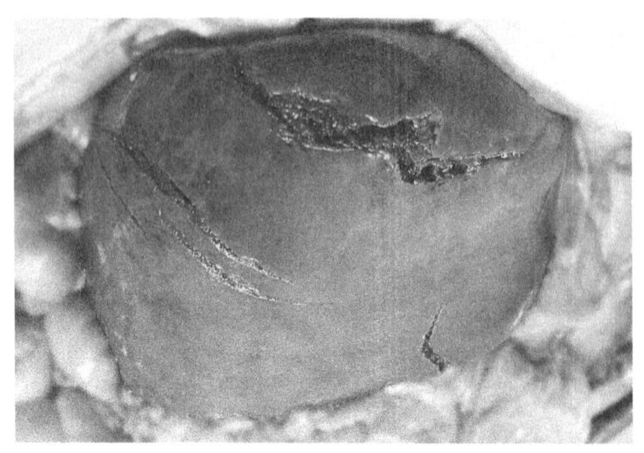

图 11-8　肝破裂（rupture of liver）

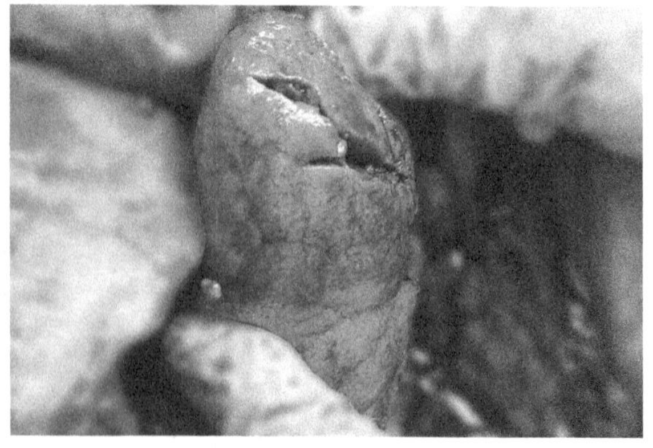

图 11-9　肾破裂（rupture of kidney）

（1）案情摘要：某男，21 岁，因高处坠落致伤经抢救无效死亡。

（2）观察要点：右肾上极不规则裂伤。

（3）诊断：肾破裂。

10. 大体图片（图 11-10）

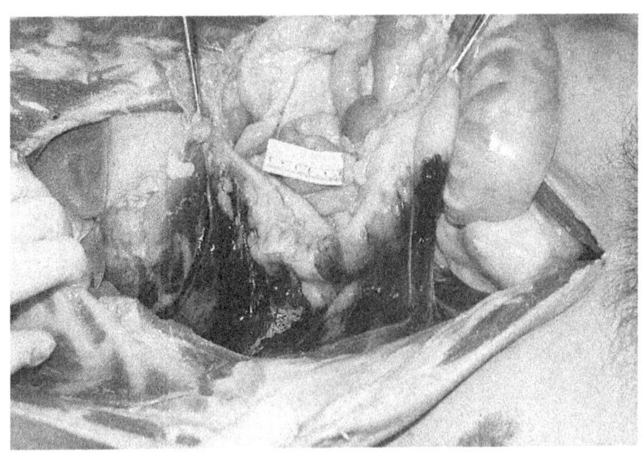

图 11-10　腹膜后血肿（hematoma of the posterior peritoneum）

（1）案情摘要：某男，38 岁，从约 12.0m 高处坠落死亡。

（2）观察要点：右半结肠腹膜后大量血液淤积，血肿形成。此种出血可引起低血容量性休克导致死亡。

（3）诊断：腹膜后血肿。

（二）身体其他重要器官的机械性损伤组织学图片观察：

1. 组织学图片（图 11-11）

（1）案情摘要：某男，46 岁，因纠纷受伤经抢救无效死亡。

（2）观察要点：颈髓后角挫伤出血。

（3）诊断：颈髓挫伤。

2. 组织学图片（图 11-12）

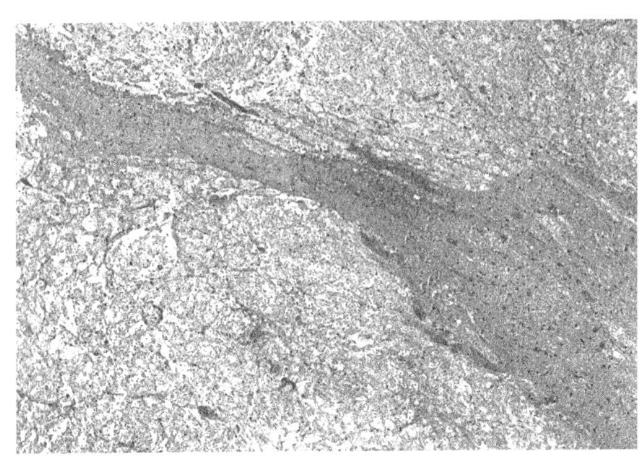

图 11-11　颈髓挫伤（cervical spinal contusion）（HE×100）

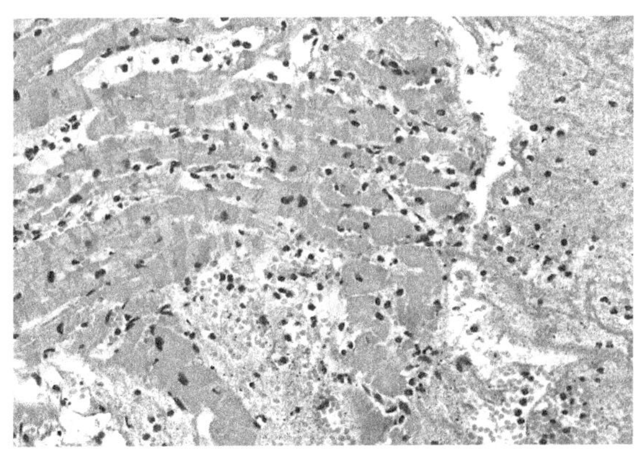

图 11-12　心肌坏死伴附壁血栓形成（myocardial necrosis with mural thrombus formation）（HE×400）

（1）案情摘要：某男，5 岁，被石块砸伤经抢救无效死亡。

（2）观察要点：心破裂口附近心肌坏死伴附壁血栓形成。

（3）诊断：心肌坏死伴附壁血栓形成。

3. 组织学图片（图 11-13）

（1）案情摘要：某男，60 岁，被人脚踢腹部致伤经抢救无效死亡。

（2）观察要点：脾破裂，局部出血。

（3）诊断：脾破裂。

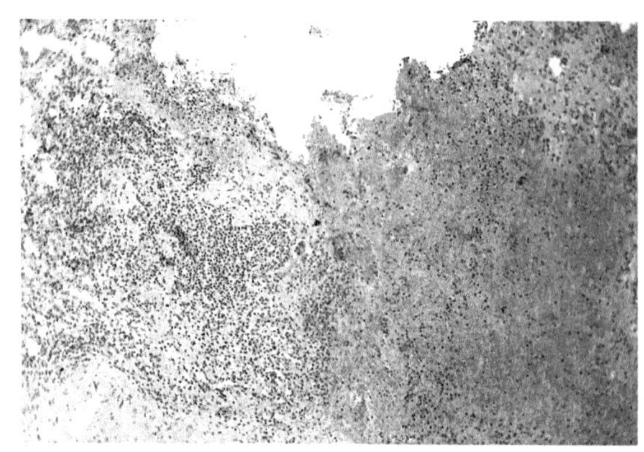

图 11-13　脾破裂（rupture of spleen）（HE×400）

三、案例讨论

（一）案情摘要

某年 8 月 6 日晚，某市公安局接报案称：在某村西头路旁发现一名受伤男子躺在地上，遂拨打“120”急救电话，当医务人员赶到现场，男子已经死亡。后经调查走访证实死者系该村村民李某（男，56 岁）。

（二）法医学检查

1．尸表检查　死者身长 168.0cm。发育正常，营养良好。尸斑显于枕、项、背、腰、臀及四肢低下部位背侧面未受压处，颜色较淡，指压稍褪色。尸僵分布于各大关节，较强。黑发夹杂少许白发，发长 9.0cm。双眼角膜尚透明，双侧瞳孔等大等圆，直径 6.0mm。双侧球、睑结膜苍白。双侧鼻腔、外耳道无异常，耳廓无损伤。唇黏膜苍白，$\underline{2\,1|1}$牙齿Ⅱ级松动。右侧颧弓处有一 3.0cm×1.5cm 皮肤擦伤，鼻背部有一 3.2cm×2.0cm 挫伤。上唇偏右上方有一 5.0cm×2.5cm 擦挫伤，右侧唇黏膜下有一 3.0cm×2.5cm 出血区。胸骨偏左有一 2.0cm 条形皮肤擦伤，周围有一 7.0cm×5.0cm 挫伤。左上腹部有一 7.5cm×2.5cm 皮肤擦挫伤（图 11-14）。左季肋区腋中线有一 11.0cm×3.0cm 中空性挫伤。左腹外侧腋中线有一 8.0cm×1.7cm 中空性挫伤。左腰背部有一 5.5cm×0.7cm 条形擦伤。右腰背部有一 11.0cm×1.5cm 横斜行中空性挫伤。右腰部有一纵行 7.5cm×1.5cm 中空性挫伤（图 11-15）。右臀外上部有一 7.0cm×6.5cm 横行中空性挫伤。右臀下方有一 8.5cm×1.5cm 横行中空性挫伤。右大腿中段外侧有一 13.0cm×11.0cm 横斜行中空性挫伤。右肩部有一 3.0cm×3.0cm 挫伤。左小腿上段外侧有一 9.0cm×3.0cm 挫伤。

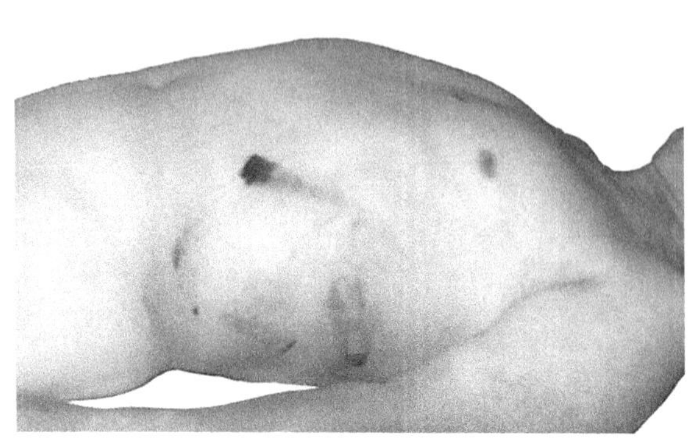

图 11-14　左上腹部皮肤擦挫伤

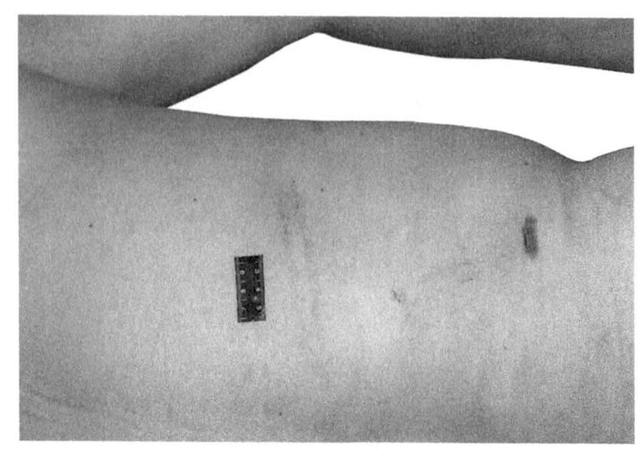

图 11-15　右腰部中空性挫伤

2. 内部检查　枕部有一3.0cm×2.0cm头皮下出血，颞肌未见出血，颅骨无骨折，硬脑膜外、硬脑膜下、蛛网膜下腔未见出血。全脑重1381.0g。脑表面、切面未见明显异常，基底动脉环各支节段性粥样硬化，管壁质硬，管腔呈不同程度狭窄。颈部未见明显异常。左侧胸部肌肉片状出血，胸骨、肋骨及肋软骨未见骨折，双侧胸腔未见积血，前纵隔有一6.0cm×4.0cm出血，心包腔未见异常。心重314.0g，外形尚可。心外膜脂肪组织增生。依血流方向剖开心，各心腔未见明显异常。右心室壁脂肪层厚0.5cm，肌层厚0.3cm，室间隔厚1.3cm，左心室壁厚1.3cm。左心室前壁、侧壁、前组乳头肌可见灰白色瘢痕（图11-16），其余各瓣膜、腱索未见明显异常。主动脉起始部管壁内膜散在粥样斑块。左冠状动脉主干管壁质硬，管腔未见明显异常，左前降支起始段管壁质硬、粥样硬化，管腔狭窄Ⅱ～Ⅲ级，走行3.5cm管腔渐趋于正常。左旋支管壁质硬、粥样硬化，距起始0.5cm处管腔狭窄Ⅱ～Ⅲ级，走行0.5cm管腔渐趋于正常。右冠状动脉管壁质硬、粥样硬化，管腔狭窄Ⅱ级。双侧肺未见明显异常。左上腹部腹壁肌肉片状出血。腹腔内有血性液体约3000.0ml。肝重1100.0g，黄褐色，质地硬，表面及切面弥漫性分布大小相近的小结节，有纤维组织包绕（图11-17）。脾被膜皱缩，脾重200.0g，膈面有一斜行8.0cm的破裂口，深达实质（图11-18）。胰腺、双肾、肾上腺、胃、肠未见异常。胃内容物约300.0ml，尚可见成形的面块、豆角、青菜等。

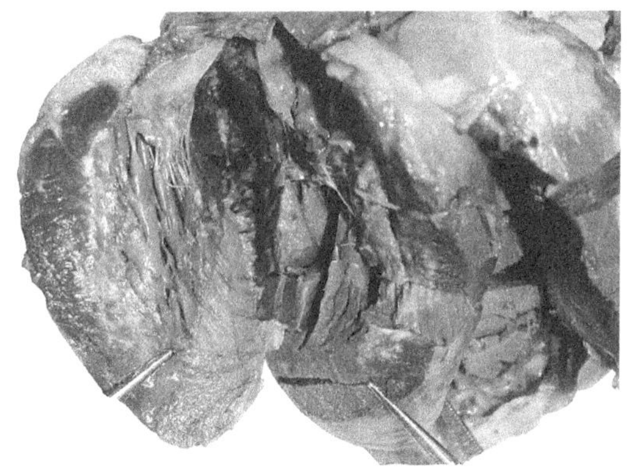

图11-16　左心室前壁、侧壁、前组乳头肌陈旧性心肌梗死

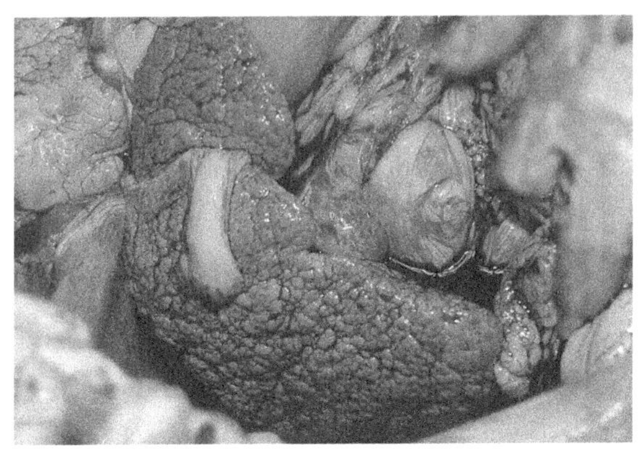

图11-17　肝硬化

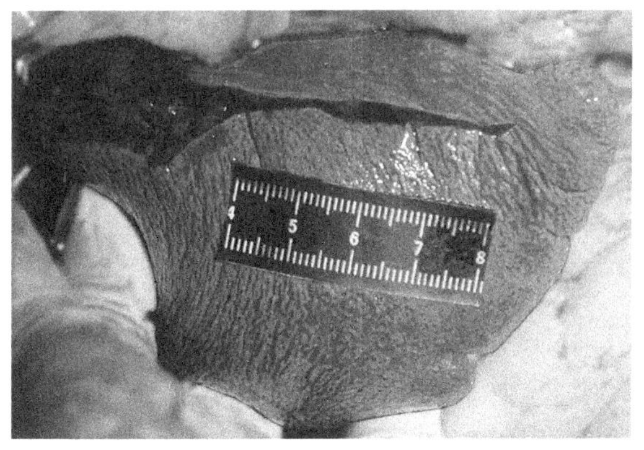

图11-18　脾破裂

3. 组织学检查　脑动脉粥样硬化。冠状动脉粥样硬化，右心室壁心肌脂肪浸润，左心室壁及室间隔心肌间质纤维组织增生，灶性纤维瘢痕形成，未见新鲜心肌梗死。正常肝小叶结构破坏，假小叶形成，假小叶内肝细胞排列紊乱，周围纤维组织增生，可见以淋巴细胞为主的炎细胞浸润（图11-19）。脾破裂口处出血。各器官均呈不同程度缺血改变。

4. 毒物、药物分析　提取李某心血、胃内容物、肝组织块进行毒物分析，结果如下：所送心血、胃内容物、肝组织块未检出常见药物、农药及杀鼠剂成分。

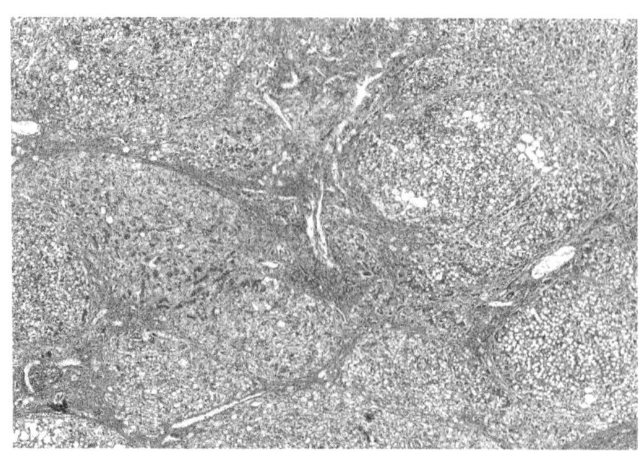

图 11-19　正常肝小叶结构破坏，假小叶形成（HE × 100）

（三）讨论要点

1. 根据李某的损伤情况，推断致伤物是什么？

2. 根据现有材料，判断李某的死亡方式。

3. 李某生前患有什么疾病，在其死因鉴定中，如何评价损伤与疾病的关系？

4. 根据上述材料和相关照片（材料中未提及或未做特别说明的均视为无异常）进行分析判断，分别出具法医病理学诊断、分析说明和鉴定意见。

四、思考题

1. 身体其他重要器官的机械性损伤的检验应掌握哪些内容？

2. 身体其他重要器官的机械性损伤致死的法医学鉴定应注意哪些问题？

（汤　政）

实验十二　机械性损伤的致伤物推断

一、实验目的

致伤物推断是法医病理学鉴定的重要任务之一，本实验通过对各种常见损伤大体标本及其致伤物图片的观察，加深对以下几方面的认识和理解：

1. 根据损伤的形态特征推断致伤物。
2. 同一致伤物可形成不同形态的损伤。
3. 不同的致伤物也可造成形态相似的损伤。

二、实验观察内容

（一）钝器致伤物的推断

1. 大体图片（图 12-1）

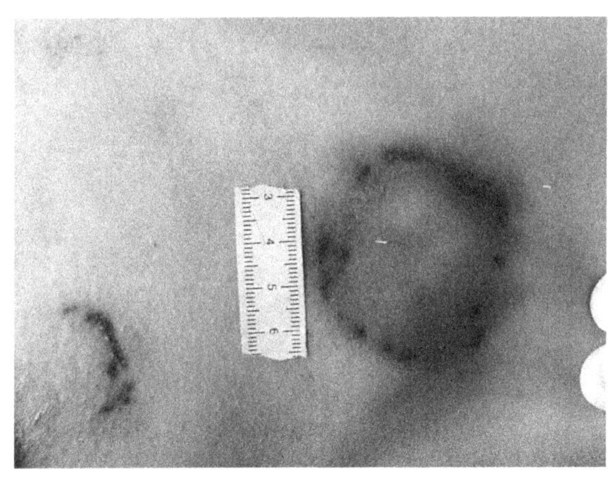

图 12-1　咬伤（bite marks）
胸部皮肤咬痕皮下出血较重伴有擦伤，呈对称的弧形排列

（1）案情摘要：某女，26 岁，被扼颈致死。

（2）观察要点：前胸部皮肤 5.5cm × 5.0cm 范围内可见对称弧形排列的多处擦伤，伴皮下出血。

（3）诊断：咬痕。推断致伤物为人类牙齿。

2. 大体图片（图 12-2）

（1）案情摘要：某男，37 岁，被人打击头面部致死。

（2）观察要点：左颧部有一多边形挫伤区，挫伤边缘约呈 120° 夹角，挫伤区最大直径约 3.5cm，颧弓处皮肤挫裂创形成，符合八角锤类致伤物正面打击所致；现场遗留一八角锤，有血迹附着，锤面形态与损伤特征一致。

（3）诊断：锤击伤。推断致伤物为八角锤。

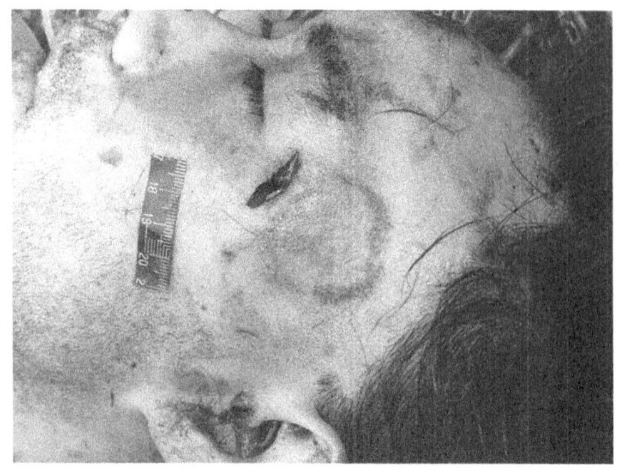

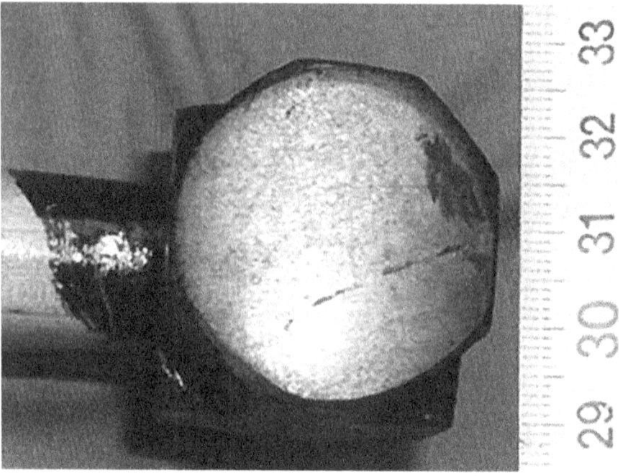

图 12-2　左图：锤击伤（injury by hammer）；**右图：八角锤**（octagonal hammer）
左图示左颧部有一多边形挫伤区，边缘呈约 120° 夹角，颧弓处皮肤挫裂创形成；右图示致伤物八角锤，并有血迹附着

3. 大体图片（图 12-3）
（1）案情摘要：某男，44 岁，被人打击头部致死。
（2）观察要点：额部有一条形挫裂创，创口边缘挫伤区可见数条间距相等的平行的短条状印痕。
（3）诊断：头面部挫裂创。推断致伤物作用面为含短而平行纹路的条状物体，如条状螺纹钢。

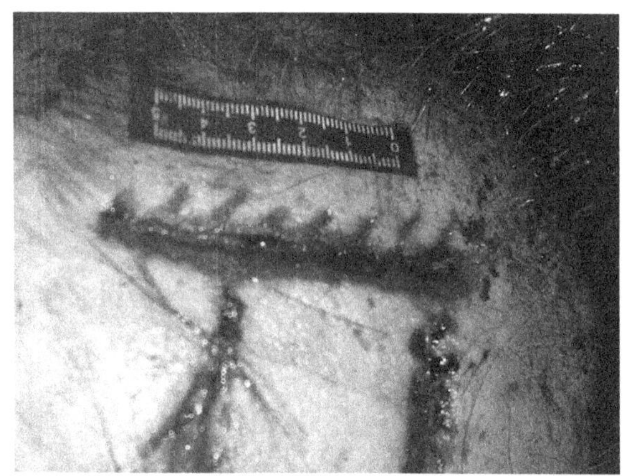

图 12-3　螺纹钢致挫裂创（laceration caused by screw steel）
额部有一条形挫裂创，创口边缘挫伤区可见数条间距相等的平行的短条状印痕

4. 大体图片（图 12-4）
（1）案情摘要：某女，30 岁，被人打击全身多处致死。
（2）观察要点：头顶部有一长 4.5cm 纵行条状挫裂创，创腔内有组织间桥，创缘挫伤带明显。
（3）诊断：头皮挫裂创。推断致伤物为棍棒类物。
5. 大体图片（图 12-5）
（1）案情摘要：同上。
（2）观察要点：左肩背部散在多条中空性皮下出血。
（3）诊断：中空性皮下出血。推断致伤物为圆形棍棒。

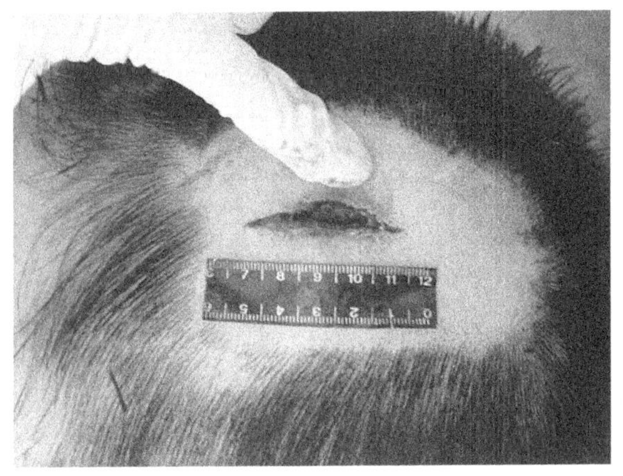

图 12-4　头皮挫裂创（scalp laceration）
头顶部有一纵行条状挫裂创，创缘挫伤带明显

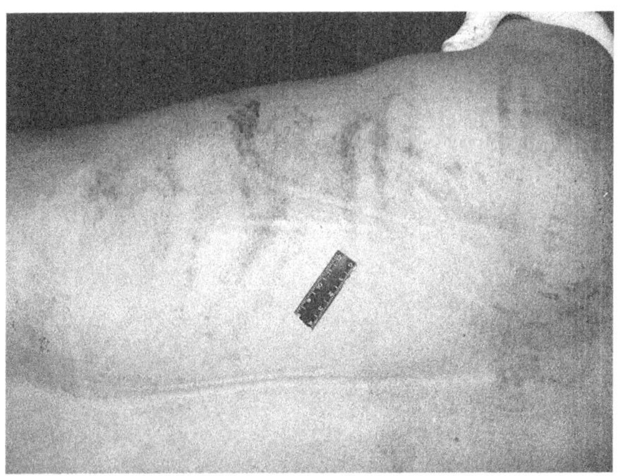

图 12-5　肩背部中空性皮下出血（tramline or railway line bruise on shoulder and back）
左肩背部散在多条中空性皮下出血

（二）锐器致伤物的推断

1．大体图片（图 12-6）

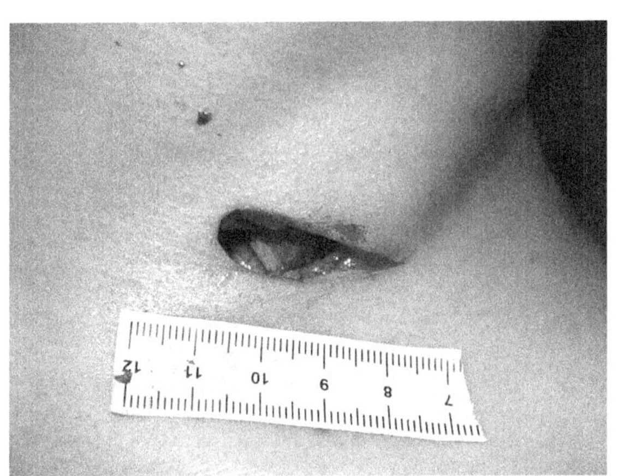

图 12-6　单刃刺创（stab wound by single-blade weapon）
左颈根部有一单刃锐器刺创口

（1）案情摘要：某男，24 岁，在斗殴中因全身多处受伤而死。

（2）观察要点：左颈根部有一哆开创口，创缘整齐，无表皮剥脱及皮下出血，内侧创角钝圆，外侧创角锐利。

（3）诊断：单刃刺创。推断致伤物为单刃刺器。

2．大体图片（图 12-7）

（1）案情摘要：某男，35 岁，被人刺伤背部致死。

（2）观察要点：背部有数个创口，创缘整齐，无表皮剥脱及皮下出血，创腔无组织间桥，创角一侧较锐利，一侧稍圆钝。

（3）诊断：单刃刺创。推断致伤物为单刃刺器。

3．大体图片（图 12-8）

（1）案情摘要：某男，41 岁，被人刺伤右颈部致死。

（2）观察要点：右颈根部有一类 S 形刺创口，创周挫伤不明显，符合剪刀合拢时刺入形成。

（3）诊断：剪刀刺创。推断致伤物为剪刀（合拢状态）。

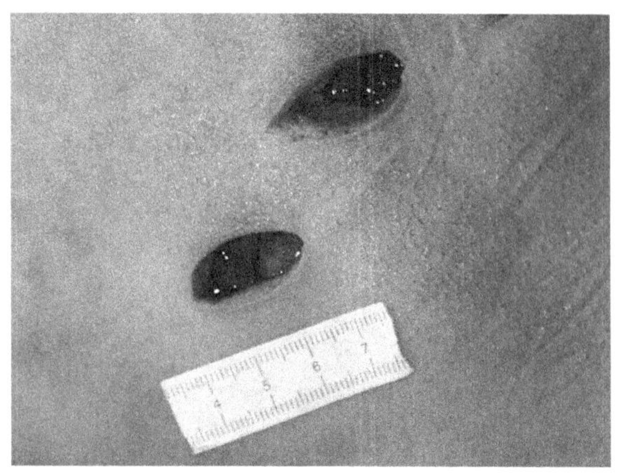

图 12-7　背部刺创（stab wound on back）
背部锐器刺创口，创角一侧锐利，一侧稍钝

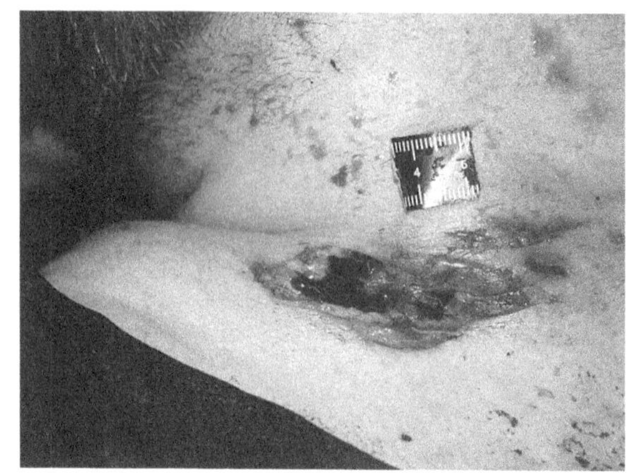

图 12-8　剪刀刺创（stab wound by scissors）
右颈根部有一类S形刺创口

4．大体图片（图 12-9）

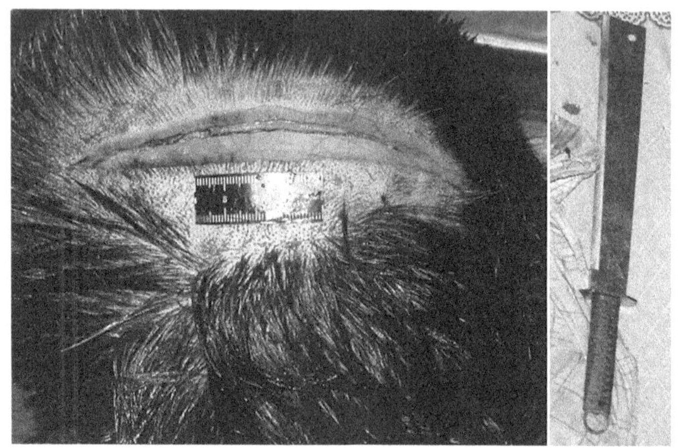

图 12-9　左图：砍创（chop wound）**；右图：砍刀**（broadsword）
左图示头顶部有一较长砍创，创底颅骨骨折；右图示致伤物砍刀，上附血迹

（1）案情摘要：某男，30岁，因颅脑损伤致死。

（2）观察要点：头顶部有一较长创口，创缘整齐，无擦挫伤，创腔无组织间桥，创底颅骨线形骨折，骨折线较整齐。

（3）诊断：头部砍创。推断致伤物为较重易挥动、薄刃砍器（破案后证实为砍刀）。

（三）枪弹创的致伤物推断

1．大体图片（图 12-10）

（1）案情摘要：某男，43岁，被人枪击腰骶部致死。

（2）观察要点：腰骶部可见多个创口，中央创口较大，创口边缘不齐，周围散在数个小创口，隐约可见火药烟晕。

（3）诊断：散弹枪射入口（近距离射击）。推断致伤物为散弹枪。

2．大体图片（图 12-11）

（1）案情摘要：某男，40岁，被人枪击头部致死。

（2）观察要点：枕部创口呈圆形，较小，创周可见挫伤、火药颗粒及烟晕等。

（3）诊断：射入口（近距离射击）。推断致伤物为膛线枪（破案后证实为运动步枪）。

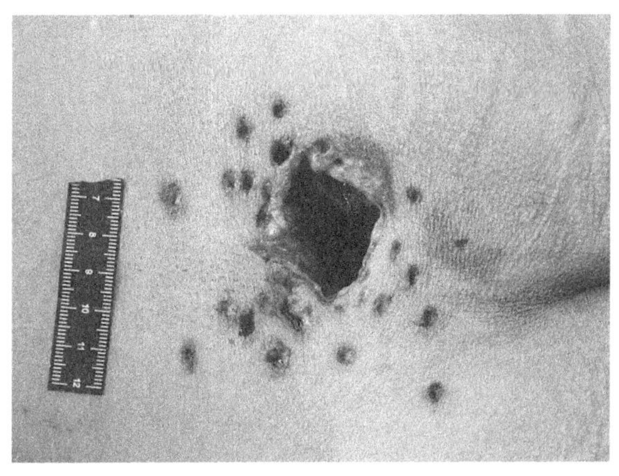

图 12-10　霰弹枪弹创（shotgun wound）
骶部一近距离霰弹枪弹创

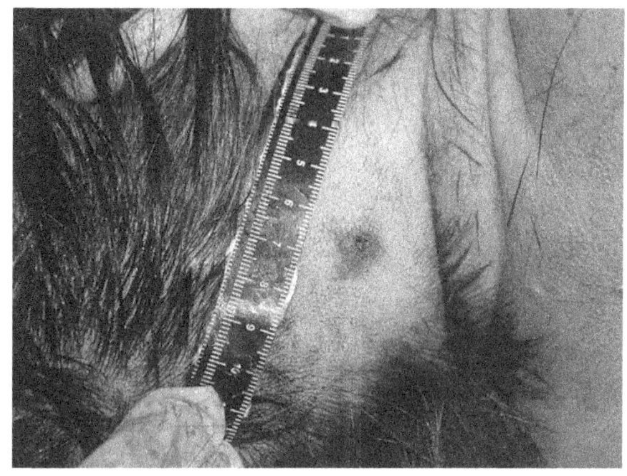

图 12-11　膛线枪射入口（entrance wound by rifle bullet）
枕部有一圆形创口，创周见挫伤、火药颗粒及烟晕

（四）同一致伤物不同打击面，造成损伤形态不同

1. 大体图片（图 12-12）

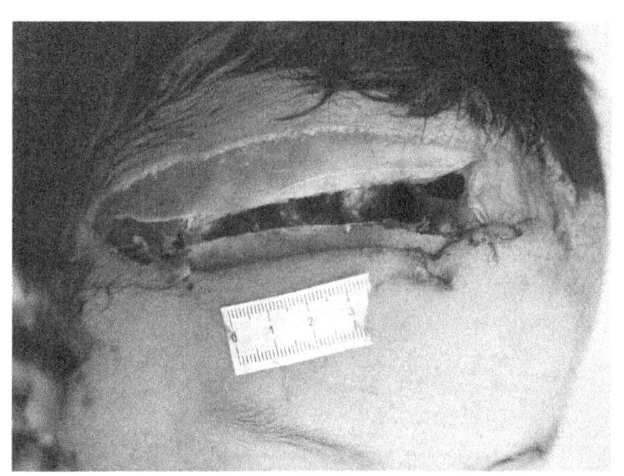

图 12-12　前额砍创（forehead chop wound）
图中示前额部一横行砍伤，其下方颅骨开放性骨折

（1）案情摘要：某幼儿，因颅脑损伤死亡。

（2）观察要点：前额砍创，下方颅骨开放性骨折。

（3）诊断：前额砍创。推断致伤物为较重易挥动、薄刃砍器，菜刀刃部可以形成。

2. 大体图片（图 12-13）

（1）案情摘要：同上。

（2）观察要点：头皮可见 2 条擦挫伤，边界整齐。

（3）诊断：头皮条形擦挫伤。推断致伤物接触面特征为硬质、带棱边、厚度与损伤宽度相近，菜刀背部可以形成。

3. 大体图片（图 12-14）

（1）案情摘要：某男，在斗殴中头部被打伤致死。

（2）观察要点：左侧颞部擦挫伤及挫裂创从左下斜向上方，为物体粗糙接触面打击所致，因损伤面局限，可排除地面、墙壁摩擦形成，应为易挥动的物体。

（3）诊断：头面擦挫伤。推断致伤物为有粗糙接触面的物体。

4. 大体图片（图 12-15）

（1）案情摘要：同上。

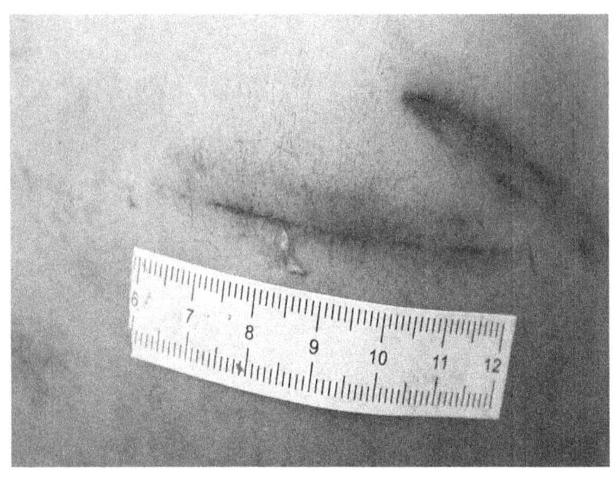

图 12-13　**头皮条形擦挫伤**（striped scalp abrasion and contusion）

头皮见条形擦挫伤，棱边清晰

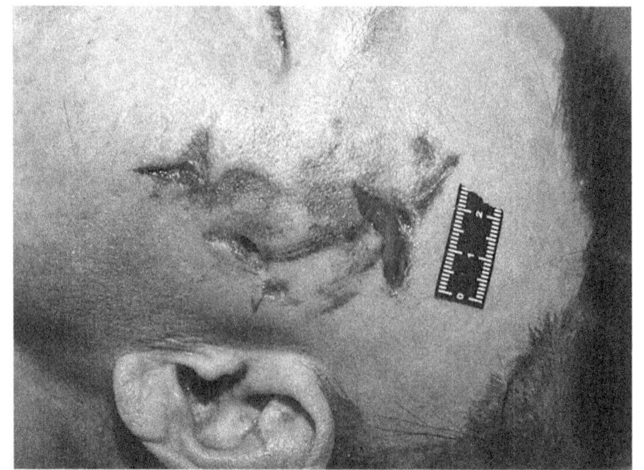

图 12-14　**左侧颞部擦挫伤及挫裂创**（abrasion, contusion and laceration on left temple）

左颞部挫裂创周围伴有条状挫伤

（2）观察要点：头皮条形挫裂创、下方颅骨线形骨折，为表面粗糙，质地较硬带棱边的物体打击所致。

（3）诊断：头皮挫裂创，颅骨线形骨折。推断致伤物为带有棱边的表面粗糙的硬质物体。

5．大体图片（图 12-16）

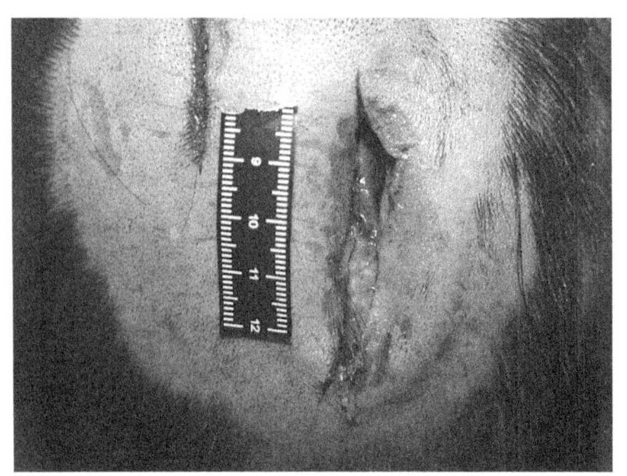

图 12-15　**头皮条形挫裂创、下方颅骨线形骨折**（striped scalp laceration and linear fracture of skull）

挫裂创边缘不整，表皮缺损

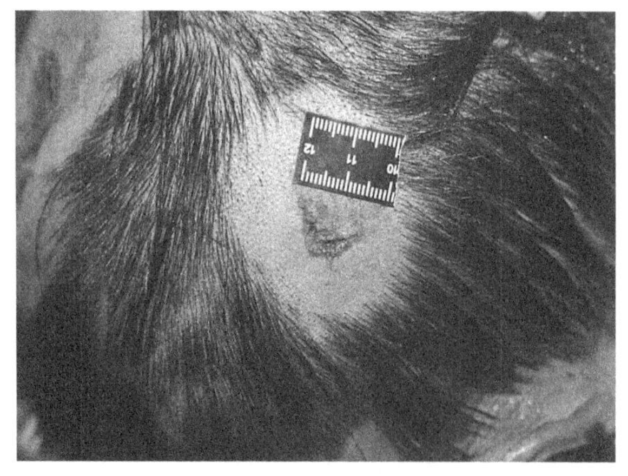

图 12-16　**头皮直角形挫裂创**（right angled scalp laceration）

创口成直角，符合用带有直角的物体所致损伤特点

（1）案情摘要：同上。

（2）观察要点：头皮呈直角的挫裂创，应考虑带直角的物体一角打击形成。

（3）诊断：头皮挫裂创。推断致伤物为带有直角边的物体，综上，致死物为带有粗糙接触面、棱边和直角边的硬质物体，如砖块。

三、案例讨论

（一）案情摘要

某男，34 岁，与人斗殴中被打伤致死。

（二）法医学检查

1．尸表检查　左面颊至耳廓部有 10.0cm×3.5cm 皮下出血，上侧边缘散在条状表皮剥脱；左下颌缘有 7.0cm×0.5cm 裂口，创缘不整，伴表皮剥脱和皮下出血；左耳后下方及项部有 6.0cm×4.0cm 皮下出血(图 12-17)。左颞顶部头皮有 4.2cm 长裂创，创口轻度哆开，创缘较整齐，伴表皮剥脱和少量皮下出血，创腔内有组织间桥，创底深及颅骨骨膜(图 12-18)。左腰背部有 11.0cm×3.5cm 和 13.0cm×3.5cm 类方形皮下出血，边缘清晰，局部见片状表皮剥脱，沿长轴散在数条条状擦痕(图 12-19)。左前臂中段外侧有 5.0cm×3.0cm 皮下出血，左手背及左手指背侧散在皮下出血及表皮剥脱。余未见明显异常。

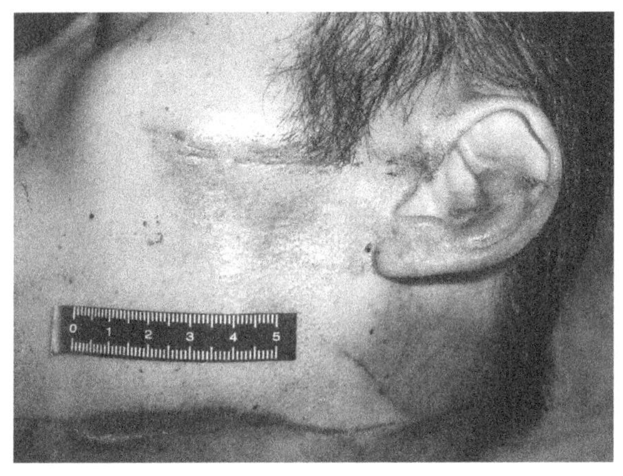

图 12-17　左面颊至耳廓部类长方形擦挫伤

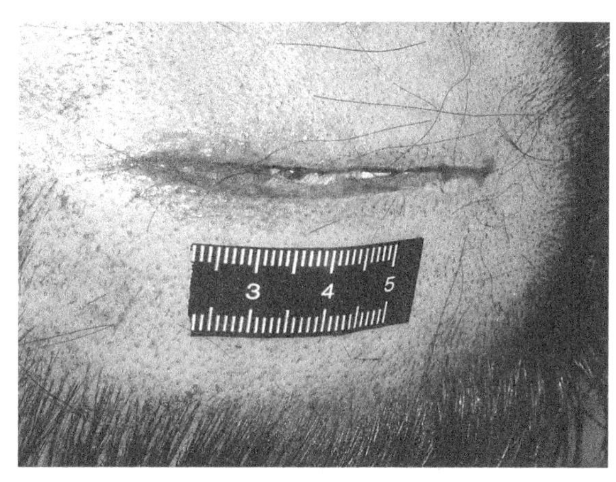

图 12-18　头顶部条形挫裂创

2. 内部检查　切开头皮见裂创深部有 6.2cm×3.0cm 类方形凹陷骨折，其中一角向顶部有 6.0cm 长线形骨折(图 12-20)。左颞顶部广泛硬膜外、硬膜下出血，蛛网膜下腔出血，脑表面散在小挫伤灶。颈部皮下组织及肌肉无出血，舌骨和甲状软骨无骨折。左右胸腔各有少量淡黄色液体，胸膜无粘连，气管腔内无异物，双肺表面及切面呈红褐色。心包腔内无积液，心脏外观无异常，心外膜及心内膜无出血，左、右冠状动脉开口正常，冠状动脉管腔无明显狭窄，各瓣膜周径及室壁厚度基本正常。其余脏器未见异常。

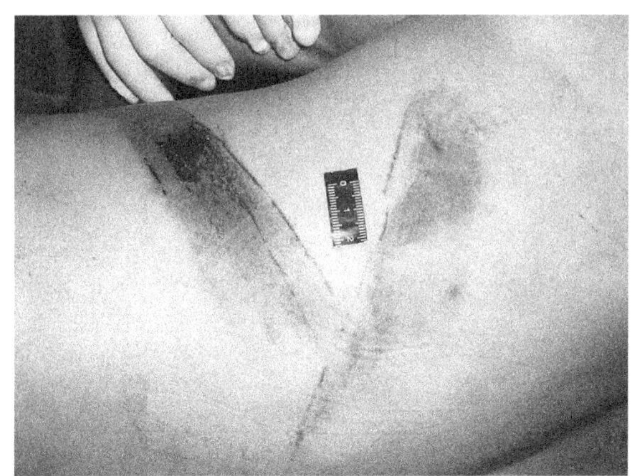

图 12-19　左腰背部类长方形擦挫伤

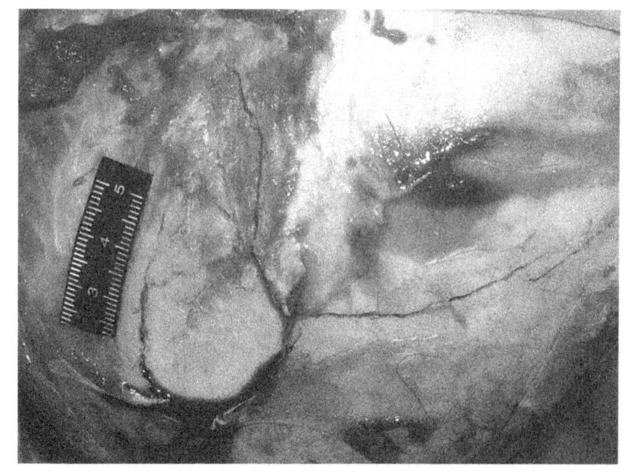

图 12-20　颅骨骨折

(三) 分析说明

1. 经系统法医学检验，发现死者有严重颅脑损伤及腰背部挫伤，分析认为死者系重度颅脑损伤而死亡。

2. 头皮挫裂创下方可见类方形凹陷骨折，其长轴方向与挫裂创方向一致。根据其全身多处损伤特征，分析认为：致伤物应为有平面、有棱边、质地较硬、表面稍粗糙、易于挥动的物体(如方形木棒类钝器)。

(四) 鉴定意见

1. 死者系被他人用钝器打击头面部致颅脑损伤而死亡。

2. 根据损伤特征分析认为，致伤物应为有平面、有棱边、质地较硬、表面粗糙、易于挥动的物体。

破案后证实该案的致伤物为方形木棒（图 12-21）。本案例说明，同一致伤物由于打击部位、接触面不同，可以造成不同类型的损伤。

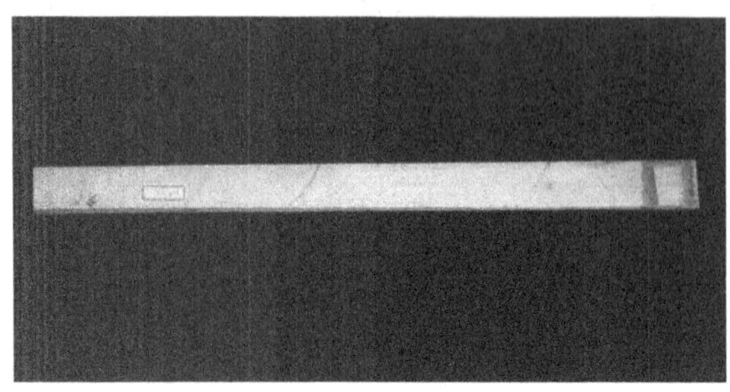

图 12-21　致伤物：方形木棒

四、思考题

1. 如何根据损伤的形态推断致伤物？
2. 如何理解同一致伤物可造成不同类型的损伤，不同致伤物可造成形态相似的损伤？

（秦豪杰）

实验十三　生前伤与死后伤的鉴别

一、实验目的

损伤时间推断（estimation of time since injury）指用形态学或其他检测技术推测损伤形成的时间。包括两方面内容，即生前伤与死后伤的鉴别以及伤后时间的推断，这是法医病理学检验中的重要内容。

本实验通过动物实验模拟、损伤观察加深理解生前伤与死后伤鉴别；结合案例加深机械性窒息生前伤的病理学表现。通过相关文献检索，了解其他检测技术在损伤时间推断的进展。

二、动物实验

（一）实验分组

每组若干人，按损伤方式分：

1. A组　擦伤
2. B组　挫伤
3. C组　锐器切割创

（二）材料与方法

1. 动物　成年家兔（重约2kg），每组一只。

2. 药品、器材与试剂：实验台一个；20ml注射器及针头一套，生理盐水（500毫升）及输液器一套；实验动物解剖器械一套（手术刀一把，止血钳两把，剪刀一把，镊子两个，缝针、缝线）；砂皮一张；小铁锤一个；剃毛刀；纱布，固定用棉纱绳2m；一次性手套；乙醚。

（三）实验步骤

1. 按损伤分组进行操作。

A组（擦伤）：家兔用乙醚麻醉后固定在实验台上（俯卧位），耳缘静脉注射，保持滴注状态[耳缘静脉滴注丙戊酸钠30mg/（kg·h）]，并随家兔状态进行微调；用剃毛刀将背部实验区域的毛剃尽，尽量多暴露皮肤。用砂皮在家兔背部刮擦，形成片状擦伤。按间隔1cm造成4处擦伤，注意留出空余部位以备死后伤。

B组（挫伤）：家兔用乙醚麻醉后固定在实验台上（仰卧位），耳缘静脉注射，保持滴注状态[耳缘静脉滴注丙戊酸钠30mg/（kg·h）]，并随家兔状态进行微调；用剃毛刀将左前、右前、左后、右后肢近段实验区域的毛剃尽，尽量多暴露皮肤。用小铁锤在实验区域垂直击打，形成局部挫伤。注意留出空余部位以备死后伤。

C组（锐器切割创）：家兔用乙醚麻醉后固定在实验台上（俯卧位），耳缘静脉注射，保持滴注状态[耳缘静脉滴注丙戊酸钠30mg/（kg·h）]，并随家兔状态进行微调；用剃毛刀将左前、右前、左后、右后肢近段背侧实验区域的毛剃尽，尽量多暴露皮肤。用手术刀在实验区切割，深至皮下、肌肉，形成长约1cm的切割创（避免损伤深部大血管）。

2. 观察指标及时间分组　在伤后不同时间进行以下操作和观察。

(1) A组(擦伤): 按损伤即刻、伤后1小时、4小时、8小时分别观察损伤区皮肤有无渗出等。

同时，按伤后即刻、1小时、4小时、8小时分别在背部四处擦伤取材(麻醉后取材，深至皮下肌肉层，术后缝合)。

死后伤: 伤后8小时取材后，采用耳缘静脉空气栓塞法牺牲家兔，同样用砂皮在家兔背部刮擦，形成死后片状擦伤，取材(深至皮下肌肉层，术后缝合)。

(2) B组(挫伤): 按损伤即刻、伤后1小时、4小时、8小时分别观察、记录损伤区皮肤颜色，取材(取材方法同A组)。

死后伤: 伤后8小时取材后，采用耳缘静脉空气栓塞法牺牲家兔，用小铁锤在实验区域垂直击打，形成局部死后损伤，观察局部皮肤颜色变化，并取材(取材方法同A组)。

(3) C组(锐器切割创): 按损伤即刻、伤后1小时、4小时、8小时分别在左前、右前、左后、右后肢背侧取材(取材方法同A组)。

死后伤: 伤后8小时取材后，采用耳缘静脉空气栓塞法牺牲家兔，用手术刀在实验区旁侧切割，深至皮下、肌肉，形成长约1cm的死后切割创。观察创哆开、出血情况，并取材(取材方法同A组)。

上述各组各时间段实验所取皮肤组织经10%福尔马林液固定，常规制成石蜡切片，HE染色后观察。

三、生前损伤与死后损伤观察

见图13-1～图13-12。

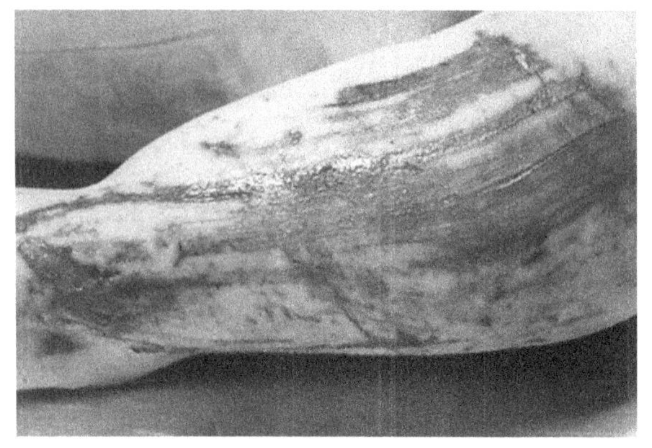

图13-1　生前擦伤(ante-mortem abrasion)

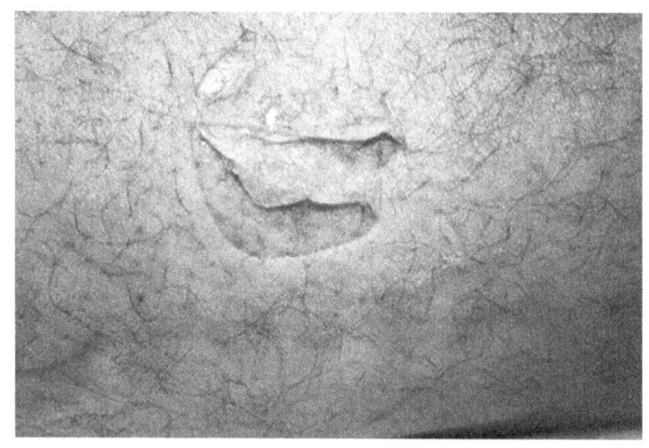

图13-2　死后擦伤(postmortem abrasion)

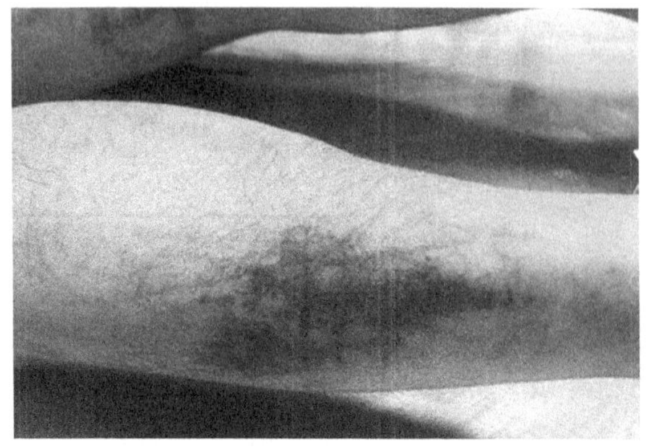

图13-3　挫伤(contusion bruise)

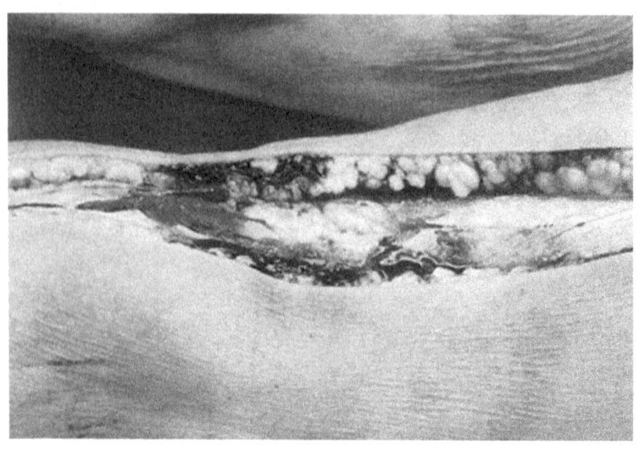

图13-4　挫伤切面(profile of contusion)

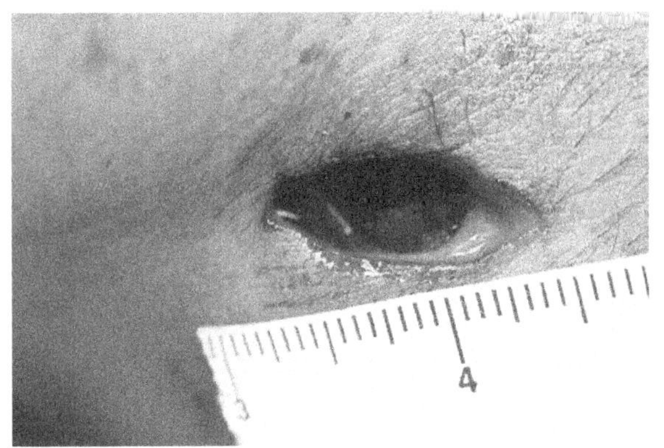

图 13-5　生前刺创（ante-mortem stab wound）

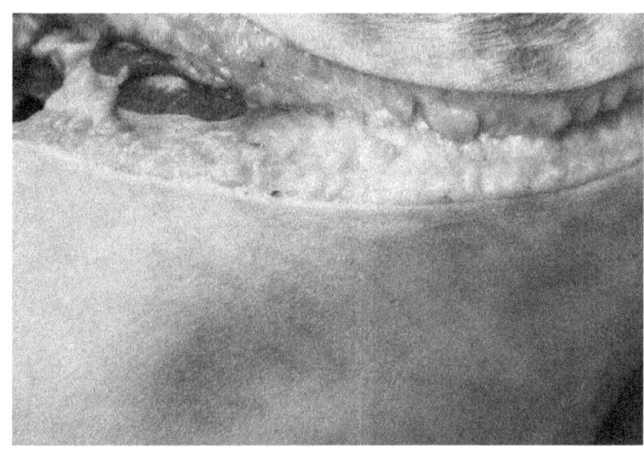

图 13-6　死后切割创（postmortem cut wound-autopsy cut）

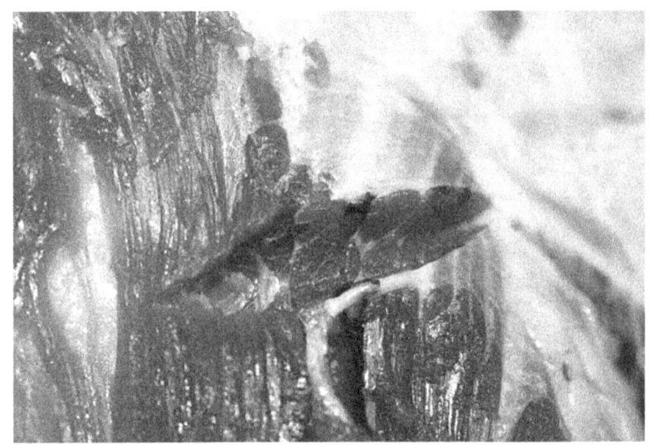

图 13-7　肌肉死后切割（postmortem muscular cut wound）

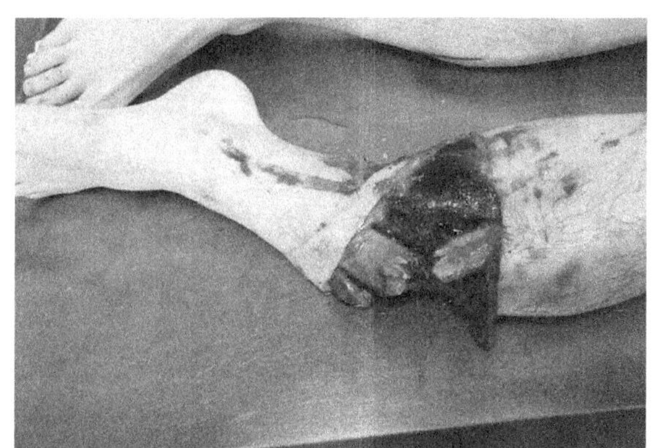

图 13-8　生前骨折（ante-mortem fracture）

图 13-9　死后骨折（postmortem fracture）

图 13-10　肺动脉栓塞（pulmonary arterial embolism）

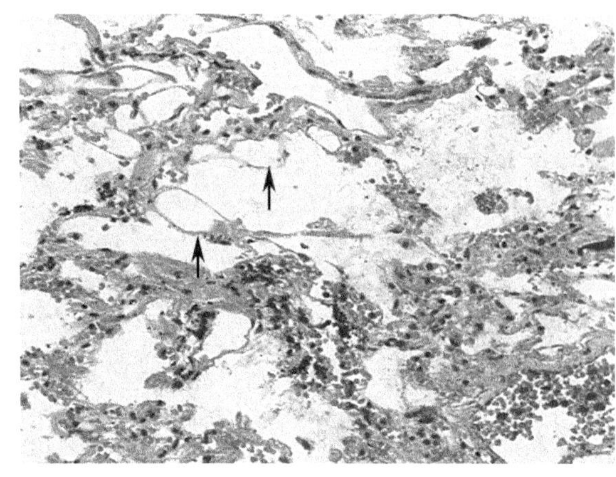
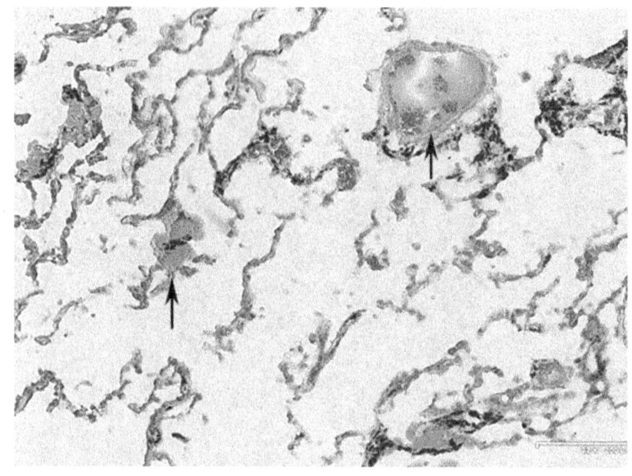

图 13-11　肺脂肪栓塞（fat embolism）
左图 HE×100，右图苏丹Ⅲ×100

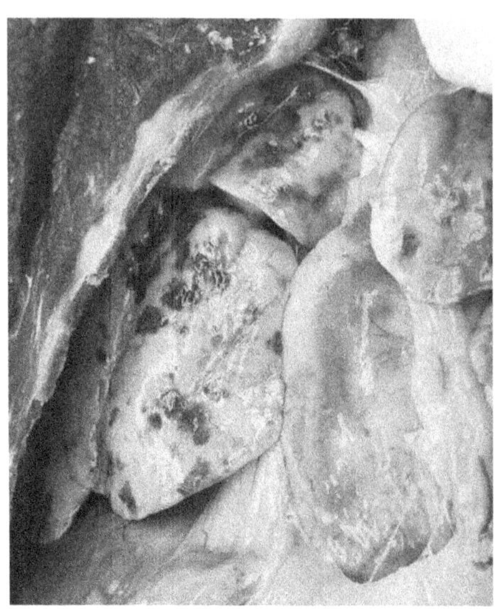

图 13-12　肺血液吸入（inhalation of blood）

四、案例及组织学检验

（一）案情简介

2014 年某月某日 6 时 31 分许，群众报警称：某区南东街 149 号，梅某受伤，经抢救无效死亡。怀疑梅某遭其家人掐死。

（二）尸体检验

头面部大量血迹附着，头面部未裂创，颅骨未检出骨折。睑结膜苍白，未见典型窒息性针尖样出血点（图 13-13）。鼻腔可见血迹附着，口腔内黏膜未见典型窒息性针尖样出血点及损伤表现（图 13-14）。颈部表面可见扼压痕（图 13-15），但较轻微，在常规扼压位置皮下软组织、肌肉出血不明显（图 13-16），咽后壁局部见小片状出血（图 13-17），咽喉内侧黏膜局部小片状出血（图 13-18），舌骨未见骨折（图 13-19），但舌骨局部附着肌肉内见可疑出血（图 13-20）。脑垂体内可见新生物（图 13-21）。两肺明显不张，局部呈气肿表现；其他未见明显异常。

（三）毒物分析

取心血作常规毒物检测，结果为阴性。

（四）法医学鉴定意义

常规扼死导致的他杀性机械性窒息的征象（如睑结膜、球结膜、颜面部及口腔内侧黏膜见针尖样出血点）会较明显，本案例的窒息征象不典型，且其存在脑垂体新生物，因此本案例的死亡原因鉴定非常重要。通过病理检验确认机械性窒息的生前损伤是判定死因的关键。

（五）组织学检验

提取舌骨局部附着肌肉，可于肌肉间质见散在红细胞（图 13-22），咽喉内侧黏膜下间质可见散在红细胞（图 13-23），局部淋巴结窦周隙可见散在红细胞（图 13-24），肺泡腔弥漫性不张（图 13-25）。脑垂体局部间质可见小片状出血。

上述病理学表现均证明颈部损伤为生前损伤，系机械性窒息的生前损伤表现。

（六）案情复现

梅某因精神异常持啤酒瓶攻击其母亲，导致其母亲头部多处挫裂创，其母亲夺取啤酒瓶后，将其控制在下位，大量血迹落于梅某头面部，在控制过程中，其母亲采取扼压颈部、身体骑跨在梅某身体上，最终导致梅某死亡。扼压过程中，手与颈部之间有衣物、被褥衬垫，损伤形态不典型，梅某个体瘦小，死亡较快，因此窒息征象不典型。

（七）鉴定意见

梅某系因机械性窒息导致死亡。死亡原因：机械性窒息（扼死、挤压性窒息死联合作用），死亡性质：他杀。

（图 13-13～图 13-25 见网络增值服务实验十三）

五、思考题

1. 汇总三组实验结果（肉眼检查、组织学检查），完成实验报告，讨论不同损伤（擦伤、挫伤、锐器创）的生前伤与死后伤的鉴别。

2. 查阅文献，完成一篇关于损伤时间推断（可以针对死亡个体即伤后存活时间，也可以针对活体）研究现状的综述。

（贾建长）

实验十四　机械性窒息

一、实验目的

机械性窒息是法医病理实践中遇到的常见检案之一，熟练掌握各种机械性窒息尸体的尸表征象，对侦破案件有至关重要的作用。通过本实验，要求掌握：

1. 机械性窒息尸体的共同征象，如皮肤、指甲青紫，Tardieu 斑等；
2. 缢死、勒死的类型、颈部及体表征象、绳套和绳结的特点；
3. 扼死尸体颈部形态变化；
4. 哽死尸体喉头气管的形态变化；
5. 捂死尸体颈部与口鼻部的形态特点；
6. 溺死尸体的形态特点。

二、实验内容

（一）窒息尸体的共同征象

1. 大体图片（图 14-1）

（1）观察要点：死者双手指甲床重度发绀，为窒息缺氧常见的尸表征象。

（2）诊断：双手指甲重度发绀。

2. 大体图片（图 14-2）

（1）观察要点：左图示右眼上下睑结膜点状出血；右图示左眼球结膜条状出血。机械性窒息时，头面部小血管内压力增高破裂所致。

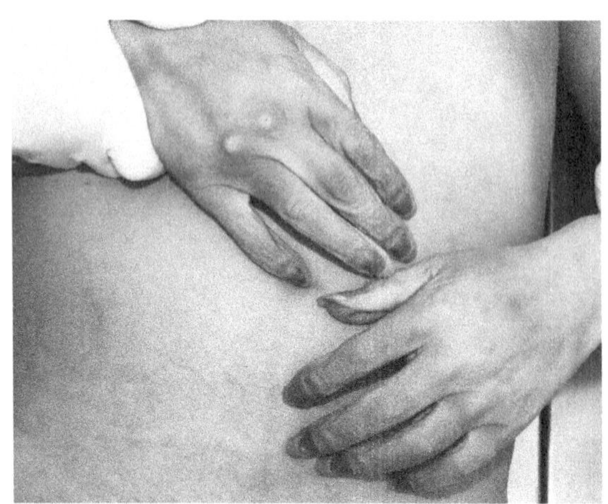

图 14-1　发绀（cyanosis）
双手十指甲床青紫发绀

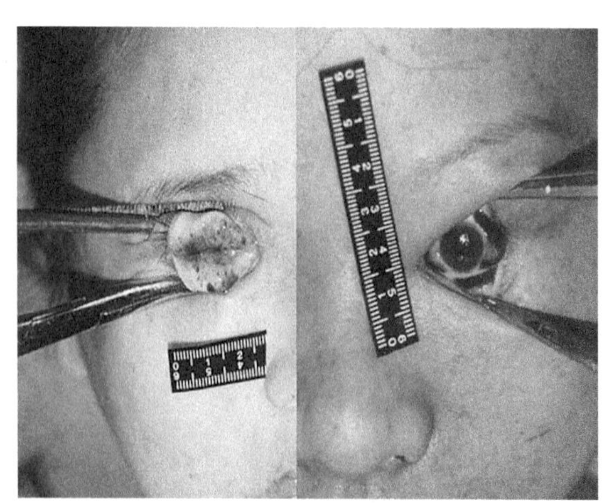

图 14-2　睑、球结膜出血点
左图：右眼上、下睑结膜点状出血　右图：左眼球结膜条状出血

（2）诊断：睑、球结膜出血点、出血斑。

3．大体图片（图 14-3）

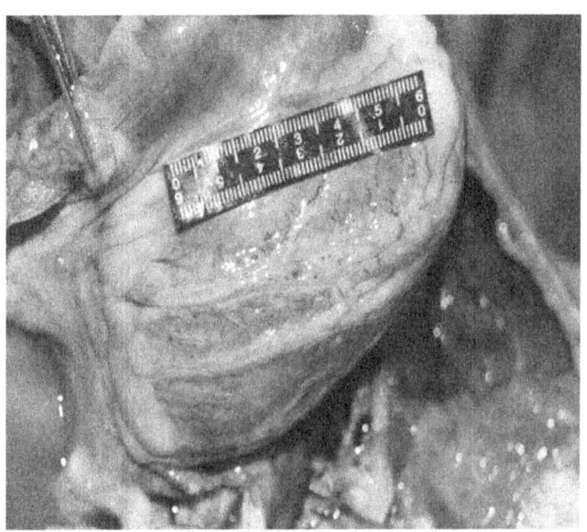

图 14-3　心脏表面 Tardieu's 斑

心脏表面可见散在小米粒大小的出血点

（1）观察要点：心脏表面可见大小不等的出血点，为窒息时急性缺氧、小血管受损所致。

（2）诊断：心脏表面 Tardieu's 斑。

（二）各种机械性窒息尸体的征象

1．典型缢死（Typical death from hanging）

（1）大体图片（图 14-4）

1）案情摘要：死者某男，35 岁，其母于 9 月某日凌晨 3 时许发现其吊死在房顶吊扇上。

2）观察要点：缢索的着力点位于颈前部，缢套为死套并打一死结于枕部左侧。

3）诊断：典型位缢死。

（2）大体图片（图 14-5）

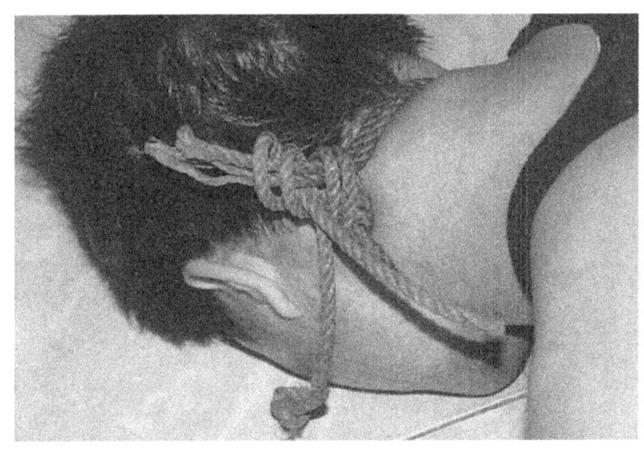

图 14-4　典型位缢死

缢索的着力点位于颈前部，缢套为死套并打一死结于枕部左侧

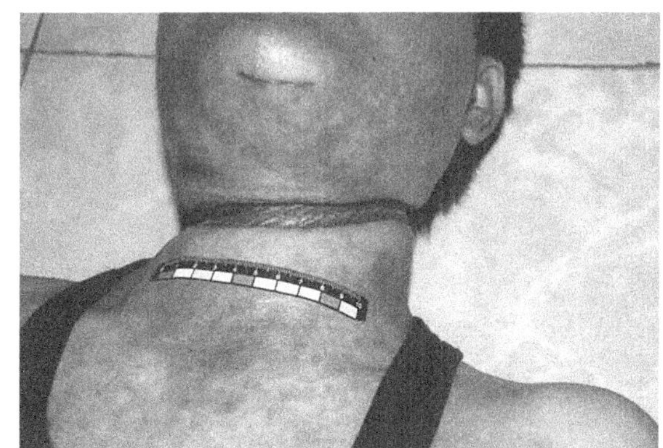

图 14-5　颈前部缢沟

1）案情摘要：同上。

2）观察要点：颈前部皮肤双匝花纹样缢沟呈皮革样化。

3）诊断：双匝缢沟。

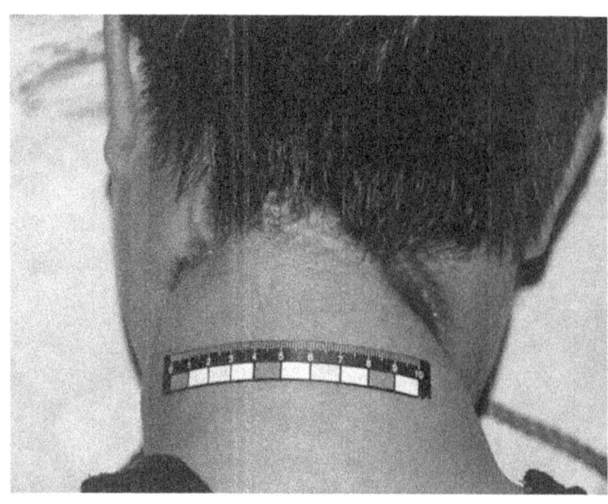
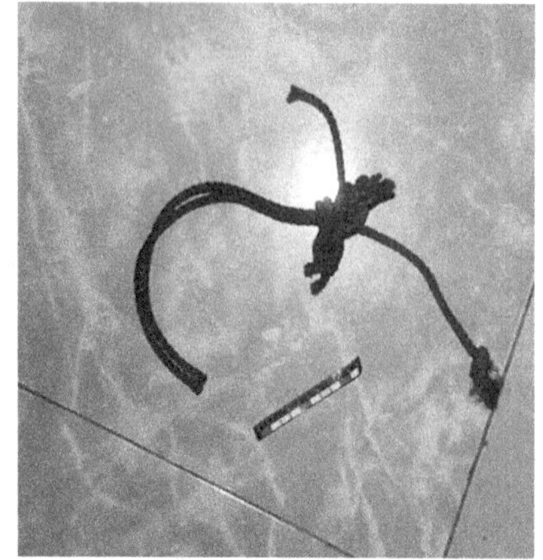

图 14-6　左图：项部缢沟呈“八字”形　右图：尼龙缢绳

(3) 大体图片（图 14-6）

1）案情摘要：同上。

2）观察要点：左图示项部皮肤有一“八”字形尼龙绳印痕；右图示自缢的尼龙绳索。

3）诊断：项部缢沟提空。

2. 不典型缢死（atypical death from hanging）

(1) 大体图片（图 14-7）

1）案情摘要：某男，56 岁，于某日缢死在一出租屋内。

2）观察要点：自缢者双足离地，悬位缢吊于屋梁上。

3）诊断：不典型缢死。

(2) 大体图片（图 14-8）

1）案情摘要：（同上）。

2）观察要点：左图示单匝尼龙缢索呈死套，死结位于颈右侧。右图示被剪断了的单匝尼龙缢绳呈死套。

3）诊断：左颈部单匝缢沟。

图 14-7　不典型缢死

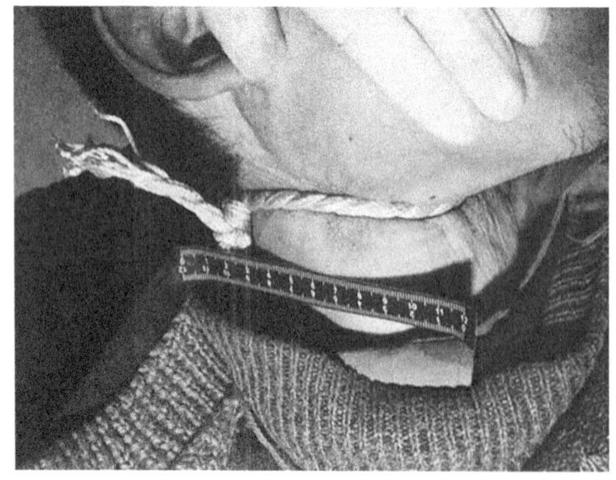
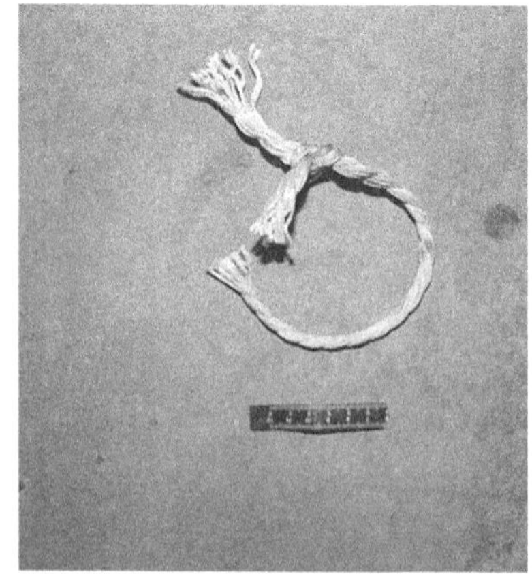

图 14-8　左图：死结位于颈右侧　右图：死套

(3) 大体图片（图 14-9）

1）案情摘要：马某，31 岁，自缢于小区楼梯扶手铁栏杆上，自缢前先切腕，用自体血在墙上写下“世界安静了”。

2）观察要点：图中可见缢套着力点在颈前方，双膝跪地，躯干紧靠在楼梯扶手铁栏杆上。缢索为宽黑色背包带。

3）诊断：不典型缢索。

（4）大体图片（图 14-10）

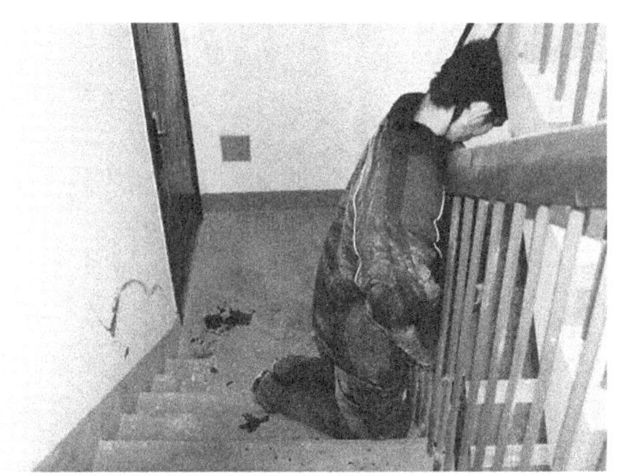

图 14-9　不典型缢死

图中可见缢套着力点在颈前方，双膝跪在地上，躯干紧靠在楼梯扶手铁栏杆上

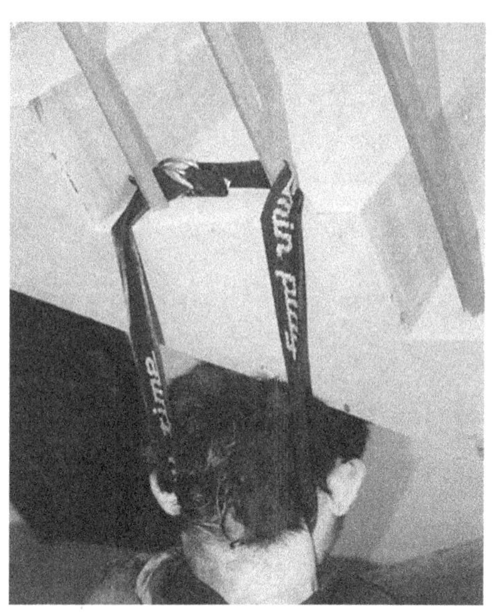

图 14-10　死套拴在楼梯扶手铁栏杆上，受力点在颈前方

1）案情摘要：同上。

2）观察要点：图中可见开放式死套被拴在楼梯扶手的铁栏杆上，并见开放式死套的受力点在颈前方。

3）诊断：开放式前位缢套、死套。

（5）大体图片（图 14-11）

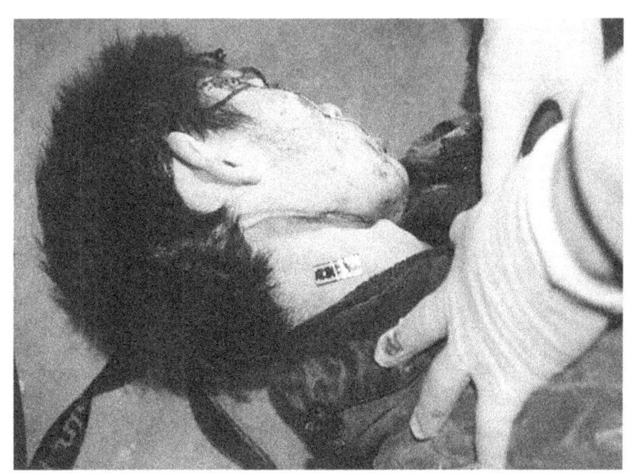

图 14-11　左图：颈右侧缢沟宽背包带印痕　右图：缢索为宽背包带

1）案情摘要：同上。

2）观察要点：左图示颈右侧皮肤缢沟上有一宽背包带印痕；右图示一条黑色宽背包带。

3）诊断：颈右侧索沟。

（6）大体图片（图 14-12）

1）案情摘要：同上。

2）观察要点：自缢前在墙上用自体血留下“世界安静了”之遗书。

3）诊断：缢者死前遗书。

3．勒死（strangulation by ligature）

（1）大体图片（图 14-13）

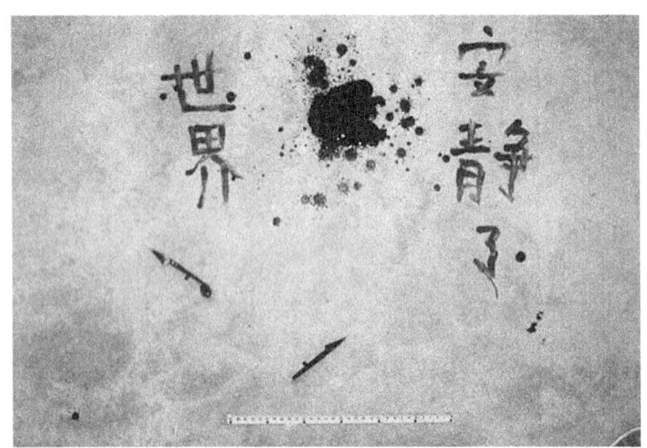

图 14-12　墙壁上遗书

图 14-13　他勒现场

1）案情摘要：某年 11 月 10 日，王某在自己租房内，被他人击伤头部后用电线勒颈致死，并将其半挂于窗栅栏上伪装自缢。

2）观察要点：图示死者被人用电线勒死后伪装自缢现场。

3）诊断：伪装自缢。

（2）大体图片（图 14-14）

1）案情摘要：同上。

2）观察要点：图示位于颈部左侧的勒沟。

3）诊断：颈左侧勒沟。

（3）大体图片（图 14-15）

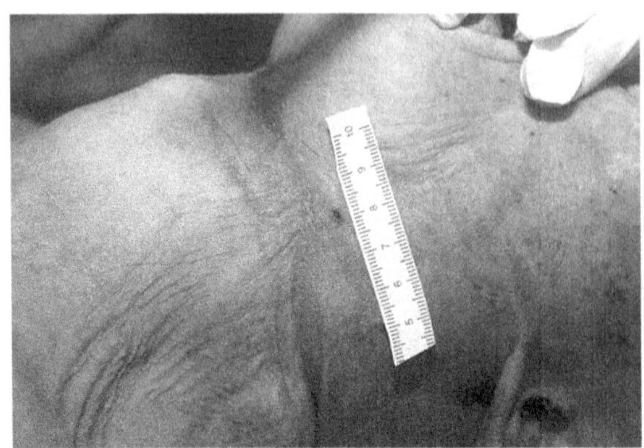

图 14-14　颈左侧勒沟

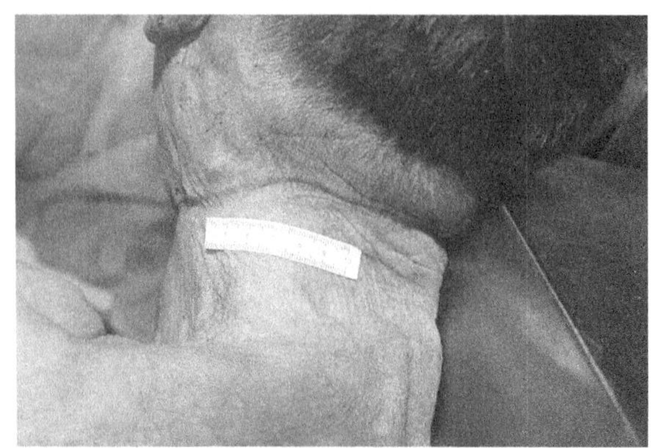

图 14-15　勒沟呈“○”字形

1）案情摘要：同上。

2）观察要点：图示被勒者颈部皮肤勒沟呈水平状绕颈一周，为“○”字形。

3）诊断：颈部勒沟。

（4）大体图片（图 14-16）

1）案情摘要：某年 1 月某晚，曹某带儿子、女儿欲搭车回家，后因未乘到车，住宿于某旅馆。次日 6 时许，曹某因身上无钱坐车，找不到其妻，顿生杀子女以报复其妻歹念。后采用掐脖子、皮带勒脖子等手段将儿子、女儿杀死，自己喝农药投河自杀（未遂）。

2）观察要点：图示舌尖挺出齿列，勒索为帆布带，勒套内有异物，结扣在颈前方。

3）诊断：勒死（他杀）。

（5）大体图片（图 14-17）

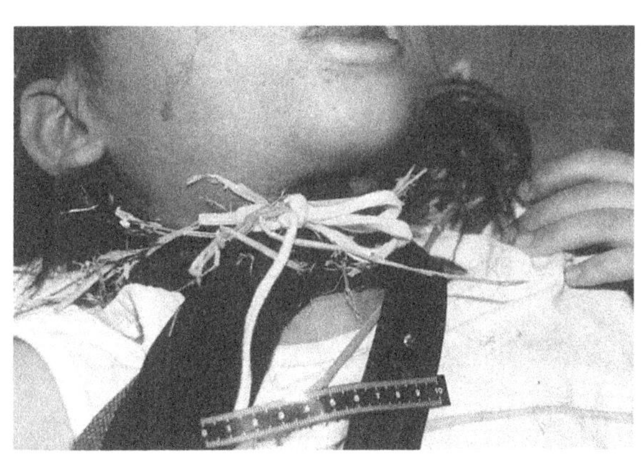

图 14-16 他杀勒死

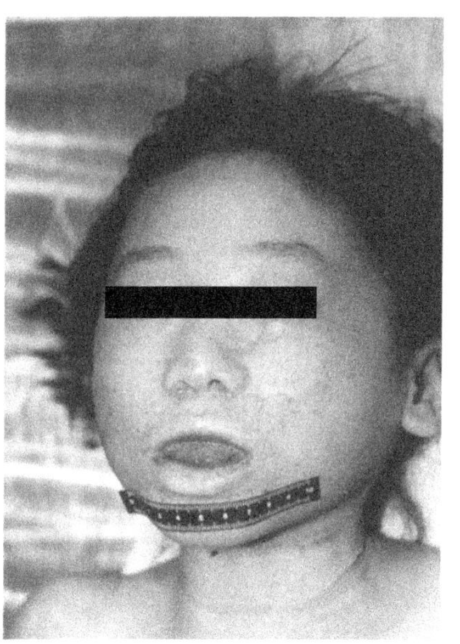

图 14-17 他杀勒死伴舌尖挺出

1）案情摘要：同上。

2）观察要点：图示被勒者舌尖挺出齿列。

3）诊断：他杀勒死。

（6）大体图片（图 14-18）

1）案情摘要：同上。

2）观察要点：图示勒索为帆布带，颈部有掐痕。索沟水平走行。

3）诊断：颈部勒沟伴掐痕。

4．扼死（manual strangulation）

（1）大体图片（图 14-19）

1）案情摘要：某年 11 月某日，邓某怀疑其妻有外遇，两人发生纠纷，后将其妻扼死。

2）观察要点：图示颈部扼痕，呈多处月牙形皮下出血，已皮革样化，呈褐色。

3）诊断：颈部扼痕。

（2）大体图片（图 14-20）

1）案情摘要：同上。

2）观察要点：图示颈部肌肉及甲状腺片状出血。

3）诊断：扼颈致颈部肌肉及甲状腺片状出血。

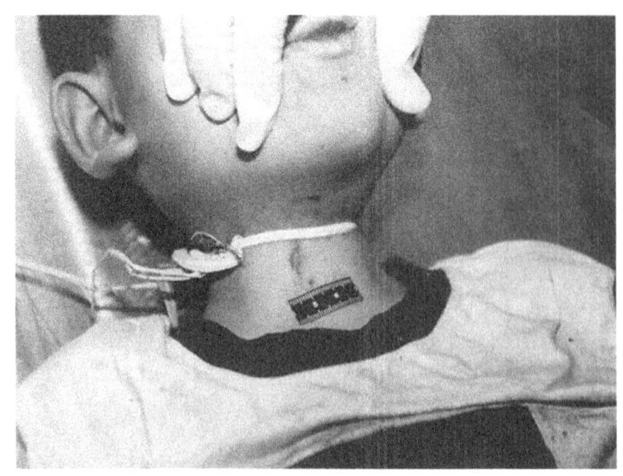

图 14-18 他杀勒死

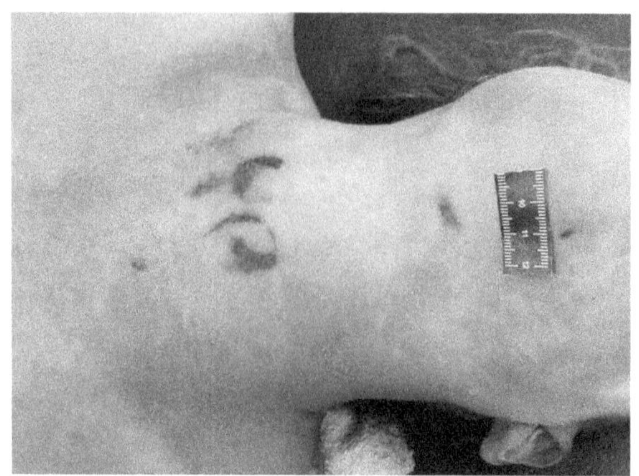

图 14-19 扼死

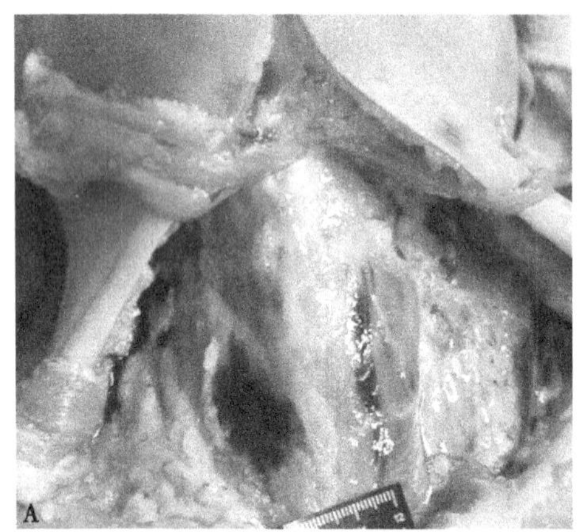

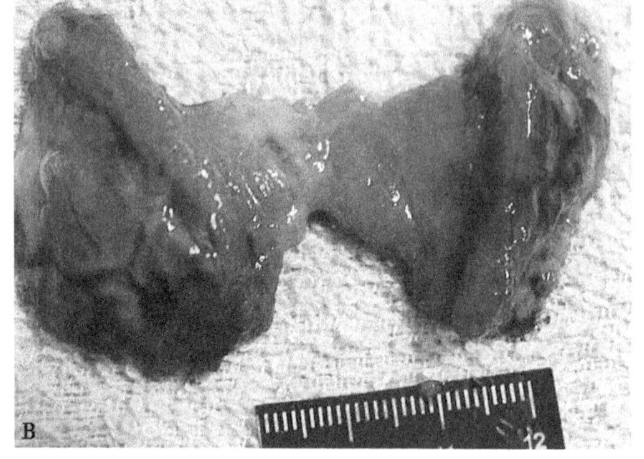

图 14-20 大体图片

A. 颈部皮下肌肉出血；B. 甲状腺出血会厌及气管黏膜点片状出血

5. 哽死（choking）

（1）大体图片（图 14-21）

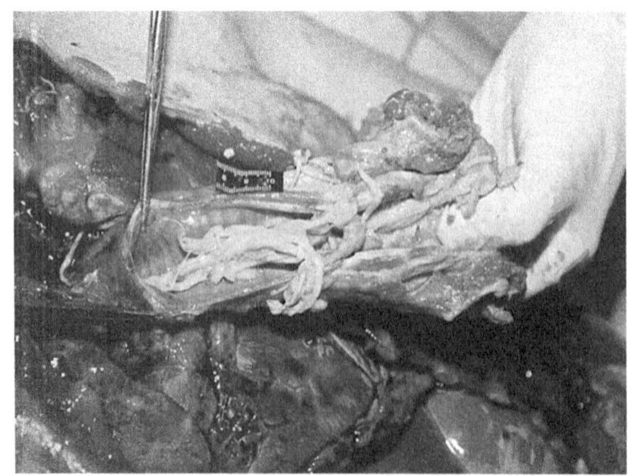

图 14-21 哽死

1）案情摘要：某年 2 月 1 日，某市城西所辖区一青年醉酒呕吐后死亡。解剖见气管腔内大量原形金针菇从胃内呕出而吸入气管，堵塞气道。

2）观察要点：喉头会厌软骨处有大量金针菇堵塞，剪开的气管腔内有大量整条金针菇并塞满气管。

3）诊断：金针菇堵塞喉头、气管腔。

（2）大体图片（图 14-22）

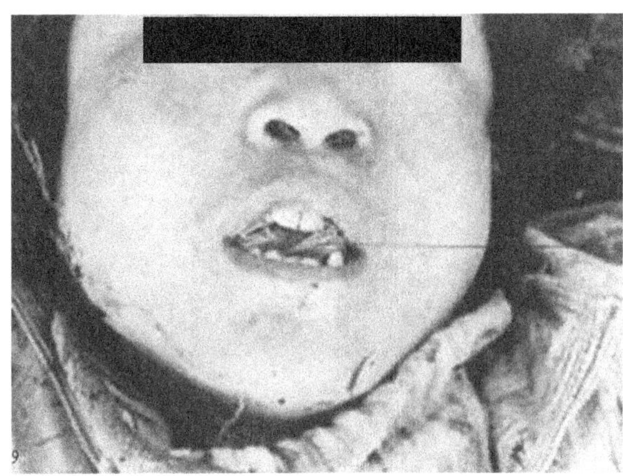
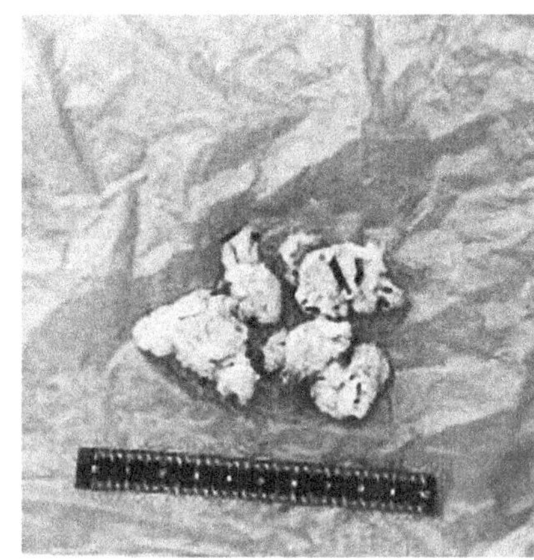

图 14-22　左图：他杀哽死　右图：口腔内的异物

1）案情摘要：某年 12 月 20 日，周某（女，21 岁）被人用大量纸团塞入口腔内致其窒息死亡，后抛尸于乱石堆中。

2）观察要点：左图示被害者口腔内塞满纸团。右图示从被害人口中取出的大量纸团。

3）诊断：纸团堵塞口腔窒息死亡（他杀）。

6. 捂死（smothering）

（1）大体图片（图 14-23）

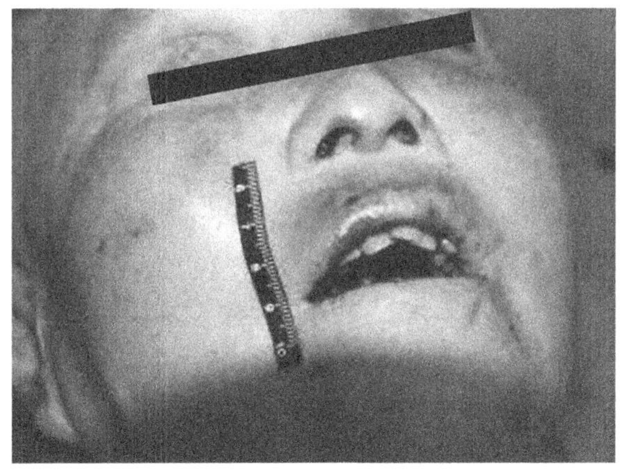

图 14-23　他杀捂死

1）案情摘要：某女，61 岁，某年 4 月某日，被发现死在家中，口腔及颈部有大范围的出血，内脏表面有出血点，经查，死者系被他人捂嘴扼颈而窒息死亡。

2）观察要点：图示口唇黏膜片状出血。

3）诊断：口唇黏膜挫伤出血。

（2）大体图片（图 14-24）

1）案情摘要：同上。

2）观察要点：图中可见唇黏膜、颊黏膜及牙龈大范围出血伴颈部扼痕。

3）诊断：口鼻部捂死。

7. 特殊类型窒息

大体图片（图 14-25）

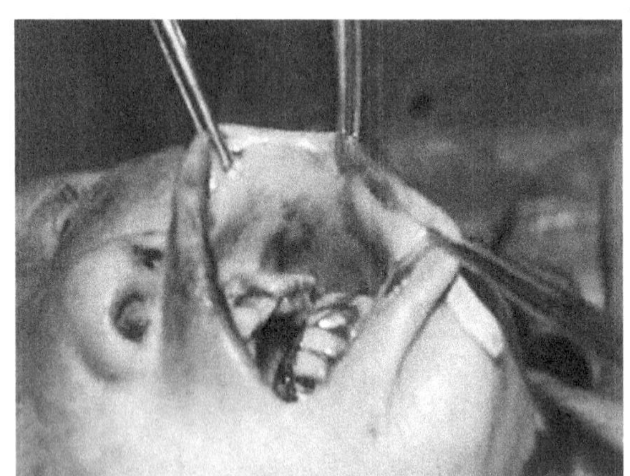

图 14-24　口腔及牙龈出血

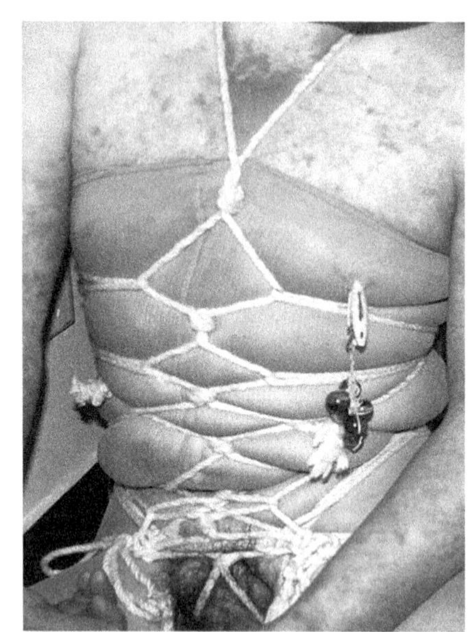

图 14-25　性窒息

死者上身穿女性丝袜，腰系晒衣网，用夹子夹住乳头

（1）案情摘要：某男，48 岁，被发现死于自家浴室，全身无外伤。

（2）观察要点：图示死者上身穿女性丝袜，腰系晒衣网，用夹子夹住乳头，手摸外生殖器。

（3）诊断：性窒息死亡。

三、案例讨论

（一）案情摘要

某市水上派出所接到报案称，在城东郊小河里有一具浮尸，经查，死者某男，40 岁。据其妻子陈某反映，近来死者有多疑，胡思乱想，有时精神失常不能控制。妻子陈某曾出差一周，回家不见丈夫，只见厕所间屋顶铁管上有尼龙绳套悬挂着，中央近门处有倒放的小方木凳。

（二）法医学检查

1. 尸表检查

（1）死者的衣着和鞋袜完整，未见纽扣缺失，衣服沾有泥垢和水草。

（2）死者身长 171cm，发育良好，营养佳，尸斑淡紫色，位于腰背下垂部及四肢外侧部，尸僵已缓解，胸腹部尸绿形成，角膜高度混浊。

（3）前额距发际 3.5cm 处有一条表皮脱落，范围为 4.0cm × 1.0cm，双侧睑结合膜出现针尖大乃至小米粒大出血点，嘴唇，四肢外侧，髂骨突起处皮肤均有小片擦伤，手足部皮肤已出现“溺死手套”和“溺死足套”。

（4）颈部喉结节上方，出现两道平行的硬索沟，色暗褐，其中一道环形绕颈，闭锁状，另一道颈前方与环形道重合，耳后变浅不明显，两条索沟重合处压迫最深，其宽度为 1.1cm，切开该处皮肤，见皮下出血和肌肉出血。甲状软骨上角和舌骨大角骨折。

2. 内部检查

（1）心脏重 272g，心腔内含暗红色流动性血液。心外膜可见多处散在针尖大小乃至小米粒大小出血点，心内膜及所有瓣膜未见异常，冠状动脉未见粥样硬化。

(2) 两肺高度淤血，支气管内有少许污浊泥水样物，肺胸膜有 3～4 个芝麻大小的红色斑点，切面有少量泡沫液体外溢。

(3) 肝、肾、胰脏器自溶，脾脏萎缩，脾包膜皱缩，胃黏膜下有多处散在出血点。

(4) 头皮及颅内无损伤，脑表面血管高度扩张淤血。

(5) 胃内容毒物化验：仅检出少量利眠宁，未检见其他毒物。

3. 组织学检查

(1) 心：部分心肌纤维断裂，波浪状变性，间质血管淤血，冠状动脉及心传导系统组织未见异常。

(2) 肺：肺淤血，部分区域呈肺水肿，部分呈肺气肿，肺血管内有细胞栓塞，肺泡腔内未见异物。硅藻检验：肺部少量硅藻，肾、骨髓及其他脏器阴性。

(3) 肝、肾、胰：自溶。

(4) 胃：胃黏膜出血。

(5) 脑：脑水肿、脑淤血。

(6) 颈部索沟皮肤：表皮角质层缺如，表皮其余各细胞层次不清，各层细胞核压扁而变薄，且染色深；真皮层弹力纤维排列紊乱，断端呈团块状，其纤维收缩变粗呈螺旋状，弹力纤维染色嗜碱性，有红细胞灶性聚集。

(三) 分析说明

1. 根据案情、现场勘查及系统法医学检验，综合分析认为：

(1) 尸体是被人发现在河内；

(2) 睑结合膜、心、肺、胃黏膜有出血点；

(3) 颈部有二条平行闭锁状硬索沟；

(4) 颈部肌群出血和舌骨及甲状软骨骨折；

(5) 病理组织学检查肺血管内细胞栓塞但未见水性肺气肿，脏器硅藻检测仅肺内少量硅藻，颈部皮肤表皮角质层缺如，其余表皮各层细胞核压扁，其真皮层弹力纤维断裂、收缩呈螺旋状伴出血；

(6) 胃内容毒化检验仅检出少量利眠宁。综上所述，死者系被他人勒颈致死后移尸河内。

2. 厕所间屋顶铁管上有尼龙绳悬挂着，说明此现场被他人伪装成自缢未遂现场。

(四) 鉴定意见

某男因他勒死后移尸至河内。

四、思考题

1. 你对胃内仅检出少量利眠宁、局部体表有擦伤如何解释？

2. 根据肺内检出硅藻，能否判断是生前溺死？为什么？

3. 结合本例，区别勒死与缢死的特征？

（本章节中部分图片由山西医科大学法医学院杜秋香提供）

（马丽琴）

实验十五　溺死与硅藻检查

一、实验目的

通过动物溺死实验，加深对理论知识的掌握，同时对溺死的大体及组织学的观察，有助于对溺死的外表征象及内部征象的理解和掌握。

1. 观察实验动物溺死的过程。
2. 掌握溺死尸体的法医病理学特点。
3. 掌握硅藻检查常用方法并观察各种不同类型的硅藻形态特点。
4. 掌握生前溺死与死后抛尸入水尸体征象的差别。

二、大鼠溺死实验

1. 每组健康大白鼠2只。
2. 将硅藻土溶于塑料桶水，加少许甲基紫粉末搅拌均匀。
3. 生前溺死　任取大白鼠一只，放入老鼠笼中并关好，将鼠笼投入富含硅藻的溺液中，并反复多次沉没于水面，其目的是让大白鼠多吸入些溺液。观察并记录大白鼠的反应、溺死过程及死亡时间。
4. 死后溺水　采用过量麻醉（如10%水合氯醛1ml腹腔注射）的方法牺牲另外一只大鼠，将死亡的大白鼠投入富含硅藻的水中，浸泡时间同生前溺死大鼠。
5. 从水中取出大白鼠，进行尸表检查及解剖。边解剖、边观察。注意观察口、鼻部情况，气管、支气管、食管及胃内有无紫蓝色液体，肺的形状、体积及重量，肺膜上有无出血点及紫蓝色斑点分布。
6. 分别剪取大白鼠的一侧肺（注意剪取肺组织的器械要与之前的解剖器械分开使用），以备硅藻检查。

三、实验原理与实验器材、试剂准备

硅藻（diatom）亦称矽藻。海水中以中心目为多，淡水中或陆地以羽纹目为多见。硅藻的共同特征是细胞壁由不易被破坏的硅酸盐构成。浓硫酸、浓硝酸、煮沸甚至高温烧灼细胞壁也不被破坏。硅藻检查方法很多，目前最常用的仍然是化学消化法：用浓硝酸将器官的有机质破坏，从液体残渣中检查硅藻。

器材与试剂：

1. 器材　塑料桶一个，老鼠笼1个，实验小动物解剖板一个，固定用大头针若干，解剖器械2套（手术刀片和刀柄、止血钳、纱布、每套剪刀和镊子各3把），500ml三角烧杯2个，玻璃棒2支，10ml量筒2个，吸管6支，离心管3支，试管架，离心机一台，普通天平一台，酒精灯一盏，打火机，载玻片和盖玻片若干片，双目显微镜一架。
2. 试剂　双蒸水，硅藻土，甲基紫粉末，水合氯醛、分析纯浓硝酸、无水乙醇，二甲苯、中性树胶。

四、硅藻检查实验方法

1. 实验前必须先将试管、烧杯、吸管、剪刀、镊子等器皿反复洗净，用双蒸水冲洗并烘干。

2. 分别提取两组大鼠的肺组织，用双蒸水反复洗净后放入烧杯内用剪刀尽量剪碎，在酒精灯上加热使肺组织干燥，并不断用玻璃棒搅动尽量避免或减少炭化。

3. 冷却后在通风橱内加入适量无水乙醇（2.0～3.0ml），搅匀后再用滴管缓缓加入浓硝酸（发烟硝酸效果更佳），直至组织液化呈透明的淡黄色。

4. 待上述肺组织消化液冷却后，将上述肺组织消化液转入离心管，3000r/min×10 分钟，吸除上层酸液，并反复蒸馏水洗涤离心 3000r/min×10 分钟、2～3 次，吸弃上清，留管底约 2 滴液体。

5. 用吸管将最后一次离心的检液沉淀物混匀，并滴在载玻片上，待检液干燥（可在酒精灯上烤干）后，加 1～2 滴二甲苯使之透明，最后用中性树胶封固、镜检。

6. 同时取实验用硅藻自来水离心、洗涤，留管底约 2 滴液体，进行硅藻检查。

7. 观察并比对水样及两组大鼠肺组织内有无硅藻及其硅藻的种类、形态，数量，并绘图说明。

注意事项：

1. 所用器械及器皿必须干净，并用蒸馏水反复冲洗烘干，以免因污染而出现假阳性结果。

2. 试剂最好采用分析纯。

3. 实验室要有通风设备。

4. 硝酸加入过程中要求缓慢加入，从而避免组织消化碎片蹦出三角烧杯。

五、组织病理学切片观察

1. 水性肺气肿　溺死大鼠肺组织的大体标本观察及生前溺死人肺切片镜下观察（图 15-1～图 15-4）。

2. 如无实验动物的操作条件，将事先准备好的硅藻涂片示教。

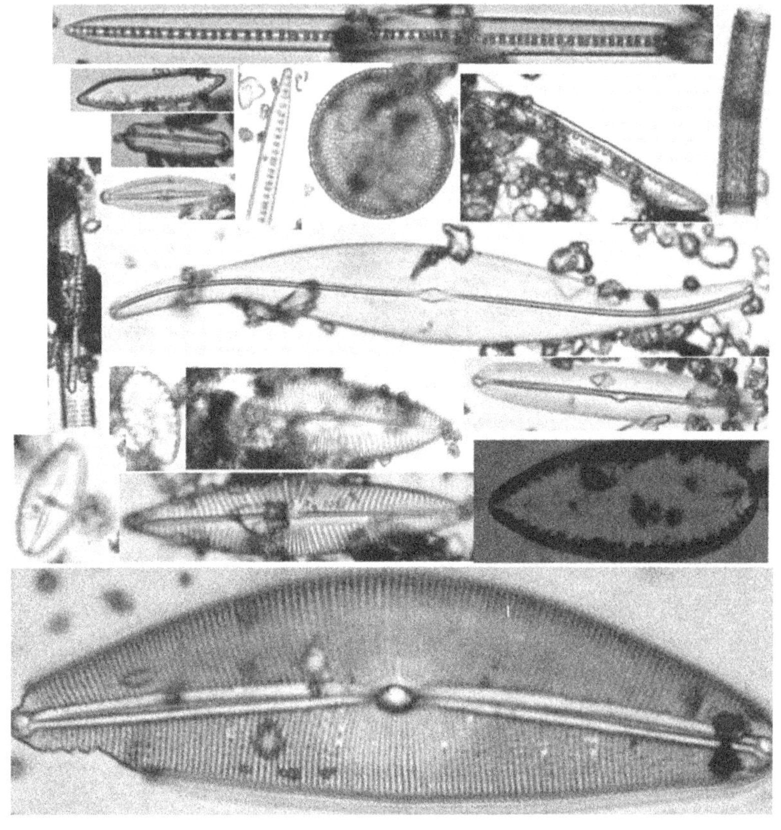

图 15-1　肺内硅藻剪拼图

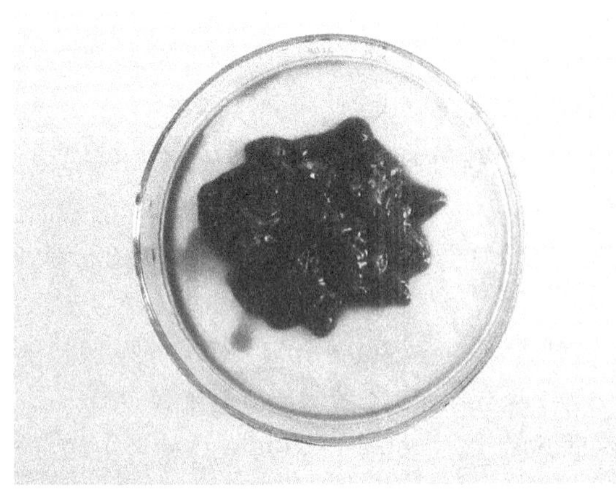

图 15-2　硅藻检查组织剪碎

图 15-3　硅藻检查组织干燥

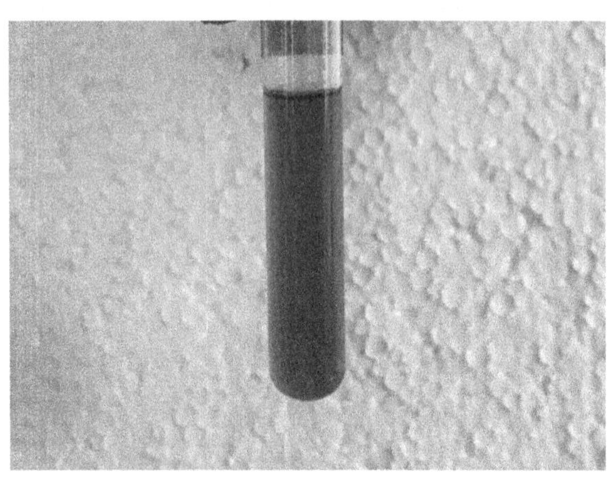

图 15-4　硅藻检查组织消化完全

六、思考题

1. 如何判断硅藻检查的作用？
2. 结合实验内容，生前溺死肺有哪些大体及组织学改变？
3. 如何鉴别生前溺死与死后抛尸入水？

（董红梅）

实验十六　烧死、高低温损伤

一、实验目的

观察烧伤、烧死、日(热)射病、冻伤及冻死的大体及组织标本，加深对以下几方面的认识和理解：

1. 火灾发生时造成人体损伤的因素。
2. 生前烧死的病理形态学特征。
3. 生前烧死与死后焚尸的鉴别要点。
4. 日(热)射病的病理形态学特点及诊断要点。
5. 冻死的法医学鉴定要点。

二、实验观察内容

(一) 大体标本观察

1. 标本(图 16-1)

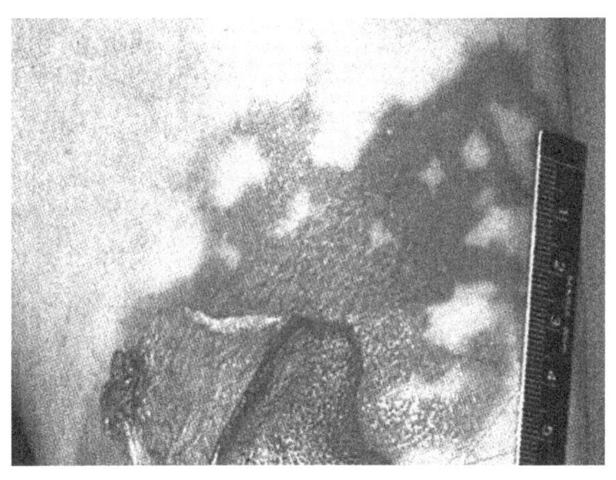

图 16-1　Ⅰ度烧伤(first degree of burns)
图中可见左下肢上半部斑片状皮肤粉红变色，局部呈网状及地图状，变色区与正常区域界限清晰

(1) 案情摘要：某女，25 岁，在干家务时被开水烫伤。

(2) 观察要点：左下肢上半部可见斑片状皮肤粉红变色，局部呈网状及地图状，变色区与正常区域界限清晰，此改变为Ⅰ度烧伤(红斑性烧伤)。标本下部可见表皮剥脱为Ⅱ度烧伤。

(3) 诊断：Ⅰ度烧伤。

(4) 诊断依据：

1) 斑片状皮肤肿胀；

2) 皮肤粉红变色。

2. 标本（图 16-2）

（1）案情摘要：某女，86 岁，住宅火灾后，在火灾现场被发现。

（2）观察要点：标本中心部可见一水泡形成，周围皮肤红肿，此改变为浅Ⅱ度烧伤（水泡性烧伤）的病理形态学特征。标本左下部分可见两处表皮剥脱，表皮剥脱处真皮裸露，呈深红色，此改变为深Ⅱ度烧伤。

（3）诊断：Ⅱ度烧伤。

（4）诊断依据：

1）皮肤肿胀、水泡形成；

2）局部表皮剥脱、真皮裸露。

3. 标本（图 16-3）

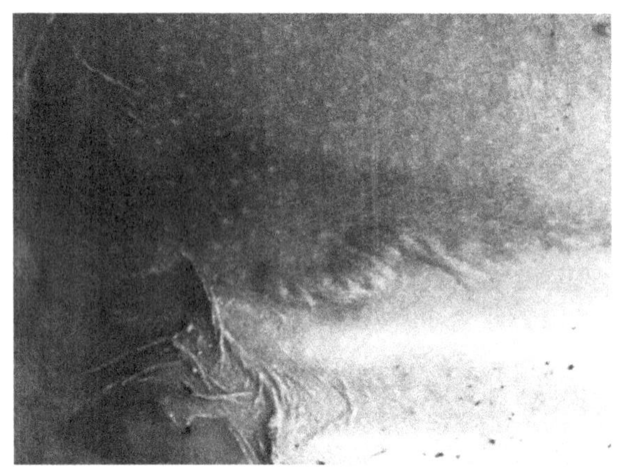

图 16-2　Ⅱ度烧伤（second degree of burns）
图中可见标本中心部可见一水泡形成，周围皮肤红肿

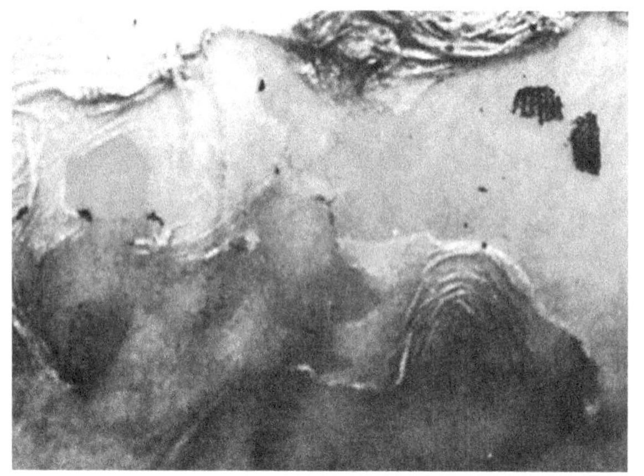

图 16-3　Ⅱ度烧伤（second degree of burns）
图中可见表皮呈地图样脱失、真皮广泛裸露，裸露真皮表面红白相间，透过裸露的真皮可见树枝状分布的毛细血管网

（1）案情摘要：某男，66 岁，住宅火灾后，在火灾现场被发现。

（2）观察要点：标本可见表皮呈地图样脱失、真皮广泛裸露，裸露真皮表面红白相间，透过裸露的真皮可见树枝状分布的毛细血管网，上述所见为深Ⅱ度烧伤。

（3）诊断：Ⅱ度烧伤。

（4）诊断依据：表皮呈地图样脱失、真皮裸露。

4. 标本（图 16-4）

（1）案情摘要：某男，8 岁，住宅火灾后，在火灾现场被发现。

（2）观察要点：标本可见小腿背侧皮肤局部表皮外观呈灰白色，为Ⅲ度烧伤（焦痂性烧伤）的特征性所见，在其周围有一红色充血带。

（3）诊断：Ⅲ度烧伤。

（4）诊断依据：

1）皮肤局部表皮呈灰白色；

2）周边充血。

5. 标本（图 16-5）

（1）案情摘要：某女，55 岁，某超市火灾后，在火灾现场被发现。

（2）观察要点：标本可见腹部广泛烧损，皮肤呈暗褐色及黑褐色（炭化），部分皮肤发生龟裂。

（3）诊断：Ⅳ度烧伤。

（4）诊断依据：皮肤炭化及龟裂。

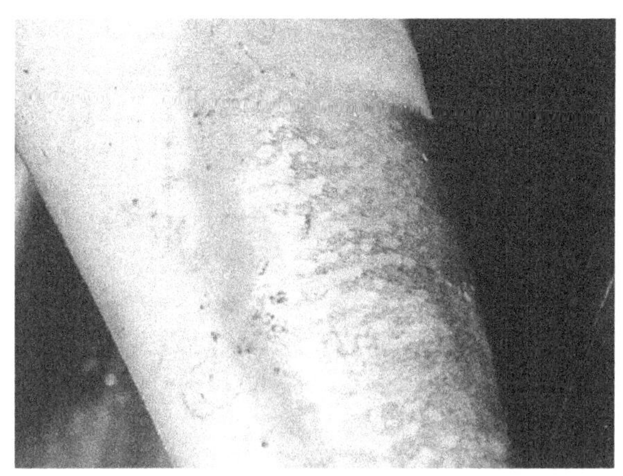

图 16-4　Ⅲ度烧伤（third degree of burns）
图中可见小腿背侧皮肤局部表皮外观呈灰白色，为Ⅲ度烧伤（焦痂性烧伤）的特征性所见，在其周围有一红色充血带

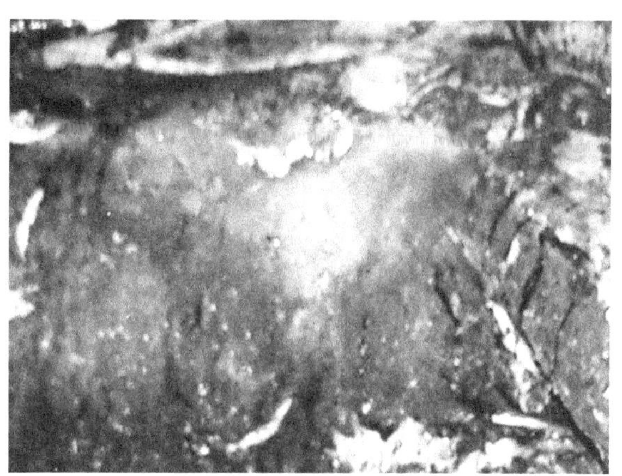

图 16-5　Ⅳ度烧伤（charring）
图中可见腹部皮肤呈暗褐色及黑褐色（炭化），部分皮肤发生龟裂

根据烧灼程度的不同，其炭化的程度也将随之发生改变，一般将全身炭化的严重程度分为如下五度：

炭化程度的分类

炭化度	所见
Ⅰ度	表皮炭化呈地图状分布，毛发烧损，四肢末端残存，外观可进行个人识别
Ⅱ度	皮肤收缩炭化、龟裂，部分肌肉裸露，拳斗姿势，四肢末端脱落，腹壁破裂
Ⅲ度	皮肤烧失，四肢、头部、胸部等部分烧失，器官表面炭化、收缩硬化，难以进行个人识别
Ⅳ度	全身呈黑色炭块状，部分器官可识别
Ⅴ度	尸骸灰化，仅可见一堆骨残渣

6. 标本（图 16-6）

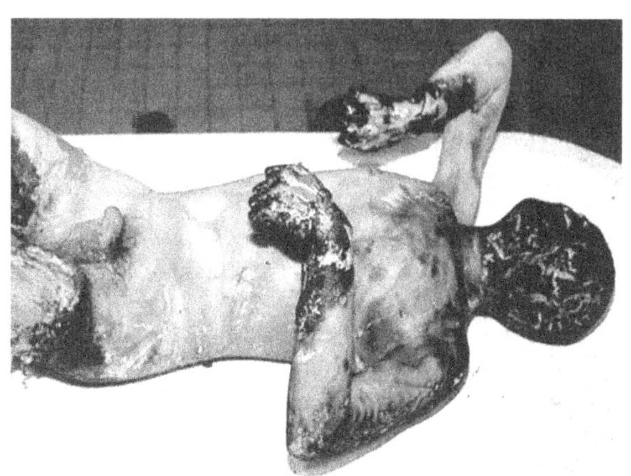

图 16-6　Ⅰ度炭化（first degree charring）
图中可见全身炭化呈地图状分布，头面部及双手表皮炭化、龟裂，部分肌肉裸露，胸腹部轻度炭化，阴毛残存

（1）案情摘要：某男，44 岁，全身浇洒汽油后点燃（自杀）。

（2）观察要点：全身炭化呈地图状分布，头面部及双手表皮炭化、龟裂，部分肌肉裸露，胸腹部轻度炭化，阴毛残存。

（3）诊断：Ⅰ度炭化。

（4）诊断依据：

1）多处表皮呈地图状炭化；

2）毛发烧损；

3）四肢末端残存。

7．标本（图 16-7）

（1）案情摘要：某男，68 岁，住宅火灾后，在火灾现场被发现。

（2）观察要点：全身皮肤弥漫性炭化，胸腹部及下肢多处皮肤龟裂，四肢屈曲，呈拳斗姿势样改变。

（3）诊断：Ⅱ度炭化。

（4）诊断依据：

1）全身皮肤炭化、龟裂；

2）四肢呈拳斗姿势样改变。

8．标本（图 16-8）

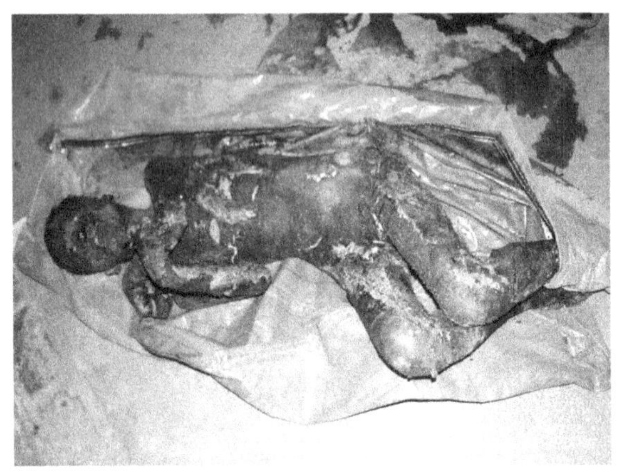

图 16-7　Ⅱ度炭化（second degree charring）
图中可见全身皮肤弥漫性炭化，胸腹部及下肢多处皮肤龟裂，四肢屈曲，呈拳斗姿势样改变

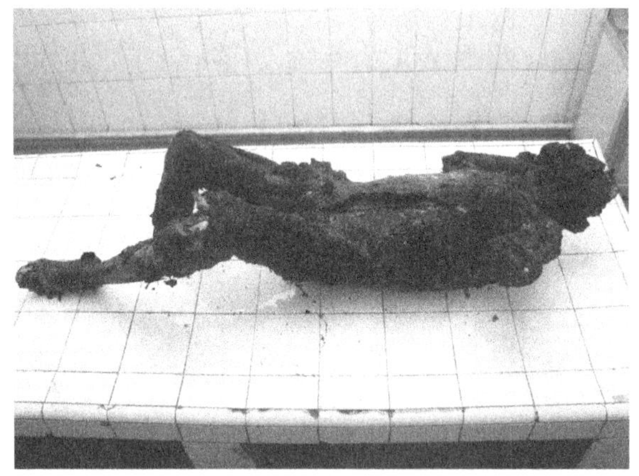

图 16-8　Ⅲ度炭化（third degree charring）
图中可见全身皮肤烧失，四肢、头部、胸部等处肌肉裸露及炭化，颅盖骨大部及左下肢膝关节炭化。男性外生殖器尚可辨认

（1）案情摘要：某男，73 岁，住宅火灾后，在火灾现场被发现。

（2）观察要点：全身皮肤烧失，四肢、头部、胸部等处肌肉裸露及炭化，颅盖骨大部及左下肢膝关节炭化。男性外生殖器尚可辨认。

（3）诊断：Ⅲ度炭化。

（4）诊断依据：

1）全身皮肤烧失；

2）部分骨骼炭化。

9．标本（图 16-9）

（1）案情摘要：某女，82 岁，木制住宅火灾后，在火灾现场被发现。

（2）观察要点：全身严重炭化，仅残留少量软组织，肝表面炭化外形尚可辨认，头部及胸部骨骼灰化。

（3）诊断：Ⅳ度炭化。

（4）诊断依据：

1）全身仅残留少量软组织；

2）部分骨骼灰化；

3）肝炭化。

10. 标本（图 16-10）

图 16-9　Ⅳ度炭化（fourth degree charring）
图中可见全身严重炭化，仅残留少量软组织，肝表面炭化外形尚可辨认，头部及胸部骨骼灰化

图 16-10　Ⅴ度炭化（fifth degree charring）
图中可见全身软组织完全烧失，大部分骨骼炭化、灰化，仅可见部分骨残渣

（1）案情摘要：某女，90 岁，木制住宅火灾后，在火灾现场被发现。

（2）观察要点：全身软组织完全烧失，大部分骨骼炭化、灰化，仅可见部分骨残渣。

（3）诊断：Ⅴ度炭化。

（4）诊断依据

1）软组织完全烧失；

2）骨骼炭化、灰化。

11. 标本（图 16-11）

图 16-11　拳斗姿势（pugilistic attitude）
图中可见全身皮肤弥漫性烧失，上下肢屈曲，形同拳击手在比赛中的防守姿态，称之为拳斗姿势

（1）案情摘要：某女，68 岁，住宅火灾后，在火灾现场被发现。

（2）观察要点：标本中可见全身皮肤弥漫性烧失，上下肢屈曲，形同拳击手在比赛中的防守姿态，称之为拳斗姿势。

（3）诊断：尸体烧损所致拳斗姿势。

（4）诊断依据：

1）全身皮肤烧失；

2）上下肢屈曲。

12. 标本（图 16-12）

（1）案情摘要：某女，68 岁，住宅火灾后，在火灾现场被发现。

（2）观察要点：标本中可见左上肢皮肤呈Ⅲ、Ⅳ度烧伤，其间有数处皮肤裂开，酷似切创，通过裂开的皮肤可见白色变色的皮下脂肪组织。

（3）诊断：尸体烧损所致皮肤裂创。

（4）诊断依据

1）皮肤呈Ⅲ、Ⅳ度烧伤；

2）皮肤裂创。

13. 标本（图 16-13）

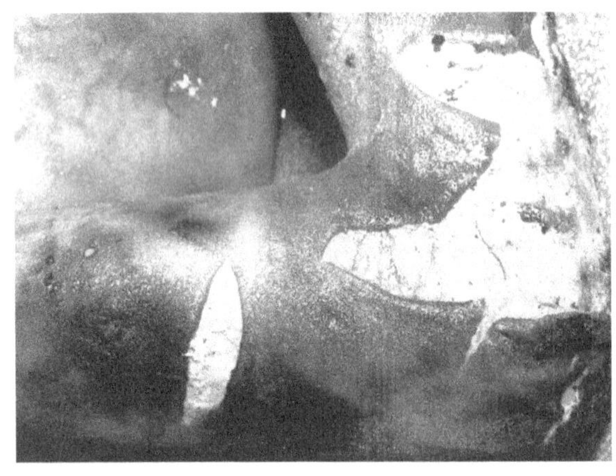

图 16-12 皮肤裂创（postmortem heat laceration）
图中可见左上肢皮肤呈Ⅲ、Ⅳ度烧伤，其间有数处皮肤裂开，酷似切创，通过裂开的皮肤可见白色变色的皮下脂肪组织

图 16-13 器官炭化（organs charring）
图中可见胸腹部广泛炭化，腹壁破裂导致腹腔内肠管外露，外露部肠管已炭化

（1）案情摘要：某女，45 岁，某旅店火灾后，在客房内被发现。

（2）观察要点：胸腹部广泛炭化，腹壁破裂导致腹腔内肠管外露，外露部肠管已炭化。

（3）诊断：尸体烧损器官炭化。

（4）诊断依据

1）胸腹部炭化；

2）肠管外露、炭化。

14. 标本（图 16-14）

（1）案情摘要：某男，77 岁，住宅火灾后，在火灾现场被发现。

（2）观察要点：标本中颅盖骨已锯开，可见部分颅骨外板已炭化，左侧硬脑膜外可见呈砖红色的凝固血块（血肿），血块质地较疏松，呈蜂窝状。

（3）诊断：硬脑膜外热血肿。

（4）诊断依据：

1）颅骨炭化；

2）硬脑膜外可见砖红色、质地较疏松的凝固血块。

15. 标本（图 16-15）

（1）案情摘要：某女，84 岁，住宅火灾后，在火灾现场被发现。

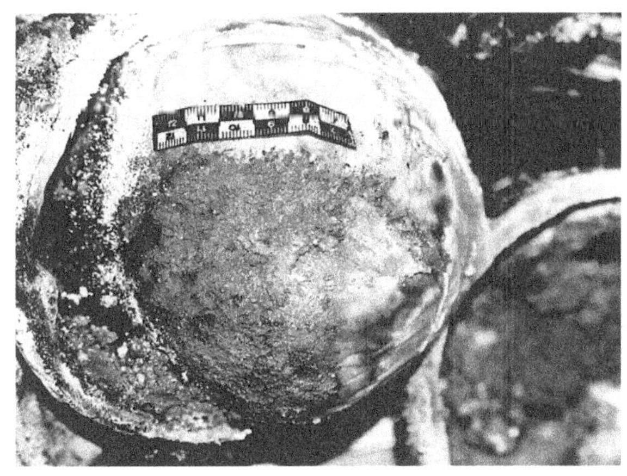
图 16-14 硬脑膜外热血肿（extradural heat hematoma）
图中可见部分颅骨外板已炭化，左侧硬脑膜外可见呈砖红色的凝固血块（血肿），血块质地较疏松，呈蜂窝状

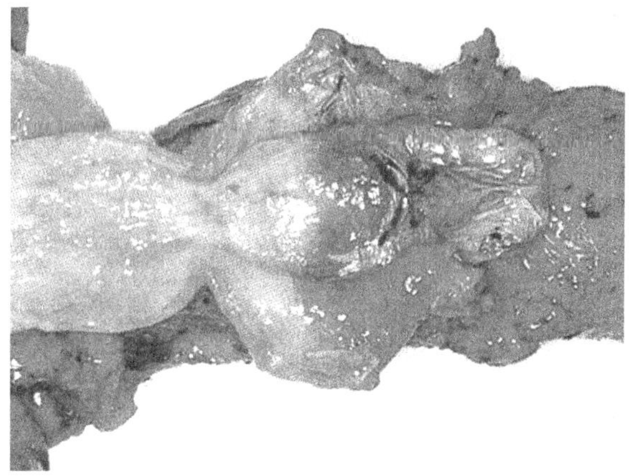
图 16-15 热伤气道（trachea following inhalation of fire fumes and smoke）
图中可见咽喉部显著淤血、水肿，会厌及喉头黏膜因吸入高温气体（火焰）而导致烧伤，外观肿胀呈灰白色，在会厌周围可见少量黑色炭末

（2）观察要点：标本为烧死者的咽喉部放大像，可见咽喉部显著淤血、水肿，会厌及喉头黏膜因吸入高温气体（火焰）而导致烧伤，外观肿胀呈灰白色。在会厌周围可见少量黑色炭末。

（3）诊断：呼吸道热损伤综合征。

（4）诊断依据：

1）咽喉部显著淤血、水肿；

2）会厌及喉头黏膜灰白色；

3）会厌周围黑色炭末沉积。

16. 标本（图 16-16）

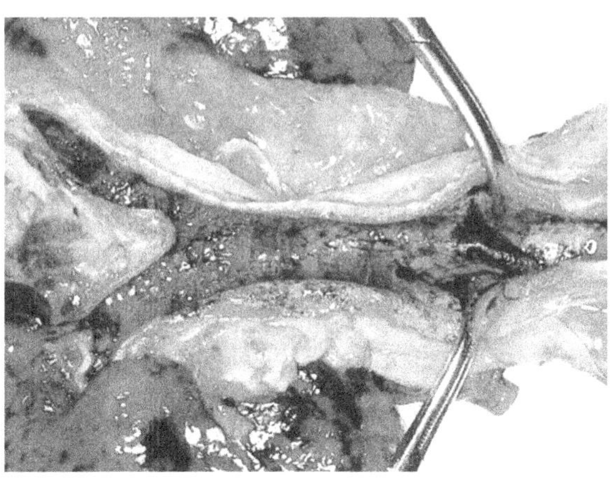
图 16-16 气管内燃烧粉尘（fumes and smoke in airway）
图中可见气管黏膜充血，表面有较多量的炭末与气道内的黏液混杂在一起

（1）案情摘要：与标本 15 为同一案例。

（2）观察要点：标本为已切开的气管，可见气管黏膜充血，表面有较多量的炭末与气道内的黏液混杂在一起。

（3）诊断：呼吸道热损伤综合征。

（4）诊断依据：

1）气管黏膜充血；

2）气管黏膜表面炭末及黏液混杂、沉积。

17. 标本（图 16-17）

（1）案情摘要：某男，11 岁，某年冬季离家出走，18 小时后在郊外被家人发现。

（2）观察要点：标本中可见左脚红肿（Ⅰ度冻伤），内踝部有一类圆形水泡（Ⅱ度冻伤），脚趾末端部黑色部分为Ⅲ度冻伤。

（3）诊断：下肢冻伤。

（4）诊断依据：

1）下肢红肿；

2）水泡形成；

3）脚趾末端坏死。

18. 标本（图 16-18）

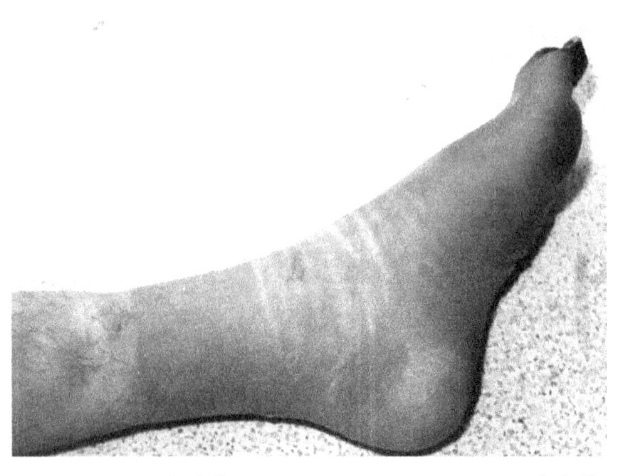

图 16-17　Ⅰ度冻伤（first degree of frostbite）**、Ⅱ度冻伤**（second degree of frostbite）**、Ⅲ度冻伤**（third degress of frostbite）

图中可见左脚红肿，内踝部有一类圆形水泡，脚趾末端部呈黑色

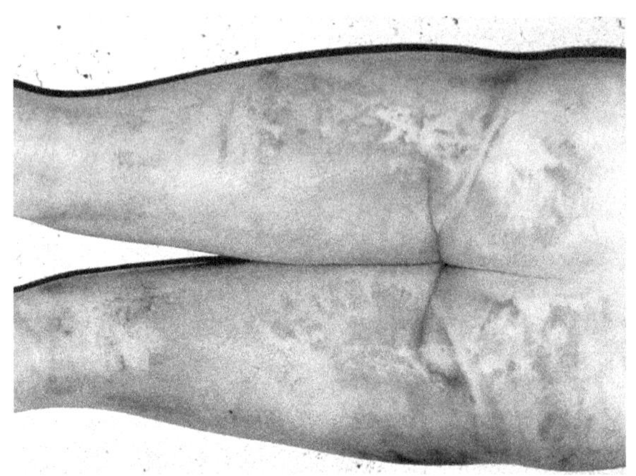

图 16-18　冻死者的尸斑（livor mortis of death from cold）

可见双下肢背侧尸斑呈鲜红色，其中以臀部为明显

（1）案情摘要：某男，28 岁，傍晚与朋友一起喝酒后去向不明。第二天上午在住处附近公园内被发现已死亡。

（2）观察要点：标本中可见双下肢背侧尸斑呈鲜红色，其中以臀部为明显。

（3）诊断：寒冷、冷冻尸斑颜色。

（4）诊断依据：尸斑呈鲜红色。

19. 标本（图 16-19）

（1）案情摘要：某男，49 岁，某日傍晚去向不明。次日在村边路上被发现已死亡。

（2）观察要点：标本为冻死者的发现现场，现场位于农村的土道上，尸体腹部裸露，棉衣散落在距尸体 20m 左右的路边，死者外裤位于标本的左上方。

（3）诊断：冻死者反常脱衣现象。

（4）诊断依据：尸体腹部裸露，外衣散落。

20. 标本（图 16-20）

（1）案情摘要：与标本 19 为同一案例。

（2）观察要点：死者额部、鼻部等处可见散在表皮剥脱。死者面部表情呈似笑非笑的苦笑面容。

（3）诊断：冻死者苦笑面容。

图 16-19　冻死者的反常脱衣现象(paradoxical undressing)
图中可见尸体腹部裸露，死者外裤位于标本的左上方

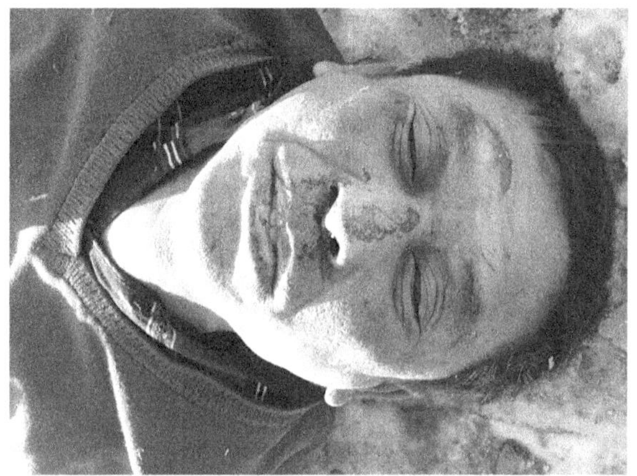

图 16-20　冻死者的面部(facial appearance of death from cold)
图中可见死者额部、鼻部等处可见散在表皮剥脱。死者面部表情呈似笑非笑的苦笑面容

(4) 诊断依据：死者呈似笑非笑的苦笑面容。

21. 标本(图 16-21)

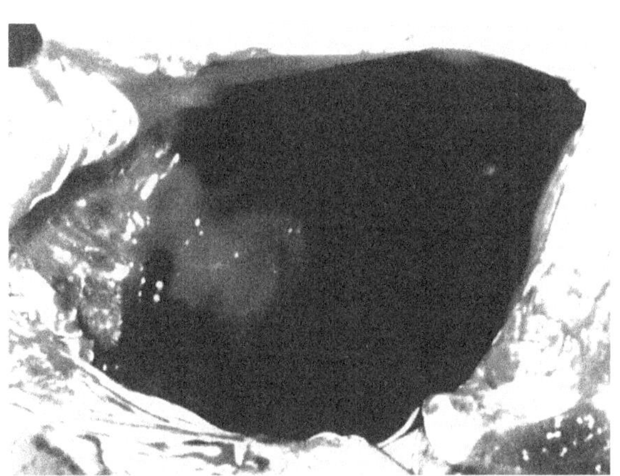

图 16-21　冻死者左右心内血液颜色的差异(difference between left and right heart blood in death from cold)
图中可见心脏摘除后流入心包腔内的左心血呈鲜红色，右心血呈暗紫红色，左右心内血液的颜色差异显著

(1) 案情摘要：与标本 18 为同一案例。

(2) 观察要点：标本为冻死者的尸体解剖照片，当摘除死者的心后可见左心血呈鲜红色，右心血呈暗紫红色，左右心内血液的颜色差异显著。

为了便于观察左右心内血液的颜色的差异，在摘除心时不要将左右心血同时放出，应首先剪开上、下腔静脉放出右心血后，再剪开主动脉，这样可达到观察左右心内血液的颜色差异的最佳效果。

(3) 诊断：冻死者差异性左右心内血。

(4) 诊断依据：左心血呈鲜红色，右心血呈暗紫红色。

22. 标本(图 16-22)

(1) 案情摘要：与标本 18 为同一案例。

(2) 观察要点：标本为冻死者肺部照片，表现为肺膨隆，表面染色呈鲜红色。

(3) 诊断：冻死者的肺改变。

（4）诊断依据

1）肺膨隆；

2）肺表面呈鲜红色。

23．标本（图16-23）

图16-22　冻死者的肺特征（lung findings of death from cold）

图中可见肺膨隆，表面染色呈鲜红色

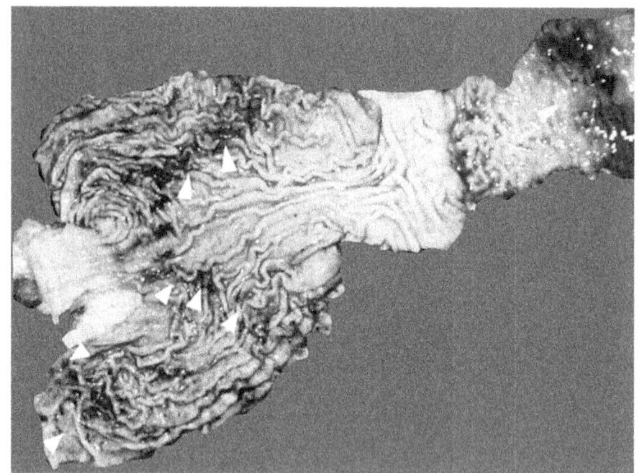

图16-23　胃黏膜出血斑（acute gastric erosions）

图中可见多发性胃及十二指肠黏膜表浅性溃疡、出血斑，其中以胃大弯及胃底部为重

（1）案情摘要：与标本18为同一案例。

（2）观察要点：标本中可见多发性胃及十二指肠黏膜表浅性溃疡、出血斑，其中以胃大弯及胃底部为重。

（3）诊断：胃及十二指肠黏膜表浅性溃疡及出血。

（4）诊断依据：

1）多发性胃及十二指肠黏膜表浅性溃疡；

2）溃疡底部及周边部出血。

（二）组织学观察

1．标本（图16-24）

（1）案情摘要：某女，84岁，住宅火灾后，在火灾现场被发现。

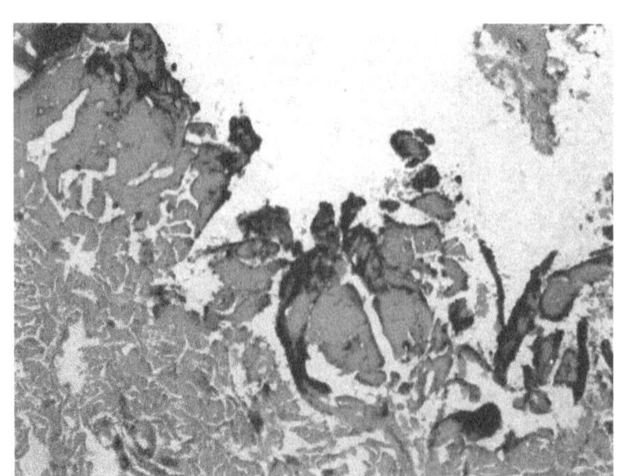

图16-24　皮肤表面炭化（skin heat trauma with carbonization，HE×40）

图中可见皮肤的表皮及真皮层缺失及炭化，皮下组织呈斑块状凝固性坏死

（2）观察要点：标本为烧伤皮肤的低倍镜所见，图中可见皮肤的表皮及真皮层缺失及炭化，皮下组织呈斑块状凝固性坏死。

（3）诊断：皮肤烧伤、炭化。

（4）诊断依据

1）皮肤表皮及真皮层缺失、炭化；

2）皮下组织斑块状凝固性坏死。

2．标本（图 16-25）

（1）案情摘要：与标本 1 为同一案例。

（2）观察要点：图中可见骨骼肌弥漫性嗜伊红染色增强及横纹消失，部分呈凝固性坏死样改变。

（3）诊断：烧伤性骨骼肌凝固性坏死。

（4）诊断依据：

1）皮肤表皮及真皮层缺失、炭化；

2）骨骼肌凝固性坏死。

3．标本（图 16-26）

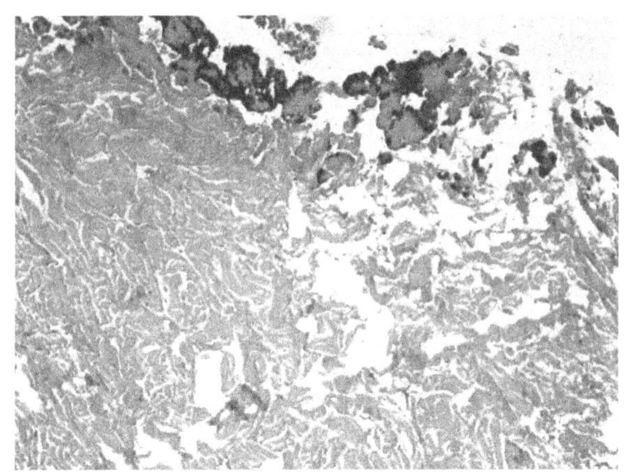

图 16-25　骨骼肌凝固坏死（coagulation necrosis of skeletal muscle，HE× 100）

图中可见骨骼肌弥漫性嗜伊红染色增强及横纹消失，部分呈凝固性坏死样改变

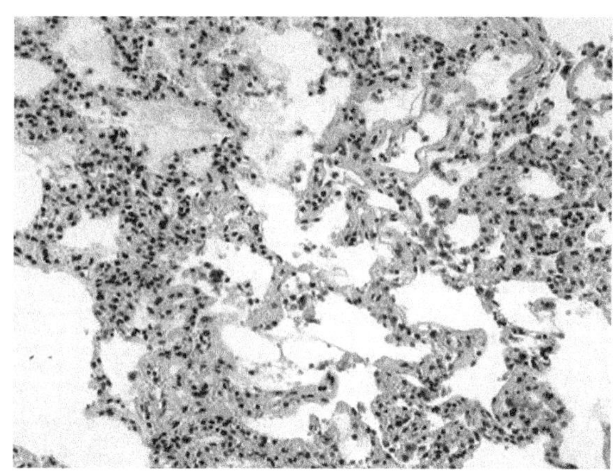

图 16-26　肺显著淤血、水肿（marked pulmonary congestion and edema，HE × 100）

图中可见肺淤血、水肿，肺泡腔内充满蛋白水肿液，局部肺泡内可见少量红细胞及脱落的上皮细胞

（1）案情摘要：某男，77 岁，住宅火灾后，在火灾现场被发现。

（2）观察要点：标本为烧死者肺的组织学所见，表现为肺淤血、水肿，肺泡腔内充满蛋白水肿液，局部肺泡内可见少量红细胞及脱落的上皮细胞。

（3）诊断：烧死者的肺改变。

（4）诊断依据

1）肺淤血、水肿；

2）肺泡腔内充满蛋白水肿液。

4．标本（图 16-27）

（1）案情摘要：与标本 3 为同一案例。

（2）观察要点：标本为图 16-27 连续切片的肺表面活性蛋白 A（SP-A）免疫组化染色，图中可见肺泡及水肿液表面膜状 SP-A 染色物增强，表明肺泡壁损伤严重。

肺表面活性蛋白 A（SP-A）免疫组织化学染色主要有两种表达形式，机械性窒息等所致的呼吸性窘迫时肺泡内多发颗粒状阳性染色物，而烧死、肺透明膜症等所致的肺泡损伤的案例中，肺泡及水肿液表面膜样阳性染色增强。

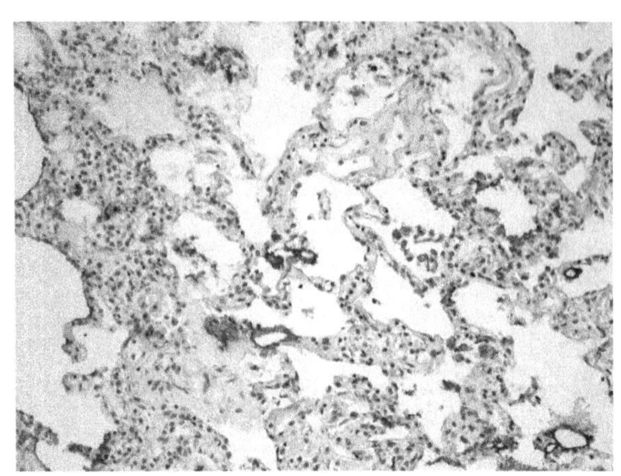

图 16-27　肺表面活性蛋白 A 免疫组化染色（immunohistochemistry of pulmonary surfactant-associated protein A，SP-A × 100）

图中可见肺泡及水肿液表面膜状 SP-A 染色物增强，表明肺泡壁损伤严重

（3）诊断：烧死者的肺 SP-A 免疫组化改变。

（4）诊断依据：肺泡及水肿液表面膜状 SP-A 染色物增强。

三、案例讨论

案例一

（一）案情摘要

某年 1 月某日，刘某为患者方某（女，18 岁）治疗抑郁症，刘某出了个方子，抓来中药，外敷于方某肚脐，然后躺在火炕上加热“发汗”，身上盖有三床被子，不让铺褥子，在治疗过程中方某死亡。

（二）法医学检查

1．体表检查　女性尸体，尸长 164.0cm。体态中等，发育正常，营养良好。尸斑鲜红，位于尸体项部、双肩胛部、腰背部及四肢背侧未受压处，指压不褪色。尸体呈冻结后缓解状态。颈部、上胸部、季肋部及腰部弥漫性尸绿出现。左侧颜面部见有片状皮肤紫红变色，范围 13.0cm × 8.0cm。右额部至右颊部见有片状皮肤紫红变色，范围 20.0cm × 9.0cm，切开未见皮下出血。右眼上睑结膜轻度充血，余结膜苍白，双眼球结膜水肿、苍白，双侧角膜中度混浊，可透视瞳孔，双侧瞳孔等大正圆，直径均为 0.2cm。上唇人中处在 1.0cm × 1.0cm 的范围内见有数处线条状表皮剥脱（图 16-28）。左侧下唇黏膜见有 1.0cm × 0.5cm 的紫红变色，切开未见黏膜下出血。上颌右侧中切牙齿龈处有 0.3cm × 0.3cm 的黏膜出血。右肩胛下角外侧见 5.0cm × 25.0cm 的表皮脱落（图 16-29）。右侧腰部、双侧臀部、右大腿上段的背侧、双侧足跟、右足外侧分别见有多处散在大片状表皮脱落（图 16-30）。右上肢上段背外侧、右前臂背外侧及右手背分别见有 20.0cm × 5.0cm、24.0cm × 6.0cm 及 9.0cm × 8.0cm 的表皮脱落（图 16-31），其中右前臂背外侧有两处真皮紫红变色，切开皮下、肌肉内未见出血，肌肉颜色混浊（图 16-32）。左手背有 4.0cm × 3.0cm 的皮肤紫红变色，切开见片状皮下出血。

2．内部检查　脑重 1280.0g，脑膜血管淤血，双侧海马钩回（疝）压迹形成（图 16-33），以右侧为明显，宽约 1.0cm，小脑扁桃体（疝）压迹形成（图 16-34）。脑表面未见损伤（图 16-35）。气管黏膜呈墨绿色，咽后壁未见出血。切开舌肌，舌肌内未见出血。胸腹腔内各器官位置正常，双侧胸腔内积有少量血性液体，心包腔内积有约 7.0ml 血性液体。心重 200.0g，心内血呈流动性。左右冠状动脉各分支管壁无增厚，管腔通畅。左肺重 420.0g，右肺重 480.0g，触之含气量较多，浆膜下见有多处点状出

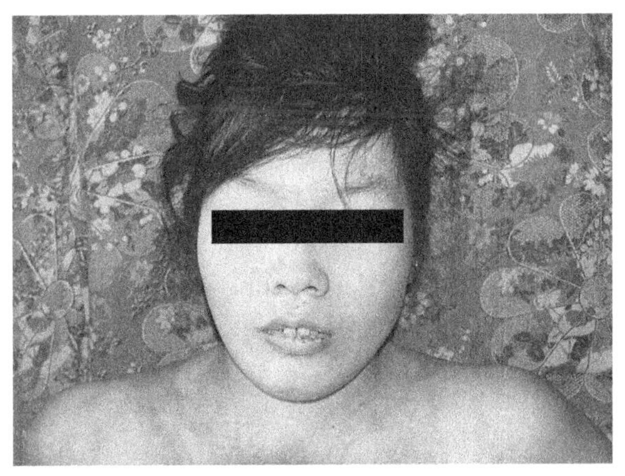
图 16-28　尸体头面部所见

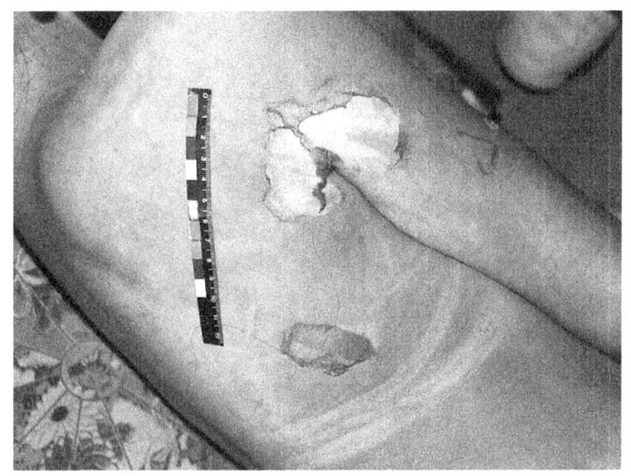
图 16-29　右肩胛下角处表皮脱落

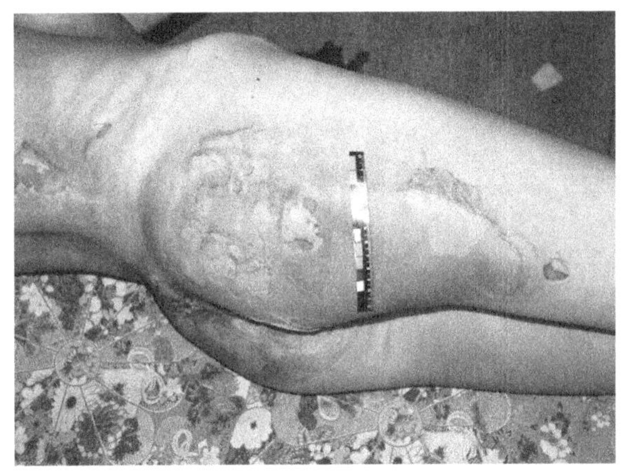
图 16-30　右侧腰部、双侧臀部及右大腿上段表皮脱落

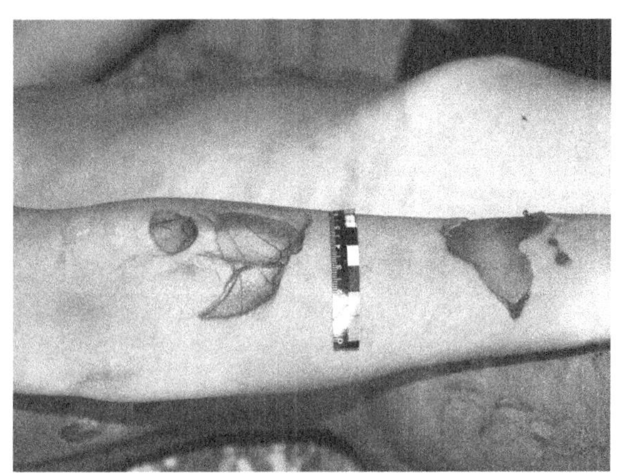
图 16-31　右前臂背外侧表皮脱落

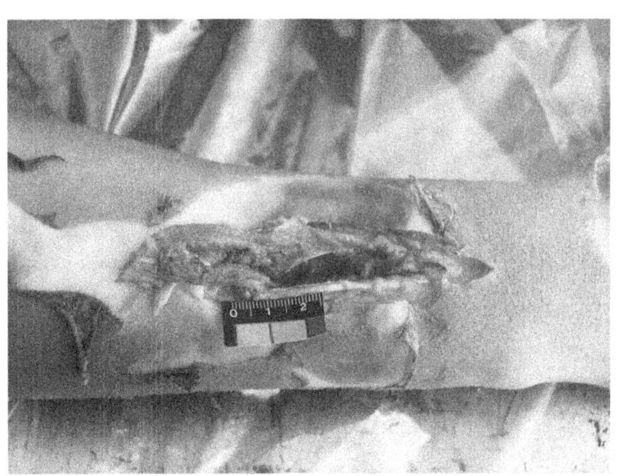
图 16-32　右前臂肌肉颜色混浊

血（图 16-36），切面呈暗紫红色，轻压有血性泡沫溢出。肝重 900.0g，被膜光滑，被膜下弥漫性墨绿色变色，切面呈暗红色。双肾切面混浊，皮髓质界限不清。膀胱内残留尿液约 7.5ml。

3．组织学检查　脑：淤血、水肿（图 16-37），大脑皮质神经细胞肿胀。小脑颗粒层细胞致密，浦氏细胞肿胀、嗜伊红染色增强。脑干等神经核团未见异常。心肌间质疏松，淤血、水肿。心肌纤维断裂，近心外膜处心肌纤维肿胀，嗜伊红染色增强，局部心肌纤维呈溶解坏死状（图 16-38）。主动脉内、外膜下条带状出血（图 16-39）。双肺显著淤血、水肿，肺泡间隔增宽，弥漫性肺泡腔内出血性改变（图 16-40）。肝淤血、水肿，小叶结构不清，弥漫性肝索解离及肝细胞溶解坏死（图 16-41），局部肝窦扩张。肾淤血、水肿，肾小球结构不清，弥漫性肾小管内透明管型形成（图 16-42）。胰腺：死后自溶显著。肾上腺：淤血、水肿，皮质各带排列尚整齐，局部溶解、坏死（图 16-43）。右前臂骨骼肌纤维肿胀，肌间水肿，嗜伊红染色增强，横纹消失及肌膜溶解（图 16-44）。

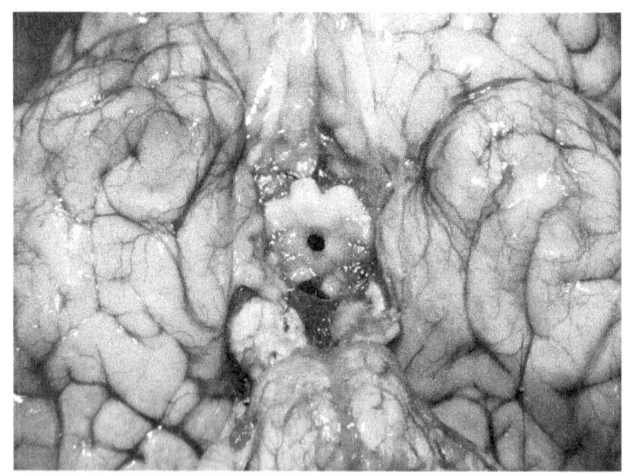

图 16-33　双侧海马钩回疝

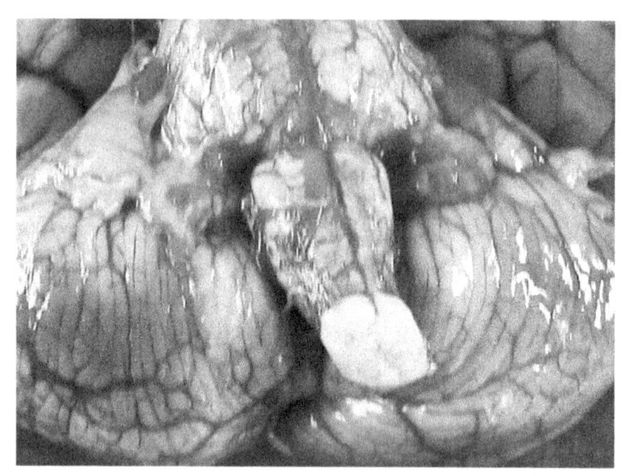

图 16-34　小脑扁桃体疝

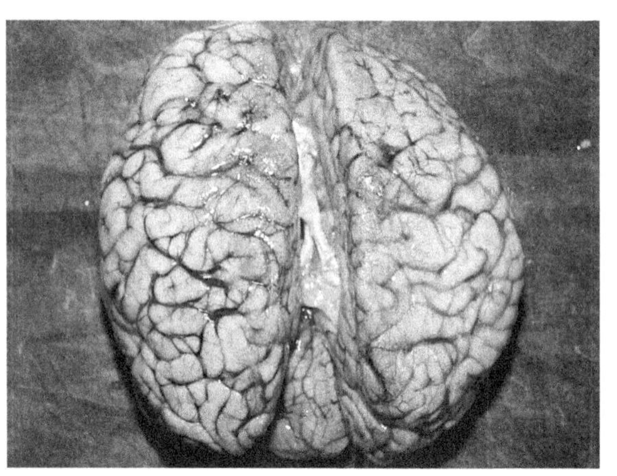

图 16-35　大脑表面所见

图 16-36　双肺所见

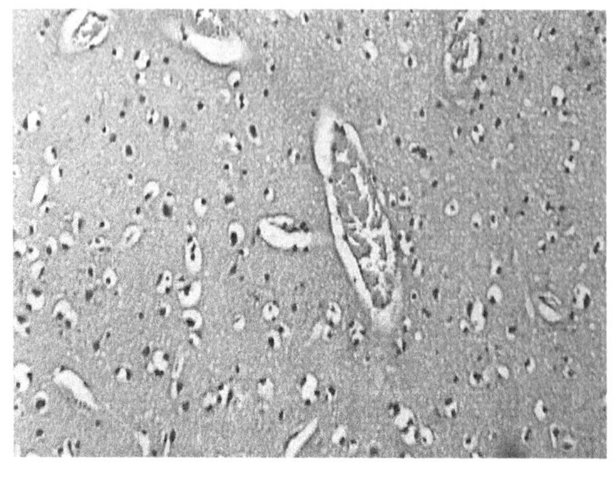

图 16-37　大脑皮质淤血、水肿（HE × 100）

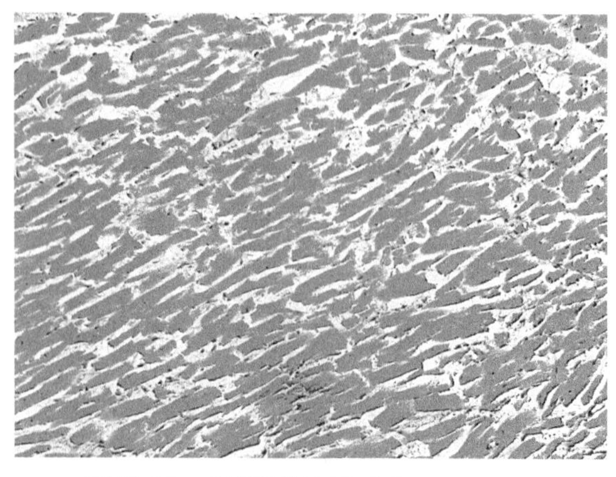

图 16-38　心肌纤维溶解、坏死（HE × 200）

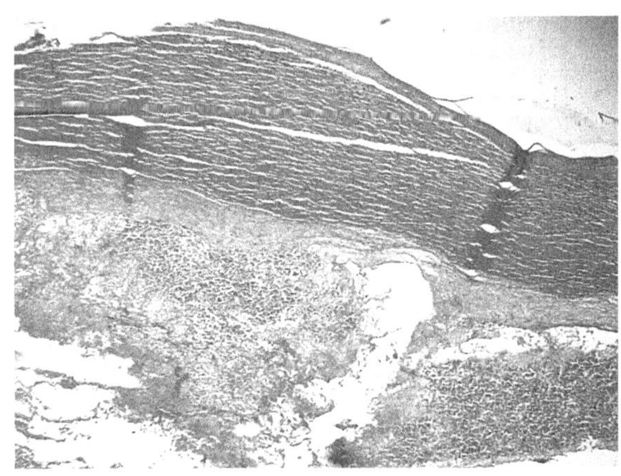
图 16-39　主动脉外膜下出血（HE × 100）

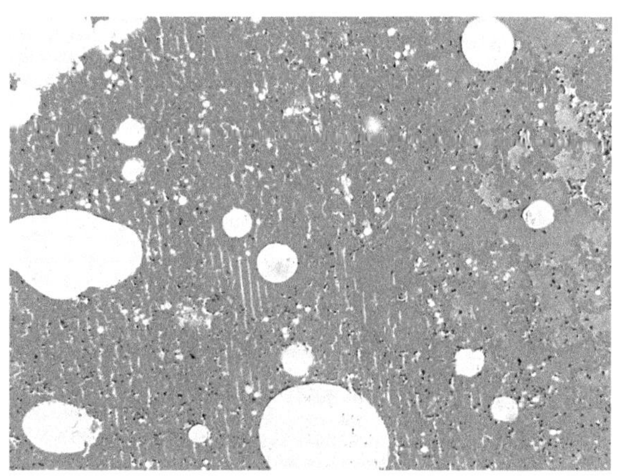
图 16-40　弥漫性肺泡腔内出血（HE × 100）

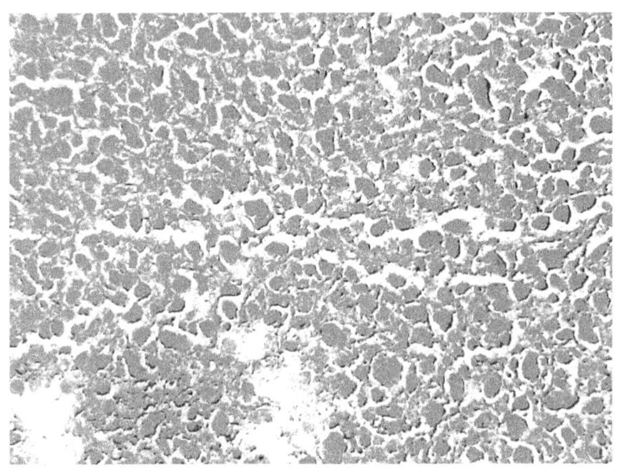
图 16-41　弥漫性肝细胞溶解、坏死（HE × 200）

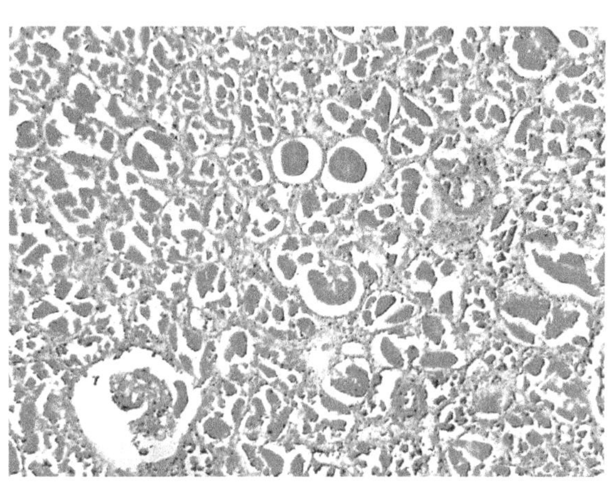
图 16-42　肾小管内透明管型形成（HE × 200）

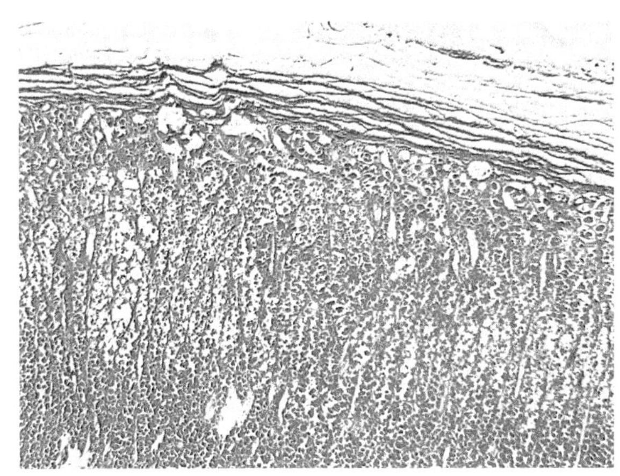
图 16-43　肾上腺皮质坏死（HE × 200）

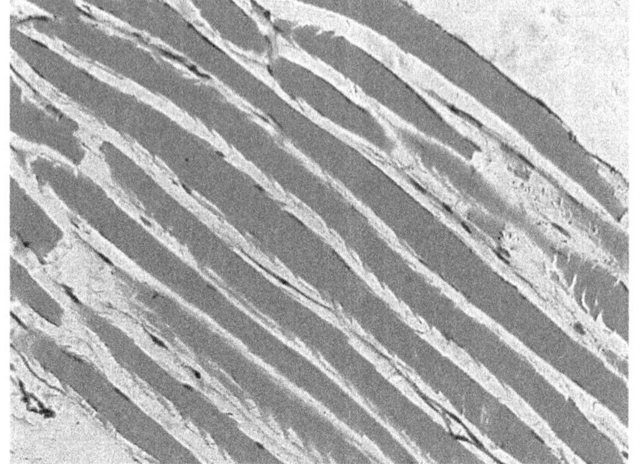
图 16-44　骨骼肌横纹消失、肌膜溶解（HE × 200）

4. 药物、毒物检测　提取死者心血、肝、胃及胃内容物进行药物、毒物检测，未检测出药物、毒物。

（三）分析说明

1. 经系统法医学检验，死者方某体表及解剖检验未见致命性损伤，毒物药物检验未检出常见毒物，可排除暴力性致死及中毒致死的可能。

2. 值得注意的是，尸体剖验及相关辅助检查发现本例有如下主要所见：

1）脑肿胀，海马钩回疝及小脑扁桃疝所见。

2）灶状心肌溶解坏死，主动脉内、外膜下出血。

3）肺显著淤血、水肿，局部肺泡内出血。

4）弥漫性肝细胞溶解坏死。

5）弥漫性肾小管内透明管型形成。

6）肾上腺皮质坏死。

上述所见系高体温症（热射病）的常见的非特异性病理学改变。除上述多器官损害的病理形态学改变外，死后早期直肠温度，骨骼肌溶解，溶血及死后生化学指标肌苷（Cr）与血尿素氮（BUN）非对称性上升（Cr 的升高幅度 > BUN 的升高幅度）等都可作为诊断高体温症的参考指标。综上所述，本例死者方某符合由于热射病导致心、脑、肺等多器官功能障碍而死亡。

（四）鉴定意见

方某符合由于热射病导致心、脑、肺等多器官功能障碍而死亡。

案例二

（一）案情摘要

某年 11 月某日 8 时 30 分某公安机关接群众报警称 ×× 村路边（图 16-45）发现一具尸体（后经查实为王某，男，50 岁），接报警后，于 9 时 30 分到现场，现场勘验检查当日 9 时 50 分开始。天气情况：勘查时天气晴，温度 −6℃；相对湿度 40%；北风 2 级。尸体呈头北脚南仰卧位，冻硬状态。尸体上身穿豆绿色套头毛衣，下身穿黑色外裤，内穿黑色棉裤，脚穿黑色袜子，无鞋。现场其他部位经勘查未见异常。据当地气象局资料室提供的《气象资料》记载：尸体发现前一天，平均气温 −7.2℃，最低气温 −17.0℃。当日平均气温 −3.0℃，日最低气温 −6.9℃。

（二）法医学检查

1．体表检查　男尸，身长 168.0cm，发育正常，营养一般。尸斑紫红色，分布于后背部及四肢背侧，压之部分褪色。右额颞部有 6.0cm × 2.5cm，3.0cm × 1.5cm，1.3cm × 1.0cm 三处挫伤（图 16-46）。前额部有 3.5cm × 2.5cm 挫伤，左额颞部有 5.0cm × 4.0cm 挫伤，左颞部有 7.0cm × 6.5cm 挫伤，左颧部有 4.0cm × 3.5cm 挫伤（图 16-47）。双眼及口腔内有泥土。颈项及胸腹部未见损伤。左肘关节后侧及前臂后侧有多处散在片状皮下出血。左前臂后侧有文身。右肩部有 4.0cm × 4.5cm，4.0cm × 2.5cm 二处皮下出血，右肘关节后侧有 2.0cm × 3.0cm 皮下出血。右手背有 2.5cm × 1.5cm 表皮剥脱，双手背均有散在表皮剥脱、皮下出血。上述皮肤表皮剥脱边缘均伴有界限不清的红色变色区。

2．内部检查　右顶枕部有 8.0cm × 3.0cm 头皮下出血，右、左颞肌出血。脑重 1450.0g，硬膜未见异常，大脑轻度肿胀，大脑、小脑及脑干断面未见异常（图 16-48）。胸部肌肉颜色鲜红色（图 16-49），

图 16-45　尸体发现现场

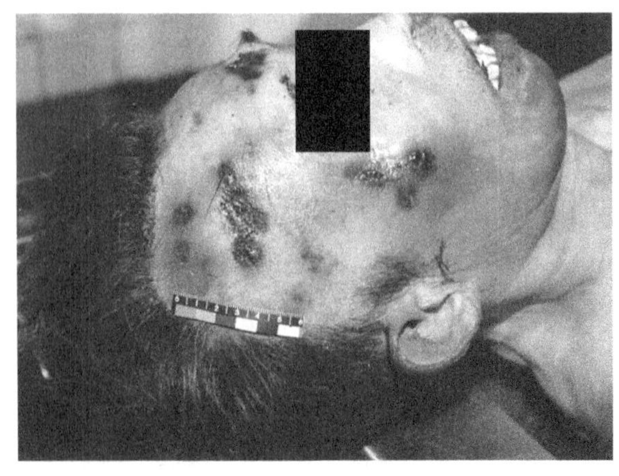

图 16-46　右额面部所见

胸腔渗出液及肺表面颜色鲜红（图 16-50）。心重 300.0g。主动脉根部可见少量黄色粥样硬化斑块。左右冠状动脉开口通畅，左右冠状动脉未见异常。左肺重 450.0g，右肺重 500.0g。双肺被膜光滑，切面呈鲜红色，含气量较多，余未见异常。肝重 1250.0g。被膜光滑，切面呈黄褐色，小叶结构清。脾重 60.0g。被膜皱缩（图 16-51），实质乏血。双肾被膜光滑，紫褐色。切面皮髓质界限清，皮质厚均为 0.8cm。胰腺重 100.0g。被膜及断面未见异常。胃内有黑黄色液体，量约 150.0ml，有浓烈酒气味。多发性胃黏膜表浅性溃疡及出血（图 16-52）。膀胱充盈，内有淡黄色透明尿 230.0ml。

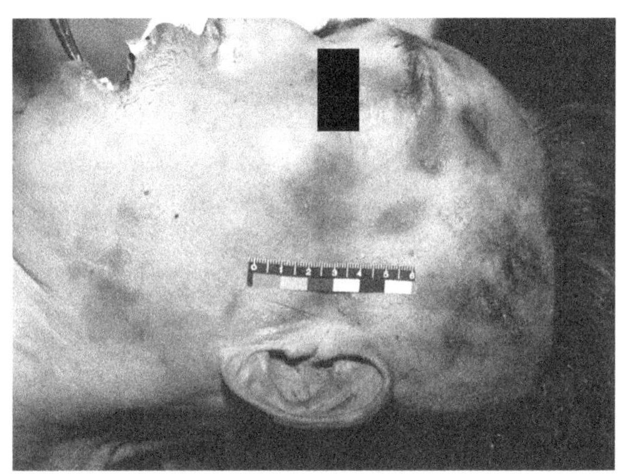

图 16-47　左额面部所见

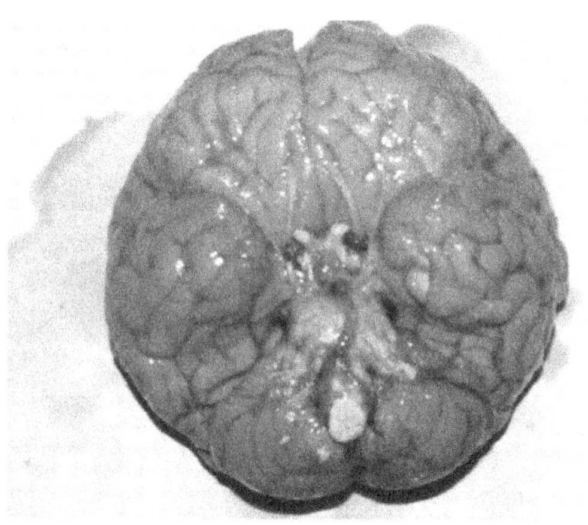

图 16-48　脑底部所见

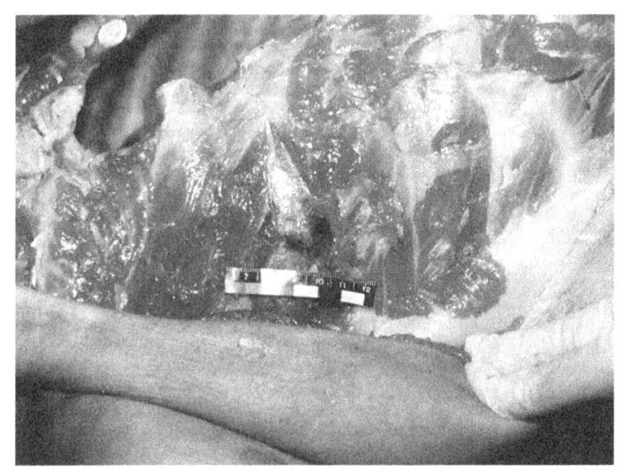

图 16-49　胸部肌肉颜色

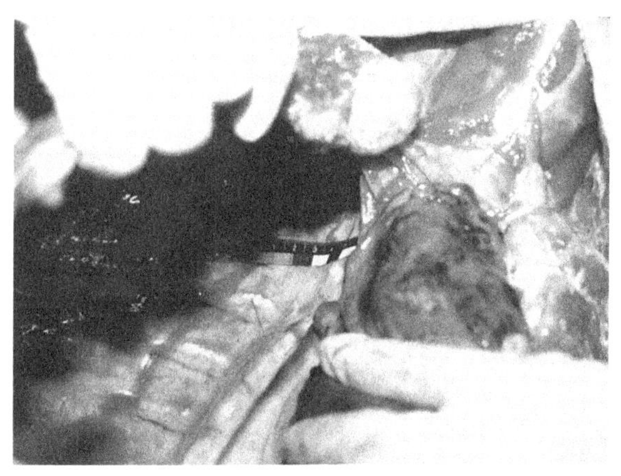

图 16-50　胸腔渗出液及肺表面颜色

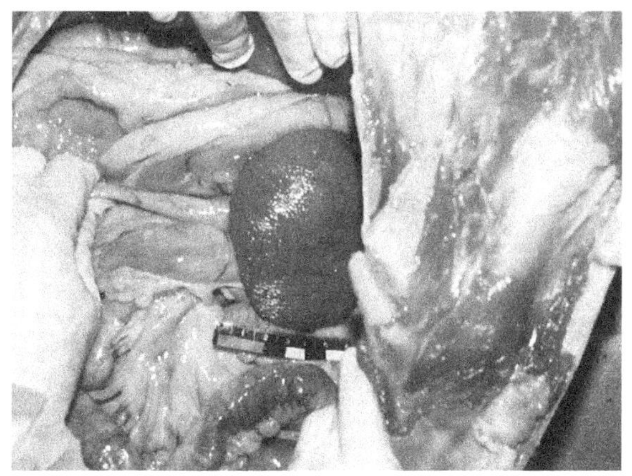

图 16-51　脾外观所见

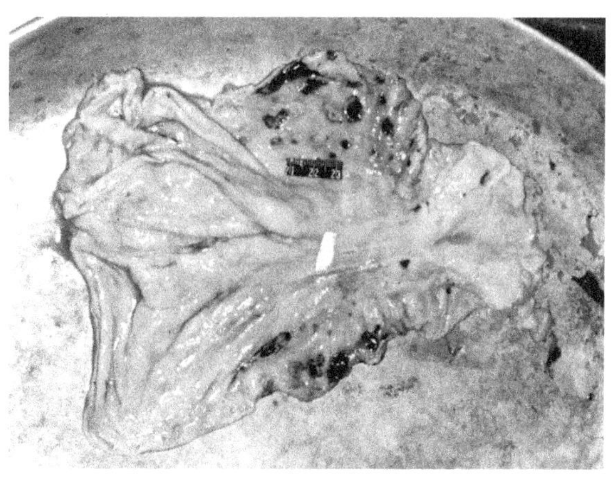

图 16-52　胃黏膜表浅性溃疡及出血

3. 组织学检查 大脑蛛网膜下腔血管扩张淤血。皮质区神经细胞、胶质细胞及小血管周围间隙增宽(图 16-53)。皮质区神经细胞尼氏体消失。白质区疏松水肿，小血管扩张淤血。脑干白质疏松水肿，小血管扩张淤血。心肌纤维横纹不清。心肌间质疏松、水肿，小静脉扩张淤血，小动脉管壁增厚。部分区域间质内及外膜下灶状出血。心外膜下少量脂肪浸润。部分肺泡腔空亮，部分肺泡腔内均质粉染水肿液(图 16-54)。部分肺泡间隔略增宽，间质内血管扩张淤血显著。肝小叶结构尚清，肝细胞肿胀，多颗粒状。肝血窦扩张。脾被膜完整，脾小结、小梁结构清楚，白髓散在，中央动脉及小梁动脉管壁增厚，透明变性，红髓脾窦贫血状(图 16-55)。胰腺腺泡细胞自溶，结构不清，间质内血管扩张淤血。肾被膜完整。皮质肾小球囊扩张，局部肾小球纤维化。肾小管上皮自溶脱落。髓质及间质内血管扩张淤血。胃黏膜上皮局部缺失，黏膜层出血显著(图 16-56)。

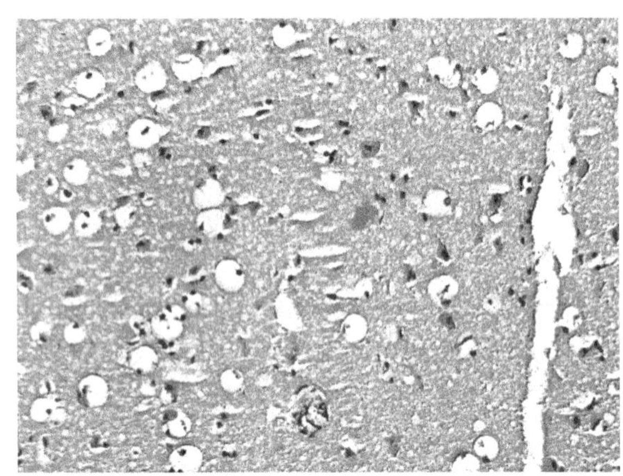

图 16-53 脑水肿(HE×200)

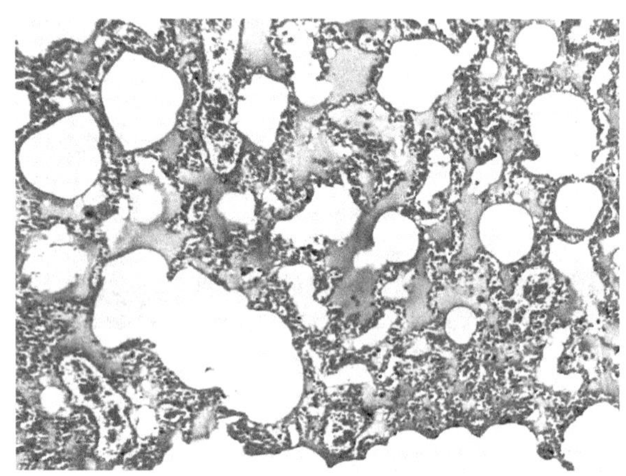

图 16-54 肺水肿(HE×100)

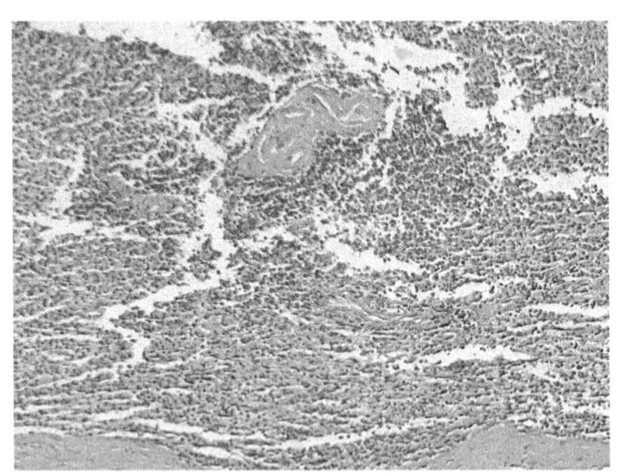

图 16-55 脾红髓脾窦贫血(HE×100)

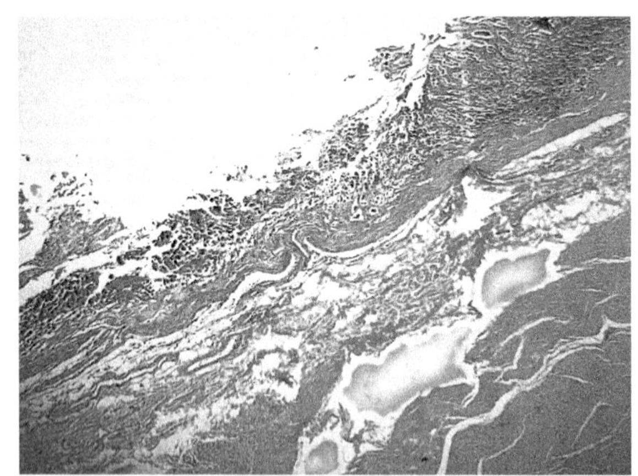

图 16-56 胃黏膜表浅性溃疡及出血(HE×40)

4. 药物、毒物检测 提取心血进行乙醇及常见药、毒物检测，检测出血中乙醇浓度 180.0mg/100.0ml。未检测出其他药、毒物。

5. 血液生化学检测 尸体心血尿素氮(BUN)54.0mg/dl(临床参考值 6.0～22mg/dl)，肌苷(Cr)2.0mg/dl(临床参考值 0.5～1.1mg/dl)。

(三)分析说明

1. 经系统法医学检验，发现死者头面部、双上肢多发性小挫伤及皮下出血。但其损伤程度尚不能构成死因。

2. 值得注意的是，尸体剖验及相关辅助检查发现本例有如下主要所见：

1) 脑肿胀。

2）左心血鲜红色，右心血暗紫红色。

3）双肺切面呈鲜红色。

4）胃黏膜多发性点状出血。

5）脾乏血。

6）尿潴留。

7）血中乙醇浓度升高。

8）血尿素氮（BUN）与肌苷（Cr）非对称性上升（BUN的升高幅度>Cr的升高幅度）。

上述所见虽非冻死尸体的特异性表现，但较常见，加之发案当时的天气及环境等综合情况分析，本例王某系因饮酒后长时间暴露在寒冷环境下所致体温低下而死亡（冻死）。

（四）鉴定意见

王某系因饮酒后长时间暴露在寒冷环境下所致体温低下而死亡（冻死）。

四、思考题

1. 火灾现场有哪些因素可以造成人体损害？生前烧死有哪些形态学所见？

2. 如何进行高体温症的法医学鉴定？

3. 导致冻死的体内及环境因素有哪些？冻死的尸体可以见到哪些形态学改变？如何进行冻死的法医学鉴定？

（朱宝利）

实验十七　电流及雷击损伤

一、实验目的

日常生活中，由电流引起的损伤或死亡较多见，法医学研究电流引起的损伤或死亡，主要是查明这类损伤或死亡的性质及其法医学意义。本实验通过对电流及雷击损伤的大体标本及组织学的观察，有助于加深对以下几方面认识和理解：

1. 掌握电流损伤的大体形态学特征和组织学改变。
2. 掌握雷击损伤的大体形态学特征。
3. 掌握电流及雷击损伤的检查方法及法医学鉴定。

二、实验观察内容

1. 大体图片（图 17-1）

（1）案情摘要：死者男性，38 岁。某日在建筑施工中不慎触电死亡。

（2）观察要点：电流斑呈椭圆形，直径 0.7cm；颜色呈灰白色，质地坚硬、干燥；中央凹陷，周围稍隆起，边缘钝圆，形似火山口，外周与周围组织分界清晰。

（3）诊断：皮肤电流斑。

2. 大体图片（图 17-2）

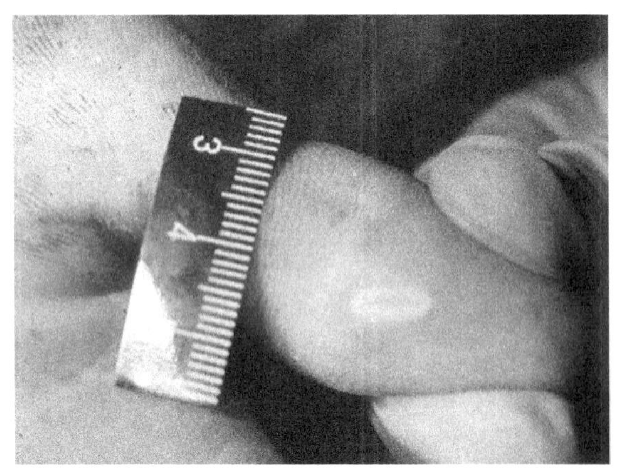

图 17-1　皮肤电流斑（electric mark of skin）

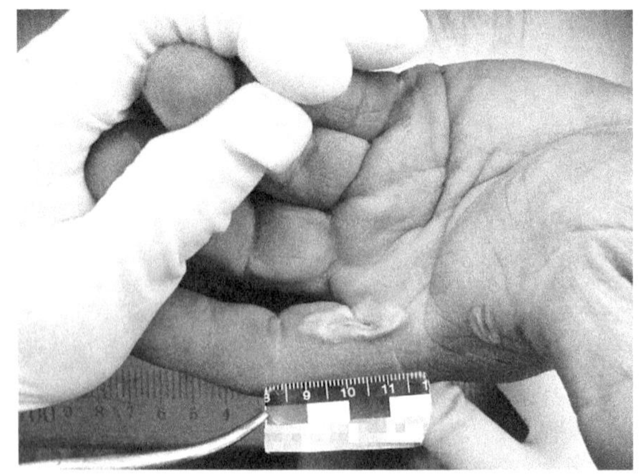

图 17-2　皮肤电流斑（electric mark of skin）

（1）案情摘要：某男在安装电管工作过程中倒地死亡，经现场勘验及法医学检验确定为电击死。

（2）观察要点：左手掌虎口部、左手掌示指掌指关节处各有一处灰白色，边缘突起，质地硬，类圆形的电流斑。

（3）诊断：皮肤电流斑。

3．大体图片（图 17-3）

（1）案情摘要：某男被发现死亡，经现场勘验及法医学检验确定为电击死。

（2）观察要点：右手手掌部多个皮肤损伤痕迹；皮损呈圆形或不规则形，中央部位呈褐色，周围颜色呈灰白色，质地较硬，表面干燥，周围有明显的充血出血环。

（3）诊断：皮肤电流斑。

4．大体图片（图 17-4、图 17-5、图 17-6）

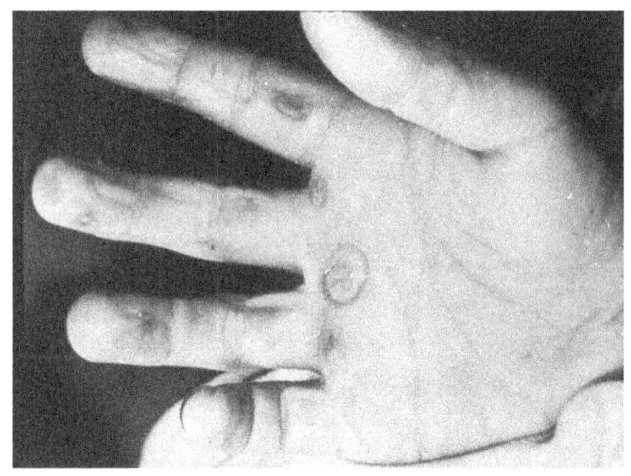

图 17-3　皮肤电流斑（electric mark of skin）

图 17-4　皮肤电流入口（entrance of electricity on skin）

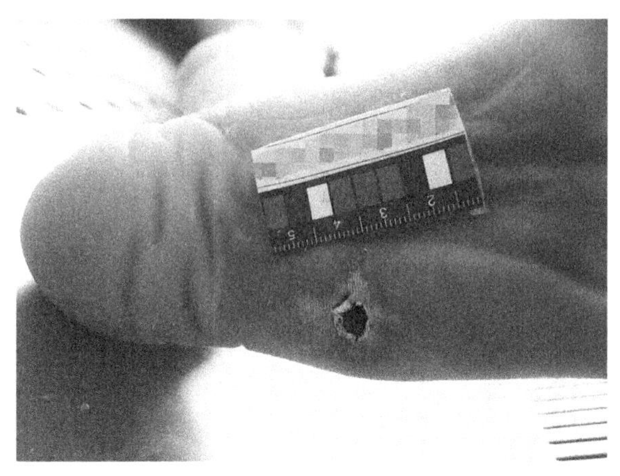

图 17-5　皮肤电流出口（exit of electricity on skin）

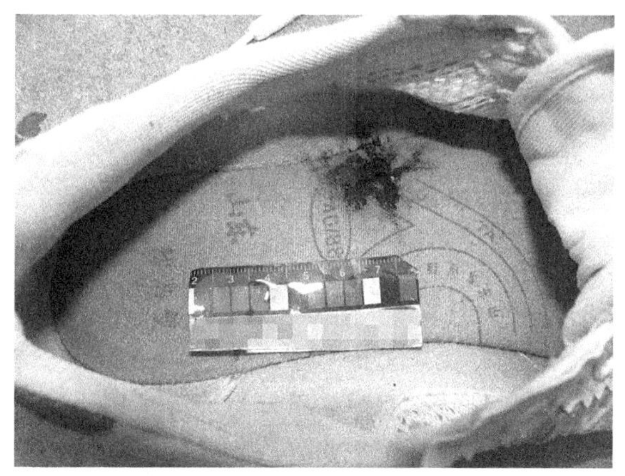

图 17-6　左足鞋底对应处被击穿、烧焦

（1）案情摘要：死者男性，男，26 岁。在离地面约 4m 的高架上作业，突然从高架上跌落死亡，高架旁有高压线经过。

（2）观察要点：左足底电流出口，呈火山口状，类圆形，中间凹陷，周围皮肤呈灰白色，质地较硬形态与电流入口相似。

（3）诊断：电流出口。

5．大体图片（图 17-7）

（1）案情摘要：某男被发现死亡，经现场勘验及法医学检验确定为电击死。

（2）观察要点：尸体背部有条形的皮肤金属化改变的特征。皮肤金属化或称金属异物沉积，系因电极金属在高温下溶化或挥发，金属颗粒在电场的作用下沉积于皮肤表面及深部而成。

（3）诊断：皮肤金属化。

6. 大体图片（图17-8）

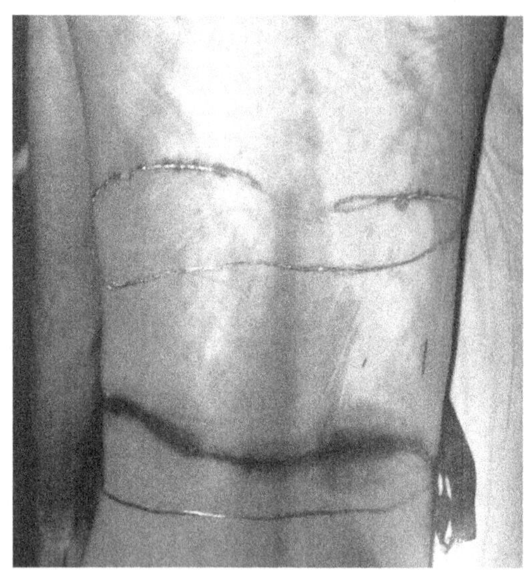

图17-7　皮肤金属化（electric metallization of skin）

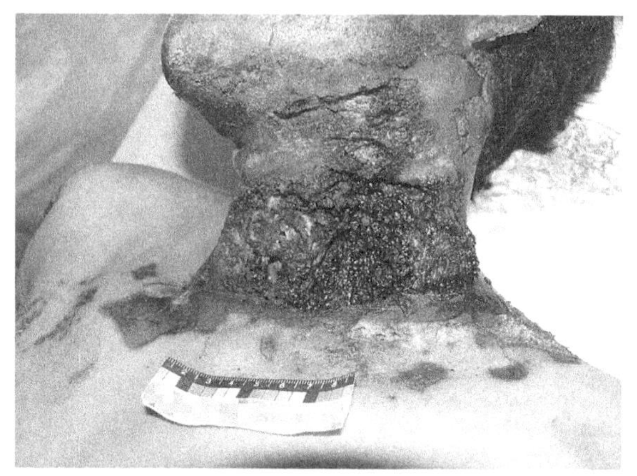

图17-8　颈部皮肤电烧伤（electric burns of skin）

（1）案情摘要：死者男性，男，21岁。从事粉墙工作时被高压电击死亡。

（2）观察要点：左侧及正中颈部有一处电烧伤创口，大小为11.0cm×7.0cm×3.0cm，烧伤深度达皮下组织、肌肉及颈部血管，并与气管相通，其边缘及底部软组织炭化。

（3）诊断：颈部电流烧伤。

7. 大体图片（图17-9）

（1）案情摘要：案情同上。

（2）观察要点：右足蹈、食、中趾电流烧伤、炭化。

（3）标本诊断：右足皮肤电流烧伤、炭化。

8. 大体图片（图17-10）

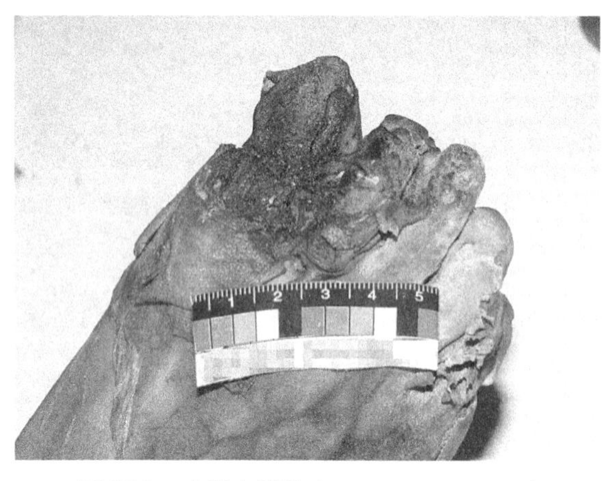

图17-9　皮肤电烧伤（electric burns of skin）

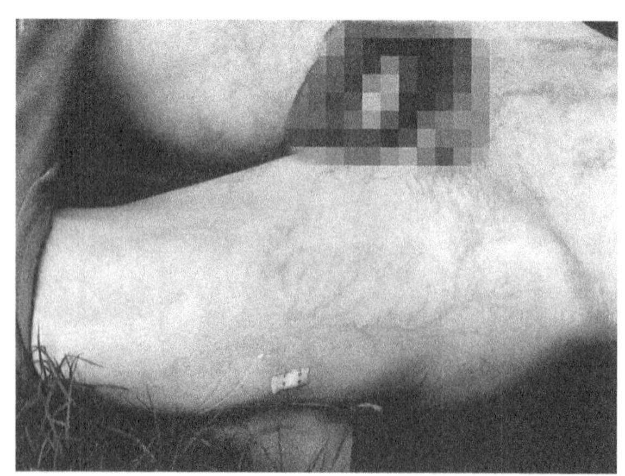

图17-10　腹部及大腿雷电击纹（lightning mark）

（1）案情摘要：死者男性，38岁。某人电话报称在树下发现一具尸体，疑为他杀。现场尸体检验见全身被雨水浸透，腹部及大腿前侧有树枝状花纹改变。

（2）观察要点：腹部及大腿前侧有树枝状花纹改变，呈红褐色。

（3）诊断：皮肤雷电击纹。

9. 大体图片(图 17-11)

(1) 案情摘要：与大体图片(图 17-10)为同一案例。

(2) 观察要点：右侧大腿内侧皮肤出现红褐色树枝状花纹。

(3) 诊断：大腿部雷电击纹。

10. 组织学图片(图 17-12)

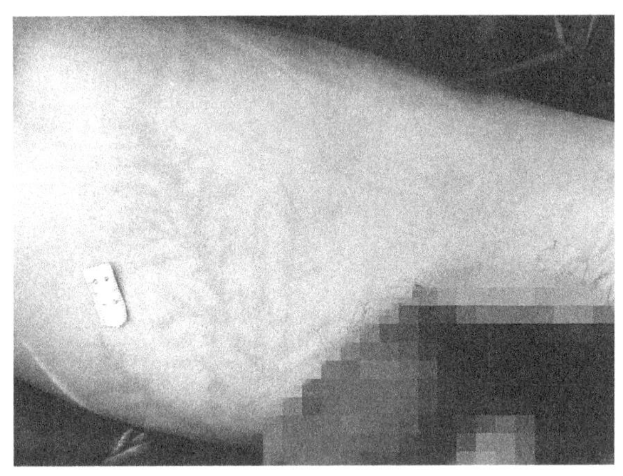

图 17-11　大腿雷电击纹(lightning mark)

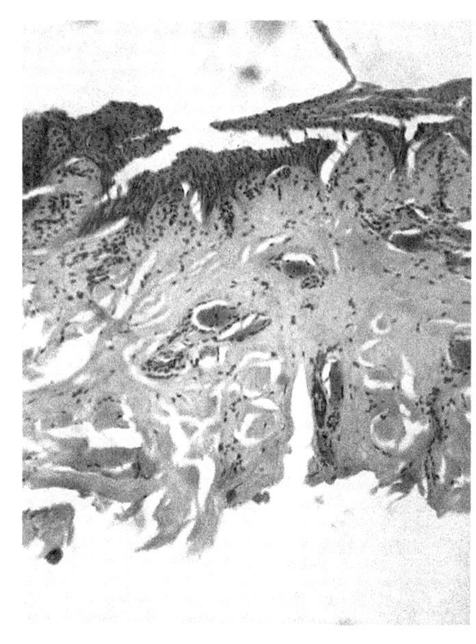

图 17-12　皮肤电流斑　HE×200(electric mark of skin)

(1) 案情摘要：男性，经现场勘验及法医学检验确定为电击死。

(2) 观察要点：表皮细胞融合变薄、致密，细胞界限不清，染色深。部分上皮缺失，表皮角质层、细胞层及表皮下见大小不等的空泡形成；细胞极性化，以基底细胞层最明显，纵向伸长，呈栅栏状或伸长似钉样插入真皮中，皮肤附件也呈极性化变化；真皮胶原纤维肿胀、融合或凝固性坏死。

(3) 诊断：皮肤电流斑，表皮广泛性脱落。

11. 组织学图片(图 17-13)

图 17-13　皮肤电流斑　HE×400(electric mark of skin)

(1) 案情摘要：死者男性，37 岁。某日不慎触电死亡。

(2) 观察要点：表皮细胞融合、致密、界限不清，染色深，表皮中层细胞浆均质化；表皮角质层及表真皮浅层有形态不规则的、大小不等的空泡；表皮层细胞呈极性化改变，伸长似钉样插入真皮中，皮肤附件亦呈极性化改变；真皮胶原纤维肿胀、融合或凝固性坏死。

（3）诊断：皮肤电流斑。

12. 组织学图片（图 17-14）

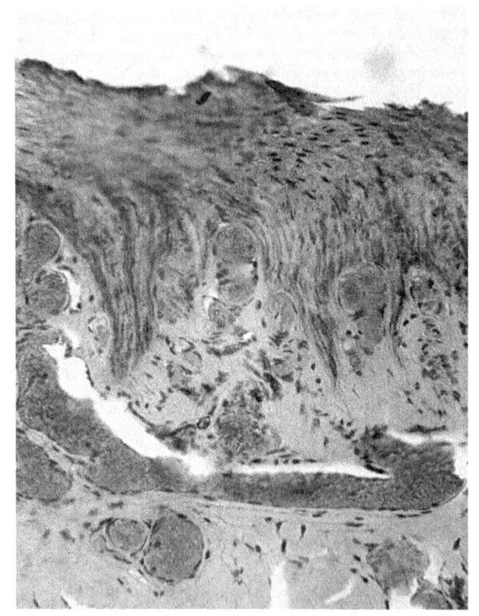

图 17-14 皮肤电流斑 HE×400（electric mark of skin）
图示细胞核极化，核流形成

（1）案情摘要：死者男性，21 岁，在从事粉墙工作时被高压电击死亡。

（2）观察要点：基底层细胞及细胞核纵向伸长，染色较深，排列紧密；细胞核极化，细胞排列呈栅栏状，核流形成。

（3）诊断：皮肤电流斑。

三、案例分析

（一）案情摘要

死者赵某，男，26 岁。某日 13:30 左右，赵某在离地面约 4m 的高架上作业，突然从高架上跌落，经 120 抢救无效死亡。据现场调查发现，高架旁有高压线经过。

（二）法医学检验

1. 尸表检查　右顶部头皮擦挫伤，大小为 2.0cm×1.0cm，双侧腰部检见条状擦挫伤，右侧为 5.0cm×0.2cm，左侧为 3.6cm×0.1cm。左手掌虎口处、大鱼际近拇指根部、小鱼际及示指腹侧等部位检见多个大小不等、类圆形电流斑（图 17-15），右手掌虎口处、小鱼际及右手大拇指腹侧检见多个大小不等、类圆形电流斑（图 17-16），电流斑中间凹陷，灰白色，质地坚硬，干燥，与周围组织分界清楚，所戴手套有被烧焦的痕迹（图 17-17）。右膝关节内侧检见两处大小分别为 2.5cm×2.0cm、1.2cm×1.0cm 的擦挫伤，右小腿内侧检见大小为 11.0cm×1.0cm 的擦挫伤，左足底检见大小为 1.0cm×0.6cm×0.6cm 的电流斑（出口），呈火山口状，类圆形，中间凹陷，周围皮肤呈灰白色，质地较硬（图 17-18）。死者作业时，所穿鞋被击穿、烧焦的痕迹（图 17-19）。四肢未触及骨折。

2. 内部检查　右顶部头皮下出血，大小为 3.5cm×2.4cm，颅骨及脑组织未见异常。双肺水肿改变，心检查未见异常。肝、脾、双肾及其他器官轻度淤血。

3. 组织学检查　双侧手掌皮肤角质层局部凹陷、缺失，呈裂隙状改变，局部炭化，黄褐色颗粒沉积。表皮各层细胞明显极性化改变，呈纵向排列，核明显伸长，真皮层汗腺及毛囊实体样改变，细胞极性化（图 17-20）。软组织及骨骼肌凝固性坏死、均质红染，间质血管淤血、扩张，部分血管内皮细胞极性改变。急性心肌缺氧性改变。急性肺淤血、肺水肿。脑、肝、脾、胰、肾等器官组织淤血、水肿。

4．毒物检测　未检见常见毒物成分。

（三）分析说明

1．根据系统的尸表检验及尸体解剖检验，排除勒死、缢死、扼死等机械性窒息致死；排除毒物中毒死亡。死者躯干及四肢体表擦挫伤，符合跌落形成复合伤特点，但损伤程度轻微，器官均未检见损伤，故排除机械性损伤死亡。

2．本例心、脑、肺、肝、肾、脾、胰等器官组织未发现慢性致死性疾病，排除疾病导致死亡。

3．本例病理检验主要发现，死者双手掌多处电流斑形成，符合电流入口损伤特征，左足底皮肤电流斑形成，符合电流出口损伤特征，上述病理改变符合电流损伤的病理诊断。根据以上检验所见并结合现场勘验综合分析，赵某系生前电击导致死亡。

（四）鉴定意见

赵某系生前电击死亡。

（图 17-15～图 17-20 见网络增值服务实验十七）

四、思考题

1．根据所提供的电损伤图片及案例，试述电击死者体表有哪些形态学特征？

2．鉴定电击死应注意哪些问题？

3．如何进行雷击死的法医学鉴定？

（曾晓锋）

实验十八　心血管系统疾病猝死

一、实验目的

心血管系统疾病是猝死中最为常见的病因。本实验将引导同学们较系统地学习心血管疾病猝死最常见的病理形态学特征、掌握检验技能、培养实案分析能力。通过学习、讨论和教师讲解，进一步理解并掌握：

1. 冠状动脉的检查方法及其粥样硬化血管狭窄程度的分级；

2. 冠状动脉粥样硬化致心肌缺血的早期病理形态特征；

3. 冠心病、主动脉夹层动脉瘤、病毒性心肌炎、心肌病、先天性冠脉开口异常等疾病的病理形态学改变及鉴定要点。

二、实验观察内容

（一）大体标本观察

1. 大体图片（图 18-1）

（1）案情摘要：48 岁男性，因“发热、头晕 1 天”到医院住院，治疗无效于当日死亡。

（2）观察要点：左冠状动脉前降支粥样硬化，管腔狭窄约 95%。

（3）诊断：冠状动脉粥样硬化管腔狭窄Ⅳ级。

2. 大体图片（图 18-2）

（1）案情摘要：38 岁男性，晚餐时与公司同事共餐，餐后觉胃疼，上洗手间许久未回，找至卫生间见其倒地，送医院抢救无效死亡。

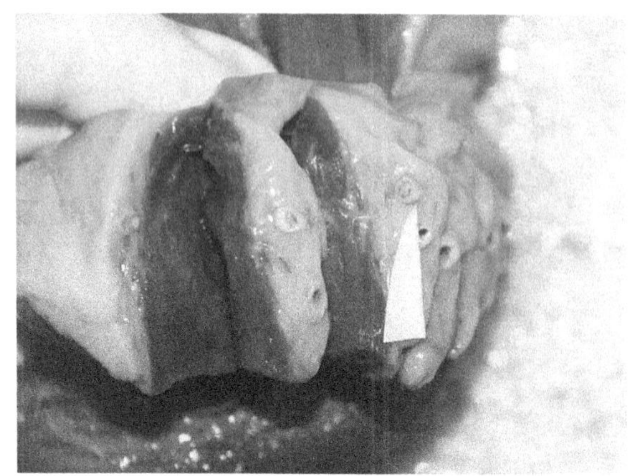

图 18-1　冠状动脉粥样硬化管腔狭窄Ⅳ级（the fourth degree luminal stenosis of coronary atherosclerosis）

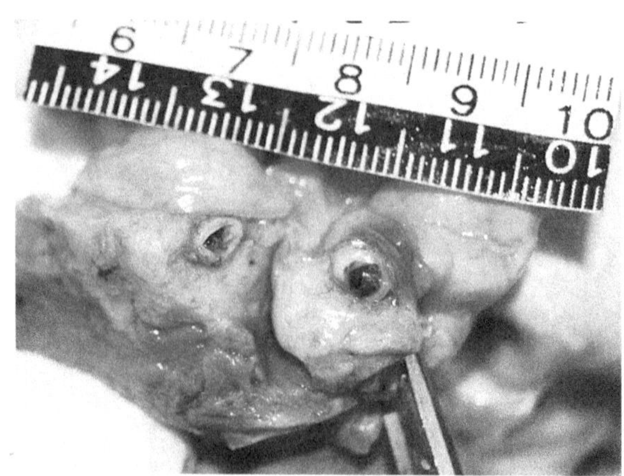

图 18-2　左冠状动脉粥样硬化管腔狭窄Ⅱ级并附壁血栓形成（the second degree luminal stenosis of left coronary atherosclerosis with thrombosis）

（2）观察要点：左冠状动脉管壁增厚，可见管壁内黄色斑块，阻塞管腔约 40%，分级为Ⅱ级。管腔内见红、白混杂的附壁血栓形成。

（3）诊断：左冠状动脉粥样硬化管腔狭窄Ⅱ级并附壁血栓形成。

3. 大体图片（图 18-3）

（1）案情摘要：69 岁男性，在与他人发生纠纷过程中突然倒地，呼叫 120 到场时，发现已死亡。死者患冠心病多年，曾于 2 年前发生心肌梗死。

（2）观察要点：心肌切面见蜂巢样改变，为心肌梗死时后心肌溶解所形成，其间可见白色瘢痕组织。

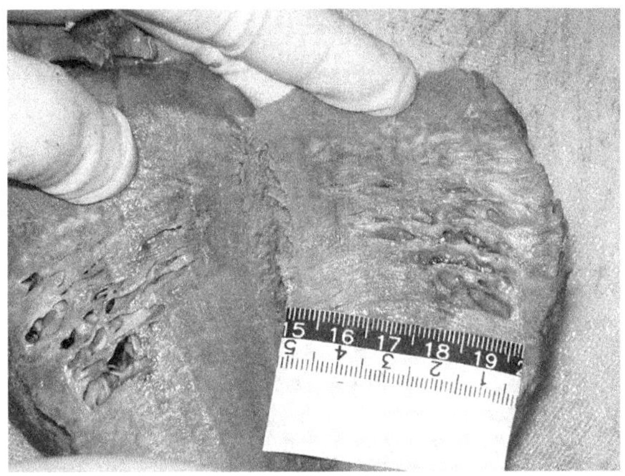

图 18-3　陈旧性心肌梗死（old myocardial infarction）

（3）诊断：陈旧性心肌梗死。

4. 大体图片（图 18-4）

（1）案情摘要：52 岁男性，与两男子发生纠纷，被殴打后死亡。

（2）观察要点：左心室心肌切面见不规则灰白色梗死灶，面积约为 2cm × 1.2cm 大小（切面白色物质）。

（3）诊断：左心室心肌陈旧性梗死灶。

5. 大体图片（图 18-5）

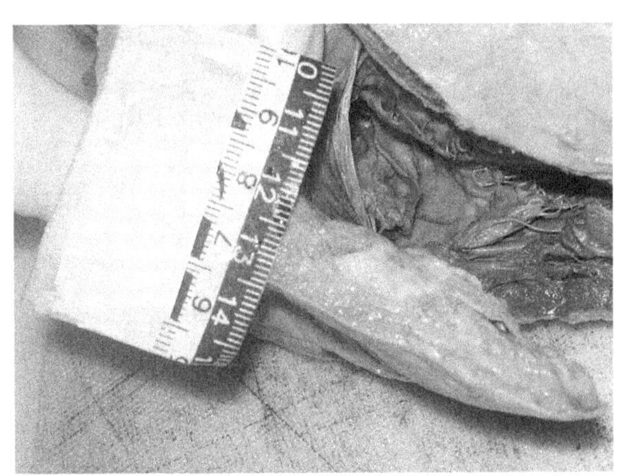

图 18-4　左心室陈旧性心肌梗死（old myocardial infarction of left ventricle）

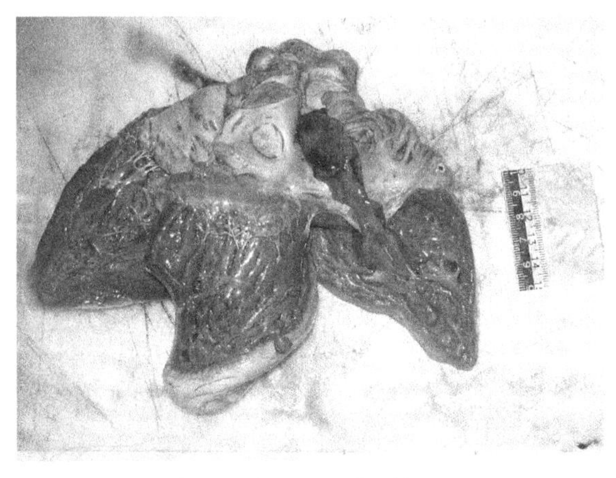

图 18-5　心肌梗死并右心耳附壁血栓（myocardial infarction with right auricle thrombus）

（1）案情摘要：40 岁女性，某日在工作时死亡。

（2）观察要点：右心耳梳状肌处见 5.0cm × 2.5cm × 1.5cm 附壁血栓，血栓通过右心三尖瓣环口，附于右心室乳头肌腱索处。

（3）诊断：心肌梗死并右心耳附壁血栓。

6. 大体图片（图 18-6）

（1）案情摘要：42 岁男性，在 KTV 内饮完两杯啤酒后突然倒地死亡。

（2）观察要点：主动脉右窦内未见右冠状动脉开口。

（3）诊断：右冠状动脉开口缺如。

7. 大体图片（图 18-7）

（1）案情摘要：19 岁男性，在一公司行窃被抓后死亡，抓捕中受轻微打击。

（2）观察要点：右冠状动脉开口直径约 1.5mm。

（3）诊断：右冠状动脉开口狭窄。

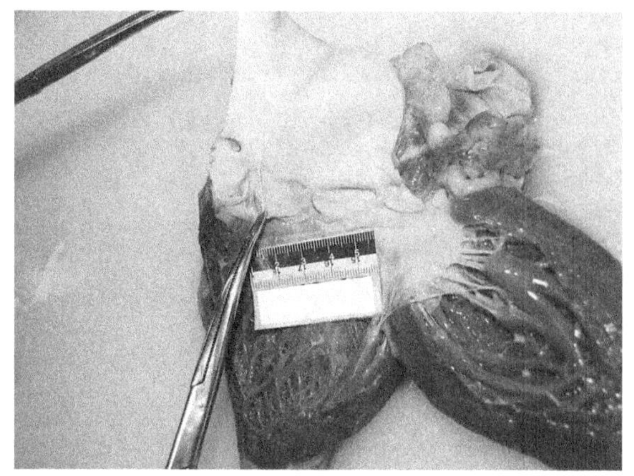

图 18-6　右冠状动脉开口缺如（opening agenesis of right coronary）

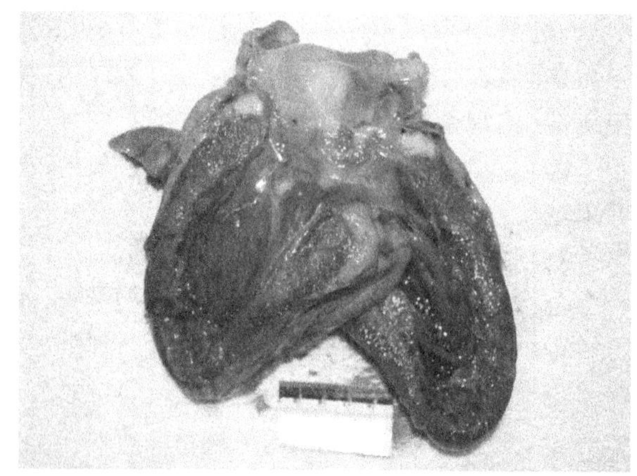

图 18-7　右冠状动脉开口狭窄（opening stenosis of right coronary artery）

8．大体图片（图 18-8，图 18-9，图 18-10）

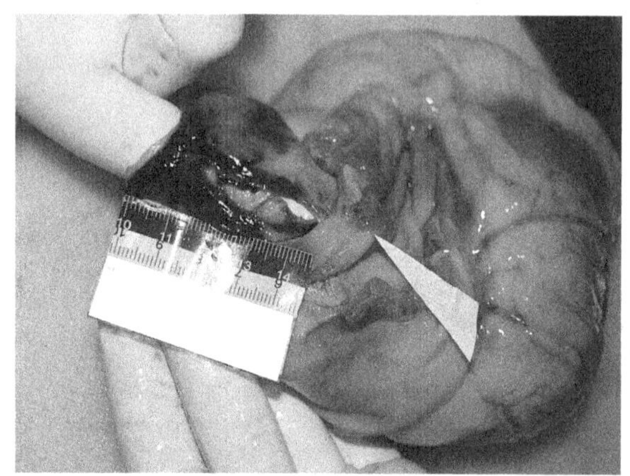

图 18-8

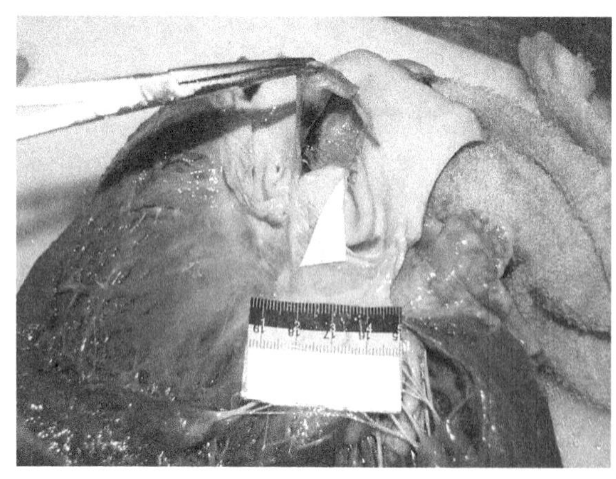

图 18-9

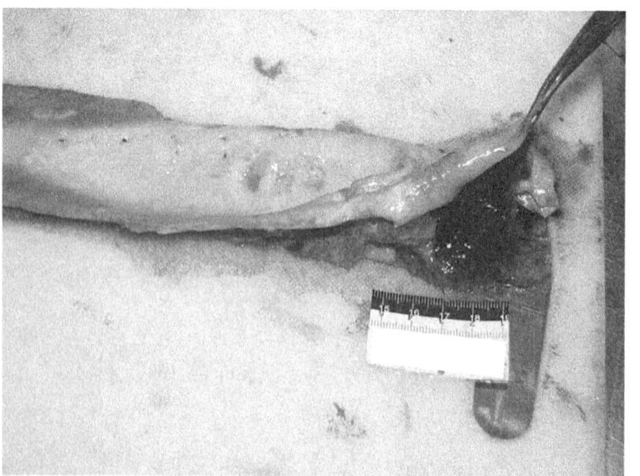

图 18-10

图 18-8～图 18-10　升主动脉夹层动脉瘤破裂（rupture of ascending aortic dissecting aneurysm）

（1）案情摘要：48 岁男性，某日被发现死于宿舍床上。

（2）观察要点：升主动脉外膜于主动脉瓣上缘处见一不规则破裂口（图 18-8），升主动脉外膜破裂口对应内膜见一纵行破裂口（图 18-9），升主动脉外膜与中膜分离形成夹层（图 18-10）。

（3）诊断：升主动脉夹层动脉瘤破裂。

9．大体图片（图 18-11）

（1）案情摘要：33 岁男性，某日突然晕倒，经抢救无效死亡。

（2）观察要点：左心室前壁变薄、隆起。

（3）诊断：左心室前侧壁室壁瘤。

10．大体图片（图 18-12）

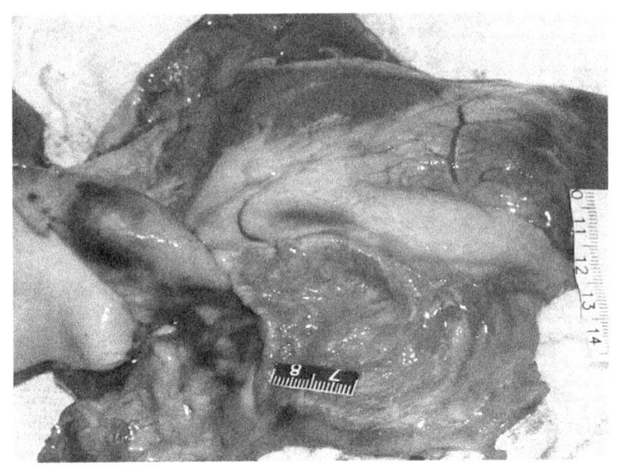

图 18-11　左心室前侧室壁瘤（ventricular aneurysm of left anterior chamber）

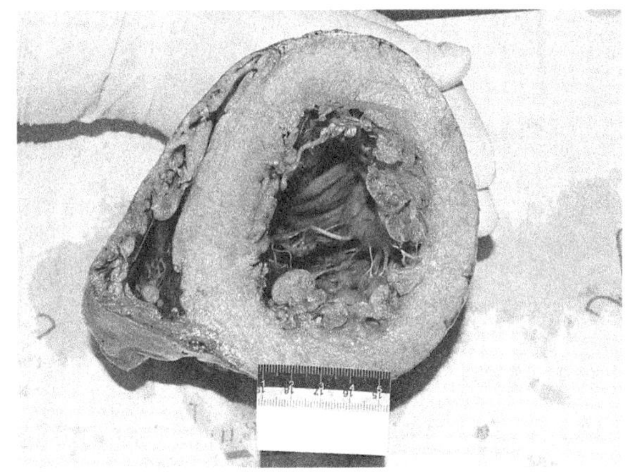

图 18-12　肥厚型心肌病（hypertrophic cardiomyopathy）

（1）案情摘要：32 岁男性，与工友发生口角，继而相互推拉，约半小时后，死者晕倒在车间内，后送医院抢救无效死亡。

（2）观察要点：心脏重 1050.0g，左心室腔扩大，大小为 6.5cm × 4.0cm；左心肌、室间隔心肌增厚，分别为 1.8cm、2.1cm；左心室乳头肌增粗，大小为 2.5cm × 1.0cm。

（3）诊断：肥厚型心肌病。

11．大体图片（图 18-13）

（1）案情摘要：24 岁男性，于餐厅就餐时突发死亡。

（2）观察要点：左心室腔明显扩大，大小为 13.0cm × 10.0cm。

（3）诊断：扩张型心肌病。

12．大体图片（图 18-14）

（1）案情摘要：39 岁女性，被发现死于家中。

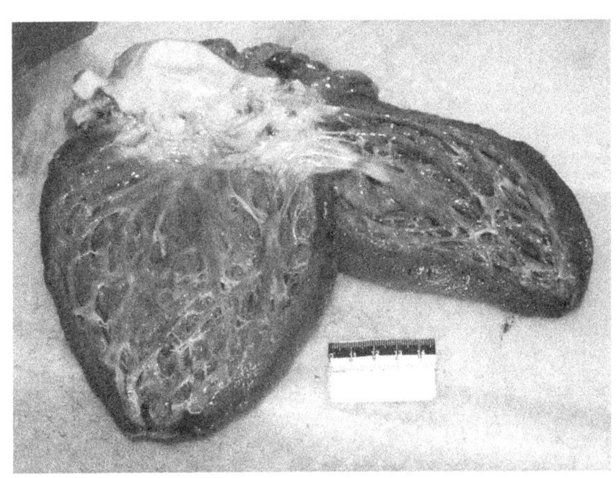

图 18-13　扩张型心肌病（dilated cardiomyopathy）

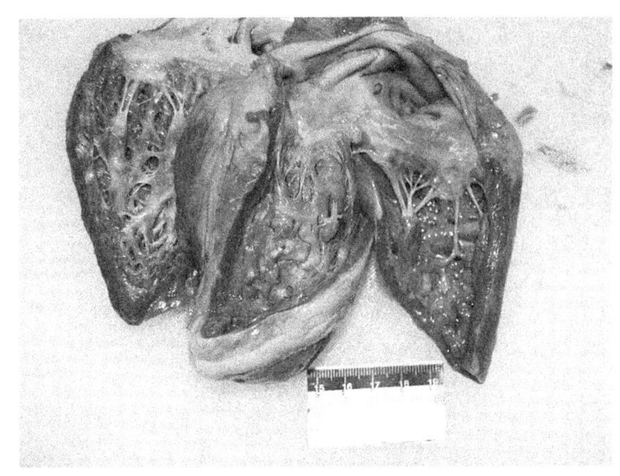

图 18-14　限制型心肌病（restrictive cardiomyopathy）

（2）观察要点：左右心室心内膜稍增厚，呈灰白色。

（3）诊断：限制型心肌病。

13．大体图片（图 18-15）

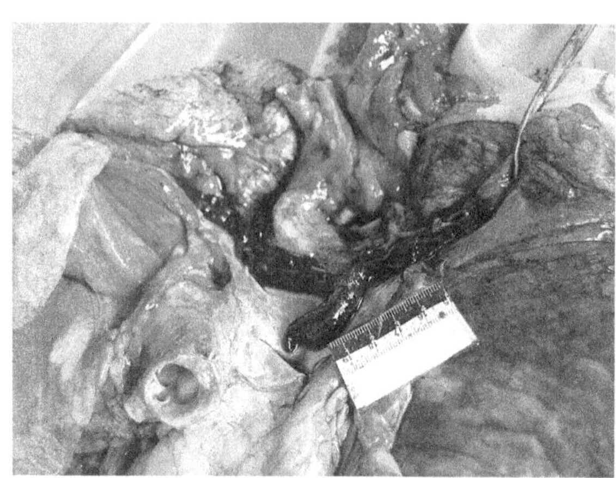

图 18-15　肺动脉血栓栓塞（pulmonary thromboembolism）

（1）案情摘要：38 岁男性，行“左股骨颈骨折联合复位加压螺旋钉内固定术”后 20 天突发心跳、呼吸停止死亡。

（2）观察要点：左、右肺动脉管腔内血栓样物。

（3）诊断：肺动脉血栓栓塞。

（二）组织学观察

1．组织学图片（图 18-16）

（1）案情摘要：48 岁男性，因“发热、头晕 1 天”到医院住院治疗无效于当日死亡。

（2）观察要点：左冠状动脉前降支粥样硬化，管壁内膜高度增厚，纤维组织增生，管腔几近闭塞，狭窄约 95%。

（3）诊断：冠状动脉粥样硬化管腔狭窄Ⅳ级。

2．组织学图片（图 18-17）

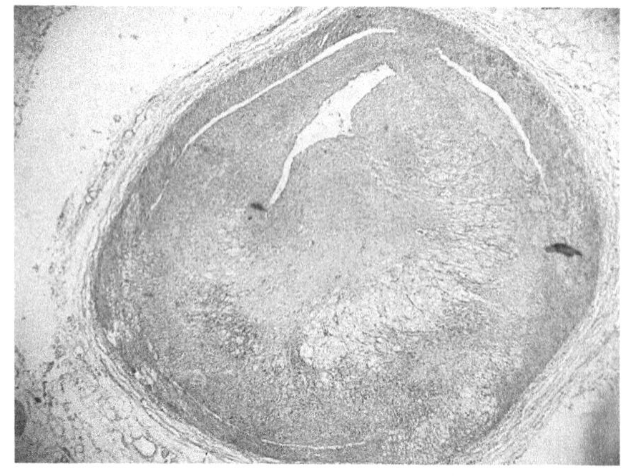

图 18-16　冠状动脉粥样硬化管腔狭窄Ⅳ级（the fourth degree luminal stenosis of coronary atherosclerosis，HE×40）

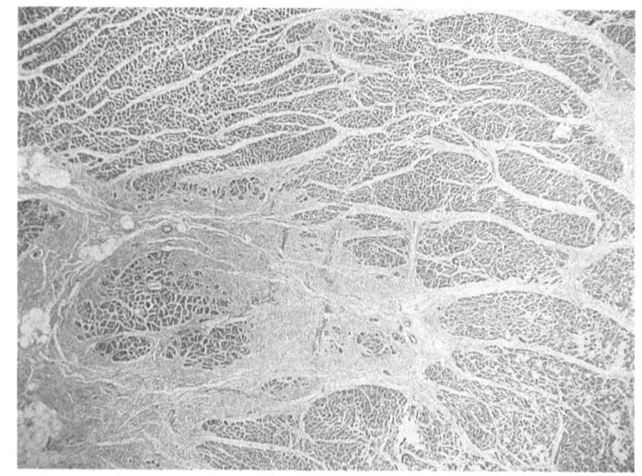

图 18-17　陈旧性心肌梗死（old myocardial infarction，HE×200）

（1）案情摘要：43 岁男性，在和妻子吵架并轻微撕打中摔倒昏迷，经抢救无效死亡。

（2）观察要点：心肌肌束间片状纤维组织增生，伴心肌瘢痕组织形成。

（3）诊断：陈旧性心肌梗死。

3. 组织学图片（图 18-18）

（1）案情摘要：40 岁男性，因“胸痛、胸闷”入院，5 日后突发呼吸、心跳停止死亡。

（2）观察要点：主动脉中膜分离形成假血管腔，腔内可见大量红细胞，并见较多炎症细胞浸润。

（3）诊断：主动脉夹层动脉瘤。

4. 组织学图片（图 18-19）

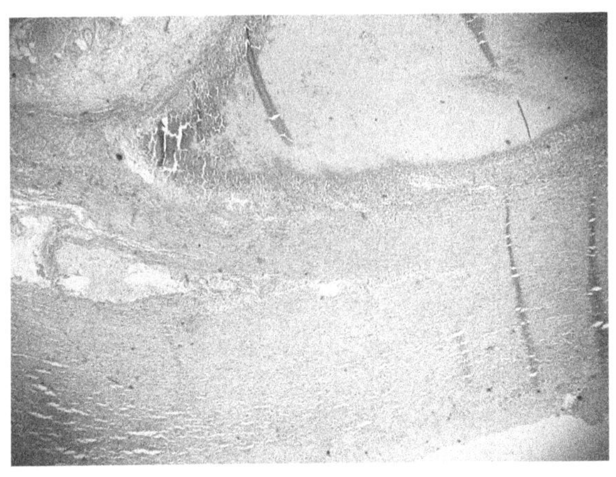

图 18-18　主动脉夹层动脉瘤（aortic dissecting aneurysm，HE × 200）

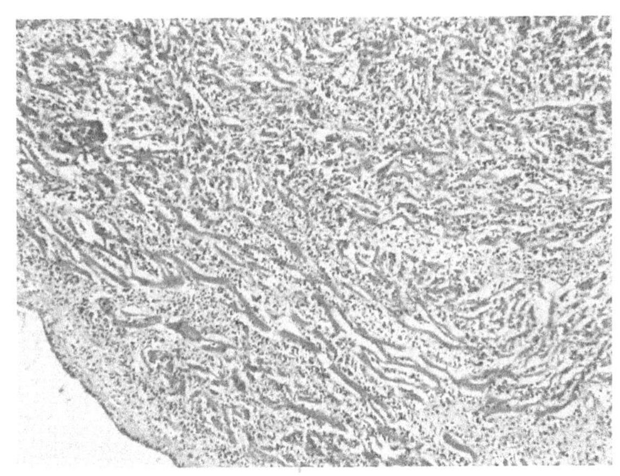

图 18-19　病毒性心肌炎（viral myocarditis，HE × 200）

（1）案情摘要：37 岁男性，因“咳嗽，咳痰 4 天，加重半天”入院治疗，下午突发呼吸、心跳停止死亡。

（2）观察要点：心肌局灶性溶解、坏死，心内膜及心肌间见大量淋巴细胞及单核细胞浸润。

（3）诊断：病毒性心肌炎。

5. 组织学图片（图 18-20）

（1）案情摘要：32 岁男性，与工友发生口角，继而相互推拉，约半小时后，晕倒在车间内，后送医院抢救无效死亡。

（2）观察要点：心肌细胞肥大，排列紊乱，部分心肌细胞互相交错，心肌细胞核大、胞质红染。

（3）诊断：肥厚型心肌病。

6. 组织学图片（图 18-21）

（1）案情摘要：39 岁女性，被发现死于家中。

（2）观察要点：室间隔部心内膜稍增厚，内膜下纤维组织增生。

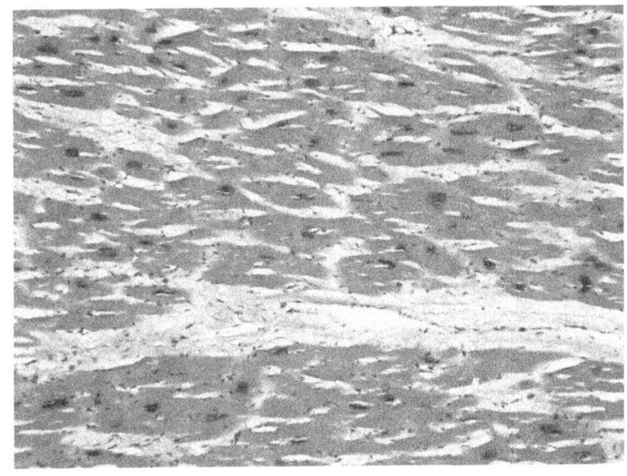

图 18-20　肥厚型心肌病（hypertrophic cardiomyopathy，HE × 400）

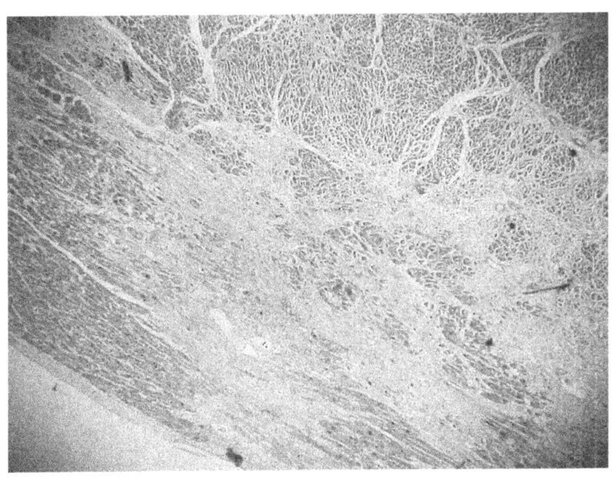

图 18-21　限制型心肌病（restrictive cardiomyopathy，HE × 200）

（3）诊断：限制型心肌病。

7. 组织学图片（图 18-22）

（1）案情摘要：42 岁女性，突觉浑身无力，后不能说话、口吐白沫死亡。

（2）观察要点：右心室肌被脂肪组织取代（中度脂肪组织浸润）。部分心肌间质尚见纤维组织增生。

（3）诊断：致心律失常型右室心肌病。

8. 组织学图片（图 18-23）

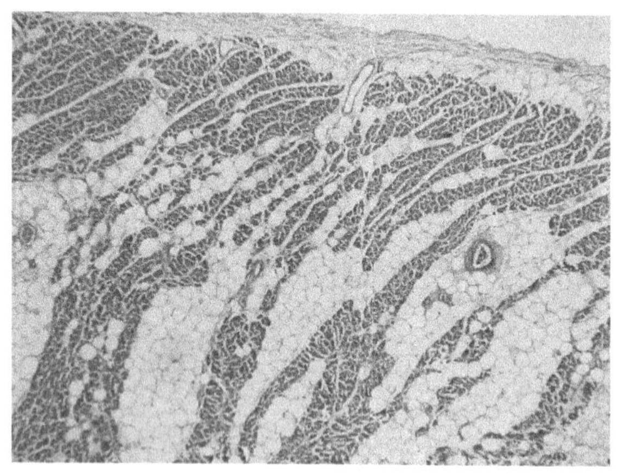

图 18-22 致心律失常型右室心肌病（arrhythmogenic right ventricular cardiomyopathy，HE × 200）

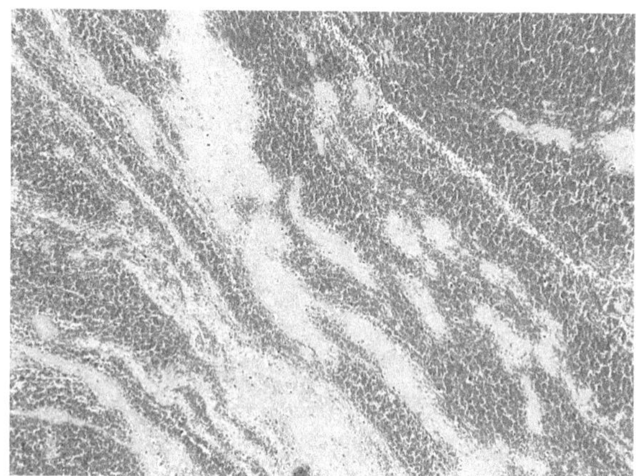

图 18-23 肺动脉血栓栓塞（pulmonary thromboembolism，HE × 200）

（1）案情摘要：38 岁男性，行“左股骨颈骨折联合复位加压螺旋钉内固定术”后 20 天突发心跳、呼吸停止死亡。

（2）观察要点：肺动脉管腔内血栓样物见血小板梁及纤维素样物质形成网状结构。

（3）诊断：肺动脉血栓栓塞。

9. 组织学图片（图 18-24）

（1）案情摘要：28 岁男性，电脑技术操作员。中午就餐时突然感觉胸痛倒地，被同事送附近医院抢救无效死亡。

（2）观察要点：左心室室间隔心内膜下见弹力纤维明显增厚，较正常人厚约 10 倍。

（3）诊断：心内膜弹力纤维增生症。

10. 组织学图片（图 18-25）

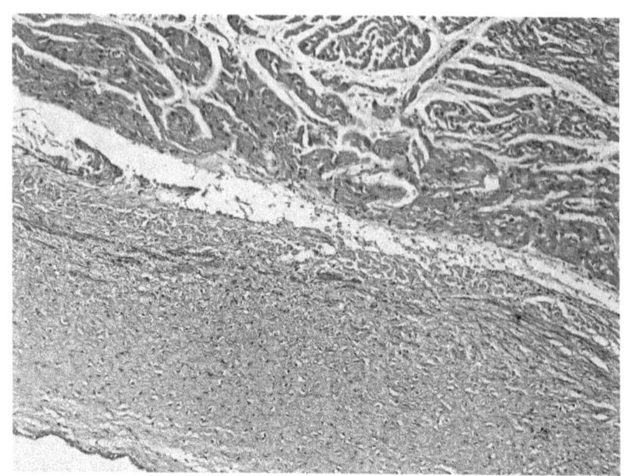

图 18-24 心内膜弹力纤维增生症（endocardial fibroelastosis，HE × 200）

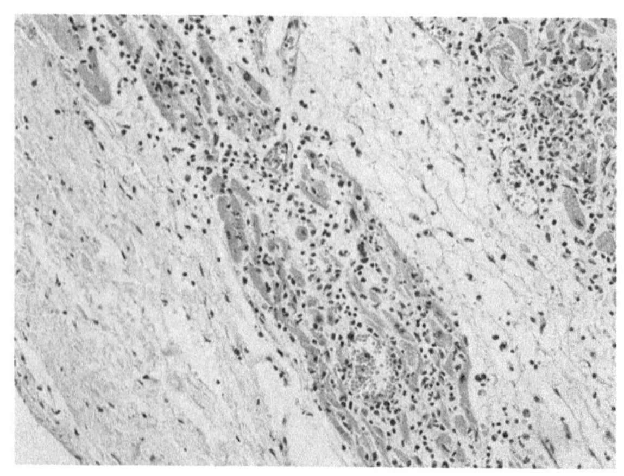

图 18-25 右束支炎症细胞浸润（inflammatory cells infiltration of right bundle branch，HE × 200）

（1）案情摘要：18岁女性，应届高中毕业生，已参加高考，并且接到某高校的录取通知书。死前曾到父母打工的城市探望父母。到父母处的第二天即有发热等感冒症状，即到附近医院就诊，按感冒用药。在诊疗第三天肌注用药后死亡。

（2）观察要点：纤维相隔处心肌（右束支）内见心肌细胞变性及炎细胞浸润。

（3）诊断：心传导组织右束支炎细胞浸润。

11．组织学图片（图18-26）

（1）案情摘要：72岁男性，华侨。由国外回国考察办公司之事，入住某酒店。当晚约朋友共进晚餐，次日清晨，服务员打扫房间发现死于房间沙发上。经尸解见夹层动脉瘤破裂，心包填塞；尸解见主动脉内膜呈树皮样塌陷形成皱褶，伴粥样硬化斑及内膜糜烂。

（2）观察要点：弹力纤维染色见主动脉中膜弹力纤维排列紊乱并断裂。

（3）诊断：主动脉弹力纤维断裂。

12．组织学图片（图18-27）

图18-26 主动脉弹力纤维断裂（rupture of aortic elastic fibers，弹力纤维染色×200）

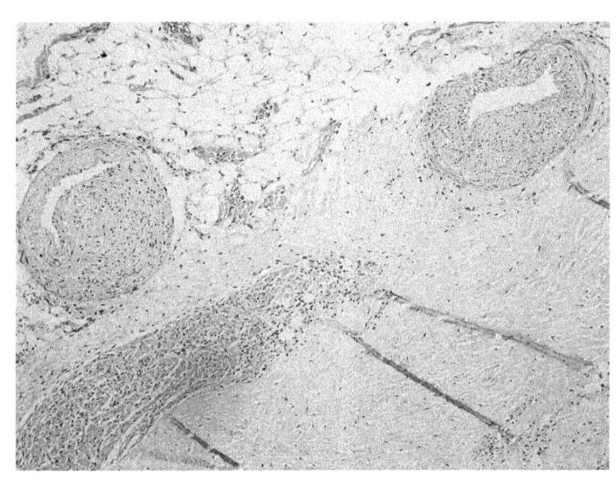

图18-27 房室结动脉狭窄（arterial stenosis of atrioventricular node，HE×100）

（1）案情摘要：68岁男性，患有糖尿病史及高血压病。某日在洗澡时死于浴室内。

（2）观察要点：中心纤维体房室结动脉管壁增厚，管腔狭窄，细胞数目减少伴有脂肪组织浸润。

（3）诊断：房室结动脉狭窄。

三、案例讨论

案例一

（一）案情摘要

某男，51岁。2012年某月某日因“咳嗽”到卫生站看病，在皮试过程中出现呕吐，经胸外心脏按压等抢救无效后死亡。

（二）法医学检查

1．尸表检查　尸长165.0cm，发育正常，营养中等。尸斑暗红，巩膜无黄染，结合膜苍白。口、鼻腔及双侧外耳道未见异常分泌物。右手环指、小指末节大部分缺失（陈旧性损伤），双手指甲床重度发绀。

2．内部检查　头颈部：头皮未见损伤，颅骨完整无骨折。硬脑膜外、下腔及蛛网膜下腔均未见出血。全脑重1350.0g，双侧大脑半球对称，未见脑疝形成。大、小脑、脑干、垂体切面未见出血、坏死。颈部浅、深肌群未见出血，舌骨及喉软骨未见骨折。喉头轻度水肿，气管及支气管内无异物。甲状腺无异常。胸腔：胸骨无骨折，左侧第6肋骨骨折伴周围肋间肌出血，胸腔无积液。双肺表面光滑，与胸壁无粘连。左肺重600.0g，右肺重550.0g，双肺切面呈暗红色，见较多粉红色泡沫状液体溢出。肺门淋巴结无肿大，肺动脉及分支无血栓栓塞。心包腔内无积液。心重400.0g。右心房心外膜近下腔静脉处见4.0cm×1.0cm范围出血灶。左心室肌厚1.2cm，右心室肌厚0.3cm。各瓣膜未见粘连、增厚，其周径分别为：三尖瓣12.3cm，肺动脉瓣7.2cm，二尖瓣10.0cm，主动脉瓣6.5cm。心内膜未见异常，心腔内无血栓形成。左冠状动脉前降支距开口3.5cm处粥样硬化，管腔狭窄约80%（图18-28），向下延伸0.8cm；右冠状动脉距开口3.0cm处粥样硬化，管腔狭窄约60%。腹腔：腹壁皮下脂肪厚2.1cm。腹腔内无积液。肝脏重1400.0g，质地中等，表、切面未见结节。胆道系统无异常。脾重100.0g，包膜无皱缩，实质无液化。胰腺重120.0g，实质及周围脂肪组织未见出血、坏死。左、右肾重量均为150.0g，肾包膜光滑易剥离，切面皮、髓质分界清，小动脉管壁无增厚，肾盂、肾盏未见异常。胃内有黄色液状物质20.0ml，黏膜无出血。大、小肠及阑尾管壁无穿孔。双侧肾上腺、输尿管及膀胱未见异常。

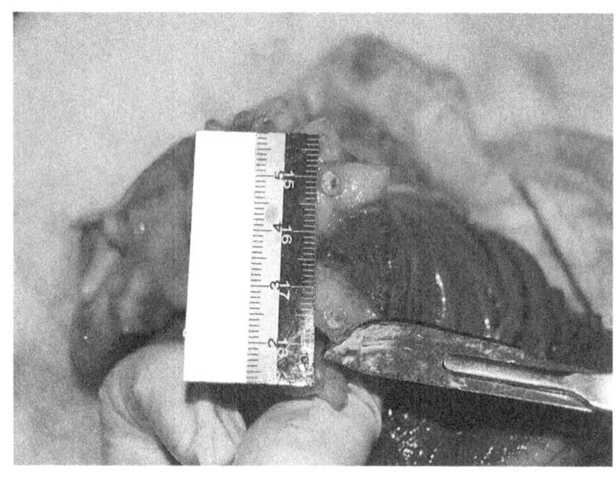

图18-28　左冠状动脉前降支粥样硬化

3．组织学检查　心肌横纹欠清，部分心肌纤维断裂或呈波浪状排列，未见坏死及炎症细胞浸润。心肌间质血管扩张、充血。左冠状动脉前降支（图18-29）及右冠状动脉管壁均见病变，管腔高度狭窄。传导组织未见异常。脑蛛网膜下腔血管及脑内间质血管扩张、充血。脑组织较疏松，神经细胞及血管周隙增宽，脑实质未见出血、坏死及炎症细胞浸润。肺泡壁增宽，毛细血管及间质血管扩张、充血。部分肺泡腔内见淡红染无结构均质物。细小支气管黏膜上皮部分脱落，管周及周围肺间质未见炎症细胞浸润。喉头黏膜上皮部分脱落，黏膜下层组织疏松，喉黏膜及肺、脑、肠组织内均未见明显嗜酸粒细胞浸润。

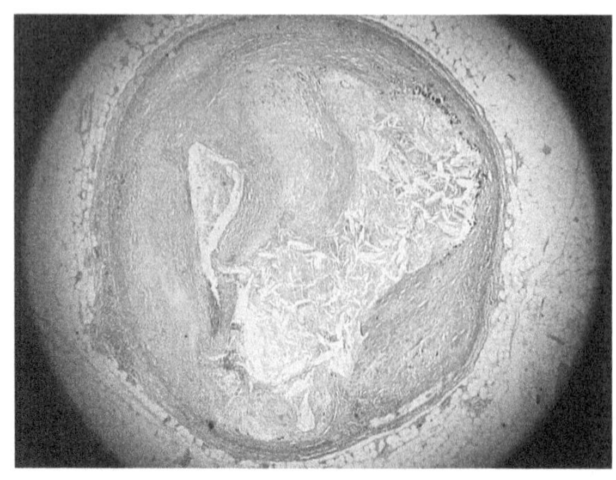

图18-29　左冠状动脉前降支粥样硬化（HE×40）

4. IgE 检测　取死者心血作 IgE 检测，结果为 66.6IU/ml（正常参考值 0～120IU/ml）。

（三）分析讨论

阅读本案材料，讨论以下问题：

1. 根据解剖及组织学检验所见，详细描绘左冠状动脉的大体及显微病变的形态特征，并对病变程度进行分级。

2. 根据解剖及组织学检验所见，列出主要的法医病理学诊断并分析死因。

3. 复习冠状动脉主要分支对心肌供血的范围，讨论冠脉检查的注意事项（如冠脉开口、走向）。

4. 左侧第 6 肋骨骨折的可能原因是什么？请查阅文献，了解抢救可能导致哪些濒死期或死后损伤？

案例二

（一）案情摘要

某女，34 岁。于某日 11 时 55 分，因“腹痛、多汗、呼吸困难伴四肢乏力 30 分钟”由 120 急救车送入院。体检血压测不出，脉搏未扪及，表情淡漠，口唇发绀，呼吸困难，心音听不清。初步诊断：心源性休克？心脏骤停？12 时 05 分心电图示室性心动过速，12 时 23 分自主呼吸停止，经抢救无效于 12 时 50 分被宣告死亡。死者丈夫述死者于 5 天前开始身体不适，曾到医院行 B 超检查示“右肾结石”，后因腹部疼痛到某妇科诊所输液治疗，输液中突发腹痛、多汗、呼吸困难，伴乏力。

（二）法医学检查

1. 尸表检查　尸长 155.0cm，发育正常，营养中等。尸斑呈暗红色。巩膜无黄染，结膜淤血。口、鼻腔及双侧外耳道未见异常分泌物。双手指甲床轻度发绀。尸表损伤情况：①左、右肘部各见 1 个注射针孔；②右手背见 3 个注射针孔。③左臀部见 3 个注射针孔。

2. 内部检查　头颈部：头皮无损伤，颅骨无骨折。硬脑膜外、下腔及蛛网膜下腔未见出血。全脑重 1200.0g，大、小脑及脑干切面未见出血、坏死。咽喉黏膜无水肿，气管腔内未见异物。胸腔：胸骨、肋骨无骨折。胸腔无积液。双肺表面淤黑，肺膜光滑，与胸壁无粘连。左肺重 620.0g，右肺重 700.0g，双肺稍膨隆，切面淤血，支气管及肺门淋巴结未见明显肿大。肺动脉及分支未见血栓栓塞。心包腔内淡黄色液体 30.0ml。心重 370.0g，左心室肌厚 1.3cm，右心室肌厚 0.3cm。各瓣膜未见粘连、增厚，其周径分别为：三尖瓣 10.5cm，肺动脉瓣 7.5cm，二尖瓣 9.0cm，主动脉瓣 6.5cm。主动脉根部内膜见少量粥样硬化斑块，心内膜无异常，各心腔呈扩张状，心腔内无附壁血栓，心肌切面未见出血。冠状动脉未见栓塞及动脉硬化。腹腔：腹壁脂肪厚 3.5cm，腹腔内无积液，肝重 1600.0g，质地中等，表、切面未见结节。脾重 200.0g，实质无液化。胰、胃、肾、肾上腺未见异常。子宫内膜见少量暗红色血液黏附。卵巢、输卵管未见异常。

3. 组织学检查　左、右心室壁及室间隔心肌层可见以淋巴细胞、单核细胞为主的弥漫性炎细胞浸润，部分心肌呈局灶性溶解坏死。脑蛛网膜下腔血管及脑内间质血管扩张、淤血。脑组织稍疏松，神经细胞及血管周隙增宽。脑实质未见出血、坏死及炎症细胞浸润。部分肺泡腔内充满淡红染无结构匀质物，肺泡壁毛细血管及间质血管扩张、淤血。细小支气管未见明显异常。喉黏膜下层组织稍疏松，黏膜下血管扩张、淤血伴灶性淋巴细胞浸润。

4. IgE 检测　取死者心血作 IgE 检测，结果为 34.1IU/ml（正常参考值 0～120IU/ml）。

（三）分析说明

1. 根据法医系统尸体解剖检验所见，死者除医源性针孔外，其余体表及体内各器官未检见致死性机械性损伤征象，故可排除机械性损伤致死。

2. 根据组织学检验所见，死者肺、喉、肠、脑组织未见明显嗜酸性粒细胞渗出，心血 IgE 在正常参考值范围，故药物过敏反应的病理诊断依据不足。

3. 根据组织学检查所见，死者心肌组织（左、右心室壁及室间隔）可见弥漫性炎细胞浸润（以淋巴细胞、单核细胞为主），伴局灶性心肌溶解、坏死。上述改变符合病毒性心肌炎的病理学特点。死者脑及肺淤血、水肿，其余器官淤血，符合急性循环功能衰竭的一般病理特点。

（四）鉴定意见

死者符合病毒性心肌炎致急性循环功能障碍死亡。

四、思考题

1. 讨论先天性冠脉畸形的常见类型及其法医病理学意义（详细情况请参阅网络增值服务内容课件）。

2. 讨论疾病及外伤造成主动脉夹层的病变特征、鉴定要点。

3. 讨论形成下肢深部静脉血栓和肺动脉血栓栓塞的病因和高危因素。

（成建定）

实验十九　中枢神经系统疾病猝死

一、实验目的和要求

中枢神经系统疾病占所有猝死的15%左右，脑血管疾病、脑血管先天性畸形、中枢神经系统感染和肿瘤等均可引发猝死。通过本章节学习应认识和掌握导致中枢神经系统常见疾病的病理学特征，做出正确的法医学鉴定。

1. 大脑出血、小脑出血、脑干出血、蛛网膜下腔出血的病理学特征，明确出血的病理基础。
2. 高血压病、脑血管畸形、脑血管瘤的病理学特征；熟悉脑血管检查方法。
3. 化脓性脑膜炎、病毒性脑炎的病理特征。
4. 中枢神经系统肿瘤的病理特征。

二、实验观察内容

（一）大体标本观察

1. 大体图片（图 19-1）

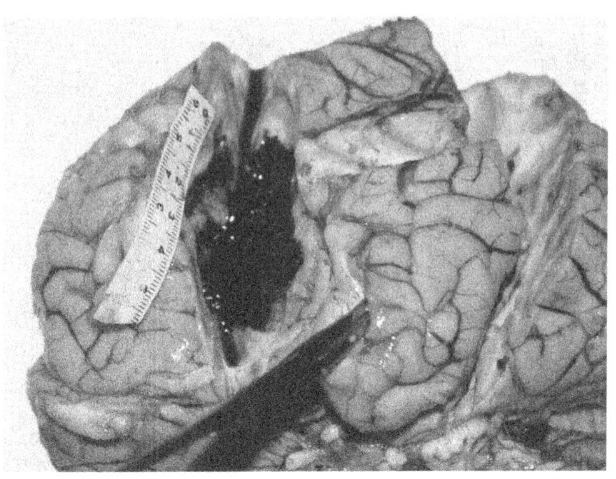

图 19-1　大脑出血（anaplastic hemorrhage）

（1）案情摘要：死者男性，49 岁，高血压病史 9 年。某日在家中打麻将时突然感觉头痛、头晕，2 小时后送入医院为昏迷状态，6 小时后死亡。

（2）观察要点：左侧大脑额叶深部组织内多量出血形成血肿。

（3）诊断：大脑出血。

2. 大体图片（图 19-2，图 19-3）

（1）案情摘要：死者男性，48 岁，高血压、冠心病病史 6 年，与他人一起喝酒中发生争吵，突然出现抽搐、呕吐，送往医院为昏迷状态，抢救 36 小时无效死亡。

（2）观察要点：椎动脉、基底动脉、大脑前动脉、中动脉、后动脉阶段型粥样硬化（可见明显的黄白色斑块，图 19-2)，切开脑桥见出血明显(图 19-3)。

(3) 诊断：脑底动脉粥样硬化，脑桥出血。

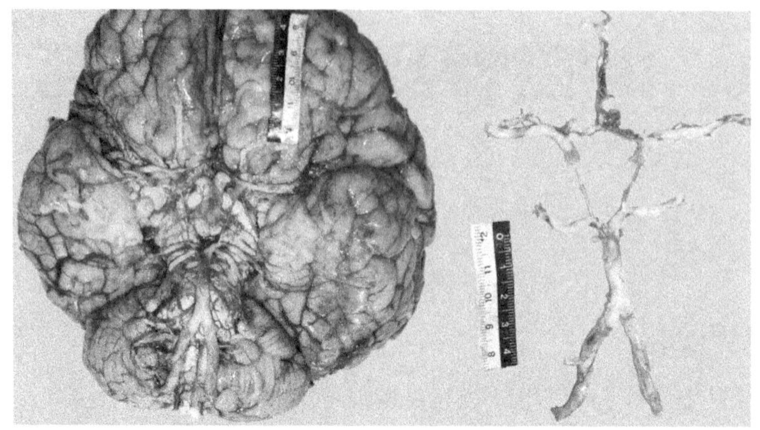

图 19-2　脑底动脉粥样硬化(atherosclerosis of basis encephalon)

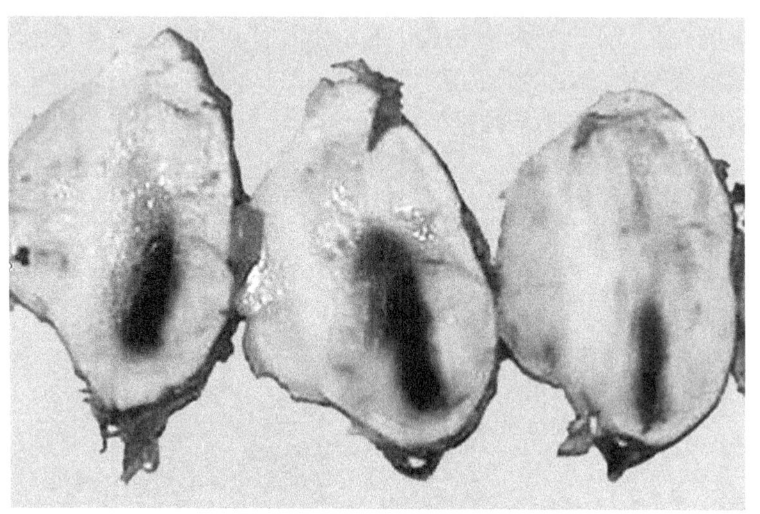

图 19-3　脑桥出血(pontine hemorrhage)

3. 大体图片(图 19-4)

(1) 案情摘要：死者男性，39 岁。在餐馆炒菜中突然晕倒，经抢救无效死亡。

(2) 观察要点：切开小脑可见小脑深部出血形成血肿。

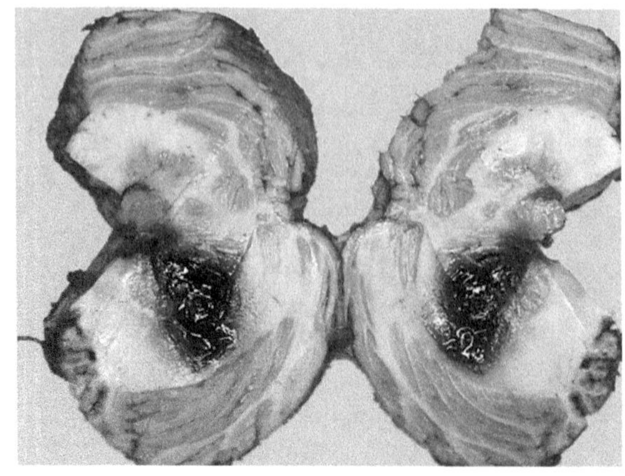

图 19-4　小脑出血(cerebellar hemorrhage)

（3）诊断：小脑出血。

4．大体图片（图 19-5）

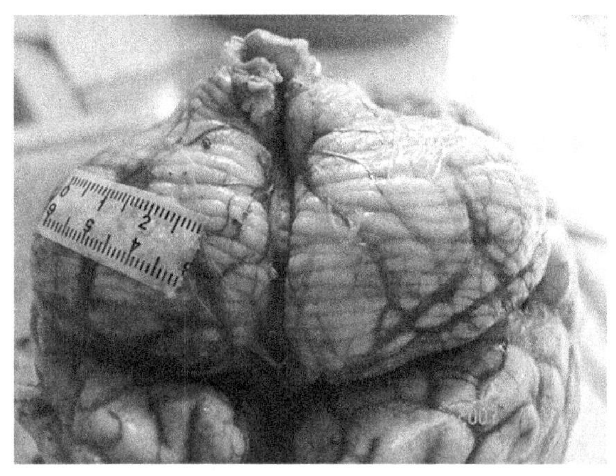

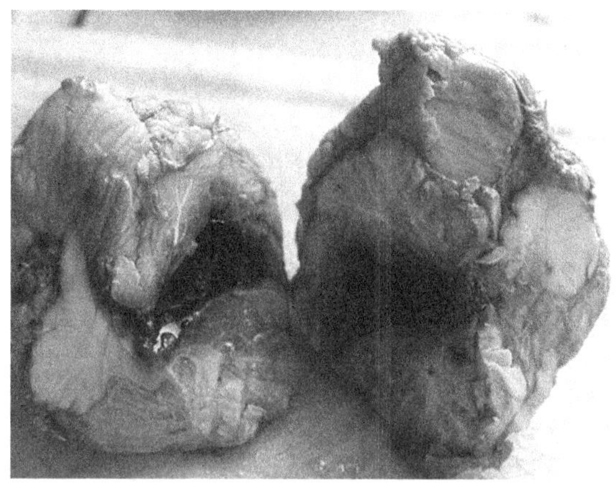

图 19-5　小脑扁桃体疝，小脑出血（tonsillar herniation，cerebellar hemorrhage）

（1）案情摘要：死者男性，41 岁。在工作中突然晕倒，经抢救无效 3 小时后死亡。

（2）观察要点：左图示明显脑水肿，脑沟变浅、脑回变宽，小脑体积明显增大，小脑扁桃体疝形成（重度）。右图示切开小脑可见小脑半球内出血形成血肿。

（3）诊断：小脑扁桃体疝形成，小脑出血。

5．大体图片（图 19-6）

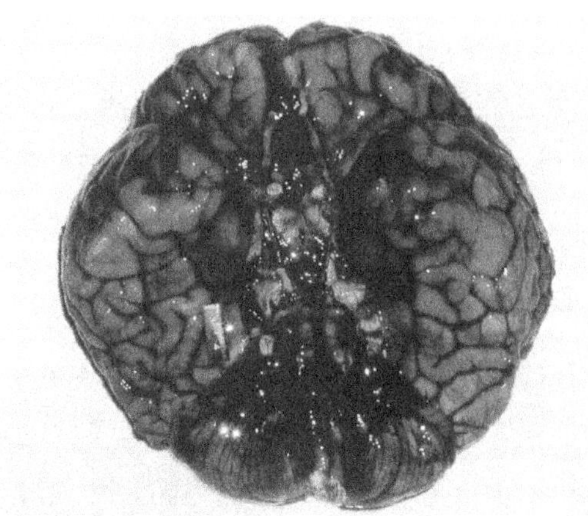

图 19-6　弥漫性蛛网膜下腔出血（diffuse subarachnoid hemorrhage）

（1）案情摘要：死者女性，35 岁。某日在一酒店洗澡时突然晕倒，经抢救无效 1 小时后死亡。

（2）观察要点：弥漫性蛛网膜下腔出血，脑底积有大量凝血块，以小脑延髓池、脚间池、双外侧裂明显。

（3）诊断：自发性弥漫性蛛网膜下腔出血。

表 19-1　自发性与外伤性蛛网膜下腔出血的鉴别

	自发性	外伤性
头部外伤史	无	有
脑血管病变	有	无
出血面积	弥漫	局限
出血部位	脑底重	可在任何部位
脑挫伤	无	常有
颅骨骨折	无	常有

6. 大体图片（图 19-7）

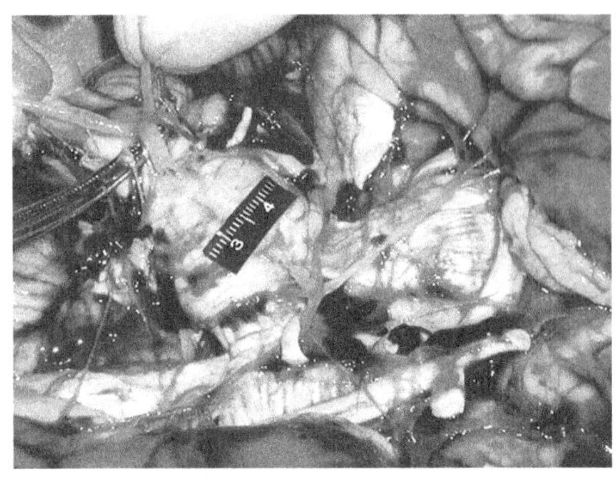
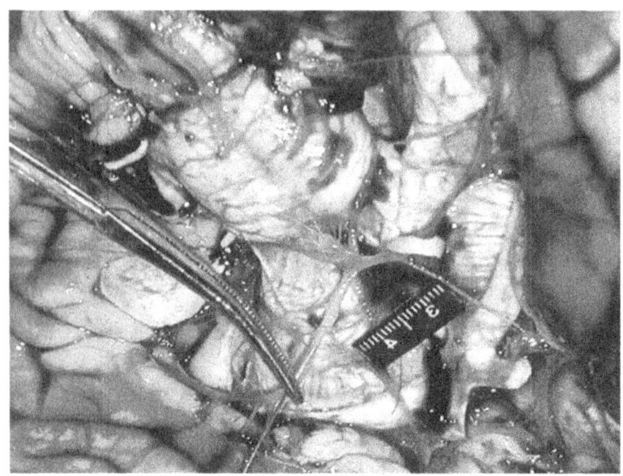

图 19-7　脑基底动脉畸形，弥漫性蛛网膜下腔出血（abnormal brain basilar artery，diffuse subarachnoid hemorrhage）

（1）案情摘要：同上。

（2）观察要点：去除脑底凝血块，注水检查脑底动脉，可见基底动脉发育异常，基底动脉两端各长 1.0cm，中段缺如以小血管网代替分布在脑桥表面。基底动脉近心端与小血管网相连接处破裂出血。

（3）诊断：脑基底动脉畸形、弥漫性蛛网膜下腔出血。

7. 大体图片（图 19-8）

（1）案例摘要：死者男性，16 岁。主因“间断性头痛 10 天、加重 1 天”，行腰穿术后 6 小时突然意识丧失、呼吸心跳停止而死亡。

（2）观察要点：大脑表面血管扩张充血，脑回变宽，脑沟变浅。蛛网膜下腔出血。在脑桥腹侧可见一大小为 5.0cm × 4.0cm × 3.0cm、质软、暗红色囊性肿物与基底动脉相连，囊内充满血液。脑桥受压变形，第四脑室充满血液。

（3）诊断：脑基底动脉瘤破裂、蛛网膜下腔出血。

8. 大体图片（图 19-9）

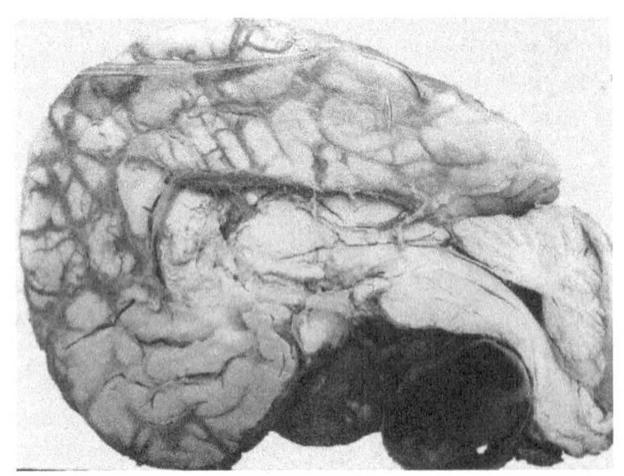

图 19-8　脑基底动脉瘤（brain basilar aneurysm）

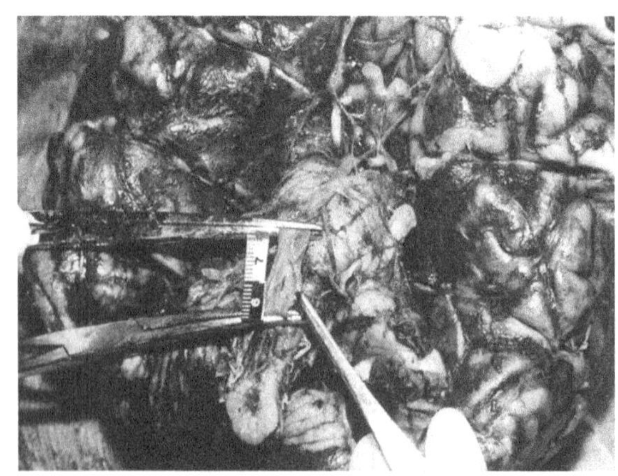

图 19-9　弥漫性蛛网膜下腔出血，基底动脉破裂（diffuse subarachnoid hemorrhage，disruption of basilar artery）

（1）案情摘要：死者男性，28 岁。某日因某事与别人争吵、互相撕扯，之后被人拉开并自行回家休息，1 小时后突然晕倒在地，经抢救无效很快死亡。

（2）观察要点：弥漫性蛛网膜下腔出血，脑底部有大量凝血块；基底动脉起始段动脉管腔较粗，管壁较薄，较薄的动脉壁上有一纵行破裂口，长 0.6cm。

（3）诊断：弥漫性蛛网膜下腔出血，基底动脉破裂。

9. 大体图片（图 19-10）

（1）案情摘要：死者男性，68 岁。一年前因脑血栓形成导致一侧肢体活动障碍，后因为脑梗死继发脑水肿死亡。

（2）观察要点：脑深部可见有一 4.3cm × 3.3cm 褐黄色脑组织坏死区，右侧大脑水肿明显，体积增大，脑中线左移。

（3）诊断：脑梗死，脑水肿。

10. 大体图片（图 19-11）

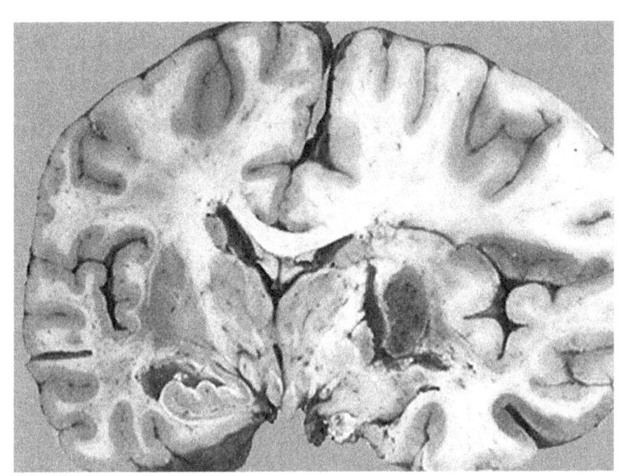

图 19-10　脑梗死（cerebral infarction）

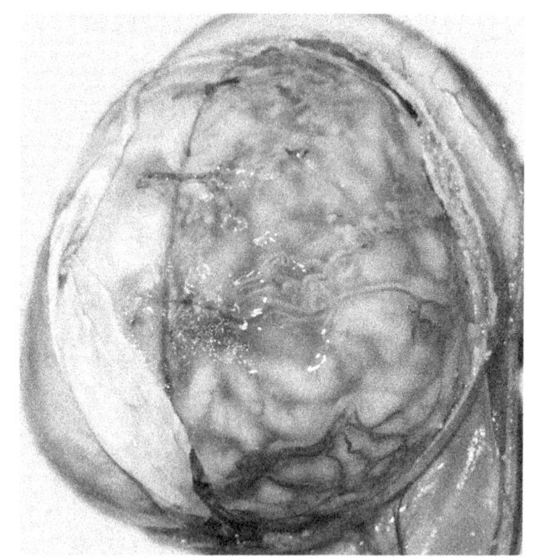

图 19-11　化脓性脑膜炎（purulent meningitis）

（1）案情摘要：死者女性，3 岁。家属诉 2 天前开始发热（T 38.5℃）伴头晕、恶心等症状，送医院 2 小时 40 分钟死亡。

（2）观察要点：软脑膜血管扩张淤血，大脑蛛网膜下腔见黄白色脓性渗出物，以额、顶叶为重见多量脓液聚集，大脑沟回被脓液掩盖模糊不清。

（3）诊断：急性化脓性脑膜炎。

11. 大体图片（图 19-12）

（1）案情摘要：死者女性，30 岁。某年 2 月 25 日 14 时许被他人用刀捅伤腰背部后送往某医院，诊断为“开放性脊髓损伤合并高位截瘫”，全麻下行“清创缝合术、血管神经断裂吻合术，椎管探查术”。椎管探查见硬脊膜于胸 6、7 椎间处部分断裂，脑脊液外溢，脊髓完全离断，给予缝合硬脊膜，放置引流管。术后给予抗感染对症治疗，病情较平稳。3 月 3 日起神志淡漠，言语表达不清，背部引流管内可见絮状物，查体有颈项强直。3 月 9 日病情危重，高热不退，呈昏迷状态。4 月 16 日死亡。

（2）观察要点：侧脑室扩张，充满黄绿色脓性液体。

（3）诊断：脑室积脓。

12. 大体图片（图 19-13）

（1）案情摘要：同上。

（2）观察要点：脊髓硬脊膜下腔可见黄绿色脓液，颈段脊髓肿胀，胸段脊髓组织坏死呈糊状软化。

（3）诊断：脊髓和脑脊髓膜化脓性感染，脊髓硬膜下腔、蛛网膜下腔积脓。

13. 大体图片（图 19-14）

（1）案情摘要：死者男性，28 岁。1 个月前出现间断性头痛，加重 2 天住院。住院 18 小时后突然出现抽搐症状，随后陷入昏迷状态，经抢救无效死亡。

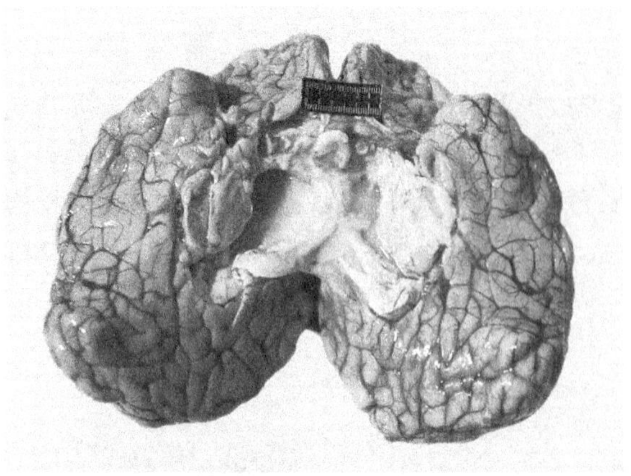

图 19-12　脑室积脓（pyocephalus）

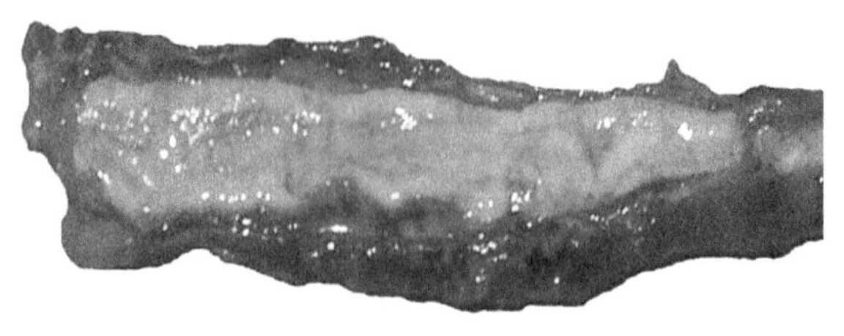

图 19-13　脊髓和脑脊髓膜感染、硬脊膜下腔和蛛网膜下腔积脓（infection of spinal cord and meninges，empyema in subdural cavity of spinal cord and subarachnoid cavity）

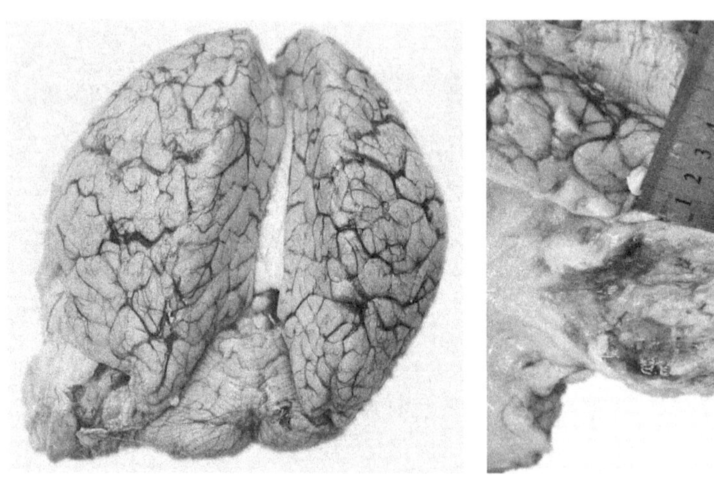

图 19-14　大脑胶质母细胞瘤合并出血、坏死（glioblastoma with hemorrhage and necrosis）

（2）观察要点：大脑左侧枕叶见一 6.2cm×4.9cm×3.6cm 肿瘤，切开见肿瘤组织内出血、坏死明显；全脑水肿。

（3）诊断：大脑胶质母细胞瘤。

（二）组织学观察

1. 组织学图片（图 19-15）

（1）案情摘要：同大体图片图 19-1。

（2）观察要点：大脑白质内出血（左图：×100），出血区见小动脉硬化（玻璃样变性）（右图：×200）。

（3）诊断：大脑出血、小动脉硬化。

2. 组织学图片（图 19-16）

（1）案情摘要：同图 19-2。

（2）观察要点：脑干内出血伴多量胶质细胞增生（左图：×200），脑干内血管壁钙化（右图：×100）。

（3）诊断：脑干出血、血管壁钙化。

3. 组织学图片（图 19-17）

（1）案情摘要：同大体图片图 19-3。

（2）观察要点：小脑组织内出血（左图：×100），出血周围小动脉管壁玻璃样变性（右图：×400）。

（3）诊断：小脑出血，小动脉玻璃样变性。

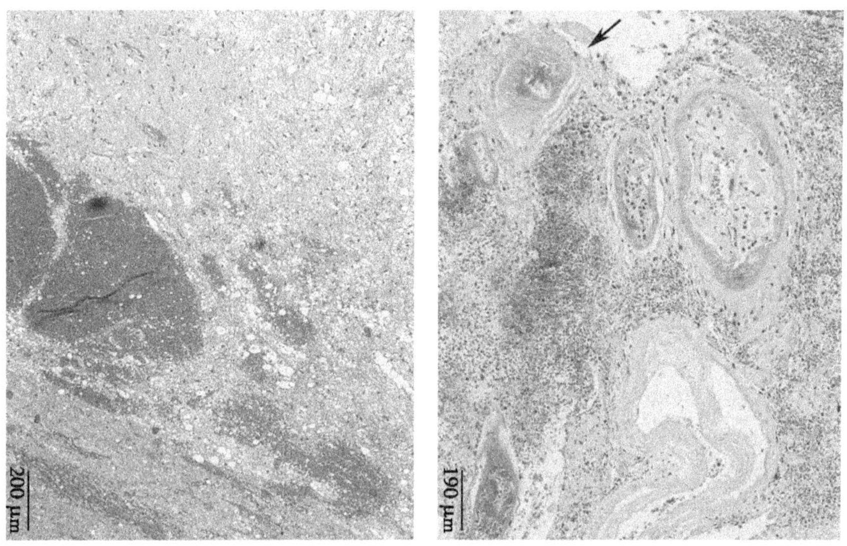

图 19-15　大脑出血，小动脉硬化（cerebral hemorrhage，arteriosclerosis，HE 左：×100；右：×200）

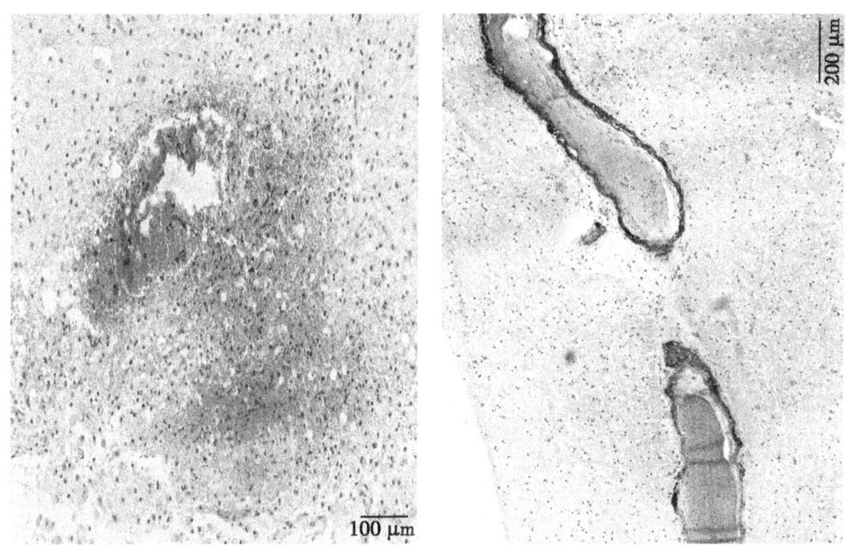

图 19-16　脑干出血，血管壁钙化（brain stem hemorrhage，arteriosteogenesis，HE 左：×200；右：×100）

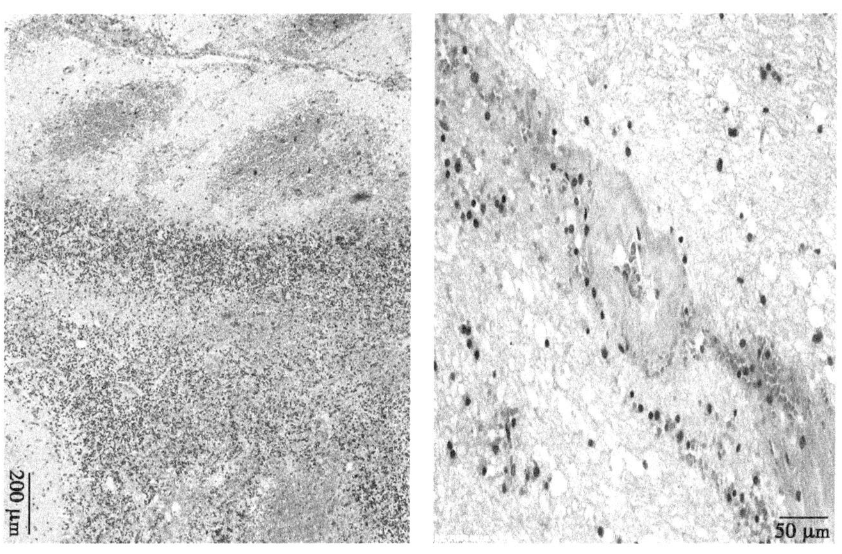

图 19-17　小脑出血、小动脉玻璃样变性（cerebellar hemorrhage，arteriosclerosis，HE 左：×100；右：×400）

4. 组织学图片（图 19-18）

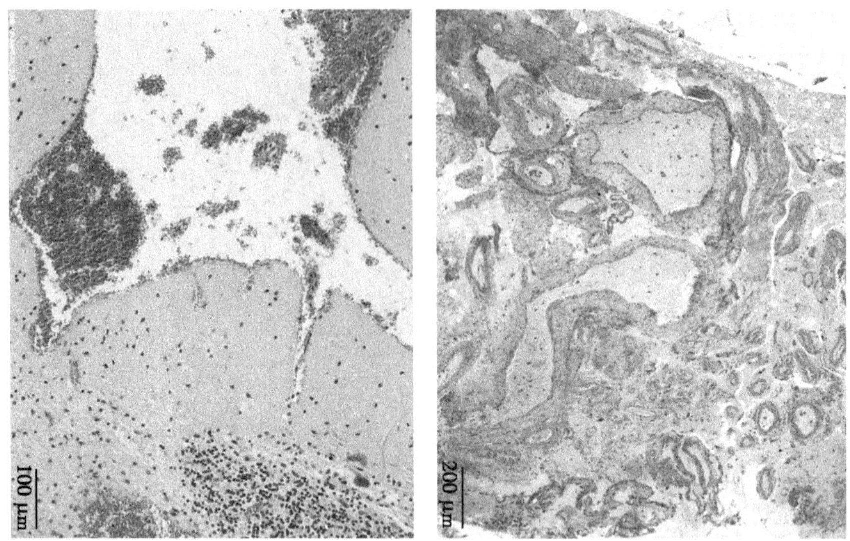

图 19-18　小脑弥漫性蛛网膜下腔出血、血管异常增生（cerebellar diffuse subarachnoid hemorrhage，angiogenesis，HE 左：×200；右：×100）

（1）案情摘要：死者男性，39 岁。某日晚 12 点下班，脱工作服弯腰中突然晕倒在地（10 分钟前因某事曾与他人争吵、互相拉扯过）。送医院经抢救无效死亡。

（2）观察要点：小脑蛛网膜下腔出血（左图：×200），蛛网膜下腔见血管异常增生（右图：×100）。

（3）诊断：小脑蛛网膜下腔出血，血管异常增生。

5. 组织学图片（图 19-19）

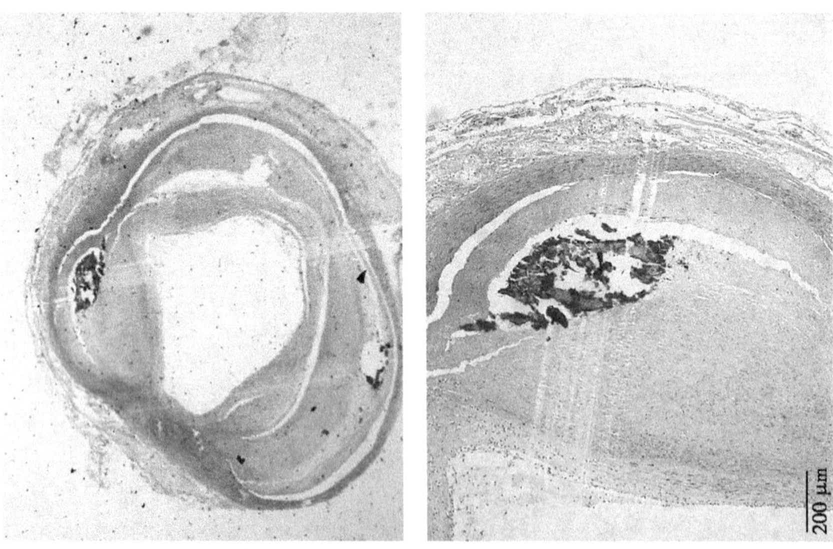

图 19-19　脑基底动脉粥样硬化（atherosclerosis of basilar artery，HE 左：×40；右：×100）

（1）案情摘要：同大体图片图 19-2。

（2）观察要点：基底动脉管壁明显增厚伴片状钙化（左图：×40，右图：×100）。

（3）诊断：脑基底动脉粥样硬化。

6. 组织学图片（图 19-20）

（1）案情摘要：同大体图片图 19-10。

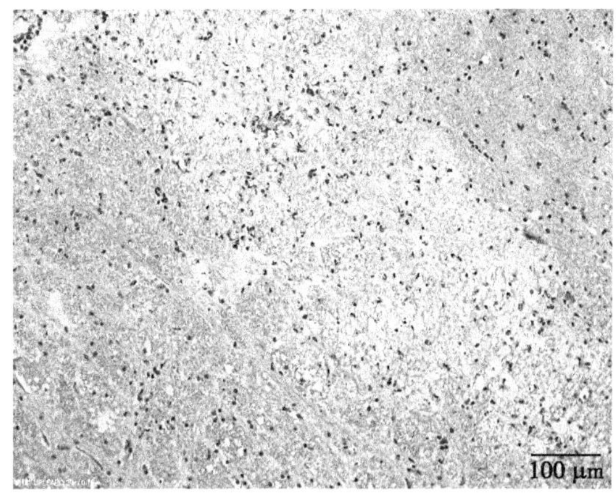

图 19-20　大脑梗死（cerebral infarction，HE × 200）

（2）观察要点：大脑组织深部见梗死灶，梗死区神经细胞、神经胶质细胞、轴索及髓鞘变性、坏死，组织结构疏松，病灶内小胶质细胞增生。

（3）诊断：脑梗死。

7. 组织学图片（图 19-21）

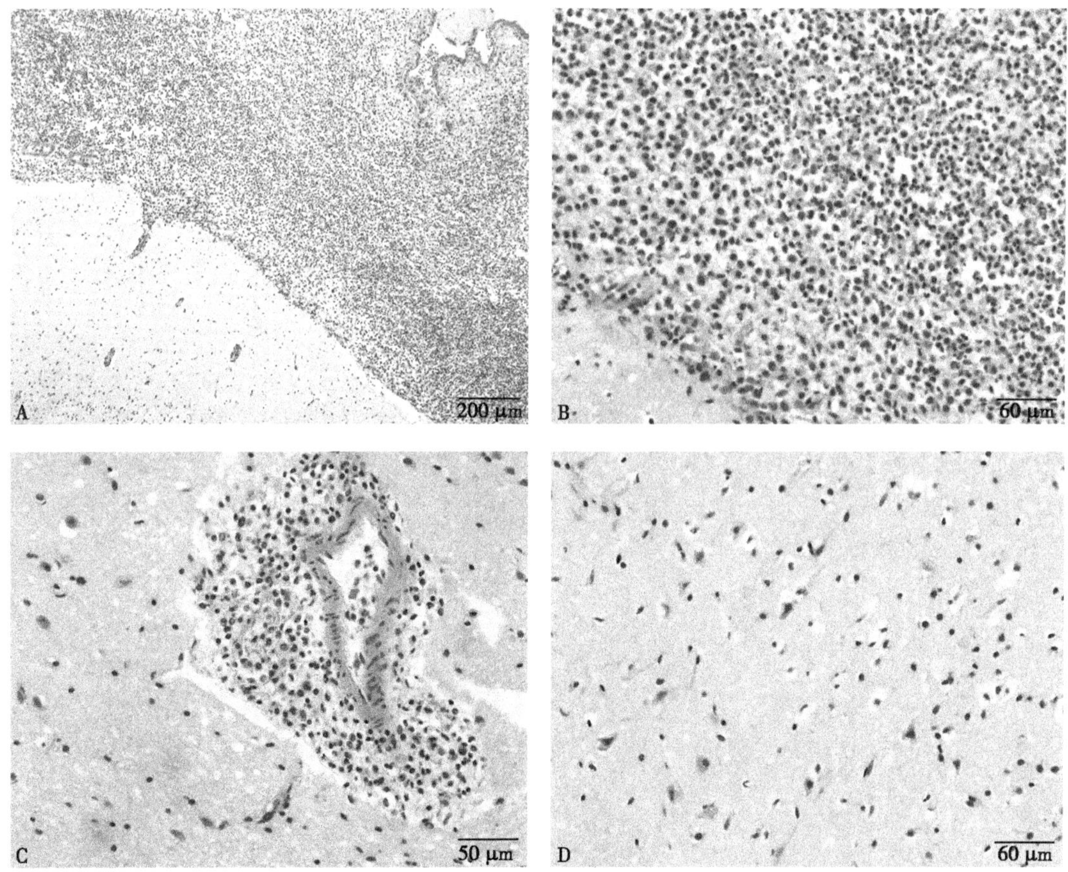

图 19-21　化脓性脑膜炎（purulent meningitis，HE A：× 100；B，C，D：× 400）

（1）案情摘要：同大体图片（图 19-11）。

（2）观察要点：蛛网膜下腔增宽，大量中性粒细胞、少量单核细胞及淋巴细胞浸润（A 图：× 100，B 图：× 400）；大脑实质内血管周围大量炎细胞浸润（C 图：× 400）；大脑实质轻度水肿（D 图：× 400）。

（3）诊断：急性化脓性脑膜炎。

8．组织学图片（图 19-22）

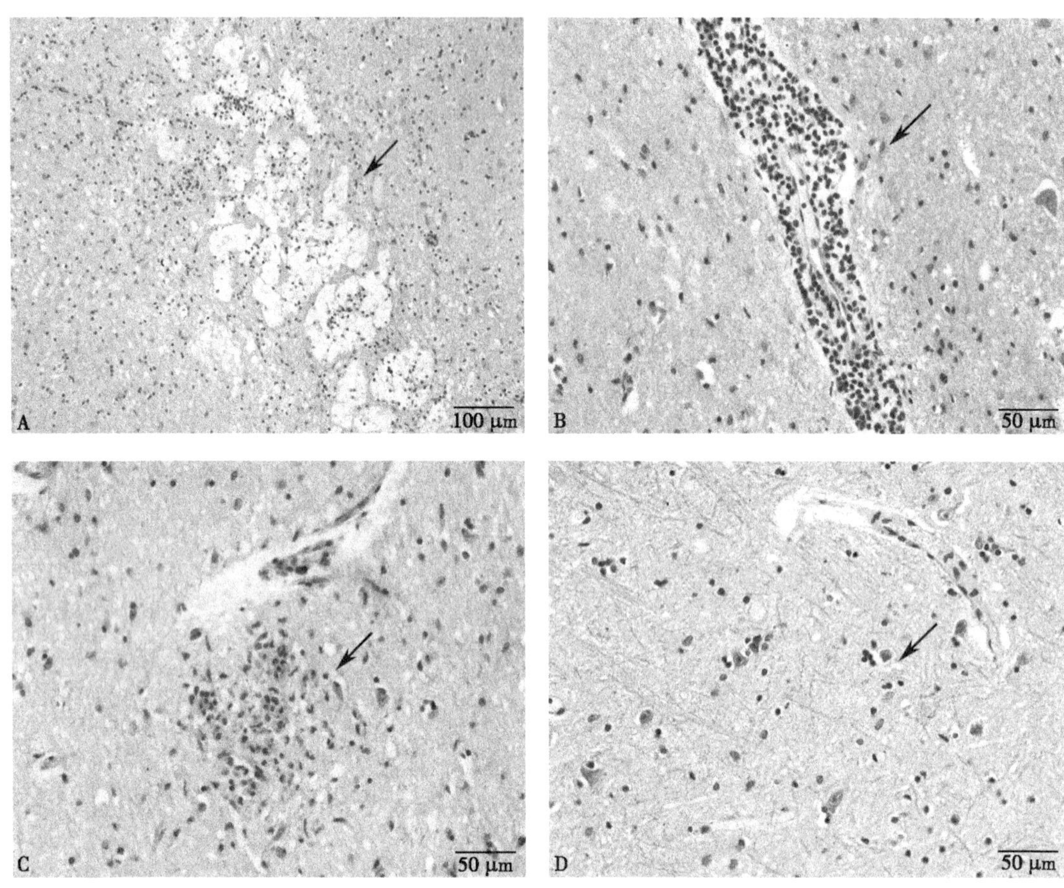

图 19-22　病毒性脑干脑炎（brain stem viral encephalitis，HE A：×200；B，C，D：×400）

（1）案情摘要：死者女童，3.5 岁。3 天前出现发热、精神和食欲减退等症状。查体：T 38.5℃，咽部稍红，精神萎靡。诊断为“上呼吸道感染”，给予抗生素及抗感冒治疗。48 小时后突然死亡。

（2）观察要点：脑干组织内灶性坏死、液化形成筛网状软化灶（A 图：×200）；大量淋巴细胞和单核细胞浸润围绕血管形成套袖现象（B 图：×400）；小胶质细胞结节形成（C 图：×400）；神经细胞卫星现象（D 图：×400）。

（3）诊断：病毒性脑干脑炎。

9．组织学图片（图 19-23）

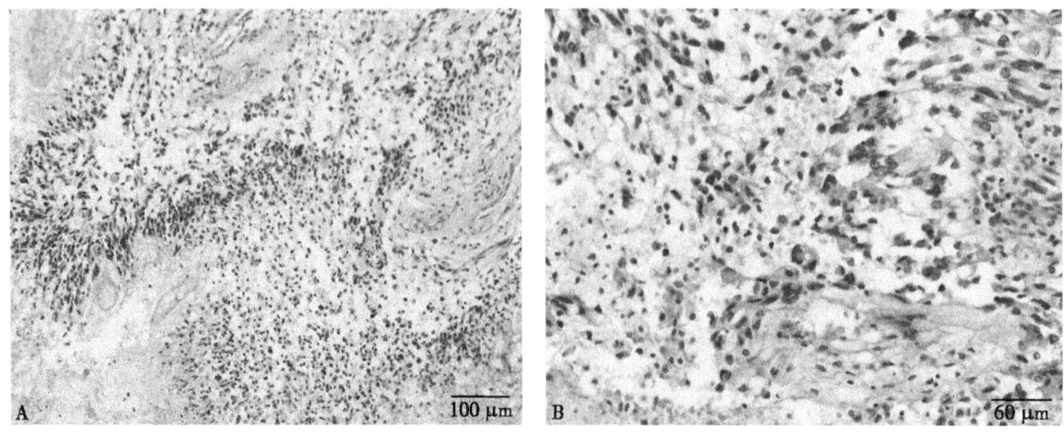

图 19-23

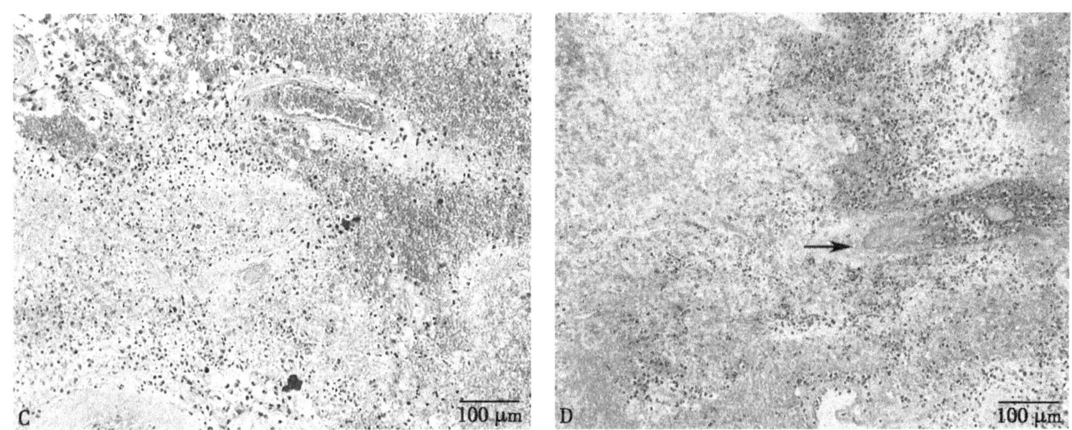

图 19-23（续）　大脑胶质母细胞瘤合并出血、坏死（cerebral glioblastoma with hemorrhage and necrosis，HE A：×200；B：×400；C，D：×200）

（1）案情摘要：同大体图片（图 19-14）。

（2）观察要点：肿瘤细胞呈栅栏状排列（A 图：×200）；肿瘤细胞异型性明显，间质水肿（B 图：×400）；组织内片状出血、坏死（C 图：×200）；出血、坏死区血管壁纤维素样坏死伴小血栓形成（D 图：×200）。

（3）诊断：大脑胶质母细胞瘤。

三、案例讨论

（一）案情简介

死者女性，3 岁，某年 11 月 18 日因感冒发热 2 天住入县医院，住院 10 个小时后因病情加重转院途中死亡。

（二）病史摘要

病历记载：女童，3 岁，主因发热 2 天于 11 月 18 日入院。入院时查体：T 38.5℃，P 116 次 / 分，R 27 次 / 分。神清，咽部充血，扁桃体Ⅱ度肿大，双肺呼吸音粗，未闻及啰音。初步诊断：扁桃腺炎。经退热治疗 2 小时后患儿体温降至正常，于 3 小时后体温上升至 41.0℃，给予对症治疗，送往上级医院途中死亡。

（三）检验过程

1．检验方法　依据《法医学尸表检验》（GA/T 149—1996）、《法医学尸体解剖》（GA/T 147—1996）、《法医病理学检材的提取、固定、包装及送检》（GA/T 148—1996）进行检验。

2．尸表检验　幼年女性冷冻缓解尸体，双侧球睑结膜轻度淤血，双侧角膜重度混浊，双侧鼻腔有暗黄色液体，右侧腹股沟有两处针刺痕，右臀外上方有一处针刺痕伴周围皮肤青紫。左外踝、左足背有针刺痕伴周围皮肤青紫。双手指甲发绀。

3．尸体解剖　蛛网膜下腔血管淤血，脑水肿，胸腔内 150.0ml 淡黄色液体，心包腔内少量淡黄色液体。腹腔内 200.0ml 淡红色液体，各脏器位置未见异常，肠系膜淋巴结肿大。

4．脏器检查　脑：1172.4g，表面血管淤血。心：96.8g，表面及切面未见明显异常。各瓣膜周径：二尖瓣 6.0cm，三尖瓣 8.3cm，主动脉瓣 3.8cm，肺动脉瓣 4.7cm，左心室壁厚 0.8cm，右心室壁厚 0.2cm，室间隔厚 0.8cm。左肺：173.3g，质实，切面蜂窝样结构不清。右肺：234.1g，质韧，表面可见散在出血点。肝脏：548.6g，表面光滑，切面暗红。左肾：51.7g，右肾：49.4g，双肾表面光滑，切面皮髓质界限清。脾：50.9g，被膜光滑，切面暗红。胰腺：表面及切面未见明显出血。

5．组织病理学检查　大脑：蛛网膜下腔未见出血，组织结构疏松，神经元及小血管周围间隙明显增大，部分区域见淋巴细胞及单核细胞浸润。小脑：蛛网膜下腔未见出血，神经元及小血管周围间隙增大，见淋巴细胞及单核细胞浸润，局部小胶质细胞增生。脑干：组织结构疏松，局部软化灶形成，神经元及小血管周围间隙明显增大，血管周围淋巴细胞“套袖样”改变，可见神经细胞“卫星现象”及“噬神经现象”，部分神经元变性坏死、胶质细胞增生，亦可见小胶质结节形成。肺：弥漫性肺水肿及代偿性肺气肿，肺泡间隙增宽，肺泡壁毛细血管淤血伴白细胞反应，间质血管淤血。部分区域肺实变，淋巴细胞及单核巨噬细胞浸润。心：心肌间质水肿及少量淋巴细胞浸润，部分心肌细胞嗜酸性改变。肝：肝窦淤血，肝细胞轻度水肿。肾：间质血管淤血，各肾小管内未见蛋白管型。脾：红髓淤血。胃、肠：黏膜水肿伴淋巴细胞浸润。其余各脏器未见明显病理学改变。

（四）法医病理学诊断

①病毒性脑干脑炎；②弥漫性肺水肿，间质性肺炎；③胃、肠黏膜淋巴细胞浸润；④肝、肾、脾淤血。

（五）病毒检测

尸检提取肠内容物、心血、肝组织经河北省疾病控制中心病毒所，采用荧光定量PCR检测，依据《手足口病预防控制指南》(2009年版）进行检测，结果肠道病毒71型（EV71型）为阳性。

（六）分析说明

1. 尸体检验未检见明显机械性损伤及机械性窒息改变，可排除机械性损伤及机械性窒息导致死亡。

2. 死者以发热、恶心、呕吐为主要临床表现，病毒检测肝组织及心血内EV71型为阳性。组织病理学诊断为：病毒性脑干脑炎；弥漫性肺水肿，间质性肺炎；胃、肠黏膜淋巴细胞浸润；肝、肾、脾淤血。

综合以上分析，死者符合EV71型感染致脑干脑炎并发肺水肿死亡。

（七）鉴定意见

被鉴定人吴某符合EV71型感染致脑干脑炎并发肺水肿死亡。

（案例附图见网络增值服务图19-24～图19-30）

四、思考题

1. 自发性蛛网膜下腔出血、自发性脑出血的病因及病理学特征，自发性和外伤性蛛网膜下腔出血、脑出血的鉴别。

2. 自发性脑出血的病因及病理学特征。

3. 病毒性脑炎的病理学特征。

4. 急性化脓性脑膜炎的肉眼及镜下病理学特征。

（李英敏）

实验二十　其他系统疾病猝死

一、实验目的

通过对呼吸、消化、生殖系统中常见猝死案例的学习，认识和掌握以下病变导致猝死的病理学特点：

1. 喉头水肿、气管内异物；大叶性肺炎、小叶性肺炎、间质性肺炎、支气管哮喘、肺结核；肺动脉血栓栓塞。

2. 胃溃疡、急性出血性胃炎、肠穿孔、急性阑尾炎、小肠出血性梗死、急性腹膜炎；肝硬化、肝癌；急性出血坏死性胰腺炎。

3. 异位妊娠、羊水栓塞；羊水吸入、脐带血管畸形。

4. 青壮年猝死综合征。

二、实验观察内容

（一）大体标本观察

1. 大体图片（图 20-1）

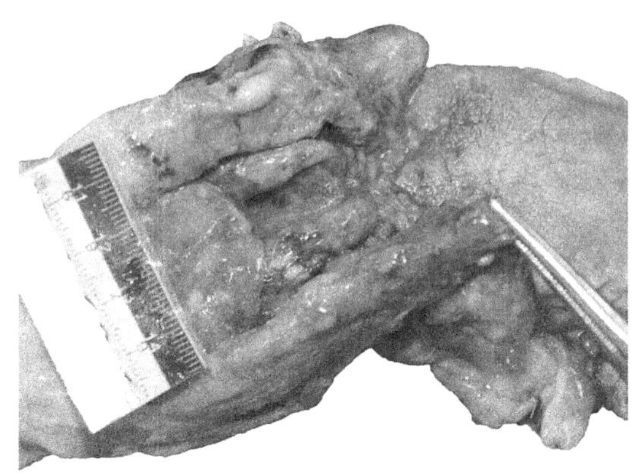

图 20-1　喉头水肿（laryngeal edema）
图中可见会厌、喉头黏膜高度充血、水肿，喉咽部狭窄

（1）案情摘要：某男，41 岁，因“感冒、喉咙不适”到医院治疗，在输液过程中病情加重，出现昏迷，后抢救无效死亡。

（2）观察要点：会厌、喉头黏膜高度充血、水肿，局灶性小脓肿，喉咽部狭窄，声门裂水肿。显微镜下见咽喉部呈弥漫性蜂窝织炎表现。

（3）诊断：喉头水肿，会厌及喉头黏膜化脓。

2. 大体图片(图 20-2)

(1) 案情摘要: 某男、3 岁, 因“咳嗽 2 天”到医院就诊, 于当日下午抢救无效死亡。

(2) 观察要点: 气管分叉处见一黄皮果核(我国南方地区产的一种水果), 大小为 1.5cm × 0.7cm × 0.6cm, 双肺膜下见出血点, 切面呈暗红色, 见暗红色液体溢出。

注意事项: 幼儿猝死的尸体解剖时, 应喉头、气管、肺联合取出, 防止异物因肺与气管分别取出时掉入胸腔。

(3) 诊断: 气管内异物(黄皮果核)。

3. 大体图片(图 20-3)

图 20-2 气管内异物(foreign body in trachea)
气管分叉处见一黄皮果核, 大小为 1.5cm × 0.7cm × 0.6cm

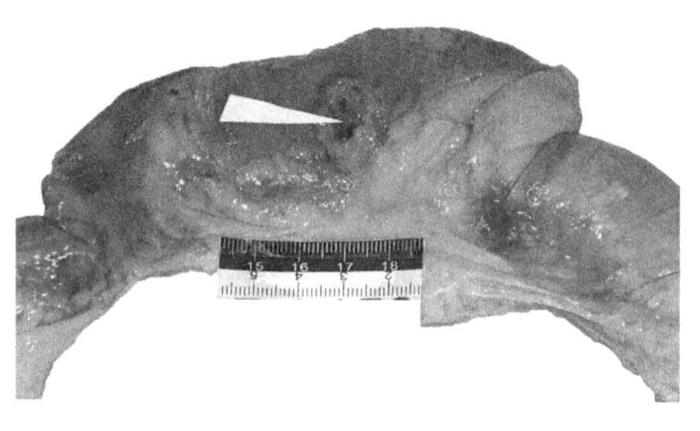

图 20-3 肠穿孔(enterobrosis, intestinal perforation)
箭头示空肠起始段见边缘整齐的圆形穿孔、大小 0.9cm × 0.7cm, 肠水肿, 黏膜及浆膜处见黄色脓性分泌物

(1) 案情摘要: 某女, 68 岁。因“宫颈癌放化疗后腹痛、血栓”到医院治疗, 8 天后呼吸困难、出冷汗、手肢冰冷, 血压测不到, 经救治无效死亡。

(2) 观察要点: 空肠起始段(距十二指肠末端 3.0cm) 见 0.9cm × 0.7cm 的破裂口, 破裂口周围软组织质地较硬、坏死。肠黏膜水肿, 黏膜及浆膜处见黄色脓性分泌物。

(3) 诊断: 肠穿孔。

4. 大体图片(图 20-4)

(1) 案情摘要: 某女, 56 岁, 行“右输尿管上段切开取石术”, 术后因“右输尿管切开取石术后 1 天, 突发全腹痛 9 小时”入医院, 经抢救无效死亡。

(2) 观察要点: 大网膜向原发病灶游走; 腹膜充血、水肿; 腹腔内及肠袢间有黄色浑浊的脓性渗出液体。

(3) 诊断: 急性腹膜炎。

5. 大体图片(图 20-5)

(1) 案情摘要: 某男, 51 岁, 晚上 8 时许因“腹痛”在医院输液。回家后腹痛加剧、头晕, 次日凌晨 3 点多死亡。

(2) 观察要点: 肝脏重 1200g, 被膜完整, 质地较硬, 肝表面、切面见弥漫分布的小结节, 直径为 0.2cm～0.4cm 不等, 肝右叶腹腔面见一个大小为 6.0cm × 5.5cm × 4.0cm 的肿块, 突出于肝表面, 质软, 与周围组织境界清楚, 肿块表面可见一个大小为 3.5cm × 1cm 破裂口。腹腔内有血性液体(含较多血凝块)约 3200g。

(3) 诊断: 肝癌破裂出血。

6. 大体图片(图 20-6)

(1) 案情摘要: 某男, 44 岁, 腹痛、发热数日后死于家中。

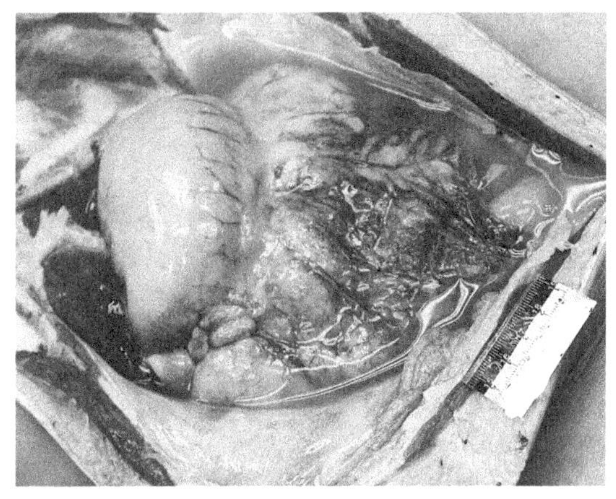

图 20-4　急性腹膜炎（acute peritonitis）
图示大网膜向原发病灶游走；腹膜充血、水肿；腹腔内及肠袢间有黄色浑浊的脓性渗出液体

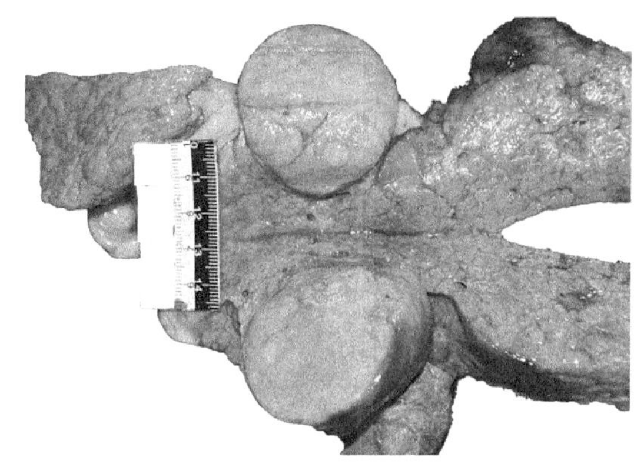

图 20-5　肝癌（liver cancer，hepatoma）
肝右叶腹腔面见一个大小为 6.0cm×5.5cm×4.0cm 的肿块，突出于肝表面，质软，与周围组织境界清楚

（2）观察要点：阑尾高度红肿，浆膜高度充血，表面及切面见出血，有黄色脓性渗出物。周围腹膜充血、水肿并有灶性出血，有黄色浑浊的脓性渗出物，阑尾盲端有坏死、出血。

（3）诊断：急性化脓性阑尾炎。

7．大体图片（图 20-7）

图 20-6　急性化脓性阑尾炎（acute punulent appendicitis）
阑尾高度红肿，浆膜高度充血，表面及切面见出血，有黄色脓性渗出物，阑尾盲端坏死、出血

图 20-7　小肠出血性梗死（small intestine hemorrhagic infarct）
空肠嵌顿疝入肠系膜的裂孔，小肠坏死、出血，呈暗黑红色

（1）案情摘要：某男，1 岁，因“呼吸心跳骤停，感染性休克”入医院治疗，经抢救无效死亡。

（2）观察要点：距幽门 176cm 处肠系膜见 3.3cm×2.5cm 的裂孔，空肠嵌顿疝入，长约 190cm 的小肠段坏死、出血，呈暗黑红色。肠腔内见血性液体。

（3）诊断：小肠出血性梗死。

8．大体图片（图 20-8）

（1）案情摘要：某女，26 岁，早上 7:45 因“腹痛”送医院治疗，经抢救无效于当日 8:50 死亡。

（2）观察要点：腹腔内有大量血液与凝血块，右侧输卵管壶腹部膨隆，顶部见 1.5cm×0.5cm 破裂口，内见大小为 2.6cm×1.5cm×1.4cm 胚胎组织及出血。子宫轻度增大，内膜呈红色，糜烂状，肌层未见异常。

（3）诊断：输卵管异位妊娠破裂出血。

9. 大体图片(图 20-9)

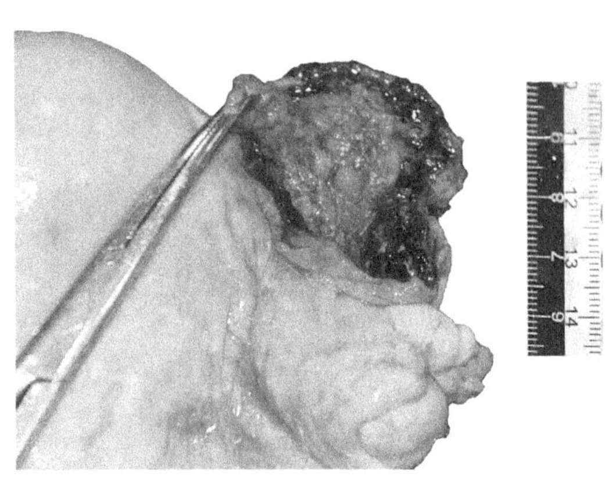

图 20-8　输卵管异位妊娠(tubal ectopic pregnancy)
右侧输卵管壶腹部膨隆，顶部见破裂，切开见胚胎组织及出血

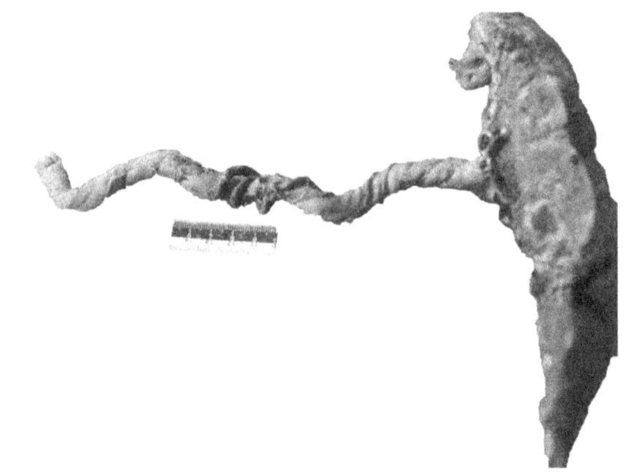

图 20-9　脐带血管畸形(umbilical cord vascular malformations)(叶伟权提供)
两根血管裸露缠绕脐带、局部与脐带分离

(1) 案情摘要：剖宫产娩出一男婴，Apgar 评分：0-0-0 分，体重 3890g；血性羊水 200ml，见暗红色凝血块；胎盘钙化，胎盘、胎膜糜烂、黄染、质脆。

(2) 观察要点：脐带附着于胎盘中央，长 55cm，距根部 0.3cm 及 0.9cm 处见直径约 0.2cm 的两个小破裂口；距根部 2.0cm～14.5cm 处见两根血管裸露缠绕脐带、局部与脐带分离，未见破裂。部分血管呈串珠状。

(3) 诊断：脐带血管畸形。

(二) 组织学观察

1. 组织学图片(图 20-10)

(1) 案情摘要：某女，35 岁，因“咳嗽、气喘 1 天”到医院诊治，治疗过程突发胸闷、气促，经抢救无效于当日下午死亡。

(2) 观察要点：支气管腔内见黏液栓，黏膜上皮杯状细胞增多，黏膜下层及肌层见嗜酸性粒细胞，平滑肌肥大。肺间质血管及肺泡壁毛细血管高度扩张、淤血。部分肺泡腔内充满红细胞及红染均质水肿液，部分肺泡呈肺气肿改变。

(3) 诊断：支气管哮喘。

2. 组织学图片(图 20-11)

(1) 案情摘要：男性，40 岁。发热，并有咳嗽、高热 6 天、突然口唇发绀、昏迷，急诊入院，当日死亡。肺大体呈灰白色，质实如肝。

(2) 观察要点：肺泡腔内纤维素渗出，见大量中性粒细胞，红细胞，肺泡壁毛细血管受压呈贫血状态。见纤维素丝穿过肺泡间孔。

(3) 诊断：大叶性肺炎(灰色肝样变期)。

3. 组织学图片(图 20-12)

(1) 案情摘要：某女，4 岁。四肢无力，不能行走，在家卧床休息，自行口服药物治疗，3 天后在家中死亡。肺表面及切面见灰黄色实变病灶。

(2) 观察要点：细支气管壁充血、水肿，中性粒细胞浸润，黏膜上皮细胞坏死脱落，管腔内充满大量的中性粒细胞、浆液、脓细胞、脱落崩解的黏膜上皮细胞。细支气管周围的肺泡壁毛细血管扩张充血，肺泡腔内见大量中性粒细胞、脱落的肺泡上皮细胞，少量红细胞和纤维素，多个病变肺泡融合成片。病灶周围肺组织呈代偿性肺气肿或肺不张。

(3) 诊断：小叶性肺炎。

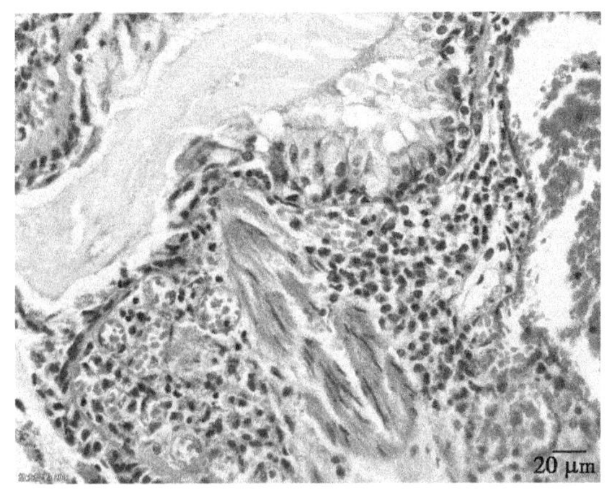

图 20-10　支气管哮喘（bronchial asthma，HE × 400）
支气管腔内见黏液栓，黏膜上皮杯状细胞增多，黏膜下层及肌层见嗜酸性粒细胞，平滑肌肥大

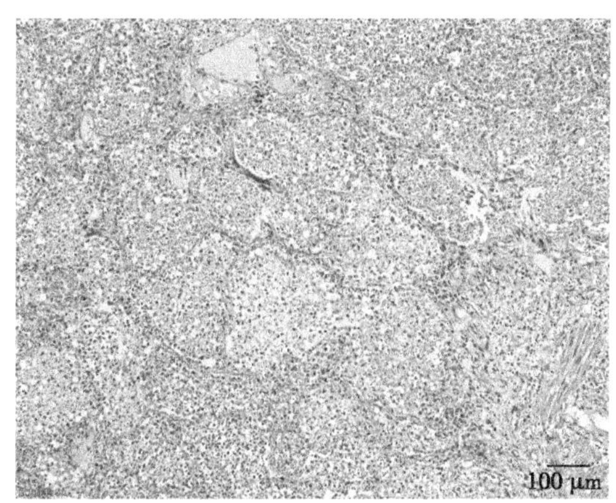

图 20-11　大叶性肺炎（lobar pneumonia，HE × 200）
肺泡腔内纤维素渗出，见大量中性粒细胞，红细胞，肺泡壁毛细血管受压呈贫血状态。见纤维素丝穿过肺泡间孔

4．组织学图片（图 20-13）

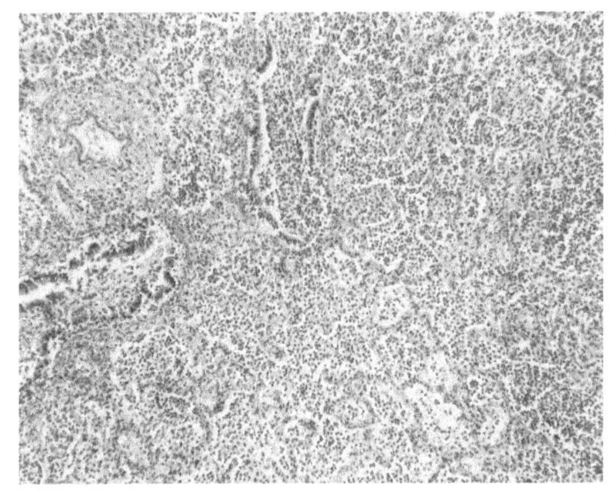

图 20-12　小叶性肺炎（lobular pneumonia，HE × 200）
细支气管壁充血、水肿，中性粒细胞浸润，黏膜上皮细胞坏死脱落，管腔内充满大量的中性粒细胞、浆液、脓细胞、脱落崩解的黏膜上皮细胞，肺泡腔内见大量中性粒细胞、脱落的肺泡上皮细胞，少量红细胞和纤维素

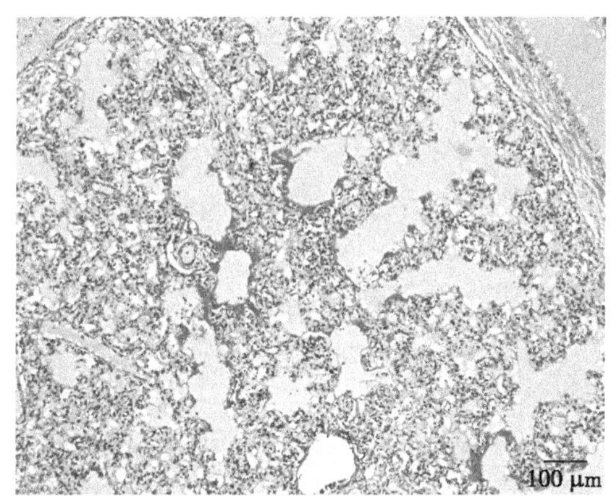

图 20-13　间质性肺炎（interstitial pneumonia，pulmonary cirrhosis，HE × 200）
肺泡间隔明显增宽，伴单核细胞、淋巴细胞等炎症细胞浸润。部分肺泡腔扩张，见淡红染无结构均质膜状或片状的透明膜。肺泡壁毛细血管及间质血管扩张、淤血

（1）案情摘要：某男，8 个月，晚上因“发热”到卫生站就诊，后病情加重，送医院救治无效于次日中午死亡。

（2）观察要点：肺泡间隔明显增宽，单核细胞、淋巴细胞等炎症细胞浸润。肺泡壁毛细血管及间质血管扩张、淤血。部分肺泡腔扩张，见淡红染无结构均质膜状或片状的透明膜。细支气管黏膜上皮部分脱落。

（3）诊断：间质性肺炎。

5．组织学图片（图 20-14）

（1）案情摘要：某男，42 岁，到医院进行身体检查，胸部 CT 检查提示双肺多发渗出性病灶并空洞形成；第三天服用药物后晚上突然死亡。尸检见双肺大面积肺实变，以右肺为重，实变由大量散在的结核病灶融合成片而成。

（2）观察要点：显微镜下，结核病灶内见大量结核结节。结核结节由大量单核细胞、类上皮细胞、

纤维素及多核巨细胞，干酪样坏死灶构成。细支气管周围亦见大量结核病灶，伴大量中性粒细胞、单核细胞等炎症细胞浸润，细支气管内见脱落的坏死物。

（3）诊断：肺结核病。

6. 组织学图片（图 20-15）

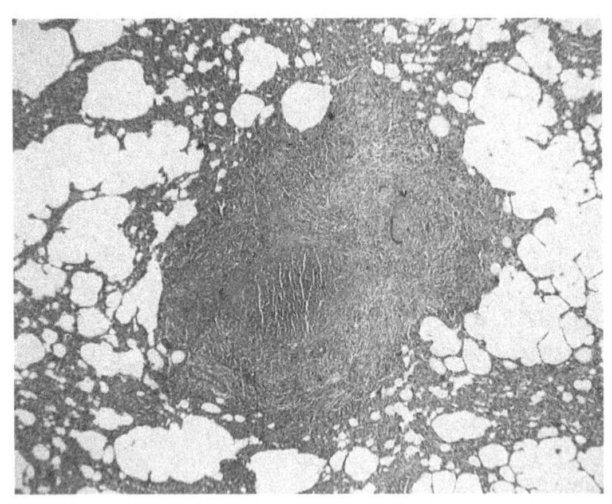

图 20-14　肺结核（pulmonary tuberculosis，HE×200）
结核病灶内见大量单核细胞、类上皮细胞、纤维素及多核巨细胞，干酪样坏死灶

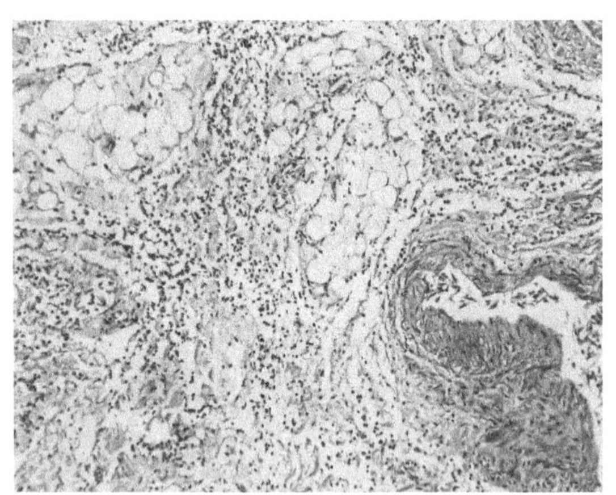

图 20-15　急性腹膜炎（acute peritonitis，HE×400）
腹膜纤维素渗出、中性粒细胞浸润

（1）案情摘要：某女，19 岁，右下腹疼痛，后疼痛蔓延全腹，出现腹肌高度紧张，腹痛加剧发生休克，经抢救无效死亡。尸检见胃穿孔，腹腔内弥漫性黄色脓性分泌物。

（2）观察要点：腹膜血管扩张、充血；中性粒细胞和纤维素渗出。

（3）诊断：急性腹膜炎。

7. 组织学图片（图 20-16）

（1）案情摘要：某男，24 岁，右下腹疼痛，有恶心、呕吐、发热，数日后死亡。尸检见阑尾红肿，切面脓肿及出血。

（2）观察要点：阑尾腔内见部分黏膜坏死、脱落，中性粒细胞和纤维素渗出，阑尾壁各层见大量中性粒细胞、红细胞；血管扩张充血。

（3）诊断：急性阑尾炎。

8. 组织学图片（图 20-17）

（1）案情摘要：某男，52 岁，1 月 18 日因“左足第 4、5 趾术后疼痛、流脓 4 个月”入住医院治疗，2 月 5 日行“左足第三趾截趾术”，3 月 2 日死亡。尸检见胰腺的胰头、胰体出血坏死。

（2）观察要点：胰腺组织大片凝固性坏死，细胞结构模糊不清，见大量红细胞；间质小血管壁坏死；在坏死的胰腺组织周围可见中性粒细胞和单核细胞浸润。

（3）诊断：急性出血坏死性胰腺炎。

9. 组织学图片（图 20-18）

（1）案情摘要：某男，64 岁，在看守所突发不适，经送医院抢救无效死亡。尸检见肝表面及切面见散在细小颗粒状结节。

（2）观察要点：肝实质内大量纤维组织增生及少量淋巴细胞浸润，将肝组织分隔成大小不等的假小叶；汇管区胆管增生。肝窦淤血。

（3）诊断：门脉性肝硬化。

10. 组织学图片（图 20-19）

（1）案情摘要：某女，39 岁，临产过程中突然咳嗽一声，面色青紫，全身发绀，随后进入昏迷状态，出现全身发绀、未测到血压、瞳孔散大等休克症状。经抢救无效死亡。

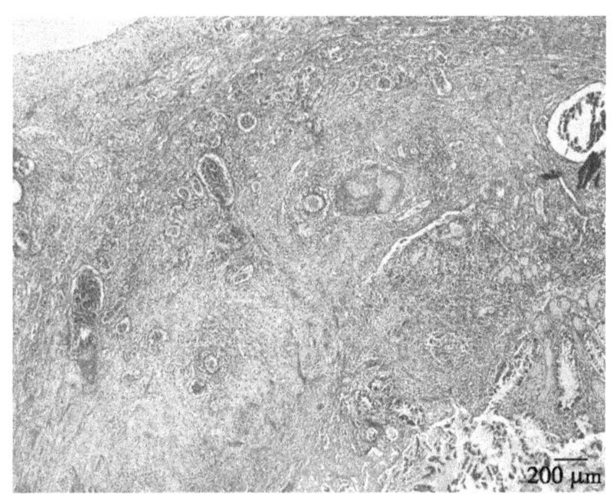

图 20-16　急性阑尾炎（acute appendicitis，HE×200）
阑尾腔内见部分黏膜坏死、脱落，中性粒细胞和纤维素渗出，阑尾壁各层见大量中性粒细胞、红细胞；血管扩张充血

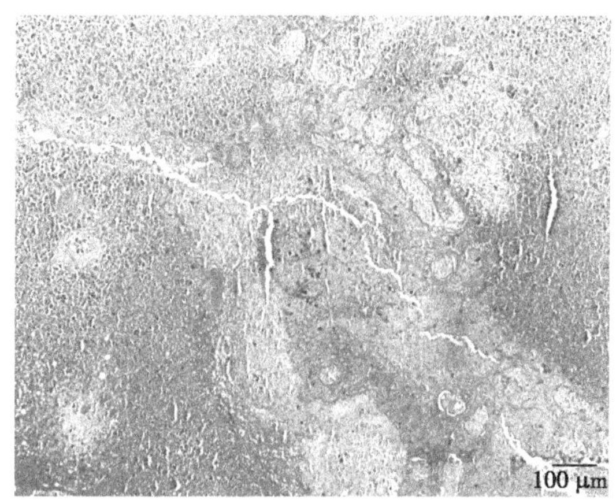

图 20-17　急性出血坏死性胰腺炎（acute hemorrhagic necrotic pancreatitis，HE×200）
胰腺组织大片凝固性坏死，细胞结构模糊不清，见大量红细胞；间质小血管壁坏死；在坏死的胰腺组织周围可见中性粒细胞和单核细胞浸润

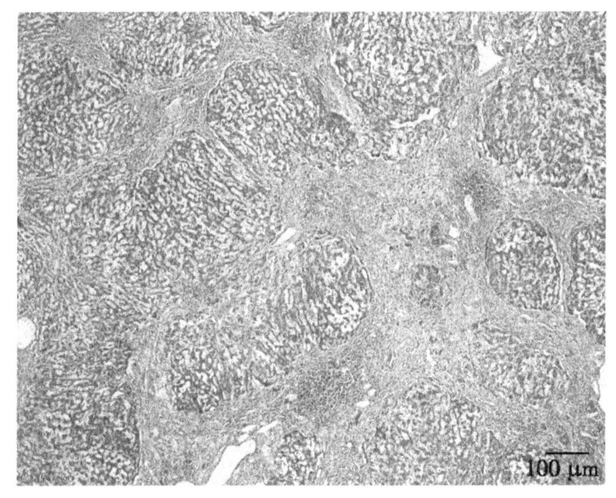

图 20-18　门脉性肝硬化（portal cirrhosis，HE×200）
肝实质内大量纤维组织增生及少量淋巴细胞浸润，将肝组织分隔成大小不等的假小叶；汇管区胆管增生。肝窦淤血

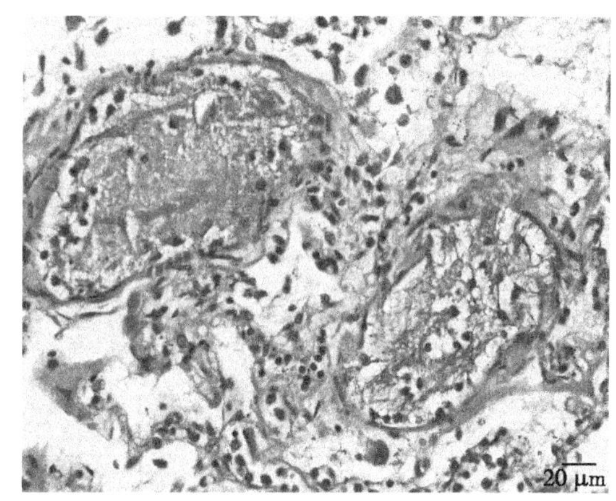

图 20-19　羊水栓塞（amniotic fluid embolism，HE×400）
肺小动脉和肺毛细血管内见羊水有形成分；肺泡壁毛细血管扩张，管腔内红细胞少

（2）观察要点：肺小动脉和肺毛细血管内见羊水有形成分，由具有折光性的角化鳞状上皮、胎毛、胎脂、胎粪和黏液构成。肺泡壁毛细血管扩张，管腔内红细胞少，可见中性粒细胞。

（3）诊断：羊水栓塞。

三、案例讨论

（一）案情摘要

罗某，男、49 岁。某日早上，被他人发现在床上已经死亡。

（二）法医学检验

1. 尸表检验：尸斑呈暗红色，分布于尸体背侧未受压处，指压不褪色。尸僵已缓解。角膜混浊，双侧瞳孔不能透视，结合膜淤血。口、鼻腔未见异常。双手指甲床重度发绀。四肢腐败静脉网形成。外生殖器未见异常。左、右胸壁皮肤见大小为 8.0cm×5.0cm 框形印痕。

2. 内部检验：头皮未见损伤，颅骨无骨折。硬脑膜外、下及蛛网膜下腔未见出血。脑切面未见出血。脑动脉未见异常。

颈部肌群未见出血，舌骨及喉软骨未见骨折。喉头未见水肿，喉腔及气管内未见异物。食管黏膜无异常。扁桃体及甲状腺切面未见异常。

胸骨、肋骨无骨折，双侧胸腔无积液。双肺胸壁无粘连。双肺淤血，切面见暗红色液体溢出。心脏外观未见明显异常。心肌未见肥厚。各瓣膜未见粘连、增厚，心肌切面未见梗死灶。冠状动脉未见异常。

腹腔无积液。肝脏表、切面未见结节，胆囊未见异常。脾包膜完整无皱缩，实质无液化。胰腺未见出血、坏死。双肾切面皮质、髓质分界清，小动脉管壁无增厚，肾盂、肾盏未见异常。双侧肾上腺未见异常。胃内有未消化食物，黏膜及浆膜无异常。大、小肠及阑尾无异常。膀胱空虚，未见异常。前列腺无增大。睾丸位于阴囊内，未见异常。

3. 组织学检查：脑血管扩张淤血。未见出血及炎症细胞浸润。心肌部分纤维断裂或呈波浪状排列，间质小血管扩张、淤血，冠状动脉及传导系统未见明显异常。肺血管扩张、淤血，部分肺泡腔内充满水肿液；支气管黏膜上皮部分脱落。

肝小叶结构正常，部分肝细胞脂肪变性，肝窦内淤血，汇管区见少量淋巴细胞浸润。脾窦及间质血管高度扩张、淤血。胰腺细胞部分自溶，未见出血、坏死及炎症细胞浸润。肾小球结构正常，近曲小管上皮细胞自溶；间质血管扩张、淤血。胃、肠黏膜上皮细胞自溶，黏膜下层、肌层及浆膜未见异常。膀胱未见异常。

甲状腺、肾上腺、垂体及睾丸未见异常。

4. 提取血液进行毒化检验，未检见常见毒品、药物、杀虫剂及毒鼠强。

（三）分析说明

1. 经法医学检验，胸壁皮肤见框形印痕，符合抢救时电除颤所致。体表其他部位及各内脏器官未见损伤，排除因机械性暴力作用致死。

2. 经尸检及组织学检查，各内脏器官淤血、水肿，未检见致死性病理改变。

3. 毒化检验未检见常见毒品、药物、杀虫剂及毒鼠强。

综上所述，结合死者于睡眠中死亡，罗某死因符合青壮年猝死综合征。

（四）鉴定意见

罗某死因符合青壮年猝死综合征。

四、思考题

请查阅相关文献，青壮年猝死综合征的研究进展有哪些？

（刘小山）

实验二十一　死 因 分 析

一、实验目的

死因分析是法医病理学死因鉴定中的核心内容之一，是死因结论正确与否的关键环节。死因分析是分清原因的主次及相互关系，即确定根本死因、直接死因、辅助死因、诱因和联合死因。通过死因分析也同时明确了死亡机制和死亡方式。

死因分析的前提和基础是获得一切可以获得的与该死亡发生相关的资料，包括尸体解剖资料、临床病历资料、案情资料、案/事件现场勘验资料等。除此之外，根据案件需要，在分析的过程中还需参阅大量的科学文献和书籍，为科学的分析提供理论基础和参考依据。

二、实验观察内容（包含机械性损伤死因分析）

死因分析过程是分析、归纳、总结、判断的系列思维过程。因此与其他章节不同的是，无需观察某种病变，而是通过实验课中大量案例的学习，加深对理论课内容的理解，培养死因分析的方法，并掌握：

1. 死亡原因、死亡机制、死亡方式的法医学含义；
2. 根本死因、直接死因、辅助死因、诱因和联合死因等在具体案件中的确定和表述。

三、案例分析（案例示教和案例讨论）

案例一

（一）案情摘要

死者扶某，男性，36岁，因交通事故造成左大腿受伤，入院诊断：左股骨粗隆间骨折。于次日行左股骨粗隆间骨折闭合复位经皮钢板螺钉内固定术，术后一般情况良好，手术后第5天上午10:15护士巡房时见患者大量出汗，并出现意识模糊、面色苍白、大汗淋漓、呼吸不规则、心率逐渐减慢及血氧饱和度进行性下降等症状，10:55患者心跳停止，经抢救无效死亡。

（二）法医学检查

尸检主要发现肺动脉主干血栓栓塞并延伸至左、右肺动脉分支（图21-1）。左侧下肢深部静脉内见红褐色条状血栓（图21-2）。显微镜下见肺动脉血栓为混合血栓（图21-3）。深部静脉内的混合血栓内见大量红细胞（图21-4）。

（三）分析说明

本例创伤为下肢骨折，但骨折不是导致该例死亡的直接原因，因为在临床上，下肢骨折在不发生严重并发症的情况下一般不引起死亡。本例发生死亡是由于骨折创伤及内固定手术后，下肢深静脉血栓形成并栓子脱落，栓塞了肺动脉，引起急性心肺功能衰竭。肺动脉栓塞是本例死亡的直接死因，是与骨折发生直接相关的并发症，尤其是下肢损伤、骨盆骨折等卧床的病人易发生下肢静脉血栓。本例骨折—下肢深静脉血栓形成—栓子脱落—肺动脉栓塞死亡构成顺序、逻辑、因果关系链及死亡

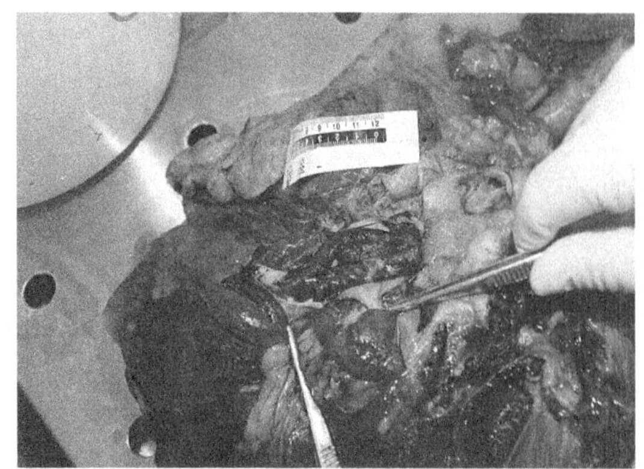

图 21-1 肺动脉血栓栓塞（pulmonary thromboembolism）

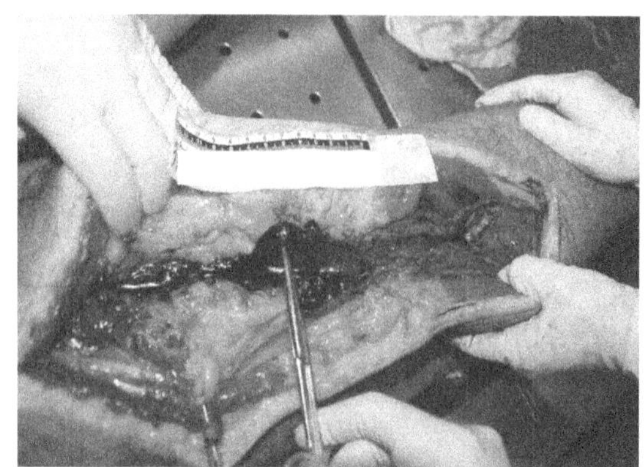

图 21-2 下肢深静脉血栓（deep vein thrombosis of lower extremity）

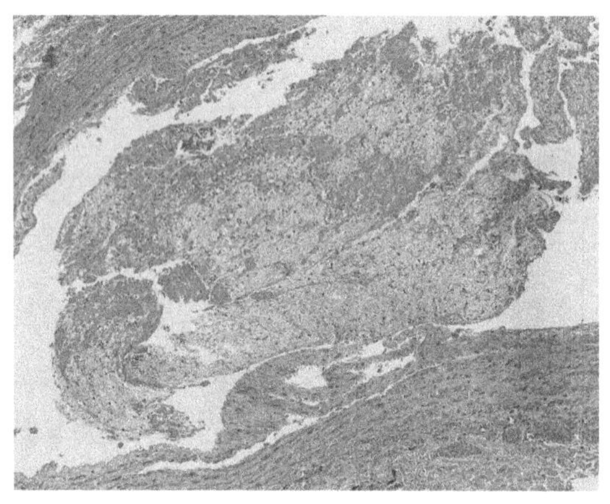

图 21-3 肺动脉内血栓（pulmonary thrombus，HE×100）

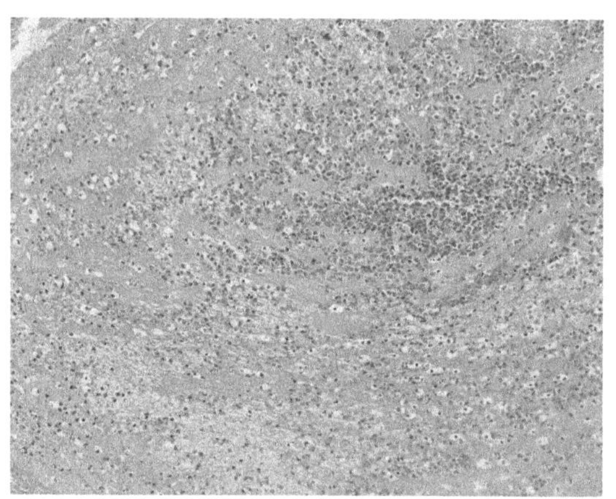

图 21-4 深静脉内血栓（deep vein thrombus，HE×200）

链。在时间上符合创伤后血栓形成和栓子脱落的病理特征，根本死因系骨折并下肢深静脉血栓形成，其中下肢深静脉血栓形成的成因分析相当重要，是一种原因还是多种原因将决定死因的构成。本例无其他疾病参与血栓形成，直接死因为肺动脉栓塞，根本死因归于交通事故造成的创伤，系一因一果，死亡方式为意外。

（四）鉴定意见

扶某因肺动脉栓塞而死亡。

案例点评：本例死因分析的重点在于分清原因的主次，确定根本死因和直接死因。从本例分析可以看出，根本死因强调直接导致死亡的一系列病态事件中最早的那个疾病或损伤，或者造成致命损伤的那个事故或暴力的情况，直接死因则强调直接引起死亡的致命性疾病、损伤本身，或是一种病理状态。

值得提出的是，法医学的死亡原因分析并不完全等同于临床的ICD-10，两者的目的不同。在不同案件和不同个体，虽然直接死因相同，但根本死因的构成并不相同，创伤可以是主因，也可以是诱因或是参与因素，特别是当一个十分轻微的创伤，也发生严重死亡后果时，死因构成的分析相当重要。

案例二

（一）案情摘要

张某，男，25岁，晚饭时饮酒过多，与别人发生争吵、厮打后，当晚8时左右与争吵者相继外出，9时许被人发现死于一条交通繁忙的公路路面上。家人疑死者被他人杀害后抛尸路面伪装交通事故。

（二）法医学检查

尸检主要发现头面部少许擦伤伴皮下出血，胸骨、肋骨多处骨折，右肺挫伤、出血、破裂，双侧胸腔积血共3000.0ml（图21-5），右大腿中段假关节形成（图21-6），切开见右股骨中段横断性骨折（图21-7），周围软组织无肿胀、出血。血液中检出酒精浓度为230.0mg/dl。

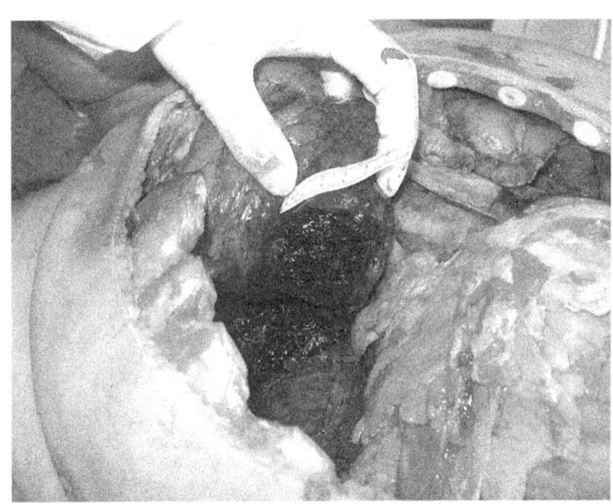

图21-5 肺脏挫伤、破裂（pulmonary contusion and rupture）

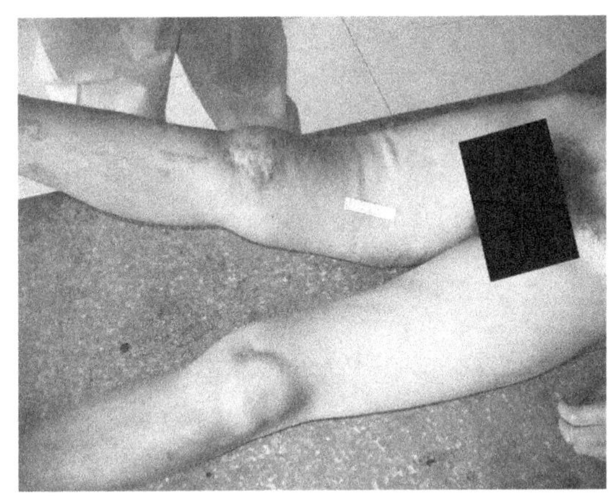

图21-6 右大腿中段假关节形成（pseudo arthrosis formation on the middle right thigh）

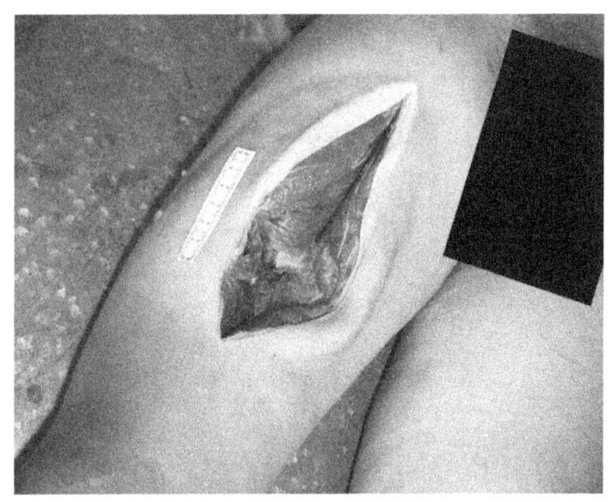

图21-7 右股骨中段横断骨折（transverse fracture of the middle right femur）

（三）分析说明

本例在死因分析时应注意三个问题，即死亡原因、死亡方式和损伤特征分析。

1．死亡原因 本例的死亡原因鉴定并不困难，即巨大暴力导致胸部严重损伤，继而引发致命性的血气胸迅即死亡。

2．死亡方式 根据胸肋骨多发性骨折、血气胸，符合较重汽车碾压形成。另外头面部及其他擦伤均伴有生活反应，为生前形成的非致命伤。

3．损伤特征分析 本案例中有多种损伤，其中有生活反应的损伤，也有无明显生活反应的损伤，应分析其中损伤有可能两次形成。同时应注意体表损伤印痕的宽窄、花纹，观察其是否出自同一辆车轮胎花纹，这对分析是否由不同车辆先后撞击或碾压形成损伤的判断有帮助。经酒精检测证实死者生前确有饮酒，且已达醉酒程度。这是死者生前在应急状态下机体协调、平衡能力下降导致交通事故发生的原因，而右股骨中段骨折由于不伴生活反应，应考虑死后形成的可能。

（四）鉴定意见

张某因胸部遭受巨大钝性暴力致胸肋骨多发性骨折、血气胸死亡。

案例点评：上述分析都有尸体的形态学改变及检验依据支持，本案例重要的问题是死者因交通意外致死或被他人利用交通工具谋杀致死？本例仅依据尸体改变尚难以明确回答，还必须结合案情与现场调查、现场勘验等资料综合分析后，才能得出结论。

案例三（创伤性失血）

（一）案情摘要

死者男性，33岁，于2007年5月3日在菜市场与人发生争执、斗殴，送医院抢救无效死亡。

（二）法医学检查

1. 尸表检查　尸长169.0cm，发育正常，体型中等。尸斑淡红色，分布于尸体背部未受压处，指压不褪色；尸僵已缓解。黑色头发，长3.0cm。角膜混浊，双侧瞳孔不能透视，巩膜无黄染，球结膜苍白。口唇黏膜苍白，口、鼻腔及双侧外耳道未见异常分泌物，牙齿无异常，气管居中。胸廓对称，脊柱、四肢无畸形，指（趾）甲床苍白。

尸表损伤情况：①头枕部见3.5cm×0.7cm大小擦伤，头顶部见4.5cm长裂创（图21-8）。左乳突区见1.5cm×0.5cm大小挫伤，右乳突区见1.4cm×0.3cm大小擦伤。右脸颊部见13.0cm×10.0cm大小挫伤伴肿胀，内有3.7cm×1.7cm及0.8cm×0.1cm大小擦伤。②左颈下部见8.0cm×0.5cm、1.0cm×1.0cm及7.0cm×0.6cm大小擦伤。左胸中部见5.5cm×0.6cm大小擦伤，左背部见3.5cm×1.5cm大小擦伤，背部见数个玻璃渣。③左肘部伸侧上方见1.7cm×0.5cm大小擦伤，左前臂伸侧远端见1.6cm×0.2cm大小擦伤、5.0cm×0.7cm大小挫伤及1.0cm×0.5cm大小擦伤，左手背见4.0cm×2.5cm大小挫伤。右肘部伸侧见2.1cm×1.9cm大小挫伤，右前臂及右手背见多个小挫伤。④左大腿中段内侧见2.5cm×1.6cm大小创口，创缘整齐，创腔向大腿内上方延伸深度为8.7cm，切开肌层见左股动脉局部破裂，周围肌层见19.0cm×3.0cm大小出血区（图21-9）。右大腿内下方见3.0cm×1.4cm大小创口，创缘整齐（图21-10），创腔向内上方延伸6.7cm，切开皮肤见3.0cm×7.0cm大小肌层出血（图21-11）。

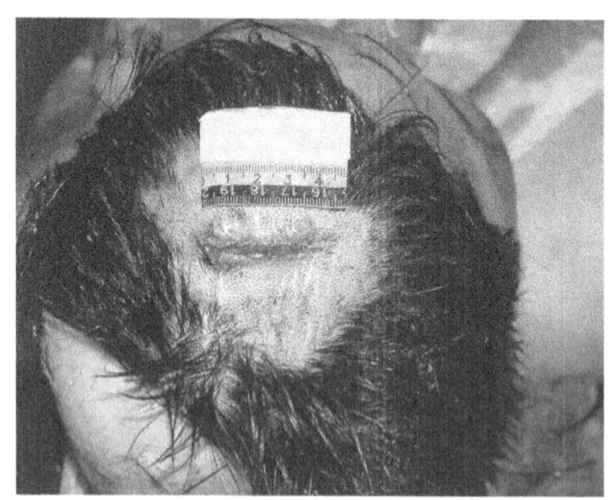

图21-8　头皮挫裂创（scalp laceration record）

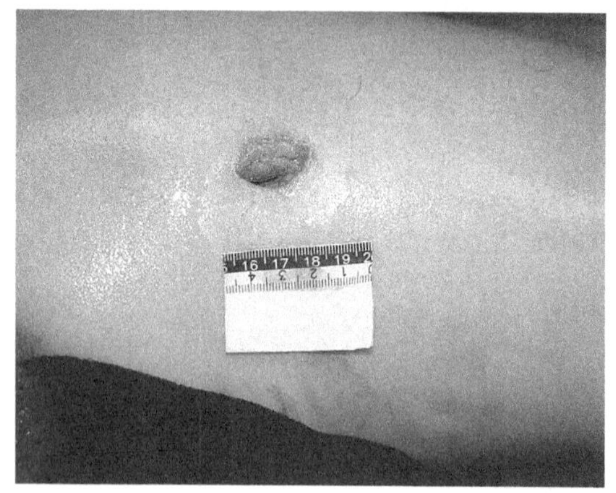

图21-9　左大腿刺创（stab wound in the left thigh）

2. 内部检查　颅骨、各脑膜、脑膜腔、大小脑及脑干实质各切面均未见损伤，颈部浅深肌群未见出血，甲状腺对称，切面未见病灶。心脏重340.0g；各瓣膜周径分别为：三尖瓣12.5cm，肺动脉瓣7.5cm，二尖瓣10.5cm，主动脉瓣7.0cm；左心室肌厚1.5cm，右心室肌厚0.3cm，心肌切面正常，未见梗死灶；心内膜未见异常，心腔内血液少；冠状动脉无栓塞及动脉粥样硬化。双肺表面苍白光滑；左肺重380.0g，右肺重500.0g，双肺无实变，切面有少量血性泡沫溢出，肺动脉及分支无血栓栓塞。肝脏重1340.0g，肝、胆未见异常。脾重70.0g，包膜皱缩，实质无液化。胰腺重130.0g，切面无出血，无脂肪坏死。双肾大小、切面未检见损伤。肾上腺无异常。膀胱空虚，黏膜无异常。

以上各脏器外表及切面颜色均苍白，呈缺血状。

3. 组织学检查　主要发现心肌可见肌溶小灶，肺呈失血性改变（图 21-11）。肝小叶结构正常，部分肝细胞水样变性，部分肝细胞脂肪变性，血管及肝窦内红细胞少。脾窦内红细胞少。胰腺自溶，未见出血及炎细胞浸润。肾小球贫血状，部分肾小管自溶，间质血管内红细胞少。肾上腺未见异常。

左大腿创腔处肌层见大量红细胞，未见炎症细胞。

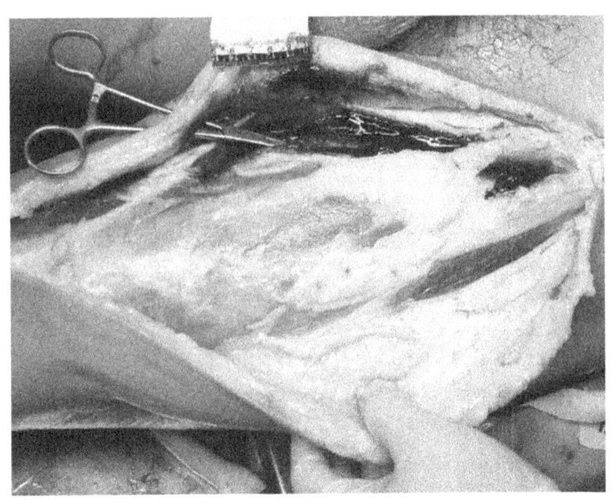

图 21-10　左股动脉破裂（left femoral artery rupture）

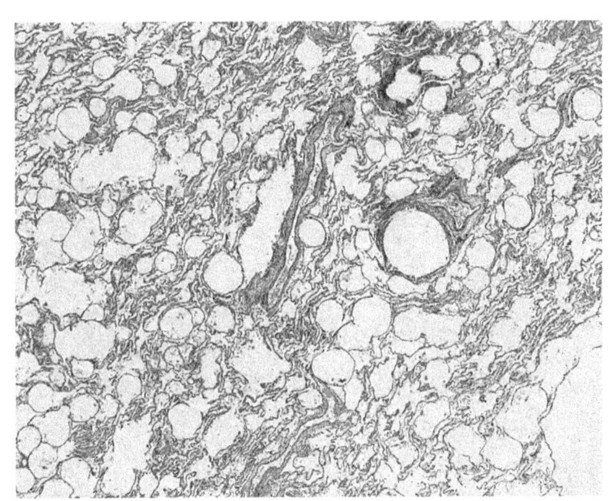

图 21-11　失血性休克肺（the lung of hemorrhagic shock，HE × 200）

（三）讨论要点

1. 请结合本案例所提供图片和文字描述，做出法医病理学诊断。

2. 分析死亡原因，注意分析根本死因，直接死因，损伤性质，致命伤，死亡方式等问题，完整写出分析说明及结论。

3. 描述大出血的尸表及内部征象。

（四）思考题

1. 正常人全身血量是多少，大出血的定义是什么？

2. 假如还有颅骨骨折、蛛网膜下腔出血、脑挫伤，应如何分析死因？

3. 如何进行衣着物损伤的检验？

4. 假如找到致伤物，如何提取与保存，如何进行同一性认定？

案例四（酒精与损伤，颅内出血）

（一）案情摘要

死者男性，54 岁。于 2008 年 3 月 25 日上午 10 时许酒后与人发生纠纷，被人用拳打击头部，次日 8 时许死亡。

（二）法医学检查

1. 尸表检查　尸长 159.0cm，发育正常，体型中等。尸斑呈暗红色，分布于尸体背侧未受压处，指压不褪色；尸僵已缓解。花白头发，长 3.0cm。角膜混浊，虹膜呈棕色，巩膜无黄染，结膜淤血。口、鼻腔及双侧外耳道未见异常分泌物，牙齿无异常，气管居中。胸廓对称，脊柱、四肢无畸形，指（趾）甲床发绀。尸表损伤情况：左上唇外侧黏膜见 1.0cm × 0.7cm 大小挫擦伤，左下眼睑见 2.0cm × 1.0cm 大小挫伤。右眉弓外上方见 1.5cm × 1.0cm 大小擦伤。

2. 内部检查　头皮及皮下组织未见出血，颅骨未见骨折；右侧颞、顶、枕部见 13.0cm × 11.0cm 大小硬脑膜下血肿，重 180.0g（图 21-12）；右颞部见 3.0cm × 2.0cm 及 4.0cm × 2.0cm 大小蛛网膜下腔出血；全脑重 1350.0g，右侧大脑向内凹陷。脑动脉及基底动脉未见异常；大脑连续冠状切面见脑中线向左偏移，右颞部蛛网膜下腔出血下方见浅层脑挫伤，脑室内无出血；右侧小脑扁桃体疝。颈部浅、深肌群未见出血，咽喉黏膜呈淡红色，食管黏膜无异常，气管内无异物。扁桃体及甲状腺对称，切面无病灶。舌骨居中，甲状软骨无骨折。

胸骨、肋骨无骨折。胸腔无积液。心脏外观无异常，心脏重400.0g。各瓣膜周径分别为：三尖瓣11.0cm，肺动脉瓣8.0cm，二尖瓣9.5cm，主动脉瓣7.0cm。左心室肌厚1.3cm，右心室肌厚0.3cm，心肌切面未见梗死灶；心腔内无血栓形成；左冠状动脉前降支动脉粥样硬化，管腔狭窄Ⅰ级。双肺与胸壁无粘连，左肺重600.0g，右肺重700.0g，双肺淤血、水肿，切面有血性泡沫溢出。

腹腔内无积液，大网膜位置正常。胃、小肠、大肠未见异常。肝脏重1900.0g，肝表面及切面呈黄褐色小结节状，质地稍硬，大小相仿，结节直径约0.4cm（图21-13）。胆道未见异常，胆囊内无结石。脾脏、胰腺未见异常。双肾、肾上腺未见异常。膀胱空虚。

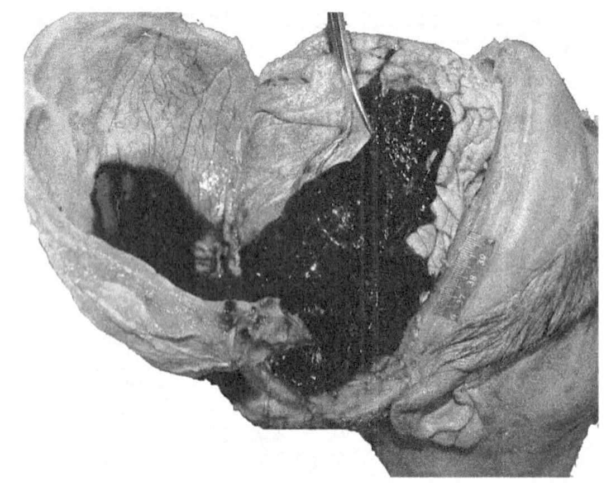

图21-12　硬脑膜下血肿（epidural hematoma）

图21-13　肝硬化（cirrhosis）

3．组织学检查　脑蛛网膜下腔见灶性出血，脑表面见小灶性挫伤，神经细胞周隙增宽，未见坏死，未见炎细胞浸润。心肌细胞可见肌溶小灶，间质未见炎细胞，血管扩张、淤血；冠状动脉内膜轻度增生。部分肺泡腔内充满均质红染无结构物；间质小血管及肺泡壁毛细血管扩张、淤血，未见炎细胞浸润。肝间质纤维化及大量假小叶形成（图21-14）。胰腺自溶，未见出血及炎细胞浸润。部分肾小球纤维化伴小灶性淋巴细胞浸润。胃、肠黏膜轻度自溶。喉黏膜未见炎细胞浸润，黏膜下血管扩张、淤血。肾上腺血管淤血。垂体淤血。

4．毒化检验报告　血液中酒精的含量为80.0mg/100.0ml。

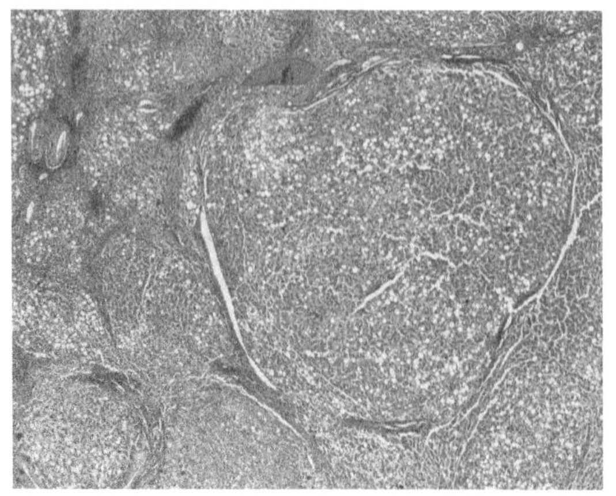

图21-14　肝硬化假小叶形成（pseudolobule formation in Cirrhosis，HE×100）

（三）讨论要点

1. 请结合本案例所提供图片，描述肝脏的组织学改变，并诊断其符合哪一种病理学改变？

2. 血液中酒精的含量说明什么？

3. 推断面部损伤的致伤物。

4. 本例硬脑膜下血肿形成的机制是什么？

5. 分析肝脏病理改变、血液中酒精的含量及面部损伤与硬脑膜下血肿的关系，并写出法医病理学诊断。

6. 分析死亡原因，并完整写出分析说明及结论。

（四）思考题

如果硬脑膜下血肿20ml，损伤后存活一周或一个月，硬脑膜下血肿大体及组织学检查可有何改变？

案例五（挤压综合征）

（一）案情摘要

死者男性，27岁，2006年6月15日上午5时许被人发现死于高速公路边。

（二）法医学检查

1. 尸表检查　尸长153.0cm，发育正常，体型中等。尸斑呈暗红色，分布于尸体背侧未受压处，指压褪色。尸僵存在于各大关节。黑色头发，长9.0cm。角膜轻度混浊，双侧瞳孔直径0.5cm，巩膜无黄染，结膜苍白。口、鼻腔及双侧外耳道未见异常分泌物。气管居中，胸廓对称。脊柱、四肢无畸形，指（趾）甲床发绀。

尸表损伤：①头顶部见3.5cm×3.7cm大小头皮血肿，右颊部见10.0cm×8.0cm大小挫伤伴肿胀。②背部见多条中空状挫伤，大小为10.0cm×2.0cm左右。③臀部见30.0cm×16.0cm大小融合性挫伤，左上肢从上臂中段至手掌背侧见30.0cm×23.0cm大小环形融合性挫伤，右上肢从上臂中段至手背见33.0cm×23.0cm大小环形融合性挫伤；以上挫伤部位伴散在擦伤；皮肤切面见表层及深层肌肉弥漫性出血（图21-15）。④双小腿见散在挫擦伤。

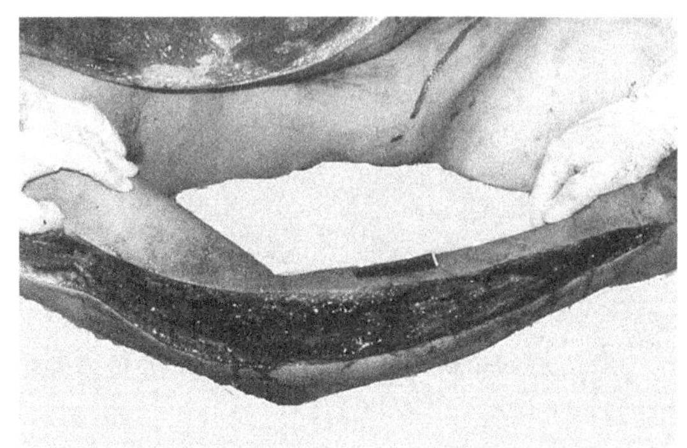

图21-15　左上肢挫伤（left arm bruise）

2. 内部检查　颅骨、硬脑膜外、硬脑膜下及蛛网膜下腔、软脑膜未见异常；全脑重1500.0g，双侧大脑表面及基底动脉未见异常；大脑、小脑及脑干各切面未见异常。颈部浅、深肌群未见出血；咽喉黏膜、食管黏膜未见异常；气管内无异物，舌骨居中，甲状软骨无骨折；扁桃体及甲状腺对称，表面、切面未见病灶。

胸骨、肋骨无骨折。胸腔无积液。胸腺未见异常。心包无破裂；心脏外观未见异常，心脏重330.0g；各瓣膜周径分别为：三尖瓣11.0cm，肺动脉瓣8.0cm，二尖瓣10.0cm，主动脉瓣7.0cm；左心室肌厚1.3cm，右心室肌厚0.3cm，心肌切面未见梗死灶；心腔未见血栓形成；冠状动脉未见栓塞及动脉粥样硬化。左肺重650.0g，右肺重700.0g，双肺无实变，切面有血性泡沫溢出。

腹部皮下脂肪厚1.5cm。胃内有少量食糜，胃黏膜未见出血；小肠、大肠均未见异常。肝脏重1500.0g，肝、胆囊未见异常。脾脏、胰腺未见异常。肾脏位置正常，左肾重120.0g，右肾重120.0g，肾脏、肾上腺及膀胱未见异常。

3．组织学检查　脑蛛网膜下腔及脑内血管淤血，神经细胞周隙轻度增宽，未见炎细胞浸润。心肌可见肌溶小灶，间质未见炎细胞。部分肺泡腔内见少量均质红染无结构物，间质小血管及肺泡壁毛细血管内淤血。肝小叶结构正常，血管及肝窦内淤血。脾窦内淤血。胰自溶，未见出血及炎细胞浸润。肾小球未见异常，肾小管部分自溶，间质血管内淤血。胃、肠未见异常。

融合性挫伤部位皮下组织及肌层见大量红细胞，并可见炎细胞，以中性粒细胞为主，部分肌细胞碎裂、变性及坏死。

（三）讨论要点

1．推断损伤工具，简述广泛性软组织挫伤是如何形成的？

2．广泛性软组织挫伤约占体表面积的比例是多少？

3．如何判断损伤后存活时间？

4．分析死亡原因，请完整写出分析说明及结论。

（四）思考题

如果伤者损伤后5天死亡，组织学检查见肾脏远曲小管及集合管内大量蛋白管型（图21-16），请思考：

1．损伤后存活时间的判断依据是什么？

2．肾脏远曲小管及集合管内蛋白管型形成的原因，如何区分肌红蛋白及血红蛋白管型？

3．分析死亡原因。

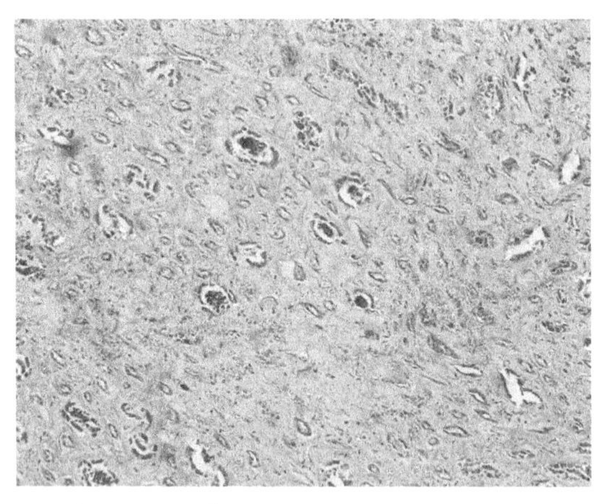

图21-16　远曲小管中蛋白管型（protein casts in distal convoluted tubule，HE×200）

案例六（肝破裂）

（一）案情摘要

某女，42岁，于2007年11月9日发生交通事故，送中医院治疗，诊断为：右肾挫伤包膜下血肿，肝右叶挫裂并腹腔少量出血；送医院时神志清楚，一小时后突然出现昏迷等症状，抢救无效死亡。

（二）法医学检查

1．尸表检查　尸长161cm，发育正常，体型中等。尸斑红色，分布于尸体背侧未受压部位，指压不褪色；尸僵已缓解。黑色头发，长12cm。角膜混浊，双侧瞳孔不能透视，结膜苍白，巩膜无黄染。口、鼻腔及双侧外耳道未见异常分泌物，牙齿无异常。胸廓对称，腹部膨隆。脊柱、四肢无畸形。指（趾）甲床轻度发绀。外生殖器未见异常。

尸表损伤情况：①右前额见星芒状已缝合创口，三边长分别为 3.0cm、2.5cm、2.0cm，边缘不齐；②右眼眶上方及外下方分别见 1.5cm×0.8cm、1.5cm×0.8cm 大小擦伤；③右膝伸侧下方见 2.0cm×0.5cm 大小挫擦伤；④左手背侧见一处疑似注射针孔。

2．内部检查　右前额见 3.5cm×3.0cm 大小头皮下出血；颅骨未见骨折。硬脑膜外、下及蛛网膜下腔未见出血；全脑重 1280.0g，双侧大脑半球对称。基底动脉及脑动脉节段性硬化；脑切面未见出血，脑室未见明显异常；脑垂体未见异常。扁桃体未见明显红肿，气管居中。喉黏膜轻度水肿，喉腔及气管内未见异物。舌骨及喉软骨未见骨折；甲状腺无肿大，未见结节。

左侧 2～5 肋骨于锁骨中线处骨折，骨折处肋间肌少量出血。双侧胸腔见暗红色积液，其中左侧 200.0ml，右侧 400.0ml。胸腺无异常。左肺重 380.0g，右肺重 400.0g，双肺无实变，表面呈灰白色，右肺上叶与胸膜轻度粘连，肺膜下未见出血点，切面淤血，见少量泡沫状粉红色液体溢出；支气管及肺门淋巴结及肺动脉未见异常。心包无粘连，心包完整，心包腔内见 50.0ml 暗红色液体。心脏重 300.0g，外观未见明显异常；左心室肌厚 1.2cm，右心室肌厚 0.2cm，心肌切面未见明显出血、梗死灶；各瓣膜周径分别为：三尖瓣 11.5cm，肺动脉瓣 8.0cm，二尖瓣 9.0cm，主动脉瓣 7.5cm；心内膜未见异常，心腔内未见附壁血栓形成，冠状动脉开口未见异常，左冠状动脉前降支距开口远端 2.0cm 处内膜增厚，切面呈黄白色，管腔狭窄约 80%，延续长度 0.5cm（图 21-17）。

腹壁脂肪厚 1.5cm，腹腔见暗红色血性液体 250.0ml，各脏器位置正常。胃内有淡黄色液体 30.0ml，黏膜无糜烂、出血，胃浆膜面光滑。大、小肠管壁无穿孔、坏死。肝脏重 1580.0g，肝右叶膈面及脏面见多处不规则平行裂创，范围 13.0cm×4.5cm，边缘不整齐，见组织间桥（图 21-18）；肝质地中等，表、切面未见结节、肿块。脾重 200.0g，包膜完整，切面淤血。胰腺重 110.0g，实质及周围脂肪组织未见出血、坏死。左肾重 180.0g，右肾重 200.0g；右肾下极见 6.0cm×1.0cm 大小包膜出血，肾包膜易剥离；左肾盂积水，见一褐色结石，大小 1.0cm×0.8cm×0.7cm；右肾盂内见数个褐绿色结石，大小约 0.5cm×0.5cm×0.3cm。双侧肾上腺未见异常。膀胱内无异常。子宫重 180g，大小为 9.0cm×6.5cm×3.5cm，宫腔内见少量暗红色血性液体。

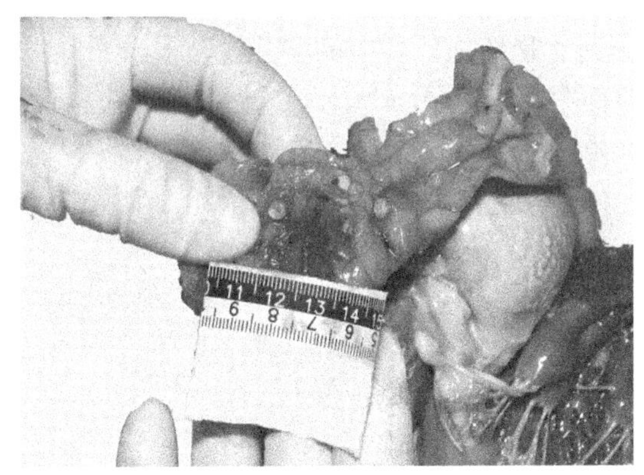

图 21-17　左冠状动脉前降支硬化管腔狭窄Ⅳ级

图 21-18　肝挫裂创

3．组织学检查　脑组织稍疏松，神经细胞未见明显异常，胶质细胞未见增生，蛛网膜下腔及脑内血管淤血，未见出血及炎细胞浸润。心肌横纹尚清晰，未见明显梗死灶，心室肌部分脂肪浸润；间质血管淤血。冠状动脉狭窄达Ⅳ级（图 21-19）。部分肺泡腔内充满淡红染无结构均质物，肺泡壁毛细血管及间质血管淤血，未见炎细胞浸润，细小支气管未见异常。喉黏膜层及黏膜下层组织稍疏松，黏膜下血管淤血。肝小叶结构正常，破裂缘肝细胞部分碎裂，实质内见灶性出血，肝窦轻度淤血；汇管区见淋巴细胞灶性浸润。胰腺细胞自溶。胃黏膜未见异常，黏膜下层血管淤血。大、小肠黏膜自溶，黏膜下层血管淤血。脾血窦淤血。肾包膜见出血灶，肾小球结构尚正常，肾小管上皮自溶，管腔内偶见蛋白管型；间质血管淤血，见淋巴细胞灶性浸润。甲状腺滤泡腔内充满红染胶质物。

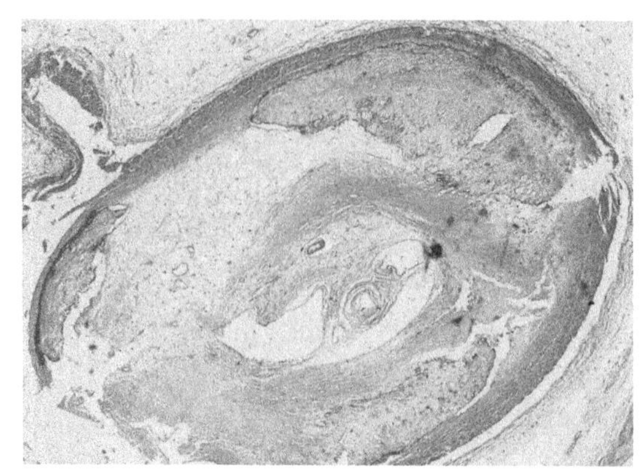

图 21-19　冠状动脉粥样硬化管腔狭窄Ⅳ级（HE×50）

（三）讨论要点

1. 肝脏损伤有何特征，致伤物是什么？肝损伤能否导致死亡？

2. 描述冠状动脉粥样硬化的病理学改变，管腔狭窄属几级？

3. 心脏冠状动脉粥样硬化对死亡的发生起到什么作用？

4. 您认为损伤与疾病在死亡中的主次关系如何？参照渡边富雄的“事故参与度”，您认为损伤在死亡中的参与度是多少？

5. 请完整写出病理学诊断、死因分析及鉴定结论。

（四）思考题

1. 假如无腹腔内损伤及出血，您认为损伤与疾病在死亡中的主次关系如何？损伤在死亡中的参与度是多少？

2. 假如肝脏损伤后出血 1000.0ml（约占全身血量的 20%），损伤后 12 小时死亡，冠状动脉粥样硬化管腔狭窄Ⅲ级，您认为损伤与疾病在死亡中的主次关系如何？损伤在死亡中的参与度是多少？

3. 假如肝脏损伤后出血 1500.0ml（约占全身血量的 30%），损伤后 1 天死亡，冠状动脉粥样硬化管腔狭窄Ⅱ级，您认为损伤与疾病在死亡中的主次关系如何？损伤在死亡中的参与度是多少？

4. 假如肝脏损伤后出血 2500.0ml（约占全身血量的 50%），损伤后 3 天死亡，冠状动脉粥样硬化管腔狭窄Ⅰ～Ⅱ级，您认为损伤与疾病在死亡中的主次关系如何？损伤在死亡中的参与度是多少？

（王慧君　刘小山）

实验二十二　医疗纠纷实案分析

一、实验目的

通过对本章医疗纠纷实际案例检验意见书（节选）进行学习及深入分析，达到对以下几方面的认识和理解的目的：

1. 掌握医疗纠纷法医尸体解剖的注意事项及检验意见书的格式；
2. 熟悉医疗损害责任司法鉴定及医疗事故鉴定异同及相关程序。

二、案例分析

案例一

（一）病历摘要

白某，女，2岁，某年3月31日8:00因咳嗽、低烧4天到某卫生室就诊，体检：T 37.1℃，有惊厥，手、脚、嘴不张，诊断“感冒”给予输液治疗（头孢曲松钠70mg+5%葡萄糖液80.0ml），输第2瓶液体时，患儿出现抽搐、惊厥，立即送某镇卫生院，某镇卫生院诊断“高热，惊厥，昏迷”，立即注射醒脑舒2.0ml，并转送某县医院。

某县医院10:20病历记录：发热4天，惊厥2天，间断抽搐2小时余。查体T 37.1℃，SpO_2 91%。神志不清，持续抽搐状态，双眼凝视，口唇发绀，颈强直，四肢强直、抖动，双手、足可见红色、暗红色斑丘疹，部分为疱疹。初步诊断：手足口病（重症）？给予抗感染及对症支持治疗；告病危。10:30抢救及护理记录：立即持续鼻导管吸氧，10%水合氯醛7ml灌肠后仍抽搐，静滴苯巴比妥钠针止惊，20%甘露醇70.0ml快速静脉滴注降颅压，约3分钟抽搐渐停止，口唇发绀缓解，测SpO_2 93%。10:40急转某市中心医院。

某市中心医院11:20病历记录：4天前无明显诱因出现发热，最高38℃，2天前出现易惊、精神差，咳嗽、流涕、四肢无力。今晨在某卫生室输液时发生抽搐。查体：T 38.3℃，P 148次/分，R 32次/分，BP 98/65mmHg。昏睡至浅昏迷，刺激有反应，双手、足可见红色、暗红色斑丘疹，部分为疱疹。双侧巴宾斯基征阳性。初步诊断：手足口病；病毒性脑炎。给予脱水、降颅压、抗感染、预防并发症等治疗；告病危等。腰穿抽出清亮、透明脑脊液（CSF），结果：潘氏试验阳性，细胞计数34×10^6/L，总蛋白111.03mg/dl。4月1日6:30及7:40又发生抽搐，抽搐时四肢僵硬，SpO_2下降，血压升高。行气管插管、机械通气。9:10突然出现心率减慢、心脏骤停及肺出血，经抢救无效宣布临床死亡。死亡诊断：手足口病；病毒性脑干脑炎；肺出血。

因医疗纠纷家属将尸体在家冰冻保存，14个月后某法院委托对4家医疗机构诊疗行为进行医疗损害司法鉴定，法医鉴定机构要求进行法医解剖查明死因。

（二）法医学检查

1. 尸表检查　解冻尸体，尸长88.0cm，发长3.0cm，营养良好，发育正常。尸斑呈暗红色，位于腰背未受压部位，指压不褪色。眼球凹陷，睑球结膜苍白，角膜重度混浊。腹部大面积尸绿形成。右足背外侧及右足踇趾内侧见多个可疑疱疹，切开见皮下出血。右腕上、左足背及双手背见多处注射针眼。

2．内部检查　冠状切开头皮，头皮未见出血，颅骨未见骨折。脑重1250.0g，脑水肿，脑底动脉环未见异常，双侧小脑扁桃体疝及海马钩回疝形成，脑内未见血肿形成。分层解剖颈部未见出血。舌骨及喉头诸软骨未见骨折，喉头、甲状腺、颌下腺及食管未见异常，气管旁淋巴结肿大，气管未见异物堵塞。

顺序剖开胸腹腔，胸骨、肋骨及肋软骨未见骨折。双侧膈肌高度均位于第4～5肋间。胸腔各器官位置正常。左肺重70.0g，右肺重40.0g，切面淤血水肿。心重100.0g，左室壁厚0.6cm，右室壁厚0.2cm，外形及大小正常，冠状动脉检查未见异常，顺血流剪开各心房、心室，未见畸形及瓣膜异常。

腹腔大网膜及各器官位置正常，未见腹腔积液及积血。肝重450.0g，大小21.0cm×19.0cm×6.5cm，切面轻度泡沫器官，胆囊及胆道系统正常。脾重100.0g，大小4.0cm×5.0cm×4.0cm。双肾重100.0g，肾包膜易剥离，皮质厚0.3cm，肾表面及切面未见异常。胰未见异常。胃、小肠、阑尾及大肠未见异常。膀胱充盈，尿液50.0ml。

3．组织学及免疫病理学检查　大脑及小脑蛛网膜下腔可见数量不等的单核、淋巴细胞浸润；脑各部水肿，并见数量不等的胶质小结、淋巴袖套及噬神经细胞现象，以脑干（脑桥、延脑）病变为重，神经元坏死明显（图22-1）。肠道病毒71型衣壳蛋白（EV71-VP1）多克隆抗体对脑组织进行免疫组织化学检查检测，显示EV71病毒抗原在脑干神经细胞胞体、轴突、树突及病变周围小胶质细胞呈阳性表达（图22-2）。

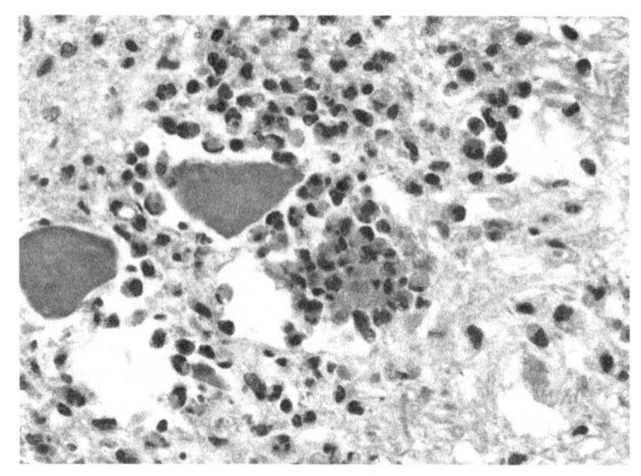

图22-1　脑桥胶质小结及噬神经细胞现象（formations of glial nodule and neuronophagia in pons，HE×40）

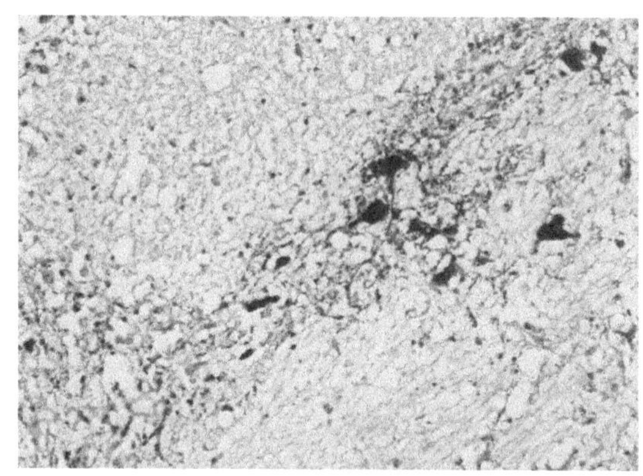

图22-2　脑桥EV71-VP1免疫组织化学呈阳性（positive results of Anti-EV71-VP1 immunohistochemistry in pons，SABC×20）

喉头黏膜轻度水肿、黏膜下层淋巴组织增生，伴较多单核、淋巴细胞浸润；腭扁桃体淋巴组织增生，间质水肿；颌下腺间质单核、淋巴细胞浸润及灶性聚集。

肺水肿显著，小片状出血，少数肺泡壁轻度增宽，伴单核、淋巴细胞浸润，细小血管轻度淤血。左心室间质及心外膜散在单核、淋巴细胞灶性浸润。

肝汇管区见少量单核、淋巴细胞浸润；脾淤血明显；肾小球毛细血管丛及间质细小血管轻度淤血；胃固有层偶见少量单核、淋巴细胞浸润，小肠黏膜出血，阑尾单核、淋巴细胞轻度增多。胰、肝、肾可见程度不一的自溶改变。

右足背外侧及右足拇指内侧可疑疱疹皮肤，镜下真皮浅层少量单核、淋巴细胞浸润，深层见小片状出血。

4．实验室检查　提取不同部位人体组织，−80℃冰冻保存，使用肠道病毒71型（Enterovirus 71，

EV71）特异性核酸引物（目的产物261bp），经RT-PCR检测，在脑干、颈髓及皮肤疱疹部位检出EV71核酸（图22-3）。

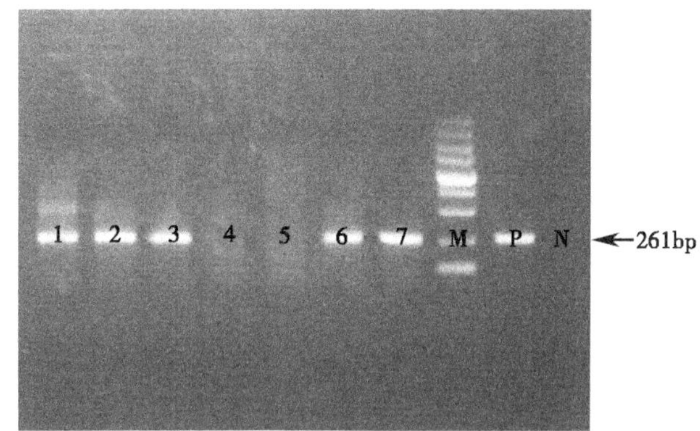

图22-3　脑组织及皮肤疱疹处检出EV71病毒核酸（PT-PCR results of EV71 RNA in brain tissues and cutaneous blebs）

1：中央回　2：中脑　3：脑桥　4：心　5：胸腺　6：右脚背　7：右踇趾　P：阳性对照　N：阴性对照　M：marker

5．法医病理学诊断

（1）EV71病毒性脑炎，脑水肿伴脑疝形成；

（2）重度肺水肿，轻度间质性肺炎及肺出血；

（3）轻度间质性心肌炎；

（4）颌下腺炎；

（5）右足背外侧、右足踇趾皮肤疱疹；

（6）全身多器官淤血；

（7）多器官自溶及冰晶形成。

（三）分析说明

1．据法医尸检、组织病理学检查结果，被鉴定人白某各主要器官、皮肤及对应注射针眼处未见嗜酸性粒细胞浸润，未见喉头水肿，结合案情、病历资料及死亡经过，综合分析，认为可排除白某因药物过敏性休克而死亡的可能。

2．根据法医尸检、组织病理学及EV71病原学检查，被鉴定人白某患病毒性脑炎，尤以脑干为重，EV71病毒抗原及病毒核酸经免疫组织化学及RT-PCR检测均呈阳性。结合案情、病历资料及死亡过程，综合分析，认为白某系EV71病毒性脑炎，致急性中枢神经系统功能衰竭而死亡。

3．被鉴定人白某3月31日病程已经持续4～5天，在31日之前未见就医记载，现有病历资料显示患儿为典型“重症手足口病（脑炎型）”；法医病理学及病原学检查确诊为EV71病毒性脑炎，认为白某所患疾病病情严重、发展较快，其死亡主要是自身疾病发展、演变所致。

（四）鉴定意见

白某系EV71病毒性脑炎，致急性中枢神经系统功能衰竭而死亡。

后记：尸检明确死亡原因后，鉴定机构举行医患各方意见陈述会，根据临床资料、尸检报告及临床专家会诊意见，对4个医疗机构的医疗损害责任进行了司法鉴定，主要分析结果及鉴定意见如下：

1．EV71病毒是当前导致手足口病的主要病原体，因此某县医院诊断“手足口病重症（脑炎型）”及某市中心医院诊断“手足口病；病毒性脑炎”的临床诊断与法医病理学诊断结果一致。

2．根据案情、病历资料，被鉴定人白某3月31日到某卫生室就诊，已有“有惊厥，手、脚、嘴不张”病情时，卫生室仍然给予输液治疗，表明该卫生室存在对病情严重性认识不足、未及时转诊并延误病情之过错，该过错与白某死亡之间存在轻微因果关系。

3. 被鉴定人白某3月31日被送到某镇卫生院，在该院就诊时间极短，随即被转至某县医院，该院存在病历资料提供不全之过错，但该过错与白某死亡之间不存在因果关系。

4. 被鉴定人白某3月31日被转至某县医院，就诊时间仅40分钟，该院病因诊断准确及时，并立即给以吸氧、止惊、降颅内压、迅速转院等措施，其诊疗行为符合当前医疗常规，无医疗过错行为。

5. 被鉴定人白某3月31日被转至某市中心医院，就诊时间不到24小时，该院病因诊断准确及时，相关辅助检查及治疗（脱水、降颅压、支持、防治并发症及抗感染）措施完善，其诊疗行为符合当前医疗常规，无医疗过错行为。

鉴定意见：某镇卫生院存在病历资料提供不全之过错，但该过错与白某死亡之间不存在因果关系；某县医院、某市中心医院不存在医疗过错；某卫生室存在对白某病情严重性认识不足、未及时转诊并延误病情之过错，该过错与白某死亡之间存在轻微因果关系（供办案单位参考）。

（五）思考题

1. 试述医疗纠纷的法医尸体解剖的重要性及其注意事项有哪些？

2. 学习《医疗事故处理条例》第18条规定，讨论尸体保存超过规定时间对尸检结果的影响。

3. 结合本案例，讨论哪些临床检验技术、设备可用于法医病理学诊断？

案例二

（一）病历摘要

袁某，女，62岁，某年2月22日19:15因“尿频、尿急”到某卫生院就诊，诊断为“泌尿系统感染”，给予头孢呋辛钠1.5g＋0.9%氯化钠250.0ml静脉滴注，输注1分钟后感喉咙不适、脚麻并呼吸困难，对其进行注射强心针、心外按压等措施，因抢救无效于当晚20:00宣布死亡。家属称袁某生前有青霉素药物过敏史。

（二）法医学检查

1. 尸表检查　成人女性尸体。尸长147.0cm，发长23.0cm。发育正常，肥胖。尸僵已缓解，尸斑呈紫红色，位于腰背未受压部位，指压不褪色。左侧球睑结膜苍白，右侧充血，角膜透明，双侧瞳孔等大等圆，直径0.5cm，口、鼻腔及双侧外耳道未见异常，口唇发绀，齿列未见异常。双手指甲及双足趾甲苍白。左手背尺侧静脉处见注射针眼，切开见皮下出血。

2. 内部检查　冠状切开头皮，头皮及帽状腱膜下未见出血，锯开颅骨，颅顶及颅底诸骨未见骨折，硬膜外及硬膜下未见出血，脑重1290.0g，脑底动脉环未见异常，切开未见血肿。

舌肌切开未见出血，颈分层解剖未见异常，舌骨及喉头诸软骨未见骨折。喉头水肿显著（图22-4）。腭扁桃体肿大，甲状腺及食管未见异常。

顺序剖开胸腹腔。胸骨及肋骨未见骨折，胸腔各器官位置正常。双侧胸腔未见积液。

心肥大，重450.0g，表面轻度脂肪浸润，顺血流剪开各心房、心室，左心室肥厚，左室壁厚2.0cm，左心室前乳头肌肥大，右室壁厚0.3cm，主动脉根部散在脂质斑块。冠状动脉检查，左前降支距起始端1.0cm见Ⅱ级孤立性粥样硬化斑块。左、右肺分别重325.0g、370.0g，切面淤血、水肿。

腹壁皮下脂肪厚3.0cm，左侧膈肌高度位于第4肋间，右侧位于第5肋间。腹腔大网膜及各器官位置正常，腹腔积液50.0ml。

肝大，重2100.0g，大小31.0cm×16.0cm×11.0cm，胆囊充盈，胆道系统未见异常。脾重130.0g，大小14.5cm×5.5cm×3.0cm。双肾重400.0g，切面皮髓质分界清楚，皮质厚0.4cm。胰表面及切面未见异常。胃充盈，食糜部分消化，量约1000.0g；十二指肠、空肠、回肠、阑尾及结肠未见异常。膀胱存有少量尿液。子宫及双侧附件萎缩。

3. 组织学检查　脑淤血、水肿，蛛网膜下腔及脑细小动脉硬化明显。喉头水肿明显，黏膜下层水肿伴嗜酸性粒细胞浸润（图22-5）。腭扁桃体、甲状腺及食管未见异常。

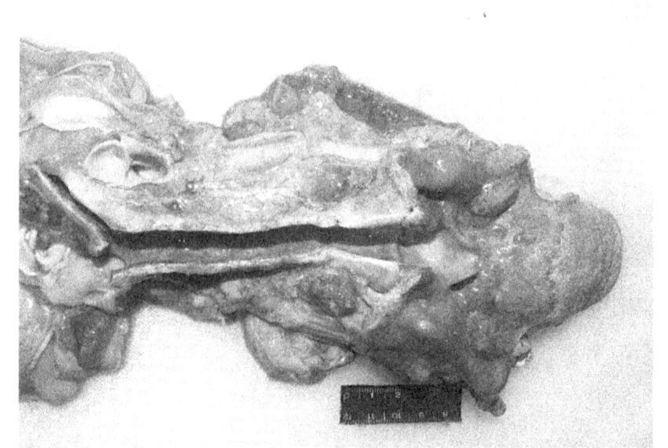

图 22-4　喉头水肿（laryngeal edema）

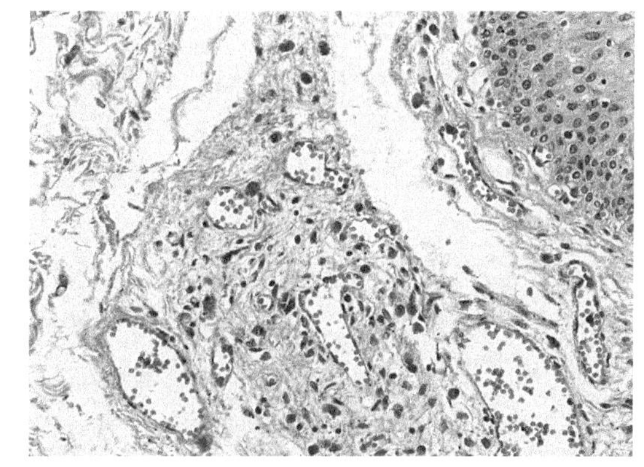

图 22-5　喉头黏膜下层水肿及嗜酸性粒细胞浸润（laryngeal edema and eosinophils infiltration，HE × 20）

心内膜浦肯野纤维散在收缩带坏死，心外膜单核、淋巴细胞呈带状浸润，心外膜及心肌间质均见数量不一的嗜酸性粒细胞浸润，细小血管内偶见微血栓。冠状动脉左前降支粥样斑块形成，并见钙盐颗粒沉积。心传导系统检查房室结重度脂肪组织浸润。

部分肺泡呈气肿状，少数肺细小血管、毛细血管内可见微血栓或纤维素增多，细小动脉硬化明显。支气管、细小支气管黏膜下层水肿，单核、淋巴细胞浸润明显，并见数量不一的嗜酸性粒细胞浸润。

肝细胞水肿显著，呈气球样变，部分肝细胞胞浆见大小不一的脂肪空泡，少数肝细胞坏死伴淋巴细胞浸润，肝窦受压、变窄，间质轻度纤维化，并分割肝小叶。脾小体周围、脾索嗜酸性粒细胞浸润，脾窦空虚呈贫血状，嗜酸性粒细胞明显增多。部分肾小球纤维化、玻璃样变，所属肾小管萎缩，间质散在数量不等的单核、淋巴细胞，部分细小动脉硬化。膀胱黏膜下层见较多嗜酸性粒细胞浸润。卵巢功能退化，未见各级卵泡。

胰腺弥漫性自溶；胃、肠黏膜自溶明显。

4. 实验室检查　提取袁某外周血、离心分离血清，送某医院检验血清免疫球蛋白 E（IgE）含量，结果为 209.59 IU/ml（正常 1.31～165.3 IU/ml）；心肌肌钙蛋白 I（cTnI）及磷酸肌酸激酶同工酶（CK-MB）均在正常范围。

5. 法医病理学诊断

（1）过敏性休克；

1）喉头水肿；

2）多器官嗜酸性粒细胞浸润；

3）多器官微血栓形成；

（2）高血压性心脏病合并冠心病（左前降支管腔狭窄Ⅱ级）；

（3）慢性支气管炎；

（4）病毒性肝炎并轻度纤维化；

（5）多器官细小动脉硬化（脑、肺、肾）；

（6）慢性扁桃体炎；

（三）分析说明

1. 根据法医尸检、组织病理学检查，被鉴定人袁某喉头水肿、多器官嗜酸性粒细胞浸润及微血栓形成，参照血清检验 IgE 水平升高，结合案情、病历资料及死亡过程，综合分析，认为袁某在头孢呋辛钠静脉输液过程中，因药物过敏性休克而死亡。

2. 根据法医尸检、组织病理学检查，被鉴定人袁某患高血压性心脏病合并冠心病，但未见冠状动脉斑块内出血、急性心肌缺血或梗死等病变，参照血清检验 cTnI 及 CK-MB 均在正常范围，结合案情、病历资料及死亡过程，综合分析，认为可排除袁某心脏性猝死的可能。

（四）鉴定意见

袁某因静脉输液致药物过敏性休克而死亡。

后记：尸检明确死亡原因后，鉴定机构受法院委托对该医疗机构诊疗进行医疗损害责任司法鉴定，在举行医患各方意见陈述会后，根据临床资料、尸检报告及临床专家会诊意见，主要分析结果及鉴定意见如下：

1. 根据当前用药规范，对应用头孢菌素类抗生素并未明确指出需要进行皮试，但要求在用前须详细询问患者先前有否对头孢菌素类、青霉素类或其他药物过敏史。

2. 某卫生室存在给袁某用药前未仔细询问药物过敏史之医疗过错，该医疗过错与袁某因药物过敏性休克死亡存在一定因果关系。

鉴定意见：综合分析，认为医方在用药前未仔细询问患者过敏史，因此存在一定医疗过错，该医疗过错与袁某因药物过敏性休克死亡存在一定的因果关系（供办案单位参考）。

（五）思考题

1. 试述疑似药物过敏性休克死亡时，尸体解剖注意事项及法医病理学诊断要点？

2. 在医疗纠纷的法医病理学鉴定中，如何判断冠心病猝死与药物过敏性休克死亡？

3. 请查阅文献，了解尸体血液或血清生化检测对法医诊断的参考价值？

案例三

（一）病历摘要

杨某，男，63 岁，某年 11 月 26 日 20:00 服用某诊所给予的泼尼松、双氯芬酸片、贝诺酯片，次日凌晨 3 时左右发生不良反应。先后被送到某县中医院和某市人民医院救治。11 月 28 日 1 时许在某市人民医院死亡。

据某县中医院病历记载：11 月 27 日杨某因“服药后发热、颜面水肿半天”入院。查体：T 39.5℃，P 108 次 / 分，BP 75/40mmHg，R 23 次 / 分。神清，精神差，抬入病房，颜面浮肿，双眼睑红肿，无法观察瞳孔，唇干，张口困难，腹平软，剑突下压痛。血常规及血生化检查：WBC 1.8×10^9/L，中性粒细胞百分比 50%，淋巴细胞百分比 44.9%。BUN 10.7mmol/L，Cr 138.2μmol/L；GLU 10.7mmol/L。ALT 48U/L，AST 56U/L。经扩容、升压、抗感染、抗过敏及对症、支持治疗后仍无尿，当日转上级医院诊治。出院诊断：药物过敏，过敏性休克？药物中毒？高热原因待查？白细胞减少，感染性休克？

转入某市人民医院病历记载：查体：T 36.9℃，P 100 次 / 分，R 20 次 / 分，BP 120/60mmHg。神志恍惚，极度躁动不安，查体不合作。双眼睑、颜面部水肿，有淡红色斑疹，结膜充血。上胸部有皮疹，右肺部可闻及少许湿啰音。诊断为：急性药物中毒；过敏性休克？流行性出血热？颅内感染？脑血管意外？肺部感染？低血糖。11 月 28 日因抢救无效而死亡。

（二）法医学检查

1. 尸表检查　尸长 160.0cm，营养良好，头面部、颈前区、前胸部大片深红色斑疹，边界不清，部分区域皮肤大水疱形成，表皮剥脱（图 22-6）。双侧眼睑肿胀。右上睑见面积为 6.0cm × 2.5cm 带状表皮剥脱区；左上睑及下睑分别见 5.0cm × 0.2cm 和 1.6cm × 1.5cm 的表皮剥脱，淡红色。结膜苍白，角膜混浊，瞳孔未见。右唇颊沟及左下颌缘分别见 2.0cm × 0.3cm 和 3.0cm × 2.0cm 的擦伤，右腕桡侧见 1.2cm × 0.6cm 和 1.5cm × 0.5cm 两处擦伤，右肘后见 1.5cm × 0.6cm 和 2.0cm × 1.0cm 两处擦伤，右前臂上段腹侧见针孔痕迹。左前臂中段背侧 7.0cm × 4.0cm 红疹。

2. 内部检查　右颞部 3.0cm × 2.5cm 头皮出血，颅骨未见骨折，颅内未见出血。脑重 1250g，脑基底动脉环多发性粥样硬化斑块。脑表面及切面未见异常。喉部黏膜轻度水肿，声门裂无明显狭窄。

桶状胸，胸腔内少量淡黄色清亮液体。双肺膨隆，左肺尖部见肺大疱，胸膜完整，切面大量白色泡沫状液体流出。心肥大，重 500.0g，左室心腔小，呈向心性肥厚（厚 1.5cm），乳头肌粗大。冠状动脉开口位置正常，冠状动脉各主支未见粥样硬化斑块。主动脉内膜可见脂纹。

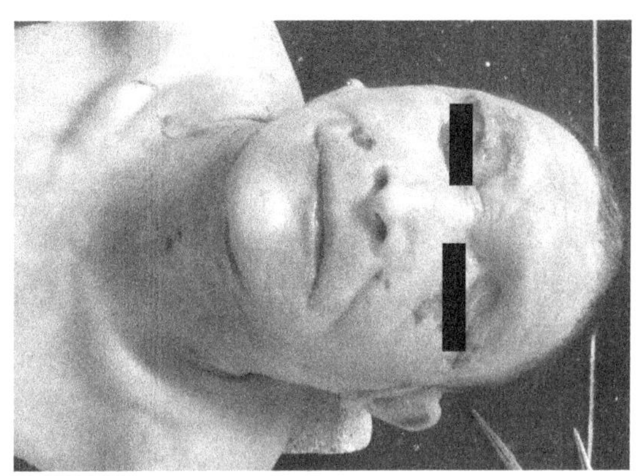

图 22-6　面部皮肤斑疹、水疱形成（macula and blain on the faces）

腹壁脂肪厚 3.5cm，大网膜位置正常，无粘连。双肾重 250g，表面呈细颗粒状。胃内约 50ml 淡黄褐色液体，胃黏膜未见出血、糜烂及坏死改变。肠系膜及淋巴结未见异常。其他腹腔、盆腔器官大体检查未见异常。

3. 组织学检查　皮肤水疱区表皮剥脱，真皮浅层组织疏松，汗腺周围少量淋巴细胞浸润。脑水肿明显，部分区域可见淀粉样小体形成。

喉头黏膜下层组织疏松，偶见少量嗜酸性粒细胞浸润。左室心外膜多处灶性单核、淋巴细胞浸润，心肌间质细小血管周围轻度纤维结缔组织增生。右室壁未见异常。双肺淤血。

双肾皮质部分肾小球纤维化、玻璃样变，所属肾小管萎缩，周围纤维结缔组织增生，伴以单核、淋巴细胞为主的炎细胞浸润，病灶区肾小球入球小动脉硬化，细动脉玻璃样变性。部分肝细胞脂肪变性，肝小叶内小灶性单核、淋巴细胞浸润。胃黏膜层淋巴滤泡增生。其他各组织、器官未见异常。

4. 法医病理学诊断

（1）大疱性表皮松解型药疹；

（2）喉头水肿；

（3）高血压病；

1）心肥大、重 500.0g，左心室向心性肥厚；

2）轻度颗粒性固缩肾；

3）多器官细小动脉硬化；

（4）脑水肿，脑基底动脉环粥样硬化；

（5）肺淤血。

（三）分析说明

1. 根据法医尸检及组织病理学检查，未发现杨某患高血压病致死性并发症，其他各重要器官也未见致死性病变，结合案情、病历资料及死亡经过，可排除杨某因高血压病及其他重要器官疾病致死的可能。

2. 根据法医尸检及组织病理学检查，杨某皮肤水疱符合大疱性表皮松解型药疹表现，喉部改变符合过敏反应表现，结合杨某服用解热止痛药（贝诺酯、双氯芬酸）后很快出现发热，且出现广泛皮疹，水肿等药物过敏的表现，结合案情、病历资料及死亡经过，分析认为，认为杨某符合药物过敏反应致大疱性表皮松解型药疹而死亡。

（四）鉴定意见

杨某因药物过敏反应致大疱性表皮松解型药疹而死亡。

后记：尸检明确死亡原因后，鉴定机构受法院委托对该医疗机构诊疗进行医疗损害责任司法鉴定，在举行医患各方意见陈述会后，根据临床资料、尸检报告及临床专家会诊意见，主要分析结果及鉴定意见如下：

1. 贝诺酯、双氯芬酸可引起过敏反应，但发生率极低，与特异性体质有关。杨某服用贝诺酯和双氯芬酸后发生药物过敏反应，与其自身特殊体质及死亡后果之间均有因果关系，但服用该药后是否会发生过敏反应，医生不能预测。

2. 某县中医院及某市人民医院对杨某的抢救治疗措施不违反当前的诊疗常规。

鉴定意见：杨某服用贝诺酯和双氯芬酸后发生药物过敏反应，与其自身特殊体质有因果关系；某县中医院及某市人民医院对杨某的诊治正确、及时，符合当前医疗规范，不存在医疗过错（供办案单位参考）。

（五）思考题

1. 试述常见引起药物过敏性休克的药物有哪些？

2. 过敏性休克死因分析的方法和原则是什么？

3. 请结合本章案例，全面了解临床药物过敏试验的方法及要求。

案例四

（一）病历摘要

袁某，女，5岁，某年3月23日16:00，因“呕吐1天，加重2小时”收住某医院。1天前患儿进食“橘子”后始呕吐，共约10次，初如清水样物，后可见咖啡色样物，具体不详。伴腹痛、尿量减少、精神差，无腹泻、抽搐、发热及昏迷。于当地治疗（输液、用药不详）未见好转，因病情恶化，出现少尿、精神差而急送医院。入院时查体：精神极差，肢端发凉，皮肤可见花斑样变。呼之能应，唇干、咽充血，腭扁桃体Ⅱ度肿大，见脓点。双肺呼吸音粗，未闻及干、湿性啰音。心率150次/分，律齐，心音有力。腹膨隆、叩诊呈鼓音；肝脾不大，脐周可见瘀斑，脐部及剑突下压痛，无反跳痛，肠鸣音减弱，1次/分，无金属、高调音。心电图示窦性心动过速。血常规示WBC $18.2\times10^9/L$，中性粒细胞百分比68.6%，淋巴细胞百分比21.5%，Hb 163g/L，PLT $202\times10^9/L$。腹部透视见左横结肠充气，扩张；中腹部肠腔积气，不扩张。入院诊断：1. 急性胃炎伴重度脱水；2. 急性化脓性扁桃体炎，感染性休克；3. 急性上消化道出血？当晚23:00病程记录：经治疗后神志较前清楚，语言表达清楚，诉腹胀，但时有谵妄。查体：面色显苍白、心率140～150次/分，已行两次肛管排气、排出少量气体后，诉腹胀有所减轻。23:50病程记录：患儿躁动不安，诉口渴，在“尿不湿”护垫上排尿一次。查体：发热、面色较前稍红润，考虑患儿上消化道出血、有脱水，给予退热栓1粒（0.3g）降温，因电解质检查示CO_2-CP 18mmol/L，考虑腹胀为中毒性肠麻痹。24日2:10病程记录：患儿23日24:00诉口渴给服少量温开水后，又发生3次呕吐，呕吐物呈淡黄色，给予甲氧氯普胺肌注对症治疗。3月24日7:00病程记录：家属代诉患儿4:35突然喉头痰鸣，随即呼之不应，值班护士立即手掐患儿人中约30秒，但患儿无反应，4:40查心率约200次/分，心音极弱，心律不齐，有期前收缩。呼吸浅，约60次/分，刺激无反应，4:58患儿呼吸心跳停止，6:05经抢救无效宣布临床死亡。死后诊断：1. 急性胃炎伴中重度脱水；2. 急性化脓性扁桃体炎；3. 感染性休克；4. 急性上消化道出血；5. 中毒性肠麻痹；6. 恶性心律失常。

（二）法医学检查

1. 尸表检查　尸长111.0cm，发长15.0cm。尸僵已缓解，尸斑呈暗红色，位于尸体腰背侧，角膜中度混浊，结膜苍白。鼻腔内有黄色液体流出，唇、口腔及外耳道未见异常。右手肘部、双手背及双脚内踝可见注射针眼。

2. 内部检查　冠状切开头皮未见异常，颅骨无骨折，硬脑膜外及硬脑膜下腔未见出血，脑重1200.0g，脑回增宽，脑沟变浅，小脑扁桃体有轻度压迹。

颈部皮肤、肌肉及软组织均无异常，咽喉部轻度充血，腭扁桃体Ⅱ度肿大。双侧胸腔淡红色血性积液，量100.0ml，气管及支气管少量淡黄色液体，肺门淋巴结无肿大，左肺200.0g，右肺200.0g。心包腔10.0ml淡黄色液体，心重150.0g，左室壁厚1.0cm，右室壁0.2cm，各瓣膜未见异常，冠状动脉开口及各主支未见异常。主动脉内膜光滑，动脉导管未闭合。

腹腔血性液体约250.0ml，大网膜无粘连，回肠、空肠广泛性出血坏死（图22-7），肠系膜无明显出血，肠系膜淋巴结无肿大。胆道通畅，胆囊内膜光滑，脾重50.0g，左、右肾各重50.0g，肝、脾、胰、肾大体未见特殊改变。

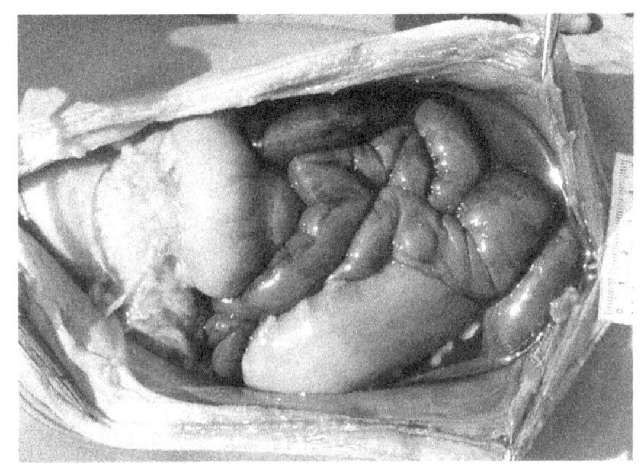

图22-7　小肠出血坏死（bleeding and necrosis of the small intestine）

3．组织学检查　脑蛛网膜下腔血管扩张淤血，神经细胞肿胀变性，细胞间隙及毛细血管周围间隙增宽。

腭扁桃体上皮细胞变性坏死脱落，散在中性粒细胞浸润，淋巴组织反应性增生，多数血管轻度淤血。胸腺部分血管空虚。心肌间质部分细小血管扩张淤血，部分血管空虚。肺水肿，部分肺泡散在巨噬细胞、中性粒细胞浸润及红细胞漏出，灶性肺泡萎缩或肺泡扩张，肺血管扩张淤血。

肝细胞水肿，少数肝细胞核固缩，肝窦空虚呈贫血状。脾窦空虚，呈贫血状，白髓散在中性粒细胞浸润。肾小球毛细血管丛及间质细小血管空虚，呈贫血状。

小肠壁全层广泛性出血、坏死，散在炎细胞浸润。回盲部、结肠及阑尾黏膜自溶，黏膜下层充血，黏膜层及黏膜下层散在淋巴细胞浸润。

4．法医病理学诊断

（1）急性出血坏死性小肠炎；

（2）脑水肿，小脑扁桃体疝形成；

（3）肺淤血、肺水肿；

（4）肝细胞水肿，灶性肝细胞坏死；

（5）急性化脓性腭扁桃体炎。

（三）分析说明

根据法医尸检及组织病理学检查，袁某空肠、回肠广泛性出血坏死；结合案情、病历资料及死亡经过，袁某有感染性休克表现，综合分析，认为袁某系急性出血坏死型小肠炎继发感染中毒性休克而死亡。

（四）鉴定意见

袁某系急性出血坏死型小肠炎继发感染性休克而死亡。

后记：尸检明确死亡原因后，鉴定机构受法院委托对该医疗机构诊疗进行医疗损害责任司法鉴定，在举行医患各方意见陈述会后，根据临床资料、尸检报告及临床专家会诊意见，主要分析结果及鉴定意见如下：

1．由于急性坏死性肠炎病情进展迅速，死亡率较高，其临床表现及辅助检查缺乏特异性诊断依据，早期诊断较为困难，综合分析，认为某县人民医院对袁某的诊断无原则性过错。

2．根据病历资料，袁某入院时已有感染性、中毒性休克及脱水表现，院方也诊断重度脱水及感染性、中毒性休克，但医方入院1小时内给袁某共输入液体20ml，后6～8小时陆续单通道输液450.0ml，致患儿病情未能得到有效的控制，因此医方在治疗过程中存在抗休克治疗措施不足之过错，该过错与袁某的死亡之间存在因果关系。

鉴定意见：某县人民医院在治疗过程中存在抗休克治疗措施不足之过错，该过错与袁某的死亡之间存在一定的因果关系（供办案单位参考）。

（五）思考题

1. 试分析该医院对袁某的诊治过程是否构成医疗损害责任？试讨论其医疗过错在死亡过程中的参与度？

2. 试分析医疗事故鉴定与医疗损害责任司法鉴定的异同点。

案例五

（一）案情及病历摘要

据某县公安局介绍：胡某，男，41 岁，某年 6 月 4 日被他人用刀捅伤。

据某县人民医院病历记载：某年 6 月 4 日 19:00 胡某因“腹部刀伤 1 小时”入院。查体：T 36.6℃，P 86 次 / 分，R 21 次 / 分，BP 59/36mmHg，抬入病房，神志清晰，查体合作，回答切题，腹部微膨隆，右侧腹部有一刀口，可见大网膜脱出，全腹压痛，移动性浊音(+)，肠鸣音减弱。辅助检查：WBC 13.2×10^9/L，RBC 3.39×10^{12}/L，Hb 97g/L。初步诊断：腹部刀伤；大网膜脱出；失血性休克；失血性贫血。入院后建立双静脉通道输液，低流量吸氧。当晚 20:00 在全麻下行急诊剖腹探查术，术中见升结肠内侧，小肠系膜根部有一 1.5cm 长裂口，已无血液流出，后腹膜大血肿形成，腹腔不凝固血液 1200.0ml，血凝块 500.0g，探查升结肠、横结肠、小肠、肝及胆囊等未见异常，小肠系膜动脉搏动良好。手术行止血、清除血液及血凝块，术中共输液 2000.0ml，输血 200.0ml。术后胡某脉搏增快至 140 次 / 分，BP 波动在 83～95mmHg/54～60mmHg，给予对症治疗，输红细胞悬液 2U，输全血 200.0ml。6 月 6 日 14:35 患者出现呼吸、心跳骤停，立即行胸外心脏按压等抢救措施，左腹部不同部位行腹腔穿刺均未抽出血液。15:41 转 ICU 病房，输全血 600.0ml，仍呈昏迷状态；22:45 在全麻下行急诊剖腹探查术，术中见腹腔有陈旧性血液 1200.0ml，后腹膜血凝块 400.0g，由上腹部至盆腔范围见后腹膜巨大血肿，升结肠内侧、原刺创创口周围血肿张力高，清除创口周围血凝块时见一血管大量涌血。由于伤处组织脆弱，缝扎止血困难，术中患者心跳停止，6 月 7 日 0:51 宣布临床死亡，术中共输入红细胞悬液 5U。

（二）法医学检查

1. 尸表检查　尸长 165.0cm，发长 4cm，皮肤苍白。尸斑浅淡，位于腰背部及四肢后侧未受压处，指压褪色。瞳孔等大等圆，直径 0.8cm。睑、球结合膜苍白。耳、鼻腔未见异常。口唇苍白。

2. 内部检查　头皮未见损伤，颅骨未见骨折，颅内、颈部及胸背未见损伤。双肺表面苍白，纵隔下部积血，右侧胸腔红褐色液体约 600.0ml，左侧胸腔淡红色液体约 200.0ml。脐右旁 3.0cm 处见纵行手术切口长 3.7cm，右髂前上棘上 2.0cm 处有一引流切口，缝合 1 针。腹部脂肪厚 3.0cm。腹腔内有血性液体约 100ml，大网膜右下缘有 3.3cm × 1.5cm 裂口，边缘出血；回盲部下后侧腹膜有 7.0cm × 2.5cm 未缝合之手术切口；肠系膜右侧、第三、四腰椎处有纵行 11.0cm × 2.0cm 裂口，其中部 1.5cm 裂口，边缘光滑，有出血，后方见手术止血凝胶块及缝合结扎线。腹腔静脉左前壁有 0.5cm × 0.1cm 纵行裂口，周围出血，静脉壁未穿通；腹主动脉贯通性刺创，动脉前壁外膜见 0.7cm × 0.1cm 裂口，对应腹主动脉后壁见 0.3cm × 0.1cm 裂口，动脉裂口周围及后腹膜巨大血肿形成，出血最厚处 4.0cm。各重要器官贫血明显。

3. 法医病理学诊断

（1）右腹部刺创

1）腹主动脉贯通性刺创（前壁裂口 0.7cm × 0.1cm，后壁裂口 0.3cm × 0.1cm）；

2）腹腔积血及腹膜后巨大血肿；

3）大网膜及肠系膜刺创；

4) 腹腔静脉前壁刺创(裂口 0.5cm × 0.1cm);

(2) 全身多器官贫血;

(3) 双侧胸腔积液;

(4) 急诊剖腹探查及修补术后。

(三) 分析说明

1. 根据法医尸体解剖，胡某右腹部刺创、腹主动脉贯通性刺创、腹腔大量积血及腹膜后巨大血肿形成，分析认为，胡某腹壁及腹内器官的损伤，系一次性刺创形成(腹壁 - 大网膜及肠系膜—腹主动脉及腹腔静脉前壁)，造成腹主动脉破裂出血，腹膜后巨大血肿形成等大失血后果。临床资料证实，两次手术在腹腔清出的积血 2400.0ml，血凝块 900.0ml，相当于失血 3400.0ml 左右，其出血量大，创伤是导致胡某失血性休克死亡的根本原因。

2. 案情及病历资料显示胡某 6 月 4 日腹部刀伤后 1 小时在某医院就诊，入院时 BP 59/36mmHg，胡某 6 月 4 日及 6 月 6 日两次急诊剖腹探查术前均有急性失血性休克临床表现，术中均见腹腔大量积血及腹膜后巨大血肿。6 月 6 日病情恶化再次手术，探查腹膜后血肿见一血管大量涌血，表明胡某 6 月 4 日右腹部刺创致腹主动脉破裂亦是腹膜后出血及血肿的原因。该损伤与其死亡有直接因果关系。

(四) 鉴定意见

胡某系右腹部刺创致腹主动脉破裂，因急性失血性休克而死亡。该刺伤是导致胡某死亡的根本死因。

后记：尸检明确死亡原因后，鉴定机构受法院委托对该医疗机构诊疗进行医疗损害责任司法鉴定，在举行医患各方意见陈述会后，根据临床资料、尸检报告及临床专家会诊意见，主要分析结果及鉴定意见如下：

根据案情及病历资料，6 月 4 日及 6 月 6 日某医院对胡某术前检查、诊断及告知符合当前医疗常规，胡某有急诊剖腹探查手术指征，但 6 月 4 日剖腹探查术中发现腹膜后大血肿，未进一步探查其原因；6 月 4 日术后继续输血、补液未完全纠正休克，腹腔穿刺未抽出血液后也未行 B 超或 CT 检查，再次手术方查明腹膜后血肿系因腹主动脉破裂所致。综合分析，认为某医院对胡某治疗及腹主动脉破裂的诊断有一定的延误，导致病情恶化，该过错与胡某失血性休克死亡之间存在一定的(间接地)因果关系。

鉴定意见：某医院存在对胡某腹主动脉破裂诊断及治疗延误之医疗过错，该医疗过错与胡某死亡之间存在一定因果关系(供办案单位参考)。

(五) 思考题

1. 试分析并讨论该案例刺伤胡某的犯罪嫌疑人应承担多大责任；某医院医疗过错行为应承担多大责任？

2. 根据该医疗纠纷案例，讨论死因分析中根本死因、辅助死因及诱因的区别。

案例六

(一) 案情及材料摘要

杨某，男婴，出生 8 天。8 月 1 日其母孕 40^{+4} 周在某医院经水囊引产，分娩顺利。出生时体重 3600.0g，羊水Ⅲ度，发育好，无窒息，阿氏评分 1 分钟和 5 分钟均为 10 分。出生后第二天经皮胆红素测定为 12.5mg/dl，考虑新生儿黄疸可能。查体：T 36.6℃，面色黄染，全身皮肤、黏膜轻微黄染。出生 3 天经皮测黄疸指数 17.1～17.6mg/dl，考虑病理性黄疸，转某中心医院治疗。

某中心医院因全身皮肤黄染 3 天以“新生儿高胆红素血症”收入院，查体：T 36.5℃，R 46 次 / 分，P 120 次 / 分。足月儿貌，反应可，全身皮肤巩膜明显黄染，经皮测黄疸指数 17.6mg/dl，呼吸平，心肺听诊无异常，腹平软，四肢肌张力可，新生儿原始反射可引出。实验室检查：WBC 9.14×10^9/L，中性粒细胞百分比75.24%，Hb 183g/L；超敏C-反应蛋白5.43mg/L，总胆红素283.80μmol/L，直接胆红素14.20μmol/L，D-二聚体1.12mg/L，神经元特异性烯醇化酶64.83ng/ml。入院诊断：新生儿高胆红素血症；新生儿感染。入院后给予退黄、抗感染等对症治疗，黄疸渐消退。8月8日20时发现患儿全身青紫、呼吸心跳停止，经抢救无效于22:30宣布死亡。生前全血培养5天无细菌生长。

（二）法医学检查

1. 尸表检查　尸长50.0cm，体重3300.0g，坐高36.0cm，头围35.0cm，胸围35.0cm，腹围32.5cm，双顶径10.0cm，枕额径12.0cm，枕颏径16.0cm，枕下前囟径9.0cm，前囟门直径1.5cm，肩宽16.0cm，双髂前上棘宽9.5cm。手长5.2cm，足长8.0cm。尸斑呈暗红色，位于头面腰背未受压部位，指压轻度褪色。睑球结膜黄染，角膜中度混浊。

2. 内部检查　头皮及颅骨未见异常。脑重380.0g，脑组织水肿，脑回增宽、脑沟变浅，脑底动脉环未见异常，脑内未见血肿。舌骨、喉头诸软骨未见骨折，腭扁桃体、喉头、甲状腺及食管等未见异常。

顺序剖开胸腹腔，胸骨、肋骨及肋软骨未见骨折。胸腔各器官位置正常。胸腺重17.0g。左肺重45.0g，右肺重50.5g，双肺质实，淤血明显。心重23.0g，外形及大小未见异常，顺血流方向剪开各心房、心室，见卵圆孔及动脉导管未闭，未见其他先天畸形及瓣膜异常，左心室壁厚0.3cm，右心室壁0.2cm。冠状动脉检查未见异常。

腹腔大网膜及各器官位置正常。肝重196.0g，大小23.0cm×7.0cm×5.5cm，胆囊位置及大小正常，大体未见异常。脾重30.0g，大小6.0cm×4.0cm×2.0cm；双肾重33.0g，肾包膜易剥离，皮质厚0.2cm；双侧肾上腺共重7.0g，未见异常。肠系膜水肿，系膜淋巴结肿大明显。腹腔各器官未见异常。双侧睾丸未降入阴囊，位于左侧腹股沟皮下。膀胱未见异常。

3. 组织学检查　脑蛛网膜下腔淤血，脑各部淤血、水肿，部分神经细胞变性，少数细小血管周围单核、淋巴细胞围管性浸润或漏出性出血。脑干、基底神经节胆红素染色（Hall氏法），神经元未见胆色素颗粒沉积（图22-8）。

部分肺泡实变，部分肺泡内见较多角化上皮、大量炎细胞及蛋白渗出，并见少量多核巨细胞、胎粪及透明膜形成（图22-9），肺淤血明显。心外膜散在少量单核、淋巴细胞浸润，间质部分细小血管淤血。

部分肝细胞胞浆见脂肪空泡，细小胆管胆汁淤积。脾、肾淤血。

其他组织及器官镜下未见异常。

4. 法医病理学诊断

（1）羊水吸入性肺炎；

（2）脑水肿；

（3）肝细胞轻度脂肪变，轻度淤胆；

（4）肠系膜及系膜淋巴结水肿；

（5）全身多器官淤血。

（三）分析说明

1. 根据法医尸检及组织病理学检查，杨某肺泡见较多角化上皮、炎细胞及蛋白渗出物，并见少量多核巨细胞、胎粪及透明膜形成，结合病历资料及死亡过程，综合分析，认为杨某系羊水吸入性肺炎致呼吸循环功能衰竭而死亡。

2. 根据法医尸检及组织病理学检查，杨某脑干、基底神经节神经元未见胆色素颗粒沉积，结合病历资料及死亡过程，综合分析，认为杨某生前患新生儿高胆红素血症，但可排除其因病理性核黄疸致死的可能。

（四）鉴定意见

杨某系患羊水吸入性肺炎，致呼吸循环功能衰竭而死亡。其主要死亡原因是自身疾病发展演变所致。

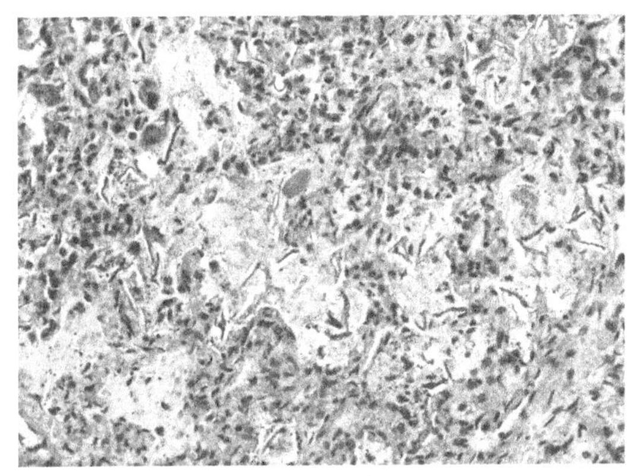

图 22-8 羊水吸入性肺炎镜下观（microscopic examination of lungs in amniotic fluid aspiration pneumonia，HE×40）示肺泡内大量角化上皮、炎细胞及多核巨细胞（A large number of kerrantinized epithelia and inflammatory cells in alveoli）

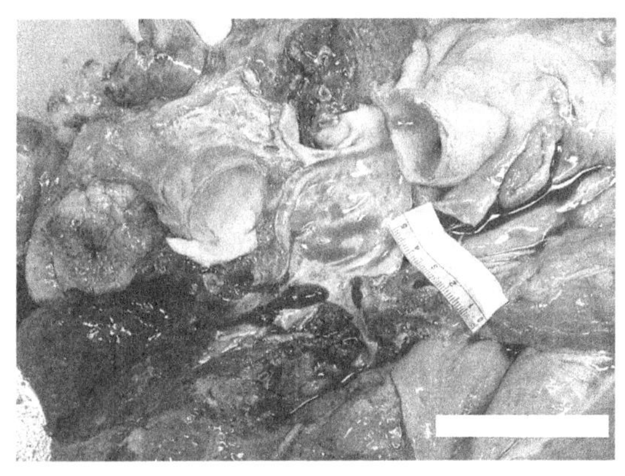

图 22-9 双侧肺动脉血栓栓塞（thromboembolism of bilateral pulmonary arteries）

后记：尸检明确死亡原因后，鉴定机构受法院委托对该医疗机构诊疗进行医疗损害责任司法鉴定，在举行医患各方意见陈述会后，根据临床资料、尸检报告及临床专家会诊意见，主要分析结果及鉴定意见如下：

新生儿羊水吸入性肺炎主要与胎儿宫内、产程中缺氧窒息等因素相关，治疗原则为吸氧、保持呼吸道通畅，病情较重者使用抗生素治疗。某医院对杨某的诊断为病理性黄疸，未及时进行抗感染治疗，存在一定的失误；某中心医院诊断及治疗符合当前的诊疗常规，不存在医疗过错。

鉴定意见：杨某出生后，某医院未及时针对羊水吸入性肺炎给予抗感染治疗，存在一定的失误；某中心医院诊断及治疗符合当前的诊疗常规，不存在医疗过错（供办案单位参考）。

（五）思考题

1. 试述新生儿常见的死亡原因有哪些？

2. 对新生儿进行法医尸检有哪些特点及其注意事项？

案例七

（一）病历摘要

郭某，男，57 岁，某年 8 月 10 日因“摔伤致右髋部肿痛、活动不能 3 小时”而入住某医院。诊断：右股骨粗隆下方粉碎性骨折。8 月 14 日行“右股骨粗隆下骨折切开复位钢钉内固定、取同侧髂骨植骨术”。8 月 17 日右膝关节穿刺抽出暗红色血液约 52.0ml。8 月 20 日右膝关节穿刺抽出淡红色血液约 16ml。8 月 26 日 8:30 患者突然烦躁、牙关紧闭、抽搐，神志不清，P 104 次 / 分、R 22 次 / 分、BP 66/50mmHg、SpO_2 95%，抢救无效于 9:30 宣布临床死亡。死亡诊断：①猝死（急性心肌梗死？）；②右股骨粗隆下粉碎性骨折。

（二）法医学检查

1. 尸表检查 尸长 165cm，发育正常，营养中等。尸斑暗红色，位于背侧未受压部位。结膜无充血、出血，角膜清亮，双侧瞳孔等大、形圆，直径 0.6cm，口唇发绀。

右髂前上棘处见一 4.5cm 条状瘢痕。右大腿中上段外侧见一 22.0cm 条状瘢痕，右大腿下段屈侧见三处小条状瘢痕，右股骨内、外髁各见一直径 0.5cm 愈合创口，右膝关节无明显肿胀。

2. 内部检查 头皮无出血，颅骨无骨折，颅内无出血。脑重 1350.0g，表面及切面未见异常。

颈部分层解剖未见出血。左侧第 3 肋骨肋软骨交界处骨折，周围肋间肌出血。胸腔少量淡黄色清亮液体，双侧下叶胸膜粘连，其中右肺下叶与膈肌广泛粘连。气管内少量黏液分泌物。左、右肺动脉分别见 1.0cm×2.0cm 及 3.0cm×1.5cm 的暗红色质硬血凝块堵塞管腔（图 22-9）。双肺切面无出血。顺血流方向剪开各心房、心室，均未见异常。冠状动脉左前降支距起始端 2.0cm 处见肌桥形成，未见动脉粥样硬化斑块。

腹腔少量淡黄色清亮液体，腹腔各器官大体未见异常。右肾下极周围软组织出血（10.0cm×5.0cm）。

沿左、右下肢背侧纵形切开，逐层分离软组织及肌肉，右大腿中上段深层肌层少量出血，右股骨粗隆下方骨折，折端对合，可见骨折碎片，骨折局部内固定螺钉、钢丝无松脱；右股骨上端钉尾无滑脱；右小腿深静脉腔内多发性血栓形成。左大腿、左小腿深静脉未见血栓结构。

3．组织学检查　脑神经细胞周围及细小血管周围间隙明显增宽，小血管扩张、淤血。双侧肺动脉内血凝块由珊瑚状排列的血小板梁、中性粒细胞及纤维素构成。

肺水肿，小支气管壁黏膜皱缩，肌层变厚。心外膜灶性淋巴细胞、单核细胞浸润，心肌层部分区域间质淤血，部分区域灶性出血。

肾皮质偶见小灶性淋巴细胞、单核细胞浸润。其他器官组织学检查未见明显异常。

右股骨粗隆下骨折手术切口部位皮肤见新鲜出血灶，皮下纤维组织增生明显，未见化脓性改变。右小腿后部深静脉内多发性血栓形成，部分血栓机化，周围可见含铁血黄素颗粒沉积。

4．法医病理学诊断

（1）肺动脉血栓栓塞；右小腿深静脉血栓形成；

（2）右股骨粗隆下方粉碎性骨折并行复位、内固定术后；

（3）右肾下极周围软组织挫伤；

（4）冠状动脉左前降支肌桥形成；

（5）慢性支气管炎；

（6）左第 3 肋骨前段骨折，左第 4 肋骨肋软骨交界处肋间肌出血。

（三）分析说明

根据法医解剖及组织病理学检查，郭某外伤致右股骨粗隆下方粉碎性骨折并行复位及内固定术，右小腿深静脉血栓形成及肺动脉血栓栓塞，结合外伤史、病历资料及死亡经过，综合分析，认为郭某系右股骨粗隆下方粉碎性骨折术后，因右下肢深静脉血栓形成并脱落，导致急性肺动脉栓塞而死亡。

（四）鉴定意见

郭某死亡原因系右股骨骨折并发下肢深静脉血栓形成并脱落，导致肺动脉栓塞而死亡。

后记：尸检明确死亡原因后，鉴定机构受法院委托对该医疗机构诊疗进行医疗损害责任司法鉴定，在举行医患各方意见陈述会后，根据临床资料、尸检报告及临床专家会诊意见，主要分析结果及鉴定意见如下：

肺动脉栓塞属于难以预料的并发症，郭某肺动脉栓塞的发生与其右股骨粗隆下方骨折、术后长期卧床及个人体质等因素有关，医方对郭某的诊治过程符合当前医疗常规，郭某死亡与某医院的诊治行为无因果关系（供办案单位参考）。

（五）思考题

1．试分析郭某肋骨骨折及肋间肌出血的原因。

2．肺动脉栓塞凶险且难以预防，是否肺动脉栓塞都不构成医疗事故或医疗过错？

案例八

（一）病历摘要

王某，女，24 岁，某年 9 月 5 日因“停经 39^{+3}W，全身瘙痒 1 周”在某医院住院治疗。曾患黄疸性肝炎。产科检查：宫高 29.0cm，腹围 100.0cm，枕左前位，胎心 140 次 / 分。骨盆外侧髂前上棘间径 27.0cm，髂嵴间径 30.0cm，骶耻外径 21.0cm，坐骨结节间径 8.0cm，骶尾关节活动、坐骨棘平伏，胎膜未破。B 超检查提示：宫内单活胎，头位；羊水透声较差；脐带绕颈？入院诊断：① $G_1P_0 39^{+3}$W 孕宫内单活胎头位待产；②妊娠肝内胆汁淤积症（ICP）；③脐带绕颈；④重度贫血。因有手术适应证，且患者及家属要求行剖宫产术，9月6日在连续硬膜外麻醉下行剖宫产术，以头位取出一活男婴，新生儿1分钟阿氏评分10分。宫体注射缩宫素20U，徒手剥离胎盘。干纱布块清理宫腔，碘伏擦洗宫腔，羊肠线连续锁扣缝合子宫肌全层。术中失血约230.0ml，补液400.0ml，输全血200.0ml。术后抗感染、对症支持治疗。术后愈合良好。9月11日病程记录：生命体征正常，宫底脐耻之间，收缩良好，阴道恶露为少量淡血水，无异味。母子平安出院。

据某校附属医院病历资料记载：10月18日王某因"剖宫产术后42天伴阴道流血，加重20分钟"入院。42天前因"足月孕，ICP"在某医院行"剖宫产术"，手术顺利，术后5天出院。阴道流血一直未净，量少，色淡红，无腹痛、畏寒、发热等情况。1天前出血略多，色鲜红，少于月经量，一直未予诊治，入院前20分钟，突然阴道大量流血，色鲜红、流血量不能正确估计，感头昏、心慌，无晕厥、腹痛，迅速由门诊抬入病房。入院查体：T 36.7℃，P 74次/分，R 20次/分，BP 132/84mmHg，面色略苍白，抬入病房，神清合作。腹平，下腹耻骨上3.0cm有横形长约14.0cm手术瘢痕，愈合好，下腹压痛、未触及包块，无反跳痛及肌紧张。妇科情况，外阴血染；阴道畅，有较多鲜红色血液；宫颈光滑，大小正常，颈管内有血液流出；宫体后位、压痛、大小未扪清；附件未触及异常。初步诊断：①晚期产后出血：子宫复旧不良；子宫切口愈合不良；宫内胎盘残留；②失血性贫血。经妇科检查后，决定立即行清宫术。探宫腔深9.0cm，夹出组织约5.0g，出血明显减少。术后将清出物送病理检查。术后当日B超检查示：子宫9.5cm×5.3cm×4.2cm，宫颈内口处见1.5cm×1.5cm的异常回声，内见强回声为主，并见弱回声区，边界不规则，双附件区未见明显异常。血常规示WBC 7.2×10^9/L，中性粒细胞百分比68%，Hb 93g/L，PLT $130/10^9$/L；部分凝血活酶时间延长67.1秒，FIB 1.263g/L。告知患者及家属考虑子宫出血系子宫复旧不良、子宫切口愈合不良及宫内胎盘残留引起；若出血增多、止血无效，需行子宫次全切除术。10月19日8:50再次阴道大出血，出血量约为500.0ml，BP 110/70mmHg，立即建立静脉通道2条，静滴缩宫素20U等处理后阴道流血停止，输血400.0ml。10月19日14:30病程记录：阴道无出血，血常规示Hb 87g/L，输全血200.0ml。10月20日病程记录：阴道少量流血，继续用抗生素、缩宫素、输全血200.0ml。10月20日病程记录：阴道置米索前列醇2片，以加强宫缩。10月21日病程记录：体温恢复正常，极少量阴道流血、无臭。血常规示Hb 90g/L。10月22日病程记录：患者6:30突然阴道流血，量约100.0ml，凝固、色红，立即使用缩宫素后出血停止；8:30又突发大出血，量约800.0ml，立即加快补液、静脉缓推缩宫素20U，并静脉快速滴入缩宫素20U，效果不明显，立即作术前准备。手术记录：沿原手术切口逐层进入腹腔。探查见腹腔少量鲜红色血液，双侧卵巢、输卵管未见异常，膀胱子宫返折腹膜原切口缝合处右侧角有一长约1.5cm的裂开，原子宫切口右侧角有一长约1.0cm的裂口，组织呈暗紫色，并见原缝合肠线。遂行子宫次全切除术。术后患者病情平稳，10月30日患方要求出院。出院诊断：1.晚期产后大出血、子宫切口出血；2.轻度失血性贫血。

（二）病理学检查

据某医院病理诊断报告：10月18日宫内组织，病理诊断送检组织大部分系血凝块及炎性渗出物，少量为呈增生期改变的子宫内膜。

送检子宫标本浆膜面见0.8cm破口，内膜面约有2.0cm破口，有十余针手术缝线，镜下部分区域组织坏死，周围见大量炎细胞及多核巨细胞；子宫内膜呈增生期改变，肌肉散在炎细胞浸润，血管管壁增厚、扩张。

（三）分析说明

1. 根据送检材料分析，王某某年9月5日到某医院就诊，诊断为$G_1P_0 39^{+3}$W孕宫内单活胎头位待产、妊娠肝内胆汁淤积症（ICP）、脐带绕颈及重度贫血，该医院对王某的诊断依据充分。

2. 根据送检材料分析，王某在某医院入院后，医方考虑产妇足月妊娠，因ICP及B超提示脐带绕颈等因素，而行剖宫产手术，手术顺利，术中抗感染等治疗5天，产妇恢复良好出院。综上所述，该医院对王某采取剖宫产手术符合当前治疗原则。

3. 根据送检材料分析，王某因“剖宫产术后42天伴阴道流血，加重20分钟”到某校附属医院就诊。两次组织病理学检查结果示，清宫术清除的宫内组织大部分系血凝块及炎性渗出物，少量宫内膜呈增生改变；子宫浆膜面和内膜面分别见0.8cm，2.0cm破口。综上所述，某校附属医院对王某子宫复旧不良、子宫切口愈合不良及失血性贫血的诊断成立，而宫内胎盘残留的诊断依据不足。

4. 根据送检材料分析，王某在某医院剖宫产术后曾进行抗感染治疗，期间王某生命体征平稳，体温在正常范围。术后第42天，王某到某校附属医院再次住院治疗，入院体温及血常规正常。子宫次全切除术中及病理检验在手术切口、子宫破口周围均未见脓肿、炎性包裹等慢性炎症病变。综上所述，王某在某医院剖宫产术后胎盘残留或感染的诊断依据不足。

5. 据送检病历资料分析，王某剖宫产术后40余天出现大出血符合剖宫产后晚期出血，是剖宫产常见并发症。但刮宫术一般不是剖宫产术后晚期出血治疗的首选方案，某校附属医院在对王某使用缩宫素、阴道流血量减少后便立即施行了清宫术，术前未作B超检查，入院后第2天及清宫术体温升高。综上所述，某校附属医院在对王某选择进行清宫术治疗方案欠妥，根据王某的体温变化、清宫术后B超改变，子宫次全切除术中和病理检查所见，考虑王某子宫及膀胱子宫返折腹膜处的裂口系清宫术所致。

（四）鉴定意见

1. 根据送检材料，某医院对王某的诊疗过程中不存在医疗过错。

2. 根据现有材料，某校附属医院对王某的诊疗过程中存在过错，其过错与王某目前后果有一定的因果关系（供办案单位参考）。

（五）思考题

1. 该案例是否构成医疗事故？或存在何种医疗过错？

2. 子宫手术切除口穿孔为清宫术时形成的法医病理学依据是什么？结合该案例，思考病理检验结果的重要性。

（周亦武）

实验二十三　新生儿尸体检验和碎尸检验

一、实验目的

观察特殊尸体检查的大体和组织学图片，了解和掌握以下几方面的内容：

1. 婴儿发育程度的判断标准；
2. 活产与死产的鉴别方法；
3. 新生儿常见死亡原因；
4. 碎尸案的检验方法。

二、新生儿尸体解剖

（一）新生儿尸表检查

1. 性别　新生儿的性别辨认，除一般的男性、女性外，偶有两性畸形，其中真两性畸形极为少见，假两性畸形较为多见。

2. 婴儿身体各指标测量

（1）身长和坐高：将新生儿平放在平板上，测量从颅顶至足跟的长度。坐高是指由颅顶至坐骨结节间的长度。体重：一般用克计算。

（2）头围：绕额结节和枕外隆凸水平的长度。胸围：绕两侧乳头水平的长度。腹围：绕脐水平的长度。双顶径：两侧顶骨结节之间的距离。枕额径：从枕外隆凸至额骨最突出的中央点之间的距离。枕颏径：从枕外隆凸至颏部尖端之间的距离。枕下前囟径：枕外隆凸至前额正中点（前囟的中心）之间的距离。前囟径：前囟呈菱形，测量对边中点之间距离（图 23-1）。

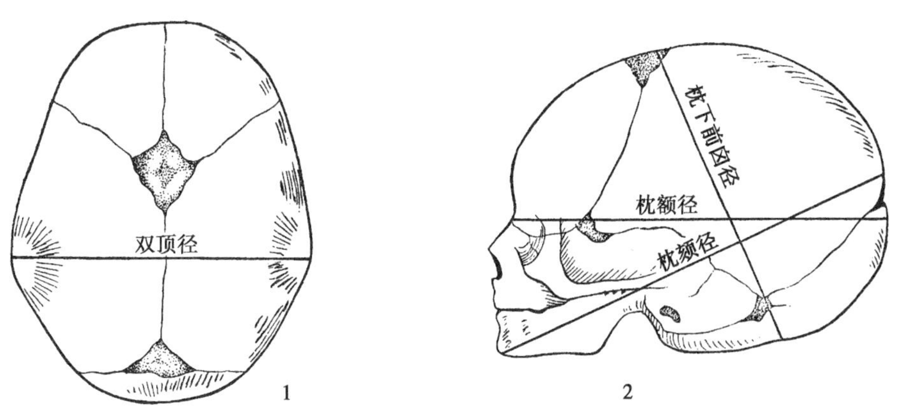

图 23-1　头部各径线测量（measurement of cephalic diameter）

3. 由头至足仔细检查，头颅有无变形，前、后囟门大小及毛发情况，眼睑是否闭合，瞳孔角膜是否异常，耳、鼻、口腔有无异常。

4. 婴儿尸体皮肤皱折处皮脂是否拭去，观察体表有无损伤，根据解剖学标记详细描述其部位、形态及大小。

5. 检查手指(趾)甲长度。

6. 男婴应观察睾丸及阴囊情况，女婴应观察外阴特征。

7. 检查脐带的长度，过长、过短都可能会导致不良后果。仔细观察脐带断端特征，剪断的断端平正整齐，拉断的断端凹凸不平，还应注意脐带断端是否有感染，脐动脉、静脉有无血栓。观察脐带外表变化，可以推测出生后经过时间。

8. 根据发育程度及胎儿身长进行胎龄估计(图 23-2)。

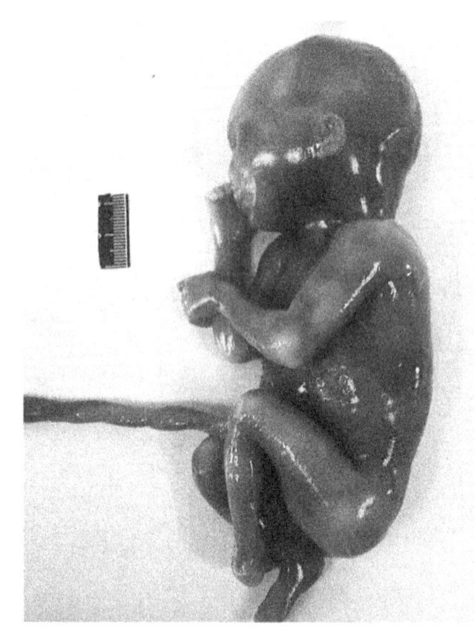

图 23-2　不成熟新生儿(immature newborn)

(二)新生儿尸体解剖

1. 头部解剖　自一侧耳后经颅顶向对侧耳后切开头皮，并将皮瓣分别向前、向后翻开。检查头皮下有无出血、血肿、骨膜下血肿及骨折等。

用尖头剪刀的一刃插入人字缝后囟门的外侧角处(距矢状缝约 5.0mm)，沿水平线向外、向前，经颞骨直达额前近正中处(距额缝约 5.0mm)剪开颅骨，剪刀转向上方经前囟门外侧角(距矢状缝约 5.0mm)向上、向后剪开额骨、顶骨，直达人字缝起始点，再以同样的方法剪开对侧颅骨。至此可将剪开的骨片分离，暴露两侧大脑。因头顶部中央仅留一条 1.0cm 宽的骨桥，形似篮状。剪开颅骨时，注意勿损伤脑膜及脑组织。

取脑并检查各部位硬脑膜窦。各部位的检查方法基本与成人相同。

2. 胸腹部解剖　胎儿血液循环与成人不同，因此剖验新生儿尸体时要详细检查脐动脉和脐静脉。切开颈部、胸部皮肤与成人相同，但要改变腹部的切开法，切至脐的上方时，切口分向两侧，达左右髂骨处切开，先切左边，暴露脐静脉。将脐静脉分离至肝门，剪开并观察静脉内容物。将腹部三角形皮瓣向下翻转，检查脐动脉及腹腔脏器。测量膈肌高度，肺未吸气时，婴儿右侧膈肌高度在第四肋，完全吸气后膈肌降至第五或第六肋间，左侧膈肌位于第六肋间。

常规打开胸腔，观察胸廓有无异常。检查胸腔内容物，观察肺脏颜色、质地及其含气量等。剪开心包腔，检查心包腔内有无积液及其颜色，心脏表面有无出血点等。

3. 心脏的解剖　在心、肺未分离时检查心脏。按常规剖开右心房与右心室，注意房、室间隔有无缺损，三尖瓣有无异常。然后可用探针插入肺动脉，观察有无狭窄情况，若探针出现于主动脉弓部，则可能是动脉导管未闭，也可能是移位的主动脉，需进一步检查分辨。剪开肺动脉后，若见半月瓣后动脉窦有冠状动脉开口，则证明为主动脉移位。按常规剖开左心腔，注意室间隔有无缺损，瓣膜有无异常。

4. 肺浮扬试验方法　将舌、颈部脏器连同心、肺等胸部内脏一并投入盛有清洁冷水的大玻璃缸内，观察其是否上浮、上浮的部位及程度。如果下沉，则进一步做下述各项检查。先分离各脏器，在气管结扎的上方切断气管，再将肺连同气管投入水中观察浮扬反应。然后切离两侧肺门部支气管，分开左右两肺，分别投入水中，观察结果。若两肺下沉，则顺次分离各肺叶，并分别投入水中观察浮扬反应。最后将各肺叶的不同部位剪取数小块肺组织投入水中观察。将各肺叶作切面检查，已呼吸的肺切面有鲜红色泡沫状血液溢出。

肺浮扬试验结果评价：

（1）全部阳性反应：新鲜的新生儿尸体，全部肺连心脏一起上浮，颈部脏器沉下，说明肺已充分呼吸，可以确证为活产。

（2）部分阳性反应：新鲜的新生儿尸体，如果全肺上浮，而个别部分的小块下沉；或全肺下沉，而个别部位的小块上浮，则应各按情况做具体分析。

（3）全部阴性反应：新鲜的新生儿尸体，若全部肺下沉，说明空气尚未进入肺内，新生儿未曾呼吸过，可推测为死产儿。

5. 胃肠浮扬试验方法　新生儿出生后在吸入空气的同时，也将一部分气体咽入胃内。随着时间的推移，空气由胃向十二指肠及小肠内移行，所以胃肠浮扬试验是肺浮扬试验的一个重要辅助试验。

常规剖开胸腹腔，分别结扎胃的贲门、幽门及十二指肠的上部、下部，在空肠、回肠及结肠各段也分别作多段结扎，最后结扎大肠末端。然后分离肠系膜，游离全部消化管一并取出，投入水中，观察胃肠各段浮扬情况。

6. 化骨核检查方法

（1）股骨化骨核检查：检查者左手紧握新生儿尸体小腿，右手持刀在髌骨上缘水平方向做一切口，剔除髌骨。再将小腿向下后摆使膝关节极度弯曲，可充分暴露股骨下端软骨。用长刀连续多作次水平方向薄切片，此时红色海绵状结构化骨核全部暴露，选择直径最大的一片做直径测量。正常足月儿直径为0.5cm。

（2）跟骨及距骨的化骨核检查：左手握脚，使尸体脚趾向解剖者，右手用长刀切入第三和第四脚趾之间，穿过足体直达足跟，跟骨化骨核即可暴露，呈暗红色海绵状结构。如未切到化骨核则可连续多次薄切，直到出现化骨核为止，测量最大直径化骨核。另一种切法是在足后跟部由后向前直接切开跟骨后端，多次薄切后测定最大面积的化骨核。化骨核往往在六月后出现，成熟儿化骨核最大直径为0.8～1.0cm。

7. 胎盘检查　首先检查胎盘上的脐带长度及断面性质。分离脐带后称胎盘重量（正常重500g）。一般胎盘重量与胎儿体重的比例为1∶6，若胎盘有病变，则比例有改变。再检查胎儿面有无血肿，肿瘤或其他改变。检查母体面有无梗死和血块及其在胎盘面上的压迹。外表检查完成后再用长刀作多次切开，检查各切面有无异常。

新生儿尸体检验的内容、步骤及方法应按照《新生儿尸体检验》（GA/T 151-1996）标准执行。

三、碎尸检验

1. 检验步骤　先对碎尸的各部分逐段逐块地检查。根据形态学特征确定部位；观察各部位死后变化的程度、分布特点，表面有无损伤、病变及其形态特征，注意离断面的损伤特征。然后按解剖部位拼拢，检查有无残缺（图23-3）。

2. 检验要点　注意区别损伤的生活反应、损伤性质。待拍照后再进一步检查。依据四肢骨、足长、足宽推断死者身长。观察各碎尸块的表面和离断面有无附着物及其种类、大小、颜色、形状，并收集、分装、编号送检和留作物证。如有衣服或衣服碎片，应检验其衣着特点。推断性别、年龄等。

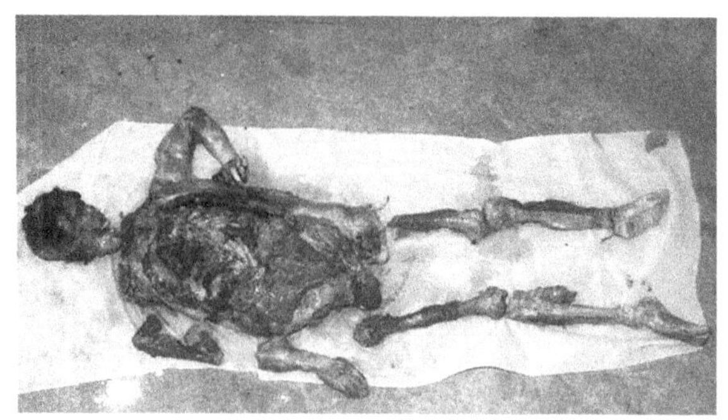

图 23-3　碎尸拼接（piecing the dismembered body together）

四、实验观察内容

（一）大体标本观察

1. 大体图片（图 23-4）

（1）案情摘要：女婴，4 个月，注射“百白破”疫苗后发热、哭闹，送往医院途中死亡。

（2）观察要点：图示房间隔缺损，大小为 0.7cm × 0.5cm。

（3）诊断：房间隔缺损。

2. 大体图片（图 23-5）

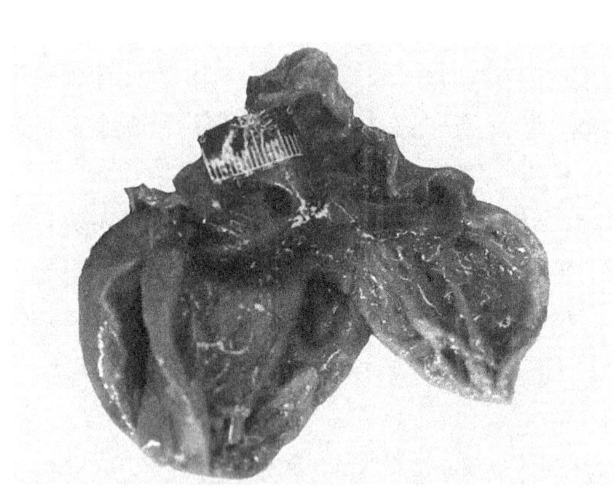

图 23-4　房间隔缺损（atrial septal defect）

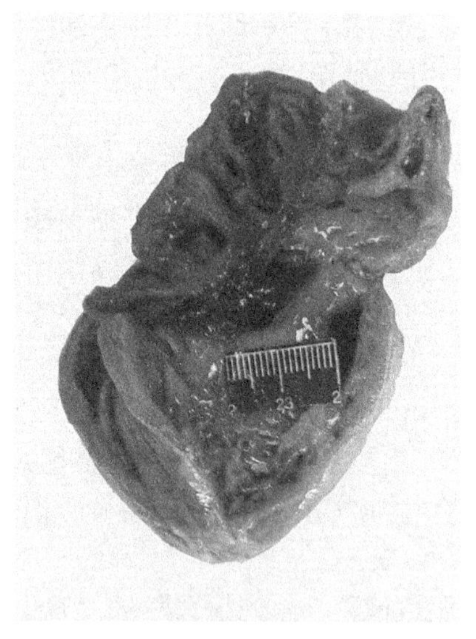

图 23-5　室间隔缺损（ventricular septal defect）

（1）案情摘要：同上。

（2）观察要点：后室间隔缺损，大小为 2.0cm × 1.8cm。

（3）诊断：室间隔缺损。

（二）组织学图片观察

1. 组织学图片（图 23-6）

（1）案情摘要：产妇经阴道娩出一女婴，羊水量中，淡绿色，新生儿无活力，全身苍白，无自主呼吸，无肌张力，心率 80 次 / 分，给予气管插管时无喉反射，半小时后死亡。

（2）观察要点：部分肺泡腔内明显实变，有角化的鳞状上皮，呈强嗜酸性，折光性强，周围肺泡腔内有炎细胞及少量渗出物。

（3）诊断：宫内窘迫，羊水吸入性肺炎。

2. 组织学图片（图 23-7）

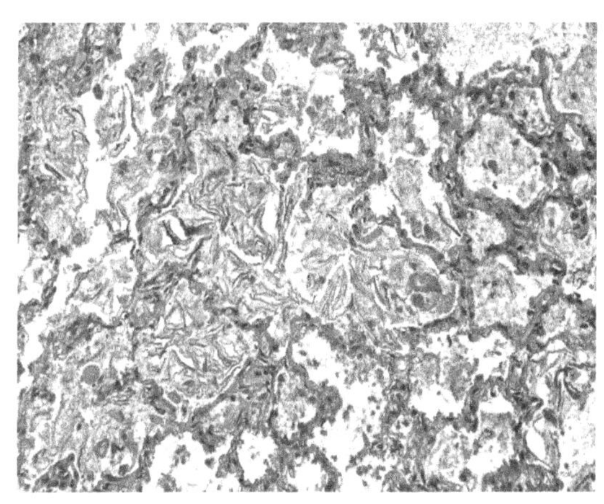

图 23-6　羊水吸入性肺炎（aspiration pneumonia of newborn，HE×400）

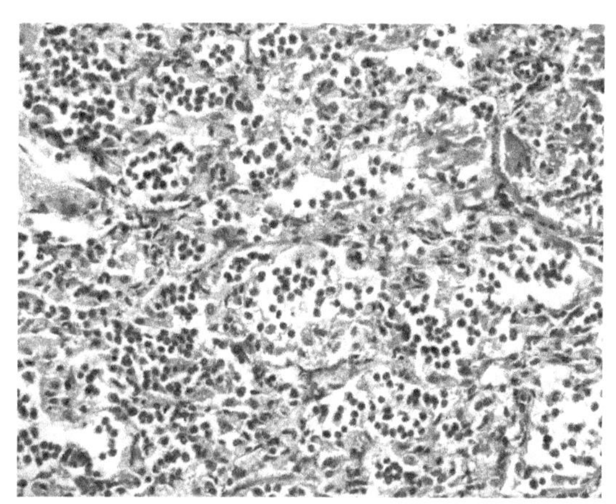

图 23-7　新生儿肺炎（neonatal pneumonia，HE×400）

（1）案情摘要：男婴，出生后第二天早晨发现呼吸急促、四肢青紫，晚 11 时许婴儿死亡。

（2）观察要点：大部分肺泡腔内可见以中性粒细胞为主的炎细胞浸润，部分肺泡腔内可见肺透明膜及渗出物。

（3）诊断：新生儿肺炎。

五、案例分析

（一）案情摘要

据委托单位提供的“委托书”记载，2015 年某日早晨 8 时许在某小区垃圾堆旁发现一名婴儿已死亡。

（二）法医学检验

1. 尸表检验　男婴尸体，体表沾满血迹，尸长 52cm，体重 3400g，头围 35cm，胸围 40cm，坐高 36cm，前囟门 1.5cm×1.5cm。双眼球睑结膜淤血，角膜中度混浊，左右瞳孔直径均为 0.4cm。口唇黏膜发绀，口腔内塞有卫生纸。外鼻、鼻腔及外耳道未见异常。脐带残端凹凸不平，长 4.5cm，周围红肿。阴囊皮肤皮革样化，睾丸已降入阴囊。肛门处有绿色粪便附着。双手指甲、双足趾甲已达指端发绀。

2. 尸体内部检验　常规打开胸腹腔，胸壁肌肉、胸骨及肋骨未见异常，胸腹腔内无积血、积液，大网膜及各器官位置正常。胸腺大小为 3.0cm×5.0cm×1.0cm，表面及切面未见异常。咽喉、气管及左右支气管腔通畅。心脏未见异常。胃、肠管及肠系膜表面未见异常。肺浮扬试验阳性，胃肠浮扬试验阳性。胰腺、肝脏、脾脏、双肾及肾上腺未见明显异常。膀胱内可见少量淡黄色尿液。

常规切开头皮，左右颞肌未见损伤出血。打开颅腔，未见硬膜外、硬膜下及蛛网膜下腔出血，大脑、小脑及脑干切面未见异常。颅盖及颅底未见异常。

3. 病理组织学检验　心肌、肝、脾、肺组织未见明显异常。肾、肾上腺、甲状腺、胰腺、胃肠组织未见异常。脑组织淤血、水肿，神经细胞未见异常。

（三）分析说明

根据尸表检查所见，婴儿身高体重等各指标已达到成熟新生儿范围，睾丸已降入阴囊，双手指甲、双足趾甲已达指端，结合尸体解剖所见及肺浮扬试验和胃肠浮扬试验均为阳性说明此婴儿系足月活产新生儿；根据婴儿口唇黏膜、指甲发绀，口腔内塞有卫生纸，脐带残端凹凸不平，周围红肿综合分析认为此婴儿系足月活产新生儿，因堵塞口鼻部窒息而死亡。

（四）鉴定意见

婴儿系足月活产新生儿，因堵塞口鼻部窒息而死亡。

六、思考题

1. 对于特殊的尸体检验时应分别注意什么？
2. 新生儿常见的死亡原因及尸体检验注意事项？

（杜秋香）

实验二十四　检材的处理与病理学切片、染色技术

一、实验目的

法医病理学检材的处理和组织切片制作、染色技术是组织病理学检验的重要组成部分，直接关系到鉴定结论的准确性和正确性。因此，学习如何正确处理检材是法医学工作者的基本要求，了解病理学切片染色技术是法医进行组织学检验的前提。本实验通过对检材处理方法和切片制作染色技术的观察和学习，要求认识并掌握以下内容，以利于作出正确的法医学鉴定。

1. 尸体解剖时检材提取方法，常规检材固定、送检方法及注意事项；
2. 检材固定后再取材技术；
3. 组织学切片制片操作流程和常用切片染色技术。

二、实验方法及步骤

（一）尸体解剖检材提取、固定及送检

1. 法医病理学尸体解剖检材提取要求、方法和步骤依照国家公共安全行业标准执行。详见 GA/T 148-1996《法医病理学检材的提取、固定、包装及送检方法》（网络增值服务实验二十四扩展阅读附件 1）。

2. 尸体解剖时检材提取注意事项

（1）检材应包括各器官的不同组织部位，取材部位根据实际需要选择，一般应包括各器官的全部结构或全层，实质器官应沿纵轴或横轴剖开若干切面观察，切面不宜太厚，便于取材固定；空腔器官应沿游离缘剖开观察。不同组织部位的检材应分别放置或切成不同形状以资区别，并记录各种形状所代表的部位。

（2）切取各组织时器械要保持锋利，切勿挤压或损伤组织，以免造成人为变形。切下的组织块应尽快放入固定液中，避免组织发生干燥。

（3）检材提取应充分考虑有无中毒、溺水、过敏、感染等情形。疑为中毒、过敏、感染等情形时，提取心血、尿液、胆汁及可疑部位组织备检；疑为溺死的，应提取包膜完整的一叶肺、部分肝、部分肾及水样进行硅藻检验，提取前应更换或清洗器械，操作台等，检材应分别存放，必要时提取完整的牙齿、四肢长骨或胸骨备检。需做血清学检验的应提取心血离心后取上清及时送检，或冷冻保存。

（4）电流斑的提取方法：对直径小于 3.0～4.0cm 的损伤，在损伤边缘正常组织 1.0cm 处完整切取。如多处相同损伤应提取 4 处以上。直径大于 4.0cm 的损伤，在不破坏尸体外观情况下，也可整个提取。如不能整个提取，可跨损伤的最大直径切取 1.0cm 宽的条状组织两块，并要求两端均带有 1.0cm 的正常组织，切取时避免挤压和金属类工具接触损伤，以免局部组织受压变形和影响金属元素分析的准确度，提取损伤的同时应提取周围正常组织，以利作金属元素分析的空白对照使用。剖验提取后，除留做金属元素分析的损伤和空白对照组织不能放入固定液外，应按元素分析的要求包装送检。做病理组织细胞学检验的检材应立即放入固定液固定。

（5）其他体表损伤和病变的提取方法和原则：病变或损伤均应带有周围 1.0cm 的正常组织，能完整提取的应尽量提取整个损伤或病变区。

（6）皮肤、脊髓、胃肠、肾上腺、垂体等特殊或体积较小的检材，应按相关规范固定、包装，并标识清晰，防止收缩变形、混淆和遗失。

3．检材固定及送检的注意事项

（1）常用固定液配制：常用固定液是 10% 福尔马林溶液，市售福尔马林为 37%～40% 甲醛的溶液，一般固定液为市售福尔马林溶液与自来水按 1∶9 比例混合而成。实际工作中根据组织标本大小及数量不同，可调整比例为 1∶5～1∶8。固定液最好能新鲜配制使用，固定液浓度过高或过低均会影响固定效果，图 24-1 显示为固定液浓度过低所致器官自溶。

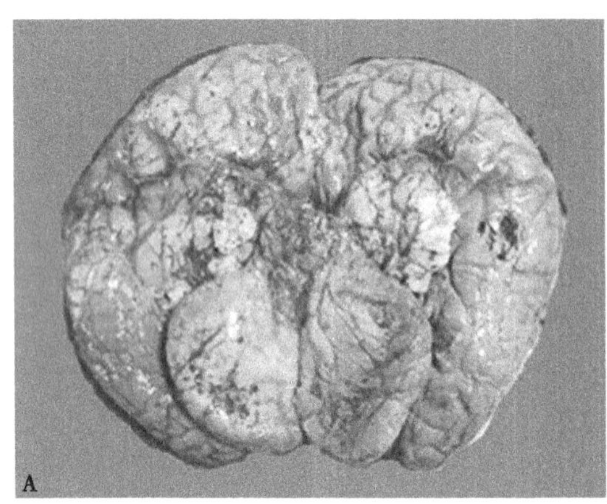

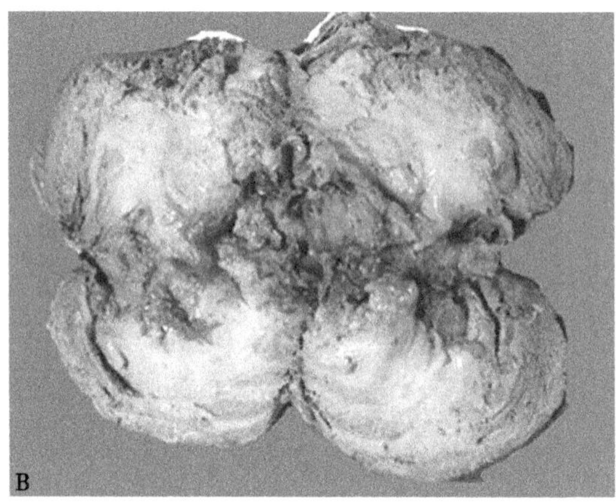

图 24-1　A：大脑固定不良（表面观）（poorly fixed brain）；B：小脑固定不良（切面观）（poorly fixed cerebellum）

（2）法医检验实践中如需进行特殊染色、组织化学染色等特殊检验，则按实际需要选择相应的固定剂或不用固定剂而改用低温保存，如脂肪组织特染可选择锇酸固定。

（3）固定检材的容器必须有足够的容量，避免检材受压。建议使用大型号塑料桶（高度大于 40.0cm，直径大于 35.0cm），并带有严密的封盖。固定液用量要充足，必须完全浸没所有组织标本，漂浮液面的器官须使用脱脂棉或毛巾覆盖浸没。

（4）固定器官标本前处理：心固定前需按血流方向剪开（详见网络增值服务实验二十四视频 1“心脏的检查方法”），或在心前区中下 1/3 处部分切开，暴露出心腔；大脑固定前需在正中切开胼胝体，以利于固定液渗入，防止自溶，最佳方法是悬吊固定（详见网络增值服务实验二十四视频 2“脑的固定”）；其他实质器官（肝、脾、肾、胰等）以最大切面切开若干切面后再固定。

（5）送检的器官组织应全面，一般要求送全心和全脑标本。需远途送检的检材，可用双层塑料袋包装适量固定液和组织标本，再放入塑料桶中桶盖盖严送检；亦可直接将器官标本放入塑料桶内加入适量固定液后，密封桶盖送检。

（二）固定后组织块取材

1．一般检材在固定 3～7 天后可进行组织病理学检验的检材采取。

2．取材的刀刃要求锋利，切取时刀口垂直地切取，一般不要挤压或来回切割组织，严禁用钳、镊钳夹或剪刀取材，以免组织或细胞变形造成人工改变。

3．组织块周围不需要的附着组织，如脂肪组织，可以切去以方便制片；组织块的包埋面须平整，或在非包埋部位做标记指示。

4．取材组织块大小，一般长 1.0～3.0cm，宽 1.0～2.0cm，厚度为 0.3～0.5cm。组织块过大在短时间内不易固定透，影响效果。

5. 取材时应对左右器官及同一器官不同部位进行记录和标示。

6. 各器官标本常规取材方法

（1）实质器官：①心：一般要求取心房、心室、瓣膜，必要时取心传导系统、冠状动脉各支及病变部位。②肺：常规取材应包括5个肺叶和1个肺门，也可根据病变决定取材块数。③肝：取方形带被膜。④脾：取方形带被膜。⑤肾：取方形组织块，包括被膜、皮质、髓质和肾盂，并应区分左右肾。⑥胰腺：常规取方形胰体部，必要时加取病变部位或胰头、尾。

（2）空腔器官：取材时应注意方向，保证器官的全层结构都要取到。如气管、食管以横切为宜，大小肠沿管腔长轴取，胃常规取胃底部。

（3）脑取材一般包括大脑各部位（额叶、顶叶、颞叶、基底节、枕叶）、小脑及脑干（中脑、脑桥、延髓），有病变时根据需要加取。垂体取材时应包括前、中、后叶和垂体柄。

（4）上述取材组织有病变时，根据实际决定取材组织块数量。

（三）组织切片制作、染色技术

1. 水洗　固定后组织块冲洗，将其中固定液取代出来。一般是置于水龙头下自来水冲洗，时间数小时至24小时。根据组织块大小不等而不同。

2. 脱水　一般从70%乙醇开始，经过80%、90%、95%、100%Ⅰ、100%Ⅱ，各级乙醇中放置45分钟至1小时。脱水必须在有盖瓶中进行，以防止乙醇挥发。

3. 透明　将石蜡诱导剂渗入组织内的过程称为透明，最常用透明剂为二甲苯、氯仿、甲苯等。通常将组织块先经无水乙醇与二甲苯的等体积混合液，再进入二甲苯，透明时间因组织大小而定，一般各级时间为30分钟至2小时，在纯二甲苯中应更换2次。透明时，应避免二甲苯挥发和吸收空气中的水分，保持其无水状态。

4. 浸蜡　浸蜡是为制作薄切片做准备，将透明好的组织块浸到融化的石蜡中。浸蜡在60℃恒温箱中，内置表明Ⅰ、Ⅱ、Ⅲ等字样的3个蜡杯，透明后的组织块依次放入Ⅰ号蜡杯2～3小时、Ⅱ号蜡杯2～4小时、Ⅲ号蜡杯半天或稍降温箱温度过夜，最后用融化的纯蜡作为包埋用的蜡。

5. 包埋　使浸透蜡的组织块包裹在石蜡中。溶解后的石蜡倒入包埋框内，将浸好的组织块依次放入框内，待蜡冷却凝固后，组织块和石蜡凝结，再按组织块大小切成蜡块。包埋时组织块的切面向下、放平，蜡块背面做好检案蜡块唯一性编号，以长期保存。

6. 切片　切片过程使用工具主要包括：切片机、切片刀、磨刀机、水浴锅、烤片盒、手术刀、干燥箱等。切片时刀刃要锋利，不能出现切痕。方法：将蜡块固定于切片机标本台，调整刀与蜡块的切片距离，调节微动装置至切片所需厚度（一般为5.0～7.0μm），切成符合要求的切片蜡带。

7. 展片、捞片和贴片　将切好的薄片分开，用镊子在水中轻轻展平，再用载玻片在水中捞片。展切片时要求水浴锅温度适当，水温低则展不平，水温高则切片溶化。

8. HE染色　（脱蜡）二甲苯Ⅰ→二甲苯Ⅱ→无水乙醇Ⅰ→无水乙醇Ⅱ→95%乙醇→90%乙醇→80%乙醇→70%乙醇→水洗或省略该步→苏木素染细胞核10～20分钟→自来水洗→1%盐酸酒精分化→自来水洗→0.5%伊红染细胞质→（脱水）70%乙醇→80%乙醇→90%乙醇→95%乙醇→无水乙醇Ⅰ→无水乙醇Ⅱ各停留数分钟→（透明）二甲苯Ⅰ→二甲苯Ⅱ→中性树胶封片。

9. 其他常用染色方法　Masson三色染色法（胶原纤维染色）、苏丹Ⅳ和油红O染色法（脂肪染色）、Werigert染色法（弹力纤维染色）、Gomori银染法（网状纤维染色）、甲苯胺蓝染色（肥大细胞染色，图24-2）、阿尔辛蓝-荧光桃红-马休黄双重染色（羊水染色）等。

10. 人工像　尸体解冻不彻底时，制作的切片可见冰晶样裂隙；组织固定不当、切片厚薄不均或染色不当均可导致染色不均匀；在组织病理染色过程中，福尔马林色素易与含铁血黄素和DAB显色的棕褐色颗粒混淆，可影响组织切片的回顾性研究观察，有时甚至干扰病理诊断，应注意区分鉴别；切片操作不当时组织会发生折叠（图24-3）。

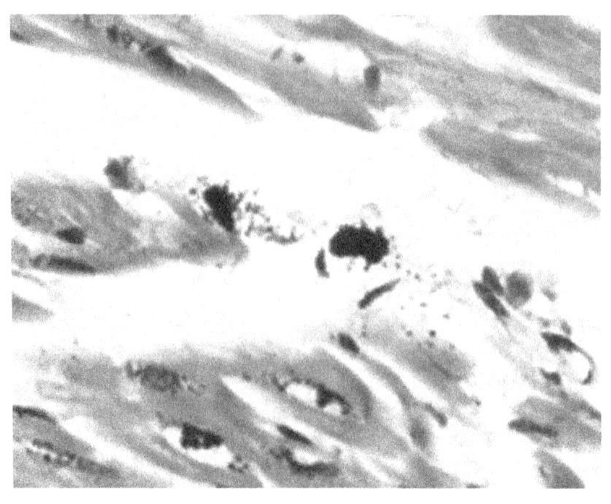

图 24-2　心肌甲苯胺蓝染色（×400）

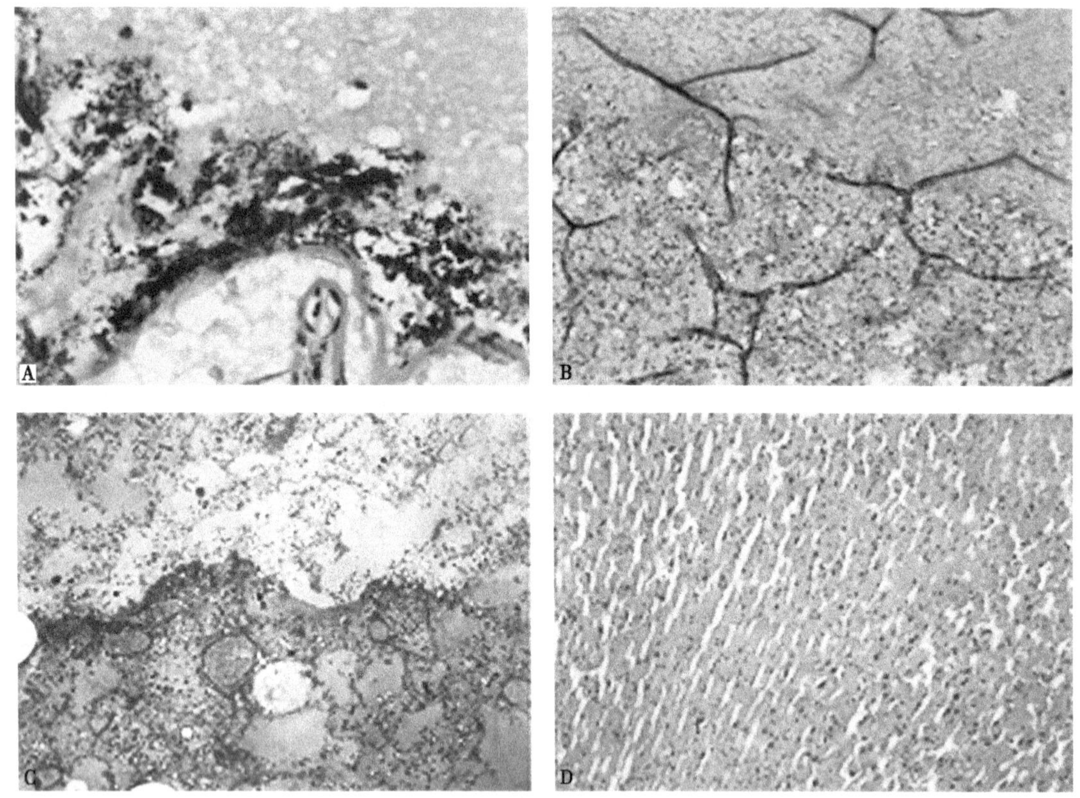

图 24-3　切片制作常见人工像

A. 脑蛛网膜下腔福尔马林色素颗粒　HE×400; B. 肺组织折叠　HE×40; C. 肺组织染色不均匀　HE×40; D. 脑冰晶样裂隙　HE×40

三、思考题

1. 法医病理学组织标本检材提取、固定、包装及送检的要点。
2. 组织病理学 HE 染色技术详细流程及注意点是什么？

（郭亚东）

实验二十五　法医病理学司法鉴定及鉴定文书

一、实验目的和要求

法医病理学司法鉴定遵照司法部2007年10月1日起施行的《司法鉴定程序通则》(见网络增值服务实验二十五扩展阅读)执行，法医病理学司法鉴定文书应当由进行鉴定的司法鉴定人按照司法部相应配套的《司法鉴定文书规范》(见网络增值服务实验二十五扩展阅读)的要求制作。本实验通过学习法医病理学司法鉴定委托与受理、尸体检验笔录、法医病理学鉴定文书出具等，使学习者：

1. 熟悉法医病理学司法鉴定委托与受理。
2. 掌握尸体检验笔录。
3. 掌握法医病理学司法鉴定文书规范。

二、实验内容

(一)法医病理学司法鉴定委托与受理

司法鉴定机构接受鉴定委托，应当要求委托人出具鉴定委托书，提供委托人的身份证明，并提供委托鉴定事项所需的鉴定材料。委托人委托他人代理的，应当要求出具委托书，指定代理人和说明代理的范畴。

鉴定委托书应当载明委托人的名称或者姓名、拟委托的司法鉴定机构的名称、委托鉴定的事项、鉴定事项的用途以及鉴定要求等内容(司法鉴定委托书模板见网络增值服务实验二十五扩展阅读)。司法鉴定机构收到委托，应当对委托的鉴定事项进行审查(法医病理司法鉴定受理评审审批表模板见网络增值服务实验二十五扩展阅读)，对属于本机构司法鉴定业务范围，委托鉴定事项的用途及鉴定要求合法，提供的鉴定材料真实、完整、充分的鉴定委托，应当予以受理；对不予受理的，应当向委托人说明理由，退还其提供的鉴定材料。司法鉴定机构决定受理鉴定委托的，应当与委托人在协商一致的基础上签订司法鉴定协议书(司法鉴定协议书模板见网络增值服务实验二十五扩展阅读)。司法鉴定协议书应当载明下列事项：委托人和司法鉴定机构的基本情况；委托鉴定的事项及用途；委托鉴定的要求；委托鉴定事项涉及的案件的简要情况；委托人提供的鉴定材料的目录和数量；鉴定过程中双方的权利、义务；鉴定费用及收取方式；其他需要载明的事项。

(二)尸体检验笔录

详尽、准确的尸体检验笔录是高质量法医病理学司法鉴定文书的基石，是法医病理学司法鉴定过程的重要组成部分。尸体检验笔录至今未有统一标准，本实验选择一份便于进行尸体检验记录的模板供学生参考(尸体检验笔录模板见网络增值服务扩展阅读实验二十五)。

1. 尸体检验笔录说明

(1) 所有尸体检验都必须由检验法医填写本笔录，本笔录作为尸体检验的原始资料归档保存；

(2) 身份明确尸体的解剖检验原则上须征得死者直系亲属的同意并在其见证下进行；

(3) 如为未知名尸体，则在“死者姓名”栏中填入“未知名尸体”，在“出生日期”栏中填“推断年龄为____岁左右”；

（4）损伤部位应以解剖学规范用语进行描述；

（5）对分尸案件中可辨别部位的尸块，应对照笔录中的图形逐一进行描述，重点检验断面特征以推断分尸工具。

2. 注意事项

（1）尸体检验笔录具有全面、简洁、便于记录等特点，同时所附图表可以根据具体尸体检验需要加以选用；

（2）所有记录及检材提取、处理应有两人签名，确保检材的合法性、有效性；

（3）尸体检验笔录均应现场完成，切忌事后补记。

（三）法医病理学司法鉴定文书规范

司法鉴定机构和司法鉴定人在完成委托的法医病理学鉴定事项后，应当向委托人出具法医病理学司法鉴定文书。为了深入贯彻《全国人民代表大会常务委员会关于司法鉴定管理问题的决定》（简称《决定》），配合《司法鉴定程序通则》（简称《通则》）的实施，规范司法鉴定文书的制作，提高司法鉴定文书的质量，进一步推动司法鉴定工作规范化、制度化和科学化建设，司法部根据《决定》和《通则》的有关规定，配套制定了《司法鉴定文书规范》和《司法鉴定协议书（示范文本）》。法医病理学司法鉴定文书的制作应符合司法部统一规定的司法鉴定文书格式。

三、法医病理学司法鉴定文书类型

（一）法医病理学司法鉴定意见书

1. 尸体解剖法医病理鉴定意见书：由司法鉴定机构法医病理学司法鉴定人对被鉴定人进行系统尸体解剖，提取器官、组织和（或）各种体液，进行组织病理学和（或）其他检查，出具法医病理鉴定意见书（模板见网络增值服务扩展阅读实验二十五）。

具体文书一：

×××司法鉴定中心（所）法医病理鉴定意见书

×××司鉴中心（所）[2×××]病鉴字××号

一、基本情况

委托人：××省公安厅高速公路交通警察总队

委托鉴定事项：对×××进行尸体解剖及死因分析

受理日期：2×××年××月××日

鉴定材料：1. ××省公安厅高速公路交通警察总队委托书壹份

2. ×××省公安厅司法鉴定中心（所）检验报告复印件壹份

3. ××省××市人民医院病历资料复印件壹份

4. ×××尸体壹具

鉴定日期：2×××年××月××日至2×××年××月××日

鉴定地点：1. 尸体解剖在××省××市殡仪馆

2. 内脏检验在×××司法鉴定中心（所）法医病理学鉴定室

在场人员：×××

被鉴定人：×××，男，××年××月出生

二、检案摘要

1. 案情摘要

根据委托资料介绍：2×××年××月××日，×××高速公路××车道××公里+100米处，×××号车、×××号车、×××号车发生刮擦碰撞，后×××号车停于道路中间，民警到达现场后，发现×××号车驾驶员×××位于驾驶座，处于昏迷状态，车内有燃烧痕迹。×××被送至医院抢救，经抢救无效死亡。

2. 书证摘要

(1) ×××省公安厅司法鉴定中心(所)检验报告(××公司鉴[2×××]××号): ×××的血液中碳氧血红蛋白浓度为18%。

(2) ×××省×××市人民医院影像诊断报告单(CR号×××),时间2×××年××月××日,部位:胸部正位。结果:心肺膈未见明显X线异常。

(3) ×××省××市人民医院彩色多普列超声检查报告单(影像号×××),时间:2×××年××月××日,部位:肝胆胰脾、双肾、输尿管,胸腔,腹腔积液。结果:肝回声改变。

三、检验过程

按照中华人民共和国公共安全行业标准GA/T 149-1996《法医学尸表检验》、GA 268-2009《道路交通事故尸体检验》、GA/T 147-1996《法医学尸体解剖》、GA/T 167-1997《中毒尸体检验规范》、GA/T 168-1997《机械性损伤尸体检验》、GA/T 150-1996《机械性窒息尸体检验》、GA/T 170-1997《猝死尸体的检验》、GA/T 148-1996《法医病理学检材的提取、固定、包装及送检方法》等,对×××进行系统尸体解剖及死因分析。

(一)尸表检查

衣着检查:上衣外套、裤子及鞋子均可见大量烟灰附着,未见明火烧毁痕迹,未见血迹、油污黏附,未见撕裂、破损。

一般情况:冰冻缓解青年男性尸体,尸长173.0cm,体型中等,营养较好,发育正常。头发及面部、颈项部皮肤可见大量的烟灰附着,面部、颈项部可见热空气烫伤痕迹,主要为红斑烧伤夹杂少许水泡烧伤,约占尸体体表面积的9%。头面部头发、眉毛等未见烧毁痕迹。尸表检查未见冻伤痕迹,未见电流斑。

尸体现象:尸体未见明显腐败;尸表上下肢及腹部皮肤见少量腐败静脉网形成;未见尸绿形成;尸斑较深,呈樱桃红色,分布于项部、胸部、背部等未受压部位,指压后均不褪色。

头面部:头发色黑,最长处约7.0cm。双眼睑闭合,双侧睑、球结膜淤血,均未见明显出血点;双侧角膜中度混浊,双侧瞳孔等大等圆,直径0.5cm。鼻骨完整、未见骨折,鼻黏膜干燥,鼻腔内见大量黑色烟灰。口腔、舌面黏膜未见溃疡,可见大量黑色烟灰黏附,唇、舌未见损伤,牙列整齐、完好;耳廓完整,外耳道干燥,左侧耳廓皮肤见面积为5.5cm×0.5cm热空气烫伤,右侧耳廓皮肤见面积为5.0cm×1.5cm热空气烫伤。

颈项部:颈项部皮肤未见扼、勒、压痕,未见明显损伤、出血;气管居中;颈部双侧颌下、左右锁骨上窝、胸骨上窝等均未触及肿块。

躯干部:胸廓基本对称,腹部平坦;两侧腹股沟皮肤见若干注射针孔;其他部位未见损伤、出血。

四肢:四肢对称,未见骨折、畸形等。右手肘窝皮肤见注射针孔及皮下出血;左手肘及前臂桡侧皮肤科见注射针孔及皮下出血;右膝关节附近见两处擦挫伤,面积分别为2.0cm×1.0cm和0.5cm×0.5cm;左膝关节处皮肤见擦挫伤,面积为2.0cm×1.0cm,左胫前皮肤见擦挫伤,面积为1.0cm×1.0cm。其他部位未见损伤、出血等。

外生殖器和肛门:成人男性外生殖器,未见畸形;尿道口及肛门口未见粪便;外生殖器未见损伤、出血。

(二)尸体解剖检查

头颅部:分层解剖皮下组织及肌肉检查,均未见挫伤、出血等,双侧颞肌未见出血,颅骨未见骨折。按常规冠状打开颅腔检查,硬脑膜外、下均未见出血;脑垂体位置、形态、大小正常;全脑蛛网膜下腔未见出血;大脑前、中、后动脉、脑基底动脉环未见出血及动脉粥样硬化,未见血管畸形;全脑共重1602g,未见挫伤、出血。切开大脑、间脑、小脑及脑干检查,各个切面均未见出血、血肿及挫伤等;侧脑室及其他脑室均未见扩张、积水、积血。全脑未见脓肿、肿瘤、脑疝等。

咽喉及颈项部：分层解剖皮下组织及肌肉检查，左侧锁骨上的颈部皮下及肌肉见片状出血，面积为 9.0cm×8.0cm，处于安全带位置，符合安全带位置损伤特点，颈部其他部位均未见挫伤、出血等；舌骨、甲状软骨等未见骨折；甲状腺位置、大小、形态正常，未见出血，左侧甲状腺见一小囊肿，呈椭圆形，大小为 1.0cm×0.8cm×0.8cm，内见胶状物质；喉头未见明显水肿；会厌未见损伤；双侧扁桃体未见肿大；口腔、咽喉部内及气管腔内见较多的黑色烟灰；食管黏膜光滑，见黑色烟灰黏附。

胸部：分层解剖胸部皮下及肌肉检查，左侧第 2、3、4、5 肋骨骨折，骨折邻近肌肉出血，分布的大小为 10.0cm×6.5cm×2.0cm，骨折断端整齐、内陷，符合抢救时形成的特点；按常规打开胸腔检查，未见胸腺，其他各器官均在原位；双侧胸腔内见淡红色积液，共约 200.0ml；双肺胸膜与胸壁未见粘连；双肺共重 2266.0g，左肺大小为 24.0cm×17.0cm×5.0cm，右肺大小为 28.0cm×19.0cm×5.5cm，肺膜未见增厚，切开肺组织检查，切面暗红色，未见肿瘤、血肿等。心包腔内见少量清亮积液，心外膜光滑，未见破裂、出血；心重 372.0g，剪开各心腔检查，心瓣膜未见粘连、狭窄；测三尖瓣周径 12.0cm，肺动脉瓣周径 6.5cm，二尖瓣周径 10.5cm，主动脉瓣周径 6.5cm，左心室室壁厚 1.4cm，右心室室壁厚 0.3cm，室间隔厚 1.2cm，左、右心室心腔未见扩张。未见室间隔缺损、房间隔缺损等先天性心脏病。左、右冠状动脉开口位置正常，分段切开左、右冠状动脉主干及各主要分支检查，内膜未见粥样斑块形成，管腔未见明显狭窄，未见血栓形成等。窦房结、房室结区未见挫伤、出血。

腹盆部：分层解剖腹部皮下及肌肉检查，皮下及肌肉未见损伤、出血，腹部皮下脂肪厚 2.5cm。打开腹腔检查，腹腔内见少量清亮积液，未见积血；腹腔各器官位置、大小、形态正常，表面未见粘连。肝的大小、位置、形态正常，表面光滑，未见破裂、出血，切开肝组织检查，切面未见出血、血肿、肿瘤等。胆囊大小为 7.0cm×2.5cm×2.0cm，胆囊内稍空虚，胆囊黏膜光滑，胆囊及各部胆管内均未见结石、肿瘤；脾重 182.0g，大小为 11.0cm×7.0cm×3.0cm，包膜皱缩，切面暗红色，未见破裂、出血。双肾共重 330g，一侧大小为 12.5cm×6.5cm×6.0cm，另一侧大小为 12.0cm×6.0cm×3.5cm，包膜易剥离，切面皮髓质分界清楚，皮质均厚 0.6cm，未见挫伤、出血。肾上腺的位置、大小、形态正常，切面未见出血、坏死。胰重 112.0g，大小为 13.5cm×6.5cm×3.0cm，切开胰组织检查，切面未见出血、坏死。胃小弯长 29.0cm，胃大弯长 21.0cm，胃内见暗黑色液体，内容物为吞咽进来的烟灰，体积约为 5.0ml，未见药片，未闻有机磷农药、酒精等气味，胃黏膜光滑，未见糜烂、溃疡、肿瘤等，胃黏膜未见出血；十二指肠及空回肠内见少量食糜，其黏膜光滑，未见溃疡、糜烂、肿瘤等；回盲部见阑尾，大小约为 11.5cm×2.0cm×1.8cm，未见类癌或其他肿瘤；结肠、直肠等位置、大小、形态未见异常，其黏膜光滑，肠道内见已经消化的食糜，未见梗阻、出血、溃疡等。盆腔内未见积血、脓性分泌物、肿瘤等；膀胱空虚，黏膜光滑，未见出血、溃疡、肿瘤等。泌尿系各部均未见结石、损伤等。前列腺位置正常，偏肥大，重 56.0g，大小 7.0cm×6.0cm×3.5cm，切面见多个细小囊肿，未见肿瘤，未见出血、坏死等。左侧睾丸静脉稍曲张，双侧睾丸及附睾大小、位置未见异常，未见肿瘤。

脑、心、肺、肝、脾、肾等内器官呈轻 - 中度的樱桃红色。

（三）组织学检查

各组织器官实质细胞呈自溶性改变，间质的血管呈淤血性改变。

脑及脑垂体：大脑、小脑及脑干蛛网膜下腔血管扩张、淤血，未见炎症细胞浸润。大脑皮质疏松、水肿，神经元胞体固缩，细胞周围间隙增宽，大部分血管扩张、淤血，血管周围腔隙增宽；大脑白质疏松、水肿，未见明显的炎症细胞浸润。小脑分子层神经元细胞水肿，颗粒细胞层疏松，浦肯野氏细胞突起减少，胞浆嗜酸性染色稍增强。脑干神经元胞体固缩，未见挫伤、出血。脑垂体组织未见炎症细胞浸润，未见出血、肿瘤等。

心：心外膜血管淤血，未见明显出血，部分区域见少许淋巴细胞浸润；部心肌间质分区域见少许中性粒细胞浸润，心肌间质血管淤血、扩张，部分心肌纤维断裂及呈波浪改变；心内膜未见增厚、纤维化，未见明显的炎症细胞浸润。冠状动脉内膜部分区域稍增厚，见少量泡沫细胞，未见粥样斑块形成，未见斑块内出血、血栓形成等继发改变，管腔未见明显狭窄程。窦房结、房室结未见出血、炎症、肿瘤等。

咽喉、颈项部器官及肺：甲状腺滤泡结构存在，滤泡上皮未见增生，间质未见明显炎症细胞浸润；扁桃体淋巴滤泡增生，见较多的淋巴细胞浸润，并见少量的中性粒细胞散在浸润；咽喉部黏膜上皮存在，黏膜下层血管扩张、淤血，见少许淋巴细胞浸润，会厌、喉头、气管、支气管黏膜水肿、充血，黏膜上皮肿胀，部分上皮细胞核变细长，呈栅栏状排列，符合热作用呼吸道综合征，黏膜表面见烟灰黏附。细支气管黏膜表面见烟灰黏附，上皮细胞核固缩，部分上皮细胞核变细长，呈栅栏状排列；肺泡壁间质毛细血管淤血，肺泡间隔水肿，部分区域肺泡腔内见较多的红细胞；肺膜未见明显增厚，未见炎症细胞浸润，部分区域见红细胞。

肝：肝细胞自溶，肝小叶结构可见，较多的肝细胞脂肪变性，肝窦淤血，汇管区稍多淋巴细胞浸润。

脾：红髓、白髓、脾小梁结构存在，脾窦淤血，脾中央动脉管壁未见增厚及玻璃样变，被膜未见增厚、纤维化。

肾：肾小球及肾小管结构存在，个别肾小球玻璃样变，肾小管上皮细胞自溶；间质淤血，未见明显炎症细胞浸润。

肾上腺：实质细胞自溶，间质未见炎症细胞浸润，未见出血。

胰：实质细胞弥漫自溶，间质淤血，未见炎症细胞浸润及出血。

胃、肠、阑尾：上皮及腺体明显自溶，间质见少许淋巴细胞浸润。

前列腺：腺体及间质部分增生，灶性区域间质见较多的细小结石及少量淋巴细胞浸润。

（四）法医病理学诊断

1. 符合呼吸道热作用综合征：会厌、喉头、气管、支气管黏膜水肿、充血；气管、支气管、细支气管部分的黏膜上皮细胞核浓缩，栅栏状改变；

2. 口腔、会厌、喉头、气管、支气管、细支气管黏膜表面烟灰黏附；食管黏膜烟灰黏附及烟灰咽入胃内；

3. 面部、颈项部热空气烫伤（主要为红斑烧伤夹杂少许水泡烧伤，约占体表总面积 9%）；头发及面部、颈项部皮肤烟灰附着；

4. 脑、心、肺、肝、脾、肾等内脏器官呈轻 - 中度樱桃红色；尸斑呈轻 - 中度樱桃红色；

5. 左侧颈部肌肉出血（安全带损伤）；

6. 左侧第 2、3、4、5 肋骨骨折，骨折邻近肌肉出血（抢救时形成）；

7. 甲状腺胶样囊肿；

8. 前列腺偏肥大并细小结石；

9. 慢性增生性扁桃体炎；

10. 脑、心、肺、肝、脾、肾等多器官淤血。

四、分析说明

根据系统尸检检验及组织病理学结果发现 ××× 面部、颈项部热空气烫伤（主要为红斑烧伤夹杂少许水泡烧伤，约占体表总面积 9%）；头发及面部、颈项部皮肤烟灰附着；口腔、会厌、喉头、气管、支气管、细支气管黏膜表面烟灰黏附；食管黏膜烟灰黏附及烟灰咽入胃内；有明确的呼吸道热作用综合征（会厌、喉头、气管、支气管黏膜水肿、充血；气管、支气管、细支气管部分的黏膜上皮细胞核浓缩，栅栏状改变）；因此，××× 生前有热空气吸入引起窒息，此为其死亡机制之一。根据尸体检查及内脏器官检查发现 ××× 脑、心、肺、肝、脾、肾等内脏器官呈樱桃红色，尸斑呈轻 - 中度樱桃红色，符合一氧化碳中毒的表现，结合 ×× 省公安厅司法鉴定中心检验报告（××× 的血液中碳氧血红蛋白浓度为 18%），因此，火场产生的毒气（一氧化碳等）引起的中毒及窒息也是其死亡机制之一。

五、鉴定意见

根据案情摘要、系统尸体解剖所见、法医病理组织学检查结果，综合分析认为 ××× 为生前吸入热空气引起窒息以及吸入毒气（一氧化碳等）引起窒息、中毒而致死。

附件：病理检验照片 13 张（见网络增值服务图片实验二十五）

六、落款

司法鉴定人：×××
《司法鉴定人执业证》证号：330305007051
司法鉴定人：×××
《司法鉴定人执业证》证号：330305007060
授权签字人：×××
《司法鉴定人执业证》证号：330305007034
二×××年××月××日

2. 尸表检验法医病理鉴定意见书：由于被鉴定人家属不同意司法鉴定人对被鉴定人进行系统尸体解剖，而被鉴定人有较可靠和详细的医疗资料（如X线片、B超、CT、血液化验单等），法医病理学司法鉴定人可以通过尸表检验出具法医病理鉴定意见书（模板见网络增值服务扩展阅读实验二十五）。

具体文书二（见网络增值服务扩展阅读实验二十五）。

3. 送检器官法医病理鉴定意见书：由公安、法院等委托单位法医对被鉴定人进行系统尸体解剖，提取器官、组织和（或）体液，必要时提供尸体解剖照片或录像，委托司法鉴定结构对提取物进行法医病理学检验和（或）其他检查，出具法医病理鉴定意见书。

具体文书三（见网络增值服务实验二十五扩展阅读）。

（二）法医病理学司法鉴定检验报告书

1. 送检器官法医病理检验报告书：由公安、法院等委托单位法医对被鉴定人进行系统尸体解剖，提取器官、组织和（或）体液，必要时提供尸体解剖照片或录像，委托司法鉴定结构对提取物进行法医病理学检验或其他检查，出具法医病理检验鉴定意见书（模板见网络增值服务实验二十五扩展阅读）。

具体文书四：

×××鉴定中心（所）法医病理检验报告书

×××司鉴中心（所）[2×××]病检字第××号

一、基本情况（略）

二、检案摘要

据委托资料介绍：2×××年××月××日××时，在××省××市××镇××鞋厂宿舍里李××被同事发现死在自己床上，120救护车赶到时，该男子已经死亡。××省×××市公安局法医尸体解剖检验发现其尸表未见损伤痕迹，双肺与胸壁粘连，心偏大。胃内容物及心血毒化检查未见常见毒物成分。

三、检验过程

按照中华人民共和国公共安全行业标准GA/T148-1996《法医病理学检材的提取、固定、包装及送检方法》对送检的李××的内脏器官进行法医病理学检验。

1. 大体检验

脑：全脑一个，共重1298.0g，大小为17.0cm×13.0cm×10.0cm。脑表面蛛网膜下腔血管淤血，未见挫伤、出血。大脑前、中、后动脉、脑基底动脉环未见破裂、出血，未见明显的动脉粥样硬化，未见血管畸形。十二刀法切开大脑检查，大脑组织未见出血、挫伤，左右侧脑室及其他脑室未见积血；切开小脑及脑干检查，各个切面未见出血、挫伤。

心：心一个，重370.0g，大小为10.5cm×8.0cm×7.0cm，偏肥大。心外膜光滑；剪开各心腔检查，心瓣膜未见粘连、狭窄。测三尖瓣周径11.0cm，肺动脉瓣周径6.0cm，二尖瓣周径10.0cm，主动脉瓣周径6.5cm，左心室室壁厚1.7cm，右心室室壁厚0.4cm，室间隔厚1.6cm。左、右冠状动脉开口位置正常，分段切开左、右冠状动脉主干及各主要分支检查，均可见粥样斑块形成，其管腔节段性狭窄，左冠状动脉主干管腔狭窄Ⅲ级，左冠状动脉的左旋支管腔狭窄Ⅱ-Ⅲ级，左冠状动脉的前降支管腔狭窄Ⅰ级，右冠状动脉主干管腔狭窄Ⅲ-Ⅳ级，管壁明显增厚，各管腔内未见血栓形成。窦房结、房室结区未见挫伤、出血。

咽喉及气管：舌骨、甲状软骨等未见骨折；甲状腺位置、大小、形态正常，未见出血；喉头部分水肿；会厌未见损伤；双侧扁桃体肿大，大小均约 1.8cm×1.5cm×1.5cm，切面可见散在的白色的脓点；气管未见明显异物阻塞。

肺：肺组织两块，分别重 716.0g 和 626.0g，大小分别为 23.0cm×13.0cm×12.0cm 和 25.0cm×10.0cm×6.0cm，肺膜增厚、粘连；切开肺组织检查，切面暗红色，可见泡沫状液体流出，切面未见血肿或肿瘤等。

肝：部分肝组织一块，重 272.0g，大小为 15.0cm×10.0cm×8.0cm，表面光滑，未见破裂、出血；切开肝组织检查，切面未见出血、肿瘤等。

脾：脾一个，重 136.0g，大小为 10.0cm×5.0cm×3.0cm，未见破裂、出血。切开脾组织检查，切面未见挫伤、出血、肿瘤等。

肾：肾两个，共重 244.0g，大小分别为 10.5cm×6.0cm×4.0cm 和 11.0cm×6.0cm×3.5cm，皮质厚均 0.6cm，包膜易剥离，表面光滑，切开检查，皮、髓质分界清楚，切面未见挫伤、出血、肿瘤等。

胃：胃一个，重 170.0g，胃小弯长 15.0cm，胃大弯长 28.0cm，胃黏膜见散在的细小的出血点，未见溃疡、穿孔等。

2. 组织学检查

脑：大脑、小脑及脑干蛛网膜下腔血管扩张、淤血，血管周围见漏出的液体及红细胞。大脑皮质疏松、水肿，神经元胞体固缩，细胞周围间隙增宽，大部分血管扩张、淤血，血管周围腔隙增宽；大脑白质疏松、水肿，未见明显的炎症细胞浸润。小脑分子层神经元细胞水肿，血管扩张、淤血，血管周围腔隙增宽，颗粒细胞层疏松，浦肯野氏细胞突起稍减少，胞浆嗜酸性染色稍增强。脑干神经元胞体固缩，未见挫伤、出血。

心：心外膜血管淤血，未见出血，部分区域偶见淋巴细胞及中性粒细胞浸润；部分区域心肌间质纤维组织增生，部分区域偶见淋巴细胞及少量中性粒细胞浸润，多灶性心肌纤维化，部分心肌纤维增粗，核稍大，色深，部分心肌纤维断裂及波浪状改变；冠状动脉内膜见大量泡沫细胞，粥样硬化斑块形成，部分区域斑块内见红细胞、白细胞、血小板，即血栓形成，其管腔呈节段性狭窄，程度为Ⅰ～Ⅳ级不等，但是未见粥样溃疡形成。窦房结、房室结未见出血、炎症等病变。

咽喉及气管：扁桃体淋巴滤泡增生，见较多的中性粒细胞散在浸润，可见坏死的中性粒细胞及上皮组织，并见较多的淋巴细胞浸润；甲状腺滤泡结构清晰、完整，滤泡上皮未见增生，间质淤血；气管黏膜见少量的淋巴细胞浸润，未见明显的嗜酸性粒细胞浸润。

肺：部分细支气管黏膜上皮脱落在管腔内，部分细支气管管壁见少量淋巴细胞浸润；肺泡壁间质毛细血管淤血，部分区域肺泡腔内见较多的红细胞，大部分区域肺泡腔内见较多均匀的粉红色水肿液；肺膜纤维性增厚，见淋巴细胞浸润，部分区域见红细胞。

肝：肝小叶结构可辨，部分肝细胞水肿，个别肝细胞脂肪变性，肝窦及间质血管淤血；汇管区少量的淋巴细胞浸润。

脾：红髓、白髓、脾小梁结构存在；脾窦淤血。

肾：肾小球及肾小管结构存在，肾小管上皮细胞部分自溶，肾间质水肿；肾小管上皮细胞水肿，间质血管扩张、淤血。

胃：上皮及腺体自溶，间质淤血，见自溶的红细胞，见少许炎症细胞浸润。

四、检验结果

1. 冠状动脉粥样硬化性心脏病：心偏肥大（重 370.0g）；左冠状动脉主干及左旋支Ⅲ-Ⅳ级狭窄伴粥样斑块血栓形成，左冠状动脉的前降支Ⅰ级狭窄，右冠状动脉主干Ⅲ～Ⅳ级狭窄；灶性心肌纤维化；

2. 肺淤血、水肿并出血；陈旧性胸膜炎；

3. 脑淤血、水肿；

4. 胃黏膜点状出血；

5. 慢性化脓性扁桃体炎；

6. 肝、脾、肾、甲状腺等多器官淤血。

附件：病理检验照片 2 张（见网络增值服务实验二十五图片）

五、落款（略）

送检器官水样法医病理硅藻检验报告书：由公安、法院等委托单位法医对被鉴定人进行系统尸体解剖，提取器官（肺、肝、肾、长骨等）和（或）各种体液（如胃内容物等），提取现场水样，委托司法鉴定机构对这些提取物进行法医病理学硅藻检验，出具法医病理鉴定意见书（模板见网络增值服务实验二十五扩展阅读）。

具体文书五（见网络增值服务实验二十五扩展阅读）。

四、思考题

1. 简述法医病理学司法鉴定委托与受理过程。

2. 完成一篇详尽、准确的尸体检验笔录应该包括哪些主要内容？

3. 叙述法医病理学司法鉴定意见书和法医病理学司法鉴定检验报告书的异同点？

（叶光华）

参考文献

1. 竞花兰. 法医病理学实验指导. 北京：人民卫生出版社，2008.
2. 赵子琴. 法医病理学. 第4版. 北京：人民卫生出版社，2009.
3. 赵子琴. 法医病理学. 第3版. 北京：人民卫生出版社，2004.
4. 祝家镇. 法医病理学. 第2版. 北京：人民卫生出版社，1999.
5. 成建定，刘超. 猝死法医病理学. 广州：中山大学出版社，2015.
6. 柏树令. 系统解剖学. 第6版. 北京：人民卫生出版社，2006.
7. 陈军. 法医学彩色图谱. 北京：群众出版社，1985.
8. 陈康颐. 应用法医学各论. 上海：上海医科大学出版社，1999.
9. 陈世贤. 法医学. 北京：法律出版社，1997.
10. 黄光照，麻永昌. 中国刑事科学技术大全. 法医病理学分册. 北京：中国人民公安大学出版社，2002.
11. 纪小龙，申明. 尸体解剖规范. 北京：人民军医出版社，2002.
12. 李玉林. 病理学. 第6版. 北京：人民卫生出版社，2004.
13. 刘彤华. 诊断病理学. 北京：人民卫生出版社，1994.
14. 闵建雄. 法医损伤学. 北京：中国人民公安大学出版社，2004.
15. 邱绪襄，廖文满. 颅脑损伤. 成都：四川科学技术出版社，1995.
16. 沈忆文，薛爱民，贾建长. 法医病理学实验指导. 第2版. 上海：复旦大学出版社，2006.
17. 王振原. 法医学鉴定书指南. 北京：北京医科大学中国协和医科大学联合出版社，1997.
18. 吴家驳. 法医学. 第3版. 成都：四川大学出版社，2006.
19. 吴家驳. 法医学. 第2版. 北京：中国协和医科大学出版社，2000.
20. 伍新尧. 高级法医学. 郑州：郑州大学出版社，2002.
21. 徐英含，来茂德，周韧主. 法医病理案例分析. 北京：高等教育出版社，2007.
22. 徐英含. 最新法医病理学. 北京：世界图书出版公司，1996.
23. 杨清玉，彭绍华. 实用猝死病理学. 北京：群众出版社，1992.
24. 来茂德. 病理学高级教程. 北京：人民军医出版社，2013.
25. 永野耐造，若杉长英. 现代の法医学. 第3版. 金原出版，1995.
26. 张益鹄. 法医学. 北京：科学出版社，2003.
27. 中国解剖学会体质调查委员会编. 中国人解剖学数值. 北京：人民卫生出版社，2002.
28. 中华人民共和国国家质量监督检验检疫总局、中国国家标准化管理委员会. GA/T147-1996 法医学尸体解剖. 北京：中国标准出版社，1996.
29. 中华人民共和国国家质量监督检验检疫总局、中国国家标准化管理委员会. GA/T 149-1996 法医学尸表检验. 北京：中国标准出版社，1996.
30. 中华人民共和国国家质量监督检验检疫总局、中国国家标准化管理委员会. GA/T151-1996 新生儿尸体检验. 北京：中国标准出版社，1996.

31. 中华人民共和国公安部. GA/T170-1997 猝死尸体的检验. 北京：中国标准出版社，1997.
32. 中华人民共和国公安部. GA/T167-1997 中毒尸体检验规范. 北京：中国标准出版社，1997.
33. 中华人民共和国国家质量监督检验检疫总局、中国国家标准化管理委员会. GA/T148-1996 法医病理学检材的提取、固定、包装及送检方法. 北京：中国标准出版社，1996.
34. 中华人民共和国国家质量监督检验检疫总局、中国国家标准化管理委员会. GA/T150-1996 机械性窒息尸体检验. 北京：中国标准出版社，1996.
35. 中华人民共和国公安部. GA 268-2009 道路交通事故尸体检验. 北京：中国标准出版社，2009.
36. 中华人民共和国卫生部. 传染病病人或疑似传染病病人尸体解剖查验规定. [2005-04-30]. http：//www.gov.cn/gongbao/content/2006/content_229195.htm.
37. 公安部. 关于转发卫生部重新发布试行《解剖尸体规则》的通知. [1979-09-22]. http：//www.chinalawedu.com/falvfagui/fg22598/27160.shtml.
38. Di Maio VJ，Di Maio D. Forensic Pathology. 2nd ed. Boca Raton：CRC Press，2001.
39. Dimaio VJM. Gunshot Wounds. New York：Elsevier，1985.
40. Froede RC. Handbook of Forensic Pathology. Northfield：College of American Pathologists，1990.
41. Jay Dix. Color Atlas of Forensic Pathology. Washington D.C：CRC Press LLC. 2000.
42. Knight B. Forensic Pathology，London：Edward Arnold，1991.
43. Knight B. Forensic Pathology. 2nd ed. London：Oxford University Press，1996.
44. Mant AK. Taylors Principles and Medical Jurisprudence. 13th ed. New Delhi：Churchill Livingstone，1984.
45. Mason J.K. The Pathology of Trauma. 2nd ed. London：Edward Arnold，1993.
46. Pekka S. Knight's Forensic Pathology. London：Arnold，2004.
47. Cyril John Polson，D.J. Gee，Bernard Knight. The Essentials of Forensic Medicine. New York：Pergamon Press，1985.
48. Sanbar S. Sandy，Firestone Marvin H.，Buckner Fillmore，et al. Legal Medicine. 6th ed. St. Louis：Mosby，2004.
49. Pekka Saukko，Bernard Knight. KNIGHT'S Forensic Pathology. 3rd ed. London：Hodder Arnold，2004.
50. Simpson JK. The Pathology of Trauma. 2nd ed. Edward Arnold Ltd，1993.
51. Spitz WU，Fisher RS. Medicolegal Investigation of Death. 3rd ed. Springfield：Charles C Thomas，1993.
52. David Dolinak，M.D. Forensic Pathology. Holland：Elsevier Academic Press，2005.
53. Shepherd R. Simpson's Forensic Medicine. 12th ed. London：Arnold，2003.
54. Knight B. Forensic Pathology. London：Edward Arnold，1991.
55. Zhu BL，Ishida K，Quan L，et al. Immunohistochemistry of pulmonary surfactant apoprotein A in forensic autopsy：reassessment in relation to the causes of death. Forensic Sci Int，2000，113：193-197.
56. Zhu BL，Ishida K，Oritani S，et al. Immunohistochemical investigation of pulmonary surfactant-associated protein A in fire victims. Legal Med，2001，3：23-28.
57. Zhu BL，Ishida K，Quan L，et al. Postmortem serum uric acid and creatinine levels in relation to the causes of death. Forensic Sci Int，2002，125：59-66.
58. Zhu BL，Ishikawa T，Michiue T，et al. Differences in postmortem urea nitrogen，creatinine and uric acid levels between blood and pericardial fluid in acute death. Legal Med，2007，9：115-122.